Edition Consulting

Herausgegeben von Prof. Dr. Christel Niedereichholz

Bisher erschienene Werke:

Niedereichholz, Unternehmensberatung, Band 1:
Beratungsmarketing und Auftragsakquisition, 4. Auflage
Niedereichholz, Unternehmensberatung, Band 2:
Auftragsdurchführung und Qualitätssicherung, 3. Auflage
Niedereichholz (Hrsg.), Internes Consulting
Niedereichholz · Niedereichholz, Consulting Insight
Schuster, E-Consulting

Consulting Insight

Von
Prof. Dr. Christel Niedereichholz
und
Prof. Dr. Dr. h.c. Joachim Niedereichholz

R. Oldenbourg Verlag München Wien

Bibliografische Information Der Deutschen Bibliothek

Die Deutsche Bibliothek verzeichnet diese Publikation in der Deutschen Nationalbibliografie; detaillierte bibliografische Daten sind im Internet über <http://dnb.ddb.de> abrufbar.

Rosenheimer Straße 145, D-81671 München
Telefon: (089) 45051-0
www.oldenbourg.de

Gedruckt auf säure- und chlorfreiem Papier
Druck: Grafik + Druck, München
Bindung: R. Oldenbourg Graphische Betriebe Binderei GmbH

ISBN 3-486-57975-4
ISBN 978-3-486-57975-8

Inhaltsverzeichnis

Vorwort **XI**

1 Erfolg und Nutzen der Beratung **1**

1.1 Nutzen der Unternehmensberatung ... 1
1.1.1 Was bringen Berater? ... 1
1.1.2 Kochrezepte von Beratern ... 2

1.2 Consultant's Scorecard – Wie Berater ihren Nutzen nachweisen ... 4
1.2.1 Der Balanced Scorecard-Ansatz ... 5
1.2.2 Der Return on Investment (ROI)-Prozess ... 7

1.3 Erfolgsmessung in der Beratung ... 9
1.3.1 Cui bono? – Der Paradigmenwechsel im Consulting ... 9
1.3.2 Value based Consulting ... 10
1.3.3 Klientenzufriedenheitsanalysen als Instrumente des Value based Consulting ... 12
1.3.4 Werttreiber Consultant ... 17
1.3.5 Wertmanagement ... 18

2 Beratungsqualität **21**

2.1 Ethik, Werte, Normen: How would I explain this to Marvin? ... 21

2.2 Qualität in der Beratung ... 22

2.3 Mitgehangen, mitgefangen – Die Pleiten und ihre Berater ... 23

2.4 Die schwarzen Schafe ... 25

2.5 Die Metastasen des George S. May – ein Fallbeispiel ... 27

2.6 Unfairer Wettbewerb durch Eigenprojekte ... 40

2.7 Consulting Governance ... 43
2.7.1 Consulting Governance als Qualitätsmaßstab ... 43
2.7.2 Nutzen von Consulting Governance ... 44

3 Beratungsprodukte, Beratungsfelder und Problemlösungsmethoden **47**

3.1 Wie entwickelt man Beratungsprodukte? ... 47
3.1.1 Was sind Beratungsprodukte? ... 47
3.1.2 Modelle der Produktentwicklung ... 48

3.2 Reputation Management als Beratungsprodukt 51
3.2.1 Was ist Reputation? 51
3.2.2 Beratungsprodukt – Konzeption 52
3.2.3 Reputation Management 57

3.3 Lean Consulting® mit Balanced Scorecard 60

3.4 Supply Chain Management als Beratungsfeld 65

3.5 Innovationsmanagement als Beratungsfeld 66

3.6 Beratungsfeld CRM : Kundensegmentierung 68

3.7 Gemeinkostenwertanalyse – Der Klassiker 69
3.7.1 Das Imageproblem der GWA 69
3.7.2 Kostensenkung als Problemlösungsmethode 71

3.8 Morphologie als Problemlösungsmethode 73
3.8.1 Mehrdimensionale Morphologie 73
3.8.2 Konzeptionelle mehrdimensionale Morphologie 74
3.8.3 Sequentielle mehrdimensionale Morphologie 80
3.8.4 Modifizierende Morphologie (Attribute Listing) 81
3.8.5 Zweidimensionale Morphologie 83

3.9 Data Mining zum heben der Informationsschätze in Unternehmen 85

3.10 Komplexitätsanalyse als Beratungsprodukt 91
3.10.1 Komplexitätsanalyse I zur Optimierung der Sortimentsbreite 93
3.10.2 Komplexitätsanalyse II zur Optimierung überlanger Wertschöpfungsketten 98
3.10.3 Komplexitätsanalyse III zur Optimierung der Geschäftsfunktionen 103

3.11 Methoden der Prozessflussanalyse 106

3.12 Umfeldanalyse- das Stiefkind der Beratungspraxis 116
3.12.1 Allgemeine Umfelder 116
3.12.2 Unternehmensspezifische Umfelder 123

3.13 The Toyota way 127
3.13.1 Toyota geht überall 127
3.13.2 Schlank dank Toyota 128

3.14 Shared Services 130
3.14.1 Shared Services als Beratungsprodukt 130
3.14.2 Trends bei Shared Services 132

3.15 Public Private Partnership 133
3.15.1 PPP – Public Private Partnership als Beratungsfeld 133
3.15.2 Beratungskompetenz bei PPP-Projekten 134

3.16 Politikberatung 137
3.16.1 Die Beraterrepublik: Politikberatung quo vadis? 137
3.16.2 Politikberatung durch Unternehmensberater? 138

4 Spezialthemen 143

4.1 IAS 143

4.2 Corporate Governance: Sarbanes Oxley Act 144

4.3 Corporate Governance 147
4.3.1 Goldrausch 147
4.3.2 Kodifizierung der Corporate Governance 148

4.4 Basel II 151
4.4.1 Sterne und Mützen 151
4.4.2 Mittelstand und Rating 152
4.4.3 Bonitätsbeurteilung der Banken 154

4.5 Call Center 157

4.6 Value Nets 161
4.6.1 Supply Chain Management 161
4.6.2 Zukunft des E-business 162

4.7 Insolvenzordnung 163

5 Internes Consulting 165

5.1 Vom Zentralbereich zum Business Partner 165

5.2 Die Leistungsvereinbarung – auch interne Consultants haften 167
5.2.1 Die neue Schuldrechtsreform 167
5.2.2 Qualität in der Beratung 168

5.3 Sind interne Consultants Wettbewerber? 169

5.4 Analyse des internen Beratungsmarktes 170
5.4.1 Allgemeiner Hinweis zu Marktanalyse und Durchführung 171
5.4.2 Imageanalyse 171
5.4.3 Bedarfsanalyse 174
5.4.4 Wettbewerbsanalyse 176
5.4.5 Erfahrungsanalyse aus der Zusammenarbeit mit Beratern 178
5.4.6 Anforderungsanalyse (Erwartungen) 179

6 Beratungsmarkt 183

6.1 Trends 183

6.2 WP – Gesellschaften: Rückkehr ins Consultinggeschäft 187

6.3 Consulting Banking – Unternehmensberatung als Bankdienstleistung 188

6.4 Szenario Beratungsmarkt 190

6.5 Überprofessioneller Begriffsbrei 191

6.6 Brauchen Berater einen Vertrieb? 193

7 Executive Search/ Personalberatung 195

7.1 Outsourcing Indien 195

7.2 Führungsanforderungen in Krisenzeiten 196

7.3 Perspektiven in der Personalberatung 198

7.4 Proaktive Vorgehensweisen 200

7.5 Variable Führungskräftevergütung 207
7.5.1 Reizthema 207
7.5.2 Veränderung der Führungskräftevergütung 208

7.6 Innovation in der Personalberatung 209
7.6.1 Sind Personalberater innovativ? 209
7.6.2 Wissensmanagement als Erfolgsfaktor im VW-Konzern 210

8 Consultingunternehmen- der eigene Geschäftsbetrieb 213

8.1 Reputation 213
8.1.1 Reputational Capital 213
8.1.2 Reputation Management 214

8.2 Consulting for Equity 216

8.3 Mission Impossible, Namensgebung 218

8.4 E-Consulting: Ist Internetbasierte Beratung die Zukunft? 219

8.5 Beratungsmarketing und CRM 227

8.6 Effizienzkiller Jugendwahn 228

8.7 F & E in Beratungsunternehmen 229

8.8 Erfolgshonorare – Ein Tabu löst sich auf 230

8.9 Eigenprojekte 231

8.10 No profile heißt no profit 234

8.11 Leistungsformen: Hart oder weich? 237

8.12 Management auf Zeit 238
8.12.1 Interim Management 238
8.12.2 Potenziale des Einsatzes von Management auf Zeit 240

8.13 Bonusvergütung in Beratungsunternehmen 242

8.14 Being public: Ein Problem für Beratungsunternehmen? 248

9 Pioniere der Branche und ihre Unternehmen 253

9.1 A.T. Kearney 253
9.1.1 Pionier Andrew Thomas Kearney 253
9.1.2 Wie geht es weiter mit A.T. Kearney? 255

9.2 Europäischer Pionier: Serge Kampf 257
9.2.1 Serge Kampf 257
9.2.2 Post Merger Integration CGE&Y 263
9.2.3 CGE&Y- Wie steht es um Europas größtes Beratungsunternehmen? 265

9.3 James Oscar McKinsey 267
9.3.1 Vita von James Oscar McKinsey 267
9.3.2 Allgemeiner Leitfaden für Unternehmensanalysen 274

9.4 Arthur D. Little 308

9.5 William Bain 310

9.6 Kurt Salmon 315

9.7 Frederick Winslow Taylor 317

9.8 Lyndall F. Urwick 323

9.9 William Manson Mercer 325

9.10 John Diebold 330

9.11 Bruce D. Henderson 335

9.12 Edwin G. Booz 337

9.13 Ernest Edward Butten 342

9.14 Gerhard Kienbaum 350

9.15 Karl Baumgartner 352

9.16 Hans-Georg Plaut 358

9.17 Olaf Mummert 361

9.18 Remo Malinverni 363

9.19 Charles Eugène Bedaux 365

9.20 Roland Berger 372

10 Vermischtes und Historisches 377

10.1 Der Chefvolkswirt 377

10.2 Sie kommen! 378

10.3 Nestbeschmutzer und Wadenbeißer 379

10.4 Auftragsflexiblität 380
10.4.1 Job-Agentur für Auftragsflexibilität 380
10.4.2 Wie flexibel sind Beratungsunternehmen? 381

10.5 M & A im IT-Markt im Lichte schöpferischer Zerstörung 383

Vorwort

In diesem Werk sind Beiträge der Autoren zu Kernthemen des Consulting zusammengestellt. Viele von ihnen sind erstmalig im Fachmagazin „Unternehmensberater“ erschienen, dessen Konzeption und Redaktion seit seiner Entstehung im Jahre 1996, von der Herausgeberin der Edition verantwortet wird.

Veröffentlichungen in Zeitschriften teilen mit diesem Medium das Schicksal der Kurzlebigkeit. Von Lesern, insbesondere Studierenden, ist deshalb immer wieder die Anregung gekommen, die wichtigsten Beiträge, nach Kernbereichen geordnet, in einem längerlebigen Medium zu präsentieren. Vorbild dafür ist David Maister, der regelmäßig seine Artikel, die er im Fachmagazin „The American Lawyer“ zu Dienstleistungsthemen veröffentlicht, nach zwei bis drei Jahren zusammenfasst und als Buch im Eigenverlag publiziert.

Bei Durchsicht der Beiträge kam natürlich die Frage auf, ob die Themen, die in früheren Ausgaben erschienen sind, überhaupt noch aktuell sind. Wir sind der Auffassung, dass für das Nachzeichnen der Entwicklungslinien des Consulting gerade diese Beiträge interessant sind. Es werden die Auf- und Abwärtsbewegungen und auch die Loops in der Entwicklung der Branche, ihrer Umfelder und ihrer Tätigkeitsbereiche deutlich.

Einige der Themen werden durch Interviews mit Experten und Meinungsführern abgerundet. Hier entstand das Problem, dass die meisten der Interviewpartner nicht mehr in der Position sind, in der sie Rede und Antwort gestanden haben, selbst wenn seit dem Interview erst einige Wochen vergangen sind. So gab der Gründer eines nach ihm benannten Beratungsunternehmens ein Interview zum Thema „Supply Chain Management“ als der Kurs seiner AG bei 93 Zählern stand und gerade ein Wettbewerber übernommen worden war. Heute hat die Aktie einen Wert von 0,05 Zählern, der frühere Wettbewerber ist wieder selbständig und unser Interviewpartner nicht mehr in der Verantwortung. Die meisten Interviews wurden aus den oben genannten Gründen trotzdem mit aufgenommen. Nur bei ganz gravierenden Veränderungen wurde davon Abstand genommen.

Das Werk ist ein Lesebuch und eine Fundgrube für Anfänger und Fortgeschrittene und eine Ergänzung der bereits in der Edition Consulting erschienenen Lehrbücher. Es richtet sich damit auch an die gleichen Zielgruppen.

Die Herausgeber danken Herrn Wolfram Poeschel, Geschäftsführer des Dr. Curt Haefner Verlages und Herausgeber des Fachmagazins „Unternehmensberater“, für seine Zustimmung und Unterstützung dieses Werkes. Unser Dank richtet sich auch an Dr. Katrin Schuster für ihre Hilfe bei der endgültigen Abfassung des Manuskriptes.

Christel Niedereichholz — Joachim Niedereichholz

1 Erfolg und Nutzen der Beratung

1.1 Nutzen der Unternehmensberatung

1.1.1 Was bringen Berater?

Der Öffentlichkeit wird immer wieder der Eindruck vermittelt, Berater seien Menschen, die das in den Unternehmen bereits vorhandene Wissen einsammeln, um es für horrende Honorare, in bunten Schaubildern präsentiert, den gleichen Unternehmen wieder zu verkaufen.

Fazit: Schaumschläger und Nichtsnutze.

Dieses Klischee kommt gut an, befriedigt es doch zusammen mit den genannten Honorarsummen umfassend den Neidkomplex. Und jeder denkt sich: Das könnte ich eigentlich auch!

Öffentliche Auftraggeber, die laut Berichterstattung hemmungslos und unter Umgehung der Vergabevorschriften Unmengen von Beratungsaufträgen vergeben und damit angeblich Steuergelder verschwenden, stehen jedes Mal, wenn ein neuer Auftrag „herauskommt", am Pranger. Dabei wird stets der Eindruck vermittelt, die Beratung von Ministerien, öffentlichen und halböffentlichen Institutionen sei etwas Neues und auf die besondere Inkompetenz der heute handelnden Personen zurückzuführen. Das ist falsch. Bereits in den fünfziger Jahren gab es große Forschungs- und Beratungsunternehmen, wie zum Beispiel das Battelle Institut, die sich fast ausschließlich auf den öffentlichen Sektor spezialisiert hatten. Mehrere Hundert Berater waren schon damals, oft jahrelang, für Ministerien und Staatsbetriebe tätig. Kein Mensch hat sich darüber erregt, kein Hahn hat danach gekräht.

Es war der Normalfall, dass Anschluss- und Folgeaufträge ohne Ausschreibung vergeben wurden, denn es war und ist für jeden einsichtig, dass Berater, die das Unternehmen schon kennen, effizienter und damit kostengünstiger und zielführender arbeiten. Ganz abgesehen von der bereits geschaffenen Vertrauensbasis, die im öffentlichen Bereich eine ganz besondere Rolle spielt.

Heute ist es opportun und populistisch, ein Politikum daraus zu machen und einen ganzen Berufsstand mitsamt seinen Auftraggebern ins Zwielicht zu setzen.

Es ist schon erstaunlich, mit welcher Selbstsicherheit Außenstehende und Branchenfremde auch immer wieder behaupten, die meisten Beratungen brächten doch im Grunde nichts. Wie und woran wollen sie das messen? Seit es Unternehmensberatung gibt, sind sowohl Auftraggeber wie auch Berater bemüht nachzuweisen, wie sich die Investitionen in den Beratereinsatz rechnen. Die Frage nach einem Return on Investment (ROI) für Beraterhonorare und Inanspruchnahme interner Ressourcen wird immer wieder gestellt. Es geht um die Wertschöpfung: Wird mehr geschaffen, als verbraucht wird? Die Antwort ist eindeutig, wenn man nicht den Tunnelblick der Beraterkritiker hat, sondern das gesamte Nutzenspektrum betrachtet.

Schon vor über fünfzig Jahren hat Bruce Henderson, Gründer der renommierten The Boston Consulting Group, den Nutzen von Beratern in acht Punkten zusammengefasst:

1. Dem Klienten Informationen verschaffen, über die er nicht verfügt.
2. Das Problem eines Klienten lösen.
3. Eine Analyse durchführen, die auch zu einer Neudefinition des Problems führen kann.
4. Auf der Basis von Analyseergebnissen Empfehlungen aussprechen.
5. Bei der Umsetzung der Empfehlungen unterstützen.
6. Konsens und Zustimmung über Veränderungen herbeiführen.
7. Das Lernen des Klienten fördern.
8. Kontinuierlich die organisatorische Effektivität und Effizienz verbessern.

Im Übrigen, so Henderson, seien Berater auch von hohem volkswirtschaftlichen Nutzen, weil sie generell alle Problemlösungszyklen stark verkürzen.

In jüngerer Zeit wird das Return on Investment-Verfahren in Kombination mit der Grundidee des Balanced Scorecard-Ansatzes als eine sinnvolle Methodik eingesetzt, um detaillierter die Wertschöpfung durch Berater nachzuweisen (s. 1.2). Es ist eine Hilfe für alle Berater und Trainer, die, von wem auch immer, gefragt werden, was ihr Einsatz eigentlich bringt. (UB 03/04)

1.1.2 Kochrezepte von Beratern

Interview mit Hartmut Mehdorn (HM), Heidelberger Druckmaschinen AG zum Einsatz von Beratern

Ein früheres Vorstandsmitglied Ihres Unternehmens, Herr Dr. Lederer, hat auf der letzten Hauptversammlung der Babcock AG deutliche Kritik an der Tätigkeit von Unternehmensberatern geübt. Durch „Kochrezepte von Beratern" sei kein Unternehmen zu sanieren. Wie ist Ihre Meinung zum Einsatz externer Berater?

HM: Ein Berater, der nur Rezepte von der Stange bietet, ist sicher kein guter Berater. Das ist aber keine neue Erkenntnis. Heidelberg ist in den vergangenen Jahren überproportional stark gewachsen, weil es uns gelungen ist, uns zu wandeln. Wir haben uns neue Kompetenzen angeeignet und neue Märkte erobert. So etwas geht leider nicht ohne externe Berater. Wir wollen unsere Position als Weltmarktführer für Druckmaschinen weiter ausbauen. Die Basis dazu ist sicher das eigene Können und der eigene Erfahrungsschatz. Aber gute Berater können zusätzlich wertvolle Ideen und Kenntnisse einbringen. Nehmen Sie als Beispiel die Projektarbeit. Für unsere eigenen Mitarbeiter ergibt sich häufig eine Doppelbelastung, weil sie weiter in das Tagesgeschäft eingebunden sind. In diesen Fällen lässt sich das Projektmanagement an erfahrene Berater vergeben. Trotzdem: Wir begrenzen den Einsatz externer Berater auf das notwendige Minimum, denn am Ende des Projektes verlieren wir mit dem Weggang des Beraters stets einen Teil des gewonnen Wissens. Das ist nicht in unserem Interesse.

Können Sie uns ein Beratungsprojekt schildern, bei dem der Beratereinsatz besonders erfolgreich war und ein anderes, bei dem Ihre Erwartungen nicht erfüllt wurden?

HM: Ich möchte hier keine Einzelfälle detailliert schildern. Wir haben über die Jahre hinweg sowohl gute als auch schlechte Erfahrungen gemacht. Gut beraten wurden wir beispielsweise bei der Integration der Linotype-Hell AG. Da war die Zusammenarbeit mit den internationalen Beratungsfirmen hervorragend. Positiv sind auch unsere Erfahrungen, wenn der Arbeitsablauf in Abteilungen und Werken oder das Zusammenspiel einzelner Units verbessert werden soll. Das sind dann aber eher kleinere und mittlere Beratungsumfänge. Natürlich gibt es auch bei uns Beispiele für Projekte, die uns überhaupt nicht zufrieden gestellt haben. Das wissen auch die Betroffenen dann aber auch, wir sagen das klar und direkt.

Wird sich also am Einsatz externer Berater etwas ändern?

HM: Ja und Nein. Wir sind mit der aktuellen Zusammenarbeit mit den Unternehmensberatern zufrieden. Etwas Wesentliches wird sich da im Ablauf nicht ändern, wohl aber an der Herkunft der Berater. Künftig wird ein größerer Teil des Beratungsbedarfs durch interne Berater abgedeckt.

Ihr Unternehmen sucht derzeit „Internal Consultants Organisationsberatung". Wird bei der Heidelberger Druckmaschinen AG eine interne Consultinggruppe aufgebaut?

HM: Ja, das ist unser Ziel. Der Grund ist ganz einfach: Viele Projekte können wir ganz oder teilweise mit internen Mitarbeitern besetzen. So reduzieren wir die teuere Einarbeitung ins Umfeld des Projektes drastisch und behalten das aufgebaute Know-how im eigenen Hause. Und das alles bei deutlich reduzierten Kosten. Unsere Organisationsabteilung baut aus diesem Grunde ihre Ressourcen schrittweise aus, um einen Teil der konstant benötigten Beratungsleistung intern anbieten zu können.

Wird durch interne Consultants der Einsatz Externer überflüssig?

HM: Ganz klar nein. Externe Berater werden weiterhin benötigt. Wir werden sie weiterhin einsetzen, wenn sie uns dabei helfen können, über den Tellerrand unserer eigenen Branche hinauszuschauen und kreativ neue oder in anderen Bereichen bewährte Strategien zu erarbeiten. Dort, wo wir externe Berater als „verlängerte Werkbank" einsetzen, ist dieses wieder eine Frage des Preis-Leistungsverhältnisses. Es ist einfach so: Externe kommen ins Haus, beraten uns, werden zugleich aber von uns selbst mit Wissen gefüttert. Dann, nach fünf, sechs Monaten verlassen sie uns wieder und nehmen das neu gewonnene Wissen mit, um danach vielleicht nach einiger Zeit wieder bei uns einzusteigen. Allerdings nicht zum bisherigen Preis, sondern deutlich teurer. Schließlich wüssten sie ja jetzt mehr.

Welche Faktoren sind nach Ihren Erfahrungen für den erfolgreichen Einsatz von Beratern ausschlaggebend?

HM: Es sind drei Faktoren: Erstens muss die Aufgabenstellung klar definiert sein, zweitens müssen die Berater innerhalb der Organisation agieren und einem internen Projektteam zuarbeiten. Und drittens muss die Beratungsmannschaft mit allen Betroffenen Bereichen hervorragend kommunizieren. Leider werden diese Faktoren immer wieder vernachlässigt.

Nach welchen Kriterien wählen Sie grundsätzlich externe Berater aus?

Das ist die Aufgabe unserer Organisationsabteilung. Sie unterstützt die Business-Units bei der Auswahl und Projektdefinition. Es gibt eine Reihe ganz unterschiedlicher Beratungsfirmen, mit denen wir regelmäßig zusammenarbeiten. Aus diesem Kreis treffen wir eine kleine Vorauswahl, je nach Projekt und Aufgabe. Die zwei oder drei ausgewählten Beratungen geben uns dann ihre Angebote. Dabei ist uns einfach wichtig, kein Rezept aus der Schublade präsentiert zu bekommen. Was wir wollen, ist ein auf unsere spezielle Situation zugeschnittenes Vorgehen. Ebenso muss uns die Beratungsmannschaft persönlich überzeugen. Und der Preis natürlich auch. (UB 04/98)

1.2 Consultant's Scorecard – Wie Berater ihren Nutzen nachweisen

Im Zusammenhang mit den Managementtheorien und Diskussionen über wertorientierte Unternehmensführung (value based management) ist in der amerikanischen Fachliteratur auch immer wieder der Begriff des value based consulting aufgetaucht. In die Praxis übertragen, bietet dieser Ansatz – eine Kombination des Return on Investment-Verfahrens mit der Grundidee des Balanced Scorecard-Ansatzes – einen strukturellen und inhaltlichen Rahmen, den Berater flexibel nutzen können, um die Rentabilität ihres Einsatzes nachzuweisen.

Besonders bei langläufigen und kostenintensiven Beratungsprojekten verlangen die Klienten immer häufiger, dass bereits im Arbeitsvorschlag (Angebot) ein Schätzwert angegeben wird, der eine Aussage zur Rentabilität des Auftrags macht (Preproject ROI). Früher hat man sich in diesen Fällen mit dem Hinweis aus der Affäre gezogen, dass man erst nach der Analysephase in etwa sagen könne, was unter dem Strich bei diesem Projekt herauskommt. Häufig wurde zu diesem Zweck aber auch eine Voruntersuchung durchgeführt, es sei denn, man konnte Analogieschlüsse aus vorherigen Projekten ziehen. Die hier vorgestellten Denkansätze sollen Berater dazu anregen, ihr individuelles, themenspezifisches Standard-Vorgehensmodell zur Ermittlung des Nutzens und der Rentabilität ihres eigenen Arbeitseinsatzes zu entwickeln.

1.2.1 Der Balanced Scorecard-Ansatz

Perspektive	Nutzenpotenziale	Messgrößen	Verfahren
Shareholder	Kostensenkung	% Kostensenkung	Vorher-/Nachhervergleich
	Ertragssteigerung	% Ertragssteigerung Umsatzwachstum	Berechnung
	Verbesserung des Ergebnisses	Chash Flow	Cash Flow – Analyse
	Schaffung Unternehmenswert	Emissionswert	Auswertung Fakten und Sekundärquellen
	Erhaltung, Verbesserung des Unternehmens	Aktienkurs Rating, Analyseempfehlungen	s.o.
Mitarbeiter	Transfer von Problemlösungswissen	Problemlösungskompetenz	Tests
	Personalentwicklung	Kompetenzuwachs	Performance – Test
	Konfliktlösung	Zufriedenheitsindex	Mitarbeiterbefragung
	Motivation	s.o., Krankenstand, Fluktuation	Statistische Auswertung
Auftraggeber	Zufriedenheit	Zufriedenheitsindex	Klientenzufriedenheitsanalyse
	Zielerreichung, Umsetzung	% Umsetzungsquote	Abschlussevaluation
Prozesse •Innovation	Optimierung der Innovationsprozesse	Break Even Time Time to Market Umsatzanteil neuer Produkte	Zeitmessung
•Beschaffung	Optimierte Beschaffungsprozesse	Just in Time	Messung
•Produktion	Optimierung des Leistungserstellungsprozesses	% Verkürzung der Durchlaufzeiten (MCE) % Senkung der Prozesskosten Reduktion der Fehlerquoten	Zählen und messen
•Marketing/ Vertrieb	Optimierter Marketing-Mix / Zielgruppenspezifische Vertriebsstrategien	Marktanteilsgewinn Neukundengewinnung Reduktion Risikokunden	
•Service/Wartung	Optimierter Servicekonzepte	% Reduktion Servicekosten	Berechnen
Kunden	Kundenzufriedenheit	Zufriedenheitsindex Reklamationen	Kundenbefragung Reklamationsanalyse
	Kundenbindung	Stammkundenanteil	Messen

Abb. 1.1: BSC – Inhalte beim Beratereinsatz

Als Hilfsmittel zur Strukturierung und Bewertung der Nutzenpotenziale des Beratereinsatzes kann der Balanced Scorecard-Ansatz verwendet werden. Die Inhalte der BSC in Abb. 1.1 sind auch als eine Art Checkliste zu sehen, die Berater flexibel nutzen können:

- Als Ideengeber für das Thema „Nutzen des Projektes" im Akquisegespräch mit dem Klienten,
- für die inhaltliche Gestaltung des Angebotes bei besonderer Betonung des Nutzens für den Klienten,
- vor Projektbeginn: Als Basis für den Schätzwert „Preproject ROI",
- und als Ausgangsbasis für den projektbegleitenden Prozess der ROI-Ermittlung (s. Abb. 1.2).

1. Aus der Perspektive der **Shareholder**, also aller Personen, die finanzielle Interessen an dem Unternehmen haben, wie Eigentümer, Investoren, aber auch indirekt Analysten und Ratingagenturen, bringt der Beratereinsatz

- den quantitativ messbaren „bottom line impact", d.h. die Summe der monetär messbaren Kostensenkungen und Ertragssteigerungen und die direkten Wirkungen auf das Unternehmensergebnis,
- den ebenfalls messbaren Nutzen in Form der Schaffung, Erhaltung oder Steigerung des Unternehmenswertes. So löste in der Vergangenheit schon die Ankündigung von Veränderungsprozessen eine Steigerung der Aktienkurse, bzw. bei öffentlichen Auftraggebern der Reputationswerte aus.

Durch Beratereinsatz wurden viele ehemalige Staatsbetriebe erst börsenfähig gemacht. Die Umwandlung der Deutschen Bundespost in drei börsenfähige Unternehmen wie Deutsche Post World Net, Deutsche Telekom und Postbank wären ohne massiven Beratereinsatz ab Anfang der achtziger Jahre überhaupt nicht möglich gewesen. Strukturveränderungen mit Themenbereichen wie „Ent-Beamtung" von Staatsbetrieben sind von innen heraus nicht zu bewerkstelligen.

2. Aus der Perspektive der **Mitarbeiter** im Klientenunternehmen ergibt sich als Nutzen

- ein multipler Wissenszuwachs, da fast alle Projekte in gemischten Teams bearbeitet werden und damit ein direkter Lerneffekt und Erfahrungstransfer von den externen Beratern hin zu den Mitarbeitern des Klientenunternehmens erfolgt.
- die Dokumentation der inhaltlich-methodischen Vorgehensweise der externen Berater in einem Beratungsbericht. Dieser liefert dem Klienten und seinen Mitarbeitern die konkrete Anleitung, wie ein bestimmtes Problem methodisch zu lösen ist. Die in den letzten Jahren in Großunternehmen entstandenen internen Beratungseinheiten haben damit ihre Wissensbasis aufgebaut.
- in den meisten Fällen eine Konfliktlösung im optimierten Unternehmensbereich, die auch zu erhöhter Motivation der Mitarbeiter führt. Dies ist besonders bei den beteiligungsorientierten Formen der Beratung der Fall.

3. In der Praxis ist der **Auftraggeber** nicht immer Shareholder, sondern z.B. ohne Aktienoptionen im mittleren Management positioniert. Aus seiner Sicht besteht der Nutzen des Beratereinsatzes in der zuverlässigen Zielerreichung im Rahmen des vertraglich vereinbarten Zeit- und Kostenbudgets. Die Beispiele der Projekte Toll Collect und Internet Jobbörse zei-

gen, dass dies nicht selbstverständlich ist und die Reputation oder sogar berufliche Existenz des direkten Auftraggebers unmittelbar damit zusammenhängt.

Alle Nutzenkategorien hängen ab von der Umsetzungsquote. Diese Quote ist der Prozentsatz, zu dem alle von den Beratern zur Umsetzung ihres Konzeptes vorgeschlagenen Maßnahmen auch tatsächlich umgesetzt werden. Auch hieran hat in erster Linie der direkte Auftraggeber ein Interesse.

4. In Bezug auf die Perspektive **Prozesse** ergeben sich je nach Themenstellung des Auftrags unterschiedliche Nutzenpotenziale, die generell auf Optimierungen der Zielgrößen Zeit, Kosten und Qualität beruhen. Zur Messung diese Potenziale sind in der Praxis eine Vielzahl von Kennzahlen üblich, von denen eine Auswahl in Abb. 1.1 dargestellt ist.

5. Ein wichtiger Erfolgsfaktor des Beratereinsatzes ist auch die Wirkung auf die Beziehung zwischen dem Klientenunternehmen und seinen **Kunden**. Hier liegen die wesentlichen Nutzenpotenziale in einer verstärkten Kundenzufriedenheit und -bindung.

1.2.2 Der Return on Investment (ROI)-Prozess

Der Prozess zur Ermittlung des ROI eines Beratereinsatzes ist in Abb.1.2 dargestellt. Die Erkenntnisse des BSC-Ansatzes können in diesen Prozess integriert werden.

Phasen	Aufgaben
1. Planung	1.1 Festlegung der Auftragsziele 1.2 Erstellung eines Evaluationsplans
2. Datensammlung	2.1 Datensammlung während der Auftragsdurchführung (BSC-Perspektiven und Messgrößen) 2.2 Datensammlung nach der Umsetzung (BSC-Perspektiven und Messgrößen)
3. Datenanalyse	3.1 Abgrenzung der Effekte des Beratungsauftrags 3.2 Daten in monetäre Werte umwandeln 3.3 Immateriellen Nutzen definieren und bewerten (Nutzwertanalyse) 3.4 Kosten der Beratung darstellen
4. Ergebnis der Auswertung 5. Dokumentation und Präsentation	4.1 ROI ableiten 5.1 Erstellen eines Impactberichts 5.2 Erstellen einer Impactpräsentation

Abb. 1.2: ROI – Ermittlung eines Beratereinsatzes

Erläuterungen:

Zu 1.1: Die Auftragsziele (monetäre und nicht monetäre) werden mit dem Klienten im Akquisitionsgespräch festgelegt und im Angebot dokumentiert.

Zu 1.2: Der Evaluationsplan besteht aus zwei Dokumenten. Der **Datenanalyseplan** enthält Details über die Datenarten, Quellen, Methoden, Termine und Verantwortliche.

Der **ROI-Analyseplan** enthält Hinweise darüber, wie die Effekte der Beratung abgegrenzt, Daten in monetäre Werte umgewandelt, die relevanten Kostenkategorien ermittelt und der immaterielle Nutzen bewertet werden.

Zu 2.1: Es wird eine Aufstellung darüber gemacht, welche Daten und immateriellen Nutzenkategorien während des Beratungsprozesses ermittelt werden können. Dabei liefert die BSC in Abb. 1.1 nützliche Hinweise.

Zu 2.2: Bestimmte Messgrößen ergeben sich erst nach der Implementierung oder nach Eintreten des so genannten eingeschwungenen Zustands. Diese sind gesondert aufzuführen. Es gibt Nutzenkategorien, wie z.B. Wissenszuwachs, die sowohl während des Prozesses als auch nach der Umsetzung erfasst werden können.

Zu 3.1: Hier müssen, z.B. mithilfe einer Checkliste die Verbesserungen der Performance im Klientenunternehmen, die auf den Auftrag zurückzuführen sind, von anderen Wirkungen abgegrenzt werden. Dies ist besonders wichtig, wenn parallel ein weiterer Optimierungsprozess, möglichst noch unter Federführung eines Wettbewerbers, durchgeführt wird.

Zu 3.2: Hier werden Festlegungen darüber getroffen, auf welche Weise die erfassten Daten in monetäre Werte umgewandelt werden, um diese dann den Kosten der Beratung gegenüberstellen zu können.

Zu 3.3: Aus jedem Beratungsprojekt ergeben sich auch immaterielle Nutzeneffekte, die oft ebenso wichtig sind wie die monetären Werte. Dazu gehören z.B. verbesserte Reputation, erhöhte Arbeitszufriedenheit, Technologie- und Innovationsführerschaft, verbesserte Teamfähigkeit, Markenimage usw. Mit Hilfe der Nutzwertanalyse kann man durch Wertziffern auch diese Effekte quantifizierbar machen.

Zu 3.4: In einem Projekt, das nach den professionellen Standards strukturiert, terminiert, personell besetzt und kalkuliert wurde, sind die Gesamtkosten dokumentiert. Eventuelle Abweichungen sind in schriftlichen Vertragsergänzungen festgehalten und damit ebenfalls problemlos in die ROI-Betrachtung einzubeziehen.

Zu 4.1: Aus der Gegenüberstellung von Nutzen und Kosten des Beratungsauftrags wird der ROI abgeleitet:

ROI = Nettonutzen des Beratungsauftrags : Beratungskosten x 100

Zu 5.1 und 5.2: Die Ergebnisse werden in Form eines Impactberichts und einer entsprechenden Präsentation dokumentiert.

Der Nutzen einer solchen Vorgehensweise für den Berater liegt auf der Hand:

- Bessere Argumente in der Akquisitionsphase,
- Bessere Erfüllung von Kundenanforderungen,
- Verstärkte Glaubwürdigkeit, auch für den direkten Auftraggeber gegenüber Dritten und Öffentlichkeit,
- Wettbewerbsvorteil,
- Höhere Rentabilität im eigenen Geschäft.

Quelle: Philipps, Jack, The Consultants Scorecard, New York 2000. (UB 03/04)

1.3 Erfolgsmessung in der Beratung

1.3.1 Cui bono? – Der Paradigmenwechsel im Consulting

Ein Schlag ins Wasser war die Anfrage bei den Leitern Unternehmenskommunikation oder Öffentlichkeitsarbeit großer und mittlerer Beratungsunternehmen, ob ein Kollege oder eine Kollegin ihres Hauses Lust und Motivation verspüre, einen Beitrag zum Schwerpunktthema „Wertorientiertes Consulting“ zu liefern.

Sogar die üblichen Standardabsagen, wie z. B. von The Boston Consulting Group: „Aus wettbewerbsstrategischen Gründen können wir zu diesem Thema derzeit keine Stellungnahme abgeben“, blieben aus. Auch McKinsey & Comp., nach eigener Auffassung nicht nur dem value based consulting verpflichtet, sondern selbst der value schlechthin, blieb zurückhaltend.

Nach einem Stichwort, bei dem es den Beratern nur so von den Lippen perlen müsste, herrschte entweder das große Schweigen oder Abwinken, „value based ...“ sei doch so abgegriffen und ausgelutscht. Das ist ein Irrtum! Tatsache ist, wie auch Literaturrecherchen beweisen, dass der Begriff im Zusammenhang mit Consulting bisher noch nicht verwendet wurde. Das ist erstaunlich, vollzieht sich doch in jüngster Zeit für alle spürbar ein deutlicher Paradigmenwechsel weg von der Aktivitätenorientierung hin zur Ergebnisorientierung im Consulting, auch bei den Problemstellungen, deren Lösungen bisher als nicht quantifizierbar galten.

In einer Zeit, in der die Budgets für externen Beratereinsatz nicht mehr unkontrolliert wachsen, sondern sogar rigide reduziert werden, wollen die Klienten wissen:

1. Welchen Nutzen bringt die Beratung, und wie kann man den Reaktionsgrad und die Zufriedenheit der eigenen Organisation messen?
2. Was wird das Klientenunternehmen durch den Beratereinsatz lernen, und wie kann man diesen Wissenszuwachs messen?
3. Ist die Umsetzung der Problemlösung gesichert, und woran kann man ihre Nachhaltigkeit messen?

4. Wie ist die Wirkung des Beratereinsatzes auf das Betriebsergebnis, und wie können diese Daten erfasst werden?
5. Wie ist die Rentabilität des Beratereinsatzes, der Return on Investment (ROI) zu berechnen und zu interpretieren?
6. Welche immateriellen Wirkungen ergeben sich durch den Beratereinsatz, und wie kann man diese erfassen und messen?

In Zukunft wird es nicht mehr mit der Vorlage einer Referenzliste getan sein. Der Klient wird künftig nach den Ergebnissen der Referenzprojekte fragen und sich diese in Form von dokumentierten Zahlenwerken beweisen lassen. Vielen Klienten wird auch das nicht mehr genügen, und sie werden garantierte Beratungsergebnisse fordern. Der Einwand der Berater, das Beratungsergebnis sei von zu vielen Unwägbarkeiten bestimmt, wird ausgehebelt mit dem Vorschlag, das Ergebnis unter bestimmten, vorher exakt definierten Prämissen zu garantieren. Abgerundet wird diese Vorgehensweise mit der Forderung nach Erfolgshonorar, das direkt mit dem garantierten Ergebnis verknüpft wird.

Die verstärkte und methodisch untermauerte Ergebnisorientierung bedingt automatisch eine viel stringentere Projektplanung und -steuerung als bisher. Die „Über den Daumen-Methoden“ wie Schätzklausur oder Analogieschlussmethode werden damit hinfällig. Für jede einzelne Aktivität und jede Maßnahme muss der Ergebnisbeitrag deutlich gemacht werden. Das Projekt wird vom vereinbarten Ergebnis her, also retrograd geplant. Aktivitäten, die keinen Ergebnisbeitrag leisten, werden eliminiert. Die Ergebnis- und Nutzenorientierung der Beratungsprojekte führt zu folgenden, für beide Seiten positiven Wirkungen:

1. Der Klient fühlt sich sicherer, wenn die Rentabilität des Auftrags nachgewiesen werden kann.
2. Mit dieser Sicherheit auf Seiten der Klienten wird für den Berater die Akquisition höherwertiger Aufträge leichter.
3. Die Wertorientierung bringt Wettbewerbsvorteile gegenüber Beratungsunternehmen, die sich diesem Anspruch nicht stellen.
4. Im Beratungsunternehmen entsteht eine Datenbank für Beratungsergebnisse und ihre direkten und indirekten Abhängigkeiten.
5. Wissensmanagement und TQM im Beratungsunternehmen werden wirksam unterstützt.

Fest steht, dass sich gerade die Consultingbranche in Zeiten steigenden Kostenbewusstseins der Forderung nach mehr Berechenbarkeit ihres Tuns nicht entziehen kann. (UB 01/02)

1.3.2 Value based Consulting

Interview mit Jochen Kienbaum (JK), Geschäftsführer, Kienbaum Consultants International, Gummersbach

Herr Kienbaum, an welchen Faktoren kann man überhaupt wertorientierte Unternehmens- und Personalberatung festmachen?

JK: Voraussetzung für eine wertorientierte Unternehmensberatung ist die strikte Orientierung am Kundennutzen. Value based Consulting ist dann erfolgreich, wenn der Kunde anhand von definierten Kennzahlen zur Zielerreichung nachhaltig die konkreten Ergebnisse eines Beratungsprojekts messen kann, die zu einer Verbesserung seiner Ist-Situation geführt haben. Diese Kennzahlen werden in den Kernsegmenten Finanzen/Budget, Kundenzufriedenheit und Leistungsqualität, Innovation und Mitarbeiterzufriedenheit sowie Prozesslinien und Wertschöpfungsketten gesetzt. Wichtig dabei ist, dass jedes Unternehmen ganz individuelle Voraussetzungen für ein Beratungsprojekt hat und somit individuelle Kennziffern erforderlich macht. Neben der Unternehmensgröße und Branche sind dabei auch strukturelle, funktionale und psychologische Faktoren zu beachten. Die Ziele müssen also bei jedem Beratungsprojekt individuell formuliert werden – maßgeschneiderte Lösungen sind gefragt, nicht Konzepte „von der Stange".

Das Value based Consulting ist natürlich durch eine monetäre Wertorientierung im Sinne zusätzlicher Wertschöpfung beziehungsweise Maximierung des Unternehmenswertes bestimmt. Damit eine konkrete Wertoptimierung durch die Beratung erfolgt, ist es wichtig, dass auf Seiten des Kunden ein gemeinsames Selbstverständnis aufgebaut wird. Unsere Berater arbeiten deshalb im Team mit den Mitarbeitern des beratenen Unternehmens und generieren so Kreativ- und Innovationspotenzial auch im Unternehmen selbst. Diese Teamarbeit ist eine ebenso wichtige Grundvoraussetzung effektiver Beratung wie die Transparenz in allen Phasen des Beratungsprozesses und die Begleitung bis zu dem Zeitpunkt, an dem das (gemeinsam) erarbeitete strategische Zielsystem auf alle operativen Ebenen heruntergebrochen ist und erfolgreich arbeitet. Schlagworte wie „Wir setzen Trends" oder „Wir sind verbindlich" dürfen dabei natürlich keine bloßen Managementfloskeln bleiben. Denn: Das integrierte Selbstverständnis eines Unternehmens ist die Quelle der nach Funktionen differenzierten Beurteilungsfelder.

Wie vermitteln Sie Ihren Mitarbeitern die Prinzipien von Value based Consulting?

JK: Alle unsere Consultants sind erfahrene Marktinsider, die ihre spezifische Branchenkenntnis und ihr Gespür für die individuelle Unternehmenskultur kreativ in jedes Beratungsprojekt einbringen. Wir legen – Stichwort Teamarbeit im Unternehmen – neben der Fach- und Umsetzungskompetenz bei unseren Beratern großen Wert auf soziale Kompetenz. Wir bereiten zudem jeden Berater in unserer hauseigenen Academy auf ein neues Beratungsprojekt vor, um die Möglichkeit zu schaffen, in der Beratung stets individuelle Lösungen schneidern zu können. Darüber hinaus halten wir regelmäßige Workshops und Seminare über das Thema wertorientierte Unternehmensberatung ab. Die Ergebnisse abgeschlossener Projekte werden in einer „Manöverkritik" mit den verantwortlichen Beratern zudem intensiv nachbereitet, so erfolgt eine weitere Spiegelung vom Projekt auf den Berater, aus der dieser immer wieder neue Erkenntnisse für zukünftige Projekte zieht, sprich permanent Kompetenzen ausbaut. Das Thema Selbstverständnis spielt natürlich auch intern eine herausragende Rolle. Wir stellen nicht nur in unserer Beratung den Menschen in den Mittelpunkt, da wir ihn als den entscheidenden Träger von Veränderung sehen, sondern auch bei der internen Unternehmensführung. Denn: Human Value for Business ist gerade in der Beratung Voraussetzung für effektive und nachhaltige Consulting-Arbeit.

Wie stellen Sie sicher, dass in Projekten nach diesen Prinzipien verfahren wird?

JK: Wir schaffen uns Kennziffern, die über den gesamten Verlauf eines Projekts Transparenz über Vorgehen und Fortschritt schaffen. Es gibt regelmäßige Status-Sitzungen innerhalb des Teams und natürlich auch gemeinsam mit dem Kunden, in dem Meilensteine und Zielerreichungsstand überprüft werden. Nach Projektende evaluieren wir zudem über eine schriftliche Befragung die Zufriedenheit des Klienten mit dem Erreichten.

Ist der Berater- und Beratungsnutzen nur ex post darzustellen, oder kann man schon im Akquisitionsgespräch dazu Aussagen machen?

JK: Wir folgen in unserer Beratung prinzipiell einem ganzheitlichen Ansatz, der neben der strategischen Ausrichtung immer den Menschen mit seinem Entwicklungspotenzial und seiner Leistungsfähigkeit in den Mittelpunkt stellt. A priori eine verbindliche Aussage über die Höhe möglicher Effizienzsteigerungen zu treffen, ist schlicht unseriös. Ein Berater, der so vorgeht, macht sich zum bloßen Sprachrohr beziehungsweise verlängerten Arm des Klienten, beschneidet also nicht nur seine Rolle, sondern auch die möglichen Optimierungspotenziale vorab – der Nutzen für das gesamte Unternehmen in allen Segmenten wird aus dem Blick verloren. Was sinnvoll sein kann, ist die Veranschaulichung gemachter Erfahrungen bei ähnlich gelagerten Projekten und Problemstellungen.

Sehen Sie einen Zusammenhang zwischen Value based Consulting und Erfolgshonoraren?

JK: Es gibt Projektfelder, in denen Erfolgshonorare sinnvoll sind, dies bezieht sich aber ausschließlich auf die Managementberatung, wo ein hohes Maß an Projektmanagement mit unternehmerischer Verantwortung gefragt ist. Anwendungsbereiche sind etwa die Sektoren Wachstum und Innovation, Effizienz und Effektivitätsverbesserung oder im Segment Turnaround. Grundvoraussetzung für eine solche Honorarvereinbarung ist aber, dass die Konditionen für beide Seiten verbindlich, fair und transparent vereinbart werden. (UB 01/02)

1.3.3 Klientenzufriedenheitsanalysen als Instrumente des Value based Consulting

Die Zufriedenheit des Klienten mit den Vorgehensweisen der Berater und der realisierten Problemlösung ist ein endgültiges Maß für die Qualität der Beratungsleistung. Unzufriedene Klienten werden das Beratungsunternehmen oder den Berater generell nicht mehr in Anspruch nehmen. Durch negative Berichterstattung können sie sogar andere potenzielle Klienten davon abhalten, Beratungsleistungen in Anspruch zu nehmen. Deshalb sind eine kontinuierliche Beurteilung der Klientenzufriedenheit und eventuell korrigierende Maßnahmen notwendig, um das Akquisitionspotenzial und die Servicequalität des Beratungsunternehmens ständig zu verbessern.

Verfahren

Die Messung kann mit verschiedenen, zeitlich gestaffelten Verfahren erfolgen:

- Bereits in den ersten Gesprächen mit dem Auftraggeber muss im Zuge der **Auftragsklärung** genau herausgefiltert werden, welche Faktoren die Klientenzufriedenheit beeinflussen. Dies können z. B. sein:
- Quantitative Ergebnisse im Sinne von Kostensenkung, Ertragssteigerung und Effizienzverbesserung usw.
- Qualitative Ergebnisse, bezogen auf Mitarbeitermotivation, Wissenserwerb, Verbesserung der Wettbewerbspositionierung, Imageverbesserung, Innovationskraftstärkung usw.
- Diese Faktoren werden mit Bezug auf die Klientenzufriedenheit im **laufenden Projekt** ständig abgefragt. Zeitlich und organisatorisch bieten sich Meilensteinbesprechungen nach Ende eines Auftragssegments einer Phase vereinbarte Zwischenpräsentationen an.
- Ergänzend dazu sollte der Berater/Projektleiter einige Wochen **nach Beendigung des Projektes** noch einmal bei dem Klienten nachfragen, ob die Aufgabe zur Zufriedenheit aller Beteiligten abgeschlossen wurde. Bei auftretenden Problemen sollte noch einmal nachgefasst oder nachgebessert werden. Der Klient erhält so das Gefühl, dass der Service des Beraters noch über die eigentliche, vertraglich festgelegte Leistung hinausgeht.

Methoden

- Eine Möglichkeit zur Messung der Klientenzufriedenheit ist die Klientenbefragung (s. Muster 1). Man führt mit dem Auftraggeber und den Betroffenen im Klientenunternehmen ein persönliches Gespräch. In diesem Gespräch können alle wichtigen Fragen zur Ermittlung der Klientenzufriedenheit erörtert werden.
- Weniger aufwendig als ein Interview ist das Verschicken von Fragebögen (s. Muster 2). Auch Fragebögen können Aufschluss über die Zufriedenheit der Klienten geben. Beachten sollte man dabei allerdings die zu erwartende Rücklaufquote der Fragebögen.
- Man kann auch ein externes Institut damit beauftragen, bei verschiedenen Klienten eine Klientenzufriedenheitsanalyse durchzuführen, um so herauszufinden, ob Klienten in der Vergangenheit mit der Beraterleistung zufrieden waren. Ein Vorteil dieser Methode besteht darin, dass man auch Mitbewerber in die Umfrage einbeziehen und somit gleichzeitig ein Benchmarking durchführen kann. (UB 01/02)

Vorbereitung des Interviews

Auswertung der Projektunterlagen

- ■ Aufdeckung von Problemen und Schwachstellen aus Sicht des Beraters
- ■ Worauf muss ich im Interview besonders achten?

Planung des Interviews

- ■ Inhaltliche Vorbereitung (Thema u. Zielsetzung)
- ▪ Worum geht es, welche Faktoren bestimmen die Zufriedenheit des Auftraggebers?
- ▪ Weiß ich genug zur Problemstellung und zur Zielsetzung des Auftrages?
- ▪ Welche Teile der Projektdokumentation sind relevant?

- ■ Methodische Vorbereitung (Ablauf)
- ▪ Wie kann ich einen positiven Gesprächsverlauf herbeiführen?
- ▪ Wie gestalte ich.....
  - den Einstieg?
  - die Prioritätensetzung?
  - das Planen von ergänzenden Maßnahmen?
  - den Abschluss?

- ■ Organisatorische Vorbereitung (Zeit, Raum, Medien)
  - Wann soll das Interview stattfinden?
  - Wie lange soll es (maximal) dauern?
  - Wo soll es stattfinden?
  - Welche Medien brauche ich dazu?
  - Was muss ich vorbereiten (lassen)?

- ■ Persönliche Vorbereitung
- ▪ Wer soll mit dabei sein?
- ▪ Worauf muss ich (besonders) achten?

Durchführung des Interviews

- ■ Orientierung
- ■ Positive, konstruktive Atmosphäre schaffen

Vorstellung der einzelnen Tagesordnungspunkte

Themengewichtung nach Bedeutung

Abhandeln der einzelnen Projektphasen

- ■ Zufriedenheitsfaktoren im Rahmen des Gesprächsverlaufes herausfinden
- ■ Ergebnisse aus Sicht der Berater darstellen und Feedback geben lassen

Abschluss des Interviews

- ■ Immer positiv!

Auswertung und Aufbereitung des Interviews

- ■ Grad der Klientenzufriedenheit analysieren
- ■ Ergänzende, Zufriedenheit schaffende Maßnahmen
- ■ Allgemein gültige Ergebnisse zur Vermeidung von zukünftigen Fehlern herausarbeiten

Abb. 1.3: Muster 1: Interviewleitfaden

Hinweis: Bitte füllen Sie den Fragebogen sorgfältig aus. Sie helfen und damit, unsere Beratungsqualität weiter zu steigern. Vielen Dank!	Ja	Nein	Vorschläge/ Begründung
1. Waren Sie mit den Leistungen unseres Unternehmens uneingeschränkt zufrieden?			
2. Würden Sie unser Unternehmen uneingeschränkt weiterempfehlen?			
3. Waren Sie mit der Arbeit und dem Auftreten unserer Mitarbeiter zufrieden?			
4. Wurden die von Ihnen und Ihren Mitarbeitern eingebrachten Vorschläge von unseren Beraten aufgegriffen und umgesetzt?			
5. Konnten die gewonnen Erkenntnisse, Konzepte und ausgearbeiteten Maßnahmen sinnvoll angewendet und umgesetzt werden?			
6. Waren Sie mit der Art und Weise der Ausführung zufrieden?			
7. Fanden Sie den Einsatz unserer Mittel (IT,...) sinnvoll?			
8. Wurden die Probleme in Ihrem Unternehmen zur Zufriedenheit gelöst?			
9. Sind Sie mit dem Ergebnis des Projekts zufrieden?			
10. Entspricht es Ihren in der Auftragsklärung geäußerten Erwartungen?			
11. Waren Sie mit dem Preis-Leistungs-Verhältnis zufrieden?			
12. Würden Sie bei Bedarf wieder eine Unternehmensberatung einschalten?			
13. Würden Sie in diesem Fall auf unsere Gesellschaft zurückgreifen?			

Abb. 1.4: Muster 2: Fragebogen Klientenzufriedenheit

Halten Sie sich bei der Auswertung der Fragebögen bitte an folgendes Schema:

1. Gibt es Fragen, die mit „Nein“ beantwortet wurden?

Keine: Der Klient war mit unserer Leistung voll zufrieden!

Wenn ja: weiter mit Punkt 2

2. Analyse der Qualitätsschwachstellen

- Greifen Sie die Fragen heraus, die mit „Nein“ beantwortet wurden, und klären Sie die Ursachen, warum der Klient mit der Leistung nicht zufrieden war!
- Analysieren Sie die möglichen Ursachen auf folgendem Formblatt!

3. Legen Sie Maßnahmen mit Verantwortlichen und Termine fest!

Abb. 1.5: Checkliste: Auswertung von Fragebögen zur Klientenzufriedenheitsanalyse

Analyse der wichtigsten Qualitätsschwachstellen –
Ermitteln Sie mögliche Ursachen und legen Sie Maßnahmen fest!

Tag:	Zeichen:	Schwachstelle:
Ursache Mensch:	Ursache Methode:	Ursache Prozess:
Termine:	Verantwortlich:	Maßnahmen:

Abb. 1.6: Formblatt: Ursachenanalyse für mangelnde Klientenzufriedenheit

1.3.4 Werttreiber Consultant

Beratungsunternehmen können bei der aktuellen Diskussion um wertorientierte Führung und den Paradigmenwechsel von der Kapitalrendite zur Mitarbeiterrendite ganz gelassen bleiben. Sie sind schon immer in der gleichen Situation wie heutige Start-ups gewesen: Das investierte Kapital, seine Kosten und seine Rendite spielen die geringste Rolle, auch wenn es immer ein bisschen mehr war als Garage, PCs, Orangenkisten und Turnschuhe.

Der hochproduktive Mitarbeiter, mit dem sich andere Unternehmen erst langsam beschäftigen, ist in Consultingunternehmen seit Anbeginn der alles entscheidende Werttreiber. Die Erkenntnis, dass profitables Beschäftigungswachstum den Unternehmenswert steigert und damit die Shareholder glücklich macht, haben fast alle Beratungsunternehmen verinnerlicht. Manche allerdings verwechseln profitables Wachstum mit Kaufrausch rund um den Globus. Da dies meist auf Pump geschieht, verrutscht die Relation Personalkosten zu kapitalbezogenen Kosten in diesen Unternehmen auf branchenunübliche Weise.

Die neue Zauberkennzahl „Überrendite des Humankapitals", heiß diskutiert in den DAX-Konzernen, ist in Beratungsunternehmen, wenn auch unter anderen Namen, eine längst etablierte Steuerungsgröße. Sie wird beeinflusst durch eine optimierte Kombination verschiedener Instrumentarien auf den Stufen:

- Personalbeschaffung

Hier wird auf eine ausgewogene, interdisziplinäre Mischung von Berufsanfängern, Senior Consultants und freien Mitarbeitern geachtet.

- Personalentwicklung

Durch eine theoretische Grundausbildung, praktisches Learning by doing in Projekten, Vorgaben zum Selbststudium und gelebtes, interpersonelles Wissensmanagement wird der Mitarbeiter zum Werttreiber.

- Personaleinsatz

Durch weitgehende Standardisierung der einzelnen Phasen des Beratungsprozesses und die rigide Qualitätssicherung der jeweiligen Phasen-Endprodukte wird die Wertschöpfung des eingesetzten Humankapitals wesentlich gesteigert. Es wird darauf geachtet, dass das Performanceprofil der eingesetzten Berater dem Anforderungsprofil des Projektes entspricht. Die ständige Konfrontation mit der Auslastungsquote und ihren Folgen führt zu unternehmerischem Denken und Handeln jedes einzelnen Mitarbeiters.

- Personalbindung

Durch leistungsabhängige Bonussysteme (Akquisitionsprämie, Qualitäts- und Feed-back-Prämie), klare Karriereplanung und Gewinnbeteiligung wird der Bindungsgrad produktiver Mitarbeiter gesteigert.

Aber nicht nur im eigenen Unternehmen ist der Consultant Werttreiber. Durch seinen Einsatz in Klientenunternehmen kann der Personalkostenblock reduziert werden. Als flexible, hocheffiziente Einsatztruppe mit innovativer Problemlösungskompetenz schlagen Berater nur als Sachkosten zu Buche. Und das lieben die Wertmanager und die Analysten.

Aus den positiven internen und externen Erfahrungen der eigenen Branche heraus hat die Boston Consulting Group ein Kennzahlensystem „Workonomics“ entwickelt, in dem der so genannte Value Added per Person (VAP) eine zentrale Rolle spielt. Diese Kennzahl gibt die durchschnittliche Wertschöpfung der Mitarbeiter nach Abzug der Kapitalkosten an. Die BCG-Berater suchen nach Klienten, bei denen sie das Workonomics-Konzept implementieren können. Im Anschluss daran muss man nur noch die Analysten davon überzeugen, dass VAP auch in der „old economy“ der Werttreiber der Zukunft ist. (UB 03/00)

1.3.5 Wertmanagement

Interview mit
Dr. Stefan Bötzel (SB), Roland Berger & Partner GmbH
Andreas Schwilling (AS), Roland Berger & Partner GmbH

Alle Unternehmen bekennen sich zum Wertmanagement, doch die wenigsten haben es systematisch implementiert, wie jüngste Untersuchungen zeigen. Woran liegt es?

AS/SB: Nach der Erfahrung von Roland Berger & Partner existieren vier wesentliche Gründe für dieses Phänomen:

- Wertmanagement wurde viel zu controllinggetrieben gesehen, die Mobilisierungseffekte durch die Kaskadierung in die Unternehmen (operative Werttreiber) haben sich bislang noch nicht durchgesetzt.
- Eine systematische Implementierung von Wertmanagement erfordert umfassende und kostspielige Projektaktivitäten, die manche Unternehmen scheuen.
- Die damit verbundene notwendige Transformation des gesamten Unternehmens zieht sich erfahrungsgemäß über mehrere Jahre hin.
- Die Anforderungen des Kapitalmarktes, Wertmanagement einzuführen, sind in Europa erst allmählich gestiegen. Für eine positive Aktienkursentwicklung war in Europa Wertmanagement bis vor kurzem noch nicht unbedingt notwendig.

Welche Kennzahlen sind überhaupt geeignet, ein Unternehmen mit dem Ziel nachhaltiger Wertsteigerung zu steuern?

AS/SB: Zurzeit findet schon fast ein „war of metrics“ mit einer Vielzahl von Kennzahlen (ROCE, Economic Profit, u.v.a.) statt, die sich häufig vor allem durch die Bezeichnung unterscheiden. Eine Pauschalbeurteilung der Konzepte ist weder möglich noch sinnvoll. Da alle Metriken spezifische Vor- und Nachteile besitzen, muss eine Individualisierung/geschäftsspezifische Anpassung für jedes Unternehmen vorgenommen werden! Generell sollte eine zentrale wertorientierte Steuerungsgröße folgende Kriterien erfüllen:

Grundvoraussetzung ist natürlich, dass die Kennzahl die Wertsteigerung aus der Verbesserung der Unternehmensperformance zweifelsfrei anzeigt.

- Die Kennzahl sollte sich möglichst weitgehend – anstelle von Buchhaltungsgrößen aus der Gewinn- und Verlustrechnung – an realen Zahlungsströmen orientieren.
- Die Kennzahl sollte eine dynamische Betrachtung, die den Zeitwert des Geldes berücksichtigt, beinhalten.
- Bei der Bestimmung von Zielgrößen und „hurdle rates" für die Kennzahl sollten die unterschiedlichen Risiken des Geschäfts berücksichtigt werden.

Neben diese zentrale Steuerungsgröße sollten eine Vielzahl von einzelnen Kennzahlen treten, die fokussiert an den individuellen Werttreibern des Unternehmens ansetzen.

Wie kann man für Benchmarks sicherstellen, dass Unternehmen diese Kennzahlen einheitlich definiert haben?

AS/SB: Nach unseren Erfahrungen definieren die Unternehmen ihre wertorientierten Kennzahlen immer unterschiedlich, da dies für ihre individuellen Geschäftscharakteristika eine präzisere Wert- und Performance-Messung erlaubt. Bei genauer Analyse der Details (Ergebniskalkül, Kapitalbasis, Kapitalkosten) ergibt sich, dass es in Deutschland nicht zwei identische Ansätze gibt. Ein Benchmarking von Wertkennzahlen ist daher nur aussagekräftig, wenn man detaillierten Einblick in die Berechnungsmethodik hat und die Auswirkungen beispielsweise einer anderen Behandlung von Leasing, Goodwill bei Akquisitionen oder Pensionsrückstellungen beurteilen kann. Das Umstellen der Rechnungslegung auf US-GAAP oder IAS erleichtert diese Problematik.

Die Unternehmenssteuerung nach der Kapitalrendite lässt es immer wieder sinnvoll erscheinen, vor allem die Personalkosten zu senken. Dabei wird nur selten nach der Wertschöpfung durch die Mitarbeiter gefragt. Wie kann der Value Added per Person besser berücksichtigt werden?

AS/SB: Mit unserem Wertmanagementkonzept ermitteln wir individuell für jedes Unternehmen die Wertgeneratoren. Dabei ergibt sich häufig, dass die Personalkosten in manchen Branchen gar kein wesentlicher Werttreiber sind, beispielsweise in bestimmten Gebieten der Telekommunikation. Dementsprechend werden im Sinne eines fokussierten wertorientierten Controlling die Personalkosten in diesen Branchen kaum Betrachtungsgegenstand sein.

In Branchen mit Personalkosten als zentralem Wertgenerator können je nach Geschäftscharakteristika unterschiedlichste Kennzahlen definiert werden, z. B. Werterzeugung pro Person, Verhältnis von Werterzeugung zu Personalkosten, etc. Es ist dabei jedoch zu beachten, dass diese Kennzahlen für verschiedene Geschäfte sehr unterschiedliche Ergebnisse liefern. Sie eignen sich daher weniger für einen Vergleich innerhalb des Portfolios als vielmehr für das Überwachen der zeitlichen Entwicklung innerhalb der Geschäfte.

Wertmanagement ist mehr als die Definition und Anwendung einer Performance-Kennzahl, denn die Wirkungen erfassen top down alle Bereiche. Hier sind die Berater gefordert. In welchen Arbeitsschritten implementieren Sie Wertmanagement?

AS/SB: Unser Wertmanagementkonzept zielt auf eine vollständige Transformation des Unternehmens und besteht aus drei Phasen:

Phase 1 – Wertmanagement-Konzept erarbeiten und Target-Setting
Phase 2 – Wertorientierte Führung verankern
Phase 3 – Implementierung.

In der ersten Phase werden Arithmetiken und Definitionen der Steuerungsgrößen festgelegt und das wertorientierte Gesamtführungskonzept verabschiedet. Weitere Bestandteile sind die Berechnung des Ist-Portfolios im Hinblick auf Werterzeugung bzw. -vernichtung, der Beginn einer Werttreiberanalyse sowie die Konzeption des Investor Relations-Programmes. Im Target-Setting werden die Portfolio- und Operationsziele als Messlatte der Verankerung in der Organisation definiert.

Die zweite Phase dient dann der genauen Festlegung der Werttreiber und ihrer strategischen und operativen Verbesserungspotenziale und der Scorecards zur Messung und der Ausgestaltung der wertorientierten Führungsprozesse (z. B. Strategie, Planung). Die Konzeption eines wertorientierten Vergütungssystems sowie die Bewertung strategischer Entscheidung aus Wertmanagement-Perspektive runden diese Phase ab.

Die dritte Phase schließlich leitet die Umsetzung durch Kommunikations- und Schulungsmaßnahmen, das Treffen von wertorientierten Zielvereinbarungen ein. Durch Maßnahmenmanagement wird der Projekterfolg überwacht und sichergestellt.

Während aller Phasen wird intensiv mit allen operativen Einheiten diskutiert und frühzeitig die DV-technische Umsetzung sichergestellt.

Welches sind die Erfolgsfaktoren und die Hemmnisse bei der Umsetzung eines Wertmanagementsystems?

AS/SB: Wie jedes Großprojekt stößt auch ein Wertmanagement-Projekt im Unternehmen auf Widerstände. Dabei handelt es sich teilweise um inhaltliche Kritik, Ablehnung des Vorgehens und häufig um Widerstand gegen das gesamte Projekt bedingt durch Angst oder falsche Information.

Zentrale Erfolgsfaktoren sind daher aus unserer Erfahrung:

- Setzen von anspruchsvollen Zielen und Verstehen der Transformation als Quantensprung.
- Mobilisierung von möglichst vielen Mitarbeitern durch bereichs- und hierarchieübergreifende Teams und Arbeitsgruppen.
- Einfach denken, Finden von unkomplizierten und gut kommunizierbaren Konzepten.
- Ergebnisorientiertes Arbeiten mit Messen der Zielerreichung.
- Setzen von realistischen Terminen, um Demotivation zu vermeiden.
- Vertrauen schaffen, indem Betriebs-/Personalräte aktiv eingebunden werden und eine offene ehrliche Kommunikation stattfindet.
- Trainieren von Mitarbeitern, weil Fähigkeiten nicht verordnet werden können.(UB 03/00)

2 Beratungsqualität

2.1 Ethik, Werte, Normen: How would I explain this to Marvin?

Die internationale Consultingbranche hat eine ihrer letzten Ikonen verloren. Marvin Bower, seit 1933 bei McKinsey & Comp., starb Ende Januar 2003 im Alter von 99 Jahren. Er hat als Partner bis 1992 der Firma gedient. Nicht James Oscar McKinsey, der bereits 1937 starb, hat die Company zum Weltmarktführer gemacht, sondern Bower, sein Alter Ego. Er hat zeitlebens der Versuchung widerstanden, seine persönliche Eitelkeit durch eine Änderung des Firmennamens zu befriedigen. Zu groß war die Bewunderung für seinen Chef und Vorgänger: „McKinsey was rigorous but fair. I liked him, admired him, and respected him. My feeling for the man is shown by the fact that when our third son was born shortly after Mac's death, we named him James McKinsey Bower."

Bower setzte Zeichen in Bezug auf innovative Vorgehensweisen, höchste Ansprüche an Mitarbeiter, beste Ausbildung in Theorie und Praxis und leistungsorientierte Entlohnung. Die totale Unabhängigkeit und der Kundennutzen waren für ihn oberste Gebote. In den sechziger Jahren, als die ersten Fusionsangebote kamen und die Mitarbeiter einen Börsengang anregten, widersetzte sich Bower mit dem Argument, die Identität der Firma ginge verloren, wenn man sich auf den eigenen Gewinn und Verlust statt auf den Klientennutzen konzentriere. Dieser Maxime folgend hat er 1968 seinen Firmenanteil zum Buchwert an andere McKinsey-Partner übergeben und sie dabei aufgefordert, in gleicher Situation ebenso zu verfahren.

Mit Bower fest verbunden sind auch Begriffe wie Beratungsethik, absolute Objektivität, Klientenzufriedenheit und Dress-Code (Hüte ja, Bärte nein, niemals braun und gestreift), die heute mit der allgemeinen Verlotterung der Sitten eine immer geringere Rolle spielen. Bower, der Visionär und gnadenlose Pragmatiker, hat ganze Generationen von Beratern beeinflusst: „Most of us still decide tough decisions on professional questions by sort of thinking ‚How would I explain this to Marvin?'" (Jon Katzenbach).

Berater, die dieses Wertesystem übernommen haben, sterben aus. Der Tod Marvin Bowers hat deshalb bei Meinungsführern der internationalen Consultingbranche zu einer erneuten Diskussion über den Ehrenkodex und die Qualitätsnormen der Branche geführt. Zwischen 1969 und 2002 sind die Formulierungen des Code of Ethics des amerikanischen Beraterverbandes Association of Management Consulting Firms (AMCF), an denen Bower wesentlichen Anteil hatte, Schritt für Schritt verwässert worden. Es stört niemanden mehr, wenn Beratungsfirmen mit IT-Anbietern Kooperationsverträge schließen und damit ihre Neutralität aufgeben. Es gibt keinen Aufschrei bei der „Methode Droege“ (vgl. managermagazin 2/2003): 1. Verbündeter (Banken holen den Sanierer, wenn Kreditkunden in der Klemme stecken), 2. Umsetzer (Droege-Berater durchleuchten und sanieren die Firma), 3. Kassierer (Es werden Spitzenhonorare in Rechnung gestellt), 4. Discounter und Kontrolleur (Droege erwirbt Firmenanteile und geht in den Aufsichtsrat), 5. Verkäufer (Ist der Turnaround geschafft, fließen Dividenden und Provisionen beim Börsengang). How would I explain this to Marvin?

In den USA wird ernsthaft diskutiert, wie die Branche aus eigener Kraft zum alten Wertesystem zurückfinden und das Vertrauen der Klienten wiedergewinnen kann. Sollte dies nicht gelingen, wird das Schreckgespenst der Regulierung durch außenstehende Dritte an die Wand gemalt. In Europa heißt das: Gerichtsurteile und nationale und europäische Kontrollgremien. (UB 03/03)

2.2 Qualität in der Beratung

Interview mit
Dr. Roland Schmitt (RS), Geschäftsführer Diebold Deutschland GmbH

Herr Dr. Schmitt, seit Mitte 2001 stehen Sie an der Spitze des Management- und Technologieberatungsunternehmens Diebold. Alte Consulting-Hasen haben den Unternehmensgründer John Diebold, „Mr. Automation“, noch persönlich kennen gelernt und schwärmen von seinen Qualitätsstandards im Beratungsgeschäft und im Beziehungsmanagement mit Klienten, Mittlern und Mitarbeitern. Was ist von diesen Standards heute noch übrig geblieben?

RS: Diese Standards haben sich nur in der Hinsicht verändert, dass die Planungszeiträume wesentlich kürzer sind. Die Wechselhäufigkeit im Management und die Dynamik hat zugenommen. Das wirkt sich natürlich auch auf Consultingunternehmen aus. Der viel gepriesene Wandel ist heute Realität, und damit werden hohe Anforderungen an Qualität und Beziehungsmanagement gestellt.

Im Zusammenhang mit den Zusammenbrüchen bei Swissair und Sulzer, beides Unternehmen, die jahrzehntelang von führenden Consultingunternehmen strategisch beraten wurden, ist erneut eine Diskussion über Wert und Nutzen von Beratung entstanden. Welche Faktoren würden Sie in eine Nutzenbetrachtung einbeziehen?

RS: Die Beratung muss die Vorschläge, die sie konzipiert auch mit umsetzen oder die Umsetzung begleiten. Only-Paperwork-Consulting ist zunehmend obsolet. Der Kunde will Lösungen, die funktionieren. Die soziale Kompetenz der Berater spielt ebenso eine Rolle. Heerscharen von „Jungberatern“, die auf Kosten des Kunden ausgebildet werden, haben das Image verschlechtert.

Wie kann man von einer rein quantitativen Betrachtung des „Bottom Line Impact" zusätzlich zu einer qualitativen Bewertung kommen, z. B. „Was hat die Klientenorganisation von den Beratern gelernt, welcher weitere immaterielle Nutzen ist entstanden?"

RS: Schon vor 3 Jahren haben wir mit Kunden Erfolgshonorare auf der Basis von Know-how-Transfer, Management-Feedback der betreffenden Kundenorganisation, Einhaltung von Qualitätsstandards, etc. getroffen. Das hat sich bewährt. Letztlich ist entscheidend, ob der Kunde zufrieden ist. Wie er das bemisst, ist zweitrangig.

Ist der Berater- und Beratungsnutzen nur ex post darzustellen oder kann man schon im Akquisitionsgespräch dazu Aussagen machen?

RS: Dazu muss im Vorfeld etwas gesagt werden. Zumindest zu den so genannten quantitativen Kriterien. Wie soll der Kunde sonst die Nutzenpotenziale abwägen? Wir stellen unseren Nutzen für den Kunden ganz an den Anfang, Methode und Vorgehensweise sind austauschbar.

Sehen Sie einen Zusammenhang zwischen Value Based Consulting und Erfolgshonoraren?

RS: Eindeutig. Unser Credo „Beratung schafft und sichert Werte – Beratung ist und hat einen Wert" wird gerade in der gegenwärtigen Krise der Beratungen mit Interesse wahrgenommen. Nur wenn wir uns am Erfolg unseres Kunden messen lassen, sind wir glaubwürdig – und nicht, verhilft uns das auch zum Erfolg. (UB 02/02)

2.3 Mitgehangen, mitgefangen – Die Pleiten und ihre Berater

Wenn sich die Insolvenzen häufen, liegt es nahe, zu untersuchen, welche Rolle Unternehmensberater bei diesen Ereignissen gespielt haben. Dieser Analyse haben sich in letzter Zeit einige Wirtschaftsmagazine und Tageszeitungen, vor allem in den USA und in der Schweiz, mit Akribie gewidmet.

Was liegt näher, als – pars pro toto – den Branchenprimus unter die Lupe zu nehmen? Dabei lässt allerdings die Natur des Beratungsgeschäftes nicht die Vermutung aufkommen, die McKinseys hätten ebenso wie die Wirtschaftsprüfer von Arthur Andersen mit neben dem Reißwolf gestanden oder gar Anleitungen zu kriminellen Machenschaften gegeben. Die Zusammenhänge sind subtiler und haben, besonders nach dem Enron-Crash, McKinsey-Chef Rajat Gupta schlaflose Nächte bereitet.

Da war zunächst der Fall Swissair. Unter der Überschrift: „Ferngesteuert ins Desaster – Nach zehn Jahren Beratung und kassierten Honoraren von rund 100 Millionen Franken entlässt McKinsey den Hauptkunden Swissair so ratlos wie zuvor", analysierte das Schweizer Wirtschaftsmagazin „Bilanz" die strategische Mitwirkung des Branchenführers beim Crash seines Klienten. Dabei wird ein Muster erkennbar, das man als „Relationship Consulting" bezeichnet. Dieses Prinzip beschrieb Klaus Kleinfeld, CEO bei Siemens, gegenüber Business Week sehr einleuchtend: „You have lunch. You have dinner. And then projects evolve. Very often, competitive bidding doesn't happen".

Das Geschäftsmodell Relationship Consulting wurde einst von William Bain entwickelt: Ein Berater wird in die oberste Ebene des Klientenunternehmens geschleust, schafft sich schnell interne Verbündete und sorgt von nun an dafür, dass kein Wettbewerber mehr ins Geschäft kommt. Im Fall der Airline war dies zunächst McK-Chef Schweiz Lukas Mühlemann, der 1996 zum Verwaltungsrat der Swissair aufstieg. Zum operativen Macher wurde Nils Hagander, ausgewiesener Airline-Experte unter den McKs. Unter seiner Ägide entstand die „Hunter"-Expansionsstrategie der Swissair, bei der die erjagten Neuerwerbungen fast ausnahmslos zu Fässern ohne Boden wurden und das Ende beschleunigten.

Ein ähnlicher Fall war der angeschlagene Sulzer-Konzern, der für die Erarbeitung einer neuen, radikalen Strategie durch McK 38 Millionen Franken ausgegeben hat.

Bei Enron lief es ebenso: Jeffrey K. Skilling, früherer Enron CEO, kam von McKinsey und ist ein treues Mitglied des „Clubs der Ehemaligen". Über 18 Jahre lang hat der Branchenprimus die Enron-Strategien gestrickt und dafür jährlich rund 10 Millionen Dollar kassiert. In diesem Fall eines Klientenuntergangs war McK-Chef Gupta ehrlich besorgt. Ein Team von Hausjuristen wurde losgeschickt, um zu untersuchen, ob man den McKs wegen irgendeines Zusammenhangs am Zeug flicken kann. Die Entwarnung kam schnell: In keinem Fall hatte ein Auftrag etwas mit Bilanzierungspolitik zu tun, also war man unschuldig. Insider der amerikanischen Beratungsbranche wundern sich noch immer, dass Gupta nicht zumindest als Zeuge geladen wurde, nachdem bekannt wurde, dass Richard N. Forster, ein McK-Senior Partner, bis Oktober 2001 an mehreren Enron-Vorstandssitzungen, auch mit vertraulicher Agenda, teilgenommen hatte.

Die Beispiele könnten fortgesetzt werden mit Kmart und Global Crossing, um nur die größten Klienten-Zusammenbrüche zu nennen.

Alte McK-Berater sprechen von einer dramatischen Änderung der eigenen Unternehmenskultur. Die Jagd nach hohen Auslastungsquoten und Provisionen hat alte Grundsätze, wie z.B. den, dass nur hochkarätige Unternehmen und da nur die oberste Ebene nach ethischen Grundsätzen beraten werden, ausgehebelt. „Senior partners need to show revenue growth, so they are willing to continue to work with clients even if they feel there is no light at the end of the tunnel".

Wie heißt es so schön im Leitbild des Marktführers?

„Mission von McKinsey ist es, unseren Kunden zu helfen, positive, nachhaltige und substanzielle Verbesserungen in ihrer Performance zu machen und eine großartige Firma aufzubauen, die fähig ist, außergewöhnliche Leute anzuziehen, zu fördern, zu begeistern und zu halten".

Auch in diesem Widerspruch zwischen Anspruch und Realität ist McKinsey & Comp. pars pro toto. (UB 04/02)

Abb. 2.1: Nach der Präsentation

2.4 Die schwarzen Schafe

In diesen Tagen mehren sich wieder die Fälle, in denen betrogene Klienten versuchen, gegen unseriöse und betrügerische Berater gerichtlich vorzugehen. In der Redaktion häufen sich wieder einmal die Anrufe von deutschen Rechtsanwälten und Beraterkollegen aus Österreich, die fassungslos erkennen mussten, in welchem Ausmaß gutgläubige Auftraggeber wieder einmal schamlos abgezockt wurden.

Woran liegt es? Der Hauptgrund liegt darin, dass die Berufsbezeichnung „Unternehmensberater“ gesetzlich nicht geschützt und an keinerlei Qualifizierungsnachweise geknüpft ist. Das wird sich auch in Zukunft nicht ändern, denn die Politik hat entschieden, dass es für Unternehmensberater kein Berufsrecht geben wird. Die Schaffung eines weiteren verkammerten Berufs widerspricht den Grundgedanken der beruflichen Freizügigkeit innerhalb der EU.

Deshalb ist Aufklärung notwendig. Gerade daran hat es aber in der Vergangenheit nicht gemangelt. Die Beraterverbände und Branchenmedien haben immer wieder die Vorgehensweisen der unseriösen Berater, die vorwiegend nach dem bekannten „George S. May-Prinzip“ arbeiten, transparent gemacht. Da man dies nicht oft genug wiederholen kann, sollen an dieser Stelle noch einmal die Erkennungsmerkmale kurz zusammengefasst werden. Kennzeichen des George S. May-Prinzips, nach dem die allen Insidern bekannten schwarzen Schafe in Hannover, Mainz, Worms und anderswo arbeiten, ist die typische dreistufige Vorgehensweise:

1. Stufe:
Kontaktaufnahme, meist telefonisch durch einen so genannten „Kontakter“. Dieser hat die Aufgabe, durch eine geschickte Mischung aus Panikmache (dabei werden aktuelle politische oder ökonomische Entwicklungen ausgeschlachtet) und Versprechungen (staatlicher Beratungszuschuss) mit dem potenziellen Klienten einen Gesprächstermin zu vereinbaren. Die Kontakter erhalten ihr Entgelt auf der Basis der Anzahl nachhaltig vereinbarter Termine.

2. Stufe:
Zu dem vereinbarten Termin taucht ein so genannter „Analytiker“ auf. Gleich nach der Begrüßung legt dieser „Analytiker“ dem Klienten einen Formularvertrag zur Unterschrift vor, in dem die Durchführung einer „Analyse“ meist zu einem Schnäppchenpreis vereinbart wird. Diese „Analyse“ muss sofort nach Abschluss (meist nur 2–3 Tage) und Vorlage des „Analyseberichts“ bar oder per Scheck bezahlt werden. Damit erkennt der Klient die Analyseleistung an. Der Analysebericht wird meist vorgefertigt mitgebracht und enthält nur einige Blankoseiten, in denen der „Analytiker“ im Zuge der „Analyse“ handschriftlich Zahlen und Informationen, die ihm geliefert werden, einträgt. Es gibt aber auch die Variante, bei der im Kleingeschriebenen des Vertrages nur eine mündliche Präsentation der Analyseergebnisse zugesagt wird. In diesen Fällen hat der Klient keine beweisfähigen Unterlagen in der Hand, um die Fehlleistungen nachzuweisen.

Nach Abschluss der „Analyse“ legt der „Analytiker“ dem Klienten einen weiteren Vertrag vor, in dem die Durchführung einer „Beratung“ vereinbart wird. Da der „Analytiker“ kein Angestellter des Beratungsunternehmens, sondern ein gewerblicher Vermittler von Beratungsaufträgen ist, gestaltet er den „Analysebericht“ durch Schwarzmalerei stets so, dass seine eigenen materiellen Interessen gewahrt werden, denn seine Vermittlungsprovision bezieht sich auf die Anzahl der anschließend „verkauften“ Beratungstage. Diese Zusammenhänge werden dem Klienten natürlich nicht transparent gemacht.

3. Stufe:
Hier tauchen nun die „Berater" auf und liefern eine Leistung, die mittlerweile einige hundert Meter Gerichtsakten füllen dürfte. Das System ist nicht nur unseriös, es ist auch in höchstem Maße unlogisch: Ein „Analytiker" analysiert Probleme, über deren Lösungsmöglichkeiten er nichts weiß, und der „Berater" sucht Lösungen für Probleme, die er nicht kennt, da er sie nicht analysiert hat. Das System wird auch immer dann transparent, wenn ein „Analytiker" wieder einmal vor Gericht zieht, um bei dem unseriösen Beratungsunternehmen ausstehende Vermittlungsprovisionen einzuklagen.

Unbeirrt und ungeniert schalten die schwarzen Schafe ihre Recruiting-Anzeigen: „Wir bieten Unternehmer-Persönlichkeiten ein überdurchschnittliches Einkommen in einem erfolgreichen Team von Unternehmensberatern... Auf Ihre Aufgabe als Analytiker bereiten wir Sie gründlich vor. Wenn Sie kurzfristig frei sind..." Hochtrabende Worte für ein lausiges Stück Gewerbetätigkeit, deren Erfolg darauf beruht, ahnungslose Mittelständler über den Tisch zu ziehen und das Image einer ganzen Branche zu beschädigen. (UB 02/01)

2.5 Die Metastasen des George S. May – ein Fallbeispiel

Im folgenden Fall fordert ein Handwerksmeister als Kläger von dem Beklagten, einem Beratungsunternehmen, wegen arglistiger Täuschung das gezahlte Honorar zurück. Weil der Klient das engmaschige Vertragswerk, das ihm von der Beklagten vorgelegt wurde, widerstandslos unterschrieben hatte, schien der Fall für den Kläger zunächst aussichtslos.

Der Fall
Der Inhaber eines Handwerksbetriebs für Heizungs- und Lüftungstechnik in Thüringen (4 Mitarbeiter) erhält eines Tages überraschend einen Telefonanruf. In diesem erklärt der Mitarbeiter K. des Beratungsunternehmens XY aus Frankfurt, dass er ihm durch gezielte Beratung, die sogar durch öffentliche Zuschüsse gefördert würde, die Zukunft sichern könnte. Dies sei insbesondere deshalb wichtig, weil „Helmut Kohl die Deutsche Mark an die EU verkauft hat" und niemand wisse, wie Vermögen und Unternehmen nach dem Beitritt weiterer Mitglieder aus Osteuropa gesichert werden könnten. Auf der Basis eines von ihm angefertigten Beratungsberichtes könne der Handwerksmeister auch problemlos bei den Banken Kredite beantragen, um sein Unternehmen mit Hilfe einer Finanzspritze für die Zukunft zu rüsten.

Der Handwerksmeister erklärt, dass er beabsichtige, den Betrieb seinem Sohn, ebenfalls Meister für Heizungs- und Lüftungstechnik, zu übertragen. Der Anrufer hakt sofort nach und sichert zu, dass er in diesem Fall durch eine Existenzgründungsberatung für den Junior alle Möglichkeiten der öffentlichen Förderung und Bankfinanzierung erschließen würde.

Es wird schließlich ein Termin vereinbart, zu dem ein „Analytiker" des Beratungsunternehmens den Ist-Zustand des Handwerksbetriebes unter die Lupe nehmen soll.

Zum vereinbarten Termin erscheint Herr A. und stellt sich als „Analytiker" des Beratungsunternehmens XY vor. Es ist der erste persönliche Kontakt zwischen Klienten und Beratungsunternehmen. Herr A. legt dem Handwerksmeister sofort einen Formularvordruck „Vereinbarung zur Durchführung einer Betriebsanalyse" zur Unterschrift vor (s. Abb. 2.1), die dieser nach einigem Zögern unterschreibt.

Nach Beendigung der eintägigen Analyse, bei der nach Aussage des Klienten der Analytiker nur eine halbe Stunde mit dem Steuerberater gesprochen, ansonsten aber Zeitung gelesen haben soll, erklärt dieser, dass er sich außerstande sehe, einen derartig komplizierten Fall zu lösen. Nach mehreren Telefonaten mit der Zentrale in Frankfurt eröffnet der Analytiker dem Klienten, dass dieser „unheimliches Glück" habe, denn der absolute Spezialist zur Lösung der im Unternehmen bestehenden Probleme sei gerade frei geworden und werde dem Klienten zur Verfügung stehen.

Die Pauschale für die eintägige Analyse wird von Herrn A., ebenfalls nach Rücksprache mit der Zentrale in Frankfurt, „als Entgegenkommen" von ursprünglich 5000 € auf 2500 € reduziert und sofort kassiert. Das vorgefertigte Rechnungsformular wird vor Ort handschriftlich mit Betrag, Datum und Anerkennung der „Beratungsleistung" durch die Unterschrift des Klienten versehen (s. Abb.2.2). Gleichzeitig legt Herr A. dem Klienten ein weiteres Formular mit der Bezeichnung „Auftrag zur Durchführung einer Betriebsberatung" zur Unterschrift vor (s. Abb. 2.3). Eine Dokumentation der Analyse und ihrer Ergebnisse existiert nicht, da auf der Rückseite des ersten Vertrages nur eine mündliche Präsentation der Analyseergebnisse zugesagt war.

Vereinbarung zur Durchführung einer Betriebsanalyse

Sehr geehrte Damen und Herren,

Wir bestätigen hiermit die mit Ihnen getroffene Vereinbarung zur Durchführung einer Analyse in ihrem Unternehmen.

Diese umfasst nachstehend aufgeführte Punkte sowie die sich für die Entwicklung und Rentabilität Ihres Unternehmens ergebenden Forderungen hinsichtlich

Rechnungswesen:	Umsatz- und Gewinnsituation, Kalkulation, Kostenrechnung, Führungskennzahlen, Kontrolle
Führungsstrategie:	Strategieformulierung, Durchsetzen der Strategie im betrieblichen Alltag
Marketing:	Marketingziele und –schwerpunkte festlegen, Beschäftigungsmarketing, Marktbearbeitung
Produktion:	Effizienz, Qualitätskontrolle
Personal:	Führung und Motivation, Einstellung und Förderung
Finanzen:	Finanzplanung, Liquiditätsplanung, Kostenplanung
EDV:	Bedürfniserklärung, zielgerichteter Computereinsatz
Organisation:	Überprüfung des betrieblichen Ablaufs, Lagerkontrolle

Wir unterbreiten Ihnen Vorschläge über Verbesserungsmöglichkeiten und nennen den Nutzen, den sie daraus erzielen können. Nebenabreden bedürfen der Schriftform.

Wir werden Ihnen ferner die Kosten der Beratung nennen für den Fall, dass Sie die Dienste unserer Spezialisten in Anspruch nehmen.

Wir verpflichten uns zu strengster Diskretion.

Pauschale von EUR 4975,- (zzgl. ges. MwSt.) wird spätestens nach Beendigung der Analyse fällig.

Die Arbeitsaufnahme für die Analyse wurde vereinbart für den

__________________________ um ________________________________ Uhr.

Umsatz:__________________

Anzahl der Mitarbeiter:_______

_________________________ ________________________________

Klient (Stempel und Unterschrift) **XY Consult**

Abb. 2.2: Vereinbarung zur Durchführung einer Betriebsanalyse

Stempel:
(Hier wird vom „Analytiker" der Stempel des Klienten benutzt)

Aktennummer: ______________________

Ort, Datum: ______________________ , den ____________________

Berechnungsnummer: ___________________________

Wir bedanken uns für Ihren Auftrag zur Durchführung einer Unternehmensberatung und berechnen wie vereinbart:

Rechnungsbetrag netto:	2500,- EUR
+ ges. MwSt.:	400,- EUR
Endbetrag:	2900,- EUR

Die Beratungsleistung wurde zu unserer vollsten Zufriedenheit durch

den Berater, Herrn ____ erbracht.

Der Rechnungsbetrag wird in voller Höhe anerkannt:

Unterschrift: ____ (Klient)

Betrag dankend erhalten am: __________________________ per: ________

Unterschrift: ____ (Berater)

Bemerkungen:

Abb. 2.3: Anerkennung der Beratungsleistung

Auftrag zur Durchführung einer Betriebsberatung

Firma Aktennummer:

________________________ ________________________

(Stempel)________________________________, den ...2003

Sehr geehrte Damen und Herren,

Aufgrund der in Ihrem Unternehmen durchgeführten Analyse konnten Schwachstellen aufgedeckt werden, zu deren Beseitigung der Einsatz eines externen Beraters benötigt wird.

Wir schlagen Ihnen aus diesem Grund nachfolgend aufgeführte Maßnahmen vor:

Die Aufnahme der Beratung soll recht kurzfristig erfolgen, so dass eine erfolgreiche Zusammenarbeit aufgrund der in der Analyse erarbeiteten Daten und Fakten gegeben ist.

Die Arbeitsaufnahme für die Beratung wurde vereinbart für den____________

____________________ um ______________ Uhr.

Aufgrund unserer wirtschaftlichen Erfahrung veranschlagen wir

____________ Kalenderwochen zur Behebung der Schwachstellen.

Mit dem Klienten wird darüber Einverständnis erzielt, dass die Beratung nach den beiliegenden, allgemein gültigen Geschäftsbedingungen der____________ ____________________durchgeführt wird.

________________ i.V. ______________

Unterschrift Klient XY Consult

Abb. 2.4: Auftrag zur Durchführung einer Betriebsanalyse

Es erscheint nun Herr B., der „Spezialist für Existenzgründungen“. In insgesamt 7 Tagen führt er Gespräche mit dem Klienten und seinen Familienangehörigen, dem Steuerberater und der Hausbank.

In seinem danach angefertigten „Beratungsbericht“ dokumentiert er ausschließlich diese Informationen, z. B. zum Thema „Gründungsidee“ und „Standortanalyse“, ohne einen einzigen eigenen Gedanken einzuflechten. Die Kostenaufstellung des Handwerksbetriebes ist aus der vom Steuerberater zur Verfügung gestellten G + V übernommen und zum Teil falsch zusammengefasst worden. Der vom Berater erstellte Finanzierungsplan enthält falsche Annahmen in bezug auf Laufzeiten und Kapitaldienste der möglichen Kredite.

Die wenigen handgeschriebenen Berichtsseiten werden jeweils durch maschinengeschriebene Seiten mit allgemeinen Belehrungen, wie z. B. zum Thema „Produktivität“ und „Kapazität“ aufgefüllt. Hierbei handelt es sich eindeutig um Abschriften aus betriebswirtschaftlichen Lehrbüchern, die nicht den geringsten Bezug zum Klientenunternehmen aufweisen. Darüber hinaus hat der Berater vergessen, eine Bezuschussung zu dieser „Existenzgründungsberatung“ zu beantragen.

Der Berater kassiert am letzten Tag, wie im Vertrag vorgegeben, per Verrechnungsscheck das Beraterhonorar in Höhe von 20.500 DM.

Die Hausbank hat es nach Durchsicht des Beratungsberichtes abgelehnt, die „Existenzgründung“ in irgendeiner Größenordnung zu finanzieren. Ein Gutachter der zuständigen Handwerkskammer hat die Beratung und den dazugehörigen Bericht als „völlig wertlos“ beurteilt. Der Klient klagt auf Rückzahlung des Honorars.

Das Gutachten (in gekürzter Version)
In der gutachterlichen Stellungnahme wird sowohl auf die Vorgehensweise der XY Consult als auch auf den Inhalt ihrer Beratungsleistung eingegangen. Dabei wird beides an den Grundsätzen und Gepflogenheiten der seriösen Berufsausübung von Unternehmensberatern gemessen. Diese Standards existieren, obwohl der Berufsstand nach wie vor kein Berufsrecht hat. Die ungeschützte Berufsbezeichnung führt dazu, dass immer wieder unseriöse und inkompetente Personen versuchen, sich im Beratungsmarkt zu etablieren. Ihre unseriösen und betrügerischen Vorgehensweisen sind von den Standesorganisationen der Unternehmensberater hinlänglich dokumentiert worden, so dass eine eindeutige Identifizierung schwarzer Schafe möglich ist.

Vorgehensweise
Jede seriöse Beratung, gleich welchen Inhalts und Umfangs, wird nach einem bestimmten Phasenschema durchgeführt, das auch international als Standard gilt. Diesem folgend wird die Vorgehensweise der XY Consult begutachtet.

Phase 1: Kontaktaufnahme
Seriöse Unternehmensberater treten in der Regel schriftlich im Wege eines direkten Anschreibens oder einer sogenannten Streuansprache zu ihren potenziellen Neukunden in Kon-

takt. Als unseriös gilt die unangekündigte telefonische Kontaktaufnahme (cold call), bei der meist übermäßige Anpreisungen und „Drückerparolen“ zum Einsatz kommen, wie im vorliegenden Fall geschehen.

Phase 2: Akquisition

In einem Akquisitionsgespräch, das sich aus der Kontaktaufnahme ergibt, erörtern Berater und potenzieller Auftraggeber die Probleme und kommen zu einer gemeinsamen Problemdefinition. Der Berater schildert kurz die Methoden, die er einsetzen wird, um das Problem und seine Ursachen zu analysieren und eine Problemlösung herbeizuführen.

Der seriöse Berater weiß, dass er in dieser vorvertraglichen Phase dem potenziellen Auftraggeber gegenüber bestimmte Sorgfalts- und Aufklärungspflichten hat.

Dazu gehört die

- Aufklärung darüber, ob der Klient die Problemlösung eventuell mit eigenen Mitteln oder mit Unterstützung anderer Personen oder Institutionen zu wesentlich niedrigeren Kosten herbeiführen kann,
- Aufklärung über die fachliche Kompetenz des/der zum Einsatz kommenden Berater und die erfolgreiche Durchführung ähnlicher Aufträge, und die
- Feststellung der Beratungsfähigkeit und Finanzkraft des Klienten.

Das Akquisitionsgespräch gilt aus Sicht des Beraters als erfolgreich geführt, wenn der potenzielle Auftraggeber zur Abgabe eines Angebots auffordert oder einem entsprechenden Vorschlag des Beraters nicht widerspricht.

Der Berater zieht sich dann zurück und erstellt auf der Basis der im Akquisitionsgespräch gewonnenen Informationen ein Angebot. Bei kleinen Aufträgen, wie im vorliegenden Fall, würde er in einem kurzen Briefangebot die Inhaltsstruktur der Beratung, den Zeitbedarf, die Kosten, die vorgesehene personelle Besetzung und die fachliche Qualifikation der/des zum Einsatz kommenden Berater(s) darlegen. Als Anlagen zum Angebot werden beruflicher Werdegang der Berater und Referenzen beigefügt.

Anhand des Angebotes kann der Klient dann Preis-/Leistungsvergleiche mit eventuellen Angeboten anderer Anbieter machen.

Der Klient erteilt, nachdem er sich in Ruhe entschieden hat, dem Berater mündlich oder schriftlich den Auftrag, den dieser bestätigt. Als Berufsgrundsatz gilt: Die Akquisitionsaufwendungen werden dem potenziellen Klienten nicht in Rechnung gestellt.

Besondere Vorsicht ist geboten, wenn der Akquisiteur nicht mit dem Berater oder Inhaber des Beratungsunternehmens identisch ist oder zwischen dem Akquisiteur und dem Berater noch ein „Analytiker“ erscheint (3-stufiges Vorgehen; sogenanntes George S. May-System): In diesen Fällen handelt es sich meist um eine bezahlte Akquisition.

Aus den Akten geht hervor, dass dies exakt auf die Verhaltensweisen der XY Consult zutrifft:

Herr A., freier Mitarbeiter der XY Consult, wird in den Unterlagen mehrmals als „Analytiker“ bezeichnet, eine in der seriösen Unternehmensberatung unübliche Bezeichnung. Herr A. ist aber, wie aus den Unterlagen eindeutig hervorgeht, weder Berater noch „Analytiker“, sondern ein gewerblicher Vermittler von Beratungsaufträgen, der die von ihm beschafften Aufträge gegen Provision an die XY Consult weitergibt. Da sein wirtschaftliches Interesse in der reinen Auftragsakquisition, aber nicht in der sorgfältigen und klientengerechten Auftragsdurchführung liegt, hat er nicht das geringste Interesse, seinen Sorgfalts- und Aufklärungspflichten zu Beginn der Klientenbeziehung nachzukommen. Er täuscht den Klienten arglistig über seine Funktion und missbraucht das Vertrauen, das insbesondere die beratungsunerfahrene Klientel der Handwerker und mittelständischen Unternehmer oft vorbehaltlos dieser Art von Personen entgegenbringt.

Fazit: Herr A. hat den Klienten in bezug auf seine wahre Funktion und Interessenlage arglistig getäuscht.

Die XY Consult funktioniert das eigentliche Akquisitionsgespräch, in dem die Probleme des Klienten für diesen unverbindlich und kostenlos erörtert werden, einfach um, und macht daraus eine kostenpflichtige „Unternehmensanalyse“, die im Normalfall erst der erste Schritt der nächsten Phase, der Auftragsdurchführung, ist.

Unseriöse Berater verkaufen häufig zunächst eine (bisweilen recht preiswerte) „Analyse“ als gesonderten Auftrag, dem die eigentliche „Beratung“ folgt. Beides wird oft von unterschiedlichen Personen ausgeführt, wofür Gründe der Spezialisierung verschiedener Abteilungen angeführt werden. Die Begründung ist aber unsinnig, weil niemand ein Problem wirklich analysieren kann, von dessen konkreten Lösungsmöglichkeiten er nichts weiß. Bei „Beratern“, die nach dem G.-S. May-Prinzip arbeiten, handelt es sich bei der „Analyse“ um bezahlte Akquisition.

Im vorliegenden Fall ist die sogenannte Analyse und Beratung von zwei verschiedenen Personen, Herrn A. und Herrn B., durchgeführt worden, was sich aus der besonderen Interessenlage des Herrn A. ergibt. Der Klient ist durch unwahre Angaben über die Gründe dieses personellen Wechsels getäuscht worden.

Vertragliche Basis ist das Formular „Vereinbarung über die Durchführung einer Betriebsanalyse“ (s. Abb. 2.1), das eine Kombination von Angebot, Auftragserteilung und Auftragsbestätigung sein soll. Dies kann ebenfalls als Lehrbeispiel für Unseriosität verwendet werden. Da diese mit fachlicher Inkompetenz und Ignoranz gegenüber den Qualitätsstandards der Branche kombiniert wird, stellt sich die XY Consult selbst ein Bein:

Da der Formularvertrag in allen Fällen eingesetzt wird und möglichst umfassend alle Themen bei allen möglichen Klienten abdecken soll, ist der Analyseumfang so allumfassend und ohne jede Einschränkung vorgedruckt worden, dass es relativ einfach ist, nachzuweisen, dass die XY Consult nur einen winzigen Bruchteil dessen analysiert hat, zu dem sie sich selbst im Vertrag verpflichtet hat.

Die XY Consult hat weder Analyseergebnisse zum Bereich Führungsstrategie, Marketing, Produktionseffizienz und Qualitätskontrolle noch zu Personalführung und -motivation, EDV-Einsatz, Ablauforganisation und Lagerhaltung sachgerecht erarbeitet noch berufsüblich dokumentiert. Die Anlagen können auf keinen Fall als seriöse Ergebnisdokumentation gewertet werden, sie sind in jeder Hinsicht mangelhaft. Die XY Consult hat zu den allumfassenden Analysebereichen weder Verbesserungsvorschläge gemacht noch den Nutzen beschrieben, wie von ihr selbst im Vertrag zugesagt worden war.

Fazit: Die XY Consult hat die in ihrem Standard-Vertragsformular selbst festgelegten Aufgaben nicht erfüllt. Völlig unüblich ist auch die Nennung der „Pauschale", die ohne die branchenübliche Spezifikation, die eine sorgfältige Kalkulation voraussetzt, einfach genannt wird und spätestens (!) nach Beendigung der Analyse fällig sein soll.

Unseriöse Berater, denen es aufs Abkassieren ankommt, wollen ihr Geld möglichst schnell in Sicherheit bringen, bevor sich ihre mangelhafte Leistung herausstellt. Häufig anzutreffen ist in solchen Fällen daher die Methode, wöchentlich die Zahl der geleisteten Stunden abzurechnen. Besondere Vorsicht ist geboten, wenn bei Überreichen der Rechnung sofort per Aushändigung eines Verrechnungsschecks kassiert werden soll.

Exakt dies ist im vorliegenden Fall geschehen. Das Rechnungsformular stellt „laut der Dienstleistungsvereinbarung" eine Pauschale in Rechnung und enthält die Vermerke „Anerkannt" und „Betrag durch Verrechnungsscheck erhalten". Eine Rechnungsgestaltung dieser Art ist bei seriösen Beratern undenkbar. Diese senden bei kleineren Aufträgen wie dem vorliegenden die Rechnung nach Abschluss der gesamten Beratung dem Klienten per Post zu.

Fazit: Durch die Art der Fakturierung decouvriert sich die XY Consult als unseriös arbeitendes Unternehmen.

Auffallend ist auch die Verwendung des Firmenstempels des Klienten:

Nicht nur zum Ausfüllen des Adressfeldes in allen Anschreiben und Rechnungen der XY Consult an den Klienten, sondern auch im persönlichen Terminkalender des Beraters B. wird der Firmenstempel des Klägers eingesetzt. Dies macht zusammen mit den handschriftlichen Einfügungen in die jeweiligen Formulare deutlich, dass immer vor Ort beim Klienten und offensichtlich im Schnellverfahren die jeweiligen Klientenunterschriften eingeholt wurden. Die psychologische Absicht und Wirkung der Verwendung des klienteneigenen Stempels bei derartigen Vorgehensweisen ist unverkennbar.

Phase 3: Durchführung

Die sorgfältige Analyse des Ist-Zustandes im Klientenunternehmen ist nach der Auftragserteilung die erste Phase der Durchführung eines Beratungsauftrags. Für die dabei entdeckten Schwachstellen erarbeitet der Berater Lösungskonzepte, formuliert Maßnahmen zu ihrer Umsetzung, unterstützt die interne Umsetzung oder führt sie selbst durch. Da die XY Consult die Akquisition zur kostenpflichtigen Ist-Analyse deklariert, benötigt sie einen weiteren Vertrag zur Durchführung der „Beratung" (s. Abb. 2.3). Auch hier handelt es sich wieder um ein Standard-Formular, bei dem durch handschriftliche Einfügungen und Verwendung des Firmenstempels des Klienten versucht wird, einen klientenspezifischen Eindruck zu erwecken. Dabei zeigt es sich, dass die XY Consult nicht einmal die branchenübliche Terminologie beherrscht.

Nach dem einleitenden Satz „aufgrund der in Ihrem Unternehmen durchgeführten Analyse konnten Schwachstellen aufgedeckt werden, zu deren Beseitigung der Einsatz eines externen Beraters benötigt wird" ergeben sich die Fragen

- Welche Schwachstellen wurden aufgedeckt?
- Wo sind diese dokumentiert?

Die dann handschriftlich eingetragenen Beratungsinhalte „Existenzgründungsberatung" und „Finanzierungsberatung" sind weder als Schwachstellen noch als Maßnahmen zu bezeichnen, wie es die XY Consult tut. Falsch ist auch das getrennte Aufzählen der beiden Beratungsinhalte, da die Gründungs- und Aufbaufinanzierung integrierter Bestandteil einer jeden seriösen Existenzgründungsberatung ist.

In dem zweiten Vertrag fehlt ein wesentlicher Bestandteil: Die XY Consult führt nicht auf, zu welchem Tagessatz die 1–1,5 Kalenderwochen bzw. 6–8 Tagewerke berechnet werden. Der sich später ergebende Tagessatz von 5.000 DM ist für diesen hochstandardisierten Beratungsinhalt definitiv zu hoch.

Beratungsinhalt

Bei einer Existenzgründungsberatung handelt es sich um eine hochstandardisierte Vorgehensweise, das heißt, verschiedenste Institutionen, wie z. B. das Bundesministerium für Wirtschaft, IHKs, Handwerkskammern, Banken und Sparkassen, Technologie- und Gründerzentren, Hochschulinstitute und RKWs haben Checklisten, Formulare und PC-Software entwickelt, die den gesamten Beratungsablauf inhaltlich vorgeben und steuern. Der Beratungsablauf ist damit „idiotensicher" und kann von jedem, der einfache Buchhaltungskenntnisse besitzt, durchgeführt werden. Darüber hinaus beraten staatliche und halbstaatliche Organisationen kostenlos oder zu geringen Gebühren in diesem Beratungsfeld.

Das hat zur Folge, dass es für seriöse Berater zu ihren Aufklärungspflichten gehört, den potenziellen Klienten im Akquisitionsgespräch darauf aufmerksam zu machen, dass er gerade diese Beratungsleistung bei anderen Institutionen zu wesentlich geringeren Kosten beziehen kann. Viele Existenzgründer sind sogar in der Lage, mit Hilfe der verfügbaren Checklisten und mit Unterstützung ihres Steuerberaters und ihrer Hausbank eine „Selbstberatung" durchzuführen. Der „Analytiker" Herr A. hatte natürlich kein Interesse daran, hier aufzuklären, da ihm sonst seine Vermittlungsprovision entgangen wäre.

Die hohe Standardisierung hat zur Folge, dass Unternehmensberater, die in diesem Feld beraten, ihren Produktivitätsgewinn, der sich durch die Rationalisierung des Beratungsablaufs ergibt, in Form stark reduzierter Tagessätze (d. h. wesentlich unter 5.000 DM wie sie von der XY Consult in Rechnung gestellt wurden) mit dem Klienten teilen.

Trotz der öffentlichen Verfügbarkeit aller dieser unterstützenden Unterlagen und dem Vorliegen eines Standards in diesem Beratungsfeld ist die XY Consult denkbar dilettantisch an die Aufgabe herangegangen. Im Übrigen ist es versäumt worden, einen öffentlichen Zuschuss zu der Beratung zu beantragen und damit die Kosten der Beratung für den Klienten zu senken. Es handelt sich bei dem vorliegenden Fall nicht um eine Existenzneugründung, sondern um die sehr viel einfachere Betriebsübernahme im Zuge einer Nachfolgeregelung innerhalb der Familie.

Bei der Gestaltung des Beratungsberichts wird zunächst wieder ein Merkmal unseriös arbeitender Berater deutlich:

Bei den Anlagen handelt es sich um Abschriften aus betriebswirtschaftlichen Lehrbüchern, die, wo auch immer sie passen, Berichten beigemischt werden. Für die „Rentabilitätsvorschau" werden nicht nur uralte Formulare verwendet, es gibt auch keinen Hinweis auf das statistische Verfahren, mit dem „hochgerechnet" wurde.

Die Muster „Kalkulationsblatt" und „Kurzfristiger Finanzplan" sind ebenfalls uralt und haben keinerlei Erkenntniswert.

Es ist auch fraglich, ob die Musterkalkulation am Beispiel „Gipfeli" einer schweizerischen Bäckerei für den thüringischen Heizungs- und Lüftungstechniker von irgendeinem Nutzen ist. Würde der Klient die Kundenbefragung mit Hilfe der beiden angedienten Berichtsseiten durchführen, so würde sein Image sicher nachhaltig geschädigt. Das Alter dieses Fragebogens, bei dem die Raster noch handgemalt sind, beträgt mindestens 15 Jahre.

Inhaltlich ist Herr B. nach dem Mindest-Standardschema vorgegangen, hat aber die einzelnen Phasen recht oberflächlich behandelt.

Unter den Gliederungspunkten 2.1 Die Gründungsidee, 2.2 Die Firma, 2.3 Zur Person des Existenzgründers, referiert Herr B. nur den Ist-Zustand und garniert ihn mit Banalitäten. Ein kreativer Beratungsansatz ist in keinem dieser Berichtsteile erkennbar. Die Standortanalyse, normalerweise Kernstück einer Existenzgründungsberatung, wird auf einer Seite abgehandelt und ist ebenfalls nur eine Beschreibung des Ist-Zustandes. Auf wichtige Punkte, wie die zukünftige Verkehrsentwicklung, Flächennutzungsplanungen, infrastrukturelle Vorhaben des Landes und der Gemeinde, Ausleuchten bestimmter Rechtsvorschriften für diese Art von Betriebsstätte usw. fehlen vollkommen.

Bei den Gründen, die für den Erwerb eines bestehenden Betriebes sprechen, wird ebenfalls nur wiedergegeben, was der Klient und seine Angehörigen selbst dem Berater erläutert haben. Es fließt von seiner Seite keine eigene Idee ein. Die Beurteilung der Marktposition endet in dem nebulösen Hinweis, dass dem Marketing in Zukunft größere Bedeutung beigemessen werden muss. Hier müsste nun eine echte Beratungsleistung ansetzen, die dem Klienten das methodische Rüstzeug an die Hand gibt, diese Aufgabe künftig zu meistern.

Die Beurteilung des Leistungsprogramms ist zunächst auch nur eine Darstellung des Ist-Zustandes und dann eine Wiedergabe der Pläne, die der Klient bereits hatte. Zu diesen Plänen äußert Herr B. laienhaft eigene Meinungen, ohne in einer betriebswirtschaftlichen Argumentation in die Tiefe zu gehen. Bei der Ermittlung des Finanzbedarfs fällt auf, dass die Positionen d) und e), deren Finanzierung unter Verbindlichkeiten f) mit 190.000 DM bereits gesichert ist, ohne jeden Kommentar nochmals dem Gesamtfinanzbedarf hinzugerechnet werden und nochmals finanziert werden sollen. Die dann dargestellten Finanzierungsmöglichkeiten werden mit einem Fragezeichen versehen „... könnte, wie nachstehend aufgezeigt, finanziert werden". Der Klient kann mit Recht erwarten, dass ein Berater ihm die Finanzierung hieb- und stichfest nachweist. Stattdessen wird ohne weitere Hilfestellung auf die Zuständigkeit der Hausbank verwiesen. Die „Anmerkung – zum folgenden Beispiel“ des Berichtes zeigt besonders deutlich, dass von einer Beratungsleistung des Herrn B. keine Rede sein kann. In dieser Anmerkung sagt er schlicht aus: Wenn das alles nicht so ist, wie ich annehme, dann könnte es vielleicht anders sein. Trotz dieser wachsweichen Angaben hat der Berater den Mut zu behaupten, seine Rechenbeispiele könnten in den Gesprächen zwischen dem Klienten und seiner Hausbank eine Entscheidungshilfe sein.

Auf den folgenden Seiten wird der Klient in verschiedenen Schrifttypen, die wiederum auf unterschiedliche Jahrgänge der Entstehung schließen lassen, aus Lehrbüchern belehrt. Die personelle Kapazitätsermittlung ist falsch, weil sie von einer zu geringen Anzahl von Arbeitstagen ausgeht.

Die Kostenvorschau besteht aus einer reinen Übernahme und Aggregation von Zahlen aus der G + V-Liste, die vom Steuerberater des Klienten zur Verfügung gestellt wurde. Hier zeigt der Berater Mängel in der Beherrschung der Grundrechenarten: Die Kostenarten sind falsch addiert worden. Die Rechen- und Annahmefehler ziehen sich wie ein roter Faden durch alle folgenden Rechenexempel.

Fazit: Die Ergebnisse der Existenzgründungsberatung der XY Consult sind für den Klienten ohne jeden Wert.

Das Urteil

Die Beklagte wird verurteilt, an den Kläger das gezahlte Honorar nebst 12,5 % Zinsen seit dem 20.7.1993 zu zahlen. Die Beklagte trägt die Kosten des Rechtsstreits. (UB 03/97)

„...kommen wir abschließend zum Analyse-Ergebnis, daß die Möglichkeit, durch Preisdifferenzierung den Gewinn zu steigern, um so größer wird, je mehr Teilmärkte gebildet werden können."

Abb. 2.5: Preis-/Leistungsverhältnis muss stimmen!

2.6 Unfairer Wettbewerb durch Eigenprojekte

Vorspann
Die Fälle häufen sich, in denen Berater kostenlos für Klienten tätig werden. Da solche De-Bono- oder Eigenprojekte durch interne Budgets finanziert werden müssen, ist es klar, dass nur große und finanzstarke Beratungsunternehmen dieses Instrument einsetzen können. Kleine und mittelständische Beratungsunternehmen oder gar Einzelberater werden damit mühelos in einer konkreten Wettbewerbssituation an die Wand gedrückt. Doch Eigenprojekt ist nicht gleich Eigenprojekt: Der folgende Beitrag soll die Vielzahl der Ausprägungen und Zielsetzungen durchleuchten.

Was ist ein Eigenprojekt?
Ein Eigenprojekt ist ein Auftrag, den sich das Beratungsunternehmen selbst erteilt und den es selbst finanziert. Eigenprojekte werden im klassischen Sinn als **die** Forschung und Entwicklung in Beratungsunternehmen angesehen, was durch die englische Bezeichnung „Proprietary Research“ zum Ausdruck kommt. Es gibt jedoch zunehmend „Abarten“, die es besonders unter Wettbewerbsaspekten zu durchleuchten gilt:

Die Wege sind unterschiedlich ...
Es sind grundsätzlich vier Verfahren zu unterscheiden, die in ihrer Wettbewerbswirkung verschiedene Zeithorizonte und Intensitäten haben.

1. Ad-hoc-Eigenprojekte als direktes Akquisitionsinstrument
Die Führungskräfte des Beratungsunternehmens beschließen kurzfristig und situationsbedingt, dass aus unternehmenspolitischen Gründen ein Auftrag bei einem bestimmten Klienten kostenlos durchgeführt wird. Dies erfolgt immer mit dem Ziel,

- einen Schlüsselkunden zu gewinnen,
- ein neues Marktsegment zu besetzen oder einfach
- Wettbewerber zu verdrängen.

Aufträge dieser Art haben immer **aktuelle** Klientenprobleme zum Inhalt.

In diesen Projekten werden im Regelfall hochstandardisierte Beratungsprodukte eingesetzt, um die Selbstkosten so niedrig wie möglich zu halten. Es geht nie darum, dem Klienten eine kostspielige und risikoreiche Problemlösungsinnovation anzudienen. Den nach normalen Standards kalkulierten Kosten werden möglichst exakte Nutzenüberlegungen gegenübergestellt. Diese Gegenüberstellung wird in Form einer Ideenskizze oder eines Strategiepapiers dokumentiert, um die Entscheidung des Führungsgremiums sachgerecht zu unterstützen.

Aktuelles Beispiel:
Ein Bistum in Nordrhein-Westfalen schreibt beschränkt ein Beratungsprojekt mit einem Honorarvolumen von ca. DM 300.000 aus. Die angesprochenen Beratungsunternehmen,

darunter auch kleine und mittelständische Firmen, beginnen im Zuge der Angebotserstellung das Projekt zu planen, zu kalkulieren und zu organisieren. Während des laufenden Ausschreibungsverfahrens erfährt ein führendes Beratungsunternehmen von dieser Ausschreibung und bietet, obwohl nicht zur Angebotsabgabe aufgefordert, an, das Projekt kostenlos durchzuführen.

Die Zielsetzung dieses unfairen Vorgehens ist sonnenklar:

- Gewinnung eines Schlüsselkunden mit Referenz- und Multiplikatorwirkung in einer weltweit tätigen Institution,
- Imagegewinn durch Samaritereffekt
  (Dreiste Branchenkenner vermuten, es sei vielleicht tätige Reue für die Blutspur, die diese Firma seit Jahrzehnten durch Klientenunternehmen gezogen hat),
- Know-how- Gewinn für diese spezielle Art von Klienten und Problemstellungen.

Eindeutig unlauter ist diese Form von Wettbewerbsverhalten nicht, denn jeder Marktteilnehmer ist grundsätzlich in der Gestaltung seiner Preise frei. Unlauter ist Wettbewerb immer dann, wenn die Preisunterbietung nachweislich die Verdrängung oder Vernichtung der Konkurrenten zum Ziel hat. In diesem Zusammenhang müsste bewiesen werden, dass keine kaufmännischen Gründe erkennbar sind, die das Unternehmen veranlasst haben, den Preis, den der Klient bereit war zu zahlen, bis auf Null zu unterbieten. Und das wird schwer fallen.

In diesem Zusammenhang wird ein anderer Fall aus dem Jahre 1993 in Erinnerung gerufen, in dem das gleiche Beratungsunternehmen unter der Flagge des Eigenprojektes einen Klienten in Zugzwang bringen wollte: Wenige Tage, nachdem der Finanzvorstand der Lufthansa, Klaus Schlede, öffentlich verkündet hatte, dass in Folge des für die Jahre 1993 bis 1995 angelegten Sanierungsprogramms für 1995 ein positives Betriebsergebnis erwartet würde, legte das Beratungsunternehmen eine Betriebsergebnisprognose vor, nach der Lufthansa spätestens 1994 illiquide würde. Es sei denn, weitergehende Sanierungsprojekte würden durchgeführt. Ohne Abstimmung mit dem LH-Vorstand wurde das Zahlenwerk Theo Waigel vorgelegt. In einer offiziellen Stellungnahme zu diesem unglaublichen Vorgang erklärte damals der LH-Vorstand: „Hier wurde ohne Auftrag und mit nicht nachvollziehbaren Zahlen ein Szenario gezeichnet, das angesichts der Sanierungserfolge unseriös ist.“ (SZ 22. 2. 1993).

2. Ad-hoc-Eigenprojekte zur Know-how-Gewinnung

Eine unter Qualitätsnormen kritisch zu sehende Variante ist die, dass dem Klienten deshalb eine kostenlose Beratung angeboten wird, weil das Beratungsunternehmen oder der Einzelberater in diesem Auftrag durch Learning by Doing ein neues Problemlösungsvorgehen entwickeln will, von dem es zum Zeitpunkt des Angebots nur vage Vorstellungen hat. Der Klient wird praktisch zum Versuchskaninchen gemacht. Diese Form von „do ut des“-Eigenprojekten ist nur dann seriös, wenn dem Klienten die Zusammenhänge transparent gemacht werden und er der Vorgehensweise zustimmt.

3. Eigenprojekte als Forschungs- und Entwicklungsvorhaben

Nach sorgfältiger Analyse **künftiger** Probleme der Zielklienten, wird ein internes Forschungs- und Entwicklungsprojekt aufgelegt mit dem Ziel, systematisch Problemlösungs-

und Methodenwissen sowie personelle Ressourcen aufzubauen, um zu einem wesentlich späteren Zeitpunkt, wenn die Klientengruppe tatsächlich mit dieser Art von Problemen konfrontiert ist, als Experte mit den wissenschaftlich entwickelten, innovativen Vorgehensweisen auftreten zu können.
Vor dem Start des Eigenprojektes liegt eine Phase der intensiven Beschäftigung mit potenziellen Problemen der Klientengruppen, z.B. in Form eines Zweistufen-Brainstromings mit den Fragestellungen: „Welche Probleme hat unsere Zielgruppe Automobilzulieferer in drei/fünf Jahren?“ und „Was können wir jetzt für Vorgehensweisen entwickeln, um diese Probleme dann lösen?“. Hier liegt der wesentliche Unterschied zu der Vorgehensweise bei den ad-hoc Eigenprojekten: Zwischen dem Start des Eigenprojektes und der Vermarktung seiner Ergebnisse kann in Einzelfällen eine Zeitspanne von mehreren Jahre liegen.

4. Unfreiwillige Eigenprojekte
Das Kennzeichen unfreiwilliger Eigenprojekte ist immer, dass sie als normale Aufträge gestartet werden, und erst nach ihrem Abschluss zum Eigenprojekt erklärt werden (müssen).

Dieser Fall tritt z.B. ein, wenn:

- Der Klient zahlungsunfähig ist. Unter dieser Rahmenbedingung mussten viele Beratungsaufträge, die in den neuen Bundesländern durchgeführt wurden, zum Schluss unfreiwillig als Eigenprojekte verrechnet werden.
- Der Klient zahlungsunwillig ist, weil er mit den Ergebnissen der Beratung nicht zufrieden ist.

Aktuelles Beispiel:
Geschockt war Auftraggeber Martin Herzog, Geschäftsführer des Verbands der Automobilindustrie (VDA) über die Ergebnisse einer Studie der Bossard Consultants über die Zukunft der Automobilzulieferer. Das Szenario, nach dem bis zum Jahr 2010 nur noch wenige Zulieferkonglomerate das weltweite Automobilgeschäft beherrschen, geht nicht mit den Zukunftserwartungen des VDA-Präsidiums konform. Herzog hat das Werk auf den Index gesetzt. Der Preis für das aufwendige Elaborat wurde nach Lopezmanier auf Null gedrückt.

Finanzierung
Alle Arten von Eigenprojekten werden wie externe Aufträge geplant, personell besetzt, organisiert und kalkuliert.

Die Finanzierung erfolgt über das interne Budget „Eigenprojekte“ oder „Forschung und Entwicklung“, das aus einem Teil der thesaurierten Gewinne gespeist wird. Die Selbstkosten können dadurch gesenkt werden, dass unter besonderen Voraussetzungen eine öffentliche Förderung beantragt werden kann. In besonders zu prüfenden Einzelfällen kann es auch möglich sein, dass der Klient eine Spendenbescheinigung ausstellt.

Das Image von Eigenprojekten ist im Normalfall geringer als das „echter“ Aufträge.

… das Ziel ist immer das gleiche

- Beratungsmarketing ist der Hauptzweck von Eigenprojekten. In diesem Kontext werden sie in den Phasen der Kontaktaufnahme und Akquisition eingesetzt: Dem Klienten wird eine kostenlose Beratung angeboten.
- Eigenprojekte dienen aber auch dazu, bisher nicht vorhandenes Wissen, Methoden und Werkzeuge zur Lösung zukünftiger Probleme zu entwickeln, um diese zu einem späteren Zeitpunkt bei Akquisitionsvorhaben einzusetzen.
- Große Beratungsunternehmen führen Eigenprojekte nach eigenen Angaben auch aus karitativen, ökologischen und sonstigen altruistischen Gründen durch. Auch bei dieser Argumentation stehen selbstverständlich handfeste Marketingaspekte im Vordergrund.
- Auch die unfreiwilligen Eigenprojekte, bei denen man auf Abmahnung und Vollstreckung verzichtet, stehen unter dem Postulat der Marketingwirkung. (UB 02/97)

2.7 Consulting Governance

2.7.1 Consulting Governance als Qualitätsmaßstab

Im Zusammenhang mit Corporate Governance, dem Regelwerk über Macht und Kontrolle im magischen Dreieck zwischen Aktionären, Vorständen und Aufsichtsrat ist vor kurzem auch der Begriff Consulting Governance aufgetaucht. Dieser soll einen Handlungsrahmen vorgeben, in dem sich die Zusammenarbeit zwischen Klienten und Beratern auf einem qualitativ höheren Niveau als bisher vollzieht.

Insidern ist es schon seit längerem klar, dass sich in der Beratungsbranche einiges ändern muss, nicht nur als Folge verschärfter gesamtwirtschaftlicher Rahmenbedingungen. Der „Code of Ethics“, in den sechziger Jahren als Richtschnur für ethisch einwandfreies Beraterverhalten mit dem Ziel nachhaltiger Projekterfolge geschaffen, wurde in den letzten zwanzig Jahren immer mehr verwässert. In dem Bestreben, unter allen Umständen Marktanteile zu halten, wurde vieles, was früher als Wert und Norm der Branche galt, kurzfristigen Akquisitionserfolgen geopfert.

Die Folgen sind unübersehbar:

- Bei fast jedem spektakulären Unternehmenszusammenbruch sind auch Berater direkt oder indirekt beteiligt,
- Unabhängigkeit von Herstellern und Anbietern jeglicher Art, früher Gütesiegel objektiver Berater, ist heute nur noch Schall und Rauch,
- In einigen Bereichen, wie z.B. dem IT-Consulting ist der Begriff „Arbeitnehmerüberlassung“ eher angebracht als „Beratung“. Bei Hundertschaften von Teams ist eine ergebnisorientierte Kontrolle und Steuerung kaum noch möglich,
- Projekt-Risikoanalysen, früher eine Standardroutine vor jeder Angebotserstellung, werden kaum noch durchgeführt,

- Projektinhalte wie Veränderungsmanagement, bei denen es um den mentalen Wandel der Betroffenen im Klientenunternehmen geht, werden im Interesse einer günstigen Angebotspreisgestaltung gestrichen.

Hinzu kommen neue Anforderungen seitens der Klienten, wie z.B.

- Ganzheitliche Beratung „aus einer Hand", aber ohne Interessenkonflikte, wie z.B. bei dem Verbund mit WP-Gesellschaften, Banken oder IT-Anbietern,
- Klar definierte, möglichst quantifizierte Projektziele, die in Relation zu den Beratungskosten gesetzt werden (Pre- project ROI),
- Hoher Umsetzungsgrad bei hoher Umsetzungsbeteiligung der Berater,
- Verstärkter Einsatz von Seniorberatern mit langer Berufserfahrung.

Consulting Governance ist ein klar strukturiertes Regelwerk, das davon ausgeht, dass jedes Projekt inhaltlich unabdingbar aus der Vernetzung von drei Disziplinen besteht:

1. Corporate Performance Improvement (CPI), d.h. Verbesserung der Effektivität und Effizienz bei gleichzeitiger Steigerung der Serviceleistung,
2. Transition Management (TM), d.h. Schaffung und Sicherstellung der Veränderungsbereitschaft und –fähigkeit bei den Mitarbeitern im Klientenunternehmen,
3. Projektmanagement (PM), d.h. Planung und Steuerung aller Aktivitäten im Projektablauf.

In die Beratungspraxis übertragen bedeutet dies, dass über alle Standardphasen des Beratungsprojektes hinweg, beginnend mit der Problemdefinition, über die Projektinitialisierung, Ist-Analyse, Konzepterstellung, Maßnahmenplanung und –umsetzung die Inhalte und Methoden der drei Disziplinen exakt festgelegt werden. Das wesentliche ist aber, dass phasenweise nicht nur die Ziele und Ergebnisse festgelegt werden. Corporate Governance, und das ist in seiner Konsequenz das wirklich neue, legt für die drei Disziplinen für jede Phase tabellarisch exakt fest:

1. Die jeweils notwendigen Beiträge des Auftraggebers,
2. Die Beiträge des Unternehmensberaters,
3. Die kritischen Erfolgsfaktoren/Risikopotenziale und
4. Die Wirkungen.

Damit wird ein standardisiertes Vorgehen zur Qualitätssicherung in Projekten geschaffen, das nicht nur der Risikofrüherkennung dient, sondern als Richtschnur für alle Beteiligten den Projekterfolg sichert. (UB 04/05)

2.7.2 Nutzen von Consulting Governance

Interview mit Leonhard Grimmer (LG), Dipl. Ing. (FH), Knöpfel & Partner AG, Unternehmensberatung, Stampfenbachstr. 153, CH 8035 Zürich, www.knoepfel-partner.ch.

Welches sind die Nutzen von Consulting Governance (CG) für Auftraggeber wie Berater?

LG: Die größten Nutzen für den Auftraggeber sehe ich in der strukturierten Vorgehensweise, der systematischen Wahl eines geeigneten Beraters und der klaren Rollenteilung zwischen den am Projekt Beteiligten. Es handelt sich dabei um Faktoren, welche die Risiken eines Beratungsauftrages senken und somit das Kosten-/Nutzenverhältnis verbessern. Zudem ver-

laufen Beratungsaufträge nach den Regeln der Consulting Governance nach erprobten Planungsregeln, die eine straffe und aufwandgünstige Abwicklung ermöglichen.
Die größten Nutzen für den Berater ergeben sich dadurch, dass ein ausgereifter Beratungsauftrag übernommen werden kann, der nicht nur auf die Schnelle aufgrund erster Eindrücke formuliert wurde, sondern in einem systematischen Prozess geklärt und vorbereitet wurde. Damit steigt für den Berater die Chance, dass das Projekt erfolgreich abgewickelt werden kann.

Kann bereits im Vorfeld eines Beratungsprojektes dessen Effektivität durch CG maßgeblich beeinflusst werden?

LG: Eine wesentliche positive Beeinflussung der Effektivität eines Beratungsprojektes findet statt, indem durch die Systematik von CG die Aktivitäten entlang der Strategischen Ausrichtung von Anfang weg verfolgt werden. Dieser mehrstufige Prozess führt – zusammen mit Transition Management und Projekt Management von Anfang weg zu einer lösungsorientierten und damit Effektiven Vorgehensweise.

Wie kann man Projektphasen und –stufen durch CG optimal unterstützen?

LG: Die einzelnen Projektphasen und –stufen werden durch CG optimal unterstützt, indem die Aktivitäten aus den drei parallel laufenden Prozessen Corporate Performance Improvement (CPI), Transition Management und Projektmanagement aufeinander abgestimmt sind und damit jederzeit transparent verfolgt werden können. Zudem sind für die Phasen und –stufen Zwischenziele definiert, die bei nicht erreichen eine Rückkehr zu einer definierten Ausgangslage ermöglichen. Dies sichert weitgehend das sichere Durchlaufen der einzelnen Projektphasen und -stufen.

Was trägt CG dazu bei, dass die in einem Projekt erarbeiteten Ergebnisse auch nach Projektabschluss im Unternehmen konsequent umgesetzt werden?

LG: Bei Projektstart erfolgt die Klärung des Zustandes und der Ziele. Indem von Beginn weg eine klare Orientierung nach Resultaten erfolgt, wird der Vergleich eines erreichten neuen Zustandes mit der Ausgangslage somit systematisch ermöglicht. Da die Beurteilung der Ergebnisse in der Methodik integriert ist, fällt es leicht, die Umsetzung konsequent zu verfolgen. Zudem wird in jeder Phase des Projektes im Rahmen des Transition Managements so kommuniziert, dass ein angemessener Druck zur Umsetzung entsteht.

Wie lassen sich mit CG „Projektruinen“ verhindern?

LG: Projektruinen werden durch CG verhindert, indem erstens durch systematische Analyse und Ermittlung der Ziele realistische Erwartungen aufgebaut werden. Zudem sichert die Trilogie von CPI, Transition Management und Projektmanagement das notwendige, genügend breit verankerte und interdisziplinär ausgerichtete Vorgehen. Schlussendlich führt die von der Strategie abgeleitete, über Prozesse und Strukturen wirkende Arbeitsweise zu hoher Zielerreichung. Hierzu kann auch auf das Werk von H. Knöpfel, Consulting Governance, Versus Verlag, Zürich, 2004 verwiesen werden, das Anweisungen zur Implementierung enthält. (UB 04/05)

3 Beratungsprodukte, Beratungsfelder und Problemlösungsmethoden

3.1 Wie entwickelt man Beratungsprodukte?

3.1.1 Was sind Beratungsprodukte?

Standardisierte Problemlösungsmethoden oder Beratungsprodukte sind nichts anderes als Flussdiagramme des Phasenablaufs und des inhaltsbezogenen Methodeneinsatzes eines bestimmten Lösungsvorgehens, das sich in der Praxis über Jahre oder gar Jahrzehnte hinweg als sinnvoll, realisierbar und nachhaltig erfolgreich erwiesen hat. Die weitgehende Standardisierung der methodischen Vorgehensweisen ist ein wichtiger Werttreiber im Beratungsunternehmen.

In einem standardisierten Phasenablauf ist festgelegt, welche Inhalte die Voruntersuchung und die Ist-Analyse enthalten muss, was in der Sollkonzepterstellung berücksichtigt werden sollte und wie am Ende das Raster der Problemlösung aussehen könnte (s. Abb. 3.1). Innerhalb dieser Leitschiene kann der Berater dann klientenspezifische Anpassungen vornehmen, ohne immer wieder beim Nullpunkt anfangen zu müssen. Durch Abstraktion und methodische Untermauerung einer ursprünglich individuellen, kundenspezifischen Problemlösung wurde und wird diese auf andere Klienten und Branchen transferierbar gemacht.

Im Laufe der Jahrzehnte entstand auf diese Weise eine beachtliche Sammlung standardisierter Beratungsprodukte, die häufig den Lebenszyklus eines Markenartikels aufweisen, d. h. nicht veralten. Man geht davon aus, dass heute weltweit knapp 50 dieser zum Teil hochstandardisierten Vorgehensweisen eingesetzt werden, wobei Beratungsunternehmen maximal acht Produkte („Unsere Kompetenzbereiche“) in ihrem Angebotsportfolio haben.

Phase	Segment Was?	Arbeitschritt Was?	Methoden Wie?	Hilfsmittel Womit?
1. Voruntersuchung oder Vorbereitung	1.1 Projekt-Initialisierung ▪ ▪	1.1.1 Einweisung in die Problemstellung ▪ ▪	Workshop	▪ Moderationstechnik
2. Ist-Analyse oder Diagnose	2.1 Umfeld-Analyse ▪ ▪	2.1.1 Umfeld und Deskriptoren festlegen ▪ ▪	Szenariotechnik mit Branchenvergleiche	▪ Internet ▪ Online-Datenbanken
3. Soll-Konzeptentwicklung	3.1 Grobentwurf eines strat. Frühwarnsystems ▪	3.1.1 Identifikation der „Radarschirme" ▪ ▪	Gruppendiskussion Morphologie	▪ Muster ▪ Assessments ▪ Quervergleiche
4. Realisierungsplanung	4.1 Maßnahmenkataloge erstellen ▪ ▪	4.1.1 Einzelmaßnahmen Formulieren 4.1.2 Machbarkeit prüfen	Workshop Gruppenarbeit mit Maßnahmenverantwortlichen	▪ Formulare ▪ Maßnahmenkatalog ▪ Fortschrittskontollblätter

Abb. 3.1: Phasenablauf

Beratungsunternehmen mit besonders umsatzstarken Produkten legen Wert auf zwei Dinge:

1. Die eigenen standardisierten Beratungsprodukte als Betriebsgeheimnis zu hüten, was bei der Vermarktung und Durchführung mit gewissen Schwierigkeiten verbunden ist.
2. Rundweg abzustreiten, dass es überhaupt standardisierte Beratungsprodukte gibt, als sei es ehrenrührig, produktiv und wertorientiert zu arbeiten.

Aus diesen Gründen existiert die große Sammlung aller standardisierten Beratungsprodukte nur virtuell, denn auch Berater, die den Arbeitgeber wechseln, werden sich hüten, das mitgenommene Produktwissen unter ihren neuen Kollegen zu verbreiten.

Wissen ist ein Wettbewerbsfaktor jedes einzelnen Beraters. Wissensmanagement in Beratungsunternehmen einzuführen, ist deshalb eine ausgesprochen herausfordernde Aufgabe.

3.1.2 Modelle der Produktentwicklung

Es wird sehr häufig die Frage gestellt, wie eigentlich Beratungsprodukte entwickelt werden, oder wie überhaupt die Forschungs- und Entwicklungsfunktion in Beratungsunternehmen wahrgenommen wird. Es gibt grundsätzlich drei Modelle:

1. Modell Vordenker
Die Produktentwicklung ist in der Art und Weise institutionalisiert, dass sich in regelmäßigen Abständen Führungskräfte und Senior-Berater zusammensetzen und in einer Kreativitätssitzung ein klassisches Zweistufen-Brainstorming durchführen.

In der ersten Stufe werden Ideen generiert, auf die Fragestellung, welche Probleme eine bestimmte Klienten-Zielgruppe voraussichtlich in zwei bis drei Jahren hat. Nach einer Ideensammlung werden die Probleme unter dem Aspekt der Eintrittswahrscheinlichkeit bewertet (s. Abb. 3.2).

Für die 2–3 Probleme mit der höchsten Eintrittwahrscheinlichkeit werden dann in der zweiten Stufe des Brainstormings Lösungsansätze vorgedacht. Die Lösungsansätze mit dem höchsten Problemlösungspotenzial werden dann in Eigenprojekten zu Beratungsprodukten weiterentwickelt. Dabei wird das bei Beratungsprojekten übliche Phasensturkturdiagramm (s. Abb. 3.1) mit Inhalten gefüllt.

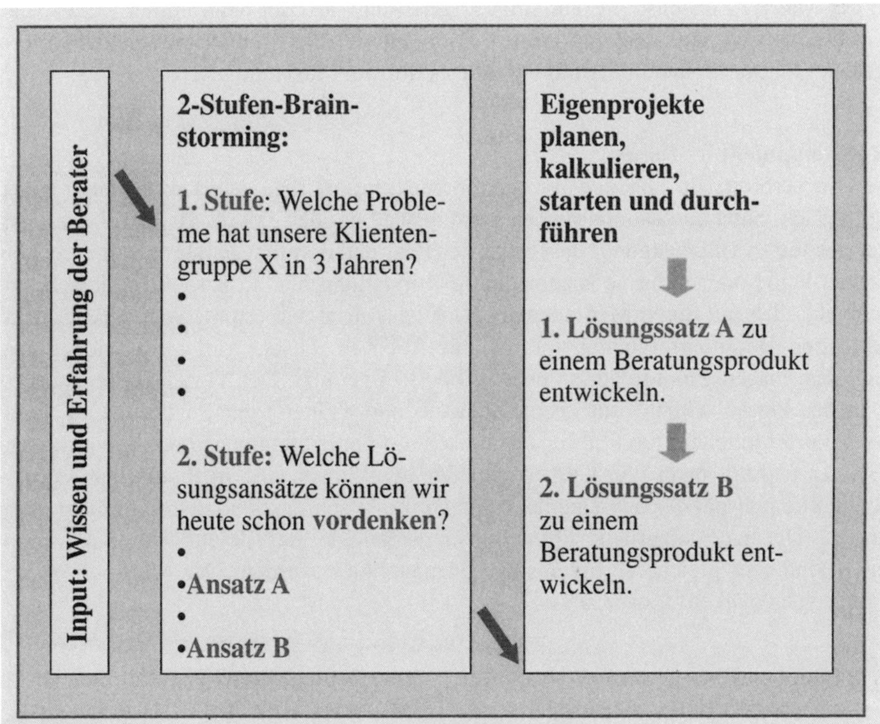

Abb. 3.2: Vorgehensweise bei der Produktentwicklung

Interne Beratungseinheiten haben gegenüber externen den enormen Vorteil, dass sie bei dem Brainstorming nicht nur auf ihre Erfahrungen und Vermutungen angewiesen sind, sondern durch die gezielte interne Marktanalyse künftigen Beratungsbedarf abfragen können.

2. Modell wissenschaftliche Analyse

Eine weitere Methode zur Entwicklung von Beratungsprodukten ist die Aufnahme und wissenschaftliche Verarbeitung von Trendthemen, die meist aus den USA angeregt werden. Aktuelle Beispiele sind Wissensmanagement und Performance Measurement mit Balanced Scorecard.

Etablierte Beratungsunternehmen bilden bei dieser Vorgehensweise ein Projektteam mit der Aufgabe, durch Literaturstudium und ergänzende Gespräche mit Gurus des jeweiligen Trendthemas sich in dieses einzuarbeiten und daraus ein Beratungsprodukt zu entwickeln.

Als Denk- und Vorgehensmuster dient dabei wieder die Schablone des Phasenstrukturdiagramms (s. Abb. 3.1). Je tiefer man in das neue Thema einsteigt, desto schneller füllen sich die Felder der Matrix. Zunächst entsteht ein Vorgehensentwurf, der dann immer weiter verfeinert wird. Selten wird das neue, am grünen Tisch entwickelte Produkt im eigenen Unternehmen getestet. In der Mehrzahl der Fälle wird es sofort im Markt umgesetzt.

3. Modell Development by Doing

Die älteste und verbreitetste Form der Produktentwicklung ist die, sich dem Problem eines Klienten zu stellen, ohne dessen inhaltlichen Lösungsweg in allen Details zu überblicken. Ist der Berater der festen Überzeugung, dass auch der Rest der Beratungsbranche von dem Lösungsvorgehen keine oder nur eine schemenhafte Vorstellung hat, so wird er, praktisch am lebenden Objekt, sich nur durch Methodeneinsatz (meist „trial and error") Schritt für Schritt zum vereinbarten Beratungsergebnis vorarbeiten. Auch in diesem Fall wird wieder das Denkmodell des Phasenstrukturdiagramms (s. Abb. 3.1) genutzt. Der Vorteil dieses Vorgehens, das in der Praxis schlicht mit „Blut, Schweiß und Tränen" umschrieben wird, liegt darin, dass bei erfolgreicher Durchführung praktisch ein neues Beratungsprodukt entstanden ist. Der Berater entfernt dann von dem Skelett der inhaltlichen und methodischen Vorgehensweise die klientenspezifischen Details, er macht praktisch das Phasenstrukturdiagramm klientenneutral. Die neue inhaltliche Problemlösungsmethode, das Beratungsprodukt, kann dann allen Klienten in gleicher Problemsituation angeboten werden. Der Marktvorsprung beträgt erfahrungsgemäß etwa zwei Jahre.

4. Modell Kopieren

Die Form der Übernahme einer inhaltlich-methodischen Vorgehensweise ist der leichteste Weg, um zu einem Beratungsprodukt zu kommen. Beratungsprodukte sind in der Regel nicht durch Patente oder andere Schutzrechte gesichert. Am sinnvollsten ist es, ein Beratungsprodukt erst dann zu kopieren, wenn es bereits in ein bis zwei Projekten getestet wurde. Man kann dann davon ausgehen, dass durch die Urheber die notwendigen qualitativen Verbesserungen vorgenommen wurden. Das am häufigsten kopierte Beratungsprodukt ist die Gemeinkostenwertanalyse (Overhead Value Analysis) von McKinsey (s. 3.7 „Gemeinkostenanalyse – Der Klassiker" und „Pioniere der Branche und ihre Unternehmen: James Oscar McKinsey"). (UB 03/00)

3.2 Reputation Management als Beratungsprodukt

3.2.1 Was ist Reputation?

Reputation ist definiert als die Gesamteinschätzung eines Unternehmens durch alle beteiligten Gruppen, wie Kunden, Investoren, Mitarbeiter, Wettbewerber und Gesellschaft. Sie spielt bei Dienstleistungsunternehmen, die so genannte „credence goods" erstellen, eine besondere Rolle.

Reputation ist messbar. Das „reputational capital" eines börsennotierten Unternehmens wird definiert als der Betrag, um den der Marktwert den Liquidationswert übersteigt. Messbar sind insbesondere auch Reputationsschäden am nachhaltigen Absinken des Unternehmenswertes, wie z.B. bei Exxon nach der Valdez-Havarie oder bei Shell nach der Ankündigung, die Ölförderplattform Brent Spar einfach in der Nordsee zu versenken oder bei DaimlerChrysler nach Bekannt werden der Elchtest-Ergebnisse der A-Klasse oder der Top – Management Gehälter. Besonders in den beiden letzten Fällen, so ist leicht festzustellen, hat das Reputation Management versagt.

Bei Beratungsunternehmen ist alles, was mit Reputation zusammenhängt, sehr viel differenzierter. Selbst wenn die Einflussfaktoren einer guten Reputation, wie Glaubwürdigkeit, Verantwortungsbewusstsein, Zuverlässigkeit und Vertrauenswürdigkeit bekannt sind und gepflegt werden, kann Schaden entstehen. Selbst wenn man weiß, dass Klienten besonderen Wert auf Kompetenzen, wie Branchenkenntnis, Problemlösungswissen, Umsetzungserfahrung, Kreativität und Sozialverhalten legen und sich danach richtet, kann die Reputation plötzlich Schaden erleiden.

Fälle in der jüngsten Vergangenheit zeigen, dass die Reputation eines Beratungsunternehmens durch Vorgänge beschädigt werden kann, die außerhalb des Einflussbereichs der Consultants liegen und durch Reputation Management nicht beherrschbar sind. Die Folgeschäden sind oft so gravierend, dass die Reputation der ganzen Branche nachhaltig leidet.

Durch den Fehler eines öffentlichen Auftraggebers, wie z.B. einen Beratungsauftrag ohne Ausschreibung zu vergeben, gerät plötzlich ein Beratungsunternehmen ins Zwielicht. Verzerrte Berichterstattung über angeblich horrende Beraterhonorare ohne exakte Aufgabenbeschreibung und Zielsetzung verstärken den Imageschaden weiter. Maßnahmen, die das Unternehmen zur Reputationsstärkung unternommen hat, wie die Schaffung eines Beirates mit hochkarätigen Persönlichkeiten aus Politik, Medienwirtschaft und Consultingbranche, erhalten plötzlich den Hautgout von Filz und Korruption. Alles läuft aus dem Ruder. Plötzlich greift der Imageschaden auch auf ein anderes Beratungsunternehmen über, das vom Verteidigungsministerium ebenfalls ohne Ausschreibung Folgeaufträge übernommen hat. In der weiteren öffentlichen Diskussion steht dann die ganze Branche am Pranger mit so existenziellen Fragestellungen wie „Kann ein Externer internen Spezialisten überhaupt sinnvollen Rat geben?“.

Ein anderes Extrem ist der Fall eines marktführenden internationalen Beratungsunternehmens, das sich Fehlleistungen in Folge leistet, ohne dadurch den geringsten Schaden zu nehmen. Alles rätselt: Woran liegt das? (UB 02/04)

3.2.2 Beratungsprodukt – Konzeption

„Corporate Reputation“ gerät rund um den Globus immer mehr ins Zentrum des Interesses von Unternehmensleitungen und Investoren. Die Betrugsfälle Enron, Worldcom, Parmalat und Adecco sowie ungerechtfertigt hohe Managergehälter haben unter Kapitalanlegern eine massive Vertrauenskrise ausgelöst. Verstärkt durch den nachhaltigen Wirtschaftsabschwung und im Glauben, dass es wieder aufwärts geht, wird nun von allen Beteiligten stärker auf die Reputation von Unternehmern und Entscheidungsträgern geachtet.

Bereits seit der Brent Spar-Affäre von Shell im Jahre 1995 werden in der Consultingbranche immer wieder Anläufe unternommen, „Reputation Management“ als Beratungsfeld zu etablieren. Jetzt ist die Zeit reif dafür. Besonders für Agenturen und Kommunikationsberater scheint es ein geeignetes, hochaktuelles Beratungsprodukt zur Abrundung des Kerngeschäfts zu sein.

a. Definitionen

Reputation, Corporate Identity, Image, Marke, Name – eine Vielzahl von Begriffen, die sich offensichtlich auf das gleiche beziehen: Die Einschätzung eines Unternehmens oder einzelner Aspekte und Faktoren durch Gruppen wie Kunden, Mitarbeiter, Analysten, Investoren, Wettbewerber und die Öffentlichkeit.

- **Corporate Identity** umfasst die Gesamtheit von Werten und Prinzipien, die Mitarbeiter und Führungskräfte mit dem Unternehmen verbinden. Sie beziehen sich auf unternehmensübliche Vorgehensweisen, Produkte, Kunden, Investoren und die Sammlung von Erfahrung, Erfolgen und Fehlschlägen.
- Über seinen **Namen** und das Branding seiner Produkte und Dienstleistungen wird ein Unternehmen in der Öffentlichkeit identifiziert.
- Alle Formen der **Selbstdarstellung** von Leistungen, Leitbildern und Plänen über die verschiedensten Medien gehören ebenfalls in diesen Kontext.
- Das **Corporate Image** kann exakt der Selbsteinschätzung, der Corporate Identity, entsprechen oder von ihr abweichen. Die Abweichungen können vom Unternehmen gezielt herbeigeführt werden, z.B. durch Werbekampagnen oder unbeeinflusst vom Unternehmen durch Gerüchte oder Krisen entstehen.

- **Reputation** ist die Gesamteinschätzung eines Unternehmens durch alle seine Interessengruppen. Es ist die emotionale Reaktion der Kunden, Investoren, Mitarbeiter und der Öffentlichkeit, im Allgemeinen auf die Faktoren Zuverlässigkeit, Verantwortungsbewusstsein, Glaubwürdigkeit und Vertrauen.
- **Reputation Management** ist die Gesamtheit aller Konzepte und Maßnahmen zur positiven Beeinflussung der Einschätzungen und emotionalen Reaktionen aller relevanten Interessengruppen des Unternehmens.

Der Zusammenhang der unterschiedlichen Begriffe ist in Abb. 3.3 dargestellt.

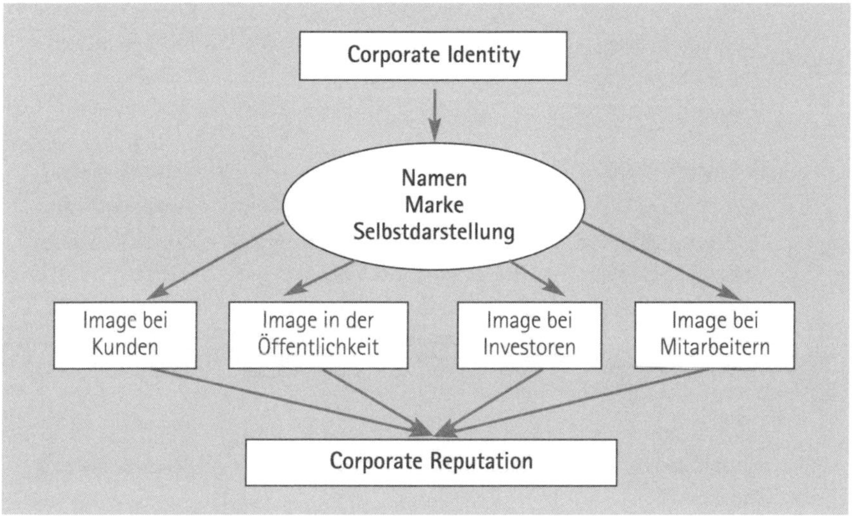

Abb. 3.3: Corporate Identity versus Corporate Reputation

b. Vorgehensweise

Die Grobstruktur der inhaltlich-methodischen Vorgehensweise eines Beratungsproduktes „Reputation Management" lässt sich, wie in Abb. 3.4 gezeigt, darstellen.

Phasen	Segmente Was?	Methoden Wie?	Hilfsmittel Womit?
1. Initialisierung	1.1 Wecken von Problembewusstsein „Reputation ist Kapital"	Präsentation „Was ist der Nutzen von Reputation Management ?" Mit bad und good cases, anschl. Diskussion	ppt. Foliensatz
	1.2 Zielfindung und -definition	Workshop	Morphologische Zielfindungsmatrix
2. Ist-Analyse	2.1 Reputation Audit - Zielgruppenanalyse - Identitätsanalyse - Imageanalyse - Kohärenzanalyse	Interviews, Fragebogenaktionen, desk research, Bewertung aller Selbstdarstellungen, Abweichungsanalyse	Leitfäden, Fragebogenmuster, Arbeitsanleitungen Kohärenzprobleme
	2.2 Strategie Audit	Irendananalyse Wettbewerbsanalyse, Szenarien	Standardagenda Szenariotechnik
3. Soll-Konzept-entwicklung	3.1 Reputation Design - Issue Management - Öffentlichkeitsarbeit - Medienarbeit - Krisenmanagement	Präsentation eines konzeptionellen Grobentwurfs durch Berater, Verfeinern im Workshop mit Klientenmitarbeitern Szenarioworkshop, Eventualpläne	Reputation Design-Matrix, Workshopagenda Szenariotechnik
	3.2 Organisation: CRO Stellenprofil	Benchmarking existierender CROs	Benchmarktechnik

Abb. 3.4: Vorgehensweise Beratungsprodukt „Reputation Management"

1. Phase: Initialisierung

Bei den vorbereitenden Aufgaben geht es vor allem darum, bei Führungskräften und Mitarbeitern im Klientenunternehmen das Problembewusstsein dafür zu wecken, dass Reputation kein Luxus, sondern wettbewerbsrelevantes Kapital ist. Dies geschieht methodisch am besten in einem Workshop, in dem der Berater gute und schlechte Beispiele von Reputationsmanagement präsentiert und daraus gemeinsam mit den Teilnehmern ein Fazit zieht.

Von besonderem Interesse sind dabei die Fälle, bei denen ein Reputationsschaden direkt zu messbaren Verlusten in Form eines Absinkens des Unternehmenswertes geführt hat, wie bei Exxon nach der Havarie des Öltankers Exxon Valdez am 23. März 1989 (s. Abb. 3.5).

Anschließend wird mit den Workshopteilnehmern unter der Fragestellung „Was wollen wir durch Reputation Management erreichen?" ein Zielsystem für das Beratungsprojekt aufgestellt. Als Hilfsmittel wird hier die Morphologische Matrix (s. „Morphologie als Problemlösungsmethode“) eingesetzt, um ergebnisorientiert und strukturiert konsensfähige Ziele zu formulieren.

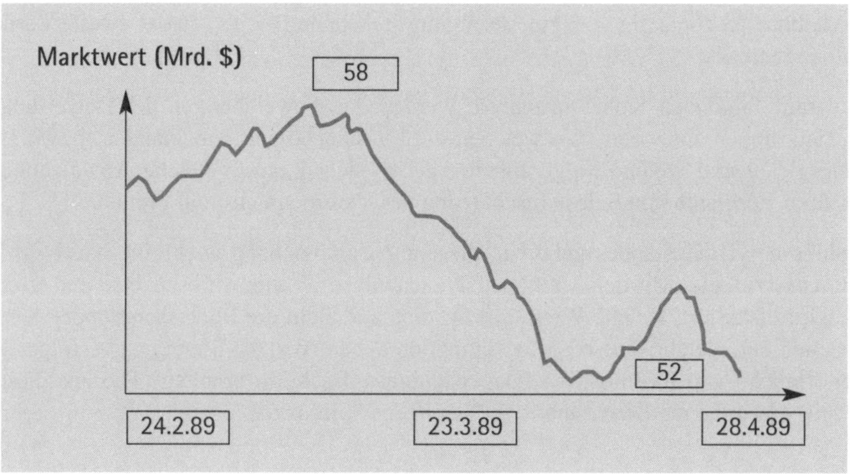

Abb. 3.5: Marktwert nach Sinken der Exxon Valdez

2. Phase: Ist – Analyse

Die Analyse des Ist-Zustandes besteht aus den Segmenten Reputation Audit und Strategie Audit.

Der **Reputation Audit** beginnt mit:

1. Analyse der Zielgruppen. In der Regel gehören dazu:

- Mitarbeiter
- Kunden
- Lieferanten
- Investoren
- Analysten
- Wettbewerber
- Regierung/Politik (lokal, regional, national)
- Öffentlichkeit

2. In einem Folgeschritt wird analysiert, wie bei diesen Zielgruppen die Identität, das Image und die Reputation des Unternehmens bewertet werden. Methodisch kann man hier auf unterschiedliche Weise verfahren. Entweder man führt einen Workshop mit den Mitarbeitern durch, die ständigen Kontakt zu diesen Zielgruppen haben. Als Hilfsmittel werden eine Workshop-Standardagenda und Checklisten eingesetzt. Oder man führt direkte Primärerhebungen in Form von Fragebogenaktionen oder Interviews in diesen Zielgruppen durch. Die Wahl der Methode ist abhängig vom zur Verfügung stehenden Budget, da das zweite Verfahren wesentlich teurer ist.

3. In der darauf folgenden Kohärenzanalyse werden die Abweichungen der Bewertungen durch die Zielgruppen analysiert. Wo weichen die Einschätzungen voneinander ab, wo sind sie deckungsgleich und welche Folgerungen ergeben sich daraus? Welche Abweichungen ergeben sich im Vergleich von Selbsteinschätzung des Unternehmens und Fremdbild?

Zur Aufnahme des Ist-Zustandes gehört in diesem Zusammenhang auch eine **Analyse der Unternehmensstrategie**. Mit den Methoden Trendanalyse, Wettbewerbsanalyse und Szenariotechnik wird diskutiert, welche Wettbewerber sich aus Sicht der Interessengruppen besser selbst darstellen und welche eine bessere Reputation haben. Welche Strategien verfolgen die Besten der Branche, um ihre positive Imageposition aufrecht zu erhalten? Die aus diesem Analyseschritt gewonnenen Erkenntnisse fließen in das Sollkonzept ein.

3. Phase: Sollkonzepterstellung
Die Basis des Sollkonzepts sind die Bewertungen der Reputation des Unternehmens durch seine Zielgruppen. Das Sollkonzept eines **Reputation Designs** besteht aus den Bausteinen:

1. Issue Management
Dies umfasst Konzepte und Vorgehensweisen, um bestehende oder aufkeimende öffentliche Diskussionen (was?, wer?, wo?, wie?), die in Relation zur eigenen Geschäftstätigkeit stehen, zu bewerten und richtig einzuordnen. Danach sind Aktionspläne zu entwickeln, um positive Diskussionen zu verstärken und negative abzuschwächen.

Beispiel: Unilever hat frühzeitig die Hebelwirkung der Gesundheitsdiskussionen verstanden und ein fett- und cholesterinarmes Produktionsprogramm (Flora, Becel) aufgelegt.

2. Öffentlichkeitsarbeit/Lobbyismus
Hier wird konzeptionell festgelegt, wie die Kontakte zu den Regierungsstellen, Ministerien, NGOs, Verbänden, lokalen Gruppierungen aufgebaut und gepflegt werden, die einen besonderen Einfluss auf die Geschäftstätigkeit haben. In einer Matrix wird dokumentiert, welche dieser Organisationen für welchen Reputationsfaktor besonders wichtig ist.

Beispiel: British Petroleum hat beim Thema Klimaschutz eng mit der US-Regierung und NGOs, wie z.B. Green Peace zusammengearbeitet und nachhaltige Lösungen für die Energieerzeugung erarbeitet. BP agiert heute sowohl im Hinblick auf die Reputation als auch auf den Profit weit vor seinen Wettbewerbern.

3. Krisenmanagement
Eine Reputationskrise ist definiert als ein virulent gewordenes Risiko für Führungskräfte, Mitarbeiter, Produkte, Strategie und Vermögenswerte, das den Markennamen und das Unternehmensimage bedroht, die normale Geschäftstätigkeit stört und negative Aufmerksamkeit erregt.

Beispiel: Coca Cola war gezwungen, Millionen von Dosen und Flaschen aus europäischen Ländern zurückzurufen, nachdem bekannt geworden war, dass mehrere Menschen nach dem Genuss des Getränkes erkrankt waren. Das Unternehmen versuchte zunächst zu vertuschen und ging verspätet in eine Öffentlichkeitsoffensive. Der Aktienkurs stürzte ab und CEO Doug Ivester verlor wenig später wegen des missglückten Krisenmanagements seinen Job.

4. Zusammenarbeit mit Medien
Die meisten Unternehmen haben eine oder mehrere Stellen, die für die Unternehmenskommunikation mit Medien, Investoren und Analysten zuständig sind. Die Mitarbeiter dieser Stellen werden meist noch durch eine externe Agentur unterstützt. Medien haben einen sehr großen Einfluss darauf, wie ein Unternehmen in der Öffentlichkeit wahrgenommen wird. Deshalb ist dieser Teil des Konzeptes von besonderer Bedeutung.

Beispiel: Durch den undiplomatischen Umgang mit der Presse und ungeschickte Wortwahl führt Bahnchef Mehdorn das Unternehmen von einer Reputationskrise zu nächsten. Die Glaubwürdigkeit ist so beschädigt, dass heute kaum ein Kunde den Beteuerungen Mehdorns glaubt, das Unternehmen würde in den nächsten Jahren schwarze Zahlen schreiben. Bei dem geplanten Börsengang wird sich dieses über Jahre betriebene schlechte Reputation Management rächen.

5. Organisation
In Bezug auf Reputation Management wird häufig beklagt, dass wichtige Teilaufgaben dieser Funktion über das ganze Unternehmen verstreut sind. Charles J. Fombrun plädiert deshalb für die Schaffung einer neuen Vorstandsposition, dem Chief Reputation Officer, unter dessen Leistung alle diese Teilaufgaben zusammengefasst sind.

Literatur
1) Fombrun, C.J., Reputation – Realizing Value from the Corporate Image, Boston, 1996.
2) Griffin, G., Reputation Management, Oxford, 2002. (UB 02/04)

3.2.3 Reputation Management

Interview mit
Gregor Schönborn (GS), Senior Partner, ECC Consultancy, ECC Kohtes Klewes GmbH

Bei Meinungsäußerungen und Auftritten, wie denen von Florian Gerster, Hartmut Mehdorn, Jürgen Schrempp, Josef Ackermann und Rolf Breuer, die nicht nur die Reputation des eigenen Unternehmens schädigen, sondern sogar Schadensersatzforderungen von Betroffenen, wie im Fall Kirch, hervorrufen, stellt sich die Frage, ob es in diesen Unternehmen überhaupt jemanden gibt, der sich mit Reputation Management befasst. Wie sind Ihre Erfahrungen?

GS: Reputation ist ein harter Wettbewerbsfaktor. Sie spiegelt nicht nur die Unternehmensidentität mit all ihren Facetten wider, sondern ist in unserer Welt, in der die Bedeutung des physischen Produktes zugunsten von Dienstleistungen, virtuellen Produkten oder Ideen zurückgeht, zum Faktor für Kaufentscheidung geworden. Darum gehört Reputation Management zu den mittel- bis langfristigen strategischen Aufgaben des Managements. Die für Unternehmen wichtigen Ziele und Themen werden auch häufig strategisch geplant. In der Praxis jedoch, vor allem bei den kurzfristigen Themen, wird dann das Management von den Ereignissen überholt, und es kommt zu Kommunikationskrisen, wie z.B. bei den von Ihnen angesprochenen Top-Managern. Hinzu kommt, dass die Top-Manager tendenziell opportun gegenüber öffentlicher Meinung und Vorurteilen sind. Es wird einfach nicht realisiert, dass gleiche Informationen entsprechend der Situation und Motivation der Öffentlichkeit unterschiedlich bewertet werden.

Es mangelt aber nicht an professionellen Kommunikationsmanagern in den Unternehmen, sondern viel mehr an deren Zusammenarbeit mit dem Vorstand. Der Vorstand wendet im Verhältnis oft zu viel Zeit auf für die Inhalte dessen, was darzustellen ist und richtet viel zu wenig Aufmerksamkeit auf das „Wie?“. Im Vordergrund stehen zu häufig die Shareholder-Interessen, das nächste Quartalsergebnis – die Financial Performance, aber nicht die Mission des Unternehmens.

Einige große Beratungsunternehmen, wie Roland Berger Strategy Consultants haben vor einigen Jahren versucht, „Reputation Management“ als Beratungsfeld zu etablieren. Viel Erfolg hatten sie damit nicht. Worauf ist das Ihrer Meinung nach zurückzuführen?

GS: Es ist ein großer Vorteil, den Erfahrungsbackground und die Ressourcen einer professionellen und erfolgreichen Unternehmensberatung zu haben. Wenn die Kommunikationsstrategie kompatibel ist mit der Unternehmensstrategie, dann werden wichtige Voraussetzungen erfüllt. Aber die Berater brauchen die operative Erfahrung aus der Kommunikationsbranche, insbesondere die Medienkompetenz, weil es besonders auf die Einschätzung von Themen der Medien, die erfolgreiche Themensteuerung ankommt. Diese Verbindung ist den meisten Unternehmensberatungen nicht gelungen. Kommunikationsberatung braucht außerdem die operative Kompetenz des Prozessmanagements von internen und externen Kommunikationsthemen und Kampagnen-Erfahrung, so wie es die Agenturen beherrschen.

Viele Medienunternehmen und Werbeagenturen kämpfen derzeit um ihr Überleben. Wäre ein ausgefeiltes Beratungskonzept zum Thema „Reputation Management“ eine sinnvolle Ergänzung ihrer bestehenden Dienstleistungspalette?

GS: Für Werbeagenturen sehe ich das eher als für Medienunternehmen. Es gibt bereits einige Werbeagenturen, die es geschafft haben, hochwertiges Reputation Management aufzubauen, z.B. die BBDO-Gruppe. Doch gibt es bislang nur wenige erfahrene Werbeberater, die das Feld wirklich beherrschen. Das fängt schon mit der Erstellung eines umfassenden Kommunikations-Audits an, das nur von Beratern geleistet werden kann, die die gesamte Palette der internen und externen Kommunikationsinstrumente beherrschen und die operative Erfahrung aus dem Umgang mit den Medien mitbringen bis zum Know-how der Wirkungsforschung von Kommunikation. Werber haben grundsätzlich ein diametrales Verhältnis zum Umgang mit Journalisten, weil sie es gewohnt sind, für die Platzierung von Botschaften bezahlten Raum in den Medien zu belegen. PR-Agenturen haben das Thema Reputation Management früher erkannt, bringen mehr Erfahrung mit Medien und Journalisten ein als Werber und haben Erfahrung in der gesamten Bandbreite der Instrumente.

Medienunternehmen haben ja bereits begonnen, neue Dienstleistungen anzubieten – von der Veranstaltung von Leser-Reisen bis zum Verkauf von Strom. Im Sinne eines Reputation Managements müssen die Medienunternehmen aufpassen, dass der „Journalismus" dabei seine Unabhängigkeit nicht verliert. Die Full-Service-Orientierung eines Dienstleisters passt jedenfalls nicht zum journalistischen Auftrag.

Welche Faktoren beeinflussen Ihrer Erfahrung nach die Reputation eines Beratungsunternehmens?

GS: Das Reputation Management von Unternehmen hat alle Rahmenbedingungen des Unternehmens, seine Geschichte, die Bedeutung in seiner Branche und des Umfeldes zu berücksichtigen; seine „Corporate Performance". Das sind die Qualität und die Position der Produkte und Leistungen, die Repräsentation der handelnden Personen ebenso wie die Financial Performance und die weit über die Marketingfunktion hinausgehende Verantwortung des Unternehmens für alle Aspekte der Stakeholder, die Social Responsibility. Die gezielte Platzierung und Positionierung des Unternehmens unter Berücksichtigung von Vision und Führungsanspruch sind nach außen und nach innen wichtig. Die Messung der Außenwirkung ist durch den qualitativen „Share of Voice" möglich, ihre Bedeutung spiegelt aber auch wieder zurück zur Wahrnehmung des Unternehmens durch die Beschäftigten am Arbeitsplatz. Alle Faktoren mit Einfluss auf die Reputation können umfassend analysiert, erklärt und gesteuert werden. Die emotionale Wahrnehmung ist dabei ein zentraler Erklärungsfaktor für die Unternehmensreputation.

Was tun Ihrer Erfahrung nach Consultingunternehmen für ihr eigenes Reputation Management?

GS: Zu wenig. Die meisten Unternehmensberatungen tun sich noch sehr schwer mit den grundlegenden Regeln der klaren Positionierung. Vier von fünf untersuchten Unternehmensberatungen positionieren sich mit den fünf häufigsten Positionierungsbegriffen; sie versprechen Lösungskompetenz, Erfolg für ihre Kunden, Professionalität und andere, inzwischen Allgemeinplätze. Häufig fehlen klare Leitbilder und eine Markenstrategie. Unternehmensberatungen neigen zu Übertreibungen in der Selbstdarstellung und können die Kongruenz der Ziel-Positionierung mit den Fähigkeiten der Berater nicht einhalten. Kunden reden schon offen darüber, dass Versprechen und Erwartungen in der Praxis nicht erfüllt werden oder dass das versprochene Prozessmanagement in der Implementierung nicht beherrscht wird. (UB02/02)

3.3 Lean Consulting® mit Balanced Scorecard

Toolset zur Strategieberatung des Mittelstandes
Lean Consulting ist eine Vorgehensweise, die betriebswirtschaftlich-inhaltliche Expertise mit den theoretischen Grundlagen der Organisationstheorie bzw. Organisationsentwicklung verknüpft und in erster Linie für Einzelberater geeignet ist. Sie wurde von der Heidelberger Akademie für Unternehmensberatung (HAfU) konzipiert, wird ständig weiter gepflegt und ist durch Softwareprogramme unterlegt. Zielgruppe sind KMU ab 20 Mitarbeitern. Lean Consulting ist eine Kombination von Beratungsmethode/Leistungsform und Beratungsprodukt, das an alle Branchen mit geringem Aufwand angepasst werden kann. Der Verschlankungseffekt dieser Vorgehensweise besteht darin, dass der gesamte zeitaufwendige Analyseteil bzw. die Aufgabe zur Zusammenstellung des notwendigen Daten und Informationsmaterials auf den Klienten übertragen wird. Als Hilfestellung dient ein Leitfaden, der dem Klienten übergeben wird. Der Auftraggeber lässt die Analyse, bzw. Daten- und Informationssammlung durch eigene Mitarbeiter („Analyseteam") nach diesem Leitfaden durchführen, ohne dass – wie bei der traditionellen Methode – die Gefahr der gezielten Fehlinformation oder Informationsverweigerung wie gegenüber externen Berater besteht. Zur Klärung eventueller Rückfragen steht der Berater dem Analyseteam per Hotline zur Verfügung. Bei der Eigenanalyse werden erste Akzeptanzbarrieren abgebaut, da die Mitarbeiter von Anfang an das Gefühl haben, das Projekt selbst zu gestalten. Der Berater und die Teilnehmer des internen Strategieteams erhalten die Analyseunterlagen etwa zwei Wochen bevor der erste gemeinsame Workshopblock beginnt. Alle Beteiligten können sich damit vorab, eventuell unterstützt durch weitere Informationen, einarbeiten.

1. Workshopblock: Analyse und Prognose der Marktpositionierung
Die Beratung beginnt mit einem Workshopblock zur Analyse und Prognose der Marktpositionierung, in dem der Berater mit einem 3- bis maximal 15-köpfigen Strategieteam des Auftraggebers die marktbezogenen Teilanalysen durchspricht, weitergehende Fragen stellt und zu jedem Tatbestand im Team einen Konsens herbeiführt. Die Datengerüste, Informationen und Unterlagen der vom Klienten durchgeführten Analyse liegen dabei allen Teilnehmern vor. Der Berater stellt im Verlauf der Workshops seine inhaltliche Expertise zur Verfügung und agiert in der Rolle des fachkundigen Moderators unter Anwendung der sokratischen Gesprächstechnik (s. Abb. 3.6).Inhaltlich wird gemeinsam und im Konsens das unternehmensspezifische Absatzpotenzial (USAP)[1] analysiert. Dies enthält die Teilanalysen und -prognosen zu Leistungsprogramm, Kundenstruktur, Bedarf und Anforderungen, Wettbewerbssituation, Image- und Kaufmotivation. Abschließend wird je nach Gegebenheiten für Produkte, Produktgruppen oder strategische Geschäftseinheiten eine Portfolioanalyse durchgeführt. Im Verlauf der Workshops wird ein Simultanprotokoll erstellt, in dem für alle sichtbar nur die Konsense zu den einzelnen Themenkomplexen aufgenommen werden. Es dient als einheitliche Präsentationsunterlage. Dieses Simultanprotokoll wird unmittelbar nach Ende des jeweiligen Workshopblocks den Teilnehmern zugesandt, mit der Maßgabe, nun ihrerseits mit allen weiteren Mitarbeitern des Unternehmens in Informationsrunden die im Konsens gefundenen Ergebnisse zu diskutieren und Gegenmeinungen aufzunehmen.

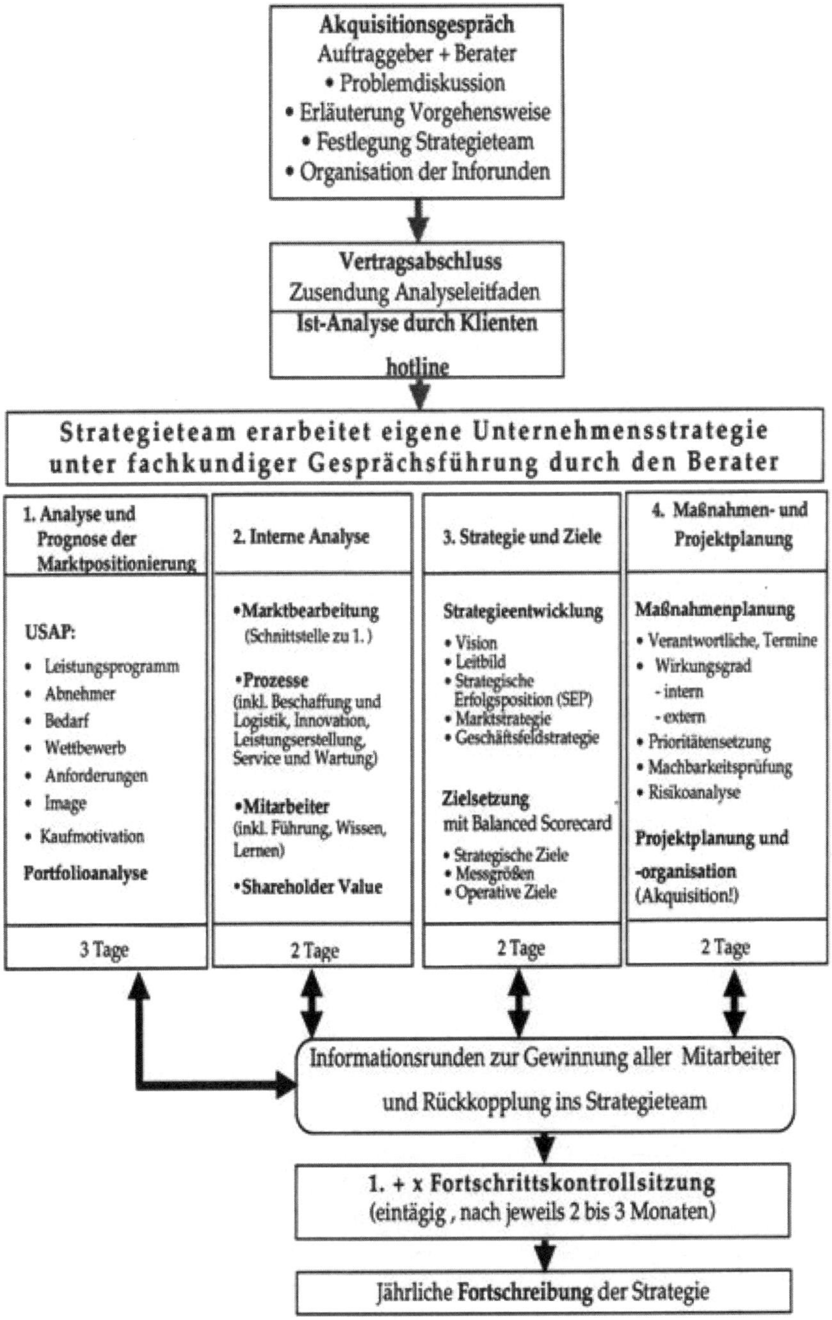

Abb. 3.6: Ablauf des Lean Consulting®-Vorgehens

Die vier Workshopteile werden im Abstand von drei bis vier Wochen terminiert, um ausreichend Zeit für die Durchführung der Informationsrunden zu lassen.

Die weiteren Workshopteile beginnen dann zunächst mit einer Feedbackrunde, in der die einzelnen Mitglieder des Strategieteams berichten, wie die Ergebnisse der Workshops von den durch sie informierten Mitarbeitern aufgenommen wurden. Wichtige Einwände der nicht unmittelbar an der Strategieentwicklung beteiligten Mitarbeiter werden diskutiert und bei der weiteren Vorgehensweise berücksichtigt.

2. Workshopblock : Interne Analyse

Im zweiten Workshopblock geht es um die gemeinsame Analyse interner Gegebenheiten, der Stärken und Schwächen des Unternehmens, bzw. der SGE mit den Schwerpunkten

- Marktbearbeitung mit den Teilbereichen
  - Produkt-Mix (Schnittstelle zum ersten Workshopblock)
  - Konditionen-Mix
  - Kommunikations-Mix
  - Distributions-Mix
- Prozesse
  - Beschaffung und Logistik,
  - Innovation,
  - Leistungserstellung,
  - Service und Wartung
  - Operative Führung
- Mitarbeiter
  - Soziale Führung,
  - Wissen,
  - Lernen
  - Verhalten
- Shareholder Value mit den Schwerpunkten
  - Strategische Führung
  - Finanzmanagement
  - Planung und Steuerung
  - Organisation

Dieser Workshop wird auf der Basis von Checklisten, die nach dem Prinzip der sokratischen Gesprächstechnik aufgebaut sind, moderiert.

3. Workshopblock: Ziele und Strategieentwicklung nach BSC

Im dritten Workshopblock erfolgt die Festlegung der Ziele und Strategien. Da das interne Strategieteam gemeinsam die Marktpositionierung und die interne Situation analysiert hat, werden keine Luftschlösser gebaut, wie dies häufig in konventionellen Strategieprojekten der Fall ist. In Kenntnis der Stärken, aber auch der Restriktionen, wird zunächst im Konsens eine Vision formuliert und daraus ein Leitbild entwickelt. Eine darauf folgende Bewertung der Unternehmensstärken führt zur gemeinsamen Identifikation der Strategischen Erfolgsposition (SEP)[2], zu deren Ausbau und Stärkung die auf den Markt und nach innen gerichteten Strategien festgelegt werden.

In diesen Workshopteil ist der Balanced Scorecard-Ansatz[3] integriert. Es werden zunächst die strategischen Ziele formuliert, diese mit quantitativen und qualitativen Messgrößen versehen und daraus operative Zielgrößen festgelegt, um bei der Fortschrittskontrolle und jährlichen Strategiefortschreibung den Umsetzungsgrad messen zu können. Bei jedem Ziel erfolgt ein Verweis auf die Maßnahmen, die seiner Umsetzung dienen.

4. Workshopblock: Maßnahmen- und Projektplanung

Der wichtigste Teil ist die Maßnahmenplanung mit der Übernahme von Verantwortung und Angabe des Fertigstellungstermins durch jeweils ein Strategieteam-Mitglied, das die Maßnahme freiwillig übernommen hat. Für jede Maßnahme wird gemeinsam der Wirkungsgrad nach innen und außen diskutiert und festgelegt, um im Falle einer großen Maßnahmenvielfalt Prioritäten bilden zu können. Jede Maßnahme wird einer Risikoanalyse unterzogen, sodass schon im Vorfeld der Umsetzung gemeinsam überlegt wird, durch welche vorbeugenden Aktivitäten erkennbare Umsetzungsrisiken eingeschränkt oder sogar beseitigt werden können.

Für Maßnahmen mit Projektcharakter wird eine grobe Projektplanung vorgenommen. Hier hat der Berater die Möglichkeit, weitergehende Projekte zu akquirieren.

5. Fortschrittskontrolle und Fortschreibung

Nach zwei bis drei Monaten erfolgt eine eintägige Fortschrittskontrollsitzung, bei der die maßnahmenverantwortlichen Mitglieder des Strategieteams berichten, wie der Stand der Realisierung ist. Dabei werden im Bedarfsfall Maßnahmenkorrekturen und -absicherungen sowie Terminänderungen vorgenommen. Je nach Zeitachse der gesamten Maßnahmen werden weitere Fortschrittskontrollsitzungen festgelegt.

Nach einem Jahr wird die so erarbeitete Strategie in einem dreitägigen Workshop gemeinsam fortgeschrieben.
Es wird diskutiert:

- Was hat sich bei der Marktpositionierung verändert?
- Was hat sich bei den internen Stärken und Schwächen verändert?
- Welche Ziele sind erreicht, welche neuen Ziele ergeben sich aus den veränderten Marktgegebenheiten und den neuen internen Situationen? Ist Leitbild und SEP noch gültig?
- Welche neuen Maßnahmen müssen wir für die neuen Ziele festlegen?

Die von Anfang an geplante Fortschreibung bringt eine gewisse Gelassenheit in die Vorgehensweise: Der erste Durchgang muss nicht der Volltreffer sein, der das perfekte Unternehmen mit der 100%-Strategie schafft. Die jährliche Fortschreibung ist nichts anderes als ein kontinuierlicher, strategischer Verbesserungsprozess, durch den das Unternehmen immer wieder einen qualitativen Sprung macht. Damit wird auch deutlich, dass Strategie ein Prozess ist.

Fazit

Die Vorteile des Lean Consulting liegen auf der Hand:

- Es fallen nur wenige Tagewerke für den externen Berater an, da der zeitaufwendige Analyseteil vom Auftraggeber nach Anleitung durch den Berater selbst bearbeitet wird; damit werden Zeit und Kosten der Beratung stark minimiert.
- Alle Betroffenen werden direkt, entweder durch die Teilnahme am Strategieteam oder durch die Info-Runden, zu Beteiligten gemacht, dadurch entstehen keine Akzeptanzprobleme.
- Die Realisierung beginnt am ersten Workshoptag, da bereits in den Analyseworkshops Sofortmaßnahmen beschlossen werden, die, wie ihr Name sagt, sofort umgesetzt werden. Sofortmaßnahmen unterscheiden sich inhaltlich von den Maßnahmen, die abschließend im Maßnahmenworkshop verabschiedet werden. Sie haben meist die Aufgabe, weitere Informationssicherheit für den Beschluss der endgültigen Maßnahmen zu schaffen.
- Die Fortschrittskontrollen stellen sicher, dass keine der beschlossenen Maßnahmen versandet.
- Die jährlichen Fortschreibungen sichern Kundenbindung und Nachhaltigkeit.

Diese Vorteile sind so überzeugend, dass nicht nur die ursprüngliche Zielgruppe, nämlich kleine und mittelständische Unternehmen, diese Vorgehensweise bevorzugen, sondern in zunehmendem Maße auch Großunternehmen und Konzerneinheiten darauf bestehen, so zu verfahren.

Die Vorgehensweise ist nicht schwachstellen- und engpasskonzentriert, sondern zielt auf die Stärken des Klientenunternehmens. Dadurch entstehen sehr viel weniger Widerstände und Konflikte. Durch die Betonung der Stärken, durch Lob und Anerkennung wächst die Akzeptanz des Beraters.

Das strategische Sollkonzept wird nicht hinter verschlossenen Türen ausgebrütet, sondern im Konsens mit allen wesentlichen Betroffenen erarbeitet.

Es herrscht totale Transparenz: Die Kosten der Vorgehensweise entsprechen den angegebenen Workshoptagen, multipliziert mit dem Tagessatz des Beraters. Alle Inhalte und konsensfähigen Ergebnisse werden zeitnah allen Mitarbeitern kommuniziert.

Die Erfolge der Methode, die seit Jahren, immer wieder modifiziert und aktualisiert, im Einsatz ist, sprechen für sich:

Die Projekte weisen eine Umsetzungsquote von über 95 % auf. Diesen kleinen Umsetzungsschwund muss man den schnellen Veränderungen im Umfeld der Unternehmen zuschreiben und hinnehmen.

Literatur und Hinweise

[1] Die USAP-Methodik wurde unter Beteiligung namhafter Marketing-Experten im Battelle-Institut, Frankfurt, entwickelt.
[2] Pümpin, Cuno, Strategische Erfolgspositionen, Bern 1992.
[3] Kaplan, R. S., Norton, D. P., Balanced Scorecard, Stuttgart 1997. (UB 02/00)

3.4 Supply Chain Management als Beratungsfeld

Supply Chain ist die Wertschöpfungs- und Lieferkette, die zur Erstellung und Lieferung von Produkten und Dienstleistungen notwendig ist. Sie umfasst Kunden, alle Handelsstufen, Hersteller und deren Lieferanten.

Supply Chain Management (SCM) hat zum Ziel, die Geschäftsprozesse und -strukturen dieser Kette zu optimieren. Dazu gehört auch die exakte Abstimmung der Material-, Wert- und Informationsflüsse. Durch Einbeziehung von Internet und Intranet wird SCM wichtigster Teil einer ganzheitlichen E-Business-Konzeption.

Das Thema ist wichtig, weil es für Berater und ihre Klienten große Wertpotenziale aufzeigt. „Wir machen unsere Klienten stark, indem wir ihre Kunden an sie binden, und das bindet die Klienten an uns", sagt schlicht ein führender SCM-Berater.

Die Entwicklung ist rasant: Schon spricht man nicht mehr von Logistikketten, die einen Anfang und ein Ende haben, sondern von Wertnetzen, die wie kybernetische Systeme funktionieren. Es hat den Anschein, als solle jetzt der Dornröschenschlaf, in den die Beratungsfelder Logistik und Lieferantenmanagement für lange Zeit gefallen waren, in Riesensprüngen aufgeholt werden.

„Value Net", die aktuellste Version der Supply Chain, ist ein auf Zusammenarbeit angelegtes, häufig digitales Netzwerk, das eine Verbindung zwischen Kunden, Herstellern und Zulieferbetrieben schafft. Das Value Net-Konzept sichert nicht nur die schnelle und zuverlässige Versorgung der Kunden, sondern ermöglicht auch die Anpassung der Produkt- und Servicegestaltung an individuelle Kundenwünsche. Eine Untersuchung der Mercer Management Consulting (s. S. zeigt, dass Value-Net-Pioniere wie Biogen, der Online-Supermarkt Streamline, Apple Computer oder die spanische Modefirma Zara ihre Wettbewerber im Hinblick auf Ertragskraft und Steigerung des Shareholder Value weit hinter sich gelassen haben.

Das klassische Supply Chain Management basiert meist auf prognostizierter oder erwarteter Kundennachfrage, Value Nets reagieren nicht nur auf Echtzeit-Kundenwünschc, sondern verknüpfen diese auch untereinander, um den Beschaffungs-, Herstellungs- und Distributionsprozess zu optimieren.

Marktuntersuchungen verschiedener Beratungsunternehmen zeigen, dass die Wirklichkeit in deutschen Unternehmen von diesem Ideal noch weit entfernt ist. Für den Mittelstand, der bisher noch nicht untersucht wurde, gilt dies erst recht. Die Studien haben aber auch ergeben, dass die Beratungsbranche mit vielen unterschiedlichen Ansätzen des Learning by Doing in Sachen Supply Chain unterwegs ist.

Fazit also: Es ist noch sehr viel zu tun. Zum Glück! (UB 04/00)

3.5 Innovationsmanagement als Beratungsfeld

Interview mit Wolfgang Rücker (WR), CEO der Rücker AG

Wolfgang Rücker ist Gründer (1970) und Vorstandsvorsitzender der Rücker AG, einem Entwicklungsdienstleister für Hochtechnologie mit weltweit über 2000 Mitarbeitern an 47 Standorten, unter anderem in China und Korea. Die Rücker AG bietet Forschung, Beratung, Planung und Entwicklung bis zur Serienreife mit eigenen und kooperierenden Ressourcen, vorwiegend für die Automobil- und Luftfahrtindustrie.

In der Wirtschaftspresse wird Innovation als das Allheilmittel für alle Probleme der Gegenwart und Zukunft gepriesen: Überalterung der Bevölkerung, Standortnachteile durch Bürokratie, verkrustete Strukturen, Staatsdirigismus und untaugliche Sozialsysteme, alles soll durch Innovationen abgefedert werden. Unter diesen Rahmenbedingungen muss es Ihnen als Innovations- und Entwicklungsdienstleister doch hervorragend gehen. Oder?

WR: Als Entwicklungsdienstleister müssen wir ebenfalls mit dem von Ihnen beschriebenen schwierigen Umfeld kämpfen. Der Vorteil eines Entwicklungsdienstleisters ist es, dass er nicht unmittelbar vom Absatz der Produkte eines Kunden abhängig ist, sondern Entwicklungen dann vermehrt gefragt sind, wenn neue Produkte auf den Markt müssen, um den Absatz anzukurbeln. Wir sehen dies insbesondere in der Automobilindustrie und im Flugzeugbau. Durch unsere Aufstellung in 16 Ländern mit 47 Standorten haben wir eine Kundenbreite, die oftmals Schwankungen kompensiert. Deshalb ist auch das schwierige Jahr 2003 ein Jahr, in dem wir unsere Betriebsergebnispläne einhalten können. Der Trend zum Outsourcing bei unseren Kunden ist ungebrochen und steigt zwischen 10% pro Jahr.

Rechnen Sie im Zuge der allgemeinen Outsourcing-Welle auch mit zunehmendem Outsourcing der Forschungs- und Entwicklungsfunktion der Unternehmen, und gehen Sie unter diesem Vorzeichen in der Auftragsakquisition proaktiv auf potenzielle Kunden zu?

WR: Sicher müssen Unternehmen trotz zunehmendem Outsourcing ihre Kernkompetenz behalten, allerdings gibt es in der Automobilbranche so genannte Derivate (ein auf einer Limousine basierender Kombi, ein Coupé oder Cabriolet) von bestehenden Modellen, die in ihrer Entwicklung komplett fremd vergeben werden.

Bezogen auf die Forschung, führen wir überwiegend Aufträge unserer Kunden aus. Wir haben allerdings auch Kompetenzzentren, in denen Konzepte und Innovationen weiterentwickelt werden. Mit solchen neuen Ideen können wir dann gegenüber unseren Kunden als Problemlöser auftreten und Verbesserungsvorschläge liefern. Hierdurch können wir neue Aufträge erhalten. Ungeachtet dessen akquirieren wir potenzielle Kunden, denen wir unsere innovativen Dienstleistungen vorstellen. Insbesondere unsere Kompetenzzentren für Elektronik und Leichtbau treffen hier auf große Nachfrage. Fahrzeuge werden zukünftig immer gewichtssparender entwickelt werden und der Anteil an elektronischen Komponenten und Systemen wird weiter stark zunehmen. Das Potenzial für innovative Aufträge in diesen Bereichen kann daher als sehr groß eingestuft werden.

Forschung und Entwicklung ist unter dem Aspekt der Competitive Intelligence ein hochsensibles Geschäftsfeld. Außenstehende sind häufig der Meinung, dass Unternehmen gerade diesen Teil der Wertschöpfungskette in eigener Regie behalten müssen. Wie gehen Sie und Ihre Kunden – bei der Fokussierung auf zwei Branchen – mit dem Thema Geheimhaltung um?

WR: Geheimhaltung ist für unsere Kunden eine wesentliche Basis für eine erfolgreiche Geschäftsbeziehung. Deshalb arbeiten wir an unterschiedlichen Standorten für unterschiedliche Fahrzeughersteller und haben deshalb keinen größeren Informationsabfluss in andere Betriebseinheiten. Wir sind teilweise sogar bereits vor der Entscheidung, ob ein Produkt überhaupt produziert wird, involviert. Dies verlangt ein überaus positives Vertrauensverhältnis mit unseren Kunden, das absolute Diskretion im Umgang mit den Projekten anderer Hersteller benötigt. Im Fall der Luftfahrt ist es sogar so, dass man sich bei weltweit zwei großen Herstellern entscheiden muss, für welchen man in der Entwicklung arbeiten möchte. In diesem Extrembeispiel müssen wir unserem Kunden Exklusivität einräumen.

Nach einer kürzlich durchgeführten Studie des Münchner Ifo Instituts für Wirtschaftsforschung investierten im vergangenen Jahr nur noch 53% der Unternehmen des verarbeitenden Gewerbes in Innovationen, zwei Jahre zuvor waren es noch 59%. Wird Deutschland innovationsträge und ist, wie vielfach unterstellt, die Überalterung der Beschäftigten daran schuld?

WR: In den Sparten, in denen wir tätig sind, können wir nicht feststellen, dass Innovationen nachlassen – ganz im Gegenteil. Der Investitionsgrad in Innovationen muss zudem nicht ein direkter Indikator für tatsächlich erreichte Innovationen sein. Auch sind Innovationen in einer immer mehr auf Dienstleistungen ausgerichteten Gesellschaft nicht nur unbedingt in dem verarbeitenden Gewerbe zu suchen, sondern auch in neuen Service- oder Dienstleistungskonzepten. Ebenso der Gedanke, dass die Überalterung der Beschäftigten daran Schuld haben könnte, erscheint mir, auf unsere Branche bezogen, falsch, da gerade erfahrene Mitarbeiter mit einem hohen Maß an Know-how das Rückgrat eines Entwicklungsunternehmens bilden. Dies in Verbindung mit jungen und gut qualifizierten Hochschulabsolventen ermöglicht uns, Erfahrungen und Wissen auf unser Personal zu übertragen und unseren Kunden innovative Lösungen anzubieten.

Führt die Rücker AG nur Aufträge aus oder stößt sie auch Innovationen, die sich aus dem Tagesgeschäft ergeben, an?

WR: Selbstverständlich arbeiten unsere Mitarbeiter nicht nur als reine Auftragsempfänger, sondern tragen durch ihre Ideen an der ständigen Verbesserung zukünftiger Produkte bei. Wenn der Kunde dies wünscht, arbeiten wir hieran weiter und ermöglichen so, dass neue Konzepte entwickelt werden und am Markt erhältlich sind. Teilweise sind unsere Projekte auch sehr umfassend und dauern über mehrere Jahre an; dass dabei auch Innovationen hervorgebracht werden, ist bei kreativen und hochqualifizierten Mitarbeitern einhergehend und wird durch unsere Führungskräfte entsprechend gefördert.

Nach einigen Irritationen im vergangenen Jahr haben die diesjährigen Quartalsberichte und der Verlauf der Hauptversammlung der Rücker AG im Juni zu einem erfreulichen Aufschwung des Aktienkurses geführt. Wie sehen Sie die weitere Entwicklung?

WR: Die von Ihnen angesprochenen Irritationen des vergangenen Jahres beruhten auf einer Sonderabschreibung für ein Tochterunternehmen der Rücker-Gruppe. Die Gründe hierfür wurden beseitigt, und entsprechend notwendige Wertberichtigungen sind vorgenommen worden. Diese für uns außergewöhnliche Situation ist damit überstanden. Die Auswirkungen haben sich abschreibungstechnisch direkt auf unseren Gewinn ausgewirkt, was der Grund für die negative Ergebnissituation des vergangenen Geschäftsjahres war. In unserem operativen Geschäft sind wir jedoch nach wie vor erfolgreich und verzeichnen ein deutliches Umsatzwachstum.

Für das laufende Jahr ist bei eher verhaltenem Auftragsvolumen aus der Automobilindustrie unser Wachstumstreiber immer mehr der Flugzeugbau. Mit einem Umsatzanteil von wachsenden 10% bildet er inzwischen eine wichtige Säule des Geschäftes. Wir gehen davon aus, dass wir ein deutlich positiveres Ergebnis als das um die Sondereinflüsse in 2002 bereinigte Ergebnis abliefern und unsere Planzahlen 2003 erreichen werden. (UB 05/03).

3.6 Beratungsfeld CRM : Kundensegmentierung

Das Beratungsunternehmen Bain & Company führt seit 1993 in regelmäßigen Abständen Untersuchungen mit dem Ziel durch herauszufinden, welche Beratungsthemen und -produkte die Klienten am dringendsten benötigen und welche bei ihnen die größte Zufriedenheit auslösen.

Beim Vergleich der Studienergebnisse der vergangenen Jahre kann leicht festgestellt werden, welche Veränderungen sich im Zeitablauf ergeben haben. Waren es bei der vorletzten Untersuchung im Jahre 1998 noch vorwiegend Verfahren zur Prozessoptimierung, wie z.B. Reduktion der Durchlaufzeiten und Benchmarking, so rückten in den letzten Jahren wieder stärker die Kunden als Ertragsgeneratoren in das Zentrum des Interesses.

In der gemeinsam mit der Wirtschaftswoche durchgeführten Befragung ergab sich eindeutig, dass Kundensegmentierung und CRM die Spitzenreiter sind. Aus detaillierten Kundendaten gezielte, umsatzsteigernde Aktionen zu entwickeln, ist das Ziel der meisten der befragten Unternehmen. Die Kostenreduktionsprogramme laufen im Hintergrund weiter. Mit dieser Kombination gezielter, auf Ertragssteigerung und Kostensenkung gerichteter Verfahren hoffen, die meisten der Unternehmen die Krise zu meistern.

Da mit Kostensenkungsaktionen bei den Betroffenen, die selbst keine Shareholder sind, kaum Begeisterung zu erzielen ist, erfreuen sich alle Marketingtools neuer Beliebtheit. Kundenbeglückung hat höchste Priorität. Und das geht ganz einfach: Daten und Informationen über Kunden und ihre Bedürfnisse sammeln, in einem Data Warehouse speichern, mit Data Mining Kundenprofile anlegen und jedem zum richtigen Zeitpunkt am richtigen Ort das liefern, was er wirklich braucht. Der Kunde ist dann begeistert und dankt es mit lebenslanger Treue und gesteigerter Kauffreude.

Das sei alles blanker Unsinn, meint unter anderem Stephen Brown, Professor für Marketing an der Universität Ulster. Kundensegmentierung und -orientierung sei nur ein Weg unter vielen und die IT-Zauberkiste des Data Warehousing und Data Mining nur ein schlichtes Werkzeug. Es gehe ganz einfach darum, Produkte zu verkaufen, und es gebe unzählige Beispiele dafür, dass nicht Kundensegmentierung und -zufriedenheit die Erfolgsfaktoren sind, sondern genau das Gegenteil, nämlich purer Sadismus für Unsegmentierte. Kunden wollen gequält werden, um richtig in Fahrt zu kommen. Die Liste der Grausamkeiten ist lang. Hektischen Bedarf weckt ein Unternehmen beispielsweise, indem es sein Angebot künstlich verknappt. Louis Vuitton hat das in den letzten Jahren im japanischen Markt bis zum Exzess betrieben. Wollten japanische Kunden dann in Europa ihre Label-Gier befriedigen, mussten sie sich mit einem einzigen Artikel zufrieden geben. So kam es zu den kuriosen Situationen, dass deutsche Passanten auf der Münchner Maximilianstraße von Japanern angesprochen und gebeten wurden, für sie noch eine zweite und dritte LV-Tasche zu kaufen. Das ging bald nur noch gegen Vorlage des Personalausweises. Die gleiche Strategie fährt Smart. Die Cabrioversion „Crossblade" wurde nur 2000-mal hergestellt. Adidas hat die Auflage seines „Kegler"-Sportschuhs sogar auf 100 Stück limitiert. Die Vorgehensweise ist im Philatelisten-Geschäft schon 100 Jahre alt.

Wie bekommt man das nun alles unter einen Hut? Hier die reine Lehre des CRM mit der Kundensegmentierung als Erfolgsfaktor, dort die Gegenbeispiele. Es ist eben wie mit allen Trendthemen und Heilslehren: Es gibt zum Glück immer genau das Gegenteil, das auch zum Erfolg führt. (UB 01/03)

3.7 Gemeinkostenwertanalyse – Der Klassiker

3.7.1 Das Imageproblem der GWA

Wir können froh darüber sein, dass von uns Beratern in diesen schwierigen Zeiten nicht auch noch bahnbrechende Innovationen erwartet werden. Sogar die Trendthemen, die vor kurzem noch Berater und Klienten bewegten, wie E-Business, Wissensmanagement, Balanced Scorecard, CRM, SCM und Change Management sind vorerst in den Hintergrund gerückt – manche wahrscheinlich für immer.

Die Bühne ist frei für den über fünfzigjährigen Klassiker, die Mutter aller Beratungsprodukte, die Gemeinkostenwertanalyse. Die inhaltlichen und methodischen Grundzüge hatte James Oscar McKinsey schon in den dreißiger Jahren entworfen (s. 9.3 James Oscar McKinsey). Seit Anfang der siebziger Jahre ist die Vorgehensweise über alle Durchführungsphasen hochstandardisiert und gehört zum Grundrepertoire aller McKinsey & Company Regional Offices. Die Wettbewerber haben schnell kopiert oder Varianten entwickelt, wie z. B. die

ETH Zürich mit der GANA (Gemeinkosten-Aufwand-Nutzen-Analyse) oder Kienbaum International mit GSE (Gemeinkosten Systems Engineering).

Fast verschämt geben die Marktführer der Beratungsbranche zu, dass sie derzeit rund 85–90% ihres Honorarvolumens mit diesen traditionellen Kostensenkungsprogrammen verdienen.

Was soll daran schlecht sein? Zeigt diese Tatsache doch nur, dass der Klassiker, der für Notzeiten und Notsituationen entwickelt wurde, das nachhaltigste Problemlösungsverfahren ist, was die Beratungsbranche jemals hervorgebracht hat. Und dass Kosten und Erträge, Effektivität und Effizienz schon immer die entscheidenden Faktoren der Unternehmensexistenz waren und auch in Zukunft sein werden. Um sie zu optimieren, gibt es keine bessere Vorgehensweise als die GWA, die der Weltmarktführer seit vielen Jahrzehnten einsetzt und immer wieder aktualisiert.

Wo liegt das Problem? Die GWA hat ein Imageproblem, was unter anderem dazu geführt hat, dass der Klassiker unter neuen Namen vermarktet wird, wie z.B. „Time, Cost, Quality Improvement – TCQI“ oder „Total Operational Performance – TOP“, und dass viele Beratungsunternehmen schlicht leugnen, dieses Beratungsprodukt jemals eingesetzt zu haben.

Dieses Imageproblem hat folgende Ursachen:

1. Die Höhe des quantitativen Zieles, das schon in der Akquisitionsphase mit dem Auftraggeber vereinbart wird. McKinsey sichert jedem Klienten eine Kostensenkung in der Größenordnung von 40% des Gesamtbudgets der untersuchten Einheit zu. Dieses rigorose Ziel nennen die Mackies verniedlichend die „40% Ideenhürde“. Andere Consultingunternehmen, die mit wesentlich moderateren Zielen arbeiten, sind mit der GWA nie in Verruf geraten, aber auch nie durch sie bekannt geworden.
2. Die Tatsache, dass die Beraterpräsenz während des GWA – Beratungsprozesses schwindet. Oder deutlicher ausgedrückt: Wenn Blut fließt und die Einsparmaßnahmen umgesetzt werden müssen, ist kein Berater mehr vor Ort. Die Internen, der Leiter der jeweiligen Untersuchungseinheit und die internen Analyseteams sind die Umsetzer. Das führt zu der zornigen Aussage Betroffener, die Berater seien nicht mehr da, wenn es darum geht, die eingebrockte Suppe auszulöffeln.
3. Der Zwangsansatz (die 40% Ideenhürde muss genommen werden) und die von außen gesteuerte Intervention widersprechen fundamental allen Grundsätzen der Organisationsentwicklung. Deren Postulat ist der Lernansatz und der Systemwandel durch Selbsterneuerung und Arbeitszufriedenheit, was wiederum von Betroffenen häufig als ergebnislose „Herumeierei“ bezeichnet wird.

Bei diesem klassischen Beratungsansatz, der sich ausschließlich auf ökonomische Effektivität, Effizienz und Zweckrationalität bezieht und mit dem in der Regel Personalabbau verbunden ist, zeigt sich erneut der Gegensatz zu Organisationsentwicklung und beteiligungsorientiertem Change Management, die in schwierigen Zeiten regelmäßig aus dem Zentrum des Interesses rücken.

Alles hat seine Zeit. (UB 02/03)

3.7.2 Kostensenkung als Problemlösungsmethode

Interview mit Dr. Walter Heuschele (WH)
Geschäftsführer Management Partner GmbH

Namhafte Beratungsunternehmen geben an, dass sie in diesen Tagen ca. 85% ihres Umsatzvolumens durch Kostensenkungsprogramme erwirtschaften. Ist undifferenziertes Zurückschneiden von Kostenblöcken überhaupt noch zeitgemäß?

WH: Undifferenziertes Zurückschneiden sicherlich nicht – wer so handelt macht deutlich, dass er im Kern nicht weiß, wo er ansetzen soll. Ein solcher Mangel an Überblick ist heutzutage leider nicht selten und weist auf ein aktuelles unternehmerisches Problem hin: Vor lauter Komplexität und Zeitdruck die wirklich entscheidenden Wirkungsketten und Erfolgsfaktoren nicht zu kennen und trotzdem zu handeln.

Also: Undifferenziertes Kürzen bringt wenig; ohne eine substanzielle Verbesserung der Kostenposition führt jedoch kein Weg aus der Krise. Die entscheidende Frage heißt deshalb: Wie? – und nicht ob.

Welche methodischen Ansätze sollten sinnvollerweise bei Restrukturierungsprozessen zum Einsatz kommen?

WH: Der Schlüssel liegt in der Kombination der Methodenauswahl und Beherrschung der Umsetzung. Vereinfacht müssen drei methodische Ansätze kombiniert werden:

- Die Einbeziehung von zukunftsorientierten Fachkonzepten (Strategie, Vertrieb, Organisation, Controlling etc.), die spezifisch auf das Unternehmen anzupassen sind. Entscheidend hierbei ist die kompetente Auswahl und Anpassung und nicht ein Methodenstreit.
- Die Führungskräfte müssen sich zu Promotoren der Veränderung entwickeln. Dies bedeutet Coaching, Training, Überzeugung, aber auch personelle Konsequenzen ziehen.
- Mitarbeiter und Kunden müssen den Nutzen des Veränderungsprozesses begreifen, spüren und leben, d. h. Kommunikation, Lernen, Ängste abbauen und den Nutzen verkaufen.

Wie stellt man die Produktivität einzelner Mitarbeiter (VAP = Value added per Person) fest, um zu verhindern, dass undifferenziert gerade hochproduktive Mitarbeiter abgebaut werden?

WH: Die Lösung liegt hier in einem professionellen Personalmanagement und dem Verständnis darüber, welches die entscheidenden organisatorischen Stellhebel sind und wie sie messbar sind, d. h. ohne Transparenz über das Potenzial der Mitarbeiter und die Messkriterien einzelner Aufgaben kann niemand wissen, wo die wirklichen Leistungsträger sind. Daneben muss allerdings auch klar sein, dass Produktivität nicht nur auf organisatorischer Leistungsfähigkeit, sondern in mindestens gleichem Maße aus motivatorischer Überzeugung resultiert und damit stark mit der Unternehmenskultur und dem Wertesystem korrespondiert.

Durch welche Change Management-Maßnahmen müssen heute Kostensenkungsprojekte begleitet werden, um nachhaltig zu sein?

WH: Sie müssen so angelegt sein, dass sie von Anfang an Resultate produzieren und keine langfristigen Analysephasen beinhalten – ohne Erfolge entsteht kein Glaube an das Tun und verliert auch das Management die Traute. Weiterhin, wie bereits angesprochen, müssen die Führungskräfte zu Prozesspromotoren oder deutlicher zu Prozesstreibern entwickelt werden und nicht als Getriebene und Bremser handeln. Betriebswirtschaftliche Veränderungen müssen durch Verhaltensänderungen untermauert werden und schlussendlich müssen nachvollziehbare Messgrößen existieren, die in Zeit und Inhalt den Realisierungsgrad transparent machen.

Welche Rolle spielt Outsourcing bei Kostensenkungsprojekten und welche Regeln sind zu beachten?

WH: Eine hohe, wenngleich der Terminus Outsourcing in der Regel abschreckt. Deutlicher wird die Bedeutung jedoch, wenn man das Ziel mit einer Reduzierung der Produktionstiefe beschreibt, also nur noch so viel und so weit etwas selbst produzieren wie man es besser und kostengünstiger anbieten kann: Im Kern die Grundkonstruktion unseres arbeitsteiligen Wirtschaftens. Der negative Beigeschmack von Outsourcing resultiert oft aus einem ungewollten Abschneiden, dem Aufheben von lieben Gewohnheiten und den vorhersehbaren Schwierigkeiten der Umsetzung.

Welche positiven Aspekte ergeben sich durch Insourcing und welche Bereiche kommen dafür in Frage?

WH: Insourcing folgt den gleichen Regeln wie vorher bei Outsourcing geschildert und zeigt, dass die negative Wertung nicht gerechtfertigt ist. Genauso wie ich mich als Unternehmen frage, was andere besser können, gibt es Felder, auf denen ich besser bin als andere. Wenn dies so ist, gibt es hierfür auch Kunden, und mein unternehmerisches Trachten muss darin liegen, hier zusätzliche Märkte zu erschließen. Beispiele liegen in der Regel außerhalb der Marktleistungen der Unternehmen und leiten sich aus internen Unterstützungs- oder Zulieferungsfunktionen ab. Auch dies ist ein Beispiel dafür, dass Restrukturierung nicht mit Abschneiden gleichzusetzen ist, sondern, wenn richtig angepackt, eine herausfordernde und konstruktive Aufgabenstellung darstellt. (UB 02/03)

3.8 Morphologie als Problemlösungsmethode

Die Morphologische Methodik als fachunabhängige Methodenlehre für die Gestaltung des kreativen Denkens, Entscheidens und Handelns in geordneter Form wurde von dem Astrophysiker Prof. Dr. Fritz Zwicky entwickelt. Die Einordnung des Begriffs Morphologie ist schwierig, weil eine Vielzahl von wissenschaftlichen Disziplinen den Begriff besetzt hat. So wird er für geometrische, geologische, anatomische und biologische Phänomene und ihre Beziehungen ebenso verwendet wie für die Strukturierung von Problemen und die Suche nach Lösungsalternativen. Morphologie gehört heute zum Grundhandwerkszeug eines jeden Unternehmensberaters. Sie ist gleichzeitig Kreativitäts- und Entscheidungstechnik. Einige wenige Berufskollegen haben ihre Berufsbezeichnung schlicht in „Morphologe" umgewandelt und stellen damit sicher, dass sie nun besonders geheimnisumwittert wirken.

3.8.1 Mehrdimensionale Morphologie

Diese Methode ist vielen unter der Bezeichnung „morphologischer Kasten" bekannt; dieser Begriff ist jedoch irreführend, da man sich unter einem Kasten ein dreidimensionales Gebilde vorstellt. Die Methode ist aber nicht auf drei Dimensionen festgelegt; sie hat in der Regel drei bis acht Parameter, d.h. Dimensionen.

Ein mehrdimensionales morphologisches System wird in der Regel in Form einer Tabelle so dargestellt, dass in der Vorspalte alle wesentlichen Teilaspekte (Parameter) des Oberbegriffs bzw. Problems angeordnet und in den Zeilen alle alternativen Erscheinungsformen (Ausprägungen) aufgelistet werden. Diese den verschiedenen Methodenvarianten gemeinsame Darstellungsform eines morphologischen Systems wird morphologisches Tableau genannt. Die morphologische Analyse wird erst dann zu einer Kreativitätstechnik, wenn der Satz der Parameter im Hinblick auf ein zu lösendes Problem zusammengestellt wird. Besteht die Aufgabe darin, ganz neue Problemlösungen zu finden, so sind die Parameter so zu wählen, dass sie in ihrer Gesamtwirkung eine hinreichende Grundkonzeption für alle Einzellösungen bilden (konzeptionelle Morphologie). Geht es dagegen darum, für eine bereits bestehende Grundkonzeption innovative Varianten zu finden, so werden die Parameter aus der vorliegenden Konzeption abgeleitet (modifizierende Morphologie). Als Kreativitätstechniken (s. Abb. 3.7) unterscheiden wir somit die konzeptionelle Morphologie sowie zwei Varianten, die sequentielle Morphologie einerseits und die modifizierende Morphologie (attribute listing) andererseits.

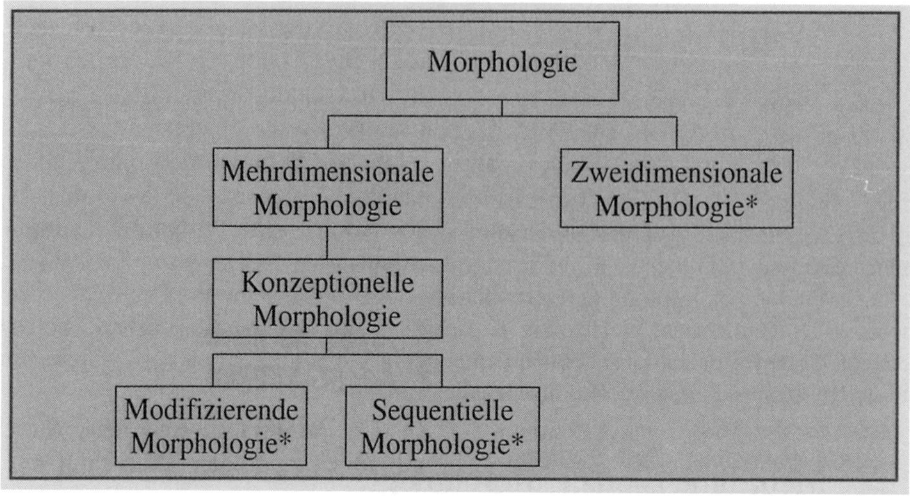

Abb. 3.7: Systematik der morphologischen Methoden

3.8.2 Konzeptionelle mehrdimensionale Morphologie

Bei der konzeptionellen Morphologie wird ein Problem in Elemente, Suchprobleme oder Teilfunktionen aufgegliedert, für die jeweils Lösungen gesucht werden. Zu diesen Parametern werden Ausprägungen (Teillösungen) gesucht und in einem Tableau zusammengestellt; es stellt das Gesamtlösungsfeld des Problems dar. Die Ausarbeitung einer konzeptionellen Morphologie erfolgt in vier Arbeitsschritten:

a. Bestimmung der Parameter eines Problems in der Vorspalte der Tabelle.

b. Suche nach Ausprägungen für jeden Parameter und Anordnung in der zum Parameter gehörenden Zeile. Die Anzahl der Ausprägungen für jeden Parameter muss nicht gleich sein. So kann ein Parameter 2, der folgende z. B. 5 Ausprägungen haben.

c. Analyse der erhaltenen Lösungen durch Kombination je einer Ausprägung aller Parameter (Linienzüge durch die Tabelle).

d. Auswahl origineller, überlegener Lösungen.

Zur Verdeutlichung der Methode dient das in Abb. 3.8 und Abb. 3.9 dargestellte Beispiel: Sie zeigen das breite Spektrum, in dem diese Methode eingesetzt werden kann.

Parameter	Ausprägungen									
Titelheld	Journalist	Kriminalrat	Playboy	Sportler	Gangster	Oberst a. D.	Student	Filmstar	Kammerjäger	Gastgeber
Ermordeter	reiche Ehefrau	reicher Ehemann	Stadtrat	teures Rennpferd	Minister	Wermut-bruder	Spion	Vorgesetzter	Prostituierte	Showmaster
Todes-ursache	Erschrecken	Erschießen	Erdolchen	nicht feststellbar	Selbstmord (erzwungen)	von Klippe gestürzt	Gift	gespielter Unfall	Erwürgen	Erhängen
Ort der Handlung	London im Nebel	Pariser Nachtclub	Altersheim	Golfplatz	Hawaii	Sierra Madre	Frankfurter Börse	Urwald	Arbeitsplatz	kommunistisches Land
Mörder	Erbe (m/w)	Gärtner	Titelheld	bezahlter Killer	Pfarrer	Kellner	Konfir-mandin	Mafiaboß	Tante Hedwig	Fabrikant
Motiv	Geldgier	Blutgier	Neugier	Gewohn-heit	erotischer Kitzel	aus Versehen	Vergeltung	Mitwisser beseitigen	in Trunkenheit	Ermordeter hatte Pickel
Aufklärung durch	Zufall	Indizien	Verstand des Titelhelden	Selbst-anzeige	nie aufgeklärt	Spuren im Schnee	geheimes Schriftstück	CIA	Zeuge	Traum-erscheinung
Happy-End	Titelheld heiratet Millionengirl, Straßen-schaffnerin, Oma Duck, gar nicht, Putzfrau, Erbtante, Indianerin, Königin Elisabeth o. ä.			Leiche war nur scheintot	großes unerwartetes Erbe	Prinzessin wird zum Frosch	alter Schatz entdeckt	gelähmter Titelheld kann wieder gehen	herrenlose Katze bleibt bei Tante Elli	Versöhnung mit dem (edlen) Mörder

Abb. 3.8: Morphologisches Tableau für 80 Mio. Kriminalromane

Die Abfall-Separieranlage (s. Abb. 3.9) gemäß Lösungskombination (1) besteht aus den folgenden Elementen:

- Bunker zum Aufnehmen des Abfalls
- optische Bestimmung der Zusammensetzung
- Kran zum Transport
- Mahlwerk zum Zerkleinern des Abfalls
- Windsichter zum Separieren
- überdachter Zwischenlagerraum
- Lagerung im Container.

Die Abfall-Separieranlage gemäß Lösungskombination (2) besteht aus den Elementen:

- Containerstandplatz zum Aufnehmen des Abfalls
- mechanische Analysevorrichtung
- Förderband zum Transport
- Separieren durch Flotation
- Zwischenlagerung im Freien
- Lagerung im Bahnwaggon.

Die Abfall-Separieranlage gemäß Lösungskombination (3) besteht aus den Elementen:

- Containerstandplatz zum Aufnehmen des Abfalls
- optische Bestimmung der Zusammensetzung
- Schwerkraftrutsche zum Transport
- Magnetwalze zum Separieren
- Unter-Flur-Lagerung
- Lagerung im Container.

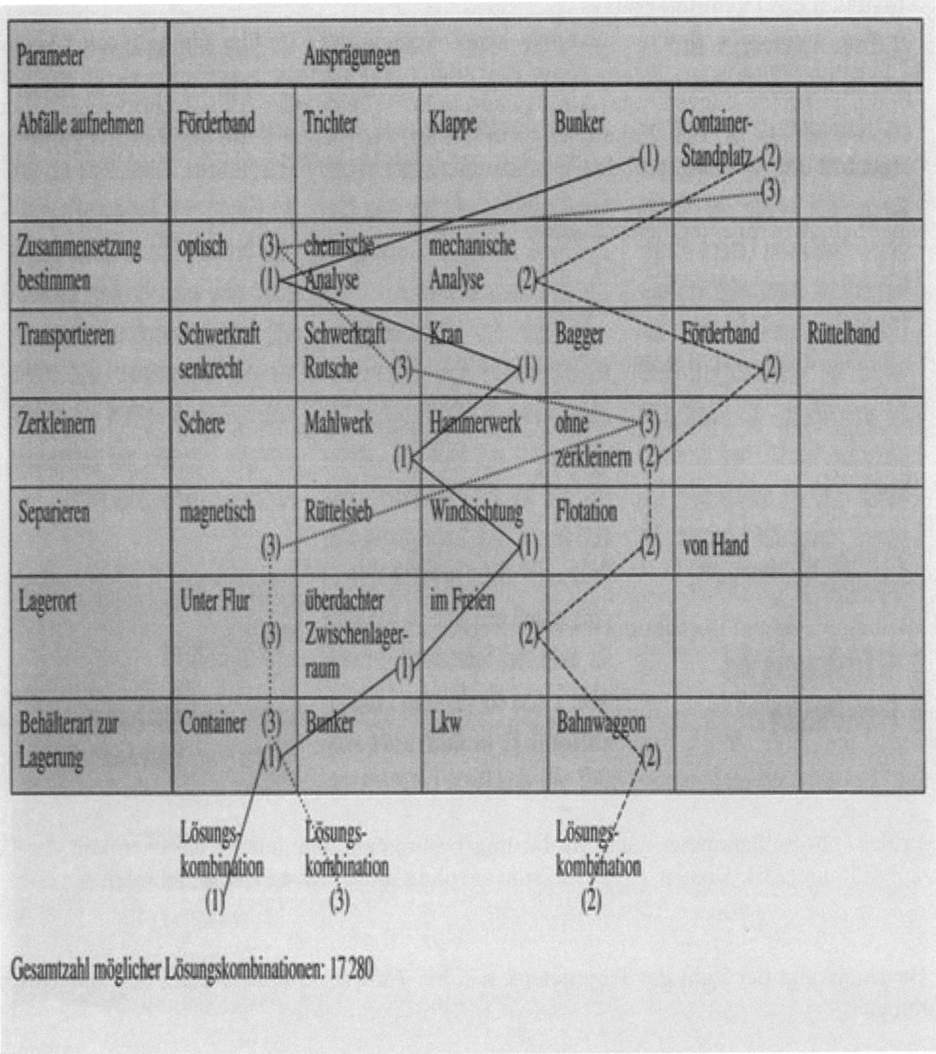

Abb. 3.9: Morphologisches Tableau für eine Abfall-Separieranlage

Obwohl die Aufstellung einer konzeptionellen Morphologie nicht notwendigerweise auf Gruppenarbeit aufbaut, hat es sich dennoch als zweckmäßig erwiesen, die Arbeitsschritte in der Gruppe durchzuführen. Dafür hat sich das Arbeiten mit Pinkarten an einer Pinwand bewährt. Folgende Arbeitsschritte sind bei Gruppenarbeit zu durchlaufen:

1. Aufstellen des Parametersatzes

- Stoffsammlung: Nach einer ausführlichen Diskussion der Problemstellung schreiben die Teilnehmer Parametervorschläge auf Pinkarten (ein Parameter pro Karte). Zur Parameterfindung kann es sinnvoll sein, das Problem in Funktionen oder Ablaufschritte zu gliedern.
- Die Vorschläge auf den Pinkarten werden nun gemeinsam auf ihre Eignung als Parameter überprüft. Dabei sind folgende Gesichtspunkte zu beachten:

a. Inhaltliche Überprüfung der Parameter

Keine Parameter sind:

- Oberbegriffe wie Handhabung, Produktpolitik, Qualität usw.
- Einzellösungen wie Systembauweise, Direktwerbung, Antrieb durch Verbrennungsmotor
- Bedingungen oder Restriktionen wie preiswert, praktisch, leicht bedienbar.

b. Auflösung der Nichtparameter

- Oberbegriffe auflösen (z. B. Handhabung in bezug auf was?)
- Einzellösungen als Ausprägungen zurückstellen bzw. übergeordnete Parameter suchen
- Bedingungen und Restriktionen in die Problemstellung aufnehmen

c. Prüfen der Parameter, ob mehr als zwei Ausprägungen auffindbar sind (Parameter mit nur zwei Ausprägungen in die Problemstellung aufnehmen)

d. Prüfen, ob die Parameter auch die Lösung bestimmen. Werden sie dagegen von der Lösung bestimmt (z. B. Kosten, Preis), so sind sie nicht in den Kasten aufzunehmen

e. Beschränkung der Zahl der Parameter auf 6 bis 7 durch Zurückstellung der unwichtigen Parameter

f. Prüfen der Parameter auf Unabhängigkeit voneinander (Abhängigkeiten der Parameter untereinander führen zu Zwangsverbindungen, die die freie Kombination von Lösungselementen verhindern; vollständige Unabhängigkeit wird sich allerdings nicht erreichen lassen); Neuformulierung abhängiger Parameter.

In diesem Arbeitsschritt bewährt sich die Kartentechnik. Die Karten werden zunächst angeheftet und nach Diskussion und Überprüfung ggf. umgehängt oder durch neuformulierte Karten ersetzt.

Die als Parameter verbleibenden Karten werden an der Pinwand untereinander – als Vorspalte – angeordnet.

2. Suche nach Ausprägungen
Zu den Parametern sind neue Ausprägungen zu finden. Dies kann mit Hilfe von Brainstorming oder Ideenkarten-Brainwriting erfolgen.

Folgendes ist zu beachten:

Das Spektrum der Ausprägungen sollte möglichst vollständig sein, um sicherzugehen, dass für die Problemstellung ein Teillösungsfeld entwickelt wird.

- Überprüfung, ob die Ausprägungen alternativ sind
- Auflösung nichtalternativer Ausprägungen (strukturell abhängige Ausprägungen erfordern eine Neuformulierung der betroffenen Parameter)
- Prüfung, ob die Ausprägungen konkret sind (zusammengefasste Begriffe oder Kategorisierungen auflösen in konkrete Ausprägungen; z. B. Signalgeber: optisch, mechanisch, thermisch; auflösen in: optisch durch Warnlampe, optisch durch Rauch etc.)
- Auflisten der Ausprägungen jeweils in der Zeile des dazugehörigen Parameters (mit Karten).

3. Analyse der enthaltenen Lösungsalternativen
Als Ergebnis des vorangehenden Schrittes liegt das morphologische System vor. Aus der Fülle möglicher Lösungen (die Zahl der möglichen Lösungen ergibt sich als Produkt der Zahl der Ausprägungen aller Parameter) sind nun einige wenige Lösungen herauszufinden. Folgende Schritte sind zu durchlaufen:

- Auswahl je einer Ausprägung jedes Parameters (also eine Lösung in jeder Zeile) und Verbindung der ausgewählten Ausprägungen durch einen Linienzug; jeder Linienzug stellt einen Lösungsansatz dar (dieser Arbeitsschritt sollte in Einzelarbeit durchgeführt werden und die Lösungen dann in der Gruppe präsentiert und evtl. abgewandelt werden).
- Überprüfung der gefundenen Lösungen auf Vollständigkeit (fehlt ein wesentlicher, die Konzeption prägender Aspekt?) und Realisierbarkeit (sind die entstehenden Lösungen praktikable Lösungen für das vorgegebene Problem?).

4. Erfahrungen und Empfehlungen
Das Charakteristikum der konzeptionellen Morphologie besteht darin, dass man unterschiedliche Elemente zu einer Gesamtheit zusammenfügt. Dieses Arbeitsprinzip macht offensichtlich, dass die Methode hervorragend zur Bewältigung von Konstellationsproblemen geeignet ist.

Die konzeptionelle Morphologie eignet sich besonders zur Lösungsfindung für Geräte mit mehreren Funktionen oder Komponenten, für Abläufe, Mixturen sowie Maßnahmenbündelungen (Aktionen, Strategien).

Das Finden von Ausprägungen für die einzelnen Parameter wird als wenig problematisch empfunden. Die schwierigsten Schritte bestehen in der Festlegung eines konzeptionsgebenden Parameteransatzes, in der kreativen Interpretation von Lösungskombinationen sowie in der Lösungsauswahl.

Bei der Aufstellung der Parameter besteht vor allem die Schwierigkeit, absolute Unabhängigkeit zu erzielen. Außerdem neigt die Gruppe dazu, auf „harmlose“ Parameter (modifizierender Art) auszuweichen. Als Ergebnis erhält man dann ein relativ triviales morphologisches Tableau.

Die Kombination von Ausprägungen aller Parameter zu Gesamtlösungen sollte nicht rein mechanisch vorgenommen werden. Vielmehr sind die kombinierten Elemente kreativ zu einer Gesamtlösung auszugestalten. In diesem Arbeitsschritt ist eine kreative Herausforderung, aber auch die Chance zur Herausarbeitung origineller Lösungen zu sehen.

Die Zahl der möglichen unterschiedlichen Lösungen eines mehrdimensionalen morphologischen Systems ergibt sich nach den Rechengesetzen der Kombinatorik als Produkt der Zahl der Ausprägungen aller Parameter. Die Lösungszahl wird dann schnell sehr groß (so beinhaltet die mehr zum Schmunzeln gedachte Abb. 3.8 rund 80 Millionen Lösungsvarianten). Es ist daher wenig sinnvoll, alle denkbaren Lösungen einzeln zu betrachten und durchzuprüfen. Vielmehr sollte man die Auswertung so vornehmen, dass gleich eine überschaubare Zahl von interessanten und verfolgenswerten Lösungen herausgearbeitet wird.

Die Herausarbeitung realisierbarer Gesamtlösungen sollte für eine überschaubare Zahl von Parametern (6–7) in Einzelarbeit vorgenommen werden; dies kann durch gedankliches Durchspielen der verschiedensten Kombinationen erfolgen. Interessante Gesamtlösungen werden notiert. Dieses Vorgehen ist bei einer größeren Parameterzahl kaum noch anwendbar, da sich dann eine Gesamtlösung in Gedanken nicht mehr ganzheitlich erfassen lässt.

Bei größeren Parametersystemen müssen Hilfsmittel eingesetzt werden, um sinnvolle Gesamtkombinationen herausfinden zu können: Man kann entweder die einzelnen Ausprägungen vorab bewerten und die Suche nach Gesamtlösungen auf eine Kombination gut bewerteter Ausprägungen konzentrieren; oder es werden besonders interessante bzw. geeignete Kombinationen zwischen Ausprägungen gefunden und sodann Gesamtlösungen aus solchen Teilkombinationen zusammengefügt. Als Hilfsmittel für diese Arbeiten können Tabellen eingesetzt werden. Für die Auswertung einer sehr umfangreichen mehrdimensionalen Morphologie hat sich der Einsatz von Software-Programmen bewährt. (Bevor dieser Schritt getan wird, sollte allerdings gut überlegt werden, ob nicht mit einem verkürzten Parametersatz und einem mehrstufigen Vorgehen ein gleichwertiges Ergebnis mit geringerem Aufwand erzielt werden kann).

3.8.3 Sequentielle mehrdimensionale Morphologie

Methodische Vorgehensweise

Der Aufbau und die Bearbeitung einer mehrdimensionalen morphologischen Matrix wird schnell unübersichtlich und schwerfällig in der Handhabung. Dies kann durch den schrittweisen, sequentiellen Aufbau des Systems umgangen werden. Man geht zunächst von den beiden als vorrangig erkannten Parametern/ Merkmalen aus und entwickelt zu ihnen denkbare Variationen oder alternative Ausprägungen. Diese zweizeilige Grundmatrix wird dann schrittweise um weitere Parameter/Merkmale erweitert. Methodisch wird dabei in fünf Schritten vorgegangen:

1. Bestimmung der Parameter/ Merkmale des Problems oder der Themenstellung, wie bei allen morphologischen Analysen.
2. Die Parameter/Merkmale werden dann durch Gewichtung in eine Prioritätenfolge gebracht. Gewichtungskriterium ist der Beitrag oder der Einfluss des Parameters auf die Problemlösung. Die Gewichtung kann spontan oder durch Einsatz eines Bewertungsverfahrens vorgenommen werden.
3. Für die beiden Parameter mit der höchsten Priorität und ihre Ausprägungen wird dann eine zunächst zweizeilige Matrix aufgebaut. Diese stellt den Kern der möglichen Gesamtlösungen dar.
4. Die in der Rangfolge nächsten Parameter werden dann schrittweise hinzugefügt, ihre Ausprägungen festgelegt und in eine sinnvolle Kombination mit der Kernlösung gebracht.
5. Am Ende der Vorgehensweise wird überprüft, ob auch andere, als die schrittweise gefundenen Kombinationen eine sinnvolle Lösungsalternative darstellen würden.

Erfahrungen aus der praktischen Anwendung
Die Methode hat den Vorteil, dass aus einem morphologischen System schrittweise, schnell und zielgerichtet qualifizierte Lösungsalternativen abgeleitet werden können.

Der Nachteil besteht darin, dass die beiden wichtigsten Parameter und ihre Alternativen das Grundmuster vorgeben und den Gestaltungsspielraum einschränken.

Deshalb ist der 5. Schritt besonders wichtig, um festzustellen, welche Kombinationen außerhalb der sequentiellen Vorgehensweise sinnvoll sind und unter Umständen eine bessere Problemlösungsalternative ergeben.

3.8.4 Modifizierende Morphologie (Attribute Listing)

Methodische Vorgehensweise
Das Attribute Listing geht von Bestehendem, wie z. B. einem Produkt, Strukturen und Abläufen aus und entwickelt zu den existierenden Merkmalen systematisch Abwandlungen. Die Methode ist unentbehrlicher Bestandteil z. B. bei Wertanalysen und TQM-Projekten, hier vor allem bei den methodischen Vorgehensweisen des Simultaneous Engineering: Ein bestehendes oder in Entwicklung befindliches Produkt wird in alle seine Einzelfunktionen (Merkmale) zerlegt. Als Ausprägungen werden in die erste Spalte der Matrix die tatsächlichen oder geplanten technischen Lösungen der Einzelfunktion eingetragen. In den folgenden Spalten werden dann andere, technisch denkbare Lösungsalternativen eingetragen. Durch Kombination der neuen Lösungen, die durchaus auch für die eine oder andere Einzelfunktion eine bestehende Lösung einbeziehen können, entsteht ein modifiziertes Produkt (s. Abb. 3.10).

MERKMAL	DERZEITIGE AUSPRÄGUNG	DENKBARE VARIATIONEN											
Form und Format	DIN A 4 DIN A 6 DIN A 4/3	rund	oval	langer Streifen	Streifen quer	Streifen perforiert	DIN A3 mit beliebiger Perforation	Symbolform -Herz,-Blatt, -Pfeil usw.	Faltung ergibt Symbolform	Form in Buchstaben	Kleberand flächige Formaterweiterung	Kleberand Verbindung in Heftform	Rombus Raute
Farbe	beidseitig weiß	lichte Tönungen Mischfarben z.B. olivgrün	Popfarben	gestreift	schattiert	gepunktet	gerastert	marmoriert	transparent	schwarz-weißer Schreibstift	Farbrand, freies Schriftfeld	Runde oder ovale Farbumrandung	
Material	Papier; holzfrei	betont holzhaltig, versnobt-rustikal	Synthesepapier	Pergament	Papyrus	verleimte Pflanzenfasern	Tresterrückstände	Leder	gegerbter feiner Darm	Gelatine	Birkenrinde	Papier und hochzarte Textilien	eingelassener Metallstaub -Effektmag.
Oberfläche	glatt geschlossen	Rand gelocht	Rand geriffelt	Rand genarbt	Rand gewellt	Rand mit Adern (Bltt)	Rand mit erh. Symbol	Rand gekörnt	Ausst. in Papierfläche	Absenderfeld perfor.	samtartig, feine Härch.		
Ausweis des Absenders	handschriftlich oder Aufdruck	Abdruck des (Pass) Bildes	Name als Wasserzeichen	Bild als Wasserzeichen	Sternbild als Wasserzeichen	Fingerabdruck aufgedruckt	Lippenabdruck => Damen	Aufdruck der Vornamen					
Verschluss des Umschlages	Klebestreifen; ca. 1 cm breit	Feinklebspur und Wasserstift	ohne Klebspur	selbst-schließ. Trick-faltung	Siegel aus Plastik; kleb.	Klebverschluss (DC)	Briefbogen ist Umschlag	Verschl. mit Band u. Sgl.					
Dekor	meist blanco; oder: Kinderpost	diskretes Qualitätssymbol („schwarze Rose“)	Tierkreiszeichen als Symbol	zart unterlegte Motive	Aufdrucke in Antiqua- und Amtsdeutsch (Absender…)	Briefbogenrücken = Poster	Cartoons (Snoopy, Asterix)	Luxuspapier mit Wappen Pergamentton	Duftimprägnierung	Spiegeln des Papier	mehrere verschiedene Motive verstreut	cm- oder mm-Einteilung auf Blattrand	
Blattrand	glatt geschnitten	gezackt	wellenlinig	gefranst, lang	Griechisches Relief	Rundumlochung	Verstärkter Rand	Rand mit Stoff ums.	Rand abgesteppt	unregelmäßig gerupft			
Faltung beim Einlegen	2x mittig; in Dritteln	einrollen (quer, längs)	nicht falten=> großer Umschlag	nicht falten => kleines Blatt	Ziehamonika-Faltung	Einfachfaltung => DIN A4							
Verpackung; Angebotsform	alles einzeln oder in Sets	Sortimente - Dekor - Form	Umschläge in Ständer	Papiersp. (ähnl. Rasierkl.)	Blätter mit Loch an Nagel	Set einschl. Visitenkarten	Versand mit Wahl von Text- und Schriftbild	Misch-Sets (versch. Ausführungen)					
Wahrung des Briefgeheimnisses	Sicherung durch Klebeverschluss	Umschlag mit Bleifolie-Röntgen	lichtempfindliche Kontaktimprägnierung	gefalteten Brief an Kanten verklebt	Brief in der Tiefe des Umschlags verkl.	Einfaches Siegel	Stempel auf den Verschluss des Umschlags	Klebestreifen mit Initialen des Absenders	hauchdünne irreparable Klebestreifen				
Einarbeitung in das Papier	Wasserzeichen	Silberfaden (Qualitätsmerkmal)	feines Punktraster als Zeilenführung	durchsichtiges Japanpapier mit eingeab. Algen									
Accessoires	verschiedene	Blattspender	Blattfalter	Formatschneider	Alben für persönliche Korrespondenz	Briefmarkenspender	Briefpapierbehälter verb. m. Schreibz. halt.						

Abb. 3.10: Neuartiges Briefpapier – Attribute Listing

Auch bei Struktur- und Prozess-Analysen und -optimierungen ist diese morphologische Methode unentbehrlich.

Für alle Anwendungen gilt folgende Stufenfolge:

1. Alle wichtigen Merkmale/Funktionen des Produktes, Ablaufs, der Struktur werden aufgelistet.
2. Alle tatsächlichen oder geplanten Alternativen/Lösungen werden jeweils hinter dem Merkmal aufgeführt.
3. Es werden Alternativen zu der tatsächlichen oder geplanten Alternative/Lösung gesucht.

Erfahrungen aus der praktischen Anwendung
Die Methode ist hervorragend geeignet, um bestehende Grundkonzeptionen zu optimieren. Für die Suche nach vollkommen neuen, von der Grundkonzeption losgelösten Alternativen ist sie weniger geeignet.

3.8.5 Zweidimensionale Morphologie

Methodische Vorgehensweise
Wie der Name sagt, handelt es sich bei diesem morphologischen System um nur zwei Parameter, die in einer Matrix zueinander in Beziehung gesetzt werden. Zunächst werden die beiden wichtigsten Parameter eines Problems oder einer Aufgabenstellung gesucht. Die jeweiligen alternativen Ausprägungen werden in der Kopfzeile und in der Vorspalte der Matrix so angeordnet, dass alle Ausprägungen in den Matrixfeldern miteinander konfrontiert werden können.

Dabei wird stufenweise wie folgt vorgegangen:

1. Strukturierung des Problems oder der Aufgabenstellung in zwei voneinander unabhängige Parameter.
2. Suche nach alternativen Ausprägungen für jeden Parameter und Auflistung als Spalten- oder Zeilenüberschrift.
3. Konfrontation und Kombination der Ausprägungen jedes Parameters.
4. Ausgestaltung der durch die Konfrontation in den Matrixfeldern entstandenen neuen Lösungsansätze.

Beispiel:
Ein Kühlgeräte- und -aggregatehersteller beabsichtigt zu diversifizieren. Durch Einsatz der zweidimensionalen Morphologie sollen interessante neue Anwendungsgebiete gefunden werden. Als Parameter werden ausgewählt: P1: Was soll gekühlt werden (Kühlobjekt) und P2: Wo soll gekühlt werden? (s. Abb. 3.11).

Alternative Ausprägungen zu P_2	P_2 (wo?)	P_1 (was?)	Alternative Ausprägungen zu P_1						
			Nahrungsmittel		Apparate, elektron. Geräte	Personen	Haustiere	Blumen	...
			fest	flüssig					
	im Haus	Wohnzimmer			int.			int.	...
		Schlafzimmer							...
		Bad, WC	■	■			■		...
		Vorratsräume	int.	int.	int.	■	■	■	...
		Küche	abgedeckt	abgedeckt					...
	außer Haus	Garten							...
		Auto	int.	int.				■	...
		Büro			int.		■		...
		Tragbare Geräte							...
		Balkon							...

■ = Die Logik oder andere Gründe, z. B. Gewohnheit, schließen das Feld für weitere Überlegungen aus.

int. = Interessante Felder. Die Wahrscheinlichkeit, hier gute Produktvorschläge mit großen Verkaufschancen zu finden, ist groß.

Abb. 3.11: Zweidimensionale Morphologische Matrix: Kühlen im privaten Bereich

Erfahrungen aus der praktischen Anwendung
Das Hauptproblem in der praktischen Anwendung besteht darin, die beiden richtigen Parameter zu finden. Falls sich bei deren Identifizierung Probleme abzeichnen, ist es ratsam, zunächst mit mehreren Parameterpaaren zu experimentieren, bis die endgültige Auswahl getroffen werden kann.

Wichtig ist vor allem die kreative Interpretation aller Matrixfeldinhalte, die sich durch die Konfrontation der Ausprägungen ergeben, auch wenn sie auf den ersten Blick unrealistisch oder absurd erscheinen. Wie bei allen Kreativitätstechniken kann gerade die Diskussion dieser Feldinhalte zu neuen, das Problem optimal lösenden Ansätzen führen.

Literatur

1. Geschka, Horst, Reibnitz, Ute von: Vademecum der Ideenfindung – eine Anleitung zum Arbeiten mit Methoden der Ideenfindung, 4. neubearb. Aufl., Frankfurt 1982, S. 67, 75 und 76
2. Zwicky, Fritz: Entdecken, Erfinden, Forschen im morphologischen Weltbild, 2. Aufl., Glarus, 1989, S. 48
3. Zwicky, Fritz: Morphologische Forschung, 2. Aufl., Glarus, 1989. (UB 02/03/98)

3.9 Data Mining zum heben der Informationsschätze in Unternehmen

Das Data Warehouse bildet die aus unterschiedlichen Quellen stammenden, für Auswertungszwecke benötigten Unternehmensdaten auf eine einheitliche, unternehmensweite und konsistente Datenbank ab. Für diesen zentralen Datenpool werden Informationen aus den operativen Systemen (z. B. Legacy-Systeme wie IMS oder adabas, DB2 etc.) in bestimmten Zeitabständen übertragen. Die Daten werden dabei konsolidiert, indem redundante, inkonsistente und für die Ist-(Data Mining-)Analysen nicht benötigte Daten herausgefiltert werden. Die Datenbasis kann bei diesem Vorgang auch neu strukturiert und themenorientiert zusammengefasst werden.

1. Beziehungsgefüge Data Mining, Data Warehouse und OLAP
Eine notwendige Bedingung für den Einsatz von Data Mining, aber auch OLAP-Werkzeugen (Online Analytical Processing) ist eine konsistente, qualitativ hochwertige Datenbasis, die am sinnvollsten durch ein Data Warehouse zur Verfügung gestellt wird. Die Abb. 3.12 veranschaulicht dies.

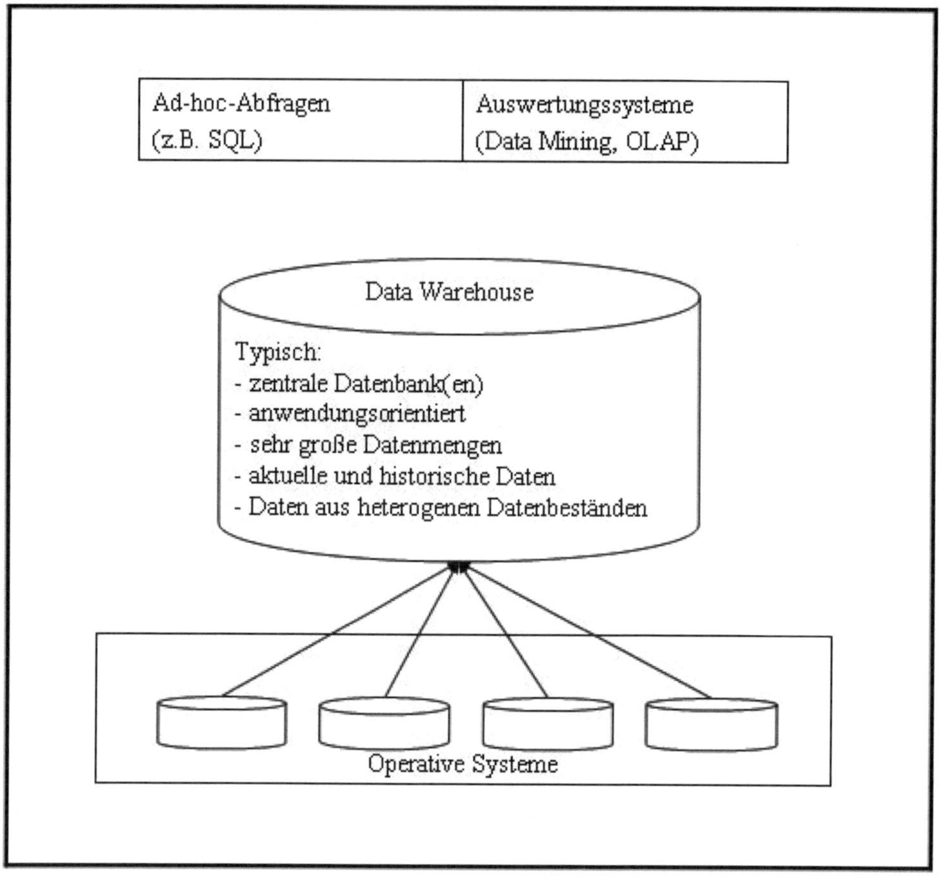

Abb. 3.12: Architektur eines Data Warehouse

Die Verwaltung der in einem Repository abgelegten Metadaten des Data Warehouse ist besonders wichtig und darf als Aufgabe bei der Data Warehouse-Implementierung und Vorbereitung zu Data Mining-Analysen nicht unterschätzt werden.

Metadaten im Bereich der Entscheidungsunterstützung kann man in zwei Kategorien einordnen (vgl. Poe, V. 1995): In operationale Metadaten, die Auskunft über die Quellen der Originaldaten, deren Strukturen, Beschreibungen des Transformationsprozesses und Zieldaten geben, und in Metadaten des Data Decision Systems. Diese stellen die Schnittstelle zwischen den Data Warehouse-Daten und den Front End Tools der Endbenutzer dar.

Durch die mit der Einführung eines Data Warehouse verbundene Entkopplung der Datenanalyse von den operativen Systemen können diese entlastet werden. Dies ist wichtig, da Data Mining-Auswertungen sehr rechenintensiv sind, was für das Multitasking des Tagesgeschäftes nicht förderlich wäre. Ein Data Warehouse ist somit faktisch eine unabdingbare Voraussetzung für die Durchführung von Analysen mit der Data Mining-Softwaretechnologie. Oft ist für die Durchführung von Data Mining-Analysen ein leistungsfähiger Parallelrechner notwendig (z. B. RS6000/SP o. a.). Erstaunlich ist, dass in manchen Projekten die Ausgaben für zusätzlich notwendige Hardware und Software sowie zusätzliche hoch qualitative Personalkapazität, die durchaus in Millionenhöhe liegen können, schnellstens genehmigt werden, wenn die vorab geschätzten Einsparungseffekte diese Kosten sehr bald überwiegen werden. Ähnliche Beispiele kennt man in speziellen IT-Bereichen, die allerdings dem Data Mining nahe kommen. So installierten beispielsweise viele Großbanken ab Mitte der neunziger Jahre teuere neuronale Parallelrechner nur für ein oder zwei Anwendungsgebiete, etwa die Wechselkursprognose. Wenn Devisenhändler kurz vor Handelsschluss eine gute Prognose geliefert bekommen können, wie sich z. B. der Dollarkurs in den letzten noch zur Verfügung stehenden fünf Minuten entwickeln wird, macht sich ein speziell dafür angeschafftes System schnellstens bezahlt. Für Anwender, die die Funktionsweise neuronaler Netze nicht genau kennen, ist es erstaunlich, dass diese bei geschicktem Training bessere Prognoseergebnisse als konventionelle Methoden liefern. Die zu erzielenden Vorteile sprechen sich natürlich schnell herum, so dass ein innovatives Institut nicht lange seinen Vorsprung halten kann. Es entsteht also ein Zwang zum Mitmachen. In der Literatur ist aus verständlichen Gründen zu diesen Anwendungsbeispielen nicht viel zu finden (vgl. Miller, M. 1995).

Online Analytical Processing ist eine Softwaretechnologie, die Entscheidungsträgern relevante Informationen bereitstellen soll, weshalb sie ebenfalls zu den schon zu MIS-Zeiten diskutierten Decision Support Systemen zählt. OLAP ist, im Gegensatz zum altbekannten OLTP (CICS wurde 1968 von IBM von AETNA gekauft!), der Analyse von Daten gewidmet und steht deshalb dem Data Warehouse-Ansatz sehr nahe, wird auch, wie Data Mining, als Data Warehouse-Anwendung oder -Bestandteil gesehen.

Ted Codd veröffentlichte 1993 zwölf OLAP-Regeln (vgl. Codd, E. F. 1993), in Analogie zu seinen bekannten zwölf Regeln für relationale Datenbanken. Er hat sie später um sechs weitere Regeln erweitert; insgesamt gelten sie immer noch als eine Basis zur Beurteilung multidimensionaler Datenbanken in Data Warehouses und von OLAP-Systemen.

Die Codd'schen Regeln können jedoch, da relativ unübersichtlich, für einen Auswahlkriterienkatalog zur Beschaffungsentscheidung nur schwer herangezogen werden. Hierzu ist schon eher der sog. FASMI-Test (vgl. Pendse, N. 1995) mit den fünf Schlüsselwörtern „**F**ast **A**nalysis of **S**hared **M**ultidimensional **I**nformation" geeignet.

Fast: Das System garantiert Antwortzeiten von maximal fünf Sekunden (bei komplexeren Auswertungen maximal zwanzig Sekunden).

Analysis: Die Analyse soll für Endanwender durchführbar sein. Diese können außerdem eigene, komplexe Analysen – wie z. B. Simulationen, Zeitreihenanalysen, Zusammenfassungen oder hypothesenfreie Analysen mittels Data Mining – generieren, ohne dabei die Interna des Systems oder eine spezifische, vielleicht sogar proprietäre Programmiersprache erlernen zu müssen.

Shared: Mehrere Benutzer sollen gleichzeitig auf die OLAP-Datenbank zugreifen können.

Multidimensional: Die Multidimensionalität einer mittels eines Data Warehouse gestützten OLAP-Anwendung ist besonders wichtig. Daten müssen in multiple Hierarchien gefasst werden können, da dies der betriebswirtschaftlichen Sichtweise auf die Daten entspricht.

Information: Die OLAP-Datenbank (Data Warehouse) vermag alle relevanten Informationen zu einem bestimmten Anwendungsbereich zu liefern. Ob diese Information aus Rohdaten in der Datenbank produziert wird, oder ob hierfür Fremddaten notwendig sind, interessiert den Anwender nicht. Dies ist für ihn transparent.

Unterschiedliche Realisationsformen existieren: Bekanntlich legen ROLAP-Systeme die multidimensionalen Strukturen mithilfe des Star- oder des Snowflake-Schemas in einem hierfür erweiterten RDBMS ab, ein MOLAP-Server legt die Daten hingegen direkt in einem multidimensionalen DBMS ab. Dies erspart das aufwändige relationale Zusammensetzen der Struktur mittels vieler JOIN-Operationen. Hierzu werden ausgefeilte Speicherungsverfahren benötigt, die das altbekannte Problem dünn besetzter Matrizen (sparse matrices) lösen müssen. Auch hybride Systeme (HOLAP), die die Daten sowohl multidimensional wie auch relational ablegen können, werden eingesetzt.

Für den Endanwender spielt es letztlich eine untergeordnete Rolle, ob die Datenbasis als ROLAP- oder MOLAP-System realisiert ist. OLAP-Server, die den Hypercube-Ansatz verwenden, beschränken sich auf einen zentralen Würfel (z. B. Hyperion), während Server mit Multicube-Ansatz (z. B. Seagate) mehrere parallel existierende Würfel verwalten können. Die Daten der OLAP-Datenbank können entweder direkt aus (verschiedenen) operativen Systemen stammen oder aus einem Data Warehouse. Sie können vollständig redundant im System vorgehalten werden, wobei ein regelmäßiger Abgleich des Bestandes auf den aktuellen Stand erfolgt oder bei Bedarf aus den vorgelagerten Systemen geladen werden, wie dies bei Vorgänger-Systemen der ganzen Entwicklung (IMS/DB2-EXTRACT) schon bekannt war.

Die Datenbank fungiert in diesem Fall als multidimensionaler Cache, denn jedem Zugriff auf die OLAP-Datenbank folgt ein Drill-Through auf vorgelagerte Systeme. Die Hardwareanforderungen an den OLAP-Server sind in diesem Fall geringer. Dafür werden die vorgelagerten Systeme und das Netzwerk zu Gunsten stets aktueller Werte stärker belastet und häufige Neuberechnung aggregierter Werte benötigt Zeit. Kombinierte Lösungen können auch realisiert werden. Data Mining-Analysen können in beiden Formen durchgeführt werden und benötigen beim Zugriff ebenfalls die wichtigsten OLAP-Funktionen.

Viele OLAP-Systeme werden für bestimmte Einsatzgebiete entwickelt auf der Basis von Standard-Software wie SAP R/3 Business Warehouse, Peoplesoft, Oracle o. dgl. Manche Hersteller wie IBM, SAP und Oracle bieten eine besondere Integrationsfähigkeit mit wichtigen weiteren eigenen Produkten und OLAP-Server mit Frontends als Komplettsystem an, meist in Kombination mit einem Data Warehouse-Angebot.

Man kann festhalten, dass, anders als beim Data Mining, der Anwender bei anderen Auswertungssystemen (OLAP, SQL) die fachlichen und technischen Zusammenhänge der Daten und die Art der gewünschten Ergebnisse kennen bzw. vorgeben muss, um die für die Auswertung benötigten Fragestellungen formulieren zu können. Es können daher keine verborgenen Beziehungen oder Muster innerhalb der Daten hypothesenfrei oder mit nur wenigen, formulierten Hypothesen entdeckt werden. Dies gehört zu den Aufgaben und zum Leistungsumfang des Data Mining.

2. Werkzeuge für den Einsatz von Data Mining
Einen Überblick über die Marktpositionen von Data Mining Tools bieten die Ergebnisse einer Analyse der Gartner Group (vgl. Gartner Group, 1999).

Es würde den Rahmen dieses Kapitels sprengen, wenn detailliert auf alle am Markt befindlichen Werkzeuge eingegangen werden sollte, eine Auswahl soll genügen.

Bei vielen Projekten ist zu beobachten, dass keine gründliche Auswahl, wie in der Lehre und Theorie empfohlen, anhand eines erarbeiteten Kriterienkatalogs stattfindet, sondern dass Zeit- und Personalkostenzwänge diese sehr zusammenschrumpfen lassen. Andere K.o.-Kriterien können hierfür auch verantwortlich sein, wie etwa das Vorhandensein eines speziellen, nicht ausgelasteten Parallelrechners, der sich sozusagen aufzwängt und für die Analysen verwendet werden muss und damit die Auswahl des Werkzeugs, auf seine Architektur bezogen, stark einschränkt.

Intelligent Miner wird seit Mitte Dezember 1996 von der IBM Deutschland Entwicklung GmbH, Böblingen, vertrieben. Im Data Mining-Prozess kann Intelligent Miner die unterstützten Methoden, die sich durch gute Data Mining-Algorithmen auszeichnen, einzeln oder kombiniert verwenden. Die Untersuchung mit einer Methode kann auf dem Zwischenergebnis der Analyse mittels einer anderen Methode aufbauen. IBM bietet für Unternehmen, die kein Data Warehouse besitzen, ein Konzept zur Datenvorverarbeitung, mit dem man ein Data Warehouse einrichten und eine zuverlässige Datenbasis für Data Mining schaffen kann, was natürlich nicht ohne die oftmals erwähnten gründlichen Planungen und Vorgehensweisen geschehen sollte. Damit wird ein integriertes Datenhaltungskonzept ermöglicht, das allerdings nicht ohne weiteres in die bestehende Systemlandschaft und Organisationsstruktur einbindbar ist; dies gilt allerdings auch für andere angebotene Werkzeuge. Intelligent Miner zeichnet sich noch dadurch aus, dass das System auch auf Enterprise Servern der S/390-Architektur lauffähig ist. Diese sollten nicht von vornherein als Hardwarebasis für ein Data Mining Tool abgelehnt werden, nur weil ihnen noch der Name „Mainframes" anhaftet.

Das schottische Softwarehaus Quadstone Ltd., Edinburgh, wird in Deutschland von der Firma Technoworld vertreten und bietet seit 1996 das Tool **Decisionhouse** an. Auf Grund seiner Mehrprozessor-Technik ist die Möglichkeit zu einer sehr schnellen Datenanalyse mit sehr großen Datenmengen gegeben. Dies setzt jedoch einen schnellen Zugriff über die Schnittstelle zum Data Warehouse des Unternehmens voraus. Decisionhouse bietet sicher einen guten Leistungsumfang, die relativ hohen (1999) Lizenzgebühren könnten bei manchen Auswahlentscheidern hinderlich sein. Oft trifft man allerdings auch die Situation an, dass derartig dringend ein gutes Werkzeug gesucht wird, dass die Lizenzgebühren nicht das erstrangige Kriterium darstellen.

Die **DataEngine** des Anbieters Management Intelligenter Technologien GmbH (MIT), Aachen, verfügt seit Anfang der neunziger Jahre über eine Vielfalt von Data Mining-Methoden, die für ein breites Anwendungsspektrum eingesetzt werden können, allerdings bei einem Ersteinstieg von Anwendern, die nicht entsprechendes Informatikwissen aufweisen, komplex wirken können. Auf Grund der eingesetzten Algorithmen und der Vielfalt graphischer Darstellungsmöglichkeiten kommen Aktienkursprognosen, akustische Qualitätskontrolle, Kundensegmentierung, Maschinendiagnose, Bildverarbeitung und Verfahrenstechnik als Anwendungsgebiete dieses Data Mining Tools besonders in Betracht. Die anfallenden Lizenzgebühren sind PC-orientiert und nicht sonderlich hoch.

Die **Enterprise Miner Software** wird seit 1998 von der Firma SAS Institute Inc. in Heidelberg angeboten und baut auf deren langjähriger Erfahrung im Bereich der analytischen, statistischen Methoden auf. In ihrer im August 1999 veröffentlichten Studie zu Data Mining Tools gelangt die Gartner Group zu dem Ergebnis, dass im Vergleich zu den anderen untersuchten Produkten die Marktdurchdringung von Enterprise Miner 1998 die stärkste Zunahme aufwies und das Werkzeug die allgemeinen Anforderungen an ein Data Mining-Projekt, besonders bezüglich der Verarbeitungsgeschwindigkeit, am besten erfüllt (vgl. Gartner Group 1999). Mit dem Enterprise Miner lassen sich alle Arbeitsschritte bezüglich Datenvorverarbeitung, Datenmanagement, Clusteranalyse bis zu den verschiedenen Modellen durchführen. Durch die Vielfalt der Methoden und die einfache Bedienbarkeit reichen die Einsatzgebiete von der Kundensegmentierung, Responseoptimierung bis zur Prozessanalyse und Stornoprognose. Durch eine Überarbeitung der Benutzeroberfläche des Enterprise Miners ließe sich der Datenaustausch mit anderen, eventuell eingesetzten SAS-Produkten noch verbessern. Darüber hinaus wäre die Erweiterung des Produktes um offene Schnittstellen (C++, Java) wünschenswert. Derartige Aussagen sind allerdings sehr zeitpunktabhängig, da alle Anbieter daran arbeiten, erkannte Defizite auszugleichen. Bei manchen Interessenten könnten sich die relativ hohen Lizenzgebühren des Enterprise Miners zu seinem Nachteil auswirken.

Seit 1995 gehört das Data Mining Tool **KnowledgeSEEKER** zur Produktpalette der kanadischen Firma Angoss Software Corporation, Toronto, deren Vertretung in Deutschland durch die Niederlassung in Guildford in Großbritannien wahrgenommen wird. KnowledgeSEEKER unterstützt mit dem Entscheidungsbaum eine verständliche und leicht anzuwendende Data Mining-Methode. Durch die schrittweise Darstellung der Ergebnisgewinnung und deren anschauliche graphische Darstellung in schnell erreichbaren Prototypen kann die Akzeptanz des Fachbereiches für die neue Technik erhöht werden. Die starke Windows-Orientierung von KnowledgeSEEKER kann sowohl als Vorteil, bisweilen auch als Nachteil aufgefasst werden; hier kommt es auf die Anwenderprägung an.

Neben KnowledgeSEEKER vertreibt Angoss mit **KnowledgeStudio** ein weiteres Data Mining Tool, das einen deutlich erweiterten Leistungs- und Funktionsumfang aufweist, weil insbesondere die Data Mining-Methoden um Clustering und neuronale Netze erweitert wurden. Darüber hinaus unterstützt die Serverseite WinNT.

Insgesamt ist das Angebot sehr in Bewegung, Defizite werden beseitigt, Preise adjustiert, der Vertrieb verbessert. Insofern erinnert die Szene sehr an die Zeit des Aufkommens der Datenbanksysteme, Data Dictionaries und CASE-Fools und an die entsprechende Goldgräberzeitstimmung.

3. Literatur

Alpar, P.; Niedereichholz J. (Hrsg.): Data Mining im praktischen Einsatz, Vieweg, 2000.

Codd, E. F. & Associates: „Providing OLAP (On-line Analytical Processing) to User-Analysts – An IT-Mandate", Whitepaper, o. O. A. 1993.

Gartner Group (1999): „The 1999 Magic Quadrant on Data Mining Workbenches", Research Note M-08-6031, Stamford 1999.

Gaul,W.; Schader, M.: „Data Mining: A New Label for an Old Problem", in: „Mathematische Methoden der Wirtschaftswissenschaften", Physica-Verlag, Heidelberg 1999.

Miller, N.: „Neuronale Netze im Devisenhandeleinsatz", Universität Mannheim, 1995.

Pendse, N.: „What is OLAP?", in „The OLAP Report", http://www.olapreport.com/ what_is_ olap.htm, 10. 5. 2000.

Poe, V.: „Building a Data Warehouse for Decision Support", Upper Saddle River 1995.

The OLAP – Council: „OLAP and OLAP Server Definitions", Whitepaper, San Francisco 1998. (UB 01/01)

3.10 Komplexitätsanalyse als Beratungsprodukt

Erfolgreich durchgeführte Fusionen bedeuten nicht nur steigende Marktmacht und Synergienutzung, sondern auch Zunahme von Diskontinuität, Fremddynamik und Komplexität. Häufig taucht das Phänomen sprunghaft steigender Umsätze bei sinkenden Erträgen auf. Ursache dafür sind die fusionsbedingte Komplexität und die dadurch verursachten Kosten.

Die dreiteilige Komplexitätsanalyse (KA) ist ein Verfahren zur Ermittlung von Komplexitätskosten, wobei die einzelnen Kostenarten und Kostenstellen der Überkomplexität nicht bekannt sind.

Die Komplexitätsanalyse I findet Anwendung bei Unternehmen mit hoher (übermäßiger) Produktvielfalt und dient damit zur **Optimierung der Sortimentsbreite**.

Die Komplexitätsanalyse II wird zur **Optimierung überlanger Wertschöpfungsketten** und mit dem Ziel, die beste Kombination von Fremd- oder Eigenleistung zu ermitteln, angewendet.

Die Komplexitätsanalyse III ist ein Verfahren zur **Optimierung der Geschäftsfunktionen** im Unternehmen (bei übertriebener Zentralisation).

Ausgangssituationen

Überkomplexität oder eine zunehmende Komplexität bedeutet Kostenmehrung, die sich im Wesentlichen durch drei markt- bzw. unternehmensspezifische Situationen erklären lässt:

1. Stagnierender Markt mit Sortimentsausweitung/Verdrängungswettbewerb,
2. Vertikale Integration,
3. Zentralisierte Betriebsfunktionen.

In diesen Situationen werden nicht immer sachgerechte unternehmerische Entscheidungen getroffen, so dass eine Überkomplexität entstehen kann.

In der tabellarischen Übersicht der Abb. 3.13 sind die drei Situationen, ihr erwarteter Erfolg und die stattdessen eintretende mögliche Misserfolge dargestellt.

Situation	Erwarteter Erfolg	Möglicher Mißerfolg
Stagnierender Markt mit Sortimentsausweitung/ Verdrängungswettbewerb	● Höhere Gewinne ● Kundenwünsche erfüllen	● Kannibalisierungseffekt ● Mangelhafte Produktqualität
Vertikale Integration	● Nutzung von Kostenvorteilen	● Höhere Fixkosten
Zentralisierte Betriebsfunktionen	● Nutzung von Synergieeffekten ● Höhere Effizienz ● Größendegressionseffekte	● Gleichgültigkeit ● Verlangsamungseffekt ● Zusatzkosten

Abb. 3.13: Erfolgsaussichten

Arten von Komplexitätskosten

- Produktproportionale Komplexitätskosten (direkte Komplexitätskosten):

Sind Gemeinkosten, welche produktproportional verlaufen, d. h. sie wachsen, wann immer ein neues Produkt hinzukommt, weil sie sich über alle Wertschöpfungsstufen der Infrastruktur summieren. Diese Kosten sind unabhängig davon, wie viel das Produkt zum Umsatz beiträgt und welche Menge produziert wird (Kostenverlauf: linear).

- Opportunitätskosten der Komplexität (indirekte Komplexitätskosten):

Sind Kosten, welche infolge von übermäßiger Komplexität der einzelnen Wertschöpfungsketten Umsatz- oder Deckungsbeitragsausfälle verursachen. Beispiele: Fehlgeleiteter Ressourceneinsatz, zeitliche Verzögerungen und Kannibalisierungseffekte (Kostenverlauf: exponentiell).

3.10.1 Komplexitätsanalyse I zur Optimierung der Sortimentsbreite

Zur Einstimmung in die Komplexitätsproblematik kann eine Checkliste eingesetzt werden (s. Abb. 3.14).

Fragen	Ja	Nein
1. Erzielen Sie mit dem umsatzschwächsten Drittel Ihrer Produkte weniger als fünf Prozent vom Gesamterlös und/oder Deckungsbeitrag?		
2. Ist Ihr Personalbestand in machen Teilen der Infrastruktur genauso schnell gestiegen wie die Zahl neuer Produktvarianten?		
3. Nimmt die Zahl von Lieferverzögerungen und Kundenbeschwerden schneller zu als die Produktvielfalt?		
4. Setzen Sie mehr als 30 Prozent Ihres Personals und/oder Ihrer Sachanlagen für die Erzeugung von Produkten oder Leistungen ein, die Sie in gleicher Qualität am Markt zukaufen können?		
5. Liegen die internen Vollkosten (zuzüglich Gewährleistungs- und Terminrisiko) für diese erfolgsunkritischen Wertschöpfungsstufen mindestens genauso hoch wie bei Fremdbezug?		
6. Schwankt die Auslastung solcher – für den Unternehmenserfolg unkritischen – Abteilungen in extrem guten oder schlechten Jahren um mehr als zehn Prozent?		
7. Sind mehrere für einzelne Profit Center entscheidende Geschäftsfunktionen in Zentralbereichen aufgegangen oder bei der Divisionalisierung nicht dezentralisiert worden?		
8. Sind zentrale Richtlinien und Dienstleistungen stark vereinheitlicht – ohne Rücksicht auf den Charakter unterschiedlicher Geschäftszweige?		
9. Häufen sich gravierende Folgen von Ablauf- und Entscheidungsverzögerungen in Zentralfunktionen?		
10. Fühlen sich Leistungsträger im Management der Profit Center durch einheitliche Beurteilungssysteme frustriert?		

Abb. 3.14: Prüffragen zur Komplexität

In Abb. 3.15 ist das Phasen- und Methodenschema der Durchführung einer Komplexitätsanalyse I mit dem Ziel der Optimierung der Sortimentsbreite dargestellt.

Phase	Segment	Methoden/Techniken
1. Vorbereitende Maßnahmen	1.1 Kernteam bilden	Projektmanagement
	1.2 Projektplanung	Balkendiagramm
2. Analyseprozess	2.1 Grunddaten strukturieren	Formular 1
	2.2 Ermittlung der direkten Kompelxitätskosten	Formular 2
	2.3 Ermittlung der Verzögerungen	Formular 3
3. Theoretische Sortiments breite ermitteln	3.1 strukturierte Daten von Kostenrechnung in Rechenmodell eingeben	
	3.2 Ermittlung der theoretischen Sortimentsbreite	durch Kostenrechnung
4. Optimale Sortimentsbreite ermitteln	4.1 Abschätzen der Opportunitätskosten	Befragungen, Formular 3
	4.2 Ermittlung der optimalen Sortimentsbreite	durch Kostenrechnung
5. Realisierungsphase	5.1 Erhöhung der DB für Randsortimente	Preiserhöhungen/Standardisierung von Produkten
	5.2 Min. produktproportioaler Kosten	GWA, Fremdvergabe
	5.3 Min Opportunitätskosten	Ablaufoptimierung
	5.4 Sortimentsverkleinerung	Produkte streichen/zusammenlegen
	5.5 Sicherung der Nachhaltigkeit	Dezentralisierung, rechtliche Absicherung

Abb. 3.15: Standardphasenablauf und Methodeneinsatz der Komplexitätsanalyse I zur Optimierung der Sortimentsbreite

Erläuterungen zum Phasenschema:

1. Vorbereitende Maßnahmen

1.1 Kernteam bilden

Eine effektive Projektorganisation setzt ein gut strukturiertes und qualifiziert besetztes Kernteam voraus. Dieses Kernteam sollte aus folgenden Personen bestehen:

1. Repräsentanten der betroffenen Infrastruktureinheiten,
2. Repräsentanten der betroffenen Sortimentsbereiche,
3. Bereichscontroller, Kostenrechnungsexperten,
4. Verantwortliche aus Vertrieb,
5. Verantwortliche aus Marketing.

Aus diesem Kernteam sollte ein Lenkungsausschuss gebildet werden, der die volle Unterstützung des Projektes garantiert. Fallweise können auch Subteams für Detailanalysen hinzugezogen werden. Linienführungskräfte sollen bei der Umsetzung des Projektes durch Datenbeschaffung, Qualität der Analysen und Urteilskraft zum Erfolg beitragen.

1.2 Projektplanung

Im Mittelpunkt einer jeden Projektplanung steht ein Planungsgegenstand. Planungsgegenstand ist die Durchführung der Komplexitätsanalyse. Die Komplexitätsanalyse besteht aus vielfältigen Teilaufgaben. Mit der Komplexitätsanalyse I soll ein bestimmter Endzustand innerhalb eines bestimmten Zeitraumes erreicht werden.

Für eine mittlere Sortimentsbreite werden folgende Schätzwerte gegeben:

Phase 1: ca. 0,5 Wochen,
Phase 2: ca. 2 Wochen,
Phase 3: ca. 2 Wochen,
Phase 4: ca. 3 Wochen,
Phase 5: ca. 4 Wochen.

2. Analyseprozess

Die Phase der Ist-Analyse der Komplexitätsanalyse I besteht aus drei Segmenten.

2.1 Grunddaten strukturieren

Hierbei kommt es darauf an, dass die produktproportionalen (direkten) Komplexitätskosten so strukturiert werden, dass der Aufwand jeder einzelnen Infrastruktureinheit (Kostenstelle) erklärt werden kann. Dies kann mit Hilfe der Prozesskostenrechnung bzw. dem Activity-based Accounting-Verfahren durchgeführt werden.

Zu diesem Zweck dienen drei Formulare. Zur Strukturierung wird zunächst das Formular 1 eingesetzt.

Alle Kostenstellen (Abteilungen oder Infrastruktureinheiten) ermitteln ihre Leistungen, Mengen und Kosten sowie deren Empfänger. Vorleistungen anderer Einheiten werden ebenso berücksichtigt. Produkte, welche im Sortiment noch weiter unterteilt werden, bleiben unberücksichtigt (Teilleistungen).

Formular 1: Komplexitätsanalyse I Strukturierung der Leistung für Artikel/Produkte:..............................				
Abteilung/ Kostenstelle	erstellte Leistung (abzgl. Vorleistungen)	Menge	Kosten (ggfs. geschätzt)	Empfänger

Abb. 3.16: Formular 1: Strukturierung der Leistungen

2.2 Ermittlung der direkten Komplexitätskosten

Die Kostenstruktur dieser Produkte sind aufzugliedern (vgl. Abb. 3.17) in:

1. Fixkosten,
2. sprungfixe Kosten (durch Erhöhung von Produktions-/Absatzmengen) und
3. komplexitätsbedingte Zusatzkosten.

Formular 2: Komplexitätsanalyse I Ermittlung der direkten komplexitätsbedingten Zusatzkosten für Artikel/Produkte:..............................			
Gesamtkosten	Fixkosten	sprungfixe Kosten	komplexitätsbedingte Zusatzkosten

Abb. 3.17: Formular 2: Komplexitätsbedingte Zusatzkosten

Bei allen Kostenschätzungen sollen Plausibilitätsprüfungen durchgeführt werden. Übersetzergrößen wie Rüstvorgänge, Zahl der Qualitätsprüfungen, Nacharbeiten sind zu definieren, damit eine quantitative Beziehung zwischen Menge, Sortiment und Kosten.

2.3 Ermittlung der Verzögerungen

Komplexitätsbedingte Verzögerungsfaktoren bilden die Ausgangsgröße zur Ermittlung der Opportunitätskosten. Hierbei sollen alle Liegezeiten, sowohl in operativen als auch in strategischen Abläufen, welche für produktproportionale Leistungen durch alle Wertschöpfungsstufen anfallen, ermittelt werden (s. Abb. 3.18).

Formular 3: Strukturierung und Ermittlung der indirekten Komplexitätskosten für Wertschöpfungsstufe:........			
Untersuchungs-einheit	komplexitätsbedingte Zeitverzögerungen	Kosten (ggfs. geschätzt)	Summe

Abb. 3.18: Formular 3: Indirekten Komplexitätskosten

3. Theoretische Sortimentsbreite ermitteln

3.1 Strukturierte Daten in Rechenmodell eingeben

Für jedes Sortiment werden die ermittelten Daten (aus den Formularen der Abb. 3.16 – Abb. 3.18) in einem Rechenmodell zusammengefügt, um die produktproportionalen Kosten zu ermitteln.

3.2 Ermittlung der optimalen Sortimentsbreite

Mit Hilfe der Kostenrechnung (Deckungsbeitragsrechnung) lässt sich die theoretisch optimale Sortimentsbreite ermitteln.

4. Optimale Sortimentsbreite ermitteln

4.1 Abschätzen der Opportunitätskosten

Hierbei sollen durch Befragungen die komplexitätsbedingten Zeitverzögerungen (ggfs. aus Formular der Abb. 3.18 ermittelt) wie Lieferausfälle oder wo nachweisbar, entgangene Umsätze/ Deckungsbeiträge oder wegen zu später Einführung neuer Produkte die Opportunitätskosten ermittelt werden.

4.2 Ermittlung der optimalen Sortimentsbreite

Unter Einbeziehung der Opportunitätskosten lässt sich die optimale Sortimentsbreite mit Hilfe der Kostenrechnung (Deckungsbeitragsrechnung) ermitteln.

5. Lösungs- und Realisierungsphase
Die vorangegangenen Phasen liefern i. d. R. so viele Optimierungsansätze, dass es zu diesem Zweck keines umfassenden Brainstormings bedarf. Vor der Umsetzung der Lösungen sollten zwei wichtige Kriterien beachtet werden:

1. maximale Ertragseffekte bei möglichst geringen organisatorischen Veränderungen,
2. Interdependenzen und Verträglichkeiten der Maßnahmen.

Bevor Sortimente gekappt werden, sollte immer geprüft werden, ob der Deckungsbeitrag eines Randproduktes erhöht werden kann, oder ob die Komplexitätskosten gesenkt werden können.

Die nachfolgenden Maßnahmen zur Ertragssteigerung sind nach dem Grad der organisatorischen Änderungen gegliedert:

1. Erhöhung der Deckungsbeiträge der Randsortimente
   - Preiserhöhungen
   - Standardisierung irrelevanter Produktmerkmale
2. Reduzierung der produkt-(kunden-) proportionalen Kosten
   - Umbau für späteren „Differenzierungs"-Punkt in Wertschöpfungskette
   - „Mini"-Gemeinkosten-Wertanalyse
   - Fremdbezug
3. Reduzierung der produkt-(kunden-) bedingten Opportunitätskosten
   - Erweiterung der Engpasseinheiten
   - Verbesserung der Abläufe
4. Sortimentsverkleinerung unter Abbau produktproportionaler Kosten
   - Zusammenlegung von Produkten
   - Streichung von Produkten
5. Sicherung der Nachhaltigkeit
   - Organisatorische Dezentralisierung („Dedizierung")
   - Berücksichtigung produktproportionaler Kosten in der Ergebnisrechnung/ -berichterstattung.

3.10.2 Komplexitätsanalyse II zur Optimierung überlanger Wertschöpfungsketten

Bei Fusionen wird häufig versäumt, die Wertschöpfungsketten der beiden fusionierten Unternehmen sorgfältig genug aufeinander abzustimmen. Man hofft auf den Regelmechanismus des späteren „eingeschwungenen" Zustands. Auch in nicht fusionierten Unternehmen können im längeren Zeitablauf überlange Wertschöpfungsketten entstehen.

Durchführung

Die Komplexitätsanalyse II zur Optimierung überlanger Wertschöpfungsketten zielt vor allem darauf ab, die beste Kombination von Eigen- und Fremdleistung zu ermitteln.

Das Standardphasenmodell der Komplexitätsanalyse II beinhaltet die in Abb. 3.19 dargestellten Phasen und Segmente.

Phase	Segment	Methoden/Techniken
1. Vorbereitende Maßnahmen	1.1 Kernteam bilden	Projektmanagement
	1.2 Projektplanung	Balkendiagramm
	1.3 Informations- und Meinungsaustausch	Gespräche, Diskussionen
2. Analyseprozess	2.1 Grunddaten strukturieren	Formular 1
	2.2 Angebote einholen	Befragungen
3. Direkte Kostennachteile der Eigenleistung berechnen	3.1 Angebote einholen	Befragungen
	3.2 Berechnungen durchführen	Kostenrechnung, Formular 2
	3.3 Gegenrechnungen	
4. Opportunitätskosten ermitteln	4.1 Verzögerungen und Mehrkosten ermitteln	Kostenrechnung, Formular 3
	4.2 Investitionen einbeziehen	Investitionsrechnung
5. Konzeptions- und Realisationsphase	5.1 Entscheidungen suchen und auswählen	Nutzwertanalyse
	5.2 Kosten, Termine, Verantwortliche	Maßnahmenplan

Abb. 3.19: Standardphasenablauf und Methodeneinsatz der Komplexitätsanalyse II zur Optimierung der Wertschöpfungsketten

1.1 Kernteam bilden

Die Projektorganisation ist weitgehend identisch mit dem für die Komplexitätsanalyse I beschriebenen Aufbau. Das Kernteam sollte aus folgenden Personen bestehen:

1. Repräsentanten aus den betroffenen Bereichen, die für Methodik und Qualitätssicherung zuständig sind,
2. Bereichscontroller, Kostenrechnungsexperten.

Ein Lenkungsausschuss, Subteams und Linienführungskräfte sollten auch hier steuernd und unterstützend mitwirken.

1.2 Projektplanung (siehe. Komplexitätsanalyse I)

1.3 Informations- und Meinungsaustausch

In moderierten Gesprächsrunden zwischen Führungskräften und Arbeitnehmervertretern werden Ziele, Vorgehen und erwartete Ergebnisse festgelegt. Außerdem werden die strategischen Geschäftseinheiten des Unternehmens positioniert – einmal im Verhältnis zu den Markterfordernissen, des weiteren aber auch im Vergleich mit den Stärken und Schwächen besonders erfolgreicher Wettbewerber und zu den absehbaren Änderungen im Umfeld. Dabei sollen die erfolgsentscheidenden, strategischen Wertschöpfungsstufen, die dann aus der weiteren Untersuchung ausgeklammert werden, identifiziert werden. Außerdem sollen Beispiele für eine besonders gelungene externe Beschaffung nichtstrategischer Wertschöpfungsstufen gesammelt werden.

2. Analyseprozess

2.1 Grunddaten strukturieren

Zur Strukturierung der Komplexitätskosten wird auf die Komplexitätsanalyse I verwiesen. Für den Teil 2 der Komplexitätsanalyse wird ebenfalls ein Formular (vgl. Abb. 3.20) eingesetzt, in dem auch die Kosten der vor- bzw. nachgelagerten Stufen erfasst werden.

Formular 1: Strukturierung der Leistungen für Wertschöpfungsstufe:.......................................				
Untersuchungs-einheit	**erstellte Leistungen**	**Menge**	**direkte Kosten**	**Wettbewerber**

Abb. 3.20: Formular 1: Strukturierung der Leistung

2.2 Angebote einholen

Wo Unwirtschaftlichkeit der Eigenerstellung zu vermuten ist, werden erste Angebote von Fremdlieferanten eingeholt, um zu Vergleichszwecken die Höhe der Kosten zu ermitteln. Bei starken Wettbewerbern („Benchmark"-Konkurrenten) können dadurch schon die eigenen

Opportunitätskosten nachgewiesen werden. Zur Erfassung der Opportunitätskosten steht das Formular 3 zur Verfügung.

3. Direkte Kostennachteile der Eigenerstellung berechnen

3.1 Angebote einholen

Es werden direkte Angebote von potenziellen Lieferanten eingeholt bzw. Konditionen ausgehandelt, um das genaue Einsparungspotenzial zu bestimmen.

3.2 Berechnungen durchführen

In diesem Untersuchungsschritt werden die direkten Komplexitätskosten dort ermittelt, wo dem Unternehmen durch überflüssige Wertschöpfungsstufen Nachteile gegenüber „Benchmark"-Konkurrenten entstehen (vgl. Abb. 3.21). Ferner werden die Mehrkosten, welche z. B. bei konjunkturbedingt schlechter Betriebsauslastung der eigenen Wertschöpfungsstufen entstehen können, festgestellt.

Formular 2: Ermittlung der direkten komplexitätsbedingten Zusatzkosten für Wertschöpfungsstufe:........				
Untersuchungs-einheit	Gesamtkosten	Mehrkosten	Kosten bei Fremdvergabe	komplexitätsbedingte Zusatzkosten

Abb. 3.21: Formular 2: Komplexitätsbedingte Zusatzkosten

3.3 Gegenrechnungen

In diesem Arbeitsschritt werden die Vorteile der Fremdleistung mit den Vorteilen der Eigenleistung verglichen.

4. Opportunitätskosten ermitteln

4.1 Verzögerungen und Mehrkosten ermitteln

Für zeitkritische operative Abläufe wird untersucht, wo vor, in und nach der Wertschöpfungsstufe Verzögerungen auftreten und wie sie sich über alle Stufen summieren.

Erfasst werden auch Mehrkosten, die z. B. durch Beschäftigungsschwankungen, Nacharbeit, Preisaufschläge für Schnelllieferungen von Lieferanten, sowie Nachteile am Markt, etwa durch Stornierungen oder Marktanteilsverluste wegen verspäteter Produkteinführung, entstehen.

4.2 Investitionen einbeziehen

In Modellrechnungen wird geschätzt, welche Nachteile dem Unternehmen entstehen, etwa durch Investitionen in unwichtige Wertschöpfungsstufen.

Zur Strukturierung und Erfassung der Opportunitätskosten (indirekte Komplexitätskosten) dient das Formular 3 aus Abb. 3.22.

Formular 3: Strukturierung und Ermittlung der indirekten Komplexitätskosten für Wertschöpfungsstufe:...			
Untersuchungs-einheit	**komplexitätsbedingte Zeitverzögerungen**	**Kosten (ggfs. geschätzt)**	**Summe**

Abb. 3.22: Formular 3: Indirekte Komplexitätskosten

5. Lösungs- und Realisierungsphase

5.1 Entscheidungen suchen und auswählen

Die Aktivitäten dieser Phase beziehen sich auf die idealtypischen Fremdlieferanten, deren Nutzung zu hohen Einsparungen und dem Abbau von Opportunitätskosten führen.

Für diese theoretischen Fremdlieferanten werden nochmals alle in Frage kommenden Nutzungen eigener Vermögens- und Personalressourcen unter Berücksichtigung aller rechtlichen und steuerrechtlichen Auswirkungen sorgfältig geprüft.

5.2 Kosten, Termine, Verantwortliche

Das Ergebnis der Modellerrechnungen wird als Empfehlung dem Lenkungsausschuss zur Vorentscheidung vorgelegt – unter Angabe aller Auswirkungen und Voraussetzungen. Es sind Maßnahmen mit Verantwortlichkeiten und Terminen formuliert, deren kostenmäßige, personelle und soziale Machbarkeit überprüft wurde.

3.10.3 Komplexitätsanalyse III zur Optimierung der Geschäftsfunktionen

Durchführung
Ziel des dritten Teils der Komplexitätsanalyse ist es, die Geschäftsfunktionen so zentral wie nötig und so dezentral wie möglich zuzuordnen. Im Kern werden dabei die Leistungen von (fusionierten) Zentralbereichen unter dem Aspekt analysiert, ob eine weitere Eigenerstellung unter Kostenaspekten vertretbar ist. Dieser Teil führt wie die beiden anderen auch zu vertieften Erkenntnissen über mögliches Outsourcing.

Das Standardphasenmodell der Komplexitätsanalyse III beinhaltet folgende Phasen und Segmente:

1. Vorbereitende Maßnahmen
Diese entsprechen im Wesentlichen den Ausführungen zu Komplexitätsanalyse I und II.

2. Analyse

2.1 Grunddaten strukturieren

Die Leistungen und Kosten der Zentralfunktionen werden strukturiert und nach Abnehmer-Geschäftseinheiten gruppiert. Hierfür ist das Formular 1 aus Abb. 3.23 vorgesehen.

Formular 1: Strukturierung der Leistungen für Zentralfunktion:......				
Geschäftseinheiten (gruppiert)	**Leistungen**	**Menge**	**direkte Kosten**	**Wettbewerber**

Abb. 3.23: Formular 1: Strukturierung der Leistungen

2.2 Ermittlung von „Benchmark"-Partnern

Gleichzeitig werden „Benchmark"-Partner ermittelt, von denen bekannt ist, dass sie auf Leistungen bestimmter Zentralbereiche verzichten. Diese Vergleichspartner zeichnen sich normalerweise durch Stärken in Marktposition und Rentabilität aus, sodass ein Zusammenhang zwischen dem Verzicht auf zentrale Leistungen und Erfolg unterstellt werden kann. Gezielte Analysen geben erste Hinweise auf die direkten Kostennachteile und Opportunitätskosten.

3. Direkte Kostennachteile der Eigenleistung berechnen

3.1 Angebote einholen

Es werden alternative Angebote für entsprechende Fremdleistungen eingeholt. Meist gibt es externe Anbieter oder gleichartige Einheiten in anderen diversifizierten Unternehmen, die zum Vergleich herangezogen werden können.

3.2 Berechnungen durchführen

Mit Hilfe des Formulars 2 der Abb. 3.24 lassen sich durch Vergleich die direkten Komplexitätskosten berechnen.

Formular 2: Ermittlung der direkten komplexitätsbedingten Zusatzkosten für Zentralfunktion:...			
Geschäftseinheit	**Gesamtkosten**	**Kosten bei Fremdvergabe**	**komplexitätsbedingte Zusatzkosten**

Abb. 3.24: Formular 2: Ermittlung der Zusatzkosten

4. Opportunitätskosten ermitteln

4.1 Verzögerungen ermitteln

Hierbei geht es, wie in der Komplexitätsanalyse I und II, um die Erfassung von Verzögerungen aller Art, die entstehen, weil in wichtigen operativen und strategischen Abläufen zentrale Funktionen eingeschaltet sind.

Dabei unterscheidet man zwischen strategischen und operativen Opportunitätskosten.

Strategische Opportunitätskosten entstehen innerhalb einer Organisation zwischen Geschäfts- und Zentralfunktionen. Operative Opportunitätskosten entstehen durch Hemmnisse und Verzögerungen, die sich bis zum Kunden auswirken und in Form von Umsatz- bzw. Ergebnisverlusten abzuschätzen sind.

Die Dauer der Verzögerungen, die durch die Zentralisierung entstehen, wird durch Stichproben ermittelt.

Außerdem werden die Zeiten sonstiger Interaktionen (Konflikte, Redundanzen, Rückfragen etc.) innerhalb der Organisation geschätzt.

Formular 3: Strukturierung und Ermittlung der indirekten Komplexitätskosten für Zentralfunktion:...				
Geschäftseinheiten	**komplexitätsbedingte Verzögerungen**	**Kosten strat.**	**Kosten oper.**	**Zeiten für Interaktionen etc.**

Abb. 3.25: Formular 3: Indirekten Komplexitätskosten

4.2 Ermittlung von Dezentralisierungskosten

Es wird analysiert, wie groß der Aufwand ist, die Leistungen der Zentralfunktionen in dezentralisierte Geschäftsfunktionen zurückzuverlagern bzw. von außen zu beschaffen.

5. Lösungs- und Realisierungsphase

5.1 Lösungsalternativen suchen

Falls die Schritte 1 bis 4 gründlich vollzogen wurden, lassen sich Lösungsalternativen problemlos finden.

Folgende Lösungen sind zum Beispiel denkbar:

1. Fremdvergabe der Leistungen der Zentralfunktion,
2. Bildung von Kompetenzzentren.

5.2 Alternative auswählen

Das Ergebnis wird als Empfehlung dem Lenkungsausschuss vorgelegt. Nach dessen Zustimmung erfolgt die Umsetzung der Lösungsalternative. (UB 04/99, 01/00,02/00)

Literatur:

Ahlemeyer, H.W., Königswieser, R.: Komplexität managen. Strategien, Konzepte und Fallbeispiele, Wiesbaden 1998.

Niedereichholz, Ch.: Qualitätsmanagement in der Unternehmensberatung, Köln 1998, Kap. 5.4.1

3.11 Methoden der Prozessflussanalyse

Obwohl inzwischen ausgefeilteste Software zur Erfassung, Analyse und Optimierung von Prozessen zur Verfügung steht, erfreuen sich die traditionellen Verfahren nach wie vor größter Beliebtheit. Der Grund liegt einfach darin, dass diese Vorgehensweisen besser geeignet sind, die Prozessoptimierung zu einem Gruppenereignis mit den Betroffenen zu machen. Dabei kommt nicht selten Spaß und als Folge davon Motivation und Veränderungswillen auf.

a) Identifikation und Visualisierung

Mit der Visualisierung von Prozessketten ist es möglich, Ist-Abläufe aller Art darzustellen, zu analysieren und zu optimieren. Identifiziert und analysiert werden Gesamt- oder Teil-Abläufe, deren jeweilige „Quelle" und „Senke" zunächst ermittelt werden muss. Bei einem Reengineering-Projekt kann das gesamte Unternehmen Untersuchungsgegenstand sein. In diesem Fall muss die Wertschöpfungskette des gesamten Geschäftssystems untersucht und dahingehend analysiert werden, welche Teilprozesse bei jedem Wertschöpfungsglied optimiert werden müssen.

Dies können z. B. sein:

- Abläufe in Forschungs- und Entwicklungsabteilungen, z.B. der Teilprozess der Recherche in Patentdatenbanken.
- Abläufe der Beschaffungsprozesse, z.B. der Teilprozess des Einkaufs von Edelmetallen.
- Abläufe der Produktion und Leistungserstellung, z.B. der Teilprozess der Stücklistenänderung.
- Abläufe Marketing und Vertrieb, z.B. der Teilprozess der Wartung.
- Abläufe im logistischen Bereich, z.B. der Teilprozess der optimalen Routenplanung.
- Abläufe beim Kundenservice, z.B. der Teilprozess der Personaleinteilung am Help Desk.

Die Prozessflussanalyse ist eine objektive Analysetechnik, da von konkreten Gegebenheiten ausgegangen wird, die anhand von Unterlagen von der Quelle bis zur Senke verfolgt und abgebildet werden können. Hierbei werden die typischsten Geschäftsvorfälle ausgewählt und zeitlich geordnet.

Der Prozess wird dann in seine Einzelaktivitäten zerlegt und dem betrieblichen Ablauf entsprechend mit den Mitarbeitern der beteiligten Funktionseinheiten nachvollzogen. Die betroffenen Abteilungen und Mitarbeiter beteiligen sich aktiv, stellen die notwendigen Unterlagen zusammen und tragen damit zu einer effizienten Durchführung der Analyse bei. Während der Analyse, die bei komplexen Abläufen von einer Simulation begleitet werden kann, erkennt der Berater, wo sich Optimierungsmöglichkeiten anbieten. Es existieren mehrere Möglichkeiten der Visualisierung von Prozessabläufen, die zeigen können, wo Verbesserungen notwendig sind: Überall dort, wo der Prozess in einem fortgeschrittenen Stadium rückkoppelungsmäßig wieder zu einem Funktionsträger der Anfangsphasen führt, sind Prozessveränderungen notwendig. Optimierte Prozesse verlaufen ohne Rückkoppelungen und Schleifen.

b) Folgestruktur-Analyse/DEBI-Matrix

Nicht alles, was handwerklich ist, von Praktikern geliebt wird und schon seit vielen Jahren gute Dienste leistet, muss belächelt werden. Dies gilt insbesondere für die von REFA entwickelte sogenannte Folgestruktur-Analyse. In einem Folgestrukturplan (s. Abb. 3.26) werden die Aufgabenträgerfolgestruktur und die Tätigkeitsfolgestruktur in zeitlicher Reihenfolge von der Prozessquelle zur Prozesssenke einander zugeordnet. Dabei werden für die einzelnen Bearbeitungsschritte, Aktivitäten und Prozesselemente bestimmte Symbole verwendet.

Diese Darstellungsform gibt auch Aufschluss über Aufgaben/Rollen und Verantwortlichkeiten innerhalb eines Prozessablaufs. Mit diesem Analyseschwerpunkt wird die Matrix in der Praxis als DEBI-Matrix (prozessbezogene Definition von Rollen und Verantwortlichkeiten) bezeichnet.

Auf der vertikalen Ebene (Spalten) werden die Personen, Stellen oder Organisationseinheiten eingetragen, die am Prozess in chronologischer Folge beteiligt sind.

Auf der horizontalen Ebene (Zeilen) werden von der Quelle zur Senke die Arbeitsschritte eingetragen.

In den Matrixfeldern wird gekennzeichnet, welche Aufgaben und Kompetenzen der Prozessschritte welchem Leistungsträger oder -bereich zugeordnet sind.

Erste Hinweise für einen Optimierungsbedarf ergeben sich immer dann, wenn der Ablauf vom Prozessbeginn zum -ende nicht diagonal verläuft, sondern zu den am Beginn beteiligten Stellen zurückspringt (s. Abb. 3.26).

c) Prozessfluss-Diagramm (Brown Paper-Methode)

Im Prozessfluss-Diagramm werden ebenfalls die Einzelschritte des Prozesses in ihrem Zusammenhang und die daran beteiligten Hierarchie-Ebenen und Organisationseinheiten dargestellt. Für die einzelnen Aktivitäten werden ebenfalls Symbole verwendet (s. Abb. 3.27). Die Methode ist einfach, gerade bei sehr dynamischen Beratungsunternehmen hochaktuell und macht allen Beteiligten Spaß: Packpapier wird im Querformat an einer Wand befestigt, durch horizontale Linien werden die am Prozess beteiligten Hierarchieebenen dokumentiert, und dann wird der Prozess von Beginn bis Ende abgebildet. Im Idealfall wird auf einer gegenüberliegenden Wand ebenfalls Packpapier befestigt, so dass dort langsam der Entwurf des optimierten Prozesses entsteht.

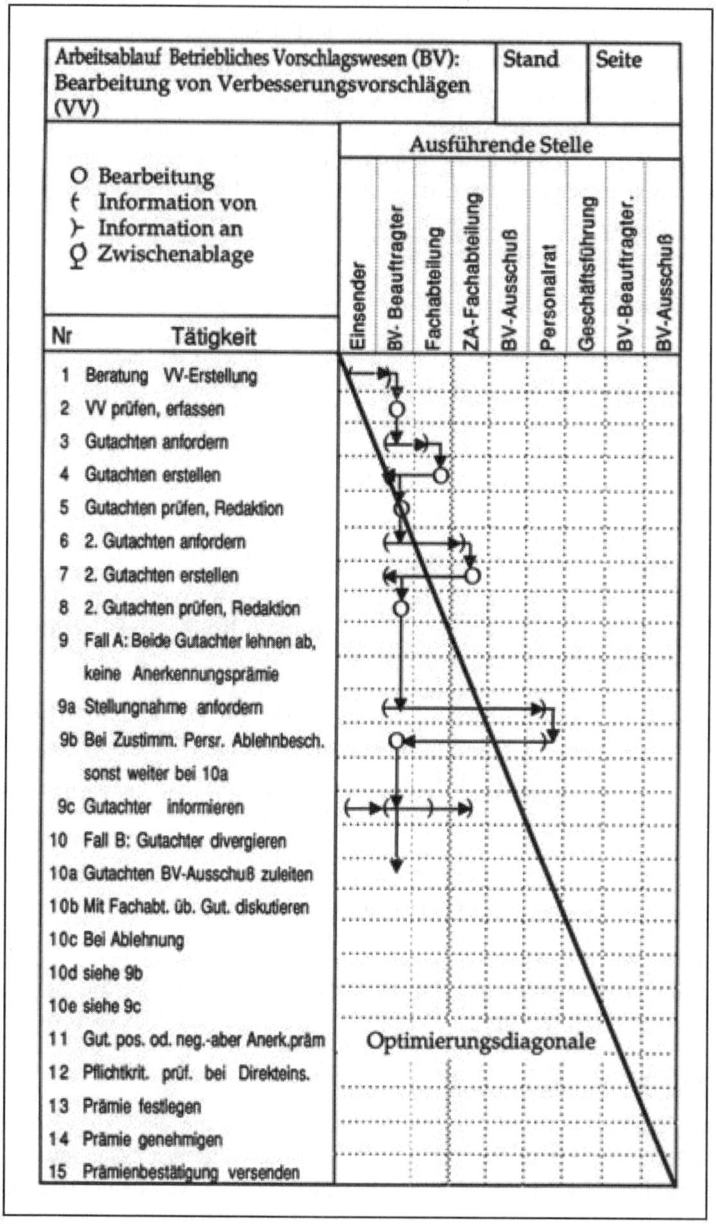

Abb. 3.26: Folgestrukturplan nach REFA, dargestellt an einem Beispiel

Im Prozeßfluß-Diagramm werden einzelne Stufen, Situationen und Aktivitäten des Prozesses mit Symbolen veranschaulicht.

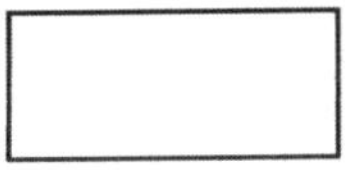

Rechtecke symbolisieren einen einzelnen Arbeitsschritt, eine Aktivität. Sie beginnen immer mit einem Verb.

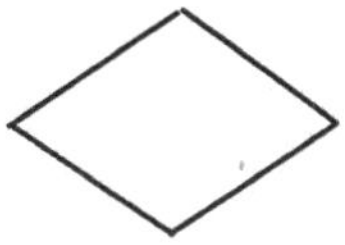

Rauten beschreiben eine Entscheidungssituation. Diese wird als Frage formuliert.

Wolken um eine bestimmte Phase des Prozesses gemalt, symbolisieren denkbare und mögliche Verbesserungsmöglichkeiten.

Ein Originaldokument, in die Prozeßabbildung geklebt, dient der Veranschaulichung einer bestimmten Ist-Situation und macht den konkreten Prozeßbezug deutlich.

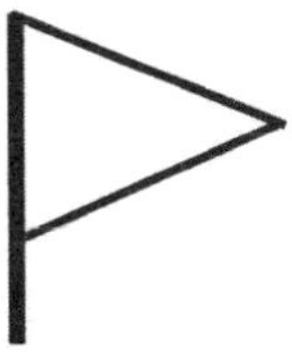

"Flaggen" kennzeichnen Schwächen, Engpässe, Problemfelder, Störungen und Schwierigkeiten im Prozeßablauf und zu vor- und nachgelagerten Prozessen.

Weitere Symbole können nach Belieben hinzugefügt werden, wenn sie der Veranschaulichung besonderer Situationen dienen.

Besonders nützlich ist auch die Verwendung von verschiedenfarbigen Post-its:

- Grüne Post-its betonen Stärken des Prozesses,
- Rote Post-its verdeutlichen, wo der Prozeß Schwächen aufweist,
- Gelbe Post-its markieren, an welchen Stellen des Prozesses Unklarheiten bestehen.

Abb. 3.27: Prozessfluss-Diagramm-Symbole (Brown Paper-Methode)

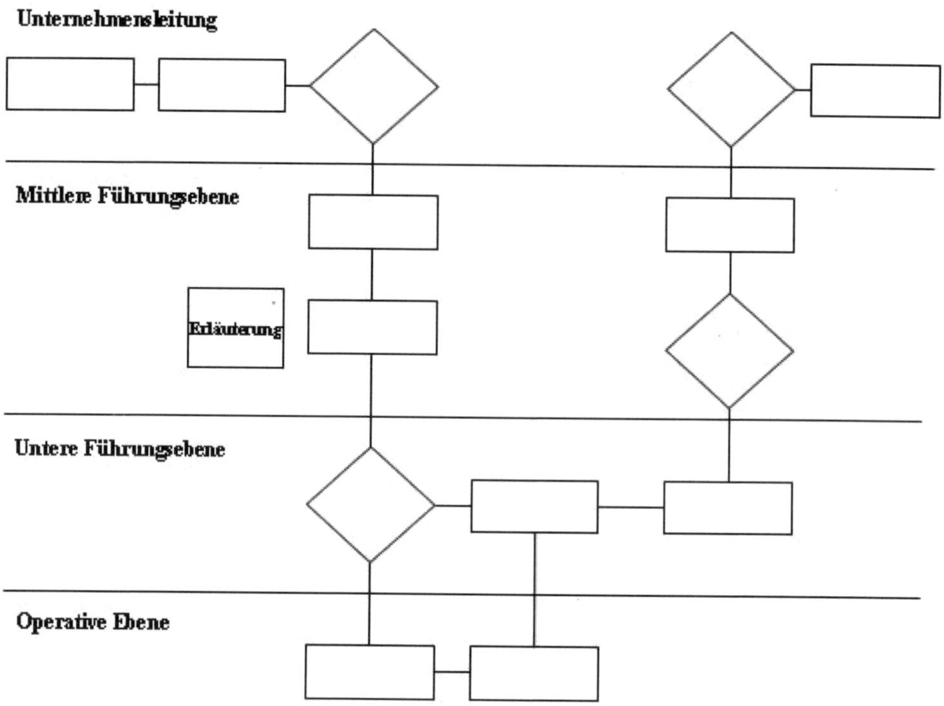

Abb. 3.28: Muster Prozessfluss-Diagramm

Die **Vorteile** der Brown Paper-Methode liegen auf der Hand:

- Die Anwendung ist einfach und problemlos, Irrtümer sind erlaubt und können zu gegebener Zeit korrigiert werden, nichts muss auf Anhieb perfekt sein.
- Auch komplexe Prozesse können in ihrer Gesamtheit transparent gemacht und bearbeitet werden.
- Alle betroffenen Mitarbeiter und Führungskräfte können am Brown Paper mitarbeiten und -gestalten, dadurch wird eine hohe Motivation und Identifikation erreicht. Bisher für Mitarbeiter intransparente Prozessstufen, die auf übergeordneten Hierarchie-Ebenen durchgeführt werden, sind plötzlich durchschaubar und können beurteilt werden.
- Die Methode fördert die Kommunikation und unterbindet Schuldzuweisungen.
- Der Nutzen der Methode ist vielfältig
  - Abbilden des tatsächlichen Prozessablaufs, dadurch Entwicklung von Prozssverständnis bei allen Beteiligten,
  - Verbessern einzelner Ablaufsegmente,
  - Schrittweises Entwickeln und Dokumentieren des neuen, optimierten Ablaufs unter Beteiligung aller Betroffenen.

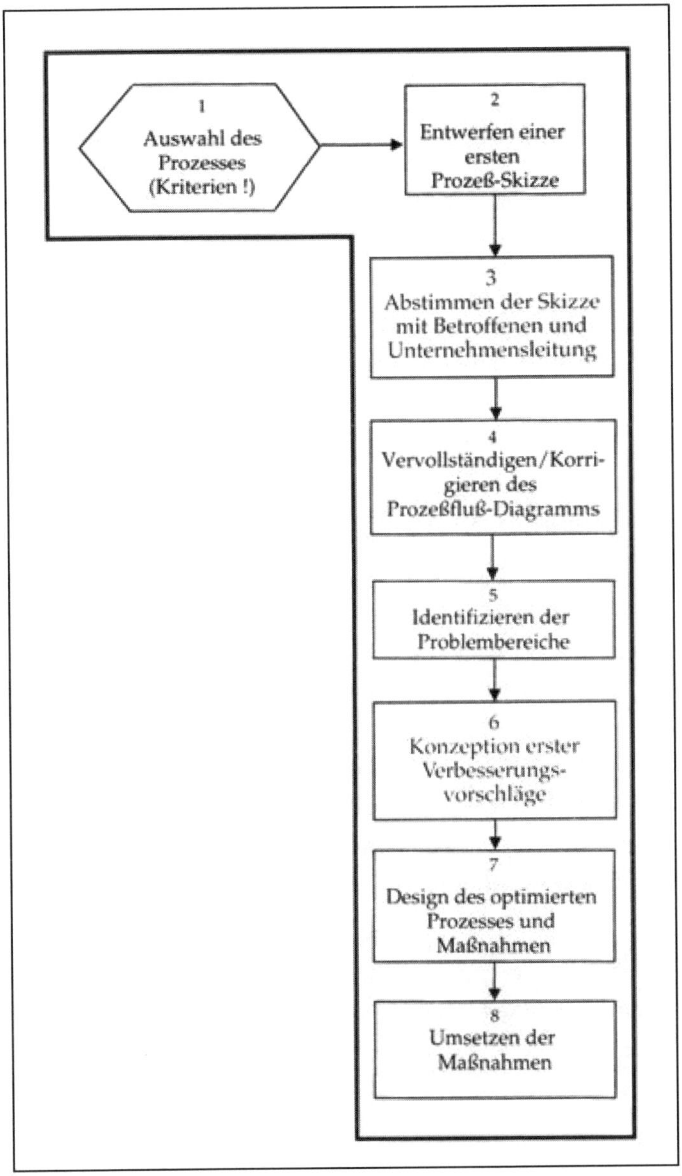

Abb. 3.29: Ablaufdiagramm der Prozessflussanalyse und –optimierung

Die **Präsentation** eines auf Brown Paper dokumentierten Prozessablaufs (s. Abb. 3.28) verläuft über vier Stufen:

1. Dokumentation des analysierten Prozesses
- Zweck (Output) des Prozesses,
- Erklärung der Vorgehensweise, des Arbeitsmaterials und der Symbole.

2. Erfassung der beteiligten Mitarbeiter
- Anzahl der Prozessbeteiligten,
- Funktionen der Beteiligten.

3. Interpretation des analysierten Prozesses
- Erster und letzter Prozess-Schritt (Quelle und Senke),
- Die Kernfunktionen des Prozesses,
- Der Prozess als systemische Gesamtheit.

4. Beschreibung der Prozess-Stärken und der Verbesserungspotenziale
- Wesentliche Kommentare der Mitarbeiter,
- Zusammenfassung der Prozessstärken und Aufzeigen von Möglichkeiten, diese zu festigen und auszubauen,
- Kennzeichnung der Engpässe und Aufzeigen von Möglichkeiten, diese zu beseitigen. Sowohl bei der Folgestruktur-Analyse/DEBI-Matrix als auch beim Prozessfluss-Diagramm (Brown Paper) werden die Mitarbeiter durch bestimmte Frageinhalte einbezogen.

1. Die fünf „W"-Fragen zur allgemeinen Prozessanalyse Mit den fünf „W"-Fragen werden zunächst die allgemeinen Merkmale des Prozesses herausgefiltert.

- Was wird in dem Prozess gemacht und warum ist es notwendig?
  - Kann dieser Prozessschritt oder ein Teilschritt vereinfacht oder ganz eliminiert werden?
  - Ist der Schritt plausibel und effektiv?
  - Trägt er zur Wertschöpfung des Endprodukts bei?
- Wo wird der Prozessschritt durchgeführt?
  - Welche Stelle/Person ist an der Durchführung beteiligt?
  - Könnte der Prozessschritt an anderer Stelle sinnvoller durchgeführt, bzw. integriert werden?
  - Ist der erforderliche Material- und Informationsfluss an dieser Stelle optimiert?
- Wer sollte diesen Prozessschritt durchführen?
  - Soll der derzeitige Verantwortliche den Schritt auch weiterhin durchführen?
  - Ist ein anderer Mitarbeiter von der Qualifikation her besser geeignet?
  - Ist ein anderer Mitarbeiter von der Kompetenz her besser geeignet?
  - Ist ein anderer Mitarbeiter aus Wirtschaftlichkeitsaspekten besser geeignet?
- Wann sollte dieser Prozessschritt durchgeführt werden?
  - Sollte der Prozessschritt früher oder später durchgeführt werden?

- Passt der Zeitpunkt in die Abfolge logischer Verknüpfungen des Prozesses?
- Welchen Einfluss hat seine zeitliche Positionierung auf andere Schritte und den Gesamtprozess?

• Wie wird dieser Prozessschritt durchgeführt?
  - Warum wird der Schritt in dieser Art und Weise durchgeführt?
  - Enthält der Schritt nichteffektive Teiltätigkeiten, wie z. B. Zwischenlagerungen, redundante Prüfprozeduren?
  - Werden zu viele überflüssige Informationen erzeugt, weitergeleitet und verarbeitet?
  - Kann der Schritt effizienter gestaltet und durchgeführt werden?
  - Kann der Schritt zeitlich verkürzt werden?
  - Stehen die richtigen Werkzeuge, Maschinen, Anlagen und Halbfabrikate zur Verfügung?

2. Prozessbezogene Fragestellungen

• Zweck des Prozesses
  - Was ist der eigentliche Zweck des Prozesses?
  - Entspricht die Prozessgestaltung dem Zweck?
  - Erfüllt der Prozess seinen Zweck?
  - Ist die Vorgehensweise logisch und zielgerichtet?
  - Kann der Prozess insgesamt oder in einzelnen Teilbereichen eliminiert werden?
• Reihenfolge der Prozessschritte
  - Hat der Prozess unnötige Redundanzen, Überlappungen und Schleifen, gibt es zu viele Prozessschritte?
  - Enthält der Prozess Teilschritte, die in anderen Prozessen wiederholt werden?
  - Werden Informationen erfasst, die an anderer Stelle, früher oder später oder in anderen Prozessen erfasst werden?
  - Wird der Teilschritt an der richtigen Stelle und zum richtigen Zeitpunkt des Prozesses ausgeführt?
  - Kann der Teilschritt mit anderen zusammengefasst oder verbunden werden?
• Arbeitsfluss innerhalb des Prozesses
  - Ist der Prozess so optimiert, dass der Arbeitsfluss über die einzelnen Schritte logisch sinnvoll aufeinander folgt?
  - Ist der Arbeitsfluss so optimiert, dass interne und externe Termine eingehalten werden?
  - Ist der Arbeitsfluss so optimiert, dass an den Schnittstellen zu anderen Prozessen keine Verzögerungen auftreten?
  - Ist die Versorgung mit Material und Informationen am einzelnen Arbeitsplatz optimal gestaltet?
  - Müssen Prozessbeteiligte ihren Arbeitsplatz verlassen, um Material oder Informationen zu beschaffen?
  - Erlaubt die Arbeitsablauforganisation eine Zusammenarbeit und Kommunikation der Mitarbeiter?

- Prozessüberprüfung
  - Ist ein Prüf- und Kontrollvorgehen innerhalb des Prozesses implementiert, mit dem die Qualität und die Effizienz des Ablaufs überprüft werden kann?
  - Gibt es zu viele Prüfschritte, die den Prozess verlangsamen?
  - Gibt es zu wenige Prüfschritte, und wird dadurch die Qualität beeinflusst?
  - Welches Qualitätssicherungsverfahren wird wann und bei welchen Prozessschritten angewendet?
  - Wie hoch ist der Schaden (die Schadensziffer) bei Eintreten von welcher Art von Fehlern?
  - Über welche Rückmeldungen wird der Prozess gesteuert?
  - Wer ist dafür verantwortlich?

Ablauf

In Abb. 3.29 ist der Ablauf einer Prozessflussanalyse und -optimierung dargestellt.

1. Vorbereitung und Start

- Prozess und seine Schnittstellen genau definieren und mit Auftraggeber abstimmen,
- Feststellen, welche Funktionen und Abteilungen in den Prozess eingebunden sind, welche außerhalb des Prozesses liegen,
- Räume reservieren (Brown Paper kann bis zu 6 m lang sein), notwendiges Material (Packpapier, Symbole, Post-its) besorgen,
- Betroffene Mitarbeiter und Führungskräfte informieren und um Hilfe und Zusammenarbeit bitten,
- Methode transparent machen durch Präsentation und Training,
- Ziel und Zeitrahmen der Vorgehensweise festlegen.

2. Entwurf der ersten Prozess-Skizze

- Blockdiagramm des Prozesses grob skizzieren,
- Prozessfluss mit Bleistift Schritt für Schritt dokumentieren,
- Prozessbeteiligte beschreiben und korrigieren lassen,
- Abteilungsleiter, Gruppen- und Teamleiter schildern ihre Prozessfunktionen,
- Schnittstellen und Verantwortlichkeiten eindeutig klären,
- Schnittstellen zu vor- und nachgelagerten Prozessen eindeutig definieren,
- Dokumentieren, wo der Prozess durch IV unterstützt oder durchgeführt wird.

3. Abstimmung der Prozess-Skizze

- Ablauf und Schnittstellen des Prozesses mit allen Beteiligten abstimmen und dokumentieren,
- Alle Formulare, Dokumente, EDV-Ausdrucke und sonstige Unterlagen, die den Prozess abbilden, zusammenstellen und signifikante Dokumente auf Brown Paper aufkleben.

4. Vervollständigen/Korrigieren des Prozessfluss-Diagramms

- Prozessablauf in allen Details und über alle Hierarchieebenen vervollständigen, erste falsche Grundannahmen eliminieren,

- Für jeden Prozessschritt und jede Aktivität den Zeitbedarf und die Häufigkeit ermitteln und als Mengenangaben in das Diagramm eintragen,
- Alle im Prozessablauf eingesetzten Kommunikationsmittel dokumentieren, eventuell Muster aufkleben,
- Namen und Unterschriften der Prozessbeteiligten auf dem Diagramm eintragen.

5. Identifizieren der Problembereiche und Engpässe
- Präsentation und Diskussion des gesamten Prozessablaufs mit Führungskräften und direkten Prozessbeteiligten sowie Mitarbeitern vor- und nachgelagerter Prozesse, die „Lieferanten" von Leistungen an oder „Empfänger" von Leistungen aus dem Prozess sind,
- Alle Beteiligten durch sokratische Fragetechnik anreizen, Probleme einzelner Prozessstufen oder -tätigkeiten offen anzusprechen und im Diagramm zu dokumentieren (Flagge, rote Post-its),
- Das Brown Paper wird so aufgehängt, dass alle Prozessbeteiligten auch in der Folgezeit im Detail weiter daran arbeiten können.

6. Konzeption erster Verbesserungsvorschläge
- Im Team werden die identifizierten Probleme und Engpässe diskutiert und auf ihre Ursachen hin analysiert,
- Unter Einsatz von Kreativitätstechniken werden zu den gemeinsam analysierten Problembereichen Lösungsansätze gesucht,
- Die verschiedenen, zum Teil alternativen Lösungsansätze werden bewertet und ausgewählt.

7. Design des optimierten Prozesses und Festlegen von Maßnahmen
- Die Einführung der Problemlösungen in den Prozess führt schrittweise zu einem neuen, optimierten Prozessdesign,
- Zur Umsetzung der neuen Lösungsansätze werden Maßnahmen formuliert, Verantwortlichkeiten und Termine festgelegt sowie die Machbarkeit und Wirtschaftlichkeit überprüft.

8. Umsetzen der Maßnahmen
- Festlegung eines Fortschrittskontrollvorgehens mit Terminen und Verantwortlichkeiten zur Sicherstellung einer vollständigen Umsetzung der Maßnahmen,
- Maßnahmenabsicherung durchführen,
- Im Bedarfsfall: Maßnahmenkorrektur.

Mit der Brown Paper-Methode wird die Gruppendynamik im positiven Sinne aktiviert. Es ist eine Vorgehensweise, die beweist, dass Beratung auch Spaß machen kann.

Literatur

REFA e.V., Methodenlehre der Betriebsorganisation, Band Ablauforganisation im Bürobereich, München 1992, S. 69 ff. (UB 03/99)

3.12 Umfeldanalyse- das Stiefkind der Beratungspraxis

3.12.1 Allgemeine Umfelder

Viele Unternehmensberater beschränken sich bei der Analyse des Klientenunternehmens auf die internen Stärken und Schwächen. Das kann fahrlässig sein, denn Untersuchungen haben gezeigt, dass in der Vergangenheit Unternehmen nicht durch eigene Engpässe, sondern in viel stärkerem Maße durch Bedrohungen aus ihren direkten Umfeldern gescheitert sind. Es ist ein weitverbreiteter Irrtum, dass Umfeldanalysen identisch sind mit Marktanalysen.

Was gehört zu Analyseinhalten?

Die Ist-Analyse des Klientenunternehmens kann sich zum einen auf die Umfelder des Unternehmens, auf das Unternehmen insgesamt oder auf einzelne seiner Teilbereiche oder Funktionen beziehen.

Bei der Umfeldanalyse wird zwischen den **allgemeinen** und den **unternehmensspezifischen** („kritischen“) Umfeldern unterschieden. Ihr Ergebnis ist die Identifikation von Chancen und Risiken für das Klientenunternehmen.

Das Ergebnis der Unternehmensanalysen ist eine Identifikation der internen Stärken und Schwächen (s. Abb. 3.30).

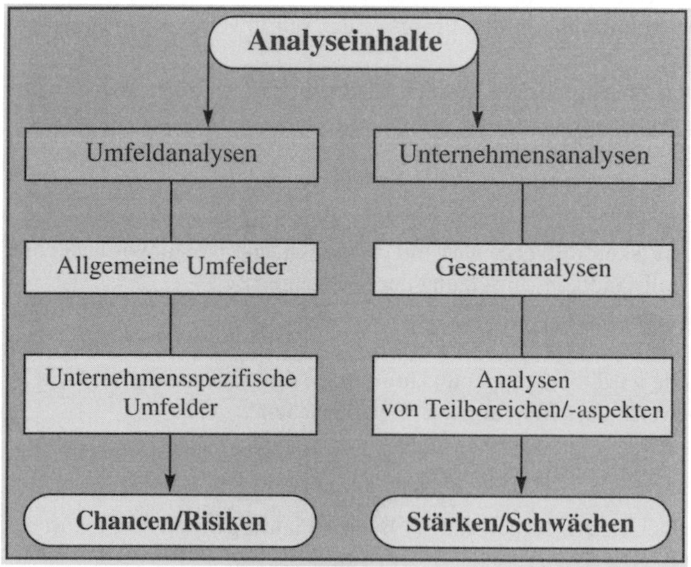

Abb. 3.30: Übersicht Analyseinhalte

Welches Ziel haben Umfeldanalysen?

In der Beratungspraxis kommt es sehr häufig vor, dass im Unternehmen des Auftraggebers Analysen externer Umfelder unbekannt sind. In diesen Fällen besteht die Beratungsleistung bereits darin, gemeinsam festzulegen, welche allgemeinen Umfelder für das Unternehmen wichtig, und welche unternehmensspezifischen Umfelder für das Unternehmen so kritisch sind, dass wesentliche Veränderungen ihrer Faktoren (Deskriptoren) von unmittelbarer Wirkung auf das Klientenunternehmen sind. Kann der Klient von der Notwendigkeit einer Untersuchung seiner Unternehmensumfelder überzeugt werden, so ergibt sich in den meisten Fällen eine honorarwirksame Auftragsergänzung.

Das Ziel der Analyse unternehmensexterner Umfelder ist es, das Unternehmen in die Lage zu versetzen, schwache Signale aus seinen wichtigsten Umfeldern zu empfangen und in strategische Maßnahmen umzusetzen. Dies ist auch die Voraussetzung für die Installation „Strategischer Frühwarnsysteme", einer von SRI (Stanford Research Institute) in den siebziger Jahren entwickelten, sehr effektiven Standard-Problemlösungsmethode, die nach wie vor hochaktuell ist.

Untersuchungen führender amerikanischer Universitäten haben ergeben, dass sich existenzbedrohende Entwicklungen der Umfelder in vielen Fällen schon 15 Jahre vorher durch schwache Signale angekündigt haben, die jedoch von den betroffenen Unternehmen nicht wahrgenommen wurden. Das eigentliche Crash-Ereignis wurde dann „Wie ein Blitz aus heiterem Himmel" empfunden.

Was sind allgemeine Umfelder?

Gemeinsames Kennzeichen der allgemeinen Umfelder, die nationaler und internationaler Ausprägung sein können, ist es, dass ihre Veränderungen auf alle Unternehmen wirken (s. Abb. 3.31). Der Unterschied besteht nur in Variationen des Wirkungsgrades. In der Praxis stellt man immer wieder fest, dass Veränderungen der allgemeinen Umfelder im Klientenunternehmen viel bewusster wahrgenommen und interpretiert werden, als die Veränderungen der sehr viel wichtigeren unternehmensspezifischen, individuellen Umfelder, die nur auf dieses eine Unternehmen einwirken. Diese Tatsache ist darin begründet, dass die Veränderungen der allgemeinen Umfelder durch die Berichterstattung in den Medien transparent und bewusst gemacht werden, während für die Analyse der spezifischen Umfelder Eigeninitiative und methodisches Vorgehen notwendig ist.

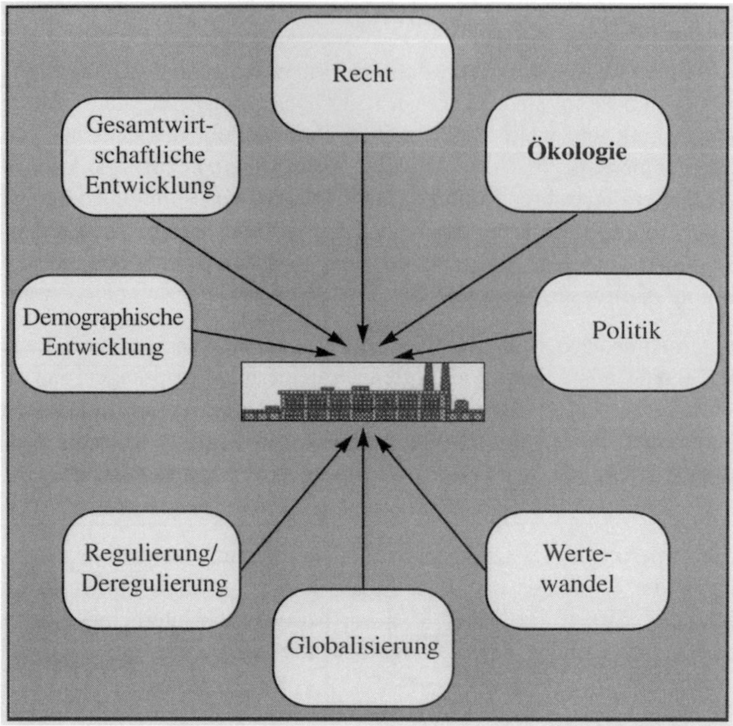

Abb. 3.31: Auswahl allgemeiner Umfelder

Vorgehensweise

- **Schritt 1:** Die wichtigsten allgemeinen Umfelder werden bestimmt, wobei der Berater als sachkundiger Moderator agiert.
- **Schritt 2:** Festlegung, welche Größen und Tatbestände (Sammelbegriff: Deskriptoren) in den jeweiligen Umfeldern erfasst, analysiert und interpretiert werden sollen. Dafür muss eine Auswahl getroffen werden, die in jedem Beratungsprojekt erneut überprüft und eventuell verändert werden muss.
- **Schritt 3:** Die Entwicklungstendenzen der Deskriptoren der einzelnen allgemeinen Umfelder werden dann dahingehend analysiert, ob sie in Zukunft ein Chancen- oder Risikenpotenzial für das Unternehmen darstellen.

Allgemeines Umfeld	Deskriptoren
Ökologie	▪ **Verfügbarkeit der Energiequellen** ▪ Verfügbarkeit von Rohstoffen ▪ Tendenzen im Umweltschutz ▪ Ökologiegesetzgebung, z.B. Verpackungsverordnung ▪ **Recycling (Technologie, Material, Kosten)**
Politik	▪ Globalpolitische Entwicklungstendenzen ▪ Nationales und internationales Konfliktpotential ▪ Parteipolitische Entwicklungen ▪ Entwicklungstendenzen der Wirtschaftspolitik ▪ Bedeutung und Einfluss der Gewerkschaften ▪ Politische Handlungsfreiheit/Handlungsspielräume der Unternehmen ▪ Einstellung der politischen Führung zu Marktwirtschaft und Unternehmen
Werte-wandel	▪ Arbeitsmentalität ▪ Freizeitverhalten ▪ Einstellung gegenüber Familie und sonstigen Beziehungen ▪ Sparneigung ▪ Allgemeines Sozialverhalten (Umgang mit Alten, Behinderten, Ausländern) ▪ Einstellung gegenüber Marktwirtschaft und Unternehmertätigkeit ▪ Einstellung gegenüber neuen Technologien, Werkstoffen, Produkten
Globalisierung	▪ EU-Entwicklungen und ihre Auswirkungen ▪ Internationale Standorte und ihre Kostenstruktur ▪ Internationale Infrastruktur
Regulierung/ Deregulierung	▪ Importbeschränkungen/-freigaben ▪ Exportbeschränkungen/-freigaben ▪ Import-/Exportvorschriften ▪ Zoll- und Abgabengestaltung ▪ Protektionismus

Abb. 3.32: Allgemeine Umfelder und ihre Deskriptoren (Auswahl)

Allgemeines Umfeld	Deskriptoren
Demographische Entwicklung	• Bevölkerungsentwicklung, quantitativ • Entwicklung einzelner Bevölkerungsgruppen • Bevölkerungsaltersstruktur • Nationalitätenstruktur • Berufsgruppenstruktur
Gesamtwirtschaftliche Entwicklung	• Entwicklung des Bruttosozialproduktes in den einzelnen Ländern • Zentralbankstrategien • Zahlungsbilanzen • Wechselkursentwicklungen • Inflationsraten • Situation der Geld- und Kapitalmärkte • Arbeitslosenquoten • Investitionsneigung • Konsumverhalten • Kaufkraft • Konjunkturschwankungen
Recht	• Tendenzen Wirtschaftsrecht • Tendenzen Arbeitsrecht • Tendenzen Sozialgesetzgebung • Tendenzen Steuergesetzgebung • Förderprogramme • Produzentenhaftung • Tendenzen der Rechtsprechung • Trends der Rechtsdiskussionen in politischen Parteien

Abb. 3.33: Allgemeine Umfelder und ihre Deskriptoren

Dabei kann auf verschiedene Weise vorgegangen werden:

1. Gründliches Verfahren:

Man ermittelt für jedes allgemeine Umfeld die wichtigsten Deskriptoren, prognostiziert deren Entwicklung über z.B. fünf Jahre und analysiert, ob in diesen Entwicklungen Chancen- oder Risikopotenziale enthalten sind. Die Chancen und Risiken werden identifiziert und genau beschrieben. Danach werden Sofortmaßnahmen für die Stärkung und Nutzung der Chancen und die Eingrenzung und Vermeidung der Risiken konzipiert (s. Abb. 3.34).

Umfeld: Ökologie		
Deskriptoren (Entwicklungstendenzen)	**Chancen? Welche?** (Beschreibung und Begründung)	**Risiken? Welche?** (Beschreibung und Begründung)
1. Verfügbarkeit der nicht reproduzierbaren Energiequellen langfristig problematisch. Es ist zumindest mit Preissteigerungen zu rechnen. . .		Unser Produktionsprozess ist energieintensiv. Eine Einschränkung oder Verteuerung der Energiequellen hätte erhebliche Konsequenzen für Beschäftigungsgrad und Kostenstruktur
5. Verschärfung gesetzlicher Auflagen für Recycling der Produkte	Wir haben bereits seit 1992 ein Patent für das Recycling unserer Produkte, das durch eine eigene Tochtergesellschaft durchgeführt wird	
Fazit/Maßnahmen zu Chancenstärkung und Risikoabbau: **Zu 1.:** Energiesparprogramm, Ideen-Wettbewerb unter den Mitarbeitern, Überprüfung der Produktionsverfahren, Marktanalyse Produktionstechnologien, -verfahren. **Verantwortlich:** **Termin:** **Zu 5.:** Patent, Verbesserung durch Wertanalyse, Vermarktungschancen prüfen. **Verantwortlich:** **Termin:**		

Abb. 3.34: Chancen-/Risikenanalyse für das allgemeine Umfeld Ökologie“

2. Schnellverfahren:

Zur Identifikation und Bewertung der Chancen und Risiken kann auch eine einfache tabellarische Aufstellung verwendet werden, in der die Auswirkungen auf das Betriebsergebnis zugrunde gelegt werden. Man ermittelt gemeinsam mit Mitarbeitern des Klienten unter Einsatz einer Kreativitätstechnik, wie z.B. Brainstorming, ohne direkten Bezug zu einem Umfeld, die Chancen und Risiken für das Klientenunternehmen insgesamt. Gemeinsam werden dann die

Eintrittswahrscheinlichkeit, die Auswirkungen auf das Betriebsergebnis und das Chancen- bzw. Bedrohungspotenzial diskutiert. Auch hier ist die Konzeption von Maßnahmen mit Festlegung von Verantwortlichkeiten und Terminen das Hauptziel (s. Abb. 3.35). (UB 04/97)

Schlüsselfaktoren für die Ergebnisplanung 199X	Eintrittswahr-scheinlichkeit	Auswirkungen auf das Ergebnis	Chancen-/ Risikenpotential
Chancen (Basis: bestehende Planung):			
Konjunkturelle Besserung	n	h	m
Mehrumsatz durch Neukundengewinnung	h	h	**h**
Abwertung der ....Währung	n	h	m
Deregulierung für Exporte nach.........	n	m	n
Standortverlagerung nach Osteuropa	h	h	m
Neue Verfahrenstechnologie	h	h	**h**
Insolvenz bei Wettbewerber A	h	m	**h**
Gesetzliche Beschränkungen bei Substitut	h	m	m
usw.			
Risiken (Basis: bestehende Planung):			
Neuer Wettbewerber aus Japan	h	m	**h**
A-Kunde in Zahlungsschwierigkeiten	h	n	m
A-Lieferant ohne Nachfolgeregelung	h	m	m
US-Marktführer tritt in unseren Markt ein	h	m	**h**
Steigende Rohstoffpreise	m	m	n
Billigpreiskonkurrenz	m	m	m
Kapitalkosten steigen	h	h	m
usw.			
n = niedrig m = mittel h = hoch			
Sofortmaßnahmen:			
Verantwortlich:		**Termin:**	

Abb. 3.35: Allgemeine Chancen-/Risikenanalyse

3.12.2 Unternehmensspezifische Umfelder

Das Klientenunternehmen schwebt nicht im luftleeren Raum. Es ist eingebunden in ein Beziehungsgeflecht mit seinen Umfeldern, von denen Wirkungen auf das Unternehmen ausgehen, die sich in Chancen, aber auch in Risiken und existenzgefährdenden Bedrohungen zeigen können. Eine strategische Beratung ohne Umfeldanalysen ist deshalb Stückwerk. Deshalb werden nun mehr die unternehmensspezifischen oder -individuellen Umfelder vorgestellt.
Was sind unternehmensspezifische Umfelder?

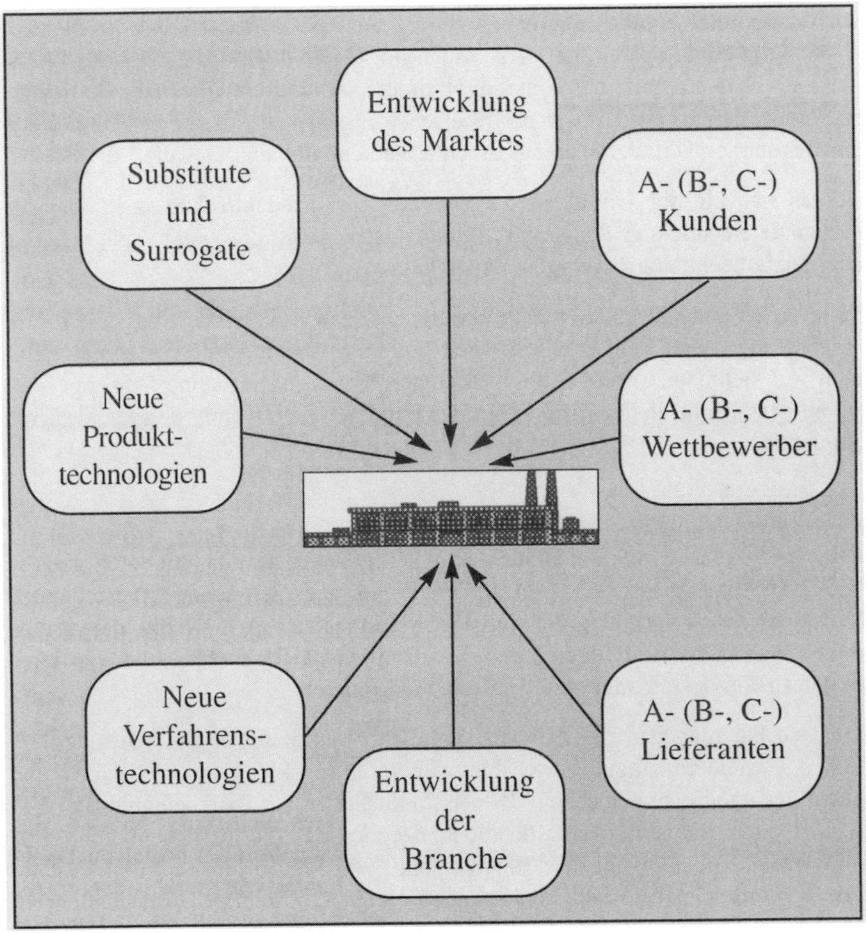

Abb. 3.36: Auswahl unternehmensspezifischer Umfelder

Wie die Bezeichnung verdeutlicht, geht es im Folgenden um die Umfelder, die für jedes Unternehmen individuell von größter Bedeutung sind. Während die allgemeinen Umfelder nur indirekt und mit sehr unterschiedlichen Intensitäten auf alle Unternehmen wirken, sind die unternehmensspezifischen Umfelder in ihrer Wirkung auf das einzelne Unternehmen unmittelbar und direkt. Viele Fehlentwicklungen der letzten Jahre sind darauf zurückzuführen, dass diese Umfelder entweder überhaupt nicht, nur unsystematisch oder mit falschen Inhalten analysiert wurden. Insbesondere die Bedeutung und der Wirkungsgrad der Umfelder „A-Kunden, -Wettbewerber und -Lieferanten" (s. Abb. 3.36) kann nicht hoch genug eingeschätzt werden.

Viele Unternehmen sind durch strukturbedingte Insolvenzen ihrer A-Kunden, die nicht rechtzeitig wahrgenommen wurden, in ihrer eigenen Existenz gefährdet worden. Ein Beispiel dafür ist die Deutsche Bundesbahn und ihr A-Kunde im Güterverkehr, die deutsche Eisen- und Stahlindustrie. „Wie ein Blitz aus heiterem Himmel" sei die Stahlkrise über sie hereingebrochen, verlautete damals aus Kreisen der Deutschen Bundesbahn, die lange Zeit mit den Auswirkungen des starken Umsatzrückgangs im Güterverkehr zu kämpfen hatte.

Ebenso verhält es sich mit den Umfeldern „Verfahrens- und Produkttechnologie", wie das hinlänglich bekannte Beispiel der Schweizer Uhrenindustrie zeigt, die viel zu spät die Entwicklungen der Digitaltechnologie wahrgenommen hatte.

In diesen wie in vielen anderen Fällen konnte jeweils nachgewiesen werden, dass die ersten schwachen Signale der negativen Entwicklungen eines kritischen Umfeldes schon Jahre vorher deutlich wahrnehmbar waren. Die Unternehmen hatten jedoch keine Sensoren oder Radarschirme aufgebaut, mit deren Hilfe sie in der Lage gewesen wären, diese schwachen Signale zu empfangen.

Welche Ziele werden verfolgt?

Die Analyse der spezifischen Umfelder ist nicht, wie häufig angenommen, mit den Ergebnissen einer Marktanalyse gleichzusetzen, weil die Inhalte und die Zielsetzung unterschiedlich sind. Eine Marktanalyse hat vorrangig die Aufgabe, Marktchancen zu ermitteln, darauf aufbauend Produkt-/ Marktziele zu definieren und dementsprechend Marketing- und Vertriebskonzeptionen neu zu entwickeln oder bestehende zu modifizieren.

Die Umfeldanalyse hat hingegen die Aufgabe, mögliche Bedrohungen aus den unternehmensspezifischen Umfeldern aufzudecken, ihre weitere Entwicklung zu beobachten und darauf aufbauend rechtzeitig strategische (Abwehr-)Maßnahmen zur Risikoeingrenzung und -vermeidung einzuleiten. Sie ist die Basis für die Konzeption und die Implementierung strategischer Frühwarnsysteme. Obwohl die Früherkennung von Risiken im Zentrum des Interesses steht, ist die Umfeldanalyse auch hervorragend geeignet, besondere Chancen, die sich aus den Umfeldern ergeben, rechtzeitig zu diagnostizieren und mit geeigneten Maßnahmen darauf zu reagieren. Die Umfeldanalyse ist damit umfassender als eine Marktanalyse.

Vorgehensweise
Die Vorgehensweise ist die gleiche wie bei der Analyse der allgemeinen Umfelder:

Schritt 1: Die wichtigsten unternehmensspezifischen Umfelder werden bestimmt, wobei der Berater als sachkundiger Moderator einer Gruppe im Klientenunternehmen agiert. Bei der Zusammensetzung dieser Arbeitsgruppe ist darauf zu achten, dass Mitarbeiter aus den funktionalen Bereichen vertreten sind, die in Beziehung zu den relevanten unternehmensspezifischen Umfeldern stehen.

Schritt 2: Festlegung, welche Größen und Tatbestände (Sammelbegriff: Deskriptoren) in den jeweiligen Umfeldern erfasst, analysiert und interpretiert werden sollen. Dafür muss eine Auswahl getroffen werden, die in jedem Beratungsprojekt erneut überprüft und eventuell verändert werden muss (s. Abb. 3.37 und 3.38).

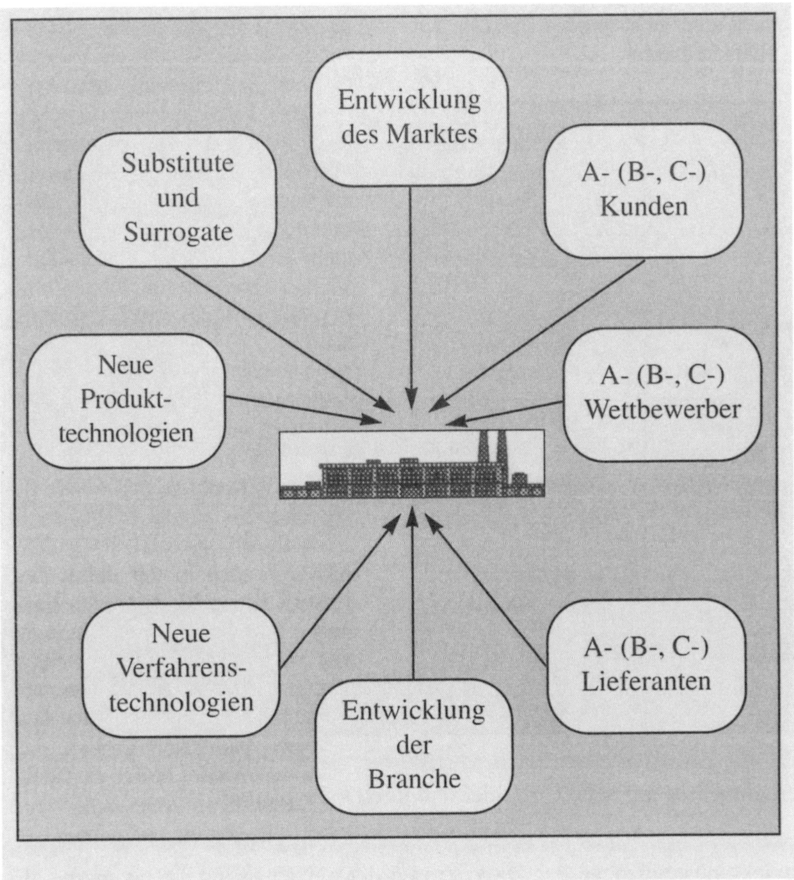

Abb. 3.37: Unternehmensspezifische Umfelder und ihre Deskriptoren

Unternehmens-spezifisches Umfeld	Deskriptoren
Entwicklung der Branche	▪ Konzentrationstendenzen ▪ Neue Wettbewerber ▪ Weichenstellung durch Meinungsführer ▪ Eigene Position gegenüber Branchendurchschnitt ▪ Bedrohung durch Billiglohnländer ▪ Substituierbarkeit der Leistungen ▪ Einschränkende Rechtsvorschriften ▪ Sinkende Umsatz- und Kapitalrenditen
Neue Verfahrens-technologien	▪ Preiswertere Herstellverfahren in Japan ▪ Energiesparendere Technologien in USA ▪ Neue Patente angemeldet ▪ Lizenzangebote ▪ Forschungsvorhaben ▪ Berichte über Testläufe ▪ Förderprogramme
Neue Produkt-technologien	▪ Alternative Werkstoffe in Italien ▪ Keramik statt Aluminium ▪ Joint-venture zwischen Forschungsinstitut und A - Wettbewerber ▪ Ökologische Produktverbesserungen ▪ Neue Verfahren im Produktrecycling ▪ Gesetzliche Auflagen in der Diskussion
Substitute und Surrogate	▪ Surrogate werden zunehmend von Großkunden eingesetzt ▪ Gesetzliche Beschränkungen für Substitut X entfallen ▪ Wettbewerber X hat wichtigste Surrogatproduktion gekauft ▪ A-Kunde hat sich bei Hersteller von Substitutionen beteiligt

Abb. 3.38: Unternehmensspezifische Umfelder und ihre Deskriptoren

Schritt 3: Die Entwicklungstendenzen der Deskriptoren der einzelnen unternehmensspezifischen Umfelder werden dann, z. B. über fünf Jahre, dahingehend analysiert, (s. Abb. 3.39) ob sie in Zukunft ein Chancen- oder Risikenpotenzial für das Unternehmen darstellen. (UB 01/98)

Umfeld: Entwicklung des Marktes		
Deskriptoren (Entwickklungstendenzen)	**Chancen? Welche?** (Beschreibung und Begründung)	**Risiken? Welche?** (Beschreibung und Begründung)
2. Sich beschleunigende Internationalisierung . . . 6. Preisverfall	Wir haben bereits seit 1990 ein weltumspannendes Netz von Niederlassungen und Kooperationspartnern.	 Unsere Kalkulation ist bereits bis zur äußersten Grenze ausgereizt.
Fazit/Maßnahmen zu Chancenstärkung und Risikoabbau: **Zu 1.:** Effektivität, Effizienz und Wirtschaftlichkeit des Netzes überprüfen, im Bedarfsfall optimieren. **Verantwortlich:** **Termin:** **Zu 5.:** Überprüfen, bei welchen Produkten Möglichkeiten zur Senkung der Herstellkosten bestehen, Kosten-/Nutzen-Analyse durchführen. **Verantwortlich:** **Termin:**		

Abb. 3.39: Chancen-/Risikenanalyse für das spezifische Umfeld Markt

3.13 The Toyota way

3.13.1 Toyota geht überall

In diesen Tagen sind alle gern bereit, von denen zu lernen, die es geschafft haben, qualitativ hervorragende Produkte zu niedrigen Kosten herzustellen und damit zufriedene Kunden dauerhaft an sich zu binden, was wachsende Umsätze und Erträge beweisen. Wie gelehrige Schüler schaut die Gesamtheit der deutschen Automobilindustrie nach Japan auf das Toyota Production System (TPS), das von seinem Erfinder, Taiichi Ohno, bereits 1988 lapidar mit einem Satz beschrieben wurde: „All we are doing is looking at the time line from the moment the customer gives us an order to the point we collect the cash, and we are reducing that time line by removing the non-value-added wastes.“ Daraus entstand die Lean-Welle mit einer Vielzahl von Methoden und Werkzeugen, angefangen bei Kaizen über Six Sigma bis Quality Function Deployment, die häufig nur punktuell eingesetzt wurden und damit nur begrenzt erfolgreich waren. Das durch Toyota's Erfolge ausgelöste „Lean Thinking“ ist aber kein Methodenkasten, aus dem man sich nach Belieben ab und zu bedient, sondern ein festgefügtes Gebäude von Prinzipien, die insgesamt und kontinuierlich eingehalten werden müssen:

1. Den Wert eines Produktes oder einer Dienstleistung ausschließlich aus Sicht des Kunden beurteilen,
2. Identifizieren des Wertschöpfungsstroms, Optimieren der wertschöpfenden Tätigkeiten, Reduzieren der nicht wertschöpfenden Aktivitäten und Eliminieren jeder Art von Verschwendung,
3. Das Prinzip des nahtlosen Flusses der Leistungserstellung ohne Wartezeiten und Doppelarbeiten,
4. Pull statt push, d.h. nur die Leistungen erstellen, die tatsächlich nachgefragt werden, statt Produkte in den Markt zu drücken, von denen nur der Hersteller begeistert ist,
5. Streben nach Perfektion.

Während die Wettbewerber um die Zukunft bangen, verzeichnet der weltweit größte Autobauer immer neue Rekorde: Im ersten Halbjahr 2004 stieg der Konzerngewinn nach Steuern um 11,3 Prozent, in den USA beträgt der Marktanteil 12,1 Prozent mit steigender Tendenz. Längst hat sich unter Beratern herumgesprochen, dass „The Toyota Way“ auch ein hervorragender Beratungsansatz ist, der nicht nur für produzierendes Gewerbe, sondern auch für Dienstleistungsunternehmen passt. Doch die Zahl der Berater, die auf das Thema der schlanken Optimierung von Wertschöpfungsprozessen spezialisiert sind, ist erstaunlich gering. Das ist unverständlich in einer Zeit, in der alle Berater nach neuen, erfolgversprechenden Beratungsfeldern suchen. Die Automobilhersteller und andere Großunternehmen haben aus dem mageren Angebot des externen Beratungsmarktes die Konsequenz gezogen und eigene Beratungsunternehmen mit diesem Fokus aufgebaut.
Ein lohnendes Feld für Berater ist aber nach wie vor der Mittelstand, bei dem das Toyota-Modell besser als in Großunternehmen implementiert werden kann, weil vor allem die Unternehmensphilosophie übereinstimmt: Toyota-Managemententscheidungen sind grundsätzlich langfristig ausgelegt, selbst wenn dies auf Kosten kurzfristiger, finanzieller Erfolge geht. Bei Toyota denkt man in Generationen, wie in den meisten mittelständischen Familienunternehmen, und nicht in Vertragslaufzeiten und möglichen Abfindungen. (UB 01/05)

3.13.2 Schlank dank Toyota

Interview mit Dr. Bodo Wiegand (BW), Leiter Lean Management Institut, Aachen

Steht Deutschland vor einer zweiten Lean-Welle?

BW: Ja, rund zehn Jahre nach der ersten Lean-Welle, die in Deutschland weitgehend versandet ist, steht die deutsche Wirtschaft an einem vergleichbaren Punkt. Wieder gilt es, die Wettbewerbsfähigkeit nachhaltig zu stärken. Zwar haben die Unternehmen hierzulande aufgeholt, sind aber nach wie vor – bis auf wenige Ausnahmen – von lean weit entfernt. Der Nachholbedarf der deutschen Unternehmen ist groß, denn sie beschränken sich zumeist immer noch auf die funktionsorientierte Optimierung einzelner Faktoren, anstatt das gesamte Produktionssystem zu betrachten. Interessanterweise ist es wieder Toyota, das als erfolgreiches Vorbild eine Herausforderung für die produzierende Industrie darstellt und damit – so die übereinstimmende Einschätzung der Experten – jetzt eine neue, zweite Lean-Welle in Deutschland inspiriert. Wobei „Welle“ das verkehrte Wort ist. Ich denke, wir brauchen eine Lean-Bewegung wie in den angelsächsischen Ländern, die eine konstante Weiterentwicklung

bedeutet und viele Unternehmen erfasst. Lean ist keine Modeerscheinung, sondern in gesättigten, stagnierenden Märkten, wo es auf Kostenmanagement ankommt, ein unverzichtbares Muss für jedes Unternehmen.
Dabei steht „lean" für „Werte ohne Verschwendung schaffen" – das ist der Kern dieser Management-Philosophie mit einer langen internationalen Erfolgsstory. Das Konzept beschränkt sich keineswegs mehr auf die industrielle Produktion, sondern das Lean Business System bietet inzwischen einen Methoden-Baukasten für jeden Bereich der Wirtschaft, mit Lean Management, Lean Production, Lean Innovation, Lean Maintenance, Lean Administration, Lean Supply Chain.

Kann Lean Administration hierzulande in öffentlichen Verwaltungen mit verbeamteten Mitarbeitern richtig zur Anwendung kommen?

BW: Lean Administration ist ein Konzept zur Industrialisierung und Optimierung von Geschäfts- und Verwaltungsprozessen mit Methoden, die in der Industrie erprobt sind. Auf diese Weise werden stabile Prozesse mit definierten Schnittstellen, hoher Produktivität, wenigen Fehlern und geringen Anteilen von Verschwendung geschaffen, um die Parameter Produktivität, Qualität und das Leistungsvermögen in den Büros so zu verbessern, wie es in der Industrie üblich ist. Lean Administration leistet damit einen entscheidenden Beitrag zur Produktivitäts- und Qualitätsverbesserung der administrativen Tätigkeiten – und das bei geringerer Bearbeitungszeit.
Die Methoden von Lean Administration sind geeignet für Verwaltungs- und Servicebereiche von Unternehmen, aber auch für die öffentliche Verwaltung. Ich sehe keinen Grund, warum Lean Administration nicht auch mit verbeamteten Mitarbeitern richtig zur Anwendung kommen sollte. Denn Ziel von Lean Administration ist es nicht, Mitarbeiter abzubauen. Vielmehr geht es darum, Strukturen effizienter zu gestalten und damit Spielräume zu schaffen für neue Aufgaben und höhere Kundenorientierung.

Wie kann dem Wertstromdesign zur Verbesserung der Wertschöpfung zum durchgreifenden Erfolg verholfen werden?

BW: Wertstromdesign ist eine der zentralen Methoden des Lean Managements, weil die genaue Analyse der Abläufe in einem Unternehmen und ihre Visualisierung es erst ermöglicht, die Prozesse zu sehen, ihre Komplexität zu verstehen und dann die richtigen Optimierungsmaßnahmen zu entwickeln. Das Buch „Sehen lernen" von Mike Rother und John Shook beschreibt die Vorgehensweise beim Wertstromdesign, es stellt dabei speziell die Prozesse in der Produktion in den Fokus. Inzwischen gibt es Ansätze, die Methode auch auf andere Geschäftsbereiche zu übertragen, und auch dazu Bücher, zum Beispiel „Lean Administration". Ich bin überzeugt, dass sich das Wertstromdesign genauso wie die anderen Methoden des Lean Managements auch in deutschen Unternehmen weiter durchsetzen wird.

Kann der Toyota-Way gelernt und auf hiesige Verhältnisse übertragen werden?

BW: Toyota ist so erfolgreich, weil das Unternehmen die Prinzipien des Lean Thinking konsequent umsetzt und auch seine Zulieferer in das System einbezieht. Diese Vorgehensweise ist mit den entsprechenden Anpassungen sehr wohl auf andere Unternehmen und auf nahezu alle Branchen übertragbar, nicht nur im Bereich Industrie, sondern auch auf

Dienstleister, Gesundheitswesen und Administration. Im Kern geht es bei jedem Lean Programm darum, mit einschlägigen Methoden einen kontinuierlichen Wertstrom ohne Verschwendung zu organisieren, mit dem Ziel, die Bedürfnisse des Kunden möglichst schnell, hochwertig, individuell und kostengünstig zu erfüllen.

Sind die Lean-Thinking-Prinzipien auf den deutschen Mittelstand übertragbar?

BW: Lean Thinking ist keineswegs nur ein Konzept für Konzerne. Auch ein mittelständisches Unternehmen kann mit Lean Management-Methoden seine Produktivität und die Effizienz seiner Strukturen, aber auch seine Kundenorientierung verbessern, wenn es Lean Management-Methoden anwendet. Dafür gibt es bereits eine Reihe von Beispielen. (UB 01/05)

3.14 Shared Services

3.14.1 Shared Services als Beratungsprodukt

Nach der Welle der Zentralisierung interner Servicefunktionen den achtziger Jahren und der Welle der Dezentralisierung als Folge der Lean Management Theorien in den neunziger Jahren ist jetzt der Ansatz der Shared Service Center (SSC) als „Sowohl als auch"-Konzept in aller Munde. Mit SSC, häufig auch als „Business Partner" oder „Interne Consultingeinheit" bezeichnet, soll ein Unternehmen die Vorteile der Dezentralisierung nutzen und die Nachteile der Zentralisierung vermeiden.

Ein Shared Services Center ist ein eigenständiger Verantwortungsbereich, der interne Unterstützungs- oder Steuerungsprozesse, wie z.B.

- Rechnungswesen und Finanzmanagement
- Informations- und Telekommunikationsdienstleistungen
- Marketing, Vertrieb und Kundenmanagement (Customer Relationship Management)
- Beschaffung (Supply Chain Management)
- Personalmanagement (Human Resource Management)
- Organisation
- Immobilienmanagement
- Zentrale Dienste

für mehrere Geschäftseinheiten eines oder mehrerer Unternehmen in einer Organisationseinheit zusammenfasst. Bis dahin nichts Neues im Vergleich zum Zentralisierungsansatz. Neu ist: Das SSC ist für das Kosten- und Qualitätsmanagement seiner Leistungen verantwortlich, hat seine eigenen, zweckbestimmten Ressourcen und schließt mit seinen internen Kunden Verträge (Interne Dienstleistungsvereinbarungen/Service Level Agreements) ab, in denen Leistungsvorgaben bezüglich Zeit, Kosten und Qualität vereinbart werden. Damit werden die Nachteile der Zentralisierung ausgehebelt. Die Vorteile der Dezentralisierung hingegen werden verstärkt:

- Planung und Kontrolle verbleiben bei den dezentralen, direkt wertschöpfenden Bereichen, den internen Kunden.
- Die Serviceeinheiten, die bisher meist ohne messbaren Wertschöpfungsbeitrag von sich hin gearbeitet, manchmal auch gewurstelt haben, müssen nun ihre Leistungen als Produkte definieren, Verrechnungspreise finden und sich intern vermarkten. Hier liegt der erste Ansatz für Unterstützung durch Berater.
- Da die internen Kunden in der Wahl des Leistungsbezugs frei sind, d.h. sie können außer der Inanspruchnahme des SSC auch externe Anbieter nutzen oder die Leistung mit eigenen Ressourcen erstellen, wird auf die SSCs ein Wettbewerbsdruck ausgeübt, der bis dahin nicht bestand. Da dies häufig für die Mitarbeiter eines neugeschaffenen SSC eine starke Belastung darstellt, ergibt sich hier ein zweiter Ansatz für Berater und Organisationsentwickler.

Als Gesamteffekte ergeben sich neben der Schaffung von Transparenz in Bereichen, die bisher als nicht transparent in Bezug auf ihren Wertschöpfungsbeitrag galten, Kostensenkungspotenziale, Harmonisierung von Prozessen, Vermeidung von Überschneidungen, Mehrfacharbeit und Verschwendung. Das SSC gilt als Alternative, häufig aber auch, je nach den Ergebnissen der späteren Impactanalyse, als Vorstufe zum Outsourcing.
Für Berater ist interessant, dass SSC nicht nur einen Ansatz für Großunternehmen darstellt, sondern in hohem Maße auch ein Thema für die Mittelstandsberatung ist. Wenn die kritische Masse für Shared Services bei einem Mittelständler zu klein ist, können sich mehrere Unternehmen zusammenschließen und die Leistungen bei einem der Unternehmen bündeln oder gemeinsam an einen Dritten übertragen.

Das Phasenschema eines SSC – Beratungsproduktes könnte grob strukturiert wie folgt aussehen:

1. Vorbereitung:
- Initialisierungsworkshop mit allen betroffenen Mitarbeitern des Servicebereichs, z.B. Personalmanagement (HRM)
- Diskussion und Festlegung der qualitativen Ziele

2. Analyse:
- Ist-Prozess(e) des Servicebereichs
- Ist-Leistungen des Servicebereichs
- Machbarkeitsanalyse, Szenarien verschiedener SSC Lösungen mit Benchmarks
- Festlegung der quantitativen Ziele

3. Konzeption
- Auswahl der passenden SSC Lösung
- Prozess – Neudesign
- Organisationsstruktur – Neudesign
- IT – Neudesign
- Leistungen als Produkte mit Preisfindung und Eliminierung der nicht produktfähigen Leistungen

- Marketingkonzept für die neu definierten Produkte, mit jeweiliger Nutzen- und ROI – Darstellung für die spätere Impactrechnung
- Service Level Agreements

4. Umsetzung

5. Evaluation, Impactberechnung. (UB 05/05)

3.14.2 Trends bei Shared Services

Interview mit Holger Bill (HB), Geschäftsführer im Bereich Post & Public Services, Accenture

Sind bestimmte Branchen für die Einrichtung von Shared Service Centers eher prädestiniert als andere?

HB: Shared Services werden derzeit vor allem im Finanz- und Rechnungswesen, im Personal- und Beschaffungswesen sowie im IT-Infrastrukturmanagement und im IT-Betrieb genutzt. Vom Bankengewerbe über die Automobilindustrie bis hin zur Energiewirtschaft: Letztlich gibt es in nahezu allen Branchen die Möglichkeit, die Verwaltungsorganisationen zu optimieren. Insgesamt geht der Trend dahin, dass sich Unternehmen wie Verwaltungen stärker auf ihre Kernfunktionen konzentrieren müssen, um wettbewerbs- und leistungsfähig zu bleiben. Die Einrichtung von „Shared Services"-Organisationen bietet dafür die entsprechenden Möglichkeiten.. Die interne Reorganisation oder Ausgliederung so genannter Back-Office-Prozesse gewinnt sichtbar an Bedeutung.

Haben Shared Services im Governmentbereich in der Zukunft auch weiterhin Chancen?

HB: Die öffentliche Hand steht vor gewaltigen Herausforderungen, die eine effizientere Organisation und neue Dienstleistungsmodelle unabdingbar machen: Verwaltungen müssen heute mit immer weniger Mitteln immer leistungsfähigere Dienstleistungsorganisationen betreiben. Mit Leistungskürzungen sind diese Herausforderungen nicht zu bewältigen. Shared Services-Modelle bieten einen innovativen Lösungsansatz. Die Verwaltungen, die wir bei der Einführung solcher Modelle unterstützt haben, konnten beachtliche Erfolge erzielen und ihre operativen Kosten bei zeitgleicher Serviceoptimierung innerhalb kurzer Zeit um bis zu 18 Prozent senken. Im Rahmen unserer jüngsten Studie zum Thema „Shared Services" nannten knapp zwei Drittel der weltweit befragten Verwaltungs-Führungskräfte Shared Service-Initiativen als „extrem" oder „sehr wichtiges" Mittel zur Reorganisation von Verwaltungsstrukturen. Insbesondere in Deutschland gibt es noch Nachholbedarf, was die Modernisierung von Verwaltungen anbelangt. Die Hessische Landesverwaltung gilt hierzulande als Vorreiter im Bereiche Shared Services. Seit dem Jahreswechsel 2004/2005 hat das „Hessische Competence Center" die Aktivitäten einer Vielzahl von Dienststellen übernommen und mit diesen neuen Strukturen wesentlich effizientere und effektivere Abläufe geschaffen.

Ist mit der Schaffung eines SSC auch ein positiver Arbeitsplatzeffekt verbunden oder wird meist „nur Elektronik installiert"?

HB: Die Einführung von Shared Services bedeutet mehr als nur die Einführung moderner Technologien. Es geht um eine grundlegende Restrukturierung der Organisation sowie um eine klare Ausrichtung entlang der eigentlichen Kernkompetenz. Mithin sind ein Umdenken und die Schaffung einer neuen Arbeitskultur vonnöten. Die Kundenorientierung rückt klar in den Mittelpunkt der Dienstleistungsorganisation.
Mit der Einführung von „Shared Services"-Organisationen können Fachverwaltungen von rein administrativen Tätigkeiten entlastet werden und sich somit intensiver auf ihr Kerngeschäft und die Bedürfnisse ihrer Anspruchsgruppen konzentrieren. So werden finanzielle und personelle Ressourcen frei, die zur Qualitätssteigerung in bürgernahen Servicebereichen eingesetzt werden können. Der Inhalt dieser Dienstleistung – und somit auch die Bedeutung der entsprechenden Tätigkeiten – rückt vom Randbereich in Richtung Kernaufgabe der Verwaltung. Die Vorteile liegen somit auf beiden Seiten: Verwaltungsangestellte kommen in ihren ursprünglichen Aufgabengebieten zum Einsatz, und die Bürger kommen in den Genuss besserer und schnellerer Dienstleistungen.

Welches sind die Hauptfaktoren, die zum Gelingen eines SSC beitragen?

HB: Um Shared Services einzuführen, müssen organisationsinterne Prozesse konsequent standardisiert werden. Die häufig bestehende Systemvielfalt sowie das Arbeiten auf unterschiedlichen Datenbeständen erzeugen enorme Reibungsverluste. Nur wenn diese Fehlerquellen ausgeschaltet werden, können „Shared Services"-Organisation effizient arbeiten und zu einer tatsächlichen Qualitätssteigerung beitragen.
Das Fehlen einheitlicher und standardisierter Prozesse in einer Organisation ist jedoch zumeist nur ein Resultat eines tiefer sitzenden Problems: des Fehlens einer einheitlichen und die gesamte Organisation prägenden Entwicklungsstrategie. Es reicht nicht aus, rein auf der operativen Ebene technologische Innovationen anzustoßen. Shared Services können nur dann ihre volle Wirkung entfalten, wenn sich die gesamte Organisation von oben bis unten auf die grundlegende Veränderung einlässt und sie aktiv vorantreibt. Hier müssen Widerstände überwunden und Ängste vor Kontroll- oder Arbeitsplatzverlust abgebaut werden. Es gilt, allen Beteiligten zu verdeutlichen, dass Shared Services die Kontrolle über die Qualität der eigenen Dienstleistungen erheblich verbessern und den Mitarbeitern und Angestellten neue Perspektiven bieten. (UB 05/05)

3.15 Public Private Partnership

3.15.1 PPP – Public Private Partnership als Beratungsfeld

Auf über 120 Milliarden Euro wird nach den Ergebnissen einer aktuellen Studie das künftige Investitionsvolumen für Kooperationsprojekte von privaten Investoren und öffentlichen Körperschaften geschätzt.

Als die Bundesregierung im Juli 2004 die „Task Force PPP“ gründete, ging man davon aus, dass ungefähr 20% der 40 Milliarden öffentlicher Infrastrukturinvestitionen PPP-geeignet sind. Das entspricht einem Potenzial von 8 Milliarden jährlich. Die Task Force soll sich um die verstärkte Nutzung der PPP-Möglichkeiten und eine Optimierung der Rahmenbedingungen kümmern (www.bmwa.bund.de). Zu den wichtigsten Aufgaben gehören die Entwicklung von Mindeststandards für Ausschreibungen, von Wirtschaftlichkeitsvergleichen, Musterverträgen sowie die Klärung steuerlicher Aspekte für Public Private Partnership.
Bund, Länder und Gemeinden sind finanziell und häufig auch fachlich nicht mehr in der Lage, notwendige neue Infrastrukturprojekte durchzuführen. Auch die laufende Unterhaltung und Modernisierung bestehender Infrastrukturen wie Krankenhäuser, Straßen, Justizvollzugsanstalten, Hochschulen, Schulen, Kindergärten wird immer schwieriger. Der Investitionsstau ist überall sichtbar.
Das Modell PPP bietet für verschiedene Dienstleister ein interessantes neues Geschäftsfeld. Schätzungen der Banken gehen davon aus, dass jeder fünfte in öffentliche Infrastruktur investierte Euro in PPP-Projekte fließt und positionieren sich als Fremdkapitalgeber für dieses neuartige Finanzierungsmodell.
Bei Investitionen über 25 Millionen erfolgt in der Regel eine Ausschreibung, die von Anwälten und Wirtschaftsprüfern in den Bereichen Vertragsgestaltung und Due Diligence begleitet wird.
Besonders interessant ist aber, dass dieses sich rasant entwickelnde Thema auch genügend Inhalte für Unternehmensberater bietet. Weder Banken noch Wirtschaftprüfer oder Anwälte haben ausreichende Kompetenz in Projektmanagement und Branchenspezialisierung. Einige große Beratungsunternehmen wie Bearingpoint, Deloitte Business Consulting, Mummert Consulting und Kienbaum haben sich bereits auf dieses Thema spezialisiert und Standards für die inhaltlich-methodischen Vorgehensweisen entwickelt. Doch auch für kleine Beratungsfirmen und Einzelkämpfer bietet das Thema genügend Entfaltungsmöglichkeiten. PPP ist nicht immer so großformatig wie Toll Collect. Wenn zum Beispiel ein städtisches Krankenhaus nur seine radiologische Abteilung privatisieren möchte und drei niedergelassene Radiologen daran interessiert sind, so ist das eine Beratungsdimension, die auch für Einzelberater und mittelständische Beratungsunternehmen von Interesse ist. Voraussetzung ist allerdings, man beschäftigt sich intensiv mit dem neuen Thema, entwickelt zunächst eine tragfähige, standardisierte, inhaltlich-methodische Vorgehensweise und richtet sich eine Nische ein, die auch über die kommenden Jahre sehr erfolgversprechend ist. (UB 03/05)

3.15.2 Beratungskompetenz bei PPP-Projekten

Interview mit Hendrik Ansink (HA), Vorsitzender der Geschäftsführung Deutschland BearingPoint GmbH

Welche Punkte müssen in dem Hauptvertrag eines PPP-Projekts festgelegt werden?

HA: Die wesentlichen Vorgaben für die Gestaltung des Hauptvertrags eines PPP-Projekts resultieren aus der Struktur eines Public Private Partnership. Sowohl die rechtliche als auch die organisatorische Ausgestaltung eines Public Private Partnership bestimmen Inhalt und Umfang des Vertrags.

Unabhängig von der konkreten Erscheinungsform des Public Private Partnership lassen sich u.a. folgende Kernpunkte zusammenfassen, die in einem Hauptvertrag festgelegt werden sollten:

- Vertragsgegenstand und Leistungsumfang: Inhalt und Umfang der zu erbringenden Leistung müssen ergebnisorientiert definiert werden.
- Service Level Agreements: Neben der Definition von Inhalt und Umfang der zu erbringenden Leistung müssen auch die qualitativen Standards mit hoher Sorgfalt festgelegt werden, die bei der Erbringung der Leistung einzuhalten sind.
- Sanktionen / Vertragsstrafen: Für den Fall der Nichterfüllung sind die Service Level Agreements mit Sanktionen zu versehen.
- Mitwirkungs- und Beistellpflichten: Trotz der Verantwortung des privaten Partners für die Bereitstellung öffentlicher Leistungen übernimmt der öffentliche Auftraggeber in der Regel bestimmte Mitwirkungs- und Beistellpflichten, die in dem PPP-Vertrag konkret benannt sein sollten
- Vertragslaufzeit / Vertragsbeendigung: Wesentliche Pflichten der Parteien bei Beendigung des Vertrags sollten in jedem Fall festgelegt werden. Kündigungsregelungen für beide Parteien sollten in dem PPP-Vertrag enthalten sein.
- Vergütungsregelung: Vergütungsmechanismen sind abhängig von der Vertragsgestaltung und dem gewählten Organisationsmodell. Bei Konzessionsmodellen erbringt der private Anbieter seine Leistung unmittelbar für den Bürger und erhält im Gegenzug das Recht (die Konzession), seine Kosten über Gebühren zu finanzieren. Bei Betriebsführungsmodellen bleibt die öffentliche Hand selbst Betreiber der hoheitlichen Aufgaben und der dafür notwendigen Anlagen. Der private Anbieter übernimmt die Betriebsführung und erhält hierfür eine vereinbarte Vergütung. In der Regel ist er auch für die Planung, Entwicklung und die Errichtung von Infrastruktur bzw. einer Anlage verantwortlich und leistet vorab eine mitunter nicht unerhebliche Investition. Bei Kooperationsmodellen überträgt die öffentliche Hand bestehende Anlagen auf einen privatwirtschaftlichen Anbieter. Darüber hinaus bestehen zusätzliche Möglichkeiten wie Miete, Mietkauf oder Leasing.

Über welche Kompetenzen müssen Berater in PPP-Projekten hauptsächlich verfügen?

HA: Die wesentlichen Vorteile von PPP liegen in der Mobilisierung privaten Wissens und Kapitals; auf der Seite des Staates findet ein Rollenwechsel statt: vom Produzenten öffentlicher Leistung hin zum Verantwortungsträger für Umfang und Qualität dieser Leistungen. Bei PPP-Projekten treffen regelmäßig zwei unterschiedliche Kulturen aufeinander. Die Verwaltung wendet die traditionelle Haushaltsrechnung an, in der anerkannte betriebswirtschaftliche Kriterien und Daten weitgehend fehlen; sie denkt und handelt vornehmlich in Kategorien von Rechtsstaatlichkeit und Interventionen. Die Privatwirtschaft ist mit kaufmännischem Rechnungswesen und Controlling gegenüber Anteilseignern und Fremdkapitalgebern verantwortlich; sie denkt und agiert in Prozessen und flexiblen Organisationsformen.
Diese Unterschiede in Instrumenten, Arbeits- und Verhaltensweisen verlangen bei engen Kooperationen die Festlegung von transparenten und für beide Seiten verbindlichen Verfahren und Berichtspflichten. Insbesondere ist für Großprojekte auf staatlicher Seite ein eigenständiges Management erforderlich, das kaufmännisch, technisch und rechtlich in der Lage ist, komplexe Projekte in fundierter Kenntnis der Rahmenbedingungen und Standards der Privatwirtschaft zu steuern, sich kontinuierlich über ein eigenes Qualitätsmanagementsystem

ein eigenständiges Urteil über den Projektfortschritt zu bilden, eine konstruktive, aber konfliktbereite Vertragssteuerung „auf Augenhöhe" mit Unternehmensjuristen zu betreiben und ein professionelles Controlling – auch als Basis zur Berichterstattung an parlamentarische Gremien – anzuwenden.
Berater haben in PPP-Projekten in der Ausschreibungs- und Vergabephase sowie in der Projektdurchführung die Aufgabe, in Kenntnis der Kultur, der Strukturen, der Arbeitsweisen, der Prozesse der Entscheidungsfindung und der Sachzwänge beider Partner die funktionalen, wirtschaftlichen und rechtlichen Rahmenbedingungen des Projekts zu gestalten und zu vermitteln. Hierzu ist entsprechendes technisch-fachliches, betriebswirtschaftliches und juristisches Wissen erforderlich.

Haben Einzelberater im Geschäftsfeld der PPP-Projekte mit großer Komplexität eine Chance, mitzuwirken?

HA: Grundsätzlich ist es auch als Einzelberater mit Spezial-Know-how möglich, an PPP-Projekten beratend mitzuwirken.

Welche Risiken treten in der Verhandlungs- und Durchführungsphase für Anbieter im Wesentlichen auf?

HA: Neben den durchaus großen Chancen, die für Anbieter aus der Privatwirtschaft in der Erstellung und Gewährleistung öffentlicher Leistungen bestehen, ergeben sich naturgemäß auch Risiken bei der Verhandlung und der Umsetzung eines Vertrags.
Je größer und komplexer Projektvorhaben sind, umso langwieriger kann ein Ausschreibungs- und Vergabeverfahren aussehen. Der Anbieter braucht mitunter einen langen Atem, aber auch finanzielle Mittel für einen Angebotsprozess, dessen Ausgang häufig ungewiss ist.
Für den Anbieter bestehen darüber hinaus Risiken bei der Preiskalkulation: Leistungsparameter für den Betrieb sind oft schwer vorab einzuschätzen. Die Basisinvestition ist in der Regel vom Anbieter zu leisten und wird über die vereinbarte Vergütung verrechnet; Finanzierungsrisiken bestehen dabei insbesondere bei langer und umfassender Errichtungsphase.

Wie kann man sicherstellen, dass das Personalkonzept zu Übergang und Weiterbeschäftigung von Personal nicht zum Hauptproblem eines PPP-Projekts wird?

HA: Bei Bildung von Gemeinschaftsunternehmen zwischen der öffentlichen Hand und privatwirtschaftlichen Gesellschaften kann ein reibungsloser Personalübergang in der Tat eine nicht zu unterschätzende Herausforderung sein. Die Kommunikation an die Mitarbeiter aus dem öffentlichen Bereich ist hier genauso bedeutend wie die rechtliche Ausgestaltung und die Berücksichtigung der wirtschaftlichen Auswirkungen auf das Gemeinschaftsunternehmen. Diese sind in der Geschäftsplanung zu berücksichtigen. (UB 03/05)

3.16 Politikberatung

3.16.1 Die Beraterrepublik: Politikberatung quo vadis?

Die Ankündigung des CDU Generalsekretärs Volker Kauder, Angela Merkel beabsichtige, im Wahlkampfteam das Kernthema Wirtschaft selbst abzudecken, „weil das wichtigste Thema von der wichtigsten Person vertreten werden muss" verschreckte alle wirtschaftlich Denkenden und Handelnden. Zu Unrecht. War es in der Politik schon jemals so, dass jemand, der ein Thema verantwortlich vertritt, dafür auch die fachliche Kompetenz haben muss? Nein, denn zum Glück gibt es die parteinahen Politikberater, Wahlkampfmanager, Image- und Kommunikationsberater, Lobbyisten, Zuarbeiter, Ghostwriter, ThinkTanks.

Diese Spezialeinheiten, ihre Tätigkeitsbereiche und ihre Strukturen sind der Öffentlichkeit und selbst der Beratungsbranche weitgehend unbekannt. Sie arbeiten mehr im Schatten. Nie hat man Klagen darüber gelesen, dass sie ohne Ausschreibung geholt wurden, zu hohe Honorare fordern oder unbrauchbare Konzepte geliefert haben. Diese Gruppen unter einen Hut zu bringen, ist schwierig. Schon beim Begriff „Politikberatung" herrscht ein heilloses Durcheinander:

- Verbände verstehen darunter die Beratung ihrer Mitglieder, wie diese auf bestimmte Aktionen der Politiker bestmöglich reagieren sollten.
- Parteiennahe Stiftungen verstehen sich als ThinkTank und Berater ihrer Parteien und parteinaher Regierungen im Ausland.
- Einige Unternehmensstiftungen verstehen sich ebenfalls als ThinkTank und Politikberater. Sie sind genau so wenig neutral wie die Parteienstiftungen, da der oder die Stifter die ideologische Marschrichtung vorgeben.
- Lobbyisten sehen in der Interessenvertretung und –vermittlung den eigentlichen Kern der Politikberatung.

Wer aber macht unabhängige, neutrale Beratung nach bestem Wissen und Gewissen und ohne Blick auf den nächsten Wahltermin? Niemand. Die Beratungsbranche selbst, die diesem Ideal am nächsten kommen müsste, versteht unter Politikberatung Konzeptentwicklung, Problemlösung und möglichst auch Umsetzung im Auftrag von Politikern, politischen Institutionen, staatlichen und halbstaatlichen Organisationen. Und das kann niemals politisch neutral und über den Dingen stehend sein.

Roland Berger hat die Möglichkeiten des Geschäftsfeldes Politikberatung in Deutschland als erster erkannt und genutzt. An seinem Beispiel sieht man, wohin der ethische Anspruch der Neutralität führen kann: Helmut's Freund, Gerd's Freund, Edmund's Freund, vom everybody's darling wird man in der öffentlichen Meinung schnell zum politischen Irrlicht oder gar Gesinnungspudding. Trotzdem hat das Beratungsunternehmen unter Rot-Grün sehr gut verdient. Vor allem die Tatsache, dass der Geschäftsbereich „Public Sector Consulting" bei Roland Berger von Jobst Fiedler, SPD-Parteigenosse und von 1990 bis 1996 Oberstadtdirektor von Hannover, geleitet wird, lässt hässliche Diskussionen um Seilschaften aufflammen, die derzeit von Christian Wulff nachhaltig zerstört werden.

Ganz anders Dr. Kluge von McKinsey. Er hat zwar später aber klar Stellung bezogen. Bereits Ende der neunziger Jahre nahm er Kontakt zu Angela Merkel auf: Er wolle mir ihr darüber

reden, wie man von einer ostdeutschen Physikerin zur Generalsekretärin der CDU wird. Keine schlechte Akquisestrategie. Von da an hat er sich als Merkelflüsterer positioniert. Mehrfach wurde berichtet, er habe bei ihr im Häuschen in der Uckermark genächtigt. Gleichklang zweier Physikerseelen, der sich längst ausgezahlt hat.
Wie geht es weiter mit der Politikberatung? Die Beratungsbranche wird immer tiefer in dieses Geschäft einsteigen und den parteinahen Organisationen einiges davon wegnehmen. Dabei ist schon jetzt erkennbar, dass Externe immer mehr Aufgaben übernehmen, die eigentlich zum Kerngeschäft der Ministerialbürokratien gehören. Und genau da liegt der Hund begraben. Nicht die politischen Auftraggeber, sondern die zähe Masse der Ministerialbeamten entscheidet, was letztendlich aus einem Beratungskonzept wird. Ein geflügeltes Wort wurde der Ausspruch von Otto Schlecht, dem ehemaligen Leiter der Grundsatzabteilung des Wirtschaftsministeriums: „Egal, wer dirigiert – wir spielen immer die Neunte." (UB 06/05)

3.16.2 Politikberatung durch Unternehmensberater?

Interview mit Dr. Marco Althaus (MA), DIPA, Berlin

Wenn sich ein Fachmagazin für Unternehmensberater mit dem Schwerpunktthema Politikberatung beschäftigt, dann ist damit nicht die Arbeit der Interessenverbände, Stiftungen, Wissenschaftler und Lobbyisten gemeint, sondern die Beratung von Politikern und politischen Institutionen durch Einzelberater und Beratungsunternehmen. Wie kann man diesen Teil der Politikberatung genauer definieren und kategorisieren?

MA: Zwischen Politikern und Institutionen würde ich trennen. Politikberatung durch Unternehmensberatung ist meistens Verwaltungsberatung. Natürlich gibt es auch strategische Politikfeldberatung für die politische Spitze, s. die Hartz- und Rürup-Kommissionen bei den großen Reformen. Aber wenn sich Politiker ganz persönlich durch Unternehmensberater beraten lassen, ist das in 9 von 10 Fällen pro bono. Sicher hat das einen Wert für die Auftragsakquise; wenn Roland Berger in einer Regierungskommission sitzt, tut er das nicht nur für das Gemeinwohl und sein Ego, sondern auch, weil es gut ist für die Firma, die seinen Namen trägt. Den Zugang zu Spitzenpolitikern zu pflegen, war gerade bei Berger der Schlüssel zum Marktanteil bei den Staatsaufträgen – kurioserweise hat das trotz seiner CSU-Nähe auch bei Dutzenden von SPD-Politikern hervorragend funktioniert. Auch die haben gern mit ihm Pressekonferenzen abgehalten und seine Begriffe nachgeplappert. Bei Verwaltungsprojekten wird es kleinteiliger. Behörden erhoffen sich Know-how bei der betriebswirtschaftlichen Optimierung, bei der Suche nach Effizienzreserven und nach Möglichkeiten, überkommene Programm- und Organisationsformen möglichst geräuschlos umzubauen oder Personal abzubauen.

Wie sind die Claims zwischen Beratungsunternehmen und den oben genannten anderen Institutionen abgesteckt? Roland Berger Strategy Consultants und McKinsey besetzen doch sicher andere Felder als z.B. die so genannten Think-Tanks wie Friedrich-Ebert-Stiftung, Bertelsmannstiftung, Unternehmensverbände oder die Deutsche Gesellschaft für Politikberatung?

MA: Politische Expertise ist entweder interessen- und ideologiegeleitet oder bezogen auf genuin politische Verfahren. Unternehmensberater bieten im öffentlichen Sektor gerade keine politische Expertise an. Natürlich: CEOs wie Roland Berger oder Jürgen Kluge sind inzwischen Medienstars auf der politischen Bühne. Sie trauen sich politische Aussagen zu. Man sollte Medienpräsenz, Vier-Augen-Gespräche im Kanzleramt und selbst Auftragsvolumen öffentlicher Auftraggeber aber nicht mit relevantem Einfluss bei realen Entscheidungen verwechseln. Politiker haben gelernt, wie sie Unternehmensberater zur Legitimation längst gefasster Entscheidungen einsetzen. Darin unterscheiden sich Unternehmensberater übrigens nicht von Beratern aus Wissenschaft, Technik und Recht, von denen sich deutsche Ministerien ganze Armeen halten. Natürlich wollen die öffentlichen Auftraggeber auch mal echte Ideen und nüchterne Prüfungen. Es gibt aber einen erheblichen Unterschied zwischen Ideen, die etwa Jürgen Kluge bei „Christiansen" zur Bildungspolitik vorstellt, und Projekten, die Bildungspolitiker mit Hilfe von McKinsey umsetzen.

Dass Unternehmensberater den politischen Betrieb nicht kennen, ist ihre Chance und ihre Schwäche. Ihre Chance, weil sie andere Fragen stellen und andere Messlatten mitbringen. Ihre Schwäche, weil sie oft kein Vertrauen finden und gerade die jungen Projektberater selbst bei langwierigen Projekten oft bis zum Schluss nicht verstehen, wie die Spielregeln sind. Bei der Personalberatung ist das ja offensichtlich – die Regeln im öffentlichen Dienst erlauben vieles nicht, was selbst ein Konzern mit hohem Gewerkschaftereinfluss tun würde. Versuchen Sie mal, die regionale Unternehmensförderung eines Bundeslandes umzustrukturieren, ohne sich mit dem erbitterten Widerstand von Kommunalpolitikern, Industrie- und Handelskammern, Sparkassen und ihren eigenen Beamten auseinander zu setzen. Oder ein anderes Beispiel: Ein Wirtschaftsverband der Gesundheitsbranche beauftragte vor kurzem eine internationale Beratungsfirma, eine internationale Studie zu Preisen und Kosten anzufertigen, die als Argumentationspapier dienen sollte. Was die Unternehmensberater da in die Präsentation hineinschrieben, war zwar alles korrekt, hätte aber bei einer Veröffentlichung den politischen Gegner aufmunitioniert und dem Verband massiv geschadet. Ökonomisch top, politisch flop – das ist kein Erfolgsrezept für Politikberatung. Darum haben einige Unternehmensberatungen ja Ex-Spitzenleute aus Politik und Verwaltung rekrutiert. Aus Politikern und Beamten gute Berater zu machen, ist allerdings auch ziemlich mühsam.

Es kommt noch eines dazu. Bei allen öffentlichen Projekten müssen Berater das, was der Gegner und die Medien daraus machen können, frühzeitig mit einbeziehen. Nicht alles ist Kommunikation. Aber es gibt eine hohe Interdependenz zwischen politischer Planung und PR-Begleitung. Es gibt keine wirklich geheimen Diskussionen. In Unternehmen haben sie andere Schutzräume, eine andere Kultur und andere Zwangsmittel, undichte Stellen zu schließen.

Die Wahrheit ist: Meistens ist politisch Denken das, was Unternehmensberater am schlechtesten können. Ihr Managementwissen dreht sich nicht um Politikmanagement, um die Führung politischer Organisationen, das Gewinnen von Mehrheiten, das Vermitteln der Beschlüsse, das Rückversichern und die politische Deckung von Vorhaben.

Wenn Unternehmensberater beispielsweise eine Machbarkeitsstudie beginnen, meinen sie oft eine ganz andere Machbarkeit als Politiker. Denken Sie an das, was aus der „Riester-Rente", der „Ich-AG" und dem „Job Floater" geworden ist, dem Umbau des Arbeitsamts mit ihren „Fallmanagern" in den Service-Centern und dem „Virtuellen Arbeitsmarkt", an „Toll Collect" bei der LKW-Maut oder der Privatisierung von Bundeswehrlogistik bei „Hercules". Das sind alles auch Ergebnisse von Unternehmensberatung in der Politik, und inzwischen alles Nägel auf dem Sargdeckel der rot-grünen Bundesregierung. Glauben Sie, die Botschaft ist bei den Politikern nicht angekommen?

Ist die Annahme zutreffend, dass Unternehmensberater stärker umsetzungsorientiert sind als die anderen Anbieter von Politikberatung?

MA: Ja und nein. Wenn Sie die reinen Denkfabriken mit den Projektarbeitern der Unternehmensberatungen vergleichen, dann ist das richtig. Aber selbst Denkfabriken denken ja nicht nur philosophisch. Die Bertelsmann-Stiftung beispielsweise ist eine operative Stiftung, die Wert darauf legt, dass ein großer Teil ihrer Ideen getestet wird, dass Leute in der Anwendung geschult werden und ihre Projekte in der Praxis ihren Wert beweisen. Die parteinahen Stiftungen arbeiten an Blaupausen für die Regierung: Wenn es im Herbst zu einer Regierung Merkel kommen sollte, werden Projekte aus den Schubladen der Adenauer- und Seidel-Stiftung, aber auch aus den Schubladen der arbeitgeber- und wirtschaftsnahen Forschungsinstitute plötzlich ganz umsetzungsorientiert, weil es eine Umsetzungsperspektive gibt. Und es gibt viele Politikberater, für die sogar nichts zählt außer Umsetzung. In der strategischen Kommunikation bauen Sie an Reputation und Beziehungskapital, und da geht es beim nächsten öffentlichen Konflikt um die Belastbarkeit Ihrer Arbeit. Als Wahlkampfberater oder auch als Lobbyist haben Sie oft glasklare Ziele vor Augen, und am Tag X verlieren Sie oder gewinnen Sie: entweder Ihre Leute sind drin oder draußen, oder Ihre Gesetzestextänderung ist drin oder draußen, oder Sie haben den öffentlichen Beschaffungsvertrag bei der Ausschreibung bekommen oder nicht. Schließlich: Dummschwätzer sind in den Branchen Politik- und Unternehmensberatern gleichermaßen Legion.

Was sind aus Ihrer Sicht heute und künftig die wesentlichen Beratungsfelder und Themen, die speziell Unternehmensberater den Politikern und politischen Institutionen anbieten können?

MA: Der Zwang zu mehr Effizienz und Haushaltskonsolidierung, außerdem der Bedarf an innovativen Lösungen in den Politikfeldern Arbeitsmarkt, Gesundheit, soziale Sicherung und Bildung steuern weiter die Nachfrage. E-Government bleibt ein Riesenthema, Qualitätsmanagement ist stark im Kommen. Mit Studien ist es allerdings nicht getan. Da werden Lösungen gefordert, und wenn man zusätzliche Dienstleistungen mit anbieten kann, umso besser. Eine Public-Private-Partnership und Outsourcing durchzusetzen und vertraglich zu regeln, wird aber künftig eher wieder schwieriger werden. Es gibt in der Politik zu viele gebrannte Kinder. Es liegt auf der Hand, dass in Kompetenz-Partnerschaften des Staates mit Unternehmensberatungen viele Wertschöpfungsreserven liegen. Das politische Risiko ist aber nicht ohne.

In der Unternehmensberatung sind Qualitätsmanagement und Verhaltenskodizes außerordentlich wichtig, gibt es für die Politikberatung bereits Zertifizierungen, wie z.B. die CMC (Certified Management Consultant) Zertifizierung bei den Unternehmensberatern?

MA: Nein, noch nicht. Das liegt auch an der sehr weiten Spreizung der Politikberatungsservices und der damit verbundenen Interessen. Da finden sich ja klassische Unternehmensberater, Politikfeldspezialisten, Kommunikationsagenturen, Anwaltssozietäten und Strategieberater jeder Bauart. Es gibt immerhin schon eine Reihe von Verhaltenskodizes, etwa der Society of European Affairs Professionals, des Deutschen Rats für Public Relations und der Deutschen Gesellschaft für Politikberatung (degepol). Das DIPA hat die degepol 2004/05 auch darin unterstützt, einen Katalog für Qualitätskriterien zu entwickeln (Broschüre als PDF: http://www.degepol.de/downloads/degepolBroschuere2005.pdf). Da geht es um Maßstäbe, die für Transparenz und Hilfen für Klienten sorgen. Dafür waren die Vorarbeiten der Consultingbranche wie z.B. die des Bundesverbands Deutscher Unternehmensberater (BDU) außerordentlich wichtig. Es gibt zwar Zertifizierungsideen für die Politikberater. Bis zu einer Zertifizierung im Sinne der International Council of Management Consulting Institutes ist es aber noch ein langer Weg. Das liegt an der Natur des Geschäfts: Es ist stark interessenpolitisch und parteipolitisch geprägt. Darum hat z.B. auch der amerikanische Politikberaterverband, die American Association of Political Consultants (AAPC) die Vorschläge für einen „Certified Political Consultant“ nie aufgenommen. Wie in den USA ist der Weg der Professionalisierung über postgraduale Hochschulangebote und kontinuierliche Weiterbildung viel versprechender. Darum wurde ja auch das DIPA gegründet, und der erste deutsche MBA Public Affairs geht im März 2006 an den Start. Ein Zertifikatsprogramm aus mehreren Studienmodulen für den nichtakademischen Bereich ist in Vorbereitung.

Wie sehen Sie die künftige Entwicklung der Politikberatung in Deutschland? Wie kann der Widerspruch zwischen leeren Kassen und steigendem Beratungsbedarf gelöst werden?

MA: Gar nicht. Berater müssen sich daran gewöhnen, dass sie ihren Beitrag zur Wertschöpfung bei gleichzeitiger Vermeidung von Risiken in der Politik ebenso nachweisen müssen wie bei ihren klassischen Kunden. Das ist insbesondere deshalb wichtig, weil der Legitimationsdruck immer höher wird. Kein Minister oder Bürgermeister hat Lust, sich bei parlamentarischen Anfragen von der Opposition vorführen und anschließend von der Presse durch den Kakao ziehen zu lassen, weil die Beratung keine politisch opportunen und realisierbaren Ergebnisse gebracht hat. Unternehmensberater müssen sich daher stärker um die politischen Antworten auf diese Fragen kümmern, wenn sie den Anteil öffentlicher Aufträge am Gesamtumsatz steigern wollen. Dass der allerdings mal so hoch wird wie die deutsche Staatsquote an der Wirtschaft, ist vorerst nicht sehr wahrscheinlich.

Dr. Marco Althaus ist Geschäftsführer des Deutschen Instituts für Public Affairs (www.dipa-berlin.org) in Berlin. 2004 gegründet, bietet das gemeinnützige DIPA Weiterbildungsseminare, Studien und Beratung in politischer Kommunikation, Politikmanagement, Interessenorganisation und Lobbying. Ab März 2006 wird in Kooperation mit der Technischen FH Wildau ein berufsbegleitender Studiengang MBA Public Affairs angeboten. Das Curriculum entstand in Zusammenarbeit mit erfahrenen Politikmanagern, Kommunikatoren, Beratern, Verbands- und Unternehmenslobbyisten, Vertretern der einschlägigen Berufsverbände und wissenschaftlichen Politikberatern. (UB 06/05)

4 Spezialthemen

4.1 IAS

Zum Glück gibt es immer wieder neue Gesetze, Vorschriften und Umstände, die zu allgemeiner Verunsicherung und dem Ruf nach Beratern führen.

Im Editorial unserer letzten Ausgabe wurde berichtet, wie die neuen Corporate Governance-Regelwerke der SEC zu einem Gründungsboom und Wachstumsrausch bei Beratungsunternehmen in den USA geführt haben. Diese hoch spezialisierten Ratgeber helfen ihren Klienten, die Zwangsvorschriften buchstabengetreu umzusetzen. Für Berater in Europa ist das Thema Corporate Governance hingegen kein echter Geschäftstreiber, weil das Thema bisher nur im Rahmen von Empfehlungen und nicht durch Gesetze an die Unternehmen herangetragen wurde.

Doch Hoffnung ist in Sicht: „IAS – a multi-billion Euro opportunity!", prophezeien Fachmagazine der europäischen Consultingbranche. Um was geht es? Ähnlich wie bei der Jahrtausend- und Euroumstellung kommt auf börsennotierte Unternehmen in der EU und in weiteren 27 Ländern etwas Unausweichliches zu. Und die nicht börsennotierten Unternehmen machen am besten gleich mit. IAS – der International Accounting Standard, entwickelt vom International Accounting Standards Board in London, wird ab dem 1. Januar 2005 Pflicht für alle Unternehmen, die noch nicht nach US-GAAP bilanzieren. Doch auch diese sind nicht aus dem Schneider: Ab 1. Januar 2007 müssen sie von US-GAAP auf IAS umstellen. Es ist also mit Fristsetzung viel zu tun, und das ist, insbesondere im Zusammenhang mit Basel II, eine brillante Geschäftsmöglichkeit für Berater.

Die Größenordnung ist auch schon in etwa klar: Etwa 7000 börsennotierte Unternehmen innerhalb der EU müssen Bilanzierung und Berichtswesen umstellen. Hinzu kommen die Unternehmen der 10 EU-Beitrittsländer und die Nicht-Börsennotierten, so dass mit ca. 100000 Kandidaten gerechnet wird.

Zweck des neuen Standards ist es, vor allem durch realistischere Bewertungen von Vermögenswerten die Transparenz auf den Finanzmärkten zu erhöhen und damit Anlegern, Banken und Ratingagenturen mehr Entscheidungssicherheit zu bieten. Dadurch sollen Katastrophen wie z.B. der Enron-Zusammenbruch verhindert werden. Viele Unternehmen werden nach Einführung von IAS aussehen wie der Kaiser ohne seine neuen Kleider. Insbesondere für Unternehmen, in denen der Goodwill als wesentlicher Vermögenswert angesetzt wird, ergibt sich durch IAS ein Unterschied in Milliardenhöhe beim Ausweis der Ertragslage. Das wird bei vielen der betroffenen Unternehmen einen Schock auslösen.

Diskutiert wird die IAS-Einführung schon lange. Wer die Rolle des Vordenkers von Beratungsbedarf erkannt und für sich übernommen hat, kann jetzt mit standardisierten, inhaltlich-methodischen Vorgehensweisen den Unternehmen schnell seine Hilfe anbieten, denn alle Betroffenen müssen schon in den nächsten Monaten mit vorbereitenden Arbeiten in die Startlöcher gehen.

Eine Umfrage bei Beratungsunternehmen hat ergeben, dass die meisten diese neue Chance noch nicht erkannt haben. Wollen wir diese hervorragende Geschäftsmöglichkeit wieder den Wirtschaftsprüfern und Steuerberatern überlassen? (UB 01/04)

4.2 Corporate Governance: Sarbanes Oxley Act

Geschäftsbelebung in den USA durch die bevorstehende Deadline zum Sarbanes-Oxley Act: Große Beratungsmöglichkeiten im IT-Sektor werden prognostiziert.

Um die Auswirkungen des Sarbanes-Oxley Acts (SOA) auf die IT-Dienstleistungsbranche beurteilen zu können, ist die Kenntnis der wichtigsten Abschnitte (sections) des SOA notwendig. Sie lauten:

Section 302:
CEOs und CFOs müssen die sachliche und rechnerische Richtigkeit aller Angaben beglaubigen und die Wirksamkeit interner Offenlegungskontrollen bestätigen.

Dies bedeutet, dass wirksame Offenlegungskontrollen festgelegt, eingeführt und überwacht werden müssen, üblicherweise im vierteljährlichen Turnus. Ein Audit Committee muss alle Fehler, Schwächen und Täuschungen aufdecken und offen legen.

Section 401:
Auch nicht bilanzwirksame Transaktionen (off balance sheet transactions) müssen offen gelegt werden.

Hierzu müssen entsprechende Kontrollsysteme auf allen Unternehmensebenen etabliert werden.

Section 802:
Sie beinhaltet Strafmaße für das Rückhalten von Informationen, die veröffentlicht werden müssen. Letzteres wird als kriminelles Delikt behandelt.

Der notwendigerweise ansteigende Dokumentationsaufwand erfordert verbesserte Dokumentations-, Datawarehouse- und Datamining-Systeme. An diese Systeme werden wegen der drohenden Behandlung als Kriminelle höhere Anforderungen gestellt werden als bislang.

Die kurz angedeuteten Schlussfolgerungen der Auswirkungen der wichtigsten Bestimmungen zeigen, dass Gesetzgebungen, die eigentlich bei Einhalten der Grundsätze des Handelns ehrbarer Kaufleute nicht notwendig sein sollten, während der derzeitigen Beratungsflaute wahrscheinlich das fertig bringen werden, was der Vertrieb der Technologieberatung in den letzten drei Jahren nicht schaffte: Den IT-Dienstleistungen aus der Flaute helfen (IT-Outsourcing könnte man vielleicht ausnehmen). Im Vergleich hierzu wird die Einführung von IAS (vgl. Editorial) nur eine geringe Anschubwirkung zeigen.

Viele Anbieter von IT-Systemen und -Dienstleistungen besprechen derzeit in den USA mit Kunden, die mehr als die Grenze von 75 Millionen Dollar Jahresumsatz (Limit) erwarten, was die Einhaltung der neuen SOA-Bestimmungen für ihre Organisation bedeutet. In den USA gibt es alleine schon 250 Unternehmen mit mehr als 1 Mrd. $ Umsatz, so dass Zehntausende Unternehmen betroffen sein dürften. Man konzentriert sich hierbei auf Führungskräfte der obersten Ebene (first liner) international tätiger Unternehmen, insbesondere CEOs und CFOs, welche der finanziellen Offenbarungspflicht unterworfen sind, und CIOs, deren ihnen unterstehende Systeme und Personal die Daten erfassen und auswerten und die Finanzberichte erstellen. Insbesondere CEOs und CFOs drohen Gefängnisstrafen, wenn sie wissentlich Daten nicht offen legen, bzw. hohe Geldstrafen für kleinere Vergehen. Die IT-Vertriebsstrategen erhoffen sich darüber hinaus, dass der staatliche Regulierungsdruck über die Nachfrage nach SOA-gerechten IT-Systemen hinausgehend auch Projekte außerhalb dieses Bereichs anstößt. Teile des vom US-Kongress verabschiedeten und bald rechtskräftigen Sarbanes-Oxley Acts werden deshalb bei den folgenden IT-Beratungs- und Dienstleistungsbereichen verstärkt als Geschäftstreiber wirken:

- Vertrieb von ERP- und Supply Chain-Systemen, welche die Überwachung, Erfassung und Berichterstattung von Informationen der Finanzsphäre noch weiter automatisieren helfen und als Endvorstellung Zuwiderhandlungen in Echtzeit melden könnten.
- Die Einführung von Datawarehouse-Systemen, wo sie noch nicht eingeführt sind, und ihre Optimierung und ihr Tuning, dort, wo sie bereits gute Dienste leisten. Generell müssen mehr und exaktere Daten über längere Zeiträume im multidimensionalen Zugriff gehalten werden.
- Business Intelligence Systeme, die verstärkt und verbessert der Geschäftsüberwachung global agierender Konzerne dienen.
- Change Management und die es unterstützenden Systeme, die den Wandel begleiten helfen, zumal bei vielen Unternehmen, die sich mit den Herausforderungen von SOA konfrontiert sehen, ein kultureller Wandel hervorgerufen werden muss: Es darf nichts mehr unter den Tisch gekehrt werden, weil der Unternehmensführung sonst Gefängnisstrafen drohen.
- Business Process Outsourcing (BPO) und andere Beratungsfelder im Rahmen des Business Process Engineering und Reengineering. Man wird vieles ganz grundsätzlich angehen müssen und z.B. lange aufgeschobene Unternehmensdatenmodelle endlich entwi-

ckeln müssen. ERM-basierte Systeme, wie ARIS o.a., können hierbei durchaus einen Vermarktungsschub bekommen.

Befürchtet wird allerdings auch, dass viele CIOs mit Recht sagen werden, dass die notwendigen Systeme doch bereits lange installiert sind, sie bloß nicht richtig genutzt werden. Hier greift allerdings auch das Argument, dass der SOA eine Regelung ist, die sich noch entfalten wird und deren Fristensetzungen sich verändern werden. Auch Details, auf welche Forderungen besonders eingegangen werden muss, werden noch Änderungen in der Zukunft unterliegen. Dies erzeugt Druck, installierte, gut funktionierende Berichtssysteme weiterhin anzupassen, was längerfristigen Beratungsbedarf generiert, so jedenfalls die Argumentation großer US-IT-Dienstleister. Es ist also nicht mit einer Eintagesfliege an Beratungsbedarf zu rechnen, deren Effekt schnell verpufft.

Selbstverständlich wird die Befolgung der SOA-Regelungen kompliziert, wenn es um die Auskunft zu Off Balance Sheet-Risiken geht, so z.B. die Meinung von Greg Derderian, Managing Director von Bearing Point, USA (vgl. Kennedy Information: Global IT Services Report, Oktober 2003, S. 10). Wie soll man z.B. im B2B-Bereich quantifizieren, in welchem Ausmaß man prinzipiell in den Supply Chains anderer Unternehmen etabliert ist und warum man bestimmte, vielleicht historisch bedingte, Rabatte gibt, die eventuell unter die Preisuntergrenze führen.

Zumal einer der Key Player, IBM und IBM Consulting, sieht die Einführung von Business Intelligence-Produkten bei den Kunden mit höchster Priorität. Dies dürfte auch zur Forcierung von Migrationsprojekten von alten Legacy-Systemen weg zu neuen Systemen führen. Wie andere Anbieter, so sieht auch IBM den SOA als ein Instrument, die durch Sparzwänge aufgestaute Nachfrage anzuzapfen, um daran anschließend Investitionen für lange geplante, wichtige, aufgeschobene Verbesserungen flott zu machen.

Nicht von ungefähr kommt auch die Ankündigung von SAP anlässlich der SAP Insider Sarbanes-Oxley Conference in Washington D.C. vom 3. bis 5. November, dass man SOA-konforme Verbesserungen in mySAP Financials und mySAP ERP einbaut als SAP Compliance Management for Sarbanes-Oxley Act (vgl. www.lexis-nexis: SAP+SOA). Dies ist auch nicht verwunderlich, würde man sich doch selbst das Grab schaufeln, wenn man dies unterlassen würde und ebenfalls im Hinblick darauf, dass mySAP Financials heute bei mehr als 18000 Unternehmen eingesetzt wird. Schnelle Reaktion und Integration mit den Komponenten mySAP CRM, mySAP Business Suite und mySAP HR ist angesagt. SAP hat deshalb PricewaterhouseCoopers LLP (Limited Liability Partnership) beauftragt, gemeinsam mit SAP die entsprechende Kontrollsoftware zu realisieren, die u.a. auch hilft, die Section 404 des SOA zu realisieren. Diese besagt, dass CEOs jährlich über die Wirksamkeit interner Kontrollmechanismen zur Erstellung der Finanzreports berichten müssen, was von externen Auditors attestiert werden muss. Hierbei kommt natürlich der CIO in die Pflicht, der sich wiederum auf SAP o.a. Lieferanten abstützt. Um Section 301 zu genügen, muss u.a. auch die Anonymität eines Informanden (Mitarbeiter des Unternehmens) durch die eingesetzte Software garantiert werden. Dies ist natürlich ein heikler Punkt, denn wer, etwa als Informatiker, Bescheid weiß, dass letztlich jeder Pfad verfolgt werden kann und dass in Portal-Software eventuell auch eine „Abhörzentrale" eingebaut werden kann, der geht doch lieber mit einer Perücke in ein Internet-Café in einem anderen Ort, um seinem CEO Informationen über

Betrügereien etc. zuzumailen, weil er auf keinen Fall will, dass sein direkter Vorgesetzter hiervon Kenntnis erhält. Vorsicht ist hier für anonym berichtende Mitarbeiter angebracht. SAP meint, dass die notwendigen Funktionen mit den Komponenten MSS (Manager Self-Services) und ESS (Employee Self-Services) abgedeckt werden können. Section 302, die vom CEO die Bestätigung verlangt, dass keine falschen oder irreführenden Informationen in das Berichtswesen aufgenommen wurden, soll durch AIS (Audit Information System) in mySAP implementiert werden. Zusätzlich soll mySAP Financials global agierenden Unternehmen auch die notwendigen Funktionen zum Befolgen der Richtlinien von Basel II und IAS zur Verfügung stellen. Jim Hageman Snabe, Chief Operating Officer, Financial and Public Services von SAP meint sogar, dass SAP der einzige weltweit agierende Solution Provider ist, der die Fähigkeiten besitzt, dies alles zu liefern (vgl. http://www.sap.solutions/financials/trustedaccounting.asp; press @sap.com) und das First Customer Shipment (FCS) im 4. Quartal 2003 durchzuführen.

Sogar in dem schwachen europäischen Geschäftsumfeld sieht Goldman Sachs durch SOA generierte Investitionen als Möglichkeit eines Aufschwungs für die IT-Dienstleistungs- und -Beratungsbranche, insbesondere bei global agierenden Unternehmen mit börsennotierten Tochterunternehmen in den USA und solchen, die sich auf SOA-ähnliche Bestimmungen in Europa schon frühzeitig vorbereiten wollen (vgl. Editorial und Interview UB 6, 2003).

Die Grenze zur rechtlichen oder steuerrechtlichen Beratung rückt bei SOA-generierten Beratungen für IT-Dienstleister natürlich noch näher als bislang bei Beratungen und muss strengstens beachtet werden, da sie enorme Haftungsrisiken mit sich bringen kann. Die verstärkt notwendige Zusammenarbeit mit Steuerberatern und Rechtsanwältssozietäten kann zu weiteren Allianzen führen und dadurch zusätzliches Geschäft generieren. (UB 01/04, Autorin: M. Niedereichholz)

4.3 Corporate Governance

4.3.1 Goldrausch

Geschäftsführer und Partner großer Beratungsunternehmen und Einzelberater aller Fachrichtungen machen sich in diesen Tagen Gedanken darüber, wie es in Zukunft weitergehen soll. Gemeinsam wird nach neuen Themen, Problemen, Kundengruppen und Geschäftsfeldern gesucht. Meist ist es eine Suche im Nebel.

Glücklich sind da die Kollegen in den USA, wo derzeit versucht wird, durch Gesetze und Regularien, Wiederholungen der beiden größten Betrugsfälle in der amerikanischen Wirtschaftsgeschichte, Enron und Worldcom, zu verhindern. Diese beiden Spitzen des Eisbergs kriminellen Managerverhaltens, durch das Milliarden an Vermögenswerten und Pensionsansprüchen sowie 35000 Jobs vernichtet wurden, haben Aufsichtsbehörden wie die Security and Exchange Commission (SEC) auf den Plan gerufen. Unter dem Sammelbegriff „Corporate Governance“ werden zügig Gesetze entworfen und verabschiedet, durch die Unternehmensleitungen stärker kontrolliert werden sollen.

In den frühen Stadien der Diskussion der ersten Corporate Governance-Gesetzesentwürfe haben etablierte Beratungsunternehmen bereits reagiert und task forces damit beauftragt, Beratungsprodukte zu entwerfen, mit denen man Unternehmen helfen kann, mit den neuen Gesetzen und ihren Auswirkungen umzugehen. Gleichzeitig sind viele neue Beratungsunternehmen entstanden, die sich ausschließlich auf die neuen CG-Themen spezialisiert haben. „A corporate – governance gold rush is on!“, meldet denn auch euphorisch das Wall Street Journal.

Ein Beispiel: Im Januar wurde als Teil der neuen Corporate Governance-Regularien der Sarbanes-Oxley Act offiziell Gesetz. Dieses Gesetz fordert, dass die Unternehmen Systeme bereitstellen müssen, über die alle Mitarbeiter vertraulich Beschwerden, besondere Vorkommnisse und die Beschreibung verdächtiger Tatbestände eingeben können, auf die dann entsprechend reagiert werden muss.

„Wie für uns gemacht!“ freut sich John Childers, CEO der Ethicspoint Inc., einem Beratungsunternehmen, das bereits seit vier Jahren ein Web-basiertes System zur vertraulichen Bearbeitung von Mitarbeiterbeschwerden anbietet. Über 30% Neukunden konnte er in den letzten drei Monaten gewinnen. Aber auch bei Beratungsunternehmen, die sich auf die Themen Sicherheit, Controlling, Dokumentenmanagement und Rechnungswesen spezialisiert haben, brummt dank Sarbanes-Oxley das Geschäft. Seit Jahrzehnten etablierte Unternehmen wie Pinkerton Compliance Services oder Corporate Communications Broadcast Network, bisher vorwiegend mit dem Thema investor relations befasst, haben ihre Produktpalette ganz auf das neue Gesetz umgestellt. Auch Start-ups mit beziehungsreichen Namen wie Listen Up Group, Tell The Board oder Resultor haben ihr Geschäft auf das neue Regelwerk ausgerichtet.

Neben IT- oder Web-basierten Lösungen gibt es eine große Gruppe von Beratern, die künftig in der Rolle des Ombudsmannes Unternehmen bei der Umsetzung der S-O-Anforderungen unterstützen wollen. Alle sind begeistert, nur wenige warnen, dass dieser Goldrausch auch Scharlatane anzieht.

In Deutschland ist das Thema, wie immer, einige Nummern kleiner – bis jetzt. Die Empfehlungen der Regierungskommission Deutscher Corporate Governance Kodex (s. S. 31) beziehen sich auf die Stärkung des Aufsichtsrats, regeln seine Zusammensetzung und Vergütung, empfehlen Obergrenzen und Offenlegung von Aktienoptionen und die Transparenz des Vergütungssystems. Nur Ratschläge und keine Gesetze und damit nichts Richtiges „zum Beißen“ für Berater, allenfalls – und mit viel Phantasie – ein „paar Krümel“. (UB 06/03)

4.3.2 Kodifizierung der Corporate Governance

Interview Michael H. Kramarsch (MK), Managing Partner Towers Perrin

Michael H. Kramarsch ist seit 1998 bei Towers Perrin Deutschland, wo er als Managing Partner den Bereich Executive Compensation/Rewards & Performance Management leitet.

Er ist Mitglied der deutschen Geschäftsführung und gehört zum europäischen EC Leadership Team.

Michael H. Kramarsch verfügt über mehr als zehn Jahre Erfahrung in der Beratung führender europäischer Unternehmen, insbesondere hinsichtlich der Umsetzung von Unternehmensstrategien in Führungs- und Vergütungssystemen für Führungskräfte. Seine Spezialgebiete sind wertorientierte Unternehmenssteuerung, aktienbasierte Vergütungs- und Beteiligungsmodelle für internationale Führungskräfte, Incentive Design für (Corporate) Venture Capital und Corporate Governance.

Michael H. Kramarsch hält einen Master of Business Administration (MBA) der Donau-Universität Krems. Der geprüfte Unternehmensberater ist Autor des 1999 im Schäffer-Poeschel Verlag erschienenen Buches „Aktienbasierte Managementvergütung" sowie zahlreicher Fachartikel zum Themenbereich Executive/Non-Executive Compensation. Er hat als Sachverständiger die Regierungskommission „Corporate Governance" (2000–2001) beraten.

Die Corporate Governance-Themen und Vorgehensweisen im Vergleich USA und Deutschland driften immer weiter auseinander. Bei uns nur Diskussionen und Empfehlungen, die sich an der Höhe, Art und Offenlegung der Managergehälter festgefahren haben, in USA inzwischen eine Vielzahl von Gesetzen, bei denen es ans Eingemachte des Unternehmensberichtswesens und des Mitarbeiter- und Anlegerschutzes geht. Wie ist das zu erklären?

MK: International gibt es grundsätzlich verschiedene Herangehensweisen an das Thema Corporate Governance. Sind es in den USA insbesondere die Börsenaufsicht und der Kapitalmarkt, die diesbezüglich die Standards setzen, war in Deutschland bislang das Aktiengesetz Richtschnur des Handelns. Damit muss sich Deutschland aber keinesfalls verstecken. Viele Regelungen, die in den USA erst in jüngster Vergangenheit mit großer medialer Begleitmusik eingeführt wurden, sind bei uns schon lange Standard. Denken Sie nur an die verpflichtende Befassung der Aktionäre mit Aktienoptionsplänen in Deutschland.

Macht es für die weitere Corporate Governance-Diskussion in Deutschland Sinn, sich an den amerikanischen Inhalten und Vorgehensweisen zu orientieren?

MK: Gute Regeln im Sinne einer Best Practice zu übernehmen, ist durchaus sinnvoll, reines Kopieren indes nicht. So ist nach unserer Auffassung zum Beispiel die „Gewaltenteilung" in der deutschen zweistufigen Unternehmensverfassung mit Aufsichtsrat und Vorstand strukturell dem angelsächsischen One-board-System überlegen. Nicht zuletzt die Skandale der jüngeren Vergangenheit in den USA zeigen, dass die Machtfülle eines CEO und Chairmans in einer Person problematisch ist: Sich selbst zu kontrollieren, hat noch nie gut funktioniert!

Müssen die Empfehlungen der Regierungskommission Corporate Governance Kodex zu Gesetzen werden, um überhaupt ernst genommen zu werden?

MK: Ein abschließendes Urteil kann noch nicht gefällt werden. Zu versuchen, alles per Gesetz vorzuschreiben, schränkt den unternehmerischen Spielraum zu sehr ein. Andererseits halten wir die per Gesetz geforderten Entsprechenserklärungen zu den Bestimmungen des Deutschen Corporate Governance Kodex für ausreichend, auch wenn mit der Trennung zwischen Kodex-Empfehlungen und -Anregungen ein komplexer und nicht immer transparenter Weg beschritten wurde. Die Umsetzung der bestehenden Vorgaben wird zeigen, wie ernst die Kapitalmarktteilnehmer und die Öffentlichkeit das Thema Corporate Governance nehmen.

Reichen die Empfehlungen aus, oder müssen weitere Themen angepackt werden?

MK: Der Deutsche Corporate Governance Kodex muss leben und sich mit der wirtschaftlichen Realität entwickeln. Mit der ständig tagenden Kodex-Kommission, die sich aus Vertretern der Wirtschaft und Wissenschaft zusammensetzt, wurde diesbezüglich der richtige Weg eingeschlagen. Die großen thematischen Herausforderungen lauten dabei sicherlich: noch mehr Transparenz, Stärkung der Aktionärsrechte und Verschärfung der Haftung. Allerdings wird es nicht einfach sein, die Balance zwischen notwendiger Veränderung einerseits sowie Kontinuität und Verlässlichkeit andererseits zu finden.

An welchen Performance-Kennziffern könnte man beispielsweise eine flexible Managervergütung festmachen?

MK: Die Managervergütung wird zu Recht als wichtigster Hebel zur Strategieumsetzung erkannt. Selbstverständlich kommt es bei der Auswahl der Performance-Kriterien auf viele Faktoren an, wie beispielsweise die Branche oder die Reife der Märkte. Um eine Orientierung am profitablen Wachstum zu fördern, kann in vielen Fällen eine Kombination aus Ergebnis- und Kapitalverzinsungsgrößen sinnvoll sein. Die bisher dominierende Ausrichtung der Vergütung an der Dividende oder sogar einer reinen Wohlverhaltensprämie ist im Sinne einer professionellen Unternehmenssteuerung nicht mehr tragbar.

Könnte ein Aufsichtsrat durchsetzen, dass sich Manager einem Scoringsystem unterwerfen, durch das ihre Performance in Relation zu ihrer flexiblen Vergütung gesetzt wird?

MK: Was für Top-Führungskräfte auf den nachgelagerten Ebenen durchaus Sinn macht, ist beim Vorstand mit Vorsicht zu betrachten. In seiner Gesamtverantwortung ist das Vorstandsmitglied dem Erfolg des Gesamtunternehmens verpflichtet. Selbstverständlich können auch Segmentergebnisse ergänzend herangezogen werden. Ein Führen mittels individueller Zielvereinbarung ist aber für diesen Personenkreis nicht sinnvoll, in der Praxis nur schwer umsetzbar und der Funktion nicht entsprechend. Aber natürlich steht es dem Aufsichtsrat frei, solche Systeme einzuführen. Ob eine Beurteilung, basierend auf einigen wenigen Kontakten pro Jahr, möglich oder gar sinnvoll ist, bleibt allerdings zu bezweifeln.

Gibt es bereits Systeme, die strategische und operative Unternehmensziele mit der Performance-Messung und dem Scoring der Manager abgleichen?

MK: Solche Systeme sind bei Managern weit verbreitet, stellen für Vorstände derzeit aber noch ganz klar eine Ausnahme dar. Der Vorstand schuldet für seine variablen Vergütungsbestandteile den Erfolg, nicht das Bemühen. Letzteres ist durch feste Vergütungsbestandteile, Altersversorgung und Nebenleistungen abgedeckt. Werden diese beiden Sphären vermischt, ist schnell dem „Ölpreisdilemma“ Tür und Tor geöffnet: Ein Erfolg ist dann immer Ergebnis der eigenen Managementleistung. Für den Misserfolg sind indes andere Faktoren verantwortlich, wahlweise die Konjunktur, der Wechselkurs … oder eben der Ölpreis. (UB 06/03)

4.4 Basel II

4.4.1 Sterne und Mützen

Der deutsche Mittelstand, Muster- und Prügelknabe in Personalunion, kann einem nur noch Leid tun. Die Ohnmacht der Banken, über Jahrzehnte hinweg das Kreditgeschäft in den Griff zu bekommen, muss nun der mittelständische Kreditnehmer ausbaden. Das hätte jede Branche gern: Das Risiko der Inkompetenz im eigenen Kerngeschäft einfach auf die Kunden abwälzen. Seit den siebziger Jahren versuchen die Banken mit immer ausgeklügelteren Methoden der Bilanz-, Portfolio- und sonstigen Analysen, die Vergangenheit eines kreditsuchenden Unternehmens zu erforschen. Potenziale und Chancen werden gar nicht oder nur rudimentär analysiert. Da können zukunftsgerichtete Kreditentscheidungen nicht fundiert sein. Es liegt aber nicht nur am unzureichenden Instrumentarium, es ist auch ein qualitatives und quantitatives personelles Problem:

- Der Kreditsachbearbeiter oder Firmenkundenbetreuer ist hoffnungslos unterqualifiziert für die Aufgabe, die Stärken und Schwächen, Chancen und Risiken eines Unternehmens und seiner Branche in hochdynamischen Märkten zukunftsorientiert zu beurteilen. Da helfen auch keine Checklisten und Softwarepakete.
- Die Betreuungsrelation 1:300, d. h. ein Firmenkundenbetreuer ist für 300 und mehr mittelständische Firmenkunden zuständig, zeigt schon rein rechnerisch, dass unter diesen Vorgaben keine sachgerechte Arbeit zu leisten ist.

Der Beweis für diesen Notstand wird den Banken immer wieder in einer einzigen Zahl dokumentiert: Der Einzelwertberichtigungsbedarf (EWB) ist die Summe der Kreditengagements, die unwiederbringlich verloren sind und damit abgeschrieben werden müssen. Wie hoch dieser Betrag ist, wird ungern kommuniziert. Von den Opfern dieses Notstandes, den mittelständischen Unternehmen, die von der Abteilung „Kreditabwicklung“ dann plattgemacht werden, hört man nichts mehr. Es gehört zu den Pikanterien der deutschen Geld- und Kreditwirtschaft, dass Kreditabwickler nach Abschluss eines solchen Verfahrens häufig im Besitz von hübschen Immobilien oder PS-starken Sportwagen sind, die eindeutig oberhalb ihrer Gehaltsklasse liegen. Bei Einhaltung einiger marginaler Formvorschriften sind diese Insiderschnäppchen offiziell erlaubt („Jeder darf doch an einer Zwangsversteigerung teilnehmen!“). Der Vergleich mit den bekannten Ratingverfahren durch Moody's oder Standard & Poors ist nicht zulässig. Durch diese Ratings sollen Anleger geschützt werden. Durch Basel II wollen sich die Banken selbst schützen. Wie soll das eigentlich gehen? Im so genannten internen Rating wollen die Banken nun das tun, was sie seit Jahrzehnten nicht auf die Reihe gebracht haben: Durch Beurteilung der Zukunftsfähigkeit und qualitativer Faktoren wie Geschäftsmodell, Branchenentwicklung, Management- und Personalqualität, Kunden- und Lieferantenstruktur und Qualität des Rechnungswesens soll die Bonität der Kreditsuchenden zweifelsfrei und in einem Rating zusammengefasst beurteilt werden. Nicht das Feinschmeckerrestaurant erhält als Rating einen Stern oder zwei Kochmützen, sondern der Gast muss diese Qualifikationen nachweisen. Erhält er sie nicht, bleibt er draußen, bekommt nur die Hundefutterkarte vorgelegt oder muss 180 % mehr bezahlen, als auf der Karte steht. In dieser absurden Situation, in der Insider ein Milliardengeschäft vermuten, sind die Berater als Helfer des Mittelstandes gefragt. Sie müssen wissen, wie die Banken beim internen und die Ratingagenturen beim externen Rating vorgehen und ihre Klienten entsprechend darauf vorbereiten. Durch gezielte Optimierung der Faktoren und Bereiche, die beim Rating beurteilt werden, können sie für eine geringere Risikogewichtung ihrer Kunden sorgen. Das gemeinsame Durchspielen des Bankgesprächs sorgt für rhetorische Sicherheit beim Unternehmer. Für Berater, die sich rechtzeitig für dieses Beratungsfeld qualifizieren, ist es ein sicheres und ethisch befriedigendes Zusatzgeschäft. (UB 04/01)

4.4.2 Mittelstand und Rating

Interview mit Ralf Presber (RP), Pericon Unternehmensberatung, zu Basel II, Mittelstand und Berater

Die Wirkung von Basel II auf den mittelständischen Kreditnehmer wird in einer Bandbreite zwischen „Chance" und „Untergang" bewer-tet. Welche Einschätzung ist realistisch?

RP: Erfolgreiche Unternehmen werden von den neuen Regeln der Kreditvergabe profitieren, während weniger erfolgreiche oder sogar defizitär wirtschaftende Unternehmen zu den Verlierern gehören werden. Deshalb halte ich das Wort „Untergang" oder „Vernichtung des Mittelstandes" für Propagandismus. Wirtschaftlich ausgerichtete Unternehmen sollten innerhalb eines angemessenen Zeitraums eine akzeptable Rendite realisieren. Ist dies nicht gegeben, stellt sich die grundsätzliche Frage, ob diese Unternehmen nur mit Hilfe von Krediten „am Leben" erhalten werden. Unternehmer werden durch die neuen Regularien aufgefordert, sich auf ihren eigentlichen Unternehmenszweck zu besinnen.

Für so genannte Kleinkredite soll es Ausnahmeregelungen geben. Wie sehen diese aus und was versteht man unter „Poolrating" und „KMU-Kurve" für diese Art von Krediten?

RP: Eine sicherlich sinnvolle Einrichtung ist die Zusammenfassung von Krediten bis zu einer Million Euro an kleine und mittlere Unternehmen zu einem „Retail-Portfolio". Diese Kredite sind statt mit 8% nur mit 5,7% Eigenkapital durch die Kreditinstitute zu unterlegen. Diese Möglichkeit verfolgt die Überlegung, eine Vielzahl von „Kleinkrediten" zusammenzufassen und dadurch den administrativen Aufwand innerhalb der Kreditinstitute zu reduzieren. Außerdem ist eine Reduzierung der Eigenkapitalunterlegung um bis zu 20% für Unternehmen bis zu einer Umsatzgröße von 50 Millionen Euro, die einen höheren Kreditbedarf als eine Million Euro haben, vorgesehen („KMU-Kurve"). Diese Ausnahmeregelungen bedeuten aber nicht, dass ein internes Rating unterbleibt. Durch intensive Gespräche mit nahezu allen namhaften Finanzdienstleistern wurde deutlich, dass auf ein internes Rating trotz der „Nachbesserung" nicht verzichtet wird.

Haben die externen Ratingagenturen, die zu einer Zeit entstanden sind, als noch vorgesehen war, dass die Banken kein Rating durchführen dürfen, überhaupt noch eine Überlebenschance?

RP: Die Antwort heißt eindeutig ja. Ratingagenturen, insbesondere die weltweit agierenden wie Moodys, Standard & Poors und Fitch sind nahezu notwendig, um den Gang zum Kapitalmarkt zu eröffnen. Dies wird auch dadurch ersichtlich, dass sich viele Großunternehmen einem externen Rating gleich durch mehrere Agenturen unterziehen, bevor sie beispielsweise eine Anleihe auflegen.

Mittelstandsorientierte Ratingagenturen verfolgten einen anderen Unternehmenszweck, der durch die Modifikation der Richtlinien teilweise überholt wurde. Dies wird beispielsweise an der Entwicklung der EURORATING AG deutlich. Zukunftsorientiert agierende Ratingagenturen, wie beispielsweise die R@S Rating Services AG aus München, passten ihr Konzept den veränderten Marktbedingungen an. Zum einen sollen gezielte Kooperationen mit Verbänden, wie zum Beispiel der IHA Hotelverband Deutschland, helfen, sich in spezifischen Branchen zu etablieren. Andererseits werden den Beratern Tools zur Verfügung gestellt, mit denen diese ihre bisherige Form der Unternehmensanalyse strukturiert und kostengünstig vollziehen können.

Mittelfristig dürften kaum mehr als zwei Ratingagenturen, die mittelstandsorientiert ausgerichtet sind, überleben. Welche Rolle dabei Agenturen spielen, die von ihren Mutterkonzernen gesponsert und gefördert werden (Hermes, Creditreform usw.), bleibt abzuwarten.

Brauchen externe Ratingagenturen Unternehmensberater als Vertriebsmannschaft und wie zahlt sich diese Tätigkeit für die Berater aus?

RP: Mittelstandsorientierte Ratingagenturen benötigen Unternehmensberater, die sich auf bestimmte Branchen fokussieren, dringend in mehrfacher Form. Zum einen ist deren Branchen-Know-how unabdingbar, zum anderen kann nur ein Branchenspezialist den „Einstieg“ in die Branche ermöglichen. Deshalb drängt sich die Zusammenarbeit nahezu auf. Dabei ist allerdings die „win to win“-Strategie Voraussetzung für eine langfristige Zusammenarbeit.

Was nützt der Einsatz von Beratern als „Rating-Advisor“, wenn der „Rating-Analyst“ die Erkenntnisse des Advisors überhaupt nicht zur Kenntnis nimmt?

RP: Diese These kann ich aus der Zusammenarbeit so nicht unterstützen. Aufgabenstellung des Advisors sollte die optimierte Vor- und Nachbereitung auf den Prozess selbst sein. Wenn sich ein Unternehmen der Unterstützung eines Advisors bedient, erhält es die „optimale Beratung“ aus fachlicher Sicht. Die Rating-Analysten professioneller Agenturen setzen sich aus mindestens drei Personen zusammen: Dem Lead-Analyst, der den Ratingprozess steuert und verantwortet, dem Finanzanalysten, der im Wesentlichen die Jahresabschlüsse bewertet und dem Branchenanalysten, der die Aufgabe der Beurteilung des Managements und weiterer qualitativer Faktoren beinhaltet. Insofern nimmt der Branchenanalyst sehr wohl die Tätigkeit der Advisors wahr und beeinflusst die Gesamtbeurteilung.

Brauchen Banken und externe Ratingagenturen die Branchenkenntnis von Unternehmensberatern?

RP: Unbedingt. Je komplizierter oder anders formuliert, je spezifischer die Erfolgs- und Risikofaktoren einer Branche, desto notwendiger und sinnvoller ist deren Einsatz. Weder Ratingagenturen noch Kreditinstitute sind gut beraten, wenn sie selbst dieses Branchen-Know-how vorhalten. Bei Kreditinstituten gilt dies insbesondere für Sparkassen und Volksbanken. Unternehmensanalysen wurden in der Vergangenheit und werden auch zukünftig an

Branchenspezialisten weitergeleitet, wenn diese einen Nutzen bieten können. Dies gilt für Agenturen wie auch für Kreditinstitute.

Wie können Berater auf die Banken und Agenturen zum Zweck der Zusammenarbeit zugehen?

RP: Es bestehen mehrere Möglichkeiten. Bei Kreditinstituten ist das Image der Unternehmensberatung und die Branchenkenntnis entscheidend. Eine Mailingaktion hat wenig Chancen auf Erfolg. Hier hilft nur die gezielte Ansprache bekannter Adressen. Ratingagenturen verzeichnen einen Bedarf an Branchenspezialisten, da sie nur so ihre besondere Marktstellung manifestieren können. Dabei ist darauf zu achten, dass dieses Know-how und die Kontakte zielorientiert vermarktet werden. (UB 04/02)

4.4.3 Bonitätsbeurteilung der Banken

Interview mit Dr. Oliver Everling (OE), Geschäftsinhaber der Everling Advisory Services, Frankfurt am Main, und Geschäftsführer des Rating Cert e. V., Berlin

In Zukunft erhalten kreditbeantragende Unternehmen bankintern oder von externen Agenturen Ratings, die wesentlichen Einfluss darauf haben, ob der Kunde überhaupt einen Kredit bekommt und zu welchen Konditionen dieser gewährt wird. Zunächst zu den Banken: Woher kommt plötzlich die Kompetenz der Banken, die Bonität eines Kreditnehmers zukunftsorientiert und zweifelsfrei feststellen zu können? Die Entwicklung des Einzelwertberichtigungsbedarfs lehrt doch, dass die Banken das Thema der Bonitätsbeurteilung immer noch nicht beherrschen.

OE: Nur wenige deutsche Banken verfügen bereits über Ratingsysteme, die internationalen Standards gerecht werden. So ist unstrittig, dass beispielsweise die deutschen Volksbanken und Raiffeisenbanken wie auch die Sparkassen über keine Verfahren der Bonitätsbeurteilung verfügten, die den Baseler Anforderungen an ein Rating gerecht wurden. Das, was von manchen Banken bereits als „Rating" bezeichnet wurde, war eher ein Instrumentarium zur systematischen Erhebung und Strukturierung von Informationen, nicht aber geeignet, die Zahlungsfähigkeit eines Unternehmens feiner abzustufen.

Ziel der bisherigen Systeme war es, „kreditwürdige" von „nicht kreditwürdigen" Kunden zu unterscheiden, was schon vom Denkansatz her falsch ist. Bonität ist nicht eine Frage von Schwarz-Weiß, in der Praxis sind vielmehr auch die Grautöne zu beachten. Die Wahrscheinlichkeit der Zahlungsfähigkeit eines Unternehmens ist keine Frage von „entweder – oder".

Dementsprechend wird im Rahmen von Großprojekten in den verschiedenen Bankengruppen daran gearbeitet, das Versäumte nachzuholen. Da allein aus Deutschland Widerstand gegen die geplanten Neuregelungen zu verzeichnen war, wurde sehr deutlich, wie weit die ausgebauten Systeme in anderen Ländern bereits den deutschen Zuständen voraus sind. Den internationalen Bankenaufsehern war kaum begreiflich zu machen, wie weit die deutsche Ratingkultur hinterherhinkt. Amerikanische Berater wie Oliver, Wyman & Company sorgen nun dafür, dass im Schnellverfahren auch in Deutschland Ratingsysteme bei den Banken aus dem Boden gestampft werden.

Besteht die Gefahr, dass Banken in Ermangelung differenzierter Instrumentarien die Unternehmen zu grob über einen Kamm scheren und vor allem Potenziale der Unternehmen nicht erkennen?

OE: Vor dem Hintergrund dessen, was die US-Consultants bei ihren Kunden vorfanden, ist das Geleistete herausragend. Innerhalb kürzester Zeit wurden beispielsweise im Deutschen Sparkassen- und Giroverband für verschiedene Größenklassen von Unternehmen geeignete Ratingmodelle entwickelt. Da jedoch noch keine Erfahrungen mit der praktischen Anwendung dieser Modelle vorliegen, wird mit vergleichsweise einfachen Systemen begonnen. Auf Branchenunterschiede wird beispielsweise keine besondere Rücksicht genommen.

Gemessen an den Marktanteilen des öffentlichen Banksektors muss durch die neuen Ratings praktisch die Hälfte der deutschen Wirtschaft erfasst werden. Mit dem DSGV-Rating wird es möglich sein, im Durchschnitt aller Unternehmen treffsichere Klassifizierungen vorzunehmen. Allerdings ist dafür Verständnis aufzubringen, dass das System im Einzelfall zu falschen Einstufungen gelangt. US-amerikanische Banken benutzen zum Teil mehrere Hundert verschiedene Modelle, um den Besonderheiten jeder Kundengruppe und jeder Finanzierungsfazilität gerecht zu werden. Dies kann bei den Sparkassen zurzeit nicht geleistet werden.

Der Preis dafür wird sein, dass in wenigen Fällen auch eigentlich gesunde Unternehmen eliminiert werden, da sie nicht dem Bild vom deutschen Durchschnittsunternehmen entsprechen. Passt die angelegte Schablone nicht, kann der Sparkassenvorstand für seinen Kunden nur noch wenig tun. Um die Manipulierbarkeit des Systems auszuschließen, sollen – so die Planung – selbst Führungskräfte bei den Banken nicht über die genaue Verknüpfung der angelegten Ratingkriterien informiert werden. Welches Potenzial der Firmenkundenbetreuer zu erkennen glaubt, wird nicht allein entscheidend sein.

Welche Qualitätsanforderungen oder gesetzlichen Voraussetzungen müssen die externen Ratingagenturen bei ihrer Gründung und in ihrem laufenden Geschäftsbetrieb erfüllen?

OE: Deutschland ist das einzige Land der Europäischen Union, in dem Ratings und Ratingagenturen noch in keinem Gesetz Erwähnung finden. In den USA beispielsweise werden Ratingagenturen als so genannte Nationally Recognized Statistical Rating Organizations, NRSROs, anerkannt. Die Baseler Konsultationspapiere sehen die Qualifizierung von Ratingagenturen als externe Bonitätsbeurteilungsinstitutionen vor, die sechs Kriterienbereiche hinsichtlich Unabhängigkeit, Transparenz, internationalem Zugang usw. zu erfüllen haben. Im englischen Originaltext wird von External Credit Assessment Institutions, abgekürzt ECAI, gesprochen. Die Anerkennung als ECAI ist wichtig, damit eine Bank das externe Rating eines Unternehmens zur Verminderung der aufsichtsrechtlichen Eigenmittelunterlegung im Kreditgeschäft heranziehen darf. Ansonsten ist der Ausdruck „Ratingagentur“ nicht geschützt. Jeder kann noch heute ein Messingschild anfertigen lassen, um seine eigene, neue Ratingagentur zu gründen.

In welchen Fällen wird das Rating durch die Bank durchgeführt und wann kommen die externen Agenturen zum Einsatz?

OE: Die Beurteilung von Bonitätsrisiken ist eine der Kernfunktionen von Banken im Kreditgeschäft. Die Bankenaufsicht legt daher zu Recht Wert darauf, dass Kreditinstitute nicht aus ihrer Verantwortung entlassen werden, Kreditrisiken möglichst adäquat zu beurteilen. Schließlich setzen Banken in der Regel ja das fremde Geld von Sparern für ihre Geschäfte ein. In der Vergangenheit gaben nicht zuletzt auch spektakuläre Unternehmenszusammenbrüche zu Zweifeln an der Gründlichkeit, Systematik und Ausgewogenheit der Kreditwürdigkeitsprüfung Anlass.

Oft missverstanden wurde jedoch, dass ein bankinternes Rating in jedem Falle schon ausreichen würde, um die durch Basel II möglichen Vergünstigungen zu erhalten. Viele Banken werden in ihrem Kreditgeschäft den von der Bankenaufsicht vorgegebenen Standardansatz verwenden, da sie den nicht unerheblichen Zusatzaufwand der aufsichtsrechtlichen Anerkennung ihres bankinternen Ratings scheuen werden. So hat beispielsweise schon die BHF-Bank angekündigt, ihr internes Rating zwar weiter zu betreiben, es jedoch nicht aufsichtsrechtlich anerkennen zu lassen. Der Unternehmer bleibt dann auf das externe Rating angewiesen, wenn er Erleichterungen haben will.

Im Standardansatz bleibt allein das Rating einer unabhängigen Agentur für die Eigenmittelunterlegung des Kreditinstituts maßgebend. Der zunächst einfache Gedanke des Baseler Ausschusses war es, zur Regelung des „Finanzverkehrs" durch unabhängige Agenturen die „Führerscheinprüfung" abnehmen zu lassen. Das Rating einer unabhängigen Agentur kann das Unternehmen dann bei verschiedenen Banken nutzen.

Die deutschen Bankenverbände haben sich jedoch erfolgreich dafür eingesetzt, dass praktisch jedes Institut einen eigenen „Führerschein" ausstellen darf. Der Nachteil für das Unternehmen besteht darin, dass es bei jedem Institut erneut das Ratingverfahren durchlaufen muss. Wer einen BMW fahren will, muss den Führerschein von BMW machen, wer zu Mercedes wechselt, muss – analog – erneut durch die Führerscheinprüfung. Der Vorteil der gefundenen Regelungen für die Banken besteht darin, dass die Kundenbindung gestärkt wird.

Viele Unternehmen werden bereits von Ratingadvisors und Ratinganalysten aufgesucht, über deren Qualifikation Zweifel herrscht. Was sagt der Basel II zur Qualifikation dieser Personen?

OE: In den führenden Industrienationen wird über die Frage der Anerkennung von Ratingagenturen kaum Aufhebens gemacht, da diese Institutionen seit Jahren oder gar Jahrzehnten eingeführt sind. Die Baseler Konsultationspapiere machen daher kaum Aussagen über die notwendigen Qualifikationen von Ratinganalysten. In Deutschland haben wir dagegen die Sondersituation, dass die ersten Agenturen für den Mittelstand erst ab 1998 gegründet wurden und über die Qualität ihrer Beurteilungen in der Öffentlichkeit erst wenig bekannt ist.

Daher fanden sich im Rating Cert e. V. Analysten und Advisors zusammen, um sich selbst auf die Einhaltung von Grundsätzen beim Unternehmensrating zu verpflichten. Der Rating Cert e. V. hat sich zum Ziel gesetzt, allgemein gültige Qualitätsstandards für die Durchführung von Unternehmensratings für den Mittelstand zu entwickeln und in Europa bekannt zu machen. Der wirtschaftsfördernde, gemeinnützige Verein sieht seine Aufgabe in der Sicherung der Mindesterfordernisse, ohne die unternehmerische Konkurrenz der einzelnen Ratingagenturen einzuschränken.

Könnte Rating ein Zusatzgeschäft für Unternehmensberater sein?

OE: Ein Zusatzgeschäft auf jeden Fall. Für Everling Advisory Services, der ersten auf Ratingfragen spezialisierten Unternehmensberatung in Deutschland, ist es seit drei Jahren das Kerngeschäft. In den USA ist Rating ein Milliardengeschäft. Da das Rating der Dreh- und Angelpunkt der Finanzierung mittelständischer Unternehmen sein wird, wird praktisch keine finanz- und leistungswirtschaftliche Beratung am Rating vorbeikommen. (UB 04/01)

4.5 Call Center

Interview mit Helga Schuler (HS)
Helga Schuler, Geschäftsführende Gesellschafterin Prisma Unternehmensberatung GmbH

„Call Center – ein neues Beratungsfeld für Unternehmensberater" ist Ihre These. Mit welchen prägnanten Argumenten können Sie die Beraterkollegen und den Nachwuchs davon überzeugen?

HS: Gerade für Hochschulabsolventen, die in dieses neue Geschäftsfeld einsteigen wollen, aber auch für gestandene Consultants, die sich neu spezialisieren wollen, stellt sich natürlich die Frage, ob der momentane Call Center Boom nur eine vorübergehende Welle ist, die sich schnell wieder beruhigen wird.

Das Gegenteil ist m. E. der Fall. Wenn überhaupt eine Organisationseinheit Perspektiven im Unternehmen der Zukunft hat, dann das Call Center: Denn keine Organisationseinheit ist näher an der gesellschaftlichen Umwälzung von der Industriegesellschaft hin zur Informations- und Wissensgesellschaft als das Call Center. Eine zu gewagte These? Nicht, wenn man davon ausgeht, dass das Internet der Inbegriff des Mediums ist, über das die neuen sozialen und ökonomischen Beziehungen sich gestalten. Und dass da ein enger Zusammenhang zwischen der Entwicklung des Internet und weiterhin der neuen strategischen Ausrichtung Customer Relationship Management (CRM) und dem Call Center besteht: Denn wo bitte schön sollen denn die neuen multimedialen Interaktionen mit dem Kunden stattfinden und gemanagt werden? Wo soll physisch die Zentralisierung der Kundendaten angesiedelt sein? Und wer braucht diese Daten? Doch derjenige, der diese Interaktionen durchführt. Dies sind in der Regel die Call Center Agents, die heute eher naturwüchsig dann auch die E-Mail-Beantwortung übernehmen, die in der Zukunft auch die Real Time Interaktionen über das Netz gestalten werden.

Das Call Center entwickelt sich zum Kunden-Interaktions-Center, der Agent von Call Agent zum Net Agent.

Auch Selbst-Service-Systeme werden den persönlichen Kontakt nicht stoppen und das Anrufvolumen dämpfen. „Wir haben gedacht, durch das Online Banking Anrufe zu verhindern.

Das Gegenteil ist der Fall. Die Anzahl der Anrufe und die Online Kontakte steigen exponentiell.“

– Dies sagte kürzlich der Geschäftsführer einer großen Direktbank zu mir. – Hinzu kommt, dass auch die schriftliche Kommunikation über Brief und Fax nicht vollkommen out ist.

Das Management der Prozesse über verschiedene Medien mit beschleunigten Tempovorgaben durch den Echtzeit Service im Netz ist die Herausforderung, die in den Kunden- Interaktions-Centern geleistet werden muss: Hier ist für Unternehmen, die CRM nicht als Software, sondern als Unternehmenstruktur sehen, der Ort, wo CRM gelebt wird.

Übrigens: Call Center sind auch ein ideales Beratungsfeld für Beraterinnen! Mit Wehmut stelle ich fest, dass wir in meiner eigenen Firma gerade in der technischen und der Managementberatung fast nur noch Männer haben. Dabei haben wir, eine weiblich geprägte Kultur, letztes Jahr das Total E Quality Prädikat gewonnen (das an Unternehmen verliehen wird, die gleiche Chancen bieten) und unsere Männer helfen engagiert dabei, mehr Frauen einzustellen.

Auch bei den Call Center-Betreibern ist diese Tendenz sichtbar. Je mehr das Thema an Relevanz und Wertigkeit gewinnt, umso mehr scheinen die Frauen die Segel zu streichen und sich nicht in die Managementpositionen zu drängeln.

Die strategischen und operativen Implikationen von Call Centern wurden lange Zeit unterschätzt. Was sind Ihrer Meinung nach die gravierendsten Auswirkungen?

HS: 1. Call Center werden irgendwo im Unternehmen als zusätzliche Abteilung aufgehängt. Es geht aber nicht einfach um die Beantwortung von Calls, sondern um die Erledigung von Kundenanliegen, die jeweils Prozesse auslösen und erst dann zu Ende sind, wenn der Kunde zufrieden ist. Da von Generalisten ca. 80 bis 90 % aller Anliegen dort verkaufs- und serviceorientiert zu Ende bearbeitet werden (das impliziert auch, dass dort die Entscheidungen getroffen werden), werden die funktionalen Abteilungen in Frage gestellt. Einerseits, was deren oft borniertes und nicht am Prozess orientiertes Zuständigkeitsdenken betrifft, andererseits müssen sie Entscheidungskompetenzen abgeben, da diese an die „Front“ verlagert werden. Auch braucht man weniger Mitarbeiter, da fast alle Kundenkontakte wegfallen. Viele der Sachbearbeitungstätigkeiten werden entweder direkt im System erledigt oder im Back Office des Kunden-Interaktionscenters. Das Call Center wird langsam zum Mittelpunkt des Unternehmens, dem Herrn über die Prozesse mit dem Kunden – es ist ein trojanisches Pferd. Die Widerstände im sozialen und hierarchischen System des Unternehmens sind vorprogrammiert. Die Implementierung eines Call Centers sollte also auch als Change Management Prozess begriffen werden. Die „looser“ sind in der Regel die Abteilungsleiter der funktionalen Abteilungen, denen gleichzeitig eine Perspektive gezeigt werden muss.

2. Call Center werden technikorientiert – ja man kann fast sagen technikverliebt – implementiert. Die Technik wird blindlings angeschafft, es wird ohne zu fragen viel Geld ausgegeben. Die Möglichkeiten der neuen Telekommunikationstechnik (z. B. Call Management) und die Möglichkeiten, die aus der Integration von Software und Internet entstehen (CTI, CRM, Realtime Interaktionen), sind ja auch faszinierend und treiben die Entwicklung insgesamt voran. Trotzdem: Die Technik darf nicht die Prozesse diktieren, sondern die Prozesse

bestimmen die Technik. Die Technik muss weiterhin der Aufgabenstellung des Call Centers angepasst sein, viele Unternehmen haben den Mercedes im Keller stehen und fahren im ersten Gang.

3. Die Wertigkeit des Call Centers wird dementsprechend nicht herausgehoben. Dies macht es schwer, qualifizierte Mitarbeiter und professionelle Führungskräfte zu finden.

4. Es wird zu wenig in die Menschen investiert, sowohl in deren Qualifikation und Entwicklung als auch in deren Gehälter. Dies rächt sich gerade jetzt immer mehr, da der Arbeitsmarkt eng und enger wird.

5. Die Komplexität des Managements eines Call Centers wird unterschätzt. Noch nie hat eine Innendienstabteilung so viele Zahlen und Kennziffern geliefert und so viel Transparenz geboten! Planung, Steuerung und Controlling laufen nach völlig neuen Gesetzen. Mitarbeiter werden nicht einfach in Schichten geplant, sondern nach Kapazitätsbedarf; die verschiedenen Kontakte müssen prozessorientiert geroutet, Medienwechsel berücksichtigt (denn wer sagt, dass ein Mail immer mit einem Mail beantwortet werden soll?), und ein großes Gesamtteam muss geführt werden. Oft sind die eingesetzten Führungskräfte überfordert, oder ihre Arbeit wird nicht wertgeschätzt, weil die anderen gar nicht verstehen, was die da machen.

Welche konkreten Phasen und Inhalte hat ein typisches Call Center-Projekt?

HS: Idealerweise sollte ein Projekt damit anfangen, mit dem Auftraggeber eine Vision für diese neue Unternehmenseinheit zu gestalten und eine Strategie zu formulieren. Da das Call Center Auswirkungen auf die gesamte Unternehmensorganisation hat, sollten auf höchster Ebene diese Veränderungen bewusst sein und das Commitment und das „Go“ dafür da sein. Nach der Strategie werden die Prozesse designed, dann kann das Projekt in Teilprojektteams (Menschen, Technik, Organisation, Projektkommunikation…) an der Konzeption für die weitere Entscheidungsvorlage für den Lenkungsausschuss arbeiten, um dann mit der Umsetzungsphase zu beginnen. Ein klassischer Projektablauf mit sehr speziellen Inhalten also.

Es wird immer wieder gesagt, Call Center seien Dienst am Kunden. Viele Menschen sind aber nach dem Kontakt mit einem Call Center vollkommen frustriert: Der Kunde wählt z. B. die Nummer seiner örtlichen Hausbank und landet nach vielen Verzögerungen in einem Call Center in Duisburg, wo man nicht begreift, dass der Bankkunde gern mit seinem örtlichen Filialleiter sprechen möchte. Was sind die typischen Fehlleistungen und wie können sie verhindert werden?

HS: Dies ist eine Auswirkung davon, dass die Prozesse nicht kundenorientiert designed sind. Ihr Beispiel zeigt, dass das „multimediale Kundenverhalten“, zu dem auch gehört, dass der Online- oder Telebanking-Kunde mal mit einem Menschen vor Ort sprechen möchte, nicht berücksichtigt ist: Der Agent im Call Center hat keine Möglichkeit zu agieren; auch wurde er oder sie nicht ausgebildet, diese neuen Anforderungen des Kunden und den Prozess zu verstehen. Wahrscheinlich hat man vergessen, dass man Schnittstellen – auch technischer Art – in Filialen braucht. Unternehmen müssen begreifen, dass der Kunde in Zukunft diktiert, über welches Medium er jetzt gerade kommunizieren möchte. Es zeichnet sich ab, dass er dies auf allen Kanälen tun wird, dass es nur so brummt. Gerade die Finanzdienstleister sind heute die Ersten, die dies bis unter die Haarspitzen spüren.

Wesentlicher Erfolgsfaktor ist eine fundierte Ausbildung. Sie haben diesen Bedarf erkannt und zusammen mit der ebs Management Academy ein berufsbegleitendes Intensivstudium konzipiert. Was sind die Zielgruppen, Ziele und Inhalte dieses Studiums?

HS: Ich freue mich sehr darüber, dass es leicht war, die European Business School zu gewinnen, gemeinsam mit Prisma eine Ausbildung auf akademischem Level zu konzipieren und umzusetzen. Die meisten der heutigen Call Center-Manager oder Projektleiter sind Quereinsteiger, die „wie die Jungfrau zum Kinde" an ihren Job gekommen sind. Bisher war learning by doing und lernen durch Erfahrungsaustausch mit Mitstreitern angesagt. Call Center- Manager haben in der Regel einen Hochschulabschluss, allerdings nicht unbedingt als Betriebswirt. Wir wollen in unserer Ausbildung deren Grundlagenqualifikationen erhöhen und ihnen die Instrumente vermitteln, die sie brauchen, um Entscheidungen sicherer zu treffen. Erkenntnisse aus Wissenschaft und Praxis werden vereint, um die Besonderheiten von „Leadership" und Management im Sinne von Planung, Steuerung und Controlling auf eine solide Basis zu stellen und auch zu reflektieren. Ebenso sollen die Teilnehmer auf die innerbetrieblichen Veränderungen und multimedialen Entwicklungen vorbereitet werden. Das Studium richtet sich an Call Center-Manager und den Führungskräftenachwuchs, sowohl von Inhouse Call Centern als auch von „Outsourcern", also Agenturen oder Service GmbHs, und an Projektleiter und Berater.

Die Inhalte decken Grundlagen in Wirtschaftswissenschaft und in Personalführung und -entwicklung ebenso ab wie Strategien und Geschäftsprozesse, Planung, Steuerung und Controlling im Call Center – insbesondere auch Prozesskostenrechnung, wie auch Recht und Projektmanagement.

Welche Pläne haben Sie?

HS: Inhaltlich beschäftige ich mich momentan begeistert damit, wie sich unsere Welt durch die neuen Medien verändern wird – und damit auch die Beziehungen der Menschen untereinander. Ich denke, dass wir die Möglichkeiten, die das globale Netz bietet, im Moment erst nur erahnen und zu stark auf das Thema E Business (wie kaufe ich eine CD übers Internet) reduzieren. Ich finde es toll, diese neue Welt gestalterisch mit beeinflussen zu können, also an der Zukunft mitbasteln zu können. Und das sind auch die Pläne für Prisma – etwas pragmatischer vielleicht – als Unternehmensberatung, die multimediale Kunden-Interaktions-Center implementiert und so an der Planung und Umsetzung der neuen zukünftigen Unternehmensstrukturen und multimedialen Beziehungen mitwirkt. Dabei entwickeln wir unseren systemischen Ansatz weiter und werden immer – bei gleichzeitig hoher Kompetenz in Technik, Strategie und Management – davon ausgehen, dass es die Menschen sind, die die Entwicklung und den Erfolg entscheiden.

Und last, but not least werde ich mich weiterhin dafür einsetzen, dass mehr Frauen die Möglichkeit und den Mut haben, in Unternehmensberatungen und anderswo Karriere zu machen.

(UB 02/00)

4.6 Value Nets

4.6.1 Supply Chain Management

Supply Chain ist die Wertschöpfungs- und Lieferkette, die zur Erstellung und Lieferung von Produkten und Dienstleistungen notwendig ist. Sie umfasst Kunden, alle Handelsstufen, Hersteller und deren Lieferanten.

Supply Chain Management (SCM) hat zum Ziel, die Geschäftsprozesse und -strukturen dieser Kette zu optimieren. Dazu gehört auch die exakte Abstimmung der Material-, Wert- und Informationsflüsse. Durch Einbeziehung von Internet und Intranet wird SCM wichtigster Teil einer ganzheitlichen E-Business-Konzeption.

Wir haben dieses Schwerpunktthema gewählt, weil es für Berater und ihre Klienten große Wertpotenziale aufzeigt. „Wir machen unsere Klienten stark, indem wir ihre Kunden an sie binden, und das bindet die Klienten an uns", sagt schlicht ein führender SCM-Berater.

Die Entwicklung ist rasant: Schon spricht man nicht mehr von Logistikketten, die einen Anfang und ein Ende haben, sondern von Wertnetzen, die wie kybernetische Systeme funktionieren. Es hat den Anschein, als solle jetzt der Dornröschenschlaf, in den die Beratungsfelder Logistik und Lieferantenmanagement für lange Zeit gefallen waren, in Riesensprüngen aufgeholt werden.

„Value Net", die aktuellste Version der Supply Chain, ist ein auf Zusammenarbeit angelegtes, häufig digitales Netzwerk, das eine Verbindung zwischen Kunden, Herstellern und Zulieferbetrieben schafft. Das Value Net-Konzept sichert nicht nur die schnelle und zuverlässige Versorgung der Kunden, sondern ermöglicht auch die Anpassung der Produkt- und Servicegestaltung an individuelle Kundenwünsche. Eine Untersuchung der Mercer Management Consulting (s. S. 16) zeigt, dass Value-Net-Pioniere wie Biogen, der Online-Supermarkt Streamline, Apple Computer oder die spanische Modefirma Zara ihre Wettbewerber im Hinblick auf Ertragskraft und Steigerung des Shareholder Value weit hinter sich gelassen haben.

Das klassische Supply Chain Management basiert meist auf prognostizierter oder erwarteter Kundennachfrage, Value Nets reagieren nicht nur auf Echtzeit-Kundenwünsche, sondern verknüpfen diese auch untereinander, um den Beschaffungs-, Herstellungs- und Distributionsprozess zu optimieren.

Marktuntersuchungen verschiedener Beratungsunternehmen, deren Ergebnisse in dieser Ausgabe vorgestellt werden, zeigen, dass die Wirklichkeit in deutschen Unternehmen von diesem Ideal noch weit entfernt ist. Für den Mittelstand, der bisher noch nicht untersucht wurde, gilt dies erst recht. Die Studien haben aber auch ergeben, dass die Beratungsbranche mit vielen unterschiedlichen Ansätzen des Learning by Doing in Sachen Supply Chain unterwegs ist.

Fazit also: Es ist noch sehr viel zu tun. Zum Glück! (UB 04/00)

4.6.2 Zukunft des E-business

Interview mit Dieter Heyde (DH), Vorstandsvorsitzender der Heyde AG

Alles kreist um die glorreiche Zukunft des E-business, doch es werden, besonders in Bezug auf B2C, erste kritische Stimmen laut. Wie schätzen Sie die Zukunft des E-business ein?

DH: Die von Ihnen angesprochenen kritischen Stimmen, insbesondere im B2C-Bereich, sind durchaus berechtigt. Es zeigen sich heute erste Beispiele, wo solche Konzepte nicht aufgehen. Andererseits ist dies kein Beweis für das grundsätzliche Scheitern der Idee. Ich bin fest davon überzeugt, dass die Entwicklungen im E-business-Bereich unsere heutige Handels-, Industrie- und Dienstleistungslandschaft dramatisch verändern wird. Die Frage ist lediglich, wann und mit welcher Geschwindigkeit geht es in welchem Marktsegment los?

Supply Chain Management wird neuerdings als Value Net Management bezeichnet: Vom Kunden über alle Handelsstufen, Hersteller bis zu dessen Lieferanten soll alles ein kommunizierendes Netzwerk, praktisch ein kybernetisches System sein. Utopie, was heißt das konkret?

DH: Über internetbasierte Kommunikation und Anwendungsplattformen und Kommunikationsstandards wie XML besteht heute die Möglichkeit, viel einfacher als mit den vor einigen Jahren verfügbaren Mitteln die beteiligten Partner innerhalb der Supply Chain miteinander zu vernetzen. Portals, Communities und E-procurement-Plattformen und damit verbundene neue Dienstleistungen werden hier die zunehmende Vernetzung und Nutzung des Internet-Mediums vorantreiben. Die „Visibility" von Warenbeständen und das Tracking und Tracing von Aufträgen und deren Abarbeitungsstatus über die gesamte Supply Chain bergen erhebliche Potenziale für die beteiligten Partner.

Brauchen Systemintegratoren künftig verstärkt Beratungs- und Strategiekompetenz?

DH: Das kann man mit einem klaren „Ja" beantworten. Der Faktor Zeit hat heute in Projekten dramatisch an Bedeutung gewonnen. Nur wer ganz vorne in der Strategieberatung ansetzen kann und dann in kurzer Zeit, teilweise überlappend, Lösungen auch realisieren und in Betrieb nehmen kann, hat die Chance, diesen Anforderungen gerecht zu werden. Sie können das an der Ausrichtung der Heyde AG sehen. Wir haben zu klassischen Systemintegrationsleistungen mit Consulting Partner und Miebach Logistik zwei Beratungsunternehmen mit zusammen ca. 300 Consultants dazugewonnen, die die Bereiche Strategieberatung, insbesondere in den Bereichen E-business/New economy und Logistik abdecken.

Bei allen diesen Themen hat man den Eindruck: Der Mittelstand spielt so gut wie überhaupt keine Rolle. Ist Heyde auch „mittelstandsfähig"?

DH: Unser Kundenkreis beginnt bei Unternehmen mit ca. 100–200 Millionen DM Umsatz, im Dienstleistungsbereich und in der New economy auch darunter. Wir haben sowohl im Consulting-Bereich als auch im Bereich unserer Softwareprodukte im E-business und Logistikumfeld eine ganze Reihe von erstklassigen Lösungsangeboten, die nicht nur für Großkunden interessant sind.

Was raten Sie Unternehmen, großen wie kleinen, die noch nichts in Richtung E-business unternommen haben?

DH: Warten Sie nicht bis es zu spät ist. Es wird hier dramatische Veränderungen und Verschiebungen im Markt geben. Erfolgreich ist letztlich, wer mit der richtigen Strategie zum richtigen Zeitpunkt und in dem angemessenen Umfang in diese Themen einsteigt. Hier ist Beratung gefragt – und zwar von Leuten, die nicht nur die Technik verstehen, sondern auch die Business-Modelle und den Markt.

Wie wollen Sie die führende Position, die Heyde AG bei allen Themen der E-Integration übernommen hat, festigen und ausbauen?

DH: Zusätzlich zum bereits erwähnten außerordentlich wichtigen Strategieberatungsbereich haben wir uns in den vergangenen 2 Jahren ein umfangreiches Software-Produktportfolio im E-finance, E-business und Supply Chain aufgebaut. D. h. wir haben alle die Bausteine, die wir für die fertigen Lösungen brauchen, an Bord:

Consulting, Softwareprodukte und die Systemintegrationsleistungen. Das macht uns schneller bei der Projektumsetzung und ermöglicht den Kunden „One Stop Shopping" bei der Heyde AG. Eine weitere Komponente ist der konsequente internationale Ausbau der Gruppe. Wir werden im nächsten Jahr mindestens 50 % unseres Umsatzes außerhalb Deutschlands erwirtschaften. Globaler Support für unsere Kunden wird in Zukunft eine noch stärkere Bedeutung gewinnen. Und schließlich: Technologie Leadership – immer am Ball bleiben und neueste Techniken und Technologien erforschen und erproben, sowohl im Bereich der technischen Umsetzung als auch im Consulting. (UB 04/00)

4.7 Insolvenzordnung

Mit der Einführung der neuen Insolvenzordnung (InsO) am 1. Januar 1999 wird sich einiges ändern: Es ist mit einer Vervielfachung der zu eröffnenden Insolvenzverfahren zu rechnen, und die Banken werden sowohl im Alt- wie auch im Neugeschäft ein verschärftes Kreditcontrolling mit Beratungszwang einführen. Aus beiden Wirkungen ergeben sich für Unternehmensberater hervorragende Chancen:

1. Die „drohende Zahlungsunfähigkeit"
Chance: Effizientere Turn-around-Beratung.

Bisher waren bestehende Zahlungsunfähigkeit und Überschuldung die Auslöser zur oft mangels Masse aussichtslosen Eröffnung des Konkursverfahrens. Nach neuem Recht kommt nun die zu einem wesentlich früheren Zeitpunkt feststellbare drohende Zahlungsunfähigkeit hinzu. Damit steigt die Chance, nur leicht gefährdete Unternehmen rechtzeitig und erfolgreich zu sanieren. Laut Jobst Wellensiek, Deutschlands prominentestem Sanierer, beträgt die Inkubationszeit einer Existenzkrise 5–7 Jahre. Wer könnte besser als die Unternehmensberater geeignet sein, eine latente Unternehmenskrise frühzeitig zu erkennen und durch erfolgreiche Sanierungsmaßnahmen abzuwehren?

2. Der Insolvenzplan
Chance: Tragfähiges Sanierungskonzept durch Beratungskompetenz.

Im Insolvenzplan, der vom Schuldner (mit Unterstützung eines Beraters) selbst vorgelegt werden kann (Initiativrecht), ist das Sanierungskonzept enthalten. Dies beinhaltet neben einer sorgfältigen Unternehmens- und Krisenanalyse einen Katalog nachhaltiger Sanierungsmaßnahmen. „Der Erfolg eines Insolvenzplans ist abhängig von der betriebswirtschaftlichen Richtigkeit, der marktwirtschaftlichen Einbettung, der Branchen- und Marktkenntnis des Beraters und seiner Fähigkeit, das in der Praxis machbare in dem jeweiligen Einzelfall zu erkennen", so Stephan Glauer, Syndikus der TREBAG. Gefragt sind in Zukunft kompetente, ganzheitlich orientierte Experten, die Sanierungspotenziale früh erkennen und schnell realisieren, statt nur Begräbnisse zu organisieren.

3. Reaktion der Banken:
Verschärftes Kreditcontrolling

Chance: Mitwirkung des Beraters bei Kreditanträgen

(z. B. Existenzgründung und Nachfolgeregelung), Beratungsaufträge auf Verlangen oder im Auftrag der Banken. Die Banken werden im Neugeschäft restriktiver (Erhöhung der Sicherheiten) und teurer. Im Altgeschäft werden die Kreditengagements schon jetzt kritisch unter die Lupe genommen. Das strengere Kreditcontrolling wird dazu führen, dass die Banken sich in zunehmendem Maße in unternehmerische Entscheidungen einmischen und unter Androhung von Kreditkündigungen ihre Kreditnehmer auffordern, sich beraten zu lassen. Da die Banken das dazu notwendige Know-how selbst nicht vorhalten können, sind auch hier wieder Berater gefragt.

Es gilt jetzt, die neuen Herausforderungen methodisch (z. B. Insolvenzplanmethodik) und akquisitorisch (z. B. Kooperation mit Banken) schnell anzupacken und sich zu positionieren, bevor es andere tun. (UB 04/98)

5 Internes Consulting

5.1 Vom Zentralbereich zum Business Partner

Interview mit Dr. Hans Böhm (HB), Geschäftsführer der DGFP

Dr. Hans Böhm ist seit 1992 Geschäftsführer der Deutschen Gesellschaft für Personalführung e.V. (DGFP). Er war von 1995 bis 1997 Präsident sowie danach bis Juni 2003 Vizepräsident der European Association for Personnel Management (EAPM). Seit Juni 2003 hat der promovierte Betriebswirt, der früher Personalmanager bei Audi und Festo war, das Amt des Generalsekretärs der EAPM inne. Er ist seit 1995 zudem Vorstandsmitglied der World Federation of Personnel Management Associations.

Unter der Leitung von Dr. Böhm wuchs die DGFP zu einem einzigartigen Kompetenz-Netzwerk für das Personalmanagement mit sieben Standorten in ganz Deutschland. Heute zählt die Fachvereinigung über 1750 Unternehmen sowie 250 Berater und Wissenschaftler zu ihren Mitgliedern. Zu den Dienstleistungen der DGFP (www.dgfp.de) gehören u.a. die Organisation von 120 Erfahrungsaustausch-Gruppen für Personalverantwortliche sowie die Weiterbildung der Fach- und Führungskräfte durch die Akademie für Personalführung.

Die neuen Konzepte wie „Lean Management" und „Business Reengineering" führen zur Reintegration der Funktionen bisher zentralisierter Bereiche in die operativen Einheiten. Von diesem Schrumpfungsprozess ist auch die Personalabteilung betroffen. Wie nehmen Ihrer Meinung nach die HR-Professionals diesen Wandlungsprozess wahr?

HB: Manche haben sicher Angst davor und reagieren mit Widerständen. Die Personalprofis sollten aber die Integration von operativer Personalarbeit in den direkten Führungsprozess federführend mitgestalten.

Gleichzeitig ist Personalmanagement in seinen Anforderungen so komplex und multidisziplinär geworden, dass die Führungskräfte kompetente Personalarbeit alleine nicht leisten können. Sie brauchen professionelle Beratung und Unterstützung. Die Personalmanager müssen den Führungskräften beispielsweise ein System miteinander verzahnter personalwirtschaftlicher Instrumente zur Verfügung stellen und dafür sorgen, dass diese kompetent angewandt werden.

Die Personalabteilungen werden zwar schlanker, aber die fachlichen und überfachlichen Anforderungen an die Spezialisten und Führungskräfte des Personalmanagements erhöhen sich. Und in dem Maße, wie Personalverantwortliche diesen veränderten Anforderungen gerecht werden, steigt auch ihr Einfluss und ihre Akzeptanz als Business-Partner.

In vielen Großunternehmen soll HRM künftig ein schlanker Servicebereich mit Beratungsfunktion sein. Welche neuen Kompetenzen brauchen die Mitarbeiter, um diesen Anspruch erfüllen zu können?

HB: Personalverantwortliche brauchen zunächst hervorragende fachliche Kenntnisse in den acht Aufgabenfeldern des Personalmanagements, die wir bei der Entwicklung professioneller Standards identifiziert haben. Das sind kulturprägende und strategische Aufgaben, Wertschöpfungs- und Kompetenzmanagement, Gestaltung der betrieblichen Sozialpartnerschaft und externe Interessenvertretung (insbesondere bei Tarifverhandlungen und in Verbänden) sowie Management der personalwirtschaftlichen Instrumente und Management des Wandels. Die entsprechenden Kompetenzen vermitteln wir – differenziert für die unterschiedlichen Ebenen des Personalmanagements – in den Ausbildungsgängen unseres Professionalisierungsprogramms „ProPer“. Darüber hinaus brauchen Personalverantwortliche auch besonders ausgeprägte methodische und soziale Kompetenzen.

Ein Verständnis von Personalmanagement als schlanke Service- und Beratungsfunktion greift allerdings zu kurz. Professionelles Personalmanagement muss auch wichtige unternehmerische Gestaltungs- und Ordnungsfunktionen wahrnehmen.

Die neuen „Business Partner“ oder „Performance Consultants“ sollen nach Vorstellung der Unternehmensleitung den Wertschöpfungsprozess messbar unterstützen. Wie ist das bei einer ehemaligen Personalabteilung möglich?

HB: Das Personalmanagement muss seine eigene Kostenstruktur und die gesamten Personalkosten transparent machen und permanent optimieren. Das beherrschen die Personalmanager heute schon ziemlich gut. Die umfassende Quantifizierung des unternehmerischen Nutzens der Personalarbeit steckt allerdings immer noch in den Kinderschuhen. Der Vergleich interner Verrechnungspreise mit Marktpreisen kann in einigen Bereichen weiterhelfen – etwa beim Recruiting oder bei der Lohn- und Gehaltsabrechnung. Benchmarking-Projekte ermöglichen zudem den Vergleich des eigenen Unternehmens mit anderen.

Neuere Ansätze gehen den Weg einer stärkeren betriebswirtschaftlichen Integration des Personalmanagements in die unternehmerische Wertschöpfungsrechnung. So wird beim „Workonomics“-Ansatz ein „Value Added per Person“ ermittelt. Beim Human Capital Index wird versucht, den ökonomischen Wert einer Belegschaft zu quantifizieren. Ein umfassendes Konzept für ein „wertorientiertes Personalmanagement“ wurde gerade von einem Arbeitskreis der DGFP aus Wissenschaftlern, Beratern und Personalpraktikern erarbeitet. Die Ergebnisse werden Anfang 2004 als Buch in der DGFP-Schriftenreihe veröffentlicht.

Ist das, was eine Personalabteilung macht, überhaupt als Serviceprodukt zu definieren und zu verrechnen?

HB: Viele Leistungen des Personalmanagements lassen sich als Serviceprodukte definieren und verrechnen. Wichtige Aufgabenfelder entziehen sich allerdings immer noch einer exakten betriebswirtschaftlichen Quantifizierung. Dabei handelt es sich vor allem um die unternehmerischen Gestaltungs- und Ordnungsfunktionen des Personalmanagements, also die Mitwirkung bei der Kultur- und Strategieentwicklung, die Gestaltung der betrieblichen Sozialpartnerschaft und die externe Interessenvertretung.

Eines scheint mir allerdings sicher: Wenn ein professionelles Personalmanagement überzeugend alles quantifiziert hat, was in irgendeiner Weise (z.B. durch Indikatoren) zu quantifizieren ist, dann werden seine qualitativen Beiträge und Argumentationen ein viel größeres Gewicht erhalten.

Wie sehen Sie die weitere Entwicklung? Ist das Ganze nur ein Modetrend, oder werden Personalabteilungen tatsächlich interne Lieferanten, die nach ihrem Wertschöpfungsbeitrag bemessen werden?

HB: Die gegenwärtige Entwicklung ist sicher kein Modetrend. Personalabteilungen werden in weiten Bereichen ihres Aufgabenspektrums zu Lieferanten professioneller Produkte und Dienstleistungen. Und sie werden in hohem Maße an ihren Wertschöpfungsbeiträgen gemessen werden. Und das ist auch gut so. Aber diese Sichtweise gibt keine vollständige Charakterisierung professioneller Personalarbeit. Unternehmen, die darüber hinaus dem Personalmanagement die skizzierten unternehmerischen Gestaltungs- und Ordnungsfunktionen zuweisen, werden deutlich wettbewerbsfähiger und wirtschaftlich erfolgreicher sein. (UB 01/04)

5.2 Die Leistungsvereinbarung – auch interne Consultants haften

5.2.1 Die neue Schuldrechtsreform

Die endgültige Fassung des neuen deutschen Schuldrechts wurde erst am 25. September 2001 bekannt gegeben und bereits zum 1. Januar 2002 trat es in Kraft.

Zu wenig Zeit, auch für Juristen, um sich über die weit reichenden Konsequenzen dieser Rechtsreform klar zu werden und sie in die Rechtspflege umzusetzen. Erst recht wenig Zeit für den juristischen Laien, der mit seinem Tagesgeschäft der Akquisition und Auftragsdurchführung voll ausgelastet ist und sich nicht gedanklich tief schürfend damit auseinander setzen kann, was dieses neue Gesetzeswerk für ihn und sein Beratungsgeschäft bedeutet.

Das alte Schuldrecht war über hundert Jahre alt und musste, besonders im Kaufrecht, modernen Gegebenheiten angepasst werden. Hinzu kam die Verpflichtung, auch im deutschen Schuldrecht die bestehenden EU-Richtlinien umzusetzen.

Die Wirkungen der Schuldrechtsreform lassen sich auf drei Punkte zusammenfassen:

1. Der Käufer oder Auftraggeber hat künftig einen Nachbesserungsanspruch, bisher konnte er nur wandeln (Geld zurück) oder mindern (weniger bezahlen).

Diese Wirkung ist für die Berater unerheblich, für die es ohnehin üblich ist, im Interesse der Klientenpflege nachzubessern, wenn der Auftraggeber mit dem Beratungsergebnis oder der Vorgehensweise nicht ganz zufrieden ist.
Schlechte Karten haben aber die unseriösen Beratungsunternehmen, die es bisher wenig kümmerte, wenn sich der Klient nach Abschluss der Beratung über das qualitative Ergebnis bitter beklagte. Mit diesen Klienten wurde in der Vergangenheit dann einfach vor den Kadi gezogen, um ohne Nachbesserungen das ausstehende Honorar einzuklagen. Da sich die schwarzen Schafe der Beratungsbranche vertraglich bestens abgesichert hatten, gaben viele Klienten, oft nach jahrelangem Rechtsstreit, entnervt auf.

2. Die Mängelgewährleistungspflicht ist von 6 Monaten auf 2 Jahre verlängert worden.
   Das bedeutet, dass Klienten auch noch nach zwei Jahren, wenn die Wirkungen einer Falschberatung nachweisbar sind, Regressforderungen gegen die Berater stellen können. Hier wird die besondere Problematik der hohen Fluktuationsdynamik der Beratungsbranche deutlich: Es wird in den seltensten Fällen möglich sein, nach Ablauf von zwei Jahren die gleichen Berater bei dem Klienten einzusetzen, die die ursprüngliche Konzeption entwickelt haben. Durch diesen Tatbestand gewinnen Wissensmanagement und lückenlose Projektdokumentation in den Beratungsunternehmen zusätzliche Bedeutung.

3. Der Käufer hat einen generellen Schadensersatzanspruch bei schuldhafter Lieferung einer mangelhaften Kaufsache.
   Das bedeutet, dass sich in Zukunft auch die Beratungsvermittler, wie z. B. die RKWs, Gedanken machen müssen. Es wird in Zukunft nicht mehr genügen, dem Klienten „Haftung für Auswahlverschulden" zu versprechen, um dann das Risiko dieses Versprechens voll auf die Berater durchzustellen, indem man sie zwingt, eine kostspielige, im Ernstfall jedoch nicht tragfähige Berufshaftpflichtversicherung abzuschließen.

Fazit:

Durch das neue Gesetzeswerk ist das Geschäft für Berater nicht einfacher geworden. Um auf der sicheren Seite zu sein, müssen Berater, Beratungsunternehmen und Vermittler die neuen Gegebenheiten schnellstmöglich in ihre Standardverträge und Allgemeinen Geschäftsbedingungen einarbeiten. Bei Werkverträgen besteht höherer Handlungsbedarf als bei Dienstverträgen. (UB 02/02)

5.2.2 Qualität in der Beratung

Interview mit Dr. Roland Schmitt (RS), Geschäftsführer Diebold Deutschland GmbH

Herr Dr. Schmitt, seit Mitte letzten Jahres stehen Sie an der Spitze des Management- und Technologieberatungsunternehmens Diebold. Alte Consulting-Hasen haben den Unternehmensgründer John Diebold, „Mr. Automation", noch persönlich kennen gelernt und schwärmen von seinen Qualitätsstandards im Beratungsgeschäft und im Beziehungsmanagement mit Klienten, Mittlern und Mitarbeitern. Was ist von diesen Standards heute noch übrig geblieben?

RS: Diese Standards haben sich nur in der Hinsicht verändert, dass die Planungszeiträume wesentlich kürzer sind. Die Wechselhäufigkeit im Management und die Dynamik hat zugenommen. Das wirkt sich natürlich auch auf Consultingunternehmen aus. Der viel gepriesene Wandel ist heute Realität, und damit werden hohe Anforderungen an Qualität und Beziehungsmanagement gestellt.

Im Zusammenhang mit den Zusammenbrüchen bei Swissair und Sulzer, beides Unternehmen, die jahrzehntelang von führenden Consultingunternehmen strategisch beraten wurden, ist erneut eine Diskussion über Wert und Nutzen von Beratung entstanden. Welche Faktoren würden Sie in eine Nutzenbetrachtung einbeziehen?

RS: Die Beratung muss die Vorschläge, die sie konzipiert auch mit umsetzen oder die Umsetzung begleiten. Only-Paperwork-Consulting ist zunehmend obsolet. Der Kunde will Lösungen, die funktionieren. Die soziale Kompetenz der Berater spielt ebenso eine Rolle. Heerscharen von „Jungberatern“, die auf Kosten des Kunden ausgebildet werden, haben das Image verschlechtert.

Wie kann man von einer rein quantitativen Betrachtung des „Bottom Line Impact“ zusätzlich zu einer qualitativen Bewertung kommen, z. B. „Was hat die Klientenorganisation von den Beratern gelernt, welcher weitere immaterielle Nutzen ist entstanden?“

RS: Schon vor 3 Jahren haben wir mit Kunden Erfolgshonorare auf der Basis von Know-how-Transfer, Management-Feedback der betreffenden Kundenorganisation, Einhaltung von Qualitätsstandards, etc. getroffen. Das hat sich bewährt. Letztlich ist entscheidend, ob der Kunde zufrieden ist. Wie er das bemisst, ist zweitrangig.

Ist der Berater- und Beratungsnutzen nur ex post darzustellen oder kann man schon im Akquisitionsgespräch dazu Aussagen machen?

RS: Dazu muss im Vorfeld etwas gesagt werden. Zumindest zu den so genannten quantitativen Kriterien. Wie soll der Kunde sonst die Nutzenpotenziale abwägen? Wir stellen unseren Nutzen für den Kunden ganz an den Anfang, Methode und Vorgehensweise sind austauschbar.

Sehen Sie einen Zusammenhang zwischen Value Based Consulting und Erfolgshonoraren?

RS: Eindeutig. Unser Credo „Beratung schafft und sichert Werte – Beratung ist und hat einen Wert“ wird gerade in der gegenwärtigen Krise der Beratungen mit Interesse wahrgenommen. Nur wenn wir uns am Erfolg unseres Kunden messen lassen, sind wir glaubwürdig – und nicht, verhilft uns das auch zum Erfolg. (UB 01/04)

5.3 Sind interne Consultants Wettbewerber?

Noch vor einem Jahr hätte ich bei dieser Fragestellung wieder einmal das flammende Schwert hervorgeholt und gesagt: Ja, selbstverständlich! Und wie! Jeder Auftrag, der innen bearbeitet wird und nicht auf den externen Beratungsmarkt kommt, schadet der Branche.

Der Umdenk-Prozess setzte ein, als ich in New York Dudley Smith besuchte, den Präsidenten und CEO der ACMF (Association of Management Consulting Firms), Amerikas größtem Beraterverband, praktisch der BDU in Magnumversion. Das Gespräch nahm in freundschaftlicher Atmosphäre einen lebhaften Verlauf, bis mich der Präsident der externen Unternehmensberater fragte, ob ich nicht auch die netten guys vom Verband der internen Berater kennen lernen wollte, mit denen man hier, in der Fifth Avenue, in Bürogemeinschaft zusammenlebe. Ich glaubte zunächst an einen Hörfehler.

Smith stand auf, rief ein paar Namen in den Flur, und wenige Minuten später standen die Repräsentanten des AIMC (Association of Internal Management Consultants) vor mir. Dieser Verband der internen Unternehmensberater wurde 1985 gegründet und hat 200 Mitglieder, nur wenige Einzelpersonen, vorwiegend die Unternehmen (Klienten) selbst. Die Art, wie man miteinander umging, ersparte mir zunächst die drängenden Fragen nach dem „Warum" und „Weshalb". In einem unbeobachteten Moment stellte ich dann doch die Frage „Sind das nicht unsere Wettbewerber?". Smith antwortete lapidar: „Wir sind doch alle Wettbewerber, ACMF selbst ist ein Zusammenschluss von direktesten, aggressiven Wettbewerbern! Im Vergleich dazu ist die Beziehung zu den internen Consultants geradezu entspannt. Der Klient entscheidet, ob er die Beratungsleistung einkauft oder im eigenen Haus erstellen lässt. Darauf haben wir nicht den geringsten Einfluss. In der Mehrzahl der Fälle werden große Projekte ohnehin gemeinsam, in intern/extern gemischten Teams, durchgeführt. Aus diesem Grund ist es die einzig sinnvolle Strategie, zusammenzuarbeiten, auch auf Verbandsebene. So haben wir gemeinsam den Zertifizierungsstandard CMC für unsere Mitglieder eingeführt und arbeiten auch sonst bei allen strategischen Weichenstellungen zusammen." Nach diesen Ausführungen sah ich das Mission Statement des ACMF mit neuen Augen: **Creating and sharing knowledge to benefit the profession and its clients**.

Ich beschloss, mich mit hohem Engagement dem Thema „Internes Consulting (IC)" zu widmen.

Nach einigen Vorarbeiten, wie z. B. einer Marktuntersuchung zum Entwicklungsstand des IC in großen deutschen Unternehmen, fand am 20. November, wie in UB 4/98 angekündigt, veranstaltet von der Heidelberger Akademie für Unternehmensberatung und dem Dr. Curt Haefner-Verlag, der erste große Erfahrungsaustausch zwischen Internen Consultants unterschiedlichster Unternehmen und Branchen statt. Zum Abschluss der Veranstaltung wurde der „Arbeitskreis Internes Consulting" (AIC) gegründet. (UB 01/99)

5.4 Analyse des internen Beratungsmarktes

Der Leitfaden wurde für die Interne Consulting GmbH (in der Folge XY Consulting genannt) eines großen Automobilherstellers in Deutschland entwickelt und dort zur Positionsbestimmung und –weiterentwicklung der GmbH im Markt ihrer Kunden bei der AG erfolgreich eingesetzt.

5.4.1 Allgemeiner Hinweis zu Marktanalyse und Durchführung

In der Interviewaktion werden ca. 100 Führungskräfte aller Geschäftsbereiche befragt, die das primäre interne Klientenpotenzial darstellen. Bei der Durchführung und Auswertung sind die folgenden Ziele zu beachten.

1. Akquisition von Beratungsaufträgen

Es geht inhaltlich darum, die individuellen Einstellungen, Bedarfssituationen, Anforderungen etc. zu erfragen, um dann gezielt bei diesen Personen, abgestimmt auf ihr Bedarfsprofil, akquirieren zu können. Eine Auswertung, bei der die Aussagen aggregiert werden, verwischt die individuellen Bedarfsprofile. Zum Zweck der Akquisition müssen deshalb die Einzelaussagen unaggregiert ausgewertet werden.

2. Strategische Ausrichtung

Für die strategische Ausrichtung der XY Consulting und um Verzettelungen zu vermeiden, ist es andererseits notwendig, bestimmte Aussagen zu bündeln und Schwerpunkte zu bilden, um z.B. zu einem Produktportfolio von 4 bis 5 Beratungsfelder oder zu den Leistungsformen zu kommen, die vorrangig nachgefragt werden.

Fazit:

Es muss sowohl eine Einzelauswertung als auch eine zusammenfassende Auswertung durchgeführt werden. In der Folge steht:

I für Hinweis für Interviewer

A für Hinweis für Auswerter.

5.4.2 Imageanalyse

Was halten Sie grundsätzlich davon, zur Lösung zeitlich befristeter Aufgaben und Problemstellungen Berater einzusetzen (allgemeines Beraterimage)?
I: Es geht darum, die generelle Einstellung zum Einsatz von Beratern zu erfragen. Diese kann sein:

- uneingeschränkt positiv
- positiv mit Einschränkungen
- indifferent
- tendenziell negativ
- negativ

A: Einzelaussagen sind wichtig wegen daraus ableitbarer, gezielter imagefördernder Maßnahmen. Eine Aggregation bringt keine wesentlichen, weiteren Erkenntnisse.

Was sind aus Ihrer Sicht imageprägende Faktoren bei Beratern?
I: In der Tabelle sind die üblichen imageprägenden Faktoren für Berater aufgelistet. Bei der Befragung kann diese Auflistung individuell ergänzt und um Bemerkungen angereichert werden.

A: Was sind aus Sicht der befragten Einzelperson die drei wichtigsten imageprägenden Faktoren und welche Bemerkungen wurden dazu gemacht. Aggregierte Aussage: Was sehen die Interviewpartner insgesamt als die drei wichtigsten imageprägende Faktoren bei Beratern an.

	Ja	Nein	Bemerkungen
• Bekanntheitsgrad/Marktauftritt? • Alter? • Größe? • Erfahrung? • Seriosität / Glaubwürdigkeit? • Full-Service-Angebote aus einer Hand? • Referenzen? • Unabhängigkeit? • Innovationskraft? • Weitere Faktoren - - -			

Wie erfüllt XY Consulting im Vergleich zu anderen Anbietern diese imageprägenden Faktoren?
I: Nachdem in der vorhergehenden Frage eine Rangfolge der imageprägenden Faktoren gebildet wurde, wird nun der Erfüllungsgrad dieser Faktoren durch uns im Vergleich zu unseren Wettbewerbern und eine entsprechende Begründung abgefragt.

A: Wie erfüllt aus Sicht der Einzelperson XY Consulting die drei wichtigsten imageprägenden Faktoren im Vergleich zu Wettbewerbern und welche Begründungen wurden dazu geliefert?

Aggregiert Aussage: Wie sehen die Interviewpartner insgesamt den Erfüllungsgrad durch XY Consulting im Vergleich zu Wettbewerbern bei den drei wichtigsten imageprägende Faktoren, inkl. Einem Fazit der Begründungen.

	Besser	Schlechter	Begründung
• Bekanntheitsgrad/Marktauftritt?			
• Alter?			
• Größe?			
• Erfahrung?			
• Seriosität / Glaubwürdigkeit?			
• Full-Service-Angebote aus einer Hand?			
• Referenzen?			
• Unabhängigkeit?			
• Innovationskraft?			
• Weitere Faktoren			
-			
-			
-			

Existiert nach Ihrer Vorstellung von XY Consulting ein abgerundetes, einheitliches Image oder sehen Sie einen Unterschied zwischen

- **dem Image von XY Consulting als Anbieter von Beratungsleistungen**
- **dem Image der Produkt- und Dienstleistungspalette**
- **dem Image der Berater von XY Consulting?**

Die Ursachen und eine Begründung dafür müssen abgefragt werden.

I: Kunden machen häufig einen Unterschied in der Einschätzung des Images von Unternehmen, Dienstleistungsangebot und ausführenden Personen. So kann z.B. das Image der Personen sehr gut sein, das Unternehmen hat aber ein weniger gutes Image, z.B. durch historisch bedingte „Altlasten“. Diesen Unterschied, falls gegeben, und seine Ursachen herauszufinden ist, im Hinblick auf nachgfolgende imagefördernde Maßnahmen durch XY Consulting, wichtig.

Bei unterschiedlichem Image als Antwort muss kurz die Art des Unterschiedes beschrieben werden.

A: Es wird die Auffassung der Einzelperson ausgewertet zu

- Image von XY Consulting als Anbieter von Beratungsleistungen
- Image der Produkt- und Dienstleistungspalette
- Image der Berater

mit jeweils einzelner Bewertung und Begründung .

Aggregiert muss ausgewertet werden, wie die Gesprächspartner insgesamt die unterschiedlichen Images sehen, mit zusammengefasster Bewertung und Begründung.

Bei einheitlichem Image als Antwort muss kurz das einheitliche Image beschrieben werden.

A: Auffassung der Einzelperson zum einheitlichen Image. Aggregiert: Wie sehen die Gesprächspartner insgesamt das einheitliche Image von XY Consulting, zusammengefasste Bewertung und Begründung.

5.4.3 Bedarfsanalyse

Welche Projekte werden derzeit mit Hilfe von Beratern durchgeführt?

- Problemstellung
- Laufzeit
- Honorarvolumen
- Wer sind die Berater?

I: Ermittlung der im Geschäftsbereich dieses internen Klienten derzeit laufenden Projekte, d.h. Ermittlung des derzeitigen Beratungsbedarfs und der Durchführenden.

Problemstellung	Laufzeit	Honorar	Wer macht es?

A: Einzelauswertung. Aggregiert dargestellt in einer Tabelle, welche Themenstellungen derzeit mit welcher Laufzeit und welchem Honorarvolumen von wem durchgeführt werden (Derzeitiger Beratungsbedarf, Größenordnungen, Bedarfsdecker)

Welche Projekte sollen künftig mit Hilfe von Beratern durchgeführt werden?

- Problemstellung
- Geplante Laufzeit (ungefähre Angaben)
- Geplantes Honorarvolumen (ungefähre Angaben)
- Beraterauswahl schon getroffen?

I: Ermittlung des künftigen Beratungsbedarfs nach Beratungsfeldern und Größenordnung.

A: Einzelauswertung und tabellarische Übersicht mit eindeutigen Hinweisen auf Akquisitionspotential.

Welche Projekte werden derzeit mit eigenen Ressourcen durchgeführt?

- Problemstellung
- Laufzeit
- Budget
- Personelle Kapazität ausreichend

I: Auch Projekte, die derzeit mit eigenen Kapazitäten der Interviewpartner durchgeführt werden, kennzeichnen den Beratungsbedarf.

Problemstellung	Laufzeit	Budget	Kapazität ausreichend?

A: Einzelauswertung und zusammenfassende Darstellung, welche Problemstellungen und Aufgaben derzeit mit „Bordmitteln" gelöst werden

Welche Projekte sollen künftig mit eigenen Ressourcen durchgeführt werden?

- Problemstellung
- Geplante Laufzeit, ca.
- Geplantes Budget, ca.
- Geplanter Personaleinsatz
  - Quantitative Kapazität ausreichend?
  - Qualitative Kapazität ausreichend?

I: Ermittlung des künftigen Beratungsbedarfs nach Beratungsfeldern und Größenordnungen, der mit eigenen Kapazitäten gedeckt werden soll. Die Frage nach dem geplanten Personaleinsatz soll aufdecken, ob eine Kapazitätsunterdeckung besteht, die für uns eine gezielte Akquisitionsmöglichkeit darstellt.

A: Einzelauswertung und tabellarische Übersicht mit eindeutigen Hinweisen auf Akquisitionspotential durch nicht ausreichende eigene Kapazitäten

Welche weiteren Probleme bestehen derzeit, zu deren Lösung Berater eingesetzt werden könnten?
I: Analyse eines eventuell vorhandenen Problemstaus und seiner Ursachen. Beispiel: Problem zu geringfügig, keine hohe Priorität oder aber: Problem wird nicht gelöst, weil keine Kapazitäten vorhanden sind (Akquisitionspotential!).

A: Auflistung einzeln und aggregiert, welche Probleme und Aufgaben „ruhen", Ursache der Nichtbearbeitung.

Welche künftigen Probleme zeichnen sich ab, zu deren Lösung Berater eingesetzt werden könnten?
I: Wichtig! Hier wird künftiger Beratungsbedarf abgefragt, der entscheidende Hinweise auf die strategische Positionierung und eine gute Akquisitionsgrundlage liefert. Einfach auflisten!

A: Auflistung einzeln und aggregiert nach Schwerpunkten, welcher zukünftige Beratungsbedarf besteht.

5.4.4 Wettbewerbsanalyse

Wie haben Sie bisher Ihren Bedarf an Beratungsleistungen gedeckt?
I: Hier geht es in Ergänzung (Cross-Check) zu 5.4.3 (1. bis 3. Frage) um die Frage, welche Wettbewerber, bzw. eigenen Projektgruppen bisher den vorhandenen Beratungsbedarf gedeckt haben.

A: Einzeln und zusammengefasst nach Problemschwerpunkten tabellarisch (s.u.) die bisherige Wettbewerbssituation darstellen.

Problemstellung (Bedarf)	Berater (Welche?)	Eigene Projektgruppe*

* Methodischer Hinweis: Die Eigenerstellung der Beratungsleistung durch den Klienten muss auf jeden Fall in die Wettbewerbsanalyse einbezogen werden

Nach welchen Kriterien suchen Sie die Berater aus?
I: Jeder Käufer von Beratungsleistungen hat sich Kriterien für die Beraterauswahl geschaffen. Diese gilt es hier abzufragen. Wenn möglich sollte herausgefunden werden, ob sich der Entscheider einen objektiven, subjektiven (emotionalen) oder politischen Kriterienkatalog geschaffenen hat.

A: Zusammengefasste Auflistung der Kriterien der Beraterauswahl, bei Einzelauswertung ergänzt um die verschiedenen Motivationen (objektiv, subjektiv, politisch)

Wie verschaffen Sie sich einen Marktüberblick?
I: Der Gesprächspartner wird hier verschiedene Quellen nennen, wie z.B. über Empfehlungen, Referenzen, Beraterverzeichnisse, Auskünfte von Beraterverbänden.

A: Einzelauswertung nicht notwendig, zusammengefasste Übersicht über Quellen des Marktüberblicks.

Anbieter/Wettbewerber	Wettbewerbsvorteil/ Besondere Stärken

Welche Wettbewerbsvorteile haben die anderen Anbieter im Vergleich zu XY Consulting?
I: Abfrage der Wettbewerbsvorteile oder Stärken, die andere Anbieter im Vergleich zu uns haben.

A: Auflistung der Wettbewerbsvorteile und besonderen Stärken der Wettbewerber, aus Sicht des einzelnen Gesprächspartners und zusammengefasst.

Welche Wettbewerbsvorteile hat XY Consulting im Vergleich zu seinen Mitbewerbern?
I: Eigene Wettbewerbsvorteile und besondere Stärken im Vergleich zu den Wettbewerbern.

A: Auflistung der Wettbewerbsvorteile und besonderen Stärken von XY Consulting, aus Sicht des einzelnen Gesprächspartners und zusammengefasst.

Können Sie sich XY Consulting als Vermittler von externen Beratern, bzw. als zentrale Clearingstelle von Beratungsnachfrage und Beratungsangebot bei der XY AG vorstellen?
I: Hier geht es darum zu ermitteln, ob wir künftig auch die Schnittstelle zwischen externen Beratern und internen Klienten sein können. Der Gesprächspartner wird dem entweder positiv gegenüberstehen(ja), indifferent sein (weiß nicht, bin mir nicht sicher) oder dagegen sprechen (nein), weil er sich das Recht vorbehalten will, völlig eigenständig über die Auswahl externer Berater entscheiden zu können.

A: Einzeln und zusammengefasst wird dargestellt, welche der drei Grundeinstellungen der Gesprächspartner geäußert hat.

Welche Faktoren behindern die Inanspruchnahme von XY Consulting
- **als Berater**
- **als Clearingstelle?**

I: Hier werden Gründe genannt, warum wir bisher nicht gefragt wurden, wenn Beratungsbedarf bestand oder wenn externe Berater gesucht wurden.

A: Einzelauswertung und tabellarische Zusammenfassung der Faktoren

Faktoren, die eine Inanspruchnahme als Berater verhindern	Faktoren, die eine Inanspruchnahme als Clearingstelle verhindern

5.4.5 Erfahrungsanalyse aus der Zusammenarbeit mit Beratern

Was kennzeichnet gute und erfolgreiche Beratung?
I: Bezug auf Erfahrungen der Vergangenheit.

A: Zusammenfassung der Kriterien und Meinungen über erfolgreiche Beratung

Welche negative Erfahrung haben Sie in der Zusammenarbeit mit Beratern gemacht?
I: „Erlebnisberichte“, die in ihren Kernaussagen erfasst werden.

A: Kategorien negativer Erfahrungen bilden und Aussagen zuordnen.

Welche Erkenntnisse und Konsequenzen haben Sie daraus gezogen?
I: Es wird ein Bericht kommen, der in seiner Kernaussage zusammengefasst werden muss.

A: Kategorien von Konsequenzen bilden und Aussagen zuordnen.

Woran messen Sie Beratungserfolg?
I: Hier kommen Antworten wie z.B. „Vereinbartes Projektziel erreicht", wahrscheinlich werden nicht mehr als fünf Messkriterien genannt.

A: Messkriterien für Beratungserfolg auflisten und nach Häufigkeit der Nennungen gewichten.

5.4.6 Anforderungsanalyse (Erwartungen)

In welcher Rolle(n) sehen Sie den idealen Berater?

- Change Manager
- Vordenker
- Katalysator
- Prozessbegleiter
- Analytiker
- Konzeptentwickler
- Umsetzer
- Projektleiter / Projektmanager
- Know-how-Transferträger
- Coach
- Moderator
- Supervisor

I: Hier geht es darum festzustellen, welchen Rollenschwerpunkt der ideale Berater haben sollte. Es ist auch eine Rollenkombination möglich.

A: Einzelauswertung und Zusammenfassung der Rollenpräferenzen.

Welche Kompetenzfelder muss ein Berater(team) unbedingt abdecken ?

- Branchenkompetenz
- Funktionale Kompetenz (z.B. Logistik, Marketing, Informationsverarbeitung)
- Methodenkompetenz, inkl. Projektmanagement
- Beherrschung von Beratungsprodukten
- Soziale Kompetenz
- Weitere

I: Wir ermitteln, welche Kompetenzfelder vorrangig erwartet und nachgefragt werden.

A: Einzelauswertung und zusammenfassende Darstellung der Häufigkeit der Nennungen bei den einzelnen Kompetenzfeldern.

Welche Leistungsform der Beratung erwarten Sie?

- Umfassende, konventionelle Beratung mit den Phasen (Voruntersuchung), Ist-Analyse, Zielsetzung, Konzeptentwicklung (grob, fein), Realisierungsplanung, Vollrealisierung, Evaluation, alle Phasen komplett von Beratern durchgeführt?
- Eingeschränkte konventionelle Beratung mit den Phasen Ist-Analyse, Zielsetzung, Konzeptentwicklung (grob, fein), Realisierungsplanung, Teilrealisierung oder Realisierungsbegleitung, komplett von Beratern durchgeführt?
- Eingeschränkte konventionelle Beratung ohne Realisierung mit den Phasen Ist-Analyse, Zielsetzung, Konzeptentwicklung (grob, fein), Realisierungsplanung, (keine Realisierungsform) komplett von Beratern durchgeführt?
- Lean Consulting mit den Merkmalen: Quantitative Ist-Analyse (Datengerüst)wird vom Kunden selbst durchgeführt. Qualitative Ist-Analyse , Zielsetzung, Konzeptentwicklung, Realisierungsplanung, Fortschrittskontrolle in moderierten, konsensorientierten Workshops?
- Prozessbegleitung/Problemlösungsmoderation?
- Coaching?
- Supervision?

I: Es gilt auszuloten, welche Leistungsform der Beratung überhaupt bevorzugt wird.

A: Einzelauswertung: Wer bevorzugt was? Zusammenfassung: Wie ist die Rangfolge bei den erwünschten Leistungsformen.

Wie sind Ihre inhaltlichen Anforderungen an die einzelnen Phasen des Beratungsprozesses?

a. Akquisition: Was muss in einem für beide Seiten erfolgreichen Akquisitionsgespräch geklärt werden?

b. Beratungsangebot: Welche schlüssigen, transparenten und verbindlichen Angaben müssen in einem akzeptablen Angebot enthalten sein?

c. Auftragsdurchführung: Welche Phasen des Beratungsprozesses (Ist-Analyse, Zielsetzung, Konzeptentwicklung (grob, fein), Realisierungsplanung, Realisierung, Evaluation) müssen inhaltlich vollkommen von den Beratern abgedeckt werden?

d. Welche Inhalte sollten in einer Auftragsevaluation enthalten sein?

e. Erwarten Sie auch nach Auftragsabschluss eine individuelle Kundenpflege durch die Berater? Wie stellen Sie sich diese idealerweise vor?

I: Hier sollen die inhaltlichen Anforderungen an die einzelnen Phasen des Beratungsprozesses erhoben werden. Dabei wird gleichzeitig ermittelt, wie vertraut der Gesprächspartner mit den professionellen Standards der Berufsausübung ist.

A: Einzelauswertung und zusammenfassende Darstellung der inhaltlichen Anforderungen an den Beratungsprozess.

Wie sind Ihre qualitativen Anforderungen?

- Auftrag wird inhaltlich und terminlich wie geplant durchgeführt
- Phasenziele müssen ohne Nacharbeit erreicht sein
- Beratungsziel wird im Zeit- und Budgetrahmen erreicht
- geringe Belastung der eigenen Ressourcen etc.

I: Saubere Trennung von inhaltlichen und qualitativen Anforderungen beachten

A: Einzelauswertung und Zusammenfassung der wichtigsten qualitativen Anforderungen.

Wie sind Ihre ökonomischen Anforderungen

- Welche Tagessätze halten Sie für branchenüblich?
- Welche Honorarformen bevorzugen Sie?
  - Zeithonorar (Festpreis oder variabel nach Aufwand mit Obergrenzen)?
  - Erfolgshonorar
  - Mischform (Grundhonorar + Erfolgskomponente)
- Welche Art der Fakturierung bevorzugen Sie?
  - 1/3-Modell: 1/3 als Anzahlung bei Auftragserteilung, 1/3 Mitte Vertragslaufzeit, 1/3 nach Auftragabschluss
  - Monatliche Abrechnung (Honorar + Spesen)
  - Monatliche Abrechnung nur Spesen, Honorar am Auftragende
  - Alles nach Auftragsabschluss

I: Hier muss praktisch nur eine Strichliste gemacht werden

A: Einzelauswertung und Zusammenfassung

- der Bandbreite der Tagessatzvorstellungen
- der Rangfolge der erwünschten Honorarformen
- der Rangfolge der erwünschten Fakturierungsformen.

(Autorin: C. Niedereichholz)

6 Beratungsmarkt

6.1 Trends

Interview mit Dr. Jürgen Kluge (JK), Director und Office Manager McKinsey & Company, Inc. Deutschland

Zur Person: Jürgen Kluge, 47, ist promovierter Physiker und seit 1984 bei McKinsey & Company. Seit Jahresbeginn 1999 ist er Chef der sieben deutschen Büros und der Büros in Wien und Istanbul der internationalen Beratungsfirma. Als Berater hat sich Kluge auf die Themen Strategie, Technologie-Management und Innovation konzentriert.

Das Thema E-Business ist in aller Munde. Viele Beratungsunternehmen stellen das Thema so dar, als sei es ein ganzheitliches, homogenes Beratungsprodukt, das sie als Komplettlösung anbieten können. Schaut man hinter die Kulissen, so sieht man einen Flickenteppich von Insellösungen, die früher schon unter anderem Namen verkauft wurden. Wie ist Ihre Meinung dazu?

JK: Ich sehe das als ein Ergebnis des naiven „E-Hype". Viele sind auf den Zug aufgesprungen und haben die Stories vom ungebremsten Wachstum geglaubt. Der Markt hat geboomt mit allen sich daraus üblicherweise ergebenden Qualitätsproblemen.

Der Markt für E-Beratung spaltet sich in Anbieter, die sagen „Wir bieten alles aus einer Hand" und solche, die eher dem Prinzip „mix and mash" der jeweils Besten folgen: Entweder ist man der unabhängige Architekt, der über umfassendes Wissen verfügt und von jedem Teilgebiet den Besten in seiner Mannschaft hat. Oder man ist Generalunternehmer für alles, hier besteht die Gefahr der Mittelmäßigkeit.

Bei McKinsey sehen wir uns in der Rolle des unabhängigen Architekten. Was die Beratung in E-Bereichen betrifft, so konnten wir dazu im letzten Jahr weltweit Erfahrung bei 500 Studien sammeln und besitzen dadurch eine Expertise, über die wir nun auch reden können.

Wie ist Ihre Meinung zum Thema Beratungsprodukt? Viele Anbieter meiden diesen Ausdruck und versuchen, den Eindruck zu vermitteln, sie erfänden bei jedem Klienten das Rad neu, individuell und maßgeschneidert. Haben Sie auch diese Sprachhemmung beim Wort „Produkt"?

JK: Nein, wie Sie wissen, sind viele Beratungsprodukte, die heute Markenartikel sind, bei McKinsey „erfunden" worden. Ich vergleiche das gerne mit der Haute Couture: Das erste Chanel-Kostüm war Maß- und Handarbeit, der Kundin direkt auf den Leib geschneidert. Als sich dann immer mehr Frauen dafür interessierten, hat man angefangen, bestimmte Teile der Herstellung zu standardisieren, zu konfektionieren. So machen wir das auch. Bei einem vollkommen neuen Thema ist der erste Auftrag immer individuelle Maßarbeit, danach verfeinern wir das Packaging und passen den verbesserten Ansatz an die Wünsche der nächsten Kunden an. Die Analogie zur Mode ist übrigens treffend: Wir machen nicht nur Haute Couture für Damen, sondern auch für Herren und Kinder. Und wir bieten auch Accessoires an.

Ein weiteres Trendthema, das in der Fachliteratur verstärkt bearbeitet wird, ist „das virtuelle Unternehmen". Daraus ergibt sich für Unternehmensberater die interessante Frage: Wie berät man eigentlich virtuelle Unternehmen?

JK: Da kann ich die Frage erst einmal zurückgeben: Was ist denn ein virtuelles Unternehmen? Gibt es überhaupt welche? Ist Amazon vielleicht ein virtuelles Unternehmen? Wahrscheinlich nicht, wenn man die riesigen Lagerhallen und Verteilzentren sieht. Ich glaube, man darf die Definition nicht zu eng fassen: die Unternehmen werden schrittweise die Bereiche virtualisieren, bei denen es Sinn macht.

Bei McKinsey sind wir in einigen Bereichen ähnlich verfahren: So zum Beispiel unser Assignment-System „VOX", das weltweit von allen Beratern genutzt werden kann. Wir stellen dort alle Projektangebote mit genauer Beschreibung der Aufgabenstellung, der Branche, der geplanten Vorgehensweise usw. ein. Es handelt sich sozusagen um ein virtuelles „Hilfsmittel" zur weltweiten Personaleinsatzplanung in Projekten. Ein Ergebnis, auf das wir besonders stolz sind, ist, dass die Einsatzwünsche unserer Berater damit zu einem sehr hohen Prozentsatz erfüllt werden können.

Unter dem Stichwort „Knowledge Management" stellen wir in unserem Intranet alle Projekte in anonymisierter Form dar, und in Teilen auch für die Klienten-Community. Durch ein spezielles Angebot, zum Beispiel mit einem Chat Room für Automotive & Assembly schaffen wir eine virtuelle Community von Beratern und Klienten, die sich auf dieser Basis zu einzelnen Themen austauschen können.

Im Bereich Recruiting haben wir gemeinsam mit dem Holtzbrinck Verlag und der Telekom das virtuelle Stipendiatenprogramm „e-fellows.net" geschaffen, für das sich inzwischen über 20.000 Bewerber via Internet gemeldet haben.

Wir erleben dieser Tagen eine Wiederbelebung des Themas „Organisationsentwicklung". Die OE-Vertreter sagen sogar das Ende der „harten" Expertenberatung voraus. Wohin geht die Entwicklung? Wird sich der Markt spalten in harte und weiche Beratungsformen, oder gibt es eine Verschmelzung?

JK: Auch wenn uns oft etwas anderes nachgesagt wird: Wir haben in unseren Projekten immer eine Synthese von hart und weich praktiziert. Wir arbeiten grundsätzlich in gemischten Teams: die Mitarbeiter des Klienten werden immer einbezogen. Darüber hinaus haben wir schon seit einigen Jahren eine eigene OE-Gruppe, die MMP (McKinsey Manufacturing Practice). Dadurch sind wir in der Lage, aus eigener Kraft Tandems von Experten und Prozessbegleitern zu bilden. Unsere OE-Spezialisten arbeiten oft Hand in Hand mit Inhouse Consultants auf Klientenseite, dies vor allem bei der Umsetzung von Projekten, aber auch z. B. bei neuen Fabrik-Konzepten und -Design.

Stichwort Inhouse Consulting. Ist diese Entwicklung für externe Berater Chance oder Risiko?

JK: Ich sehe sie eindeutig als Chance. Wie haben uns sehr früh als Partner der internen Consultants gesehen, als fachliche und personelle Ergänzung. Das funktioniert sehr gut.

Es wird immer wieder gesagt, die personellen Ressourcen seien die einzigen Wachstumsbremsen in den Beratungsunternehmen. Wie sieht das Kompetenzprofil des Beraters der Zukunft aus?

JK: Das hat sich in der jüngeren Vergangenheit bei uns in der Tat geändert. Bei einer unserer Einführungsveranstaltung für neue Mitarbeiter hat sich kürzlich jemand vorgestellt mit den Worten: „Ich bin offensichtlich ein Exot, ich bin Betriebswirt". Betriebswirte bilden bei uns heute knapp die Hälfte.

Wir haben bei der Zusammensetzung unserer Teams die Erfahrung gemacht, dass ein Mix immer die erfolgreichere Variante ist. Das heißt, wir mischen die Teams nach Fachgebieten, nach Geschlecht, nach Nationalitäten.

Generell kann man sagen, dass sich der Recruiting-Markt immer weiter polarisiert, das heißt, die Spitze wird immer besser. In unseren eigenen Studien zum „War for Talent" unterscheiden wir Bewerber nach vier Gruppen, wobei Sie die für McKinsey interessanten Bewerber nur in den ersten drei Gruppen finden werden:

1. „Young Professionals" wollen schnell viel lernen und sehen die Ressource Wissen als wichtigsten Asset. Hier sind wir besonders gut positioniert.
2. Die eher finanziell Getriebenen wollen in kurzer Zeit viel Geld verdienen. Attraktive Arbeitgeber sind hier u. a. Investmentbanken.
3. Die „Entrepreneurs" wollen möglichst viel lernen, mit dem Ziel, später selbstständig und unabhängig zu werden. Für diese Gruppe ist McKinsey ein sehr attraktiver Arbeitgeber, 60 Prozent der letztjährigen Abgänger haben sich selbstständig gemacht.
4. Die „Life Style Optimierer" möchten einen Job, bei moderater Bezahlung, aber möglichst wenig Veränderung des persönlichen Umfeldes wie z. B. Reisen oder Umzüge.

In einigen Unternehmen läuft gerade der dritte Veränderungsprozess von zwei vorangegangenen Veränderungsprozessen und das innerhalb von 52 Wochen. Da stellt sich die Frage: Wie viel Veränderung erträgt ein Mensch?

JK: Nicht allzu viele in zu kurzer Zeit, sonst geht er in die innere Kündigung oder verlässt das Unternehmen. Der erste „Vorstoß" sollte deshalb radikal genug sein und „sitzen".

Was ist der Grund für das hektische Veränderungsverhalten in so vielen Unternehmen?

JK: Zum einen liegt es daran, dass die Unternehmensstrategie nicht klar genug definiert wird. Statt zunächst tief greifende Analysen des Unternehmensumfeldes, der eigenen Stärken und Schwächen durchzuführen als Grundlage für die Ziel- und Strategiefindung, wird häufig im Zuge des „try and error“ experimentiert. Das muss unweigerlich zu Korrekturläufen führen.

Zusätzlich fehlt es durch häufigen Personalwechsel an Kontinuität. Viele neue Manager fühlen sich berufen, den Kurs zu ändern.

Und in vielen Fällen verändert sich das Umfeld wirklich so schnell, dass nachgesteuert werden muss. Frei nach Clausewitz: Eine gut durchdachte Strategie ist wichtig, aber wenn erst der Pulverdampf das Schlachtfeld vernebelt, muss flexibel reagiert werden.
Welche Rolle spielt Image-Management in einem Beratungsunternehmen?, oder genauer: Warum liebt niemand McKinsey? Warum hört man nur Negativberichte?

JK: McKinsey ist die führende Unternehmensberatung, wir sind zum Synonym einer Branche geworden. Das ist das „Bayern-München-Syndrom“: Als „Nummer eins“ ist man natürlich auch Kritik ausgesetzt. Trotzdem: Auf jeden kritischen kommen 15–20 positive Artikel. Auch hier sind wir sehr gut!

Ich spreche nicht von der Presseberichterstattung, sondern davon, was man in und aus den Unternehmen hört.

Bei einer hochkarätigen Tagung von Bankvorständen und Verbandsfunktionären habe ich kürzlich Meinungsäußerungen mitgeschrieben, und dieses Beispiel steht für sehr viele:

„Bei McK-Projekten erleben wir immer das Gleiche. Über private Beziehungen oder auf Wegen, die man nicht nachvollziehen kann, kommt McKinsey ins Spiel, obwohl Übereinstimmung bestand, dass diesmal ein anderes Beratungsunternehmen zum Zuge kommen soll. Wir erleben dann einen McKinsey-Berater, der in hervorragender Rhetorik und mit brillanten Präsentationstechniken das Akquisitionsgespräch führt und gewinnt, weil sich plötzlich einer im Gremium für McK unheimlich stark macht. Danach folgt ein breites und vages Angebot, mit dem eigentlich keiner so richtig etwas anfangen kann. Nach dem Zuschlag kommt ein Team von mittelmäßig begabten Juniors und das Chaos tobt. Am Ende wird verbreitet, das sei ein wunderschönes Projekt gewesen. Dabei treten als McKinsey-Mentoren immer die gleichen Personen auf. Häufig sind es Ex-McKs. Bei dem einen oder anderen vermuten wir, dass unter seinem Porsche oder unter seinen Gartenmöbeln das McK-Logo klebt.“ Die spezifische Rolle der ehemaligen McKinsey-Berater, die jetzt in Führungspositionen in Klientenunternehmen sitzen, wird immer wieder kritisch hinterfragt.

JK: Beratung ist eine extrem anspruchsvolle Dienstleistung. Wir müssen unsere Leistung mit jedem neuen Projekt erneut unter Beweis stellen. Maßstab für unser Standing sind für uns die Erfolge beim Klienten, nicht irgendwelche Gerüchte. Zurzeit arbeiten wir an 250 Studien (d. h. Aufträgen, Anmerk. d. Redaktion) gleichzeitig, und wir arbeiten für 70 von den Top 100 Unternehmen in Deutschland. Wir kennen die Firmen, die wir beraten, teilweise über mehrere Jahrzehnte. Wir werden dann gefragt, wenn wirklich harte Nüsse zu knacken sind und wenn eine wirklich unabhängige Meinung gebraucht wird. Mit unserem Image bin ich deshalb sehr zufrieden: Wir sind bekannt dafür, dass wir keine Kompromisse machen und immer deutlich die Wahrheit sagen, das passt nicht immer allen – aber das gibt ein scharfes Profil.

Welche Rolle spielen die Ex-McKinseys?

JK: Wir haben ein Alumni-Netzwerk in Deutschland, ca. 1.000 Personen, die wir regelmäßig zu Meetings einladen. Wir stellen die besonders Befähigten einer jeden Generation bei uns ein, für viele beginnt nach etwa 4–5 Jahren Beratertätigkeit die Karriere in einem Unternehmen – auch dort sind sie dann erfolgreich.

Bei der Vergabe von Studien nützen die Alumni wenig – im Gegenteil, sie sind unsere härtesten Klienten, denn sie stellen die höchsten Anforderungen, da sie unser Unternehmen und unsere Fähigkeiten sehr gut kennen. (UB 03/01)

6.2 WP – Gesellschaften: Rückkehr ins Consultinggeschäft

Nachdem sich, beschleunigt durch den Enron-Skandal, fast alle großen WP-Gesellschaften (ehemals „Big Five“, jetzt „Final Four“) mit viel Mediengetöse von ihren Consultingtöchtern getrennt haben, laufen die Planungen auf Hochtouren, wieder in genau dieses Geschäftsfeld zurückzukehren. Und dies zum frühestmöglichen Zeitpunkt. Die Begründung ist einfach und überzeugend: „It is hard to ignore a proven way of making money“ (MCI 2/2003). Die Umsätze im Consulting waren immer um ein Wesentliches höher als im reinen Auditgeschäft. Und sie waren multiplizierbar durch eine Vielfalt von Beratungsthemen, die nacheinander oder parallel beim gleichen Klienten bearbeitet werden konnten.

Es liegt noch etwas Pulverdampf über der Szene, weil einige Kellerleichen der Final Four noch nicht vollständig überprüft wurden und der US-Gesetzgeber nach wie vor mit dem Corporate Governance-Schwert rasselt. Und es gibt auch Fälle wie Clorox, seit 1957 ein wichtiger WP-Kunde von Deloitte Touche Tohmatsu (DTT), der die Geschäftsverbindung kündigte, weil sich DTT bis Ende 2002 noch nicht von seinem Consultingbereich getrennt hatte.

Der Silberstreif am Horizont ist ein umfassendes Corporate Governance-Reformpaket des britischen Department of Trade and Industry, das, ebenso wie die US Sarbanes-Oxley Regulations, Consulting durch WP-Gesellschaften nicht ausdrücklich verbietet. Es müssen allerdings bestimmte Regularien beachtet werden, die sicherstellen, dass die absolute Unabhängigkeit des Prüfers in keiner Weise tangiert wird.

Vorsichtshalber sucht man für das zurückgeholte alte Geschäftsfeld einen neuen Namen. Es bieten sich an: „Audit related Services“ oder „Assurance and Business Advisory Services“ oder nur schlicht „Advisory Services“ und die Consultants heißen bei den Big Four neuerdings Advisors.

Die Startlöcher sind unterschiedlich weit gesteckt:

DTT hält nach dem Braxton Deal immer noch 20% der Anteile und macht nach wie vor um die 3 Mrd. $ Umsatz im globalen Consultinggeschäft. Nach einem management buyout, der wohl in Kürze von der US Securities and Exchange Commission (SEC) genehmigt wird, entsteht aus diesen Resten und der früheren Andersen Business Consulting ein neues Gebilde, das wahrscheinlich Deloitte Business Consulting heißen wird.

Für **Ernst & Young** ist die Rückkehr ins Beratungsgeschäft vertraglich schon ab Mai 2005 möglich. Kein Wunder, dass bereits intensiv nach verkaufswilligen Partnern gesucht wird.

Bei **KPMG** endet der vertragliche Wettbewerbsausschluss mit BearingPoint im Februar 2006. Auch hier laufen die Planungen auf Hochtouren.

PwC muss am längsten warten. Der Vertrag mit IBM Global Services sieht einen Wettbewerbsausschluss bis Ende 2007 vor.

Im Lichte dieser Strategien sehen die Käufer der bisherigen Consultingtöchter ziemlich alt aus. Fast scheint es so, als habe man das Mediengeschrei und die rechtlichen Konsequenzen des Enron-Skandals für eine riesige Entsorgungsaktion genutzt. Die Wettbewerbsklauseln stellen sicher, dass in Ruhe die gegenwärtige Flaute abgewartet werden kann, um dann mit frischen personellen Ressourcen, gesammelten Kräften und neuen Ideen wieder ins lukrative Beratungsgeschäft einzusteigen.

Die Vordenker haben rechtzeitig, auch für sich selbst, die richtige Entscheidung getroffen: Alan Buckle, früherer Chef von KPMG Consulting in Europa, ist bei KPMG geblieben und nicht mit zu BearingPoint oder Atos Origin gewechselt. Er wusste, warum. (UB 04/03)

6.3 Consulting Banking – Unternehmensberatung als Bankdienstleistung

„Consulting Banking – Unternehmensberatung als Bankdienstleistung“ hieß die Zauberformel der deutschen Geld- und Kreditwirtschaft vor fast fünfzehn Jahren. Die weltweit liberalsten gesetzlichen Rahmenbedingungen erlauben es Banken in Deutschland nicht nur, als Fremdkapitalgeber und gleichzeitig als Vertreter des Eigenkapitals ein Unternehmen zu umsorgen, sondern gleichzeitig in seinen Aufsichtsgremien sitzend Kontrollfunktionen auszuüben. Da fiel das bisschen zusätzliche Unternehmensberatung nicht weiter ins Gewicht.

Das Denkmodell „Unternehmensberatung als logische Weiterentwicklung des Bankgeschäfts mit dem Firmenkunden“ war hochattraktiv, bot es doch aus Sicht der Bankstrategen die Bewältigung des klassischen Zielkonflikts „Gewinn versus Sicherheit“: Mehr Sicherheit bei Kreditentscheidungen durch zusätzliche Einblicke in die leistungswirtschaftlichen Bereiche eines Firmenkunden, dadurch Absenkung der Einzelwertberichtigungen und gleichzeitiger Ausbau des provisionsabhängigen Geschäfts durch Akquisitionsprämien.

Das Modell hat aus heutiger Sicht nicht funktioniert, und so macht sich bei dem Thema, über alle Bankensektoren hinweg, Ernüchterung breit.

Die weitgehende Trennung der Deutschen Bank von Roland Berger & Partner ist bekannt. In Treue fest will die Marktführerin zu ihrer Tochter DGM stehen, doch der aufmerksame Leser erfährt, dass dem Top-Management dieser Tochtergesellschaft Anteile zur Übernahme angeboten werden.

Ausführlich wurde in der Wirtschaftspresse berichtet, dass der Dresdner Management Consult (DMC) im Juli 1998 einer ihrer beiden Geschäftsführer unter dem Verdacht des umfassenden Nepotismus abhanden gekommen ist. Seitdem wird emsig nach einem Nachfolger gesucht.

Unübersichtlich läuft es im Genossenschaftsbereich, und man kommt nicht umhin, nach der strategischen Koordinationsfunktion des BVR zu fragen: Da ist zunächst die hessische Genoconsult, bisher Flaggschiff der Mittelstandsberatung des VR-Sektors, die still in eine interne Beratungseinheit umgewandelt wurde. Daneben wurden neue Beratungseinheiten zur Mittelstands- und IT-Beratung positioniert. Der Zusammenschluss der geno consult Bayern und GEFU Stuttgart zu geno consult München Stuttgart macht die Begriffsverwirrung komplett.

Auch im Sparkassenbereich ist alle Euphorie erlahmt.

Welches sind die Gründe?

1. Akzeptanz: Unternehmensberatung durch Banken hatte aus Kundensicht von Anfang an den Beigeschmack „gläserner Kunde“, und schnell wurde den Beratungstöchtern der Banken der Vorwurf gemacht, sie wären nur die Spürhunde für mögliches „asset stripping“ im Interesse der Mutter, falls der Kreditnehmer in Schieflage gerät. Der Beteuerung, dass zwischen Beratungsunternehmen und Bank keinerlei Informationen über den Kunden fließen, wurde kein Glauben geschenkt. Schnell hatte sich herumgesprochen, dass einige Consultants, vor allem aus dem Genossenschaftsbereich, mit Formularen bei Kunden erschienen waren, in denen diese die Bank und das Beratungsunternehmen von der Geheimhaltungspflicht entbinden sollten, damit dem Informationsfluss nichts mehr im Wege stand.

Es war aber auch die eigene Organisation, die Niederlassungen und Zweigstellen der Banken, die den Beratungstöchtern ihrer Mutter nicht über den Weg trauten, verstecktes Controlling befürchteten oder Zweifel an der Beratungsqualität hatten. Sie holten für Sanierungsfälle lieber externe Berater als die Spezialisten aus dem eigenen Hause.

2. Qualifikation und Quantität: Im Denkmodell des Consulting Banking kam den Firmenkundenbetreuern der Banken die besondere Rolle einer Vertriebsorganisation für die Consultants zu: Als Spontan-Akquisiteure sollten sie Beratungsbedarf bei Firmenkunden rechtzeitig erkennen und in die richtigen Bahnen lenken. Untersuchungen ergaben jedoch, dass die Firmenkundenbetreuer in der Mehrzahl der Fälle nicht einmal in der Lage waren, klassische Bankprodukte zu verkaufen, die über das eigentliche Kreditgeschäft hinausgingen. Die bedarfsgerechte Personalentwicklung dieser Mitarbeiter ist seit Jahren ein gigantischer Engpass. Er wird noch verstärkt durch die unangemessen hohe Betreuungsrelation: Bis zu 260

Kreditnehmer muss ein Kreditsachbearbeiter unter Kontrolle haben. Da reicht es nur für das Allernötigste.

Es gibt zwei Überlebensstrategien:

1. Sich nach innen, auf die Bankorganisation selbst zu richten, wie es im Sparkassenbereich einige Beratungseinheiten von Anfang an getan haben.
2. Sich durch eindeutige Positionierung in einem Marktsegment von der Mutter unabhängige Wettbewerbsvorteile zu verschaffen, wie es z. B. die DGM mit ihrer umfassenden und konsequenten Mittelstandsorientierung getan hat. (UB 02/99)

6.4 Szenario Beratungsmarkt

In allen Beratungsmärkten weltweit lassen sich folgende Entwicklungstendenzen feststellen:

- Strategische Allianzen und Kooperationsnetzwerke:

Als Reaktion auf die Fusionswelle in der Beratungsbranche und die Internationalisierung und Globalisierung der Nachfrage schließen sich sowohl Beratungsunternehmen wie auch Einzelberater zu Kooperationsnetzwerken zusammen oder gehen strategische Allianzen ein.

Unter diesem Vorzeichen haben sich Personalberater und Executive Searcher aus 17 Ländern schon 1981 zu Transsearch International vereinigt.

Im Jahre 1988 wurde unter Mitwirkung von Mummert + Partner von sieben europäischen Beratungsunternehmen das European Network of Executive Search Consultants (ENEX) gegründet.

Im gleichen Jahr entstand unter Beteiligung von Kienbaum und Partner das European Independents Network.

Weitere Zusammenschlüsse sind European Management Associates (EMA) mit Unternehmen aus Europa, USA und Singapur und die International Management Development (IMD) mit Mitgliedern aus Europa, USA und Australien. Dieser Trend wird sich fortsetzen.

- Dynamisches Wachstum auf der Angebotsseite:

Die Dynamik der Angebotsseite wird sich ebenfalls weiter entwickeln. Es ist davon auszugehen, dass weitere Branchen, angelockt von den hohen Wachstumsraten und mit dem Ziel, ihrer Kernleistung einen Mehrwert zu verleihen, in den Beratungsmarkt diversifizieren werden.

- Fusionen, Unternehmenskäufe und Beteiligungen:

Die M & A-Welle wird sich in allen Bereichen der Beratungsbranche fortsetzen. In der Personalberatung wird die Zukunft zeigen, ob forciertes externes Wachstum mit dem diskreten Charme dieses Beratungszweiges überhaupt vereinbar ist. Fusionswellen schaffen aber auch Raum für Nischenanbieter, die sich noch die Zeit nehmen, den wahren Kundenbedarf zu erforschen und sich maßgeschneidert darauf einzustellen.

- Beschleunigt wachsender IT-Einfluss:

Das Internet wird eine immer stärkere Rolle in allen Phasen des Wertschöpfungsprozesses von Beratungsunternehmen spielen. Nicht nur Marketing, sondern auch die Erstellung (virtuelle Projektteams) und Auslieferung der Dienstleistung („Ernie" von Ernst & Young) erfolgen über dieses Medium. IT-Aspekte halten auch Einzug in bisher IT-freie Zonen, wie die Strategieberatung oder Coaching.

- Neue Leistungsformen:

Neue Angebots- und Leistungsformen, wie z. B. das Franchising von Beratungsangeboten (Schwerpunktthema UB 1/2000) oder Abonnementdienste, derzeit noch als moralische Entgleisungen empfunden, werden zunehmen.

- Neue Honorarformen:

Berater werden künftig immer mehr an den Erfolgen ihrer Dienstleistung gemessen. Damit ist logisch die Entwicklung hin zu Erfolgshonoraren verbunden. Für Erfolgshonorare müssen nicht nur neue Rechenmodelle, sondern auch neue Spielregeln in der Zusammenarbeit mit dem Klienten eingeführt werden. Dieser Tatsache sind sich viele Erfolgshonorarpropheten noch nicht bewusst.

- Weitergehende Standardisierung:

Um die Produktivität zu steigern, wird zwangsläufig immer weiter standardisiert, was standardisierbar ist. Die Beratungsprodukte und ihr Methodeneinsatz werden wie Markenartikel entwickelt, gepflegt und vermarktet. Damit wird es höchste Zeit, sich endlich öffentlich zur Existenz von Beratungsprodukten zu bekennen.

- Grundlagenforschung:

Bisher ist die Branche sehr zum Erstaunen ihrer Klienten fast gänzlich ohne Forschung und Entwicklung ausgekommen. Die wichtige Funktion des Vordenkens zukünftiger Entwicklungen kann so nicht wahrgenommen werden. Die Hinwendung zur Grundlagenforschung und Entwicklung wird in Zukunft erfolgsentscheidend sein.

- Unabhängigkeit verliert an Bedeutung:

Die vollkommene Unabhängigkeit von Herstellern und Anbietern, insbesondere aus dem IT-Bereich, galt früher als Gütesiegel für Beratungsunternehmen. Nur dadurch konnte sichergestellt werden, dass dem Kunden die wirklich beste Konzeption empfohlen wurde. Die zunehmenden Verflechtungen zwischen Beratungsunternehmen und IT-Anbietern (Jüngstes Beispiel: KPMG und CISCO) können ohne Hemmungen als Verlotterung der bisher geltenden Normen und Werte angesehen werden. (UB 04/99).

6.5 Überprofessioneller Begriffsbrei

Vor einigen Jahren konnte man die Frage: „Wer sind Unternehmensberater und was machen sie eigentlich?" verzögerungsfrei und eindeutig beantworten. Es gab dann zwischendurch einige erfolgreiche, mehr sportlich zu sehende Abwehrschlachten gegen Anlageberater, Versicherungsverkäufer und Immobilienmakler, die sich klammheimlich auf der Berufsbezeichnung breitgemacht hatten.

Heute ist alles etwas diffiziler, subtiler und gar nicht mehr lustig.

Nachdem mittlerweile jede Steuerberaterkammer, die etwas auf sich hält, einen Kompaktkurs in Unternehmensberatung, genauer: „Vom Steuerberater zum Unternehmensberater“ anbietet, werfen neuerdings auch die Anwälte einen lüsternen Blick auf den Beratungsmarkt.

Über wen und was reden wir? Am 31. Dezember 1997 waren in Deutschland 91517 Anwälte zugelassen. Dies bedeutet einen Anstieg von 76 Prozent in nur zehn Jahren. Umfragen haben ergeben, dass die wirtschaftliche Situation junger Anwälte zunehmend kritisch und damit der junger Steuerberater ähnlich ist. Dies hat zur Folge, dass immer offensiver nach neuen Geschäftsfeldern gesucht wird. Das im Vergleich zu Steuerberatern und Wirtschaftsprüfern noch viel liberalere Berufsrecht der Anwälte lässt alle Spielarten von Unternehmensberatung und Kooperation – außer mit Unternehmensberatern – zu.

„Unternehmensberatung – der kompakte Kurs“ heißt deshalb das jüngste Kind der Deutschen Anwalt-Akademie. Werbewirksam lockt das Programm: „Der Mandant erwartet eine qualifizierte steuerliche, betriebswirtschaftliche und rechtliche Beratung aus einer Hand: Von der Unternehmensgründung über die Finanzierung bis hin zur Umstrukturierung und zur Sicherung des Lebenswerks. Mit der Full-Service-Beratung erschließen Sie sich ein lukratives, wachstumsstarkes Tätigkeitsfeld.“

Nun ist man sehr neugierig auf den Inhalt des Angebotes, denn es soll um die „Vermittlung von Spezialwissen“ gehen, wie der Begleitbrief verheißt. Unterrichtseinheit „UB 1“: Betriebliches Rechnungswesen und Kostenrechnung; „UB 2“: Unternehmensbesteuerung; „UB 6“: Marketing, und so geht es weiter mit betriebswirtschaftlicher Propädeutik. Als Dozenten jeweils ein Tandem von Steuerberater und Rechtsanwalt. Dem Hinweis, das habe doch alles mit Unternehmensberatung nichts zu tun, begegnet der Initiator und Geschäftsführer der Akademie Dr. Rollmann mit fröhlicher Gelassenheit "Ich weiß!“ und verwirrt weiter: „Das soll es auch gar nicht!“

Da fällt es wie Schuppen: Auch die „Unternehmensberatungskurse“ der Steuerberater und Wirtschaftsprüfer bieten in einer Mogelpackung schwerpunktmäßig nur das eigene Knowhow inklusive einiger betriebswirtschaftlicher und rechtlicher Grundlagen.

Die Strategie der verkammerten Berufsstände ist klar, bewusst geplant und koordiniert: Die Bezeichnung Unternehmensberatung soll ein überprofessioneller Begriffsbrei werden, der sich ohne weitere Mühe für die ureigensten Berufsinhalte verwenden und bei Bedarf mandantenspezifisch in die eine oder andere Richtung aufwürzen lässt. Den eigentlichen Unternehmensberatern soll es damit immer schwerer fallen, sich in ihrer angestammten Berufsbezeichnung zu positionieren. Und die Datev eG ist wieder dabei.

Dabei sollte man meinen, die Anwälte wären auf einem anderen neuen Gebiet sehr viel mehr gefordert und müssten sich eigentlich darauf konzentrieren. „Wir pflegen in Deutschland noch juristische Denkmäler, anstatt die Zeichen der Zeit zu erkennen“, kritisiert Carl Otto Lenz, ehemaliger Generalanwalt beim Europäischen Gerichtshof und neuer Partner der weltweit mit 2300 Anwälten größten Sozietät Baker & McKenzie, die mangelnde EU-Kompetenz seiner Berufskollegen. Dem abzuhelfen, wäre doch eine lohnende Aufgabe, Herr Rollmann! (UB 03/98)

6.6 Brauchen Berater einen Vertrieb?

In regelmäßigen Abständen diskutieren Berater über Sinn und Nutzen des Einsatzes einer eigenständigen Vertriebsmannschaft, die ausschließlich damit beschäftigt ist, Kundenkontakte herzustellen. Die Diskussion beschränkt sich nicht auf Beratungsunternehmen. Auch Einzelkämpfer überlegen immer wieder, ob sie sich einer Vertriebsorganisation für die Herstellung von Erstkontakten anvertrauen sollen. Das Hauptargument ist, dass man einfach nicht genügend Zeit habe für die Masse von Telefonanrufen, die notwendig ist, um einen einzigen Gesprächstermin bei einem potenziellen Kunden zu bekommen. Schon bei dieser Argumentation packt einen Berater, der noch in Zeiten das Handwerk gelernt hat, in denen Werte, Normen und Stil keine Worthülsen waren, das Grauen. Der Einsatz von so genannten „Kontaktern", die nur am Telefon sitzen, unangekündigt potenzielle Kunden anrufen, um Termine aufzudrängen und dabei immer hoffen, dass der Kunde keine fachspezifische Frage stellt, galt immer als Markenzeichen unseriöser Beratungsunternehmen.

Bei den Überlegungen muss man zunächst von der Frage ausgehen, welche Art von Gütern Berater eigentlich anbieten. Es gibt im Gesamtspektrum der Beratung tatsächlich gewerbliche Dienstleistungen, selbsterklärende Produkte, die z.B. wie Industriereiniger oder Ähnliches an den Mann gebracht werden können. Der hundertfache Verkauf einer Standardsoftware mit der dazugehörigen Implementierung als Beratungsleistung ist zum Beispiel ein Segment, in dem durchaus mit eigenen oder externen Vertriebsspezialisten gearbeitet werden kann. Da ist es auch nicht sonderlich schädlich, wenn kurz vorher schon ein Teppichverkäufer oder Vermögensberater den Kunden belästigt hat, denn die Masse bringt es. Der nächste Kontakt ist vielleicht froh gestimmt und lässt sich zu einem Gesprächstermin überreden. Es ist die Frage, ob industrielle Massendienstleistungen, die man auf diese Weise in den Markt bringen kann, überhaupt unter dem Begriff „Unternehmensberatung" zu fassen sind.

Denn darunter versteht man immer noch eine persönliche Dienstleistung höherwertiger Art, deren genauer Inhalt sich erst im Verlauf eines oder mehrerer Gespräche mit dem Klienten ergibt. Der branchenkundige Akquisiteur versteht es, durch fachspezifische und problembezogene Fragen den Klienten dazu zu bringen, über wirklich alle seine Probleme zu sprechen und seine Zielvorstellungen zu umreißen. Das ist keine Aufgabe, die ein Vertriebler stemmen kann.

Deshalb haben etablierte, führende Managementberater eiserne Regeln für die Kontaktaufnahme zum potenziellen Klienten aufgestellt:

1. Der Erstkontakt erfolgt immer durch die Besten der Besten aus dem branchenspezifischen Geschäftsbereich. Diese Akquisiteure können mit dem Klienten sachkundig über die Situation seines Unternehmens, seiner Branche, die Besonderheiten seiner Produkte und Herstellverfahren reden.

2. Die Ebene der Gesprächspartner muss immer mindestens gleichrangig sein. Auf Vorstandsebene agiert z.B. grundsätzlich der Geschäftsführer, Inhaber, Partner des Beratungsunternehmens. Stellt ein Senior Berater, bedingt durch besondere Umstände, einen Kontakt auf einer höheren Ebene im Klientenunternehmen her, so wird, je nach Bedeutung des Kunden, noch ein zweites, vertiefendes Gespräch mit dem gleichrangigen Partner seitens des Beratungsunternehmens geführt.

Gerade in Zeiten, in denen die Geschäftsanbahnung schwieriger geworden ist, sollte man sich auf diese alten Qualitätsregeln besinnen. Sie haben den Vorteil, auch noch die kostengünstigere Alternative zu sein. (UB 02/05)

7 Executive Search/ Personalberatung

7.1 Outsourcing Indien

„Schöne Bescherung" – wenn die Vorhersagen der Deloitte-Studie stimmen

Schlimme Zeiten werden für IT-Mitarbeiter kommen, wenn das wahr wird, was die aktuelle Deloitte & Touche-Studie „Outsourcing and Offshoring mit indischen IT-Unternehmen" sowie die Pressemitteilung vom 9.9.03 „Indische Unternehmen in Deutschland auf dem Vormarsch" und andere Branchenkenner vorhersagen.

Die Sache ist nicht neu: Schon in den 70er Jahren ließ man vereinzelt in Ungarn (gute Mathematikausbildung und -tradition etc.) oder anderswo programmieren, doch das Ausmaß des Personaloutsourcing, das auf uns zukommt, ist gigantisch. Indische Anbieter werden bis 2008 bis zu 20% der IT-Budgets deutscher Großunternehmen an sich ziehen, was einem potenziellen Umsatz für indische IT-Outsourcinganbieter von etwa 14 Mrd. Euro jährlich entspricht. Deloitte Research hat dies in einer aktuellen Studie bei indischen IT-Anbietern und bei ihren Abnehmern, deutschen Großunternehmen, ermittelt. (Welche Bedeutung hat da eigentlich noch die viel diskutierte green card?). Da der deutsche Markt als umsatzstärkster IT-Markt in Europa hohe Wachstumschancen ermöglicht, gehen indische Anbieter hierzulande mit aggressiven Akquisitionsstrategien vor. Man will von dem Kuchen ein großes Stück herausschneiden. In Deutschland locken allein 167 Unternehmen mit einem Jahresumsatz von mehr als 1 Mrd. Euro. Man gibt heute ja nicht mehr nur 2 oder 2,5 Prozent des Umsatzes für IT aus, sondern bis zu 3,5. Dementsprechend lohnend ist der Markt.

Angedacht ist bei einigen indischen Anbietern auch der Kauf eines deutschen IT-Service-Anbieters als Brückenkopf, was helfen kann, die beachtlichen Probleme der Unternehmenskulturunterschiede zu mildern. Dies könnte so weit gehen, dass eventuell auch IT-Abteilungen deutscher Großunternehmen gekauft werden. Angeblich sollen die Kriegskassen hierfür prall gefüllt sein. Laut Financial Times vom 8.1.04 hat der größte indische IT-Konzern Tata bereits für die ThyssenKrupp-IT-Tochter Triaton geboten. Vieles ist allerdings schon längst Wirklichkeit geworden: GE Capital, das RZ- und Servicecenter von General Electric, lässt bereits 20000 Angestellte in Indien arbeiten, um Daten zu erfassen oder Kreditanträge zu bearbeiten. Eine schöne Vorstellung: Der stolze Besitzer eines Sperrholzhauses in the middle of nowhere in den USA will einen Pool in den Garten bauen, erkundigt sich nach dem Stand seines Kreditantrages und wird mit einem indischen Sachbearbeiter in Mombai verbunden: „No Sörrr".

Accenture hat 3000 Inder auf der Payroll, 4500 sollen bis August 2004 dazukommen. Cisco verfügt über mehr als 2000 Angestellte in Indien, Reuters wird demnächst einen Produktionsstandort in Indien eröffnen, wo Finanzdaten aufbereitet und analysiert werden sollen. Infineon, Swiss, Novartis, Swiss Re, SAP – alle nutzen diese Möglichkeit, Personalkosten zu sparen und Mitarbeiter zu Löhnen arbeiten zu lassen, die 10- bis 15-mal tiefer liegen als die heimischen. Die Liste ließe sich beliebig fortsetzen.

Die Deloitte-Studie prognostiziert den Verlust von zwei Millionen Stellen von insgesamt 13 Millionen des europäischen und nordamerikanischen Finanzsektors und deren Abwanderung nach Indien, China, Singapur oder Malaysia. Forrester Research sagt voraus, dass US-Firmen bis 2015 etwa 3,3 Millionen Stellen ins Ausland verlagern werden, darunter 450000 Stellen von IT-Spezialisten. Eine ähnliche Entwicklung erwarten Spezialisten von A. T. Kearney für Europa, wo ja noch die Anbieter aus den osteuropäischen Staaten hinzukommen. Produktionsverlagerungen ins Ausland werden weiterhin ein Dauerbrenner sein, so Experte Stephan Wimmers beim DIHK (vgl. FAZ 7.2.2004, S. 11).

Hier werden besondere Aufgaben auf die Personalberater und Outplacementberater zukommen, bislang nicht gekannte Zahlen freigesetzter IT- und Dienstleistungsfachleute zu vermitteln – aber wohin? Wir können uns ja nicht alle gegenseitig die Haare schneiden, wie Olaf Henkel sagt. (UB 02/04)

7.2 Führungsanforderungen in Krisenzeiten

Interview mit Kienbaum-Partner Dr. Karl Bosshard (KB) zu Führungsanforderungen und Handlungsfeldern in Krisenzeiten. Dr. Karl Bosshard ist Mitglied der Geschäftsleitung der Kienbaum Executive Consultants GmbH.

Die Wirtschaft hat Probleme, die Arbeitslosenzahlen sind explodiert, die Stimmung ist verhalten. Wie sehen Sie die Entwicklung in 2003, was müsste geschehen – auch politisch?

KB: Die Politik ist gefordert, durch Vertrauen, Kompetenz und Tatkraft für einen Stimmungsumschwung zu sorgen. Es geht primär um Rahmenbedingungen, die derzeit alles andere als motivationsfördernd sind.

Reichen denn Stimmungen für Aufschwung?

KB: Allein sicher nicht. Stimmungen sind die psychologischen Begleiter der Wirtschaft. Wirtschaftliche Entscheidungen basieren immer auf Erwartungen, und wenn diese negativ sind, dann wird entweder gespart oder nichts gemacht und manchmal sogar beides.

Sind die deutschen Führungsetagen momentan paralysiert?

KB: Es ist ja nicht so, dass die Firmenchefs depressiv in ihren Büros sitzen und warten, bis sich das Konjunkturklima bessert. Unternehmen müssen etwas „unternehmen", die Initiative ergreifen, gestalten und trotz überbordender Bürokratie und schwacher Nachfrage kreativ sein. Und genau dieser Typ Manager ist heute gefragt, einer der Mut hat und zupackt. Wir brauchen keine redegewandten Verkäufer von Illusionen und Utopien, sondern Realisten und harte Arbeiter. Unternehmen sind auf Dauer angelegt und sollen kontinuierlich Erträge bringen und Beschäftigung sichern.

Dagegen spricht natürlich der Shareholder Value-Zwang mit seinen kurzfristigen Parametern. Können sich die Manager diese Einstellung denn überhaupt leisten?

KB: Ein Blick auf den DAX der vergangenen zwei Jahre gibt die Antwort. Für mich wurde diese negative Entwicklung auch dadurch beschleunigt, dass viele Unternehmen durch die zu hohe Geschwindigkeit und Kurzfristigkeit substanziell gelitten haben. Kapital sucht sich immer die Hände des besten Wirtes – das muss nicht derjenige sein, der die „schnelle Mark" verspricht. Es macht überhaupt keinen Sinn, hervorragend arbeitende Vorstände zu feuern, weil die Aktienkurse im Keller sind und gleichzeitig am Profi für ein geschmeidiges Investor-Relationship festzuhalten, obwohl sein ganzes Geschäftsprinzip eine Seifenblase ist, von deren Substanzlosigkeit die Börse nur noch keine Kenntnis genommen hat.

Hat sich diese Erkenntnis denn in den Aufsichtsräten der großen Unternehmen bereits durchgesetzt?

KB: In Bezug auf die Seifenblase ja. Es gibt genügend Entscheider in den Aufsichtsräten, die das kurzfristige Gewinnziel mit der mittel- bzw. langfristigen Stabilität zwingend verbinden wollen. Nur den grundsätzlichen Zielkonflikt werden sie so nicht lösen können. Vergleichen Sie es mit der Politik: Der „erfolgreiche" Finanzminister spielt durch Steuererhöhungen Finanzmittel in leere Staatskassen und konterkariert den Erfolg des Wirtschaftsministers, dem dadurch die Binnennachfrage und die Arbeitslosigkeit aus dem Ruder läuft.

Wie bewerten Sie die Qualität der Aufsichtsratsarbeit in Deutschland?

KB: Wir haben nach wie vor das Prinzip der institutionellen Kontrolle, eine überwiegende Nebenamtlichkeit von Aufsichtsratsmandanten und nicht wenige Aufsichtsräte haben eigentlich zu viele Mandate. Mein Ideal der Zukunft ist ein Modell, das den Aufsichtsrat vom Kontrolleur zum Coach des Vorstandes werden lässt. Das Nonplusultra ist die hohe Identifikation mit dem Unternehmen und ein wirklich gestaltender Einfluss durch die enge vertrauensvolle Zusammenarbeit zwischen Aufsichtsrat und Vorstand.

Welchen Typus Manager suchen Sie derzeit am häufigsten – den Sanierer oder den Vermarktungsspezialisten?

KB: Weder noch. Für einen qualifizierten Unternehmenslenker sind Themen wie Kosteneffizienz, Produktentwicklung, Vermarktung und Führung gleichgewichtige Daueraufgaben.

Erst die Vernachlässigung dieser Managementfunktionen führt zu einer Sanierung.

Wir suchen derzeit primär einen Typus, der auch in der Krise erfolgreich ist, hier bereits Erfahrungen gesammelt hat. Ganz wichtig dabei ist die persönliche Integrität des Managers. Wir achten auf menschliche Werte und Glaubwürdigkeit.

Sind die Managergehälter unter Druck?

KB: Unter Druck ist übertrieben. Aber es ist nicht zu leugnen, dass auf breiter Front Einbußen hingenommen wurden. Die Tantiemen gehen zurück, da sie an wirtschaftliche Zielgrößen gekoppelt sind. Bei den Fixgehältern muss man unterscheiden. In 2002 wurden vielerorts die 13. Gehälter in den Führungsriegen einbehalten, und bei Neueinstellungen waren die Gehaltsabschlüsse logischerweise moderater als in Boom-Jahren.

Wann rechnen Sie mit einem Aufschwung und anhaltendem Wirtschaftswachstum?

KB: Das lässt sich in Zeiten weltpolitischer Turbulenz, bundespolitischer Unsicherheit und weltwirtschaftlicher Vernetzung nur schwer vorhersagen. Anders als viele Ökonomen und Politiker bin ich der Meinung, dass die Wiederherstellung der Wirtschaftskraft auch mit geringen Wachstumsraten möglich ist. Die Erfolgsrezepte liegen auf der Hand und müssen nur umgesetzt werden: Schlanker Staat, Investition in Zukunftstechnologien, Stärkung von Bildung und Wissenschaft und Familien, einfaches Steuersystem und last but not least konsequente Entbürokratisierung des Wirtschaftslebens. Den Rest sollte man getrost den Unternehmen überlassen. (UB 03/03)

7.3 Perspektiven in der Personalberatung

Interview mit Thomas Deininger (TD),
Deininger Unternehmensberatung GmbH

Ihr Unternehmen schneidet mit nur 7% Umsatzrückgang im letzten Jahr besser ab als der Branchendurchschnitt. Worauf führen Sie das zurück?

TD: Wir verfügen über langjährige, sehr tragfähige Verbindungen zu unseren Unternehmen und haben – insbesondere auch im letzten Jahr – mit zahlreichen Branchenführern zusammengearbeitet. Diese Unternehmen, unabhängig von ihrer Größe, haben rechtzeitig zukunftsweisende Konzepte zur Kompensation eventueller Geschäftsrückgänge entwickeln können. Ein weiterer Schwerpunkt war und ist seit Jahren die Aufrechterhaltung unseres positiven Images durch Empfehlungsgeber, die in schwierigen Unternehmenssituationen gern auf Referenzen und erfolgreich durchgeführte Beratungsprojekte zurückgreifen.

Für das erste Halbjahr 2003 erwarten Sie im Geschäftsfeld „Vermittlung von Führungskräften" ein Umsatzplus von rund 10%. Wo kommt bei anhaltender Konjunkturflaute diese Wiederbelebung der Nachfrage her?

TD: Wir beobachten seit November 2002 eine Belebung der Suche von Führungskräften in sehr unterschiedlichen Branchen, vorwiegend jedoch in international orientierten Unternehmen mit solider Kapitalausstattung. Darüber hinaus profitieren wir auch von der Besetzung von Führungspositionen im oberen Segment durch Persönlichkeiten, die in den letzten drei Jahren nach ihrer Platzierung auch unter den gegenwärtig schwierigen Konjunkturbedingungen die Ergebnisse der Restrukturierung mit nachhaltiger Ergebnisverbesserung realisieren konnten und neue Positionen zu besetzen hatten. Somit sind diese von uns seit Jahren betreuten Klienten im Zuge der Wiederholungsgeschäfte die wesentlichen Auftraggeber. Darüber hinaus werden wir auch in schwicrige Besetzungsfälle gerufen, die wiederum – insbesondere unter den gegenwärtig schwierigen Konjunkturverhältnissen – durch gezielte Nachfrage nach entsprechender Beratungskompetenz entstehen.

Sie erwarten große Zuwachsraten aus dem Chinageschäft. Wie muss man sich die Auftragsinhalte und die konkrete Abwicklung vorstellen?

TD: Unsere Klienten haben seit Jahren auf unterschiedlichen Wegen ihre Geschäftsaktivitäten auf China und die angrenzenden Länder ausgedehnt. In der nunmehr erkennbaren Öffnung des wirtschaftlichen Dialogs gewinnt die Nachfrage nach Führungskräften immer mehr an Bedeutung. Wir suchen für in China tätige Unternehmen mit unseren Beratern an vier Standorten in

- Beijing
- Hongkong
- Shanghai
- Shenzhen

vorzugsweise Persönlichkeiten, welche die Fähigkeit zur kurzfristigen Einarbeitung in die neue Wirtschaftsregion mitbringen. Dabei spielt es aufgrund des hohen Nachholbedarfs keine Rollc, aus welchem Herkunftsland die im internationalen Geschäft erfahrenen Führungskräfte kommen. Die Projektrealisierung findet mit Unterstützung unserer internationalen Beratungsaktivitäten ausschließlich in China statt und wird von unserem Eurosearch-Netzwerk maßgeblich unterstützt.

Am 1. April haben Sie ein „Executive Service Center" gegründet. Was sind die Inhalte des Geschäftsmodells und mit welcher Resonanz rechnen Sie?

TD: Anfang April 2003 haben wir ein Executive Service Center (ESC) gegründet. Ursprung war die täglich zunehmende Anzahl von Interessenten auf unserer Website und der große Beratungsbedarf von internationalen Führungskräften in eigener Sache. Die rein funktionale Befähigung der Führungskräfte ist eine wesentliche Bedingung zur Ausfüllung einer Top-Position. In den gegenwärtig schwierigen Zeiten werden aber zunehmend übergreifendes Prozessverständnis und eine ausgereifte, souveräne Führungsqualifikation aufgrund der noch anspruchsvolleren wirtschaftspolitischen Veränderungen notwendig. Die komplizierten Individualanfragen der Führungskräfte mit insbesondere internationaler Ausrichtung beanspruchen eine individuelle Beratung, die auf herkömmlichem Schriftwege unter normalen Voraussetzungen mit dem gegenwärtigen Mengenvolumen nicht mehr zu bewältigen ist. Somit schaffen wir neue Dialogmöglichkeiten zwischen den Rat suchenden Managern und unseren hochqualifizierten, erfahrenen Beratern zu entsprechenden Themenschwerpunkten.

Sind aus Sicht des Personalberaters Einzelereignisse, wie z.B. die Weiterbeschäftigung von Alan Greenspan durch George W. Bush ein Zeichen für das Ende des Jugendwahns und ein Comeback der Greybacks?

TD: Es hat zurückliegend immer Chancen für ältere und jüngere Führungskräfte gegeben. In schwierigen Zeiten ist durchaus das lebenserfahrene Potenzial gestandener Manager mit entsprechend souveränem Führungsverhalten gesucht, wir haben jedoch auch gegenwärtig eine hohe Nachfrage nach viel versprechenden Jungmanagern, die sich – ebenfalls der Bescheidenheit folgend mit günstigeren Anstellungsvertragsbedingungen – um eine schwierige Aufgabe bewerben. Somit kann ich Ihrem Comeback der Greybacks nicht ganz folgen. Wir sind jedoch dankbar für jeden 60-Jährigen, der sich jung genug gibt und sich den gegenwärtig wirtschaftlichen Möglichkeiten entsprechend auch hinsichtlich seiner Gehaltsvorstellungen auf eine moderate Linie einlässt, unabhängig von der immer stärker eingesetzten Erfolgsgratifikation.

Wie wird die Branche der Personalberater und Executive Searcher im Jahre 2010 aussehen?

TD: Eine verbindliche Prognose kann man ganz sicher damit verbinden, dass der Einsatz von Personalberatern auf den unterschiedlichen Führungsebenen zunehmend stärker gefragt sein wird. Insbesondere wird der Personalberater mit langjährigen Berufserfahrungen und soliden, übergreifenden Branchenkenntnissen nicht nur der Mittler in der Besetzung von Top-Positionen sein, er wird vielmehr auch in der Beratung von Unternehmen in wirtschaftlich anspruchsvollen Zeiten aufgrund seiner langjährigen Erfahrungen ein gefragter Partner bleiben. Für Berufseinsteiger gilt bereits heute, dass man in dieser Welt des Executive Search eine noch längere Anlaufzeit als bisher akzeptieren muss. Senkrechtstarter sind wahrscheinlich seltener. Darüber hinaus ist ein wichtiger Trend die Internationalisierung der Besetzungen und die Nutzung eines detaillierten Netzwerks. Auch hier wird der Einzelkämpfer durch solide Netzwerke mit optimaler Größe des Beratungsunternehmens nur bedingt erfolgreich sein können. In jedem Fall wird die persönliche Qualifikation noch viel stärker als in der Vergangenheit gefordert, gleichzeitig bietet die Branche damit auch Chancen für überdurchschnittlich befähigte Damen und Herren. (UB 04/03)

7.4 Proaktive Vorgehensweisen

Interview mit Dieter Rickert (DR): „Ich mache vieles ganz anders“
Büro Rickert GmbH

Sie werden häufig als Guru des Headhunting bezeichnet, einige Ihrer Kollegen vergleichen Sie aber eher mit Felix Krull: Man glaubt Ihnen Ihre Umsatz- und Plazierungszahlen nicht.

DR: Ich kann anhand meiner Bilanz nachweisen, dass ich im Jahr 1997 5,3 Millionen Mark ohne berechnete Spesen und Mehrwertsteuer umgesetzt habe. Dies entspricht bei 19 Plazierungen einem Durchschnittshonorar von 279 000 DM oder bei branchenüblichem Honorarsatz einem durchnittlichen Jahreseinkommen von 837 000 DM pro Fall.

In Ihrer Imagebroschüre behaupten Sie, die gesamte Unternehmenssituation zu analysieren, um ein präzises Anforderungsprofil der zu besetzenden Stelle zu erstellen. Ist das zeitlich und technisch überhaupt möglich?

DR: Ich selbst bin zweimal in meiner Karriere, bevor ich Headhunter geworden bin, Geschäftsführer bzw. Vorstandsvorsitzender gewesen, und in beiden Fällen war die Lage der Unternehmen viel schlechter als erwartet. Deshalb bemühe ich mich, bei den Vorgesprächen über die Situation des Unternehmens soviel zu erfahren, als müsste ich den Job selber machen. Natürlich ist das keine Unternehmensanalyse, wie sie klassische Unternehmensberater wie McKinsey oder Boston Consulting machen.

Beispiel: Ich bin von Bankenseite gefragt worden, ob ich den Nachfolger für den Vorstandsvorsitzenden vom Bremer Vulkan beschaffen könne. Man hat mir gesagt, ich möge mich mit dem Aufsichtsratsvorsitzenden über die Details unterhalten. Ich habe ihm Fragen über den finanziellen Background des Unternehmens gestellt und keine vernünftige, befriedigende Antwort bekommen. In dem Fall war es wohl so, dass der Aufsichtsratsvorsitzende diese Fragen einfach nicht beantworten konnte, da er die Gesamtsituation nicht überblickte. Aber mir war klar, dass ich in dieser Situation niemanden aus einem anderen guten Job herausholen konnte, um ihn in diese heiße Kiste zu setzen. Das hätte ich allenfalls jemandem zugemutet, der ohnehin frei war und der den Teufel nicht fürchtet. Der Auftrag wurde dann, weil ich wohl zu viele dumme Fragen gestellt hatte, einem anderen Personalberater gegeben. Dieser hat einen Finanzvorstand aus seinem guten Job herausgeholt und beim Bremer Vulkan zum Vorstandsvorsitzenden gemacht. Ich war seinerzeit auch mit diesem Kandidaten im Gespräch und habe ihm abgeraten, so gut ich konnte. Er ließ sich nicht überzeugen. Schon nach drei Wochen rief er mich an und sagte: „Sie hatten recht!“

Es ist nicht nur wichtig, dass ich weiß, wie steht das Unternehmen da und was sind die wichtigsten Probleme, die der Neue anzupacken hat. Wichtig ist auch die gesamte personelle Konstellation. Wenn ich sage, ich informiere mich über die Situation des Unternehmens, dann mache ich das auch, weil meine Kandidaten ja schon gestandene Manager sind, und wenn die mir Fragen stellen, möchte ich nicht allzu dumm dastehen. Das meine ich mit Situationsanalyse.

Dazu gehört auch das menschliche Umfeld. Wenn von außen jemand in ein Unternehmen reingeholt wird, dann gibt es immer ein halbes Dutzend Menschen in dem Unternehmen, die meinen, sie hätten den Job genauso gut machen können. Sie werden dem Neuen Fettnäpfchen hinschieben, um sich selbst zu beweisen. So etwas im Vorfeld herauszufinden, ist Aufgabe des Headhunters auf der obersten Ebene.

Wie stark ist der Einfluss von Verflechtungen und Konzernabhängigkeiten bei der Besetzung von Führungspositionen?

DR: Das ist unterschiedlich. Es ist immer die Frage, wie stark ist der Manager, der Ihr direkter Auftraggeber ist. Ich kenne Fälle, in denen der Vorstandsvorsitzende, der einen Vorstandskollegen sucht, sich gegenüber dem Aufsichtsratsvorsitzenden ohne Probleme durchsetzt. Ich kenne aber auch Fälle, in denen der Vorstandsvorsitzende nur ein Vor-Screening machen darf und die eigentliche Auswahl vom Aufsichtsrat getroffen wird. Mir ist es am liebsten, ich habe mit dem zu tun, der die Entscheidung trifft, durchsetzt und hinterher auch mit den Menschen zusammenarbeitet.

Erfolgshonorare werden in der gesamten Branche heiß diskutiert. Sie sagen, dass Sie 50 Prozent Ihrer Aufträge „normal" durchführen und 50 Prozent „proaktiv", wie Sie es nennen. Was heißt das konkret?

DR: Mein Brot-und-Butter-Geschäft läuft genauso wie bei allen anderen renommierten Headhuntern. Ich verkaufe letzten Endes meine Zeit und meinen Rat. Deshalb sehe ich mich auch mit gutem Grund als Unternehmensberater. Ich kann meine Zeit aber nur einmal verkaufen. Man macht einen festen Auftrag für die Besetzung einer fest definierten Position und vereinbart ein Honorar, das sich an einem Drittel des Jahreshonorars orientiert. Wie dies dann in Rechnung gestellt wird, da gibt es unterschiedliche Vorgehensweisen. Ich stelle dieses Festhonorar in vier Raten in Rechnung. Die erste Rate am Tage der Auftragserteilung und dann jeweils nach einem Monat ein weiteres Viertel. Nach drei Monaten ist somit das Honorar geflossen, aber ich suche so lange, bis der Auftrag zur Zufriedenheit des Kunden erledigt ist.

Jetzt zu proaktiv: Top-Managern, die sich verändern wollen, muss man auch helfen. Wenn die sich an mich wenden, kann ich ihnen nicht sagen: „Gut, ich schreibe mir das alles auf, und wenn eines Tages ein passender Job reinkommt, dann rufe ich Sie an." Deswegen mache ich dort genau das, was auch das Arbeitsamt macht. Das ist mir schon oft angekreidet worden: Arbeitsvermittlung auf Vorstandsebene, aber ich werde diese proaktive Vorgehensweise weiter praktizieren.

Beispiel: Ein 50jähriger erfolgreicher Manager hat gute Gründe, mal etwas anderes machen zu wollen. Er kommt zu mir und fragt mich um Rat. Wenn in meinem laufenden Auftragsbestand nicht der richtige Job ist, dann habe ich trotzdem aus der Tatsache, dass ich für die Hälfte der deutschen Top-Unternehmen schon gearbeitet habe und die anderen auch kenne, die Möglichkeit zu prüfen, wer könnte an ihm ein spezifisches Interesse haben, und wo würde er idealerweise hineinpassen.

Ein anderes Beispiel: Ich weiß, dass bei Bertelsmann, für die ich seit 20 Jahren arbeite, junge Leute ungewöhnlich viel Verantwortung bekommen und gut bezahlt werden. Wenn mir junge, aber schon sehr erfolgreiche Menschen über den Weg laufen, die mich überzeugen, dann würde ich sofort den Vorstand von Bertelsmann anrufen und sagen: „Hier ist ein ungewöhnlich tüchtiger Mensch, schaut euch den doch mal an!" Im Zweifelsfall passiert das dann auch. So habe ich letztendlich allen einen Gefallen getan. Auf der Basis eines Drittels des Jahreseinkommens schicke ich anschließend eine Rechnung, wenn mein Bemühen von Erfolg gekrönt war.

Das Unbehagen bei meinen Konkurrenten mag auch daher rühren, dass sich die Leute auf dem obersten Level bei Veränderungswünschen nicht unbedingt an die großen Personalberatungsgesellschaften wenden. Der prominente Vorstand eines großen Unternehmens wird sich schwertun, seinen Lebenslauf an einen Personalberater zu geben, der in einer Partnerschaft mit weiteren ein oder zwei Dutzend Kollegen arbeitet, die er persönlich nicht kennt. Er kann davon ausgehen, dass sein Lebenslauf mit Sicherheit auch auf allen anderen Schreibtischen landet. Er will vielleicht nur mal seinen Marktwert testen, das soll aber unbemerkt bleiben, denn er will unbeschädigt in seinem alten Job bleiben. Bei mir ist es eben, wie wenn man zur Beichte geht. Ich bin allein, habe nur einen jüngeren Kollegen hier, Rick Fulghum, jüngster Sohn meines Lehrmeisters Jim Fulghum. Wir zwei können uns austauschen, damit hat es sich.

Wenn Sie heute auf Ihre Vermittlungstätigkeit für die Treuhandanstalt zurückblicken, können Sie dann uneingeschränkt mit sich zufrieden sein?

DR: Ich würde heute, in Anbetracht der Notsituation, die damals war, auch nicht anders handeln. Falls Sie auf die damalige Anzeigenaktion anspielen, kann ich Ihnen gern zum Besten geben, wie es dazu kam: Rohwedder war damals Chef von Hoesch, und ich habe für ihn gearbeitet. Der Bundeskanzler hat ihn dann gefragt, ob er Chef der Treuhandanstalt werden wolle. Rohwedder hat zugesagt, die Treuhandanstalt war aber noch nicht gegründet, und er war noch nicht bestellt. Nach dem Gesetz sollte die Treuhandanstalt nicht so aussehen, wie sie dann tatsächlich lief, sondern es sollten fünf oder sechs Branchen-AGs gebildet werden, mit je fünf oder sechs Vorständen. Daraus ergab sich die Anforderung, so an die vierzig Vorstände zu suchen. Rohwedder, der das auf sich zukommen sah, rief mich an und sagte: „Denken Sie sich was aus, fangen Sie schon mal an, diese vierzig Leute zu suchen." Ich habe gesagt: „Herr Rohwedder, per Headhunting geht das nicht, die 45jährigen Kracher, die kriegen wir dafür nicht, wir müssen die 55jährigen suchen, die irgendwo versteckt sitzen, als Fusionsopfer, oder die, die aus anderen Gründen heute nicht mehr die Position haben, die sie durchaus noch ausfüllen könnten. Kurz: den guten Manager mit Frust, aber noch mit Pfeffer. Die einzeln zu ermitteln, dauert viel zu lange. Wir müssten eine riesige PR-Aktion machen, damit die aus ihren Löchern kommen und sich bei mir melden." Rohwedder meinte: „Wie Sie es machen, ist mir wurscht!" Dann redete ich mit dem BDI, und wir starteten eine Aktion der deutschen Wirtschaft. Wir haben diese Anzeige „Profis für die DDR" konzipiert, auf die sich 4000 Bewerber meldeten. Diese halbseitigen Anzeigen habe ich geschaltet, auf meine Kosten. Rohwedder hat zu mir gesagt: „Die Treuhand gibt es noch nicht, ich bin nicht bestellt, ich habe noch keinen Etat, gar nichts, aber es wird schon Ihr Schaden nicht sein." Das waren schon abenteuerliche Zeiten, und wer sich im Nachhinein klugscheißerisch zu Wort meldet und sagt, das hätten wir alles ganz anders machen können, der hat keine Ahnung, wie das damals wirklich ausgesehen hat.

Sie sprengen oft bestehende Beratungsverträge ihrer Mitbewerber, und präsentieren ohne Auftrag dann einen Kandidaten, wie z. B. Herrn Mehdorn bei der Heidelberger Druckmaschinen AG. Was legitimiert Sie dazu?

DR: Der Erfolg! Der Fall Mehdorn stand in der Zeitung, und ich weiß, dass er mir vorgehalten wird. Das ist nur einer von vielen, aber ich stehe dazu und glaube auch nicht, dass ich jemanden unfair behandelt habe. Wenn ich von irgendeiner Position höre, die zu besetzen ist, und ich bemühe mich, den Auftrag zu kriegen und komme zu spät, weil irgendein anderer den Auftrag bereits hat, dann komme ich nicht auf die Schnapsidee, gratis und franko einen Kandidaten hinzuschicken, um den anderen Headhunter rauszuboxen. Der hat seine Chance, den Auftrag zu erledigen, wie ich das auch für mich bei meinen Aufträgen in Anspruch nehme.

Dass ich in bestehende Verträge einbreche, ist totaler Unfug. Bei Mehdorn war die Sache so, dass ich in der Zeitung gelesen habe, dass Heidelberger Druck einen neuen Vorstandsvorsitzenden sucht, weil der alte in Pension geht. Ich habe, da ich zu diesem Zeitpunkt zum RWE keinen Kontakt hatte, gar nicht weiter darüber nachgedacht. Einige weitere Monate später stand wieder in der Zeitung, die suchen einen Vorstandsvorsitzenden. Da habe ich zum ersten Mal aufgemerkt und gedacht: „Donnerwetter, der Headhunter scheint nicht besonders clever vorzugehen, denn eigentlich ist das eine Superfirma, was kann daran so schwer sein, den richtigen Mann zu finden.“ Ich habe aber immer noch nichts unternommen. Und einige Monate später ging dann tatsächlich Herr Dosch, der Vorstandsvorsitzende, in Pension. Es war ein Portrait von Herrn Dosch in der Zeitung und es hieß, sein Nachfolger sei immer noch nicht gefunden. Ich sagte mir, das kann und darf eigentlich gar nicht wahr sein. Dann habe ich überlegt, wer sich eigentlich darum kümmert. Der andere Headhunter, ich weiß gar nicht wer es war, hat nun jede Chance gehabt, die Sache über die Bühne zu bringen. Ich habe dann im Hoppenstedt nachgeschaut, wer im Aufsichtsrat dieser Firma ist, und fand einen, den ich kannte. Ich habe ihn angerufen. Er hat mich weitergeleitet an Herrn Schmidt, der für die Industriebeteiligungen des RWE zuständig war. „Den können Sie gerne anrufen, sagen Sie ihm einen schönen Gruß von mir.“ Genau das habe ich gemacht. Vorher habe ich mir überlegt, welches meine beste Idee wäre. Ich bin davon ausgegangen, dass alles, was Beine hat und von Druckmaschinen etwas versteht, von dem anderen Headhunter schon angesprochen wurde. Und dann habe ich überlegt, mit wem ich mich in der letzten Zeit mal unterhalten habe, im Sinne meines proaktiven Vorgehens, ohne dass mir aber zu dieser Person zu diesem Zeitpunkt etwas Intelligentes eingefallen ist. Da war Herr Mehdorn dabei, den ich seit 15 Jahren kenne und von dem ich wusste, dass er mit Anfang fünfzig noch etwas anderes machen würde. Ich habe ihn angerufen und gesagt: „Es gibt da den Vorstandsvorsitz von Heidelberger Druck, sind Sie darauf schon angesprochen worden?“ Antwort: „Nein.“ Ich informierte Schmidt und er meinte: „Ich kann mir gar nicht erlauben, Ihren Kandidaten nicht anzuschauen, das bin ich meinem Job schuldig. Ich habe zwar mit einer anderen Beratungsfirma einen Vertrag, aber die haben jetzt so lange Zeit gehabt, also wer ist dieser Mann?“ Ich habe Schmidt und Mehdorn zusammengebracht, und 14 Tage später hat er in Heidelberg unterschrieben.

Einer der Gründe, warum Mehdorn damals nicht angesprochen wurde, könnte sein, dass die beauftragte Headhuntingfirma die DASA als Kunden hat und dort niemanden ansprechen durfte. Damit kommen wir zu einem anderen Problem der Branche, das vor allem die Unternehmen mit vielen Beratern betrifft, und das ist der Kundenschutz. Ich kann mir überhaupt nicht vorstellen, wie man sich mit 20 Kollegen Deutschland aufteilen kann und wo man dann noch Leute wegholen will.

Zum Thema No-Touch-List machen Sie eine klare Aussage: 50 von den 100 größten Unternehmen sind Ihre Klienten und die andere Hälfte sind Ihre Jagdgründe. Kann man das so kategorisch abgrenzen?

DR: Nein, natürlich nicht. Ich suche jeweils den, der qualifiziert ist und der kommt eventuell auch aus kleineren Unternehmen oder auch nicht aus Deutschland. Vielleicht ist es ein Deutscher, der vor Jahren nach Österreich, in die Schweiz oder die USA gegangen ist. Wichtig ist nur: Ein Headhunter, der auf sich hält, muss Klienten und Jagdgründe gegeneinander abgrenzen. Man kann nicht gleichzeitig für und gegen jemanden arbeiten.

Es muss doch eine zeitliche Begrenzung geben. Wenn man seit fünf Jahren von einem Klienten keinen Auftrag mehr bekommen hat, fällt der dann automatisch in die Rubrik Jagdgründe?

DR: Ich weiß, dass andere dies sogar in ihre Geschäftsbedingungen schreiben. Sinngemäß: Wenn Sie mir einen Auftrag geben, dann haben Sie zwei Jahre vor mir Ruhe, solange hole ich bei Ihnen keinen weg. Ich finde, dies ist eine Unverschämtheit. Ich würde als Unternehmer keinen Berater beauftragen, der mir sagt, dass er die Kenntnisse, die er heute von meinem Unternehmen gewinnt, nach zwei Jahren gegen mich wendet. Das ist insbesondere für mich nicht akzeptabel, weil ich ja grundsätzlich Suchaufträge nur aus der obersten Kategorie durchführe und diese Unternehmen nicht alle zwei Jahre von außen einen neuen Vorstand brauchen. Ich halte zu meinen Klienten einen dauernden Gesprächskontakt auch dadurch aufrecht, indem ich ihnen mit meiner proaktiven Vorgehensweise ab und zu interessante Leute schicke. Solange sie mit mir freundlich umgehen und ich nicht merke, dass sie mit der Konkurrenz arbeiten und Aufträge, die ich eigentlich gut hätte machen können, an andere vergeben, solange fühle ich mich nicht frei. Anders ist es, wenn ich für ein Unternehmen jahrelang arbeite, und aus diesem Haus kommt dann jemand und sagt: „Ich habe mich entschieden zu gehen.“ Welche Gründe auch immer maßgebend sein mögen, ich habe dann kein Problem, dem Mann zu helfen.

Man sagt, Sie hätten eine große Datei mit den Laufzeiten aller wichtigen Vorstandsverträge. Sie bräuchten immer nur rechtzeitig vorher zum Telefon zu greifen, den Aufsichtsratsvorsitzenden anzurufen und ihre Dienste anzubieten.

DR: Also, ich bin wirklich beeindruckt, für wie einflussreich meine Konkurrenten mich halten. Das finde ich eine Superidee, aber es ist natürlich totaler Unsinn. Das setzt ja voraus, dass man alle Auslaufdaten kennt. Die Leute melden sich doch nicht bei mir, um mitzuteilen, wann ihre Verträge auslaufen.

Allenfalls ist da ein bisschen was dran, aber es läuft nicht so, wie sich derjenige das vorstellt, der Ihnen diesen Floh ins Ohr gesetzt hat. Ich weiß natürlich, ob es in einem Unternehmen gut oder schlecht läuft und wer dafür verantwortlich ist. Ich weiß auch, ob dessen Stuhl anfängt zu wackeln. Wenn man das Unternehmen und dessen Chef gut kennt, kann man aktiv werden. Dann sagt man: „Sie haben doch da ein Problem, das steht auch schon in der Zeitung.“ Wenn man dann gerade mit einem Kandidaten im Gespräch ist, der passen könnte, dann bringt man die beiden zusammen, obwohl sich der Verantwortliche im Augenblick vielleicht noch nicht entschieden hat, einen Suchauftrag zu erteilen. Alles das setzt voraus, dass Sie mit dem Entscheider in dem Unternehmen ein wirklich vertrauensvolles Verhältnis haben und die Leute langjährig kennen. Was glauben Sie, wie oft ich Anrufe von Aufsichtsratsvorsitzenden bekomme, die sich, lange bevor sie mit ihren Kollegen gesprochen haben, mit mir über die Chancen unterhalten wollen, zu einem bestimmten Zeitpunkt jemanden für eine bestimmte Position zu gewinnen.

Also, ich kenne ja fast alle Gerüchte über mich, aber das mit der Computerliste über Vertragslaufzeiten, das war neu.

Vom Arbeitsförderungsgesetz sind Sie nicht betroffen, weil Sie ausschließlich Nicht-Arbeitnehmer vermitteln? Sie brauchen demzufolge auch keine Erlaubnis der BfA?

DR: So ist es. Insofern ist der Vorwurf, der neulich durch die Presse geisterte, auch totaler Unsinn. Das AFöG verbietet zwar das, was ich proaktives Vorgehen nenne, nämlich Arbeitsvermittlung ohne Registrierung beim Arbeitsamt. Das gilt aber nur für Arbeitnehmer, nicht für Organe und Geschäftsführer.

Nun muss ich noch die obligatorische Frage stellen, wie es mit weiblichen Führungskräften aussieht. Hat sich da in den letzten 20 Jahren etwas geändert, sind es mehr geworden?

DR: Es sind ein paar mehr geworden. Ich bin ja als Macho verschrien und habe schon von allen Frauen-Zeitschriften Prügel bekommen, wenn ich mich zu diesem Thema geäußert habe. Ich habe in den 20 Jahren noch nie erlebt, dass auf meine Frage „Kann das auch eine Frau sein?" mit „Nein" geantwortet wurde. Die Antwort lautet immer: „Ja, wenn Sie eine finden, die das kann, natürlich." Im Zweifelsfall ist sie dann tüchtiger als ein Mann, weil sie es schwerer gehabt hat, dahin zu kommen und sich durchzusetzen. In dem Geschäft, in dem ich tätig bin, findet man allerdings praktisch keine Frau. Ich kann ja nur jemanden vorschlagen, der zumindest auf der zweiten Ebene schon mal angekommen ist oder auf der ersten Ebene in einem kleineren Unternehmen. Wenn Sie Frauen in oberen Managementfunktionen sehen, dann sind das meist Eigentümer-Unternehmerinnen oder aus dem Verwandtschaftskreis des Unternehmers, aber die richtige Managerin, die BWL studiert hat und das rat race mitgemacht hat, um ganz oben anzukommen, können Sie in Deutschland an zwei Händen abzählen.

Herr Rickert, Sie sind Jahrgang 1940 und haben schon manchmal davon gesprochen, sich eines Tages aus dem Geschäft zurückzuziehen, um sich anderen Dingen, wie z. B. dem Golfspiel, der Produktion von Fernsehsendungen oder der Inszenierung einer Oper zuzuwenden. Was hält Sie immer noch im Geschirr?

DR: Mir macht mein Job ungeheuren Spaß, weil ich gern mit interessanten Menschen umgehe, und davon treffe ich auch heute noch immer wieder neue. Ich habe allerdings immer gesagt, dass ich nur bis zum Jahr 2000 mit vollem Einsatz arbeiten will. Danach möchte ich im Business auf halbe Kraft zurückschalten und noch ein paar andere interessante Dinge tun.

Welche Oper würden Sie denn am liebsten inszenieren?

DR: La Traviata oder Lucia di Lammermoor. (UB 04/98)

7.5 Variable Führungskräftevergütung

7.5.1 Reizthema

Im Gegensatz zu den USA ist das Thema der variablen Führungskräftevergütung in Deutschland relativ neu. Mit dem Ziel, Führungskräfte an sich zu binden und zu Höchstleistungen zu animieren, wird die Vergütungsgestaltung für Führungskräfte immer mehr auch zu einem Beratungsthema.

Welches sind die Auslöser und Zielsetzungen?

Die neue Managementlehre der wertorientierten Unternehmensführung hat insbesondere bei den großen Aktiengesellschaften zu einer Fokussierung auf die Steigerung des Unternehmenswertes im Interesse der Kapitaleigner geführt. Durch eine Koppelung der Unternehmenswertentwicklung mit ihrer Vergütung soll bei Vorständen und Geschäftsführern das Bewusstsein dafür geschaffen werden, nur Strategien und Maßnahmen zur Wertsteigerung des Unternehmens zu ergreifen.

Gleichzeitig soll im Zuge von Internationalisierung die „Gerechtigkeitslücke" geschlossen werden, die durch starke Unterschiede zwischen der Führungskräftevergütung in USA und Deutschland besteht. Dies wurde besonders deutlich bei großen Fusionen, wie z.B. bei DaimlerChrysler.

Weitere Aspekte sind der Wille, hervorragende Manager an das Unternehmen zu binden, ihre persönliche Einsatzbereitschaft zu steigern und sie für den möglichen Verlust ihres Arbeitsplatzes vorab zu entschädigen. So weit theoretisch gut.

Dies alles setzt voraus, dass

- sich die Höhe der Vergütung nicht nur in eine Richtung, nämlich nach oben, entwickelt,
- eine tragfähige Leistungsbemessungs- und -bezugsbasis existiert (s. Interview),
- eine Corporate Governance installiert ist, die diesen Namen auch wirklich verdient.

Was wir in diesen Tagen erleben, ob bei DaimlerChrysler, in der gerichtlichen Nacharbeit der Mannesmann-Übernahme und anderswo, festigt die Erkenntnis, dass alles Schall und Rauch ist, wenn zwischen Aufsichtsrat und Top-Management eine Kumpanei besteht. Heute kann sich ein Unternehmensführer straflos hinstellen und die Anteilseigner mit den Worten verhöhnen, er habe schon wieder X-Milliarden in den Sand gesetzt, und trotzdem sei ihm nichts passiert. Vorstandsverträge werden noch schnell vor kritischen Hauptversammlungen verlängert, um den Unternehmenswert-Vernichter im Amt abzusichern. Die eigentliche Zielsetzung der flexiblen Vergütung, fähige Unternehmenslenker im Amt zu halten, wird auf den Kopf gestellt. Der großspurige Verzicht auf die Peanuts „Aktienoptionen" ist nichts als Augenwischerei.

Es bleibt wieder einmal die Hoffnung, dass im Mittelstand alles besser läuft. (UB 04/04)

7.5.2 Veränderung der Führungskräftevergütung

Interview mit Dr. Heinz Evers (HE), Kienbaum Management Consultants GmbH, Vergütungsberatung

Dr. Heinz Evers ist Geschäftsführer und Partner der Kienbaum Management Consultants GmbH. Dr. Heinz Evers studierte in Köln und Bochum Wirtschaftswissenschaften und promovierte über die Auslese von Top-Managern. Seine Karriere bei Kienbaum begann er 1974 mit dem Aufbau des Geschäftsfeldes Compensation. Seit 1982 ist er Geschäftsführer der Kienbaum Management Consultants GmbH. Seit 1989 ist er Gesellschafter der Kienbaum Consultants International GmbH. Dr. Evers berät Unternehmen aller Größen und Branchen in Fragen der Vergütungsberatung und Mitarbeitermotivation. Schwerpunkte seiner persönlichen Tätigkeit liegen zum einen in der Vergütungsgestaltung für Top-Manager, zum anderen in der Entwicklung und Einführung von Leistungsanreizsystemen, vor allem im Vertrieb sowie im Management.

Hat sich die Notwendigkeit neuer Führungskonzepte mit daran ausgerichteter Führungskräftevergütung bei deutschen Unternehmen schon durchgesetzt?

HE: Durchgesetzt hat sich zumindest die Einsicht in die Notwendigkeit dieser Neugestaltungen. Auch die Veränderungsrichtung ist klar: Es geht um die nachhaltige Steigerung des Unternehmenswertes mittels entsprechend ausgerichteter Zielvereinbarungen und Bonusregelungen. Erfolgsrelevant ist dabei zugleich die stärkere Einbindung der Führungskräfte in den Prozess.

Was trotz dieser Einsicht viele Unternehmen derzeit noch abhält, ist angesichts der angespannten Wirtschaftslage primär die Sorge um mögliche Kostensteigerungen durch eine solche Systemumstellung, insbesondere der Personalkosten.

Von größerer Bedeutung als die sachlich-inhaltliche Perfektion ist die Akzeptanz eines Bonussystems bei den Mitarbeitern. Achtet man hierauf in deutschen Unternehmen genügend?

HE: Zwar werden in Deutschland bereits bei der Systemeinführung durch die Mitbestimmung Mitarbeiterinteressen stärker berücksichtigt; doch leidet die Akzeptanz im späteren Vollzug vielfach unter der hohen Komplexität wertorientierter Steuerungssysteme sowie und vor allem am unverändert autoritären Führungsstil vieler Vorgesetzter gerade im oberen Management.

Hier müssen die Unternehmen deutlich mehr in Führungstrainings und betriebswirtschaftliche Einweisungen investieren.

Kann man bereits eine Aussage über die ökonomische Wirksamkeit der bisherigen Optionspläne bei deutschen Unternehmen nach Auslaufen der ersten Sperrfristen tätigen?

HE: Aufgrund anhaltender Börsenschwäche sind nur vereinzelte Optionspläne ins Geld gekommen. Eine fundierte Aussage über ihre Wirksamkeit ist von daher kaum möglich. Allerdings hat die heftige öffentliche Kritik, insbesondere seitens der institutionellen Anleger und Aktionärsverbände – jüngst bestätigt durch die BFH-Rechtsprechung – zu einer grundsätzlich kritischeren Einstellung geführt. Aktienoptionspläne dürften daher in Zukunft im Rahmen der Long-Term-Incentives eher eine untergeordnete Rolle spielen.

In den USA bestimmt die SEC hochgradig die Reglements, so dass z.B. demnächst Optionen nicht mehr in Restricted Stocks umgewandelt werden dürfen u.v.a.m. Müsste es in Deutschland nicht auch eine bestimmte Verhaltensmuster erzwingende Institution geben?

HE: In Deutschland sind Optionspläne schon heute durch Aktienrecht und Corporate Governance Kodex in wesentlichen Punkten reglementiert. Darüber hinaus sorgen inzwischen die Scheu der Vorstände vor polemischen Erörterungen in Medien und Hauptversammlungen sowie die distanziertere Haltung vieler Aufsichtsräte, insbesondere der Arbeitnehmervertreter für eine angemessenere Programmgestaltung.

Sie sind ausgewiesener Experte zum Thema Vergütung und dies in einem großen Beratungsunternehmen. Müssen diese bei der variablen Vergütung besondere Maßnahmen beachten, z.B. wegen ihrer ausgesprochenen Akquisitionsorientierung?

HE: Beratungsunternehmen sind in dieser Hinsicht eher begünstigt. Sie beschäftigen hoch qualifizierte Mitarbeiter. Ihre Erlös- und Kostenstrukturen sind relativ einfach, überschaubar und bilden insofern eine gute Basis für leistungs- und erfolgsabhängige Bezüge. Ein weiterer entscheidender Vorteil: Aufgrund ihrer Eignerstruktur können sie vielfach ihren Führungskräften mit dem Status des Gesellschafters bzw. Partners die unmittelbare Teilhabe am Jahreserfolg sowie der Wertsteigerung des Unternehmens anbieten. (UB 04/04)

7.6 Innovation in der Personalberatung

7.6.1 Sind Personalberater innovativ?

Der Branche der Personalberater geht es schlecht. Es ist eine logische Konsequenz, dass in Zeiten massiven Personalabbaus die Auftraggeber bei der Vergabe von Personalsuchaufträgen zurückhaltend sind. Einen Umsatzrückgang von 18,5 % hat die letzte Marktuntersuchung des BDU ergeben.

Es wird verstärkt die Frage nach den Erfolgsfaktoren dieses Dienstleistungszweiges gestellt. Diese Frage ist nicht leicht zu beantworten, da es sich um eine fragmentierte Branche handelt, die Einzelkämpfer, Anbieter mittelständischer Größenordnung und große multinationale Unternehmen umfasst. Diese bieten so unterschiedliche Dienstleistungen wie Executive Search, anzeigengestützte Personalsuche und -auswahl, Nachfolgeplanung, Vergütungssystemberatung, Personalentwicklung, Persönlichkeitsanalysen, Management-Audits, Interim Management, Outplacement-, Laufbahn- und Karriereberatung an, die sich aus ethischen Gründen teilweise gegenseitig ausschließen.

Trotz der Vielfalt der Dienstleistungsthemen wird in letzter Zeit immer wieder die Frage nach deren Innovationsgehalt gestellt.

Oder genauer: Haben die Personalberater überhaupt die Zeichen der Zeit verstanden und sind sie in der Lage, durch innovative Geschäftsfelder Kunden zu binden und neue Auftraggeber zu finden?

Zur Sicherung der eigenen Zukunft müssen folgende Fragen positiv beantwortet werden:
1. Haben wir die Flexibilität einer „atmenden" Organisation, um konjunkturelle Veränderungen vom Arbeitgeber- zum Arbeitnehmermarkt und umgekehrt schnellstmöglich nachvollziehen zu können?
2. Beschäftigen wir uns mehr als früher damit, Strategien und damit verbundene Veränderungsprozesse, wie z.B. die Re-Dezentralisierung der Personalfunktionen in den Unternehmen zu verstehen und auf unser Geschäft zu beziehen?
3. Wissen wir, wie dramatisch sich die Rolle der Personalverantwortlichen in vielen Unternehmen verändert?
4. Haben wir Konzepte, um Personalverantwortliche bei ihren neuen Aufgaben als Lieferanten der internen Dienstleistung „Human Resource Management", die verrechnet werden muss, zu unterstützen?
5. Haben wir Dienstleistungsangebote für die spezifischen Herausforderungen der Globalisierung und der Standortverlagerung?
6. Können wir die Frage unserer Kunden nach dem Wertschöpfungsbeitrag unserer Dienstleistungen eindeutig beantworten?

Innovationen, die am Bedarf der Zielgruppe vorbei geplant und umgesetzt werden, vernichten Geld und schaden der Reputation. Bestes Beispiel dafür ist die „Manager Lounge". Die Annahme, man könnte Personalverantwortliche selbst zu Kopfjägern machen, wenn man ihnen nur eine ausreichende Anzahl ausgewählter Kandidaten vor die Flinte stellt, war grundfalsch. Man kann Einkäufer von Arbeitskräften nicht zu Verkäufern von Arbeitsplätzen umfunktionieren.

Die Branche bleibt deshalb weiter aufgefordert, sich den gegenwärtigen Herausforderungen mit bedarfsgerechten, innovativen Angeboten zu stellen. (UB 05/04)

7.6.2 Wissensmanagement als Erfolgsfaktor im VW-Konzern

Interview (VW) mit Andreas Kaiser, Leiter Volkswagen Wissensmanagement ww.deck und Thekla-Sofie Pozar, Teamleitung SKO – Volkswagen Wissensmanagement ww.deck.

Stellt die Wissenswegweisung in Ihrem Unternehmen einen wesentlichen Erfolgsfaktor im gesamten Wissensmanagement dar?

VW: Richtige Ansprechpartner zu Fachthemen zu finden, ist ein wesentlicher Aspekt der Wissenswegweisung im Unternehmen. Hierfür stellt das Volkswagen Wissensmanagement ww.deck® den „expert finder" zur Verfügung. Dieses System garantiert eine schnelle Identifizierung und Lokalisierung von Wissensträgern und Experten im Volkswagen-Konzern und unterstützt somit als primärer Baustein die Bildung von Netzwerken. Jeder Anwender stellt dabei sein Expertenprofil in Abstimmung mit dem Vorgesetzten selber ein und hält dieses auch aktuell.

Den expert finder verstehen wir als ein Werkzeug innerhalb einer Palette von Wissensmanagementtools, die wir innerhalb des Konzerns und auf dem externen Markt anbieten. Will man

Wissensmanagement intelligent einsetzen, müssen einzelne Maßnahmen jedoch gezielt auf die individuellen Bedürfnisse des jeweiligen Kunden abgestimmt werden. Darin sehen wir unter anderem einen Faktor für erfolgreiches Wissensmanagement.

Welche Erfahrungen haben Sie mit der sog. Wissensstafette gemacht?

VW: Beim anstehenden Wechsel von Experten und Führungskräften aus unterschiedlichen Bereichen organisiert und strukturiert die Wissensstafette den Dialog zwischen Wissensnehmern und Wissensgebern. Diese strukturierte Vorgehensweise der Wissensstafette erleichterte zum Beispiel den Wechsel einer Führungskraft aus dem Werk „A“ in einen neuen Verantwortungsbereich im Werk „B“ des VW-Konzerns. Die Begleitung interkultureller Wechsel von Deutschland nach China liefert ein weiteres Einsatzfeld.
Insgesamt wurden vom Volkswagen Wissensmanagement ww.deck® in den letzten zwei Jahren ca. 70 Führungswechsel und 40 Fachwechsel durchgeführt. Dieses Werkzeug lebt davon, dass auf der Basis eines aktiven, offenen Austausches ein Mehrwert geschaffen wird. Zum einen wird die Arbeit des ausscheidenden Mitarbeiters durch die begleitete Übergabe auch im Nachhinein wertgeschätzt. Zum anderen erhält der Neueinsteiger detaillierte Informationen über seinen zukünftigen Arbeitsplatz. Ein zentrales Thema ist auch die „Sicherung“ von langjährigem Erfahrungswissen ausscheidender Mitarbeiter, z.B. bei Ruhestandsreglungen. Damit ist der Neueinsteiger optimal auf seine neue Aufgabe vorbereitet. Neben den internen Anfragen findet die Volkswagen-Wissensstafette inzwischen auch auf dem externen Markt zunehmend Aufmerksamkeit, was sich in externen Projekten widerspiegelt.

Welchen wesentlichen Beitrag liefern Wissensnetzwerke in Ihrem Unternehmen?

VW: Im Volkswagen-Konzern sind derzeit über 2000 Fachexperten in mehr als 20 verschiedenen Wissensnetzwerken weltweit virtuell vernetzt. Unterstützt wird deren Zusammenarbeit durch die Inter-/ und Intranetlösung „Expertroom“. Unterschiedliche Gruppen von Experten, z.B. der Qualitätssicherung, der Produktion und der Entwicklung verbessern und intensivieren in den Wissensnetzwerken ihre Zusammenarbeit. Die Experten tauschen Erfahrungen aus und entwickeln gemeinsam Lösungen, ohne sich persönlich treffen zu müssen. Weiterhin nutzen Expertengruppen verschiedenster Bereiche diese virtuelle Arbeitsplattform für ihre Projektarbeit.
Wesentliche Beiträge sind Synergieeffekte durch bessere Ressourcennutzung, best-practice-sharing sowie ein kollegiales Lernen on-the-job.
Die Blickrichtung unseres Ansatzes ist nicht allein auf ein leistungsfähiges IT-System fokussiert. Vielmehr rücken wir den Mensch in den Mittelpunkt, denn wir wissen, dass die Begleitung eines Wissensnetzwerkes, das Commitment aller Beteiligten und eine kompetente Moderation wesentlich zum Erfolg eines optimierten Wissensaustausches beitragen.

Was trägt dazu bei, Wissensmanagement in einem Großkonzern wie Volkswagen zu etablieren?

VW: Ein wesentlicher Aspekt, der Wissensmanagement-Aktivitäten fördert, ist die Unternehmenskultur. Wissensmanagement basiert auf einer Kultur des aktiven Austausches. Die Realisierung von Wissensmanagementzielen ist stark an die jeweilige Kultur des Umgangs

mit Wissen in den einzelnen Organisationseinheiten gebunden. Dabei ist von großer Bedeutung, dass das Management die Wissensmanagementaktivitäten unterstützt.
Wir versuchen dabei ein Bewusstsein für das Thema auf allen Ebenen zu schaffen, um den Wert des Wissensaustausches für den Einzelnen und den Konzern zu verdeutlichen. Einen Konzernauftrag Wissensmanagement gibt es seit 1998. Hier liegen auch die Wurzeln des Volkswagen Wissensmanagements ww.deck®.

Welche Anreizsysteme fördern bei Ihnen die Bereitwilligkeit einer offenen Wissenspreisgabe der Mitarbeiter? Gibt es – wie in USA – finanzielle Anreize?

VW: Eine Entlohnung in Form finanzieller Anreizsysteme lehnen wir ab. Diese Frage knüpft unmittelbar an die vorherige Aussage an. Spezielle Anreizsysteme für die Teilnahme an oder Initiierung von Wissensmanagementaktivitäten, wie sie von einigen Unternehmen versucht werden, sind nach unseren und auch den Erfahrungen anderer Unternehmen langfristig nicht zielführend. Die Vorteile eines offenen und aktiven Austausches müssen für die Mitarbeiter und Führungskräfte erkennbar sein und somit im Arbeitsalltag gelebt und weitergegeben werden.

Ganze HRM-Abteilungen werden heutzutage ausgelagert. Können Sie sich vorstellen, das Wissensmanagement Ihres Unternehmens an einen für die Volkswagen AG fremden Anbieter auszulagern?

VW: Wir messen aufgrund unserer langjährigen Erfahrung dem Wissensmanagementprozess an sich einen sehr hohen Wert bei. Dabei schauen wir über den Tellerrand hinaus und stehen in regem Austausch mit vielen anderen Unternehmen, um gegenseitig von der jeweiligen Erfahrung zum Thema Wissensmanagement, den angewendeten Werkzeugen und Prozessen zu lernen. Eine Auslagerung des Themas an einen externen Dienstleister ist aus unserer Sicht nicht zielführend. Die Weiterentwicklung der Volkswagen-Kultur im Umgang mit eigenem und fremdem Wissen wird in Zukunft noch stärker im Focus stehen. (UB 05/04)

8 Consultingunternehmen- der eigene Geschäftsbetrieb

8.1 Reputation

8.1.1 Reputational Capital

Reputation ist definiert als die Gesamteinschätzung eines Unternehmens durch alle beteiligten Gruppen, wie Kunden, Investoren, Mitarbeiter, Wettbewerber und Gesellschaft. Sie spielt bei Dienstleistungsunternehmen, die so genannte „credence goods" erstellen, eine besondere Rolle.

Reputation ist messbar. Das „reputational capital" eines börsennotierten Unternehmens wird definiert als der Betrag, um den der Marktwert den Liquidationswert übersteigt. Messbar sind insbesondere auch Reputationsschäden am nachhaltigen Absinken des Unternehmenswertes, wie z.B. bei Exxon nach der Valdez-Havarie oder bei Shell nach der Ankündigung, die Ölförderplattform Brent Spar einfach in der Nordsee zu versenken oder bei DaimlerChrysler nach Bekannt werden der Elchtest-Ergebnisse der A-Klasse. Besonders in den beiden letzten Fällen, so ist leicht festzustellen, hat das Reputation Management versagt.

Bei Beratungsunternehmen ist alles, was mit Reputation zusammenhängt, sehr viel differenzierter. Selbst wenn die Einflussfaktoren einer guten Reputation, wie Glaubwürdigkeit, Verantwortungsbewusstsein, Zuverlässigkeit und Vertrauenswürdigkeit bekannt sind und gepflegt werden, kann Schaden entstehen. Selbst wenn man weiß, dass Klienten besonderen Wert auf Kompetenzen, wie Branchenkenntnis, Problemlösungswissen, Umsetzungserfahrung, Kreativität und Sozialverhalten legen und sich danach richtet, kann die Reputation plötzlich Schaden erleiden.

Fälle in der jüngsten Vergangenheit zeigen, dass die Reputation eines Beratungsunternehmens durch Vorgänge beschädigt werden kann, die außerhalb des Einflussbereichs der Consultants liegen und durch Reputation Management nicht beherrschbar sind. Die Folgeschäden sind oft so gravierend, dass die Reputation der ganzen Branche nachhaltig leidet.

Durch den Fehler eines Auftraggebers, wie der des Vorstandes der Bundesagentur für Arbeit, einen Beratungsauftrag ohne Ausschreibung zu vergeben, gerät plötzlich ein Beratungsunternehmen ins Zwielicht. Verzerrte Berichterstattung über angeblich horrende Beraterhonorare ohne exakte Aufgabenbeschreibung und Zielsetzung verstärken den Imageschaden weiter. Maßnahmen, die das Unternehmen zur Reputationsstärkung unternommen hat, wie die Schaffung eines Beirates mit hochkarätigen Persönlichkeiten aus Politik, Medienwirtschaft und Consultingbranche, erhalten plötzlich den Hautgout von Filz und Korruption. Alles läuft aus dem Ruder. Plötzlich greift der Imageschaden auch auf ein anderes Beratungsunternehmen über, das vom Verteidigungsministerium ebenfalls ohne Ausschreibung Folgeaufträge übernommen hat. In der weiteren öffentlichen Diskussion steht dann die ganze Branche am Pranger mit so existenziellen Fragestellungen wie „Kann ein Externer internen Spezialisten überhaupt sinnvollen Rat geben?“.

Ein anderes Extrem ist der Fall eines marktführenden internationalen Beratungsunternehmens, das sich Fehlleistungen in Folge leistet, ohne dadurch den geringsten Schaden zu nehmen. Alles rätselt: Woran liegt das? (UB 02/04)

8.1.2 Reputation Management

Interview mit Gregor Schönborn (GS), Senior Partner, ECC Consultancy, ECC Kohtes Klewes GmbH

Bei Meinungsäußerungen und Auftritten, wie denen von Florian Gerster, Hartmut Mehdorn, Jürgen Schrempp und Rolf Breuer, die nicht nur die Reputation des eigenen Unternehmens schädigen, sondern sogar Schadensersatzforderungen von Betroffenen hervorrufen, stellt sich die Frage, ob es in diesen Unternehmen überhaupt jemanden gibt, der sich mit Reputation Management befasst. Wie sind Ihre Erfahrungen?
GS: Reputation ist ein harter Wettbewerbsfaktor. Sie spiegelt nicht nur die Unternehmensidentität mit all ihren Facetten wider, sondern ist in unserer Welt, in der die Bedeutung des physischen Produktes zugunsten von Dienstleistungen, virtuellen Produkten oder Ideen zurückgeht, zum Faktor für Kaufentscheidung geworden. Darum gehört Reputation Management zu den mittel- bis langfristigen strategischen Aufgaben des Managements. Die für Unternehmen wichtigen Ziele und Themen werden auch häufig strategisch geplant. In der Praxis jedoch, vor allem bei den kurzfristigen Themen, wird dann das Management von den Ereignissen überholt, und es kommt zu Kommunikationskrisen, wie z.B. bei den von Ihnen angesprochenen Top-Managern. Hinzu kommt, dass die Top-Manager tendenziell opportun gegenüber öffentlicher Meinung und Vorurteilen sind. Es wird einfach nicht realisiert, dass gleiche Informationen entsprechend der Situation und Motivation der Öffentlichkeit unterschiedlich bewertet werden.

Es mangelt aber nicht an professionellen Kommunikationsmanagern in den Unternehmen, sondern viel mehr an deren Zusammenarbeit mit dem Vorstand. Der Vorstand wendet im Verhältnis oft zu viel Zeit auf für die Inhalte dessen, was darzustellen ist und richtet viel zu wenig Aufmerksamkeit auf das „Wie?“. Im Vordergrund stehen zu häufig die Shareholder-Interessen, das nächste Quartalsergebnis – die Financial Performance, aber nicht die Mission des Unternehmens.

Einige große Beratungsunternehmen, wie Roland Berger Strategy Consultants haben vor einigen Jahren versucht, „Reputation Management" als Beratungsfeld zu etablieren. Viel Erfolg hatten sie damit nicht. Worauf ist das Ihrer Meinung nach zurückzuführen?

GS: Es ist ein großer Vorteil, den Erfahrungsbackground und die Ressourcen einer professionellen und erfolgreichen Unternehmensberatung zu haben. Wenn die Kommunikationsstrategie kompatibel ist mit der Unternehmensstrategie, dann werden wichtige Voraussetzungen erfüllt. Aber die Berater brauchen die operative Erfahrung aus der Kommunikationsbranche, insbesondere die Medienkompetenz, weil es besonders auf die Einschätzung von Themen der Medien, die erfolgreiche Themensteuerung ankommt. Diese Verbindung ist den meisten Unternehmensberatungen nicht gelungen. Kommunikationsberatung braucht außerdem die operative Kompetenz des Prozessmanagements von internen und externen Kommunikationsthemen und Kampagnen-Erfahrung, so wie es die Agenturen beherrschen.

Viele Medienunternehmen und Werbeagenturen kämpfen derzeit um ihr Überleben. Wäre ein ausgefeiltes Beratungskonzept zum Thema „Reputation Management" eine sinnvolle Ergänzung ihrer bestehenden Dienstleistungspalette?

GS: Für Werbeagenturen sehe ich das eher als für Medienunternehmen. Es gibt bereits einige Werbeagenturen, die es geschafft haben, hochwertiges Reputation Management aufzubauen, z.B. die BBDO-Gruppe. Doch gibt es bislang nur wenige erfahrene Werbeberater, die das Feld wirklich beherrschen. Das fängt schon mit der Erstellung eines umfassenden Kommunikations-Audits an, das nur von Beratern geleistet werden kann, die die gesamte Palette der internen und externen Kommunikationsinstrumente beherrschen und die operative Erfahrung aus dem Umgang mit den Medien mitbringen bis zum Know-how der Wirkungsforschung von Kommunikation. Werber haben grundsätzlich ein diametrales Verhältnis zum Umgang mit Journalisten, weil sie es gewohnt sind, für die Platzierung von Botschaften bezahlten Raum in den Medien zu belegen. PR-Agenturen haben das Thema Reputation Management früher erkannt, bringen mehr Erfahrung mit Medien und Journalisten ein als Werber und haben Erfahrung in der gesamten Bandbreite der Instrumente.

Medienunternehmen haben ja bereits begonnen, neue Dienstleistungen anzubieten – von der Veranstaltung von Leser-Reisen bis zum Verkauf von Strom. Im Sinne eines Reputation Managements müssen die Medienunternehmen aufpassen, dass der „Journalismus" dabei seine Unabhängigkeit nicht verliert. Die Full-Service-Orientierung eines Dienstleisters passt jedenfalls nicht zum journalistischen Auftrag.

Welche Faktoren beeinflussen die Reputation eines Beratungsunternehmens?

GS: Das Reputation Management von Unternehmen hat alle Rahmenbedingungen des Unternehmens, seine Geschichte, die Bedeutung in seiner Branche und des Umfeldes zu berücksichtigen; seine „Corporate Performance". Das sind die Qualität und die Position der Produkte und Leistungen, die Repräsentation der handelnden Personen ebenso wie die Financial Performance und die weit über die Marketingfunktion hinausgehende Verantwortung des Unternehmens für alle Aspekte der Stakeholder, die Social Responsibility. Die gezielte Platzierung und Positionierung des Unternehmens unter Berücksichtigung von Vision und

Führungsanspruch sind nach außen und nach innen wichtig. Die Messung der Außenwirkung ist durch den qualitativen „Share of Voice“ möglich, ihre Bedeutung spiegelt aber auch wieder zurück zur Wahrnehmung des Unternehmens durch die Beschäftigten am Arbeitsplatz. Alle Faktoren mit Einfluss auf die Reputation können umfassend analysiert, erklärt und gesteuert werden. Die emotionale Wahrnehmung ist dabei ein zentraler Erklärungsfaktor für die Unternehmensreputation.

Was tun Ihrer Erfahrung nach Consultingunternehmen für ihr eigenes Reputation Management?

GS: Zu wenig. Die meisten Unternehmensberatungen tun sich noch sehr schwer mit den grundlegenden Regeln der klaren Positionierung. Vier von fünf untersuchten Unternehmensberatungen positionieren sich mit den fünf häufigsten Positionierungsbegriffen; sie versprechen Lösungskompetenz, Erfolg für ihre Kunden, Professionalität und andere, inzwischen Allgemeinplätze. Häufig fehlen klare Leitbilder und eine Markenstrategie. Unternehmensberatungen neigen zu Übertreibungen in der Selbstdarstellung und können die Kongruenz der Ziel-Positionierung mit den Fähigkeiten der Berater nicht einhalten. Kunden reden schon offen darüber, dass Versprechen und Erwartungen in der Praxis nicht erfüllt werden oder dass das versprochene Prozessmanagement in der Implementierung nicht beherrscht wird. (UB 02/04)

8.2 Consulting for Equity

Interview mit Felix Lowinski (FL),
Institute for Mergers & Acquisitions (IMA) Universität Witten/Herdecke zum Thema „Consulting for Equity“

Herr Lowinski, Sie haben gerade in Kooperation mit dem BDU e.V. eine Untersuchung zum Thema „Consulting for Equity in Deutschland“ durchgeführt. Was war die Zielsetzung dieser Studie, bei der es um das innovative Vergütungsinstrument Eigenkapitalbeteiligung geht?

FL: Die Begeisterung für die dynamische Entwicklung vieler junger Unternehmen, besonders zur Zeit des Booms in der New Economy hat dazu geführt, dass Unternehmensberatungen begonnen haben, ihre Dienstleistungen teilweise gegen die Gewährung von Eigenkapitalanteilen anzubieten. Zum einen hat uns interessiert, in welchem Ausmaß dieses Vergütungsinstrument tatsächlich angewandt wird, und wie die praktische Umsetzung aussieht. Daneben wollten wir aber vor allem potenzielle Vor- und Nachteile von Consulting for Equity identifizieren, die mit der veränderten Beziehung zwischen Klient und Berater einhergehen.

Welche Klientengruppen könnten mit dieser Vergütungsform angesprochen werden?

FL: Unsere Befragung hat ergeben, dass überwiegend junge Unternehmen mit einer viel versprechenden Wachstumsdynamik für diese Vergütungsalternative infrage kommen.

Daneben hat sich aber auch gezeigt, dass Consulting for Equity im Bereich restrukturierungsbedürftiger Unternehmen angewendet wird.

Wie würde sich eine Win-Win-Situation für Berater und Klienten darstellen?

FL: Das Problem gerade der oben genannten Klientengruppen scheint es zu sein, dass sie sich auf Grund einer teilweise sehr schwachen Cashflowbasis kaum qualitativ hochwertige Beratungsdienstleistungen leisten können. Consulting for Equity könnte dieses Finanzierungsproblem abmildern und gleichzeitig Beratern die Möglichkeit eröffnen, sich noch stärker als bisher möglich am Erfolg der von ihnen beratenen Unternehmen zu beteiligen und somit das Gewinnwachstum ihrer Beratungsunternehmen zu dynamisieren.

Welche Einschränkungen machen Sie in Bezug auf die Vorteilhaftigkeit dieser Vergütungsform, nachdem die Studienergebnisse vorliegen?

FL: Consulting for Equity kann nur dann als attraktive Alternative für das Beratungsunternehmen gegenüber traditionellen Vergütungsformen angesehen werden, wenn entsprechende Anpassungen innerhalb des traditionellen Geschäftsmodells vorgenommen werden, die die neue Rolle der Berater als Miteigentümer des Klientenunternehmens berücksichtigen. Dies kann einen erheblichen Aufwand bedeuten, z.B. für zusätzliche Due Diligence-Anstrengungen bei der Auswahl von Klienten oder für die Wahrnehmung von Mitbestimmungsrechten. Daneben deuten die Untersuchungsergebnisse darauf hin, dass besonders bei größeren Beratungsunternehmen mit komplexen Organisationsstrukturen mitunter erhebliche interne Interessenkonflikte entstehen können, deren Nichtberücksichtigung die Profitabilität von Consulting for Equity stark einschränken kann.

Was ist zu dem Hauptaspekt der durch Eigenkapitalbeteiligungen auftretenden internen Interessenkonflikte zu sagen?

FL: Unsere Untersuchung hat gezeigt, dass durch die Erweiterung der Rolle des Beratungsunternehmens vom reinen Dienstleister hin zu einem Miteigentümer die traditionelle Klienten-Berater-Beziehung fundamental verändert wird. Von uns beobachtete Probleme, wie z.B. der Anreiz zu einem „Über"-Engagement einzelner Berater, können zu einer wesentlichen Einschränkung der Profitabilität dieser Vergütungsalternative führen. Erhebliche strukturelle Veränderungen innerhalb von Beratungsgesellschaften scheinen deswegen notwendig, um eine für das Beratungsunternehmen profitable Betreuung von Consulting for Equity-Fällen zu gewährleisten. Probleme bei der Anwendung von Consulting for Equity sehen wir auch darin, dass schon allein durch das Selbstverständnis des Beraters die Gefahr besteht, Eigenkapitalanteile lediglich als Ersatzwährung für die Bezahlung der Beratungsdienstleistung zu interpretieren, was eine systematische Unterschätzung seiner Rolle als Investor nach sich ziehen kann.

Wie bewerten Sie den künftigen Stellenwert von Equity for Consulting in der deutschen Beratungsbranche?

FL: Wir rechnen damit, dass Consulting for Equity das Beratungsgeschäft in begrenztem Umfang um eine Vergütungsalternative ergänzen kann. Darüber hinaus ist zu erwarten, dass die Nachfrage nach hochwertiger Beratung von liquiditätsschwachen Unternehmen mit viel versprechendem Entwicklungspotenzial möglicherweise auch zu einer weiteren Anpassung anderer Geschäftsmodelle, z.B. aus dem Bereich der Gründungsfinanzierung führen wird. (UB 01/03)

8.3 Mission Impossible, Namensgebung

In der Redaktion gibt es ein neues Spiel: Einer liest aus Anzeigen oder Firmenbroschüren Satz für Satz die Mission Statements (deutsch: Leitbilder) von Beratungsunternehmen vor, und die anderen müssen auf die Frage antworten: „Was will uns der Texter damit sagen?“ Eine eindeutige und sachliche Interpretation ist meist unmöglich, und so ist häufig brüllendes Gelächter mit Schenkelklopfen die Antwort.

Besonders ergiebig für allerlei Lästereien sind die ehemaligen Töchter der ehemaligen Big Five WP-Gesellschaften, die, lieblos von der Mutterbrust gestoßen, nun gezwungen sind, sich im Markt neu aufzustellen. Da müssen der Öffentlichkeit zunächst die neuen Firmennamen und dann im Mission Statement die Unternehmensgrundsätze, Werte und Normen bekannt und vertraut gemacht werden. Zum Glück für die großen Tageszeitungen, deren Anzeigengeschäft, wie man weiß, ansonsten stark rückläufig ist.

Da ist zunächst die Namenswahl.

PricewaterhouseCoopers hat listigerweise die Abkürzung PwC gewählt, wohl wissend, dass damit kostenlos die öffentlich finanzierte Werbung an deutschen Autobahnen genutzt werden kann, wo in regelmäßigen Abständen genau mit dieser Abkürzung auf Parkplätze mit WC hingewiesen wird. Lange Zeit kam auch die Beratungssparte in den Genuss dieser attraktiven Abkürzung, bis IBM dies durch die Übernahme beendete.

Bei der Interpretation des Firmennamens BearingPoint (ehemals KPMG) wird es schon schwieriger. Selbst Langenscheidts Fachwörterbuch für Wirtschaft, Handel und Finanzen bietet keinerlei Hilfe. Ein besonders eifriger Semantiker hat es damit versucht, den Namen in seine Bestandteile zu zerlegen, beginnend mit bear. und fand dort nur so entmutigende Worte wie Baissespekulant, Baissier usw. Das Fazit war „Die Baissespekulation auf den Punkt bringen“. Das kann doch wohl mit dem Firmennamen nicht gemeint sein? Eingeweihte raunen, es hätte etwas mit Schiffen zu tun.

Nun zu den Missions, die in ganz- und halbseitigen Anzeigen vermittelt werden sollen. Da verrät das Beratungsunternehmen dem erstaunten Leser, es habe eine „get it done culture“. Verdeutlicht wird dieses Bekenntnis durch ein Foto, bei dem man durch eine geöffnete Fahrstuhltür einen Mann und eine Frau, ins Gespräch vertieft, sieht. Der Fahrstuhl steht auf Stockwerk Nr.1, was im Prinzip alles sagt, nämlich: Nach unten ist der Weg kürzer als nach oben.

Dann der Kernsatz, zu dem man sich Wagnermusik als Untermalung vorstellen muss: „Es gehört zu unseren Grundsätzen, unsere Aufgaben für den Kunden zur vollen Zufriedenheit zu erledigen“. Und für den, der es bis dahin noch nicht verstanden hat, etwas kecker: „Der Erfolg unserer Kunden bestimmt unseren eigenen Erfolg. Das ist, was sie erwarten – und verdienen.“ Was heißt verdienen?

In einer weiteren Anzeige geht es um das absolute Alleinstellungsmerkmal dieses Beratungsunternehmens „Solving client needs“ – wer macht das schon!? Das Foto dazu unterstreicht diese Message eindringlich. Ein Mann, nur auf einem Achtel seiner Pobacken sitzend, stiert auf sieben Bildschirme, offensichtlich eifrigst bemüht, client needs zu erfüllen. So muss man sich das heutzutage vorstellen!

Wie ist das alles so dumb and dull, was da nur wörtlich übersetzt aus dem US Headquarter übernommen wird, ohne jedes Gespür für nationale Besonderheiten!

Wie wunderbar genial und aussagestark war dagegen das Mission Statement von Gerhard Kienbaum aus dem Jahr 1946 (vgl. UB 2/97) „Kienbaum hilft Probleme lösen“ mit zerbombten Gasometern und Dampfturbinen im Hintergrund. Da hat noch jeder Buchstabe gesessen und wurde sogar geglaubt. (UB 02/03)

8.4 E-Consulting: Ist Internetbasierte Beratung die Zukunft?

1 Einleitung

Durch die Möglichkeit der elektronischen Abwicklung vollständiger oder teilweiser Unternehmensprozesse über das Internet hat sich die Unternehmenslandschaft verändert. Zur Nutzung aller Vorteile wie z.B. Kostensenkungspotenzialen, einem höheren Kundennutzen, schnelleren Ergebnissen, Produktinnovationen und einem globalen Markt- und Kundenzugang müssen traditionelle Unternehmensstrukturen und –kulturen der neuen elektronischen Ökonomie angepasst werden. Auffällig bei dieser Entwicklung ist jedoch die Tatsache, dass Unternehmensberatungen diesen Wandel maßgeblich vorantreiben, ihn bei sich selbst jedoch nur eingeschränkt vollziehen.

In den Jahren 2002 und 2003 waren die Zahlen der verkauften Beratungsleistungen im Vergleich zu den Vorjahren rückläufig. Der Umsatz stieg im Jahr 2004 erstmals um ein Prozent an und die Tendenz ist weiterhin steigend. Dennoch muss auch bei etablierten Unternehmensberatungen eine Neuausrichtung der eigenen Unternehmensstrategie in Betracht gezogen werden. Vermehrt werden auch Klein- und Mittelständische Unternehmen (KMU) beraten, jedoch ist das Budget bei KMU oft begrenzt: Eine klassische Beratung können sich KMU oftmals nicht leisten, da diese mit hohen Kosten verbunden ist. Aus diesem Grund wird das Konzept der elektronischen Beratung (Electronic Consulting, E-Consulting) als eine neue, kostengünstige und effiziente Lösung vor allem für KMU vorgestellt und auf ihre Praxistauglichkeit untersucht.

2 Anforderungen an ein optimiertes Beratungsprojekt

Neben den allgemeinen Aufgaben, wie der Ermittlung betrieblicher Schwachstellen und Fehlerquellen sowie der Erarbeitung von Maßnahmen zu deren Beseitigung, der Steigerung der Leistungsfähigkeit des Unternehmens durch Erhöhung von Wirtschaftlichkeit, Produktivität und/oder Rentabilität und der Entwicklung von Ideen bzw. Konzeptionen, Strategien oder Entscheidungshilfen zur Lösung von Unternehmensproblemen, die zu den primären Zielen einer guten Beratung gehören, sind im Laufe der Technologisierung der Beratungsprozesse noch weitere Anforderungen hinzugekommen.

Es reicht nicht mehr nur aus, die „richtigen Dinge zu tun“ (Effektivität), sondern die „Dinge richtig zu tun“ (Effizienz). Somit ist die „Steigerung der Effizienz“ eines der großen Ziele eines alternativen Beratungsansatzes und es liegt auf der Hand, dass sie sich nur mit dem Einbinden von Informations- und Kommunikationstechnologien (IKT) in Unternehmensprozessen einstellen wird. Mit ihrer Hilfe ist z.B. ein Kontakt zum Klienten über E-Mail bzw. innerhalb des Groupware-Systems denkbar. Dadurch gehen keine Zeiten mehr auf dem Postweg verloren. Fragen können schneller geklärt werden, die Response-Zeit wird verringert, die Effizienz steigt.

Ein weiteres wichtiges Ziel ist das Erreichen einer höheren Transparenz des Beratungsprozesses für den Kunden. Durch den Einsatz von Workflow-Management-Systemen ist es z.B. möglich, dass sowohl Berater als auch Kunde zu jeder Zeit über den aktuellen Stand des Beratungsprozesses Bescheid wissen. Der Kunde kann den Status des Projektes verfolgen und bei Bedarf auch auf vorhergegangene Schritte zurückgreifen.

Eine weitere Forderung, die an eine optimierte Beratung gestellt wird, ist die verstärkte Kundenorientierung. Das Problem der klassischen Unternehmensberatung liegt oft darin, dass die Berater versuchen, die Prozesse im Kundenunternehmen zu verbessern, ohne die Klienten einzubinden. Jedoch ist es oftmals für den Kunden schwer, die Gründe der Veränderungen nachzuvollziehen. Mithilfe der IKT wie z.B. Workflow-Management-Systemen ist der Kunde von Anfang an in den Beratungsprozess involviert oder erledigt viele Aufgaben innerhalb der Beratung ohne den Berater. Das hat zum einen den Zweck, dass die Beratungsleistung durch „Selbstbeteiligung“ kostengünstiger gestaltet werden kann und zum anderen findet die Veränderung bereits während der Beratung in den Köpfen der Mitarbeiter statt.

Der Kunde gewinnt von Beginn der Beratung an einen Eindruck von der Leistung des Beratungsunternehmens. Diese Transparenz schafft Vertrauen in die Arbeit des Beraters. Stellt sich dann auch noch ein Erfolg der Beratung ein, erhöht sich die Wahrscheinlichkeit, einen Folgeauftrag akquirieren zu können, die Kundenbindung steigt.

3 Vergleich der Unternehmensberatungsformen

3.1 Klassische Beratung

„Unternehmensberatung ist definiert als eine Dienstleistung, die durch eine (oder mehrere) unabhängige und qualifizierte Person(en) erbracht wird. Sie zielt darauf ab, Probleme zu analysieren, die mit Kultur, Strategien, Organisation, Verfahren und Methoden im Unternehmen des Auftraggebers zusammenhängen. Es geht darum, Lösungen zu erarbeiten, ihre

Umsetzung zu planen und für die Realisierung zu sorgen." Der Aufgabenbereich des Unternehmensberaters geht somit über das simple Extrahieren von Wissen und Informationen hinaus. Er muss im Einklang mit dem Auftraggeber und dessen Unternehmenskultur Lösungskonzepte und ihre Möglichkeit der Realisierung präsentieren.

Der Beratungsprozess erstreckt sich bei der Strategieberatung vom Erkennen des Problems bis zu Vorschlägen für seine Lösung. Die Beratung läuft strukturiert ab:

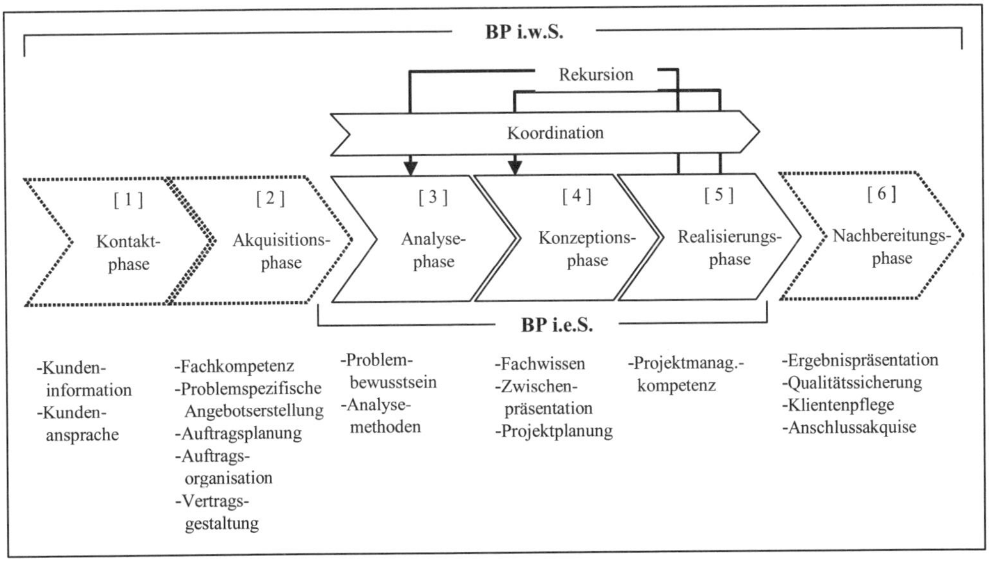

Abb. 8.1: Phasenschema des Beratungsprozesses

Die klassische Beratung findet i.d.R. vor Ort beim Kunden statt. Die Berater werden als Experten gesehen: Das vom Beratungsunternehmen zusammengestellte Team analysiert die Ist-Situation oder den bestimmten Sachverhalt und erarbeitet aufgrund seiner Praxiserfahrung aus anderen Beratungsprojekten für Unternehmen derselben Branche, Größe oder Struktur Vorschläge, die in einem entsprechenden Bericht dargestellt werden. Jede Beratungsgesellschaft bietet jedoch in allen Fragen, sei es die der Aufbauorganisation und die der Optimierung von Organisationsprozessen, maßgeschneiderte Problemlösungen.

Auf die Frage, auf welche Weise das Beraterteam die Ist-Situation analysiert, kann keine allgemein gehaltene Methode genannt werden. Es kommt auf die jeweilige Situation im Unternehmen und die Art des Problems an, welche empirische Vorgehensweise der Befragung Anwendung findet. Das Team entscheidet, ob mittels Fragebögen ausgewählte Mitarbeiter befragt werden oder Fach- bzw. Expertenwissen von Managern in persönlichen Gesprächen vermittelt werden.

3.2 Internetbasierte Beratung

Bei E-Consulting wird das Beratungsprojekt auch nach dem klassischen Beratungsprozess gegliedert, mit dem Unterschied, diesen gänzlich IT- und internetbasiert abzuarbeiten.

So wird E-Consulting zum einen definiert als „... doing all parts of the consulting process occuring over open networks, such as the Internet“ und zum anderen weitergefasst als „eine Form der Beratung, die durch elektronische Hilfsmittel unterstützt wird“.

Dabei wird ein neuer Beratungsstil im Vergleich zu den vorherrschenden, klassischen Beratungsmethoden verstanden. Bei der eigentlichen Beratung verwenden die Berater verschiedene Werkzeuge zur Analyse, die dem Aufzeigen der im Unternehmen vorhandenen Probleme dienen. Diese Analysephase übernimmt bei E-Consulting vor allem der Kunde selbst, indem er lediglich grobe Unterstützung mittels Checklisten seitens des im Hintergrund arbeitenden Beraterteams erhält. Die für die Beratung nötigen Daten und Informationen werden über das Internet ausgetauscht, so dass sich die Arbeit des Beratungsunternehmens allein auf deren Auswertung innerhalb der Beratersysteme beschränkt. So können auch Überlegungen angestellt werden, die Analyse durch moderne Methoden (z.B. neuronale Netze etc.) mit einem Computer direkt auswerten zu lassen. Der Berater stellt die Daten in Zusammenhang und ermittelt mithilfe vorangegangener Beratungsprojekte und seiner persönlichen Erfahrung ein Lösungskonzept. Der Klient steht in ständigem Kontakt mit dem Berater und durchläuft bei seiner Beratung alle Phasen des Beratungsprozesses, in welche die Fragebögen unterteilt sind. Zwischen den einzelnen Beratungsschritten werden auch Pausen eingelegt, um die Situation zu analysieren, ein Konzept zur Problemlösung zu entwickeln und in Gesprächen mit den Klienten eine optimale Lösung zu finden. Während des gesamten Prozesses steht der Berater dem Kunden über Videokonferenzen oder Call Center-Funktionalitäten mit Rat und Tat zur Seite.

Viele Aufgaben eines Beratungsprojektes sind standardisiert. So ist es einfach, diese mithilfe von IKT zu unterstützen und dadurch die Erledigung der Aufgaben effizienter zu gestalten. Nachfolgende Abbildung (s. Abb. 8.2) erläutert Einsatzmöglichkeiten von IKT bei standardisierten Aufgaben einer Beratung für den gesamten Beratungsprozess. In den letzten Spalten wird ersichtlich, bei welchen Phasen des Beratungsprozesses die Tätigkeiten hauptsächlich zum Einsatz kommen.

IKT-unterstützte Tätigkeiten beim E-Consulting

Tätigkeiten im E-Consulting	**IKT-Einsatz**	**Hauptzweck des Einsatzes**	**Kontakt**	**Akquise**	**Angebot**	**Vertrag**	**Durchführung**
Unternehmenspräsentation	▪ Internet-Homepage	Onlineauftritt, Kontaktaufnahme	X				
Zugangsschutz	▪ Hardware-Software-Zugangsschutz (Netze: Firewall, VPN)	Gewährleistung der sechs Sicherheitsaspekte					X
Informationssuche	▪ Manuelle Suche über das WWW ▪ Datenbanken	Auffinden wichtiger Informationen	X	X			X
Befragung	▪ Expertensysteme ▪ XML-Vorlagen ▪ Kommunikation (E-Mail, Videokonferenzen)	Checklistengenerierung, persönlicher Kontakt per E-Mail					X
Abfrage	▪ Strukturierte Abfragesprachen (z.B. SQL) ▪ Manuelle Suche über das WWW	Datenzugriff; Datenausgabe	X	X			X
Verifikationsgesteuerte Analyse	▪ OLAP ▪ Expertensysteme	Beziehungen in Informationen erkennen bzw. Zusammenhänge verifizieren	X	X			X
Entdeckungsgesteuerte Analyse	▪ Data Mining ▪ Expertensysteme	Neue Verbindungen zwischen Informationen entdecken					X
Informationsaufbereitung	▪ Textverarbeitung (z.B. Berichterstellung) ▪ Tabellenkalkulation (z.B. Diagrammerstellung) ▪ Präsentationssoftware ▪ Werkzeuge für Geschäftsprozessmodellierung (z. B. ARIS) ▪ Übersetzungssoftware	Informationsdokumentation und -aufbereitung		X	X	X	X
Nachrichtenübermittlung	▪ Audio- und visuelle Kommunikation (z.B. E-Mail, Videokonferenzen)	Austausch strukturierter und unstrukturierter Daten		X	X	X	X
Fixe und arbeitsunterstützende Sitzungstermine	▪ Audio- und Videokonferenzsysteme ▪ Application Sharing	Gemeinsame elektronische Ansicht, Austausch und Bearbeitung von Materialien			X	X	X
Präsentationsunterstützung	▪ Präsentationssoftware (z. B. in Verbindung mit Application Sharing)	Präsentation von Informationen in Sitzungen über das Netz		X	X	X	X
Datenspeicherung	▪ Datenbanken ▪ Data Warehouse ▪ Internet-Technologien	Speicherung von Daten und Informationen	X	X	X	X	X

Abb. 8.2: IKT-unterstützte Tätigkeiten beim E-Consulting

Die Hauptaufgabe eines guten Beraters ist, sich mit dem Klientenunternehmen zu identifizieren und sein Wissen weiterzugeben; andernfalls würde der Trend der Beratung hin zu einem Call Center gehen, für dessen Analyse-Auswertungen und vorinstallierten Maßnahmenkatalog keine Spezialisten mehr nötig sind. So übernimmt der Berater die Umsetzung der Fragebögen, passt diese den Bedürfnissen des Klienten an und stellt sie auf die private Intra- bzw. Internetseite. Neben der analytischen Tätigkeit hat der Berater auch weiterhin die Aufgabe, Gruppendiskussionen im Klientenunternehmen zu führen und somit Veränderungen in den Köpfen der Mitarbeiter in Gang zu setzen.

3.3 Gegenüberstellung

Zwischen der klassischen und der modernen Beratungsform besteht kein grundlegender Unterschied. Das Hauptaugenmerk liegt immer noch in der gezielten Suche, Verarbeitung und Speicherung von Daten und Informationen, die mithilfe bestimmter Methoden aufbereitet werden und so zu einem Ergebnis bzw. zur Lösung des Problems führen.

Bei der klassischen Form suchen die Berater das Unternehmen des Klienten auf, um dort gezielt Interviews vorzunehmen und sich persönlich von der Situation des Unternehmens einen Eindruck zu verschaffen. Die Beratung erfolgt mithilfe persönlicher Interviews, Checklistenbefragung und primärer Auswertungen vor Ort beim Kunden. Der Vorteil der klassischen Beratung ist die Nähe zu den Beratern. Ohne sehr großen Aufwand ist es für das Management möglich, mittels Spezialisten ihre Ziele durchzusetzen, ohne dass die Mitarbeiter bei der Realisierung stark involviert sind. Jedoch bezahlt man auch diesen „Service", so dass die hohen Kosten als größter Nachteil zu erwähnen sind.

Das Sammeln aller nötigen Daten und die Verarbeitung der Zusammenhänge findet bei der modernen Beratung räumlich verteilt statt. Der Kunde steht mittels einer sicheren Verbindung über das Netz mit dem Berater in Kontakt und gibt diesem alle benötigten Daten. Dabei ist es dem Kunden überlassen, inwiefern er den Berater dazu berechtigt, von außen auf seine Systeme zugreifen zu lassen oder ihm alles nach Aufforderung auflistet. Selbst die Befragung findet über das Netz statt. Hierbei besteht die Möglichkeit einer chatbasierten Befragung, die mit einem persönlichen Interview verglichen werden kann oder einer Checklistenbefragung. Die Checkliste kann dabei entweder als HTML-Datei ins Netz gestellt sein, die der Kunde online ausfüllt und welche in die Systeme des Beratungsunternehmens automatisch eingepflegt wird oder der Fragebogen wird als Anhang in einer E-Mail versendet und später vom Berater von Hand ausgewertet.

Der Berater ist nicht tage- bzw. wochenlang vor Ort beim Kunden, sondern kann vieles von seinem Büro aus erledigen, da der Kunde ihm alle Informationen über das Internet schickt. Lediglich bei Gruppendiskussionen oder bei Schulungen bestünde die Möglichkeit des Vor-Ort-Services. Der Berater setzt zur Kontaktaufnahme zum Beratungsunternehmen verschiedene Technologien ein: Er kann z.B. mithilfe seines mobilen Telefons seinen Laptop mit dem Server des Beratungsunternehmens verbinden und so von außen genauso wie von innen arbeiten und in jeder Phase des Projektes von jedem Ort aus Einfluss nehmen. So kann die Beratung internetbasiert, E-Mail-basiert oder Client-/Server-basiert ablaufen.

Allerdings müssen bei dieser Form der Beratung auch sehr viele Sicherheitsmaßnahmen getroffen werden. Sensible Unternehmensdaten werden über das Internet verschickt, so dass darauf geachtet werden muss, dass kein Dritter darauf zugreifen kann. Erst wenn absolute Integrität und Authentizität aller relevanten Daten gewährleistet ist, kann E-Consulting in Konkurrenz zur klassischen Beratung treten.

Grundsätzlich ändern sich bei einer E-Consulting-Lösung im Vergleich zur klassischen Beratung nur zwei grundlegende Rahmenbedingungen: Zum einen findet die Beratung über das Internet und nicht vor Ort beim Kunden statt, zum anderen ändert sich zwar nicht das eigentliche Beratungskonzept, jedoch die Beratungsform. Der Kunde arbeitet an der Lösung mit und dient nicht mehr nur als Informationsquelle; durch den Einsatz geeigneter Groupware- und Workflow-Management-Systeme nimmt er verstärkt an der Beratung teil.

Der Berater kann zum einen an mehreren Projekten parallel arbeiten und dadurch seine Arbeitszeit effizienter gestalten; mithilfe des Einsatzes der Informationstechnologie wird die Arbeitsweise erleichtert und vor allem optimiert. Zum anderen nimmt der Kunde dem Berater viel Beratungszeit ab, indem die nötigen Daten und Informationen größtenteils durch den Klienten zusammengesucht werden, wodurch sich auch die Kosten des Beratungsprojektes minimieren, was sich als positiver und durchaus nennenswerter Nebeneffekt für den Kunden herausstellt.

4 Mögliche Realisierung

Primär ist für die Durchführung eines E-Consulting-Projektes durch den Einsatz heute standardmäßig eingesetzter Hard- und Software möglich. Neben der Verwendung verschiedener Server im Beratungsunternehmen besitzt jeder Mitarbeiter einen Laptop, mit dem sowohl auf die Server zugegriffen werden kann, als auch alle anderen Arbeiten erledigt werden. In einer modernen Unternehmensberatung benötigt der Mitarbeiter für die mobile Kommunikation noch einen PDA und ein mobiles Telefon. Der Berater kann sowohl intern mit der gesamten Infrastruktur des Beratungsunternehmens verbunden sein, als auch von außen Kontakt aufnehmen. Um die Mobilität der Mitarbeiter und die Zusammenarbeit verschiedener Personen zu ermöglichen, ist es erforderlich, dass die Datenhaltung nur auf dem Server erfolgt, wobei die Daten allen Teilnehmern zugänglich gemacht werden. Mithilfe von Authentifizierungsmaßnahmen ist der mobile, internetbasierte Zugang ins Beratungsunternehmen sicher.

So könnte die Verbindung z.B. folgendermaßen aussehen: Die Applikation basiert sowohl client- als auch serverseitig vollständig auf gängigen Internettechnologien. Administration, Steuerung, Durchführung und Auswertung des Beratungsprojektes erfolgen durch den Berater und den Kunden ausschließlich über einen beliebigen Standard-Webbrowser. Auf dem Server des Beratungsunternehmens kommen als Basistechnologien ein Datenbankmanagementsystem, ein Web-, Application- sowie ein Mailserver zum Einsatz. Darauf aufgesetzt wird ein Content-Management-System, über das die Bearbeitung aller administrativen und vorbereitenden Aufgaben durch die Berater, die Bereitstellung aller Daten seitens des Klientenunternehmens sowie die gemeinsame Bearbeitung und Lösung des Problems gesteuert werden.

Neben der Tatsache, dass E-Consulting einige Veränderungen sowohl in der Struktur des Beratungsunternehmens als auch bei dem Klientenunternehmen selbst nach sich zieht, spielt der Aufbau einer Verbindung zum potenziellen Kunden die größte Rolle. In nachfolgender Abbildung (s. Abb. 8.3) werden mögliche Verbindungen grafisch dargestellt:

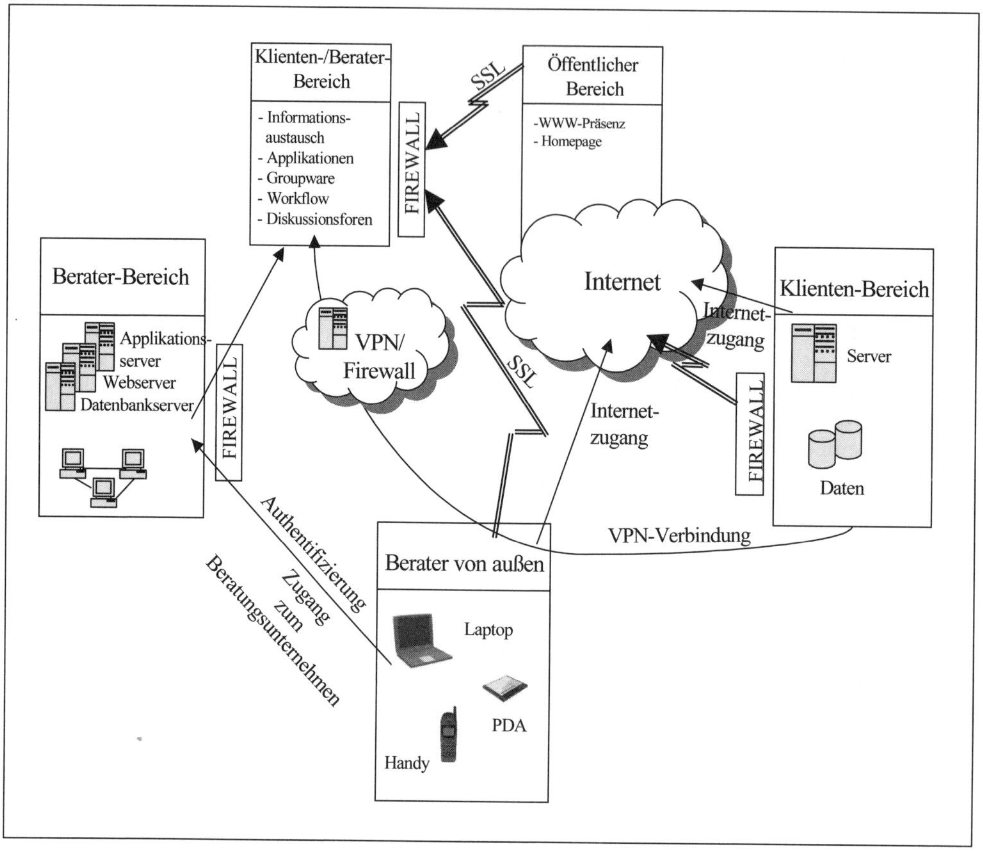

Abb. 8.3: Internetbasierte Berater-/ Klienten-Verbindung

5 Fazit

Durch den Einsatz von E-Consulting ergeben sich neue Chancen, die sich durch eine elektronische Unterstützung des Beratungsprozesses bieten. Diese lassen sich mit einer Steigerung der Effizienz, einer höheren Transparenz für den Kunden, kürzeren Response-Zeiten, optimaler Kundenorientierung und damit einer besseren Kundenbindung benennen. Durch die Erhöhung der Motivation und Mitwirkung des Klienten wird das Klientenverhalten als dominierender Erfolgsfaktor der Unternehmensberatung verstärkt angegangen.

Jedoch bevorzugen viele Unternehmer den persönlichen Kontakt, da sie mit den neuen Business-Methoden (Medium Internet) nicht vertraut sind. Deshalb bewerten sie bei ihrer Entscheidungsfindung den Einsatz einer klassischen Beratung höher. Außerdem ist es auch eine Prestigeangelegenheit, ein renommiertes Beratungsunternehmen „im Hause" zu haben, sodass die konventionelle Beratung kurzfristig nur wenig an Attraktivität für die Klientenunternehmen verlieren wird.

Die Befragung mittels Checklisten im Internet oder eines checklistenorientierten Software-Tools senkt den Kostenpunkt bei einer Beratung. Jedoch bleibt der Kontakt zum Berater und somit die Qualität der Beratung dabei gewährleistet. Die traditionelle Beratungsmethode ist wohl nicht ganz zu verdrängen; man kann jedoch versuchen, die Beratungsmethode zu modernisieren, indem Checklisten, die über das Internet oder per Software auszufüllen sind, für die standardisierte Analyse eingesetzt werden. Der Berater wird immer die Qualität der Beratung ausmachen. Vielleicht setzt sich in naher Zukunft die Idee des E-Consulting aufgrund guter Erfahrungen mit der Checklisten-Befragung durch.

Vor dem Hintergrund der Mobilitäts- und Globalisierungsforderungen an die Mitarbeiter ist es nur eine Frage der Zeit, bis sich die Beteiligten an die neue Situation gewöhnen und diese Art der Kommunikation akzeptieren. Dadurch wird Deputationen nach Heimarbeitsplätzen und Remote-Consulting-Mechanismen verstärkt nachgegangen: Arbeiten vor Ort ist nicht mehr nötig. (UB 05/05, Autorin: K. Schuster)

8.5 Beratungsmarketing und CRM

CRM oder Kundenbeziehungsmanagement ist eines der neuen Schlagworte, die mit dem Adjektiv „innovativ“ versehen werden. Aber was ist wirklich neu daran? Wenn wir uns recht erinnern, stand der Kunde schon immer im Mittelpunkt aller heißen Bemühungen.

Neu ist, dass nun mit dem Einsatz aktueller Technologien versucht wird, klassische Marketing- und Vertriebsaktivitäten zu optimieren. Durch Einbeziehung von E-Commerce und Nutzung web-basierter Technologie wird CRM gar zu E-CRM.

Und neu und lobenswert ist auch, dass mit CRM wieder einmal eine Schublade geschaffen wurde, in die man alle bisher entwickelten IT-Insellösungen legen kann. In dieser Schublade liegen nun fein säuberlich nebeneinander die Programme zum computergestützten Verkauf (CAS), die Internet-Präsentationen, der Web Shop, das Call Center, die Kundendatenbank, die Produkt- und Servicedatenbank und vieles andere mehr.

Damit wird deutlich, wer das Thema an sich gezogen hat und dominiert. Es sind wieder die IT-Professionals und Systemintegratoren, die erst kürzlich in lobenswerter Selbsterkenntnis zu dem Schluss gekommen sind, dass ihnen Wesentliches fehlt: Beratungs- und Strategiekompetenz.

Es reicht eben nicht aus, wunderbare IT-Bausteine verschiedenster Anbieter zu einer technischen Superlösung zu integrieren und sensationelle Softwareroutinen zu entwickeln. Alles steht und fällt mit der Qualität des ganzheitlichen Beratungskonzeptes, das den technischen Lösungen erst den Mehrwert, die Durchschlagskraft und die Nachhaltigkeit verleiht. CRM-Beratung ist Strategieberatung und kein Softwareverkauf.

Nur ein auf der Unternehmensstrategie aufbauendes Beratungskonzept kann den Nutzen erzeugen, der eine langfristige Kundenbeziehung sicherstellt.

Wichtigster Teil des Beratungskonzeptes sind die Mitarbeiter, die Beziehungsmanager.

Ihre fachliche und soziale Kompetenz und Motivation lässt das aufleben, was CRM im Kern ist und sein muss: Das Tante-Emma-Prinzip. (UB 03/01)

8.6 Effizienzkiller Jugendwahn

„Bei uns ist keiner älter als 35!"

Mit diesem kindischen Ausspruch treten neuerdings Repräsentanten einiger Beratungsunternehmen stolz erhobenen Hauptes in der Öffentlichkeit auf. Bei näherem Befragen stellt sich als Tatsache heraus, was man im Stillen befürchtet hat: Es soll damit ein besonderes Qualitätsmerkmal zum Ausdruck gebracht werden. Welches eigentlich?

Es kommt, wie es kommen muss: Was diese jungen Dynamiker dann höchst engagiert als Leading edge-Wissen, innovativste Vorgehensweisen und der methodischen Weisheit letzter Schluss einem geduldigen Publikum verkünden, ist zu oft Schnee von gestern, denn so mancher alte REFA-Hase fängt an zu grinsen.

Was schon seit Jahrzehnten zum Grundwerkzeug von Beratern gehört, wird dann präsentiert, als sei es gerade in der letzten Woche erfunden worden. Natürlich hat es einen neuen Namen. Was früher als Analysetechnik schlicht „Beobachtung" hieß, heißt neuerdings DILO (A Day in the Life of...). Aus der Packpapiermethode zur Prozessanalyse wird BPA (Brown Paper Approach). Unsere gute alte Wertanalyse wird plötzlich als SE (Simultaneous Engineering) verkauft und die Gemeinkostenwertanalyse ist nun TOP (Total Operational Performance) oder sogar TOP-PLUS. Entscheidungstabellen und morphologische Matrix sind seit kurzem Think Tools. Alle Inhalte, die vor fünfzehn Jahren unter dem Thema Expertensysteme und Künstliche Intelligenz diskutiert wurden, werden heute unverändert unter Wissensmanagement wiedergekäut. Im methodischen Kern hat sich bei allem nichts geändert.

Die Vorstellung, dass Beratungsunternehmen mit dem Leitbild „Bei uns ist keiner älter als 35!" die Entwicklungslinien tatsächlich nicht kennen und das Ei des Kolumbus täglich neu erfinden oder aufschnappen, ist unter dem Aspekt des Effizienzverlustes geradezu grauenhaft.

Der Mangel an Erfahrung, Autorität und Charisma wird überkompensiert durch das Selbstbewusstsein, mit dem die Auftritte der Jungberater zelebriert werden. Ganze Auditorien sind noch Stunden später damit beschäftigt, den Schaum zu beseitigen, den die Jünglinge in den Saal gestellt haben.

Es ist wieder eine deutsche Besonderheit, dieses Gefasel von der Notwendigkeit des Wissensmanagements bei gleichzeitigem totalen Ignorieren von Erfahrung. Wissen kann sich jeder aneignen und bekanntlich ist der Wissenszuwachs im ersten Lebensjahr am stärksten.

Erfahrung aber muss reifen. Erst in jahrelanger Praxis erworbenes Know-how, beratungsspezifische fachliche und menschliche Erfahrung, auch das Lernen aus Fehlern, befähigt dazu, Wissen in unterschiedlichen und immer wieder neuen Situationen effizient einzusetzen. Die Ressource Erfahrung, im Laufe von Jahrzehnten mit Milliardeninvestitionen entwickelt, wird zunehmend ein knappes Gut, da sie auf den Altären von Shareholder Value und Jugendwahn geopfert wird.

In asiatischen Kulturkreisen hat es das nie gegeben und die Amerikaner haben diesen Irrweg längst hinter sich. (UB 02/00)

8.7 F & E in Beratungsunternehmen

Interview mit Konrad F. Reiss (KR) zum Thema F & E in Beratungsunternehmen
Geschäftsführer Gemini Consulting Zentral-Europa und Cap Gemini Deutschland

Unternehmensberater nehmen für sich in Anspruch, die Zukunft vordenkende Problemlöser zu sein. Viele Klienten gehen deshalb davon aus, dass in Beratungsunternehmen extensiv geforscht und entwickelt wird. Was heißt konkret Forschung in Beratungsunternehmen?

KR: Grundlagenforschung in diesem Sinne gibt es in Beratungsunternehmen nicht. Als Forschung kann man die Zusammenfassung des Wissens und der Erfahrungen bezeichnen, die in den Beratungsprojekten gesammelt werden. Dieses Wissen ist in den Köpfen der Mitarbeiter abgelegt und wird in neuen Projekten weiterentwickelt. Forschung und Entwicklung im echten Sinne findet allenfalls im Methodenbereich statt.

Wie betreibt Gemini Forschung?

KR: Wir kooperieren mit Professoren und haben Zugang zu Leuten, die durch fundierte Trendforschung diese Trends auch beeinflussen. Dabei halte ich allerdings nichts von Gurus, die die Komplexität nicht begreifen können. Die Kombination verschiedener Sichtweisen ergibt Erkenntnisse, die Forschungsergebnissen ähnlich sind.

Wie entwickeln Sie Beratungsprodukte?

KR: Wir führen regelmäßig interne Industry Development Workshops mit dem Ziel durch, unser Wissen und unsere Erfahrungen neu zusammenzufassen und zu ergänzen. Der Begriff Beratungsprodukt gefällt mir aber nicht: Nehmen wir zum Beispiel Customer Relationship Management, dieses „Produkt“ gibt es nicht. Es ist vielmehr eine Kombination von Methoden und Fähigkeiten, die sich darauf beziehen, Markt-/Kundenstrategien zu entwickeln, Prozesse zu gestalten und Wissen zu managen.

Wie nimmt Gemini Consulting die Vordenkerfunktion wahr?

KR: Wir haben dafür Expertengruppen gebildet, in denen Klienten und andere Industrieexperten vertreten sind. Diese Gesprächskreise beschäftigen sich schwerpunktmäßig mit den Herausforderungen, denen sich die Branchen in den nächsten Jahren stellen müssen. Darüber hinaus haben wir Competence Teams gebildet, die in Zusammenarbeit mit Hochschulen Zukunftsentwicklungen vordenken, Lösungsansätze entwerfen und unsere Fähigkeit, diese bei unseren Kunden umzusetzen, weiterleiten.

Wie setzen Sie Wissensmanagement im eigenen Hause um?

KR: Knowledge Management ist eine Kernaufgabe jedes Gemini Consulting Mitarbeiters. Jeder hat eine individuelle Verantwortung, sein Wissen in einer klar definierten Form anderen in der Organisation zur Verfügung zu stellen. Als Medium nutzen wir ein Intranet, über das unser Wissen auch für Neueinsteiger sofort zugänglich ist. Die Inhalte umfassen zum Beispiel: Brancheninformationen, Inhalte und Auswertungen von Brancheninterviews, abstrahierte Projektinformationen, Darstellung von Defizit- und Potenzialbereichen, Methoden und Werkzeuge. Es ist wichtig, dass unsere Mitarbeiter sich nicht als Einzelkämpfer verstehen, die Herrschaftswissen sammeln und für sich behalten. Jeder Berater, der individuell erworbenes Wissen eingibt, ist stolz darauf, Beitragender unseres Wissensmanagements zu sein. (UB 03/99)

8.8 Erfolgshonorare – Ein Tabu löst sich auf

Wer noch vor fünf Jahren öffentlich das Wort „Erfolgshonorar" in den Mund nahm, musste mindestens mit betretenem Schweigen, meist jedoch mit heftigem Protest der Berufskollegen rechnen. Nachdem durch den neuesten Deal zwischen DMC und dem Land Niedersachsen Pro Bono-Projekte immer gesellschaftsfähiger werden, erscheinen Erfolgshonorare heute fast als das geringere Übel. Das Thema ist so aktuell, dass der BDU dazu eine Befragung durchführte und auf seinem letzten Beratertag dem Für und Wider einen Workshop widmete. Die Befragung von Mitgliedern und Nichtmitgliedern ergab (s. S. 10), dass Klienten immer häufiger das Thema einer erfolgsabhängigen Honorierung ansprechen und die Front der Berater, die auf dieses Ansinnen ablehnend reagieren, immer mehr wackelt. Deshalb herrscht Verunsicherung, die in Fragen zum Ausdruck kommt, wie „Verleiten Erfolgshonorare den Berater zu klientenschädlichem Verhalten?", „Ist diese Art Vollkaskoversicherung für den Klienten nicht am Ende zu teuer?", „Kurzfristige Erfolge können langfristig Kosten verursachen – was zählt?" und „Ist die Bemessungsgrundlage das Papierergebnis oder der tatsächliche Umsetzungserfolg?". Gesucht wird das für beide Seiten faire, die meisten Risiken abdeckende Modell, das möglichst auf alle Beratungsfälle anwendbar ist. Vorbild sind führende Beratungsunternehmen, wie Bain, Gemini Consulting und Andersen Consulting, das mit der Daimler-Tochter Micro Compact Car (MCC) für die Konzeption der Smart-Fabrik in Lothringen einen erfolgsabhängigen Vertrag abschloß. Obwohl das Projekt schon seit zwei Jahren läuft, fließen die Honorare erst, wenn der Smart 1998 vom Band rollt. Das ist Übernahme von unternehmerischem Risiko und passt eigentlich nicht zum klassischen Selbstverständnis von Unternehmensberatern. Gleichzeitig wird deutlich, unter welchen Voraussetzungen Erfolgshonorare nur sinnvoll sein können:

1. Die Ausgangssituation ist messbar und eindeutig dokumentiert.
2. Das Beratungsergebnis kann als quantitatives Ziel festgelegt werden.
3. Der Beratungserfolg ist zweifelsfrei messbar und eindeutig der Beratungsleistung zuzuordnen.
4. Last, but not least: Es besteht ein echtes Vertrauensverhältnis zwischen Berater und Klient, denn dieser kann jede Art von Beratungserfolg durch eine schillernde Vielfalt von Verhaltensweisen herunterbremsen. (UB 01/98)

8.9 Eigenprojekte

Die Fälle häufen sich, in denen Berater kostenlos für Klienten tätig werden. Da solche De-Bono- oder Eigenprojekte durch interne Budgets finanziert werden müssen, ist es klar, dass nur große und finanzstarke Beratungsunternehmen dieses Instrument einsetzen können. Kleine und mittelständische Beratungsunternehmen oder gar Einzelberater werden damit mühelos in einer konkreten Wettbewerbssituation an die Wand gedrückt. Doch Eigenprojekt ist nicht gleich Eigenprojekt: Der folgende Beitrag soll die Vielzahl der Ausprägungen und Zielsetzungen durchleuchten.

Ein Eigenprojekt ist ein Auftrag, den sich das Beratungsunternehmen selbst erteilt und den es selbst finanziert. Eigenprojekte werden im klassischen Sinn als die eigentliche Forschung und Entwicklung in Beratungsunternehmen angesehen, was durch die englische Bezeichnung „Proprietary Research“ zum Ausdruck kommt. Es gibt zunehmend „Abarten“, die es besonders unter Wettbewerbsaspekten zu durchleuchten gilt: Es sind grundsätzlich vier Verfahren zu unterscheiden, die in ihrer Wettbewerbswirkung verschiedene Zeithorizonte und Intensitäten haben.

Ad hoc-Eigenprojekte als direktes Akquisitionsinstrument

Die Führungskräfte des Beratungsunternehmens beschließen ad hoc und situationsbedingt, dass aus unternehmenspolitischen Gründen ein Auftrag bei einem bestimmten Klienten kostenlos durchgeführt wird. Dies erfolgt immer mit dem Ziel,

- einen Schlüsselkunden zu gewinnen,
- ein neues Marktsegment zu besetzen oder einfach
- Wettbewerber zu verdrängen.

Aufträge dieser Art haben immer **aktuelle** Klientenprobleme zum Inhalt.

In diesen Projekten werden im Regelfall hochstandardisierte Beratungsprodukte eingesetzt, um die Selbstkosten so niedrig wie möglich zu halten. Es geht nie darum, dem Klienten eine kostspielige und risikoreiche Problemlösungsinnovation anzudienen. Den nach üblichen Standards kalkulierten Kosten werden möglichst exakte Nutzenüberlegungen gegenübergestellt. Diese Gegenüberstellung wird in Form einer Ideenskizze oder eines Strategiepapiers dokumentiert, um die Entscheidung des Führungsgremiums sachgerecht zu unterstützen.

Aktuelles Beispiel

Ein Bistum in Nordrhein-Westfalen schreibt beschränkt ein Beratungsprojekt mit einem Honorarvolumen von ca. DM 300.000 aus. Die angesprochenen Beratungsunternehmen, darunter auch kleine und mittelständische Firmen, beginnen im Zuge der Angebotserstellung das Projekt zu planen, zu kalkulieren und zu organisieren. Während des laufenden Ausschreibungsverfahrens erfährt ein führendes Beratungsunternehmen von dieser Ausschreibung und bietet, obwohl nicht zur Angebotsabgabe aufgefordert, an, das Projekt kostenlos durchzuführen.

Die Zielsetzung dieses unfairen Vorgehens ist sonnenklar:

- Gewinnung eines Schlüsselkunden mit Referenz- und Multiplikatorwirkung in einer weltweit tätigen Institution,
- Imagegewinn durch Samaritereffekt (dreiste Branchenkenner vermuten, es sei vielleicht tätige Reue für die Blutspur, die diese Firma seit Jahrzehnten durch Klientenunternehmen zieht),
- Know-how-Gewinn für diese spezielle Art von Klienten und Problemstellungen.

Eindeutig unlauter ist diese Form von Wettbewerbsverhalten nicht, denn jeder Marktteilnehmer ist grundsätzlich in der Gestaltung seiner Preise frei. Unlauter ist Wettbewerb immer dann, wenn die Preisunterbietung nachweislich die Verdrängung oder Vernichtung der Konkurrenten zum Ziel hat. In diesem Zusammenhang müsste bewiesen werden, dass keine kaufmännischen Gründe erkennbar sind, die das Unternehmen veranlasst haben, den Preis, den der Klient bereit war zu zahlen, bis auf Null zu unterbieten. Und das wird schwer fallen.

In diesem Zusammenhang wird ein anderer Fall aus dem Jahre 1993 in Erinnerung gerufen, in dem das gleiche Beratungsunternehmen unter der Flagge des Eigenprojektes einen Klienten in Zugzwang bringen wollte: Wenige Tage, nachdem der Finanzvorstand der Lufthansa, Klaus Schlede, öffentlich verkündet hatte, dass infolge des für die Jahre 1993 bis 1995 angelegten Sanierungsprogramms für 1995 ein positives Betriebsergebnis erwartet würde, legte das Beratungsunternehmen eine Betriebsergebnisprognose vor, nach der Lufthansa spätestens 1994 illiquide würde. Es sei denn, weitergehende Sanierungsprojekte würden durchgeführt. Ohne Abstimmung mit dem LH-Vorstand wurde das Zahlenwerk Theo Waigel präsentiert. In einer offiziellen Stellungnahme zu diesem unglaublichen Vorgang erklärte damals der LH-Vorstand: „Hier wurde ohne Auftrag und mit nicht nachvollziehbaren Zahlen ein Szenario gezeichnet, das angesichts der Sanierungserfolge unseriös ist“ (SZ 22. 2. 1993).

Ad-hoc-Eigenprojekte zur Know-how-Gewinnung

Eine unter Qualitätsnormen kritisch zu sehende Variante ist die, dass dem Klienten deshalb eine kostenlose Beratung angeboten wird, weil das Beratungsunternehmen in diesem Auftrag durch Learning by Doing ein neues Problemlösungsvorgehen entwickeln will, von dem es zum Zeitpunkt des Angebots nur vage Vorstellungen hat. Der Klient wird praktisch zum Versuchskaninchen gemacht. Diese Form von „do ut des“- Eigenprojekten ist nur dann seriös, wenn dem Klienten die Zusammenhänge transparent gemacht werden und er der Vorgehensweise zustimmt.

Eigenprojekte als Forschungs- und Entwicklungsvorhaben

Nach sorgfältiger Analyse künftiger Probleme der Zielklienten wird ein internes Forschungs- und Entwicklungsprojekt aufgelegt mit dem Ziel, systematisch Problemlösungs- und Methodenwissen sowie personelle Ressourcen aufzubauen, um zu einem wesentlich späteren Zeitpunkt, wenn die Klientengruppe tatsächlich mit dieser Art von Problemen konfrontiert ist, als Experte mit den wissenschaftlich entwickelten, innovativen Vorgehensweisen auftreten zu können. Vor dem Start des Eigenprojektes liegt eine Phase der intensiven Beschäftigung mit potenziellen Problemen der Klientengruppen, z. B. in Form eines Zweistufen-Brainstormings mit den Fragestellungen: „Welche Probleme hat unsere Zielgruppe Automobilzulieferer in drei/fünf Jahren?“ und „Was können wir jetzt für Vorgehensweisen entwickeln, um diese Probleme dann zu lösen?“ Hier liegt der wesentliche Unterschied zu der Vorgehensweise bei den Ad-hoc-Eigenprojekten: Zwischen dem Start des Eigenprojektes und der Vermarktung seiner Ergebnisse kann in Einzelfällen eine Zeitspanne von mehreren Jahren liegen.

Unfreiwillige Eigenprojekte

Das Kennzeichen unfreiwilliger Eigenprojekte ist immer, dass sie als normale Aufträge gestartet werden, und erst nach ihrem Abschluss zum Eigenprojekt erklärt werden (müssen). Dieser Fall tritt ein, wenn z. B.

- der Klient zahlungsunfähig ist. Unter dieser Rahmenbedingung mussten viele Beratungsaufträge, die in den neuen Bundesländern durchgeführt wurden, zum Schluss unfreiwillig als Eigenprojekte verrechnet werden,
- der Klient zahlungsunwillig ist, weil er mit den Ergebnissen der Beratung nicht zufrieden ist.

Finanzierung

Alle Arten von Eigenprojekten werden wie externe Aufträge geplant, personell besetzt, organisiert und kalkuliert. Die Finanzierung erfolgt über das interne Budget „Eigenprojekte“ oder „Forschung und Entwicklung“, das aus einem Teil der thesaurierten Gewinne gespeist wird. Die Selbstkosten können dadurch gesenkt werden, dass unter besonderen Voraussetzungen eine öffentliche Förderung beantragt werden kann. In besonders zu prüfenden Einzelfällen kann es auch möglich sein, dass der Klient eine Spendenbescheinigung ausstellt. Das interne Image von Eigenprojekten ist im Normfall geringer als das „echter“ Aufträge.

… das Ziel ist immer das gleiche

- Beratungsmarketing ist der Hauptzweck von Eigenprojekten. In diesem Kontext werden sie in den Phasen der Kontaktaufnahme und Akquisition eingesetzt: Dem Klienten wird eine kostenlose Beratung angeboten.
- Eigenprojekte dienen aber auch dazu, bisher nicht vorhandenes Wissen, Methoden und Werkzeuge zur Lösung zukünftiger Probleme zu entwickeln, um diese zu einem späteren Zeitpunkt bei Akquisitionsvorhaben einzusetzen.
- Große Beratungsunternehmen führen Eigenprojekte nach eigenen Angaben auch aus karitativen, ökologischen und sonstigen altruistischen Gründen durch. Auch bei dieser Argumentation stehen selbstverständlich handfeste Marketingaspekte im Vordergrund.
- Auch die unfreiwilligen Eigenprojekte, bei denen man auf Abmahnung und Vollstreckung verzichtet, stehen unter dem Postulat der Marketingwirkung. (UB 02/97)

8.10 No profile heißt no profit

Interview mit Roland Berger (RB).

Zwei runde Jubiläen gab es im letzten Jahr bei Roland Berger und Partner zu feiern:

Der sechzigste Geburtstag des Firmengründers und Managing Partners und das dreißigjährige Bestehen des Beratungsunternehmens, das mit einem Umsatz von 459 000 Dollar pro Berater weltweit auf Platz zwei der Top-Management-Consultants liegt. Dies war Anlass für die Redaktion, mit Roland Berger ein Gespräch über die aktuellsten Entwicklungen im deutschen Beratungsmarkt und seine persönlichen Zukunftspläne zu führen.

Das Thema Erfolgshonorare wird seit einiger Zeit in der Branche kontrovers diskutiert, wie ist Ihre Meinung dazu?

RB: Der klassische Managementberater hat objektiv Schwierigkeiten mit Erfolgshonoraren, und zwar aus folgenden Gründen:

1. Der Berater hat keinen rechtlichen Einfluss auf die Umsetzung seiner Empfehlungen, ohne die Funktion des Managements zu übernehmen.
2. Der Erfolg vieler Beratungen, nehmen Sie nur das Beispiel der Strategieberatung, ist innerhalb eines sinnvollen Zeitraums nicht messbar, wenn der Berater nicht das Management ersetzen will, was berufsethisch nicht vertretbar wäre.
3. Beratungsfelder, in denen der Beratungserfolg messbar ist, wie zum Beispiel Kostensenkungsprogramme, bergen die Gefahr in sich, dass sich die Berater ausschließlich auf dieses Thema konzentrieren und viele wichtige Aspekte außen vor lassen. Sie verhalten sich genau gesagt klientenschädigend. Die Kosten z. B. auch für Entwicklung und Marketing sind am Ende gesenkt, aber das Unternehmen überlebt nur noch zwei bis drei Jahre.

Erfolgshonorare sind nicht die Zukunft für Top-Management-Berater. Die Klienten fragen natürlich. Einige große Beratungsunternehmen gehen dann so vor, dass sie das Projekt kalkulieren, einen Abschlag von 15 bis 20 % vornehmen und dem Kunden die Entscheidung überlassen, je nach Zufriedenheit mit der Qualität der Beratungsleistung, doch den vollen Betrag plus 20 % zu zahlen. Das setzt allerdings a priori die Definition der Ergebniserwartungen voraus. Seitens der Berater muss die Fähigkeit vorhanden sein, Erwartungen der Kunden, die sich oft im Projektverlauf verändern, zu managen, ohne dem Kunden nach dem Munde zu reden.

In letzter Zeit häufen sich bei einigen großen Beratungsunternehmen die Pro Bono-Projekte, was zu Unruhe bei kleinen und mittelständischen Beratungsunternehmen führt, die dadurch Wettbewerbsverzerrungen befürchten.

RB: Man muss klassische Pro Bono-Projekte von denen zweischneidigen Charakters unterscheiden. Das klassische Pro Bono-Projekt wird durchgeführt, um einer öffentlichen Verpflichtung nachzukommen und gesellschaftlichen Nutzen zu stiften. Die Durchführung dieser Projekte wird nicht zu Marketingzwecken publik gemacht. So haben zum Beispiel Roland Berger und Partner den Stifterverband für die Deutsche Wirtschaft, aber auch Krankenhäuser, Theater, Universitäten und Sportvereine beraten.

Zweischneidig wird die Sache, wenn an die Durchführung eines solchen Projektes Bedingungen geknüpft werden. Ein amerikanischer Berater hat bei den Pro Bono-Projekten für die Kirche und für einen prominenten Sportverein die Bedingung gestellt, dass die Projekte zu Marketingzwecken publik gemacht werden dürfen.

Als dritte Kategorie sind die Pro Bono-Projekte zu sehen, die reinen Entwicklungscharakter haben. Das Beratungsunternehmen will eine neue Branche akquirieren oder einen neuen Beratungsansatz ausprobieren und investiert, um erste Referenzen zu bekommen. Es gibt noch eine vierte Kategorie, aber die ist in höchstem Maße unseriös, wenn es nämlich um den Verkauf von „verbundenen" Diensten und/oder Produkten geht.

Es gibt noch die Kategorie, in der Aufträge nachträglich zu Pro Bono-Projekten erklärt werden, weil der Klient nicht zahlungsfähig oder zahlungswillig ist.

RB: Wir haben damit noch nie Probleme gehabt. Wir haben unser Honorar immer bekommen.

Wie sollen die Berater in Zukunft ihre Qualifikation nachweisen, durch ein Berufsrecht, durch Zertifizierung nach ISO 9001 oder durch die CMC-Zertifizierung nach amerikanischem Vorbild?

RB: Mich überzeugt voll keine der drei Möglichkeiten. Zunächst zum Berufsrecht: In meiner Zeit als Präsident des BDU ist es mir immer verübelt worden, dass ich kein Verfechter in Sachen Berufsrecht war. Ich bin eben immer für ein Maximum an Freiheit gewesen. Ein Berufsrecht mit einer wie auch immer gearteten Verkammerung passt einfach nicht, weil unsere Branche viel zu dynamisch ist. Ein Berufsrecht käme einer Reduzierung, einer Behinderung des Fortschritts gleich. Wir müssen immer in der Lage sein, New Frontiers zu entdecken und Herkömmliches über den Haufen zu werfen. Bei den verkammerten Berufen der Steuerberater, Wirtschaftsprüfer und Rechtsanwälte ist das anders, weil sie, durch Gesetz festgelegt, Hoheitsaufgaben wahrnehmen. Im Übrigen bietet auch ein Berufsrecht keinen Schutz vor schwarzen Schafen.

Die ISO-Zertifizierung kann als Richtlinie, und nicht mehr, ganz sinnvoll sein. Wir haben versuchsweise unser Büro in Hamburg mit Erfolg zertifizieren lassen. Meine Auffassung ist, dass große Namen ein vollkommen ausreichendes Qualitäts- und Garantieversprechen darstellen, sie brauchen keine Zertifizierung, sie haften mit ihrem Namen.

Für kleinere Beratungsunternehmen und angestellte Berater bietet sich der CMC an, insbesondere wenn sich Mitarbeiter von Beratungsunternehmen am Arbeitsmarkt flexibler und attraktiver darstellen wollen.

In diesem Zusammenhang sehe ich auch Ihren MBA-Studiengang Internationale Unternehmensberatung, den ich für eine gute Sache halte. Wenn man als Absolvent Ihres Studiengangs sagen kann, ich habe mich vier Semester mit dem Thema Unternehmensberatung beschäftigt und die wissensmäßigen Voraussetzungen geschaffen, ist das eine eindeutige Profilierung. Es genügt natürlich nicht, dass die Inhalte und die Lehrenden des Studiengangs gut sind. Sie müssen auch darauf achten, dass die Teilnehmer gut sind, denn daran werden Sie gemessen. Deshalb halte ich eine Eingangsprüfung und ein Assessment Center für wichtig, wodurch auch die persönlichen Fähigkeiten wie Kreativität, Motivations- und Teamfähigkeit der Studienbewerber geprüft werden.

Wie beurteilen Sie die Tendenz, dass sich die verkammerten Berufe der Steuerberater, Wirtschaftsprüfer und Rechtsanwälte als Folge der Sättigung in ihren eigenen Märkten immer stärker als Unternehmensberater positionieren wollen?

RB: In mittelständischen, personenbezogenen Unternehmen besteht natürlich eine starke Bindung zu dieser Art von Vertrauenspersonen, die in allen Lebenslagen um Rat gefragt werden. Aus meiner Sicht operieren aber Steuerberater, Wirtschaftsprüfer und Rechtsanwälte mit ihrer Beratung immer am Rande eines Unternehmens, sie intervenieren nicht. Ihre Beziehung zum Mandanten basiert auf Harmonie. Der Unternehmensberater hingegen geht ans Eingemachte und verändert Aufgaben und Positionen des Managements, er greift in Existenzen und Machtgefüge ein. Seine Beratungstätigkeit ist deshalb im Normalfall nicht auf Harmonie ausgelegt, sondern muss den Konflikt wagen.

Unter den großen internationalen WP-Gesellschaften hat es nur Andersen Consulting geschafft, sich richtig im Markt zu etablieren. Sie haben ein klares Profil und ein überzeugendes Produkt- und Serviceangebot. Von den anderen kann man nur sagen „no Profile, no Profit". Kann jemand beschreiben, was Ernst & Young, KPMG, Coopers & Lybrand und wie sie alle heißen, eigentlich treiben und wodurch sie sich unterscheiden? Nein, sie sind alle relativ profillos und damit erfolglos geblieben, auch wenn sie große Zahlen schreiben!

Dafür fusionieren sie jetzt umso heftiger.

RB: Das wird an der Situation nichts ändern. Tatsache ist, dass ein Herr Cromme oder ein Herr Breuer oder jeder andere Auftraggeber mit einem gewissen Grad an sophistication ganz genau wissen, wann und wozu sie Steuerberater, Wirtschaftsprüfer, Rechtsanwälte und Unternehmensberater brauchen und einsetzen können und wollen.

In großen Klientenunternehmen stellt man zunehmend die Tendenz zum Aufbau interner Consultinggruppen fest. Wie beurteilen Sie die Eigenerstellung von Beratungsleistung durch Inhouse Consulting?

RB: Inhouse Consulting geht gut bei operativen Standardthemen und -leistungen wie lean production oder TQM, wenn die Kapazitäten richtig dimensioniert sind und kritische Größenklassen erreicht werden. Unter diesen Voraussetzungen kann diese Beratungsform tendenziell auch billiger sein und stellt eine ernst zu nehmende Wettbewerbssituation für externe Berater dar. Probleme treten auf, je weiter sich die Problemstellungen von der operativen Ebene entfernen und je stärker unabhängige Expertise und Beurteilung notwendig wird. Internes Consulting heißt nämlich auch, Verzicht auf Kreativität, Know-how-Transfer und branchenübergreifende Erfahrung Externer. Nehmen wir das Beispiel der deutschen Automobilindustrie: Jedes Produkt ist mit über 30% Marketing- und Vertriebskosten belastet. Durch Übertragung von Konzepten ganz anderer Branchen lässt sich dieser Kostenblock reduzieren. Ein interner Berater kennt aber diese Konzepte anderer Branchen nicht. Der Mangel an Unabhängigkeit und Originalität wird zudem zu Qualitätsproblemen führen.

Nehmen wir als Beispiel das interne Consultingprojekt „Kulturwandel“ bei Siemens. Können Siemensianer wirklich selbst die Siemenskultur verändern?

Nun zu Ihren eigenen Plänen: Wie geht es in den nächsten zehn Jahren weiter?

RB: Ich werde sicher da und dort weiterhin beraten. Das heißt aber nicht, dass ich dies als Manager eines großen Beratungsunternehmens tun muss. Ich habe mich vertraglich verpflichtet, bis zu meinem 65. Lebensjahr Vorsitzender der Geschäftsführung von Roland Berger & Partner zu sein, und ich bin bereit, diese Verpflichtung zu erfüllen. Ich habe jedoch ganz exzellente Partner, die als Nachfolger geeignet sind. Sollte sich vor Ablauf meiner vertraglichen Bindung herausstellen, dass einer von ihnen in besonderer Weise geeignet und führungswillig ist, so werde ich mich auf Wunsch der Partner auch vorzeitig zurückziehen. Ich werde mich dann auf individuelles Forschen, Lehren und Beraten, meine Interessen wie Moderne Kunst und Musik und natürlich endlich auf meine Familie konzentrieren. Außerdem habe ich noch viel zu lernen. Meinem Unternehmen werde ich allerdings immer zur Verfügung stehen. Ich denke dabei an eine Funktion als Beirat oder Senior Advisor, in der Art wie es Marvin Bower für McKinsey war.

Wäre auch eine Lehrtätigkeit, zum Beispiel im Studiengang Internationale Unternehmensberatung, denkbar?

RB: Einen solchen Einsatz kann ich mir gut vorstellen. (UB 02/98)

8.11 Leistungsformen: Hart oder weich?

„Postive Konnotation“ ist nichts Unanständiges oder gar Ansteckendes, sondern ebenso wie „Selbstreferentialität“, „Instruktive Interaktion“, „Referenztransformation“ und „Kontextsteuerung“ das Fachchinesisch einer Berufsgruppe, die sich seltsamerweise auch Unternehmensberater nennt. „Erdbeertee- und Müslifraktion“, „Moderationshansln“, „Pulswärmer“ oder „Mutter-Theresa-Truppen“ werden sie von den „harten“ Beratern genannt, „Rambos!“ tönt es zurück. Die Wahrnehmung von dem, was Unternehmensberatung ist, könnte unterschiedlicher nicht sein.

Vor etwa 20 Jahren machten sich Myriaden von Pädagogen, Soziologen und Psychologen, bis dahin in der Familientherapie mit ungezogenen Kindern und unzufriedenen Eltern beschäftigt, auf, um sich ökonomisch attraktiveren Feldern zuzuwenden. Was lag näher, als die Interventionsmethoden für das System „Familie“ auf das System „Unternehmen“ zu übertragen. Auf diese Weise entstand die Mehrzahl der Organisationsentwickler, Prozessbegleiter oder -berater.

In der Organisationsentwicklung wird der Prozessberater als „Veränderungshelfer“ charakterisiert, der das Kommunikations- und Problemlösungsverhalten Betroffener moderierend beeinflusst, ohne selbst inhaltliche Problemlösungsexpertise einzubringen. Da OE-Berater keine inhaltliche Kompetenz einbringen und nach ihrer intellektuellen Bezugsperson Edgar Schein ihre Aufgabe nur darin sehen „to provide help without taking the problem onto their shoulders", ist das Idealmodell der Prozessberatung mit dem Grundverständnis der betriebswirtschaftlichen und ingenieurwissenschaftlichen Unternehmensberatung nicht vereinbar.

Das Gleiche gilt für den systemischen Ansatz, der ebenfalls auf inhaltliche Einflussnahme verzichtet und von Mentor Carqueville wie folgt definiert wird: „Die Leistung des Beratungssystems besteht nicht in der Überbringung inhaltlicher Problemlösungen, sondern im funktionalen Steuern von Prozessen sozialen Handelns, die dem Klienten das Verstehen der notwendigen inhaltlichen Problemlösungsschritte sowie der begleitenden sozialen Prozesse ermöglichen soll."

In der neueren Literatur fällt der Personenkreis der Organisations- und Prozessberater vor allem dadurch auf, dass er sich über die Unternehmensberater, wie sie durch die Person eines A. D. Little seit 1886 definitorisch und durch konkretes Handeln festgelegt sind, erhebt. Die Selbsteinschätzung geht so weit, dass der Untergang der klassischen Unternehmensberatung, von den Organisationsentwicklern seltsamerweise als „Gutachten- und Konzeptberatung" bezeichnet, prognostiziert wird. Dabei wird Unternehmensberatern fortwährend unterstellt, sie würden grundsätzlich die Umsetzung scheuen, nur Gutachten und Konzepte abliefern und schon deshalb seien Klienten letztendlich auf die guten Menschen der systemischen Organisationsberatung und Prozessbegleitung angewiesen.

Statt Fronten zu bilden, ist es fruchtbarer, die „harten" und „weichen" Beratungsansätze, die inhaltliche und die soziale Kompetenz in den Fällen, in denen es sinnvoll ist, zusammenzuführen. Mit neueren Vorgehensweisen, wie z. B. dem Lean Consulting, ist von „harten" Beratern eine Synthese von inhaltlicher, betriebswirtschaftlicher und systemischer Beratung geschaffen worden, die seit Jahren erfolgreich, das heißt mit hohem Umsetzungsgrad, in der Beratungspraxis eingesetzt wird. Ein weiterer, im internen Consulting schon seit Jahren praktizierter Ansatz ist die Tandembildung von „Rambo" und „Pulswärmer", was allerdings von beiden Seiten ein hohes Maß an Toleranz voraussetzt.

Und das ist der richtige Weg. (UB 01/00)

8.12 Management auf Zeit

8.12.1 Interim Management

Sie hat schon immer eine Sonderrolle gespielt, diese spezielle Leistungsform der Unternehmensberater.

Zunächst sprengt sie die Definition von Unternehmensberatung: Der Unternehmensberater analysiert Problembereiche, erarbeitet Lösungsalternativen und schlägt dem Klienten mit entsprechender Begründung eine der Alternativen zur Umsetzung vor. Dieser entscheidet dann, ob, wann und in welchem Umfang er die Vorschläge des Beraters auch tatsächlich realisiert.

Der Manager auf Zeit bereitet nicht nur Entscheidungen eines Auftraggebers vor, sondern entscheidet. Er übernimmt unternehmerische Verantwortung im umfassenden Sinne. Und dies oft genug in Krisensituationen, wenn der Kahn bereits schief liegt.

Auch die Einordnung dieses Dienstleistungszweiges fällt immer noch schwer: Ist es Unternehmensberatung der Sonderklasse, Personalberatung, Zeitarbeitsvermittlung oder Arbeitnehmerüberlassung?

Die über Jahre fast konstante Anzahl der Interim Management Provider im ansonsten stark wachsenden Beratungsmarkt macht deutlich, dass das Geschäft nicht einfach ist (s. S.36). Denn im Gegensatz zu Headhuntern bekommen die IM-Provider ihre „Ware“ immer wieder zurück, unter Umständen mit einer umfangreichen Mängelliste und der Forderung nach Honorarminderung.

Kaum hat die Rent A Head-Branche, zu der in Deutschland etwa 20 Unternehmen zählen, den Goldrausch der Treuhandaufträge überwunden, Spreu vom Weizen getrennt und sich wieder gesundgeschrumpft, da kommen in diesen Tagen neue, beunruhigende Herausforderungen auf sie zu.

- Die erste ist eine Gruppe von schnell wachsenden Wettbewerbern, allen voran die feinsten Adressen der Top 500-Unternehmen in Deutschland, die sich anschicken, ihren Bedarf an Interim Managern durch Eigenerstellung selbst zu decken. Nachdem die Verschlankungsprozesse auch die Führungsebenen 1 und 2 erreicht haben, regt sich das soziale Gewissen. Die über fünfzigjährigen Manager sollen nicht mehr beschäftigungslos in den Vorruhestand, heim zu Weib, Rosenbeet und Golfplatz geschickt werden, sondern eine alternative Perspektive bekommen. Deshalb bieten Unternehmen wie Siemens, Bosch, Mannesmann, ABB, Sulzer und andere diesem Personenkreis nach Assessment und Qualifizierungsmaßnahmen die Möglichkeit, als Interim Manager weiterhin dem Unternehmen zur Verfügung zu stehen, aber auch außerhalb des eigenen Unternehmens eingesetzt zu werden. Unsensible Ignoranten bezeichnen diese Konzeption als Elefantenfriedhof.

Externe Zielgruppe dieses neuen Typus von Managern auf Zeit ist vor allem der Mittelstand. Eine speziell für diesen Zweck gegründete neue Organisationseinheit beim bisherigen Arbeitgeber agiert wie ein freier IM-Provider. Durch unternehmens- und branchenübergreifende Netzwerke und Pools können bei Bedarf auch interdisziplinäre IM-Teams mit geballtem Know-how bereitgestellt werden.

Damit decken diese Anbieter das gesamte Spektrum ab, in dem sich auch die freien Interim Management-Gesellschaften tummeln.

- Das zweite Problem hat die rot-grüne Bundesregierung verursacht. Von Walter Riesters Abzockergesetz zur Scheinselbständigkeit sind innerhalb der Beratungsbranche in besonderem Maße die Manager auf Zeit und hier wiederum vor allem die Einzelkämpfer betroffen. Sie müssen mehr als andere Berater, die meist mühelos nachweisen können, dass sie im Zeitablauf für mehrere Auftraggeber tätig sind, beweisen, dass zwei der bekannten vier Kriterien auf sie nicht zutreffen. Und das fällt schwer. Hochkarätige juristische Expertise ist notwendig, um den ausgelegten Fallstricken zu entgehen. (UB 03/99)

8.12.2 Potenziale des Einsatzes von Management auf Zeit

Interview mit Dr. Vera Bloemer (VB), Frankfurt, Sachbuchautorin und Interim-Expertin

Welche Wirtschaftsfaktoren begründen das große Potenzial für den Einsatz von MAZ?

VB: Im Rahmen der Restrukturierung, des Outsourcings und der Flexibilisierung der Wirtschaft entsteht der Bedarf, personelle Engpässe, aber auch fachliche Lücken von außen zu schließen. Durch den Einsatz von Interim Managern können sich Unternehmen situationsgerecht und individuell zur rechten Zeit am gewünschten Ort Zusatzkapazitäten organisieren, die entsprechend dem tatsächlichen Nutzen eingesetzt werden, was zeitliche Intensität und Dauer ihres Engagements betrifft. Dadurch entstehen keine fixen Kosten, und die variablen Honorare sind bedarfsgerecht steuerbar.

Insider behaupten, dass es nur eine zweistellige Anzahl guter Interim Manager gibt. Was zeichnet einen solchen aus?

VB: Es wird geschätzt, dass derzeit etwa 10.000 Interim Manager für Projekteinsätze zur Verfügung stehen. Der Anteil derjenigen, die entsprechende langjährige Interim-Erfahrungen haben, ist kleiner und damit auch die Zahl derer, die unter Beweis gestellt haben, dass sie schnell operative Erfolge herbeiführen. Ein guter Interim Manager hat einen langjährigen Track Record als Führungskraft mit operativer Linienverantwortung in Unternehmen sowie entsprechende fachliche, persönliche und soziale Kompetenzen, wodurch er sich schnell in neue Fragestellungen und Konstellationen einarbeiten und entsprechend Probleme lösen kann. Um hier einen passenden Kandidaten für ein Projekt zu finden, sollte man sich an einen erfahrenen Interim Management-Vermittler wenden, der die Profile geprüft und Referenzen eingeholt hat und die Kandidaten persönlich kennt. Ebenso kann man sich durch Fachbücher und Artikel über die wichtigsten Spielregeln des Marktes informieren.

Wo liegt die Schnittstelle zwischen Interim Manager und Sanierer?

VB: Interim Manager werden häufig als Sanierer beauftragt. Als Externe bieten sie eine neutrale Sichtweise, können sachorientiert entscheiden, sind nicht in den Strukturen des Unternehmens verwurzelt und damit unvorbelastet. Sie arbeiten umsetzungsorientiert, treffen schnelle Entscheidungen und haben den Erfolg im Visier. Ihre zeitlich begrenzte Aufgabe fordert zügige Umsetzungsergebnisse. Sie können aufgrund ihrer jahrelangen operativen Erfahrungen ein gutes Netzwerk einbringen und Know-how aus anderen Projekten einfließen lassen. Ihre zeitliche Limitierung mit der Möglichkeit des Auftraggebers, kurzfristig den Einsatz zu steuern, setzt auf schnellere Erfolge: Ein Interim Manager bietet mehr Flexibilität als ein fest angestellter Sanierer mit einem langfristigen Vertrag.

Welche sind die wichtigsten Anlässe für den Einsatz von Interim Managern?

VB: Die Bandbreite für ihren Einsatz ist umfassend. Sie reicht von der Überbrückung von Vakanzen, Restrukturierungen, Sanierungen, Projektmanagement, fachlicher Verstärkung bis hin zur Begleitung der Unternehmensnachfolge und Coaching. Die Beauftragung erfolgt in allen Branchen und Funktionen. Immer im Visier ist dabei der zeitlich limitierte, auf Tagesbasis honorierte Einsatz, bei dem der Manager auf Zeit operativ Verantwortung übernimmt und die Entscheidungen im Tagesgeschäft trifft.

Bringt jeder gute Manager die Voraussetzungen mit, auch ein guter Interim Manager zu sein?

VB: Ein guter Interim Manager verfügt über langjährige Berufspraxis in verschiedenen Branchen und Unternehmen. Dabei ist die operative Linienerfahrung und die erfolgreiche Durchführung entsprechender Projekte wichtig. Entsprechende Kundenreferenzen können die Erfolge seiner Einsätze quantifizieren. Er stellt gezielte Fragen an den Auftraggeber und nimmt sich die Entscheidungsfreiheit, Projekte abzulehnen, die nicht seinem Erfahrungshintergrund entsprechen oder bei denen er keine Erfolgschancen sieht.
Nicht jeder Führungskraft liegt es, selbständig zu akquirieren und nur auf sich selbst gestellt zu arbeiten ohne ein entsprechendes Back Office oder den großen Firmennamen im Hintergrund. Der Interim Manager muss kraft seiner persönlichen Autorität schnell die Situation im Unternehmen erfassen und sich durchsetzen. Seine Stärke liegt in der Implementierung, er übernimmt operative Verantwortung, es kommt kurzfristig auf Ergebnisse an. Für ihn ist der wechselnde Einsatz an verschiedenen Orten, in unterschiedlichen Unternehmen und Situationen eine Herausforderung. Die langfristige Perspektive einer Karriere im Unternehmen reizt ihn nicht, er setzt andere Prioritäten und Arbeitsschwerpunkte als ein Manager mit Festanstellung.

Gibt es ein Berufsbild, aufgrund dessen ein Ausbildungskonzept erarbeitet wurde/werden könnte?

VB: Das Berufsbild eines Interim Managers ist genauso vielfältig wie das jeder Führungskraft. Interim Management kann man nicht lernen, sondern, basierend auf der operativen Erfahrung und dem Persönlichkeitsprofil, ist es ein learning by doing. Im Rahmen von Seminaren und Weiterbildungen können jedoch spezifische Fähigkeiten und Methoden erworben und vertieft werden. Darauf basieren auch die von Interim Providern und Universitäten angebotenen Kurse und Ausbildungen, die es seit jüngster Zeit auf dem Markte gibt.(UB 02/05)

8.13 Bonusvergütung in Beratungsunternehmen

Gliederung

1. Besonderheiten
2. Bonus auf unterster Ebene
3. Bonus auf mittlerer Ebene
4. Bonus auf oberster Ebenen
5. Abrechnung
6. Literatur

1 Besonderheiten

Branchen- und tätigkeitsabhängig gibt es viele Ausprägungen von Bonuszahlungen, die sich nach der Leistungsbemessung, dem zeitlichen Verlauf der Leistungserbringung und anderen Faktoren richten. Die kurzfristige Bonusvergütung basiert bei Beratungsunternehmen, speziell bei größeren, auf mehreren Komponenten als Bezugsgrößen, die das Vergütungssystem oft recht komplex werden lassen. Grundsätzlich liegen, im Vergleich zu anderen Branchen, die folgenden Besonderheiten vor:

- Berater arbeiten meist längere Zeit konstant in einem Klientenunternehmen und besitzen i.A. eine sehr gute akademische Hochschulausbildung. Die verkaufte Zeit des Beraters (Sold Time) lässt sich genauestens ermitteln und stellt eine perfekte numerische Basis für eine Bonusermittlung dar.
- Der Berater akquiriert oft noch parallel zu seiner Arbeit neue Aufträge für sein Unternehmen. Der finanzielle Umfang der Akquise steht auch exakt fest und ist deshalb eine weitere gute numerische Basis zur Bonusermittlung.
- Die Festgehaltkomponente für Berufsanfänger ist in der Beratungsbranche immer noch sehr attraktiv und wird nur selten zugunsten variabler Entgeltkomponenten reduziert, wie dies in anderen Branchen mehr und mehr um sich greift. Man braucht als Nachwuchskräfte High Potentials und bietet diesen attraktive Festgehälter und oft die sofortige Beteiligung an der Bonusvergütung – auch auf der untersten Hierarchieebene.
- Wegen des meist etablierten Partnersystems muss das „Up or Out"- Prinzip konsequent angewendet werden, damit die Hierarchiepyramide nach oben nicht zu breit wird.

Long Term Incentives in Form von Aktienoptionsprogrammen oder GmbH-Beteiligungen können zusätzlich zu kurzfristigen Bonusvergütungen (Cash Programs) hinzukommen, allerdings oft nicht für die Mitarbeiter der unteren Ebenen. Sie werden in der Folge nur kurz besprochen. Die generelle Struktur einer Bonusvergütung bei Beratungsunternehmen sieht folgendermaßen aus:

1. Die erste Komponente richtet sich nach der Auslastung des Beraters, d.h. nach seiner verkauften Zeit. Wenn diese den Vorgaben seines Unternehmens entspricht, wird, je nach der hierarchischen Stellung, ein bestimmter Prozentsatz des Festgehaltes als Bonus gezahlt. Oft wird die hundertprozentige Auslastung mit 180 Projekttagen (vgl. /Som/) bemessen, bisweilen auch in Stunden, dann mit fast 1500 Stunden pro Jahr. Die Bedeutung dieser ersten Komponente nimmt von der niedereren zur höheren hierarchischen Stellung ab.
2. Die zweite Komponente stellt die Akquisitionsprämie dar. Diese wird an zur Akquise berechtigte Mitarbeiter gezahlt und zwar als Prozentsatz des akquirierten Projektumfanges. Dieser steigt mit der Bedeutung der hierarchischen Einordnung des Mitarbeiters. Partner auf der obersten Ebene sollen bekanntlich hauptsächlich Akquise betreiben und werden seltener oder nicht vor Ort beim Klienten eingesetzt. Eine Beteiligung von direkten Vorgesetzter an der Akquisitionsprämie, die Untergebene ohne Zutun des Vorgesetzten erwirkt haben, wie dies bisweilen in anderen Branchen (z.B. Strukturvertrieb) üblich ist, wird nicht vorgenommen.
3. Weitere Komponenten beziehen sich auf zusätzliche Leistungen des Mitarbeiters und sind genau festgelegt. Generell können sie der Rubrik „Förderung des Unternehmensimages und Teamgeistes“ zugeordnet werden. Hierzu zählen etwa: Vortrags- und Veröffentlichungsaktivitäten, Beiträge zu Dingen wie Vision und Leadership des Unternehmens, Beteiligung am Recruiting und Training und Ethical Conduct. Letzteres wird in Zeiten, wo die Branche generell in Verruf gerät (Enron-Skandal, Bundesanstalt für Arbeit etc) natürlich größer geschrieben. Der Mitarbeiter muss dann verstärkt nachweisen, dass er und sein Arbeitgeber auf diesem Gebiet etwas unternehmen und sich bemühen, sauber dazustehen. Die Gewichte der Bestandteile der dritten Komponente können relativ schnell den laufenden Bedürfnissen angepasst werden. Sie äußern sich auch nicht immer in finanziellen Vergütungen, sondern bisweilen nur in Form von Awards, Belobigungen etc, die sich nicht finanziell, sondern nur ehrenhalber auswirken. Die Berechnungsbasis der dritten Komponente ist schwieriger festzulegen, als die der beiden anderen. Auf der Basis von Zielvereinbarungen sind Abstimmungsprozesse mittels Vorgesetztengesprächen und Beurteilungen notwendig. Es ist klar, dass finanziell auf Basis der Komponenten 1 und 2 am meisten erreicht werden kann, weshalb oft komplizierte Nebenbedingungen existieren, derart, dass ein bestimmtes finanzielles Limit bei einer Komponente nicht erreicht werden kann, wenn nicht vom Unternehmen erwünschte Werte bei den anderen Komponenten erreicht wurden. Dies kann z.B. so aussehen, dass der über die verkaufte Zeit erreichbare, maximale Bonus der ersten Komponente nur zu 75% ausgezahlt wird, wenn nicht bei der dritten Komponente bestimmte Werte erreicht wurden. Der junge Mitarbeiter lernt sehr schnell, wie er dieses System mit seinen Nebenbedingungen nutzen muss, um den optimalen Bonus für sich herauszuholen und keine „unnützen“ Energien zu verschwenden. Wenn er selbst dies nicht versteht, wird ihm sein, ihm zugeteilter Mentor/Tutor dies klar machen.

Eine Auflistung aller Bemessungsgrundlagen, die sich für Berater als Gehaltskomponente äußern können, liefert Karl Scholz (/Sch/, S. 680), der fünf Hierarchien und dreizehn Kriterien ausmacht. In der Folge werden diese zu drei Hierarchieebenen zusammengefasst.

2 Bonus auf unterster Ebene

Die Berufsbezeichnungen der unteren Hierarchieebene variieren von Unternehmen zu Unternehmen (vgl. /Sch/, S. 673). Oft sind hier Assistants, Consultant Assistants, Junior Consultants und Consultants einzuordnen, also die noch unerfahrenen Mitarbeiter. Ob auf dieser Ebene eine Bonusvergütung gezahlt wird, hängt von der Philosophie des Unternehmens (vgl. Ausführungen zu Malus) ab. Wenn sie gewährt wird, dann ist meist die Beteiligung am Akquiseerfolg ausgeschlossen. Ein Beispiel soll dies veranschaulichen:

Komponente Auslastung: Der Mitarbeiter kann oft nur maximal 10% seines Jahresfestgehaltes als Bonus zusätzlich erhalten, wenn er bei Klienten, bei denen er eingesetzt wird, eine hundertprozentige Auslastung erzielt. Den vollen Bonus erhält er nur, wenn er z.B. bei der dritten, u.a. Komponente einen bestimmten Mindesterfolg erreicht hat, ansonsten wird der auslastungsabhängige Bonus reduziert, z.B. auf 75 % des eigentlich zustehenden Bonus. Falls ein Beratungsunternehmen im Vergleich zum Branchenschnitt relativ niedrige Festgehälter zahlt, wird es für Mitarbeiter der untersten Ebene die auslastungsabhängige Bonuszahlung attraktiver gestalten, so dass Mitarbeiter durchaus noch 50 % des Festgehaltes zusätzlich ausgezahlt bekommen können.

Komponente Akquisition: Mitarbeiter der untersten Hierarchieebene sind meistens nicht zur Akquise berechtigt und müssen Akquisemöglichkeiten (Business Opportunities) sofort nach oben abgeben. Die Regeln eines Allocation Committees legen dann die Zuordnung für die Akquise und Durchführung fest. Bei international aufgestellten Beratungsunternehmen kann es sein, dass der sich als erfolgreich herausstellende Gedanke einer Akquisitionsmöglichkeit eines einfachen Mitarbeiters in Deutschland wegen der Matrixorganisation einem Partner in USA zugeordnet wird. Dieses System kann verwirrend und demotivierend wirken.
Es gibt allerdings Beratungsunternehmen, die auf Wunsch eines einzustellenden Mitarbeiters im Vertrag eine Formulierung aufnehmen, dass ihm eine bestimmte Akquisitionsprämie gezahlt wird, wenn er einen Auftrag bei einem Klienten akquiriert, zu dem vorher noch kein Kontakt bestand. Dies kann z.B. zugestanden werden, weil man meint, dass der junge Mitarbeiter es sowieso nie schaffen wird, einen Auftrag an Land zu ziehen. Sehr schlau ist es aus der Sicht eines Einzustellenden, sich noch zusichern zu lassen, dass dies auch für alle sich hieraus ergebenden Folgeaufträge bei diesem Klienten gilt. In der Branche sind Beispiel bekannt, dass bei Vorliegen derartiger Vereinbarungen bisweilen enorme Akquisitionsprämien an Mitarbeiter der untersten Ebene gezahlt werden mussten. Die Kehrseite kann allerdings folgendermaßen aussehen: Wenn ein derartiges Projekt aus dem Ruder läuft und ein „Bauernopfer“ gefunden werden muss, dann fällt es leicht, dieses auf der untersten Ebene bei dem Akquisiteur zu finden. Man braucht dann nicht auf höheren Ebenen danach zu suchen, wo die Regelung der Angelegenheit schwieriger würde.

Komponente Imagepflege: Diese Komponente gilt insbesondere auch für die Mitarbeiter der untersten Hierarchieebene. Sie müssen sich wie o.a. engagieren und werden nach einem Punktesystem bewertet, was in finanzielle Vergütung umgesetzt werden kann. Der finanzielle Beitrag auf dieser Ebene ist meist nicht überwältigend. Ein entsprechend Zielvereinbarungen hier zu erreichendes Mindestengagement kann allerdings eine Sperre für Auszahlungen bei der Komponente Auslastung darstellen.

Entsprechend der Vielfalt von Beratungsunternehmen, variiert auch die Bemessungsbasis der o.a. Komponenten. In der Personalberatung, speziell dem Executive Search-Bereich, werden Mitarbeitern der untersten Ebene (Juniors, Projektleiter, Researcher) oft Festbeträge gezahlt, die sich nach einem einfachen Bemessungsschema richten, das den Erfolg bei der Ansprache (Ident), dann beim Interview und schließlich beim Placement beim Auftraggeber berücksichtigt. Die Festbeträge können vom Typ und der Branche der gesuchten Kandidaten abhängen. Ein Beispiel möge dies veranschaulichen:

- Wenn ein Berater x präsentierbare Kandidaten ermittelt hat, wird ein Bonus I als Festbetrag – z. B. 500.- Euro – gezahlt, sozusagen für die Fleißarbeit. Es muss hierbei nicht zu einem Placement gekommen sein.
- Wenn sich hieraus ein Placement beim Kunden ergibt, wird zusätzlich ein Bonus II von z.B. 750.- Euro pro Placement gezahlt. Dieser erfolgsabhängige Bonus ist für die unterste Hierarchie meist fest und nicht von der Auftragssumme (bestimmte Anzahl von Monatsgehältern) abhängig.
- Der Bonus II wird auch gezahlt wird, wenn die Voraussetzungen für Bonus I nicht erfüllt wurden und nur ein Kandidat gefunden wird, dieser aber platziert werden kann.

Bisweilen wird mit einem Malussystem gearbeitet, das für neue Mitarbeiter auf unterer Ebene gilt, aber auch höhere Ebenen erfassen kann. Der Malus stellt sozusagen ein Eintrittsgeld dar, das abgearbeitet werden muss. Ein Mitarbeiter erhält erst dann eine tatsächliche Bonuszahlung, wenn die in zeitlicher Folge berechneten Boni, den Malus übersteigen. Das System ist meist so angelegt, dass dies nach drei Jahren der Fall ist. Dann hat man auch Zeit gehabt, den neuen Mitarbeiter richtig beurteilen zu können und er konnte sich voll in seinem neuen Unternehmen etablieren. Solchermaßen gibt das System auch für Mitarbeiter höherer Ebenen einen Sinn, wenn z.B. Quereinsteiger auf der Partnerebene angeworben werden. Der Malus wird z.B. bei dem Beratungsunternehmen Intra AG zum Eintrittszeitpunkt als ein x-faches eines Tagessatzes festgelegt, womit die Abarbeitungsdauer determiniert wird (vgl. /Sch/).

Aufgrund festgelegter Kriterien für bestimmte Fehlleistungen braucht der Malus nicht nur abzunehmen, sondern kann auch wieder erhöht werden. Verspätung bei wichtigen Besprechungen, schlechte Beurteilung bei Klienten etc. kann zur Maluserhöhung führen. Das System dient somit der Disziplinierung speziell der jungen Mitarbeiter, erhöht deren Bindung an das Unternehmen und verringert die Fluktuation. Ein Mitarbeiter wird sicherlich bestrebt sein, in den Genuss der tatsächlichen Zuweisung seines Bonus zum frühestmöglichen Zeitpunkt zu gelangen und wird wahrscheinlich nicht vor dem Erreichen dieses Zeitlimits kündigen, um ein attraktiveres Konkurrenzangebot anzunehmen.

3 Bonus auf mittlerer Ebene

Die Berufsbezeichnung der mittleren Ebene lautet meist Senior Consultant (Supervising Consultant, Team Leader, Project Manager o.ä.). Die Mitarbeiter dieser Ebene sind für den Erfolg von Beratungsprojekten und den laufenden Kontakt zum Klienten verantwortlich, sie leiten Beraterteams, führen Juniors und sind operativ die tragende Kraft des Beratungsunternehmens. Hieraus wird abgeleitet, dass alle drei Komponenten für Bonuszahlungen maßgeblich sind, allerdings mit unterschiedlichem Gewicht, verglichen mit der untersten Ebene.

Generell nimmt die Bedeutung der Bonusvergütung gegenüber dem Festgehalt auf dieser Ebene zu (vgl. /Ehr/). Die Sollvorstellung der sog. Chargeable Days liegt bei etwa 125 Tagen (vgl. /Som/).
Bei der ersten Komponente steigt der Prozentsatz der maximal erreichbaren Zusatzzahlung aufgrund der Auslastung beim Klienten an, durchaus auf 50 Prozent des Festgehalts.
Bei der zweiten Komponente gilt, dass Senior Consultants aufgrund Ihrer Erfahrung für Folgegeschäft sorgen müssen. Diese Komponente erhält ein hohes Gewicht, weil die Umsatzbeteiligung am neuen Geschäft die Vergütung beachtlich erhöhen kann. Mindestleistungen bei der Akquisition neuen Geschäfts können mittels Zielvereinbarungen jährlich neu festgelegt werden.
Leistungen bei der dritten Komponente müssen ebenfalls erbracht werden z.B. für die Außendarstellung des Unternehmens. Nicht zuletzt deshalb sind Senior Consultants, aber auch Consultants, sehr daran interessiert, z.B. Gastvorträge zu halten, bei Rekrutierungsveranstaltungen mitzuwirken und Artikel in Zeitschriften zu veröffentlichen. Ein wichtiges Kriterium stellt die Güte bei der Teamführung, die ja eine der Hauptaufgaben von Senior Consultants ist, dar. Die dritte Komponente wird den geringsten finanziellen Beitrag zum Gesamteinkommen eines Senior Consultant erbringen. Limits bei den Zielvereinbarungen können, wie bei Mitarbeitern der untersten Ebene, gesetzt werden und ein Mindestengagement erzwingen.

4 Bonus auf oberster Ebene

Auf dieser Ebene sind die Partner, also die Inhaber des Unternehmens, angesiedelt. Sie ist bei großen Unternehmensberatungen (McKinsey u.a.) oft zweigeteilt in Junior Partners (Partneranwärter, Manager o.ä.) und Senior Partners (Officer, Director, Manging Partner o.ä.). Eine einzige Partnerebene würde personell zu groß, weshalb eine Zwischenebene eingezogen wird.
Partner wird man nach einer vorgeschriebenen Verweildauer auf der nächstniederen Hierarchieebene und einem entsprechenden Ernennungsvorschlag oder man scheidet – entsprechend dem „Up or Out" – aus. Partner sind kaum noch mit dem operativen Geschäft betraut, sondern für Akquisition, Leitung, Strategiefindung und Weiterentwicklung des Unternehmens zuständig. Sommerlatte (vgl. /Som/) notiert 100 Chargeable Days als Obergrenze, was viel erscheint, da für Partner im Einsatz vor Ort der vier- bis fünffache Tagessatz desjenigen von Consultants in Rechnung gestellt wird. Vor Ort werden Partner meist nur bei wichtigen Präsentationen, im Falle der Schieflage von Projekten, zu Repräsentationszwecken und zum Anbahnen von Folgeprojekten eingesetzt.
Bei Unternehmensberatungen mit der Rechtsform der GmbH werden die Partner oft mit gleichen Geschäftsanteilen ausgestattet. Unternehmensgründern, die sich noch im Unternehmen befinden, kann ein höherer Geschäftsanteil zugestanden werden. Bei GmbHs muss die Partneranzahl überblickbar bleiben, bei Aktiengesellschaften – insbesondere international aufgestellten – kann es Hunderte geben. Hier sind viele Beteiligungsformen möglich, weil hauptsächlich auf dieser Ebene mit Beteiligungen als Long Term Incentive der variable Entgeltteil gesteuert wird. Mitarbeiter auf unteren Ebenen werden seltener in dieser Form entlohnt.

Der Bonus der Führungsmannschaft setzt sich im wesentlich aus personenbezogenen Akquisitionsprämien, die beachtliche Höhe erreichen können, und gesamtumsatzbezogenen Provisionen zusammen. Letztere werden meist pauschal als ein gewisser Prozentsatz des Umsatzes gezahlt, was speziell in den USA als Plain Vanilla System beliebt und in Zeiten einer florierenden Wirtschaft einfach anzuwenden ist.
Der Bonusanteil für akquirierte Projekte richtet sich nach dem im Vertrag ausgehandelten Prozentsatz, der bei 10 Prozent und mehr des akquirierten Projektumfanges liegen kann und auch für direkte Folgeprojekte gelten kann. Er wird meist in der ersten Hälfte des folgenden Geschäftsjahres als „Cash Bonus" ausbezahlt oder nach einer Wartezeit als „Deferred Cash". Die Wartezeit richtet sich nach dem Status des Mitarbeiters. Bei Partnern kann sie 5 Jahre, bei Mitarbeitern unterhalb der Partnerebene 3 Jahre betragen. Viele Unternehmen gestatten oder wünschen es, dass mit dem Deferred Cash entsprechend einem Aktienprogramm Aktien des Unternehmens, die dann einer Bindungsfrist unterliegen, erworben werden. Hierzu kann den Mitarbeitern auch ein Darlehen gewährt werden, damit sie die Aktien sofort erwerben können (vgl. /Kra/). Das Beratungsunternehmen kann dann mehreren Arten von Eigentümern gehören: Partnern, Nicht-Partnern, ehemaligen Partnern (die noch Aktien halten), ehemaligen Nicht-Partnern (die noch Aktien halten), Partnern, die mittels Darlehen Anteilseigner sind und Nicht-Partnern, die mittels Darlehen Anteilseigner sind und, falls das Unternehmen börsennotiert ist, natürlich den sonstigen Aktionären. Die Stimmrechte können unterschiedlich gewichtet vergeben sein. Bei nicht börsennotierten Unternehmen wird ein interner Aktienmarkt, oft halbjährlich, eröffnet, der bei Hunderten von Anteilsnachfragern und -anbietern gut funktionieren kann.
Es ist einleuchtend, dass bei nicht börsennotierten Unternehmensberatungen, die Hunderten oder Tausenden von Eigentümern gehören (z.B. sehr typisch bei PA Consulting innerhalb von Gesamt-PA), eine feindliche Übernahme, unmöglich ist. Das System wird oft auch aus diesem Grund so gestaltet. Bei PA geht es auf den Gründer Ernest Butten, der Übernahmen unmöglich machen wollte, zurück.

5 Abrechnung

Die Zahlungsweise des Bonus hängt von der Art der zugrunde liegenden Leistungserstellung und der Komplexität ihrer Ermittlung im Rechnungswesen des Unternehmens ab. Einfach zu ermittelnde Boni, wie der o.a. Festbetragsbonus I der Researcharbeit bei Personalberatern werden mit der monatlichen Gehaltsabrechnung oder dreimonatlich ausgezahlt. Sold Time-abhängige Boni richten sich nach dem Rhythmus des diesbezüglichen Berichtswesens sowie der Rechnungsstellung und -begleichung und werden oft im Vierteljahresrhythmus gezahlt. Erfolgsprämien für Akquisitionen werden grundsätzlich erst nach der Zahlung entsprechender Teil- oder Gesamtbeträge durch den Klienten gezahlt. Eine Zillmerung wie beim Versicherungsvertrieb, d.h. sofortige Provisionsauszahlung, obwohl die Zahlung des Klienten noch nicht eingegangen ist, kommt natürlich nicht in Frage.
Umsatzbeteiligungen der obersten Führungsebene, werden jährlich gezahlt, meist nicht später als ein halbes Jahr nach Ende des fiskalischen Jahres, falls sie als Cash Bonus gezahlt werden. Deferred Cash wird wie o.a. gezahlt, evtl. als Restsumme, wenn ein Teil zum Erwerb von Aktien verwendet wurde. Wenn die Gesamtsumme der jährlich zu zahlenden Boni

einen vorab festgelegten, angestrebten Gewinn des Unternehmens zunichte machen würde, werden von hierfür zuständigen Partnergremien prozentuale Kürzungen vorgenommen. Dieses Berechnungsverfahren kann in einem international aufgestellten Beratungsunternehmen sehr kompliziert sein.

6 Literatur

/Ehr/ Ehrhardt, A., Gerds, M.: Die Auswahl von Bewerbern und Leistungsevaluation von Beratern in Top-Management-Beratungen, in: Nippa, M., Schneiderbauer, D. (Hrsg.): Erfolgsmechanismen der Top-Management-Beratung, Heidelberg, 2004, S. 209–225.

/Hel/ Held, N.: Personalentwicklung in Beratungsunternehmen, in: Sommerlatte,T. u.a. (Hrsg.) Handbuch der Unternehmensberatung, Berlin, 2004, Rubrik 7510, S. 11.

/Kra/ Kramarsch, M.H.: Aktienbasierte Management-Vergütung, Stuttgart, 2004.

/Sch/ Scholz, K.: Careers and compensation in consulting, in: Kubr, M. (Ed.): Management Consulting, Genf, International Labour Office, 1996, S. 665–681.

/Som/ Sommerlatte, T.: Life Cycle Phenomena in the Consulting Sector – Driving Forces of Fundamental Value Changes, in: Thommen, J.-P., Richter, A.(Hrsg.) Management Consulting Today, Wiesbaden, 2004, S. 139.

(UB 04/05, Autorin: M. Niedereichholz)

8.14 Being public: Ein Problem für Beratungsunternehmen?

Den Führungskräften börsennotierter Unternehmen bereiten die Launen der Börse und die Kritik der Analysten oft ziemliche Probleme, so dass der Wunsch aufkommen kann, hiervon befreit zu sein. In dieser Hinsicht unterscheiden sich große, börsennotierte Beratungsunternehmen grundsätzlich nicht von Unternehmen anderer Branchen. Bis auf eine wesentliche Ausnahme: Unternehmensberatungen können in der Form der Partnerschaft, mit bisweilen weltweit mehreren hundert Partnern, organisiert sein. Viele namhafte Beratungsfirmen haben bewusst diese Form gewählt, um unabhängig und trotzdem breit aufgestellt zu sein. Die Vorteile liegen auf der Hand:

- Absicherung gegen feindliche Übernahmen
- Befreiung von dem Zwang im Vierteljahresrhythmus, den die Börse auferlegt, zu denken. Dass der Quartalsberichtszwang lästig ist, zeigt markant die Klage von Porsche vor dem Verwaltungsgericht Frankfurt.
- Wegfall des Zwangs zu genauen Prognosen des Geschäftsverlaufs und deren Korrektur mit eventuell unangenehmen Reaktionen der Anleger.

- Unabhängigkeit von der Meinung der Analysten.
- Abseitsstehen von den zunehmenden Pflichten der Offenlegung der Führungskräftegehälter.

Interessant ist das Beispiel von Booz.Allen & Hamilton (BAH). Im Jahr 1970 erfolgte der Börsengang der damaligen Nr. 1 der großen US-Consultancies. Die Unternehmensführung meinte, sich auf eine breitere Kapitalbasis stellen zu müssen und außerdem war es – wie heute auch – chic, an die Börse zu gehen. Recht bald, nämlich schon 1976, erkannte man, dass dies ein großer Fehler war und reprivatisierte durch Rückkauf der Aktien. Man hatte die Gefahr der Übernahmemöglichkeit sowie die Liquiditätsprobleme, die sich ergeben könnten und tatsächlich ergaben, erkannt und legte den Rückwärtsgang ein. Beachtenswert ist, dass um diese Zeit die großen US-Consultancies über den Brückenkopf Großbritannien den Sprung nach Europa vollzogen oder schon vollzogen hatten. Booz.Allen & Hamilton war durch sein Börsenexperiment gelähmt und gab um diese Zeit die Führung an McKinsey ab, die die Expansion souverän meisterten. Booz.Allen & Hamilton hingegen verlor wichtige Marktanteile und seine damalige, insgeheim als Nr. 1 bezeichnete, Position im Markt der großen Beratungsunternehmen. Börsengänge können, wie man weiß, noch schlimmer ausgehen: Groß ist die Zahl der Unternehmen, die alleine durch übermäßig aufwendige IPOs in eine Schieflage gerieten und ihr Vorhaben aufgeben mussten.

Bekannt und markant sind in dieser Hinsicht der Niedergang und schließlich das Ende von ADL, der Mutter aller Beratungsunternehmen. ADL war Ende der achtziger Jahre börsennotiert und musste einen Übernahmeversuch abwehren, was zu nicht mehr zu behebenden Liquiditätsengpässen führte. Ein Spekulant schoss sich 1988 auf das stark unterbewertete Unternehmen ein und konnte nur durch den Rückkauf der eigenen Aktien abgewehrt werden, wozu ein Darlehen eines Pensionsfonds in Anspruch genommen werden musste. ADL hatte zwar seine Unabhängigkeit bewahrt, musste aber viele Jahre lang den teueren Kredit zurückzahlen und war dadurch praktisch gelähmt. Eine Öffnung, weg von der reinen Technologieberatung, hinzu zur Management- und Strategieberatung, fand nicht statt. Der glücklose CEO Charles LaMantia musste 1999 seinen Sessel für Lorenzo Lamadrid, der von General Electric geholt wurde, räumen. Ihm hatte der Aufsichtsrat einen hohen variablen Gehaltsteil zugestanden, um ihn an der erhofften Wertsteigerung des Unternehmens teilhaben zu lassen. Lamadrid erkannte das baldige Platzen der New Economy-Börsenblase nicht, gliederte Tochterunternehmen aus und wollte im Jahr 2000 gleichzeitig vier Töchter an die Börse bringen. Allein der IPO einer der Töchter, C-Quential, sollte 150 Millionen Dollar in die Kasse schwämmen und auch einen stolzen Batzen Geld auf das Gehaltskonto von Lorenzo Lamdrid. Doch daraus wurde nichts, die IPOs mussten abgesagt werden und nichts blieb zurück, außer einem Schuldenberg von 35 Millionen Dollar. Lamadrid hatte der Mutter aller Consultancies den Todesstoß versetzt und musste gehen. Die begehrten und geschätzten Mitarbeiteraktien fielen ins Bodenlose, binnen sechs Monaten um 97 Prozent auf 15 Cents. ADL war am Ende, Fusionsversuche scheiterten und zu guter letzt geriet die noble Firma in ihrer Not, ständig revolvierende Kredite aufnehmen zu müssen, auch noch in die Hände eines in Boston ansässigen Kredithais – Cerberus Capital Management (nomen est omen, könnte man fast sagen), der sie aussaugte. Am Ende erfolgte, nach einer Schutzfrist unter Chapter 11, die Versteigerung der einzelnen Firmenteile. Bekanntlich sicherte sich Altran Technologies S.A. in Paris die Haupttranche mit den Markenrechten. Von dieser tragischen Entwicklung konnten sich jedoch einige Ländergesellschaften – so auch ADL Deutschland – wieder erholen und dank ihrer Qualitäten und Kompetenz die alte Größe des Namens und der Beratungsqualität erhalten.

Viele große Beratungsunternehmen wollen nicht den Unwägbarkeiten der Börse und Anlegereinschätzung ausgesetzt sein und werden von der Gründung an in der Form der Partnerschaft geführt. Bei PA und PA Consulting geht dies z.B. auf den Ehrenkodex des Gründers Ernest Butten zurück, bei anderen ist es eine Vernunftsache, unabhängig bleiben zu wollen. Wenn z.B. in den Statuten festgelegt ist, dass 90 % der in dieser Angelegenheit stimmberechtigten Partner einem Verkauf der Firma zustimmen müssen, dann ist eine Übernahme durch diese hohe Hürde praktisch ausgeschlossen. Allenfalls eine Schieflage, die zum Konkurs führen würde, könnte die notwendige Mehrheit herbeiführen. Ländermäßige Unterschiede bei den Partnermodalitäten können zusätzlich noch hinzukommen.

In der letzten Zeit sind bei börsennotierten Consultancies und Service Firms einige unangenehme Effekte aufgetreten, deren eklatantester derzeit bei EDS zu beobachten ist.

CEO Michael Jordan und die ganze Führungsmannschaft stehen durch die Reduzierung des Bond Ratings von EDS durch Moody`s auf „Junk"-Niveau unter großem Druck. Der Geschäftsverlauf ist sowieso nicht rosig, so dass eine derart krasse Rücknahme des Ratings die wirtschaftliche Lage noch erheblich schwieriger und das Unternehmen bedeutend anfälliger macht. Moody`s Rating für langfristige Verbindlichkeiten bezüglich des Kreditrisikos reicht von den Bewertungen Aaa bis C. Hinzu kommt eine numerische Unterteilung, welche die Bewertung der Schuldverschreibung spezifiziert. Im Fall von EDS wurde eine Abstufung on „Baa3" auf „Ba1" vorgenommen, was einer Abstufung von „gewissem Kreditrisiko und geringer Schuldverschreibung" auf „erhebliches Kreditrisiko und hohe Schuldverschreibung" entspricht. Die Entscheidung wurde damit begründet, dass die Erholung des operativen Geschäfts, trotz erkennbarer, beachtlicher Bemühungen bei EDS, zu langsam voranschreitet und durch die sehr hohe Schuldenlast der Cashflow zu gering ist. Die Rating-Agenturen Fitch und Standard and Poors reduzierten das Bond Rating von EDS schon früher auf BBB, eine Stufe vor dem „Non-Investment"- oder „junk"-Status.

Nun steht die EDS-Führungsriege unter dem Druck, dass die Bewertungen nicht noch weiter herabgesetzt werden und dass höhere Zinssätze, als sie der Konkurrenz abverlangt werden, gezahlt werden müssen. Auch wenn die Differenz 0,5 % kaum übersteigen dürfte, kann dies bei Langzeitprojekten in dem derzeit scharfen Wettbewerb entscheidend sein. Larry Billinger von Industry Analyst Relations schätzt, dass die Mehrbelastung 55 Mio $ ausmachen kann und, was noch schlimmer wäre, eine Kreditlinie von 500 Mio $ gestrichen werden könnte (vgl. Global IT Services Report, Juli 2004, S. 11f). Die Prognosen für EDS sehen daher schlecht aus, obwohl CEO Michael Jordan noch Anfang des Jahres davon sprach, dass EDS Ende 2004 schuldenfrei sein wird.

Service Firms wie EDS oder Cap Gemini, die stark auf das Massengeschäft des Outsourcing abstellen, haben wegen der Langfristigkeit der einzugehenden Verträge besonders großen Kapitalbedarf, der einen Hauptgrund für eine Börsennotierung darstellt. Für Beratungsunternehmen, die hauptsächlich das lukrative und hochwertige Geschäft der Strategieberatung betreiben wie McKinsey, BCC, BAH u.a.m., besteht kein derartiger Zwang, so dass sie sich die Form der großen Partnerschaft erlauben können. Somit ist die Frage des „going public" sehr wesentlich eine Frage der Wertigkeit und des Expansionsdrangs des eigenen Geschäftes. (UB 06/04, Autorin: M. Niedereichholz)

9 Pioniere der Branche und ihre Unternehmen

9.1 A.T. Kearney

9.1.1 Pionier Andrew Thomas Kearney

„There is no place in the consulting business for slipshod and inaccurate work."

Andrew Thomas Kearney, einer der frühen Pioniere der Unternehmensberatung und Namensgeber der gleichnamigen Firma wurde am 5. Juli 1892 in Pennsylvania geboren. Schon früh – als Student – beschäftigte sich Kearney mit Marketingproblemen, zu Zeiten, als die Disziplin Marketing entstand. Ihn interessierte die Vermarktung von Milch. Jahre später wurde Kearney, der der Wissenschaft immer verbunden war, Associate Professor für Marketing an der Pennsylvania State University und Director of Commercial Research bei Swift & Co.

Mit seinen wertvollen Marketingerfahrungen schloss sich Kearney 1929 mit 37 Jahren 1929 dem Chicagoer Beratungsunternehmen eines gewissen O. McKinsey an und wurde dessen erster Partner. Gemeinsam beriet man während der dreißiger die bedeutendsten US – Unternehmen, die sich zum meistern der schweren Zeiten Hilfe von außen holten, ein Faktum, das sich erst einmal durchsetzen musste. Die Gesamtsicht der Analyse nach McKinsey (vgl. Pionier McKinsey) trug sicher zum Erfolg wesentlich bei.

Im Jahr 1935 verließ McKinsey verließ das Unternehmen und ging als CEO zu Marshall Field. Andrew Thomas Kearney führte das Beratungsunternehmen als Managing Partner weiter und ab 1946 unter der Firma A. T. Kearney in neue Gebiete hinein: Die Anwendung des Industrial Engineering wurde auf die Gebeite Logistik und Transport erweitert, eine Stärke der Firma, die auch heute noch zu spüren ist. Bislang waren die Hauptberatungsgebiete im industriellen Sektor etabliert worden.

Während des zweiten Weltkriegs war Andrew Thomas Kearney Berater hoher Regierungsstellen in Washington, was auch nach Kriegsende fortgesetzt wurde. Noch 1945 ging er für sechs Monate nach China, wofür ihm die U.S. Medal of Freedom verliehen wurde.

Im Jahr 1948 wurden seine Kenntnisse und Erfahrungen zum Wiederaufbau des zerstörten Deutschlands dort benötigt. Im Rahmen des Marshallplans ging Kearney kurz darauf erneut nach Europa, nach Paris. Nach diesen Einsätzen für sein Vaterland, die Kearney selbstlos als „One-Dollar-Man“ übernahm, widmete er sich dem weiteren Ausbau seines Beratungsunternehmens. Mit berechtigtem Stolz kann A.T. Kearney auf ein rasantes Wachstum zurückblicken, das das Unternehmen ab 1964 in Europa und ab 1972 in Asien präsent werden ließ und später in Form von mehr als 5000 Mitarbeitern in 58 Niederlassungen in 35 Ländern und einem Honorarvolumen von mehr als 1,3 Milliarden US $ manifestiert wird (www.atkearny.com, Anf. 2001).

Andrew Thomas Kearney konnte allerdings nur die anfängliche Expansionsphase miterleben, er starb am 11. Januar 1962. Die von ihm in sein Unternehmen inkorporierten ethischen und wissenschaftlichen Prinzipien der Beratungsvorgehensweise haben ohne Zweifel diese Entwicklung stark gefördert. Einen weiteren Wachstumsschub erfuhr A.T. Kearney durch das 1995 erfolgte Zusammengehen mit EDS, das bei Beibehaltung des Namens und der spezifischen Beraterkultur, insbesondere im e-Business-Bereich zu Synergien führen sollte. Ob sich die erhofften Erfolge einstellen, muss, wie immer bei derartigen Zukäufen, abgewartet werden. Die Vorgehensweise, dass ein im operativen IT-Beratungsgeschehen und Outsourcing verhaftetes Unternehmen (hier EDS) sich ein feines Top-Management-Beratungsunternehmen kauft, findet man des Öfteren; eine weiteres Beispiel stellt die Übernahme von Diebold durch debis (vgl. 9.10 John Diebold) dar.

Im Jahr 2001 feiert A.T. Kearney sein 75-jähriges Bestehen, wobei man sich auf das Jahr 1926 bezieht, in dem von Andrew Thomas Kearney eine Vorläuferfirma gegründet wurde. (UB 03/98, Autor: W.A. Borrmann, Vice-President Europe, A.T. Kearney GmbH)

9.1.2 Wie geht es weiter mit A.T. Kearney?

Im Jahr 1995 erfolgte bekanntlich der Erwerb von A.T. Kearney durch EDS. Die Vorgehensweise, dass ein im operativen IT-Servicegeschäft tätiges Unternehmen sich ein feines Strategie-Beratungsunternehmen kauft, konnte man schon des Öfteren beobachten (z.B. Erwerb von Diebold durch debis). Die Hauptgründe sind immer das Arrondieren durch den prestigeträchtigen Geschäftsbereich der Top-Managementberatung sowie die angestrebten Synergie- und Cross Selling-Effekte.

EDS musste bekanntlich seine Gewinnprognose beachtlich revidieren, doch könnte die ehemalige Nr. 1 der Outsourcinganbieter schon blad das Vertrauen der Kunden zurückgewonnen haben. In dieser Hinsicht werden nämlich große Anstrengungen unternommen. Doch, wie steht es um A.T. Kearny, deren zukünftige Rolle nach der kürzlich erfolgten Umstrukturierung nicht mehr völlig klar ist.

EDS bemüht sich seit einiger Zeit, seine Wettbewerbsposition zu verbessern, indem die Klientenauswahl bei Outsourcingprojekten genauer geprüft und verbessert werden soll. Zu viele Kunden mit hohem Risikopotenzial hatte man akquiriert, wie etwa einige Fluggesellschaften und WorldCom. Allerdings können Interessenten wegen der Unsicherheiten hinsichtlich der finanziellen Stärke von EDS bei neuen Auftragsvergaben verunsichert sein und sogar davon Abstand nehmen. Dies zeigt zumindest ein Beispiel der jüngeren Vergangenheit (vgl. Consultant News, Nov. 2003, S. 9), bei dem Accenture die Nase vorn hatte. Kein Wunder, dass man jetzt um jeden Kunden kämpft und hierbei auch Erfolg hat.

Seit September 2003 ist nun A.T. Kearney keine divisionale Linie of Business von EDS mehr, sondern eine unabhängige Tochtergesellschaft mit eigener Geschäftsführung und eigenem Vergütungspool und somit bedeutend selbstständiger geworden. Offensichtlich brachte die bisherige Unterordnung nicht den richtigen Erfolg. Die Details der größeren Unabhängigkeit und ihre spezielle Auswirkung sind allerdings noch unklar. Auch steht die Frage im Raum, ob die vielleicht die Vorstufe einer Trennung von 1 Mrd. Dollar schweren Tochter ist. Jetzt, wo A.T. Kearney und EDS nicht mehr gemeinsam am Markt auftreten, worin ja der große Vorteil des Erwerbs liegen sollte, fragen sich Branchenkenner, welchen Wettbewerbsvorteil ein Zusammenbleiben noch bringt.

Zum 1. Dezember 2003 wurde bei A.T. Kearney ein neuer CEO gewählt, der die Neuordnung einleiten und übernehmen soll: Henner Klein, der bisherige Leiter des Profit-Centers Northern Europe in Brüssel. Er löst als zweiter Deutscher auf dem CEO-Posten Dietmar Ostermann nach dessen Amtszeit von drei Jahren ab und berichtet an Michael Jordan, den relativ neuen CEO von EDS. Dieser ließ bereits verlauten, dem Verkauf von Non-Core Business offen gegenüberzustehen. Europäer an die Spitze zu berufen scheint bei den Großen der Beratungsbrache beliebt zu sein: Die McKinsey-Partner wählten in 2003 den Briten Ian Davis als nächsten CEO und Bosten Consulting Hans-Paul Bürkner aus dem Frankfurter Büro.

Mit der neuen Leitung ging bei A.T. Kearney beispielsweise auch eine Veränderung des Firmenlogos einher: Statt dem früheren grauen, wurde ein kastanienbraunes Logo gewählt, bei dem man auf der Papierform sogar auf den Zusatz „an EDS Company“ verzichtet hat. Die interne Reorganisation bei A.T. Kearney sieht vor, dass von den bisherigen zehn regionalen Profitcenters ab 1. Januar weltweit nur noch vier übrig bleiben sollen.

Wenn man nun bedenkt, dass die Muttergesellschaft EDS sich verstärkt auf ihr bisheriges Kerngeschäft des Outsourcings konzentriert und A.T. Kearney an längerer Leine hält, liegt der Gedanke nicht fern, dass sie sich eventuell von der Tochter wieder trennen könnte. Hierfür bieten sich grundsätzlich verschiedene Formen an, doch ist der Markt zurzeit eventuell nicht aufgeschlossen genug. Eine Schamfrist, die man immer einhalten muss, wäre seit 1995 schon lange verstrichen. Doch haben viele namenhafte Konkurrenten, die als Käufer in Frage kämen, sich seit Jahren durch Zukäufe bereits arrondiert. Deloitte's Versuch, die Consulting-Sparte zu verkaufen, wäre ein Beispiel der jüngeren Vergangenheit, dass dies nicht mehr so einfach möglich ist. Auch stimmen die vergeblichen Bemühungen von EDS in der Vergangenheit, ihre Product Life Management Unit zu verkaufen, nicht gerade ermutigend. Derzeit versucht man, eine zwanzigprozentige Beteiligung an dieser Unit am Markt unterzubringen. Vielleicht könnte dies auch ein erster Schritt in der näheren Zukunft sein, wie mit A.T. Kearney verfahren wird. Andererseits heißt es, dass viele Seniors von A.T. Kearney die Firma gerne wieder mittels eines MBO besitzen würden (vgl. Consultant News, Dez. 2003, S.3). Ein solcher Prozess dürfte sich nicht lange hinziehen, da sonst der bekannte Effekt eintritt, dass die Besten abspringen. Auf jeden Fall wir es interessant sein, die weitere Entwicklung bei A.T. Kearney zu beobachten. (UB 02/04, Autorin: M. Niedereichholz)

9.2 Europäischer Pionier: Serge Kampf

9.2.1 Serge Kampf

„Ich hatte geschworen, kein Geld zu verlieren."

Serge Kampf, Absolvent der Ecole Polytechnique, ist **der** europäische Pionier auf dem Gebiet der IT-Dienstleistungen und -Beratung und, weltweit gesehen, einer der ersten Pioniere auf diesem Gebiet. Im Jahre 1967 verließ er die Groupe Bull, die damals noch Teil der General Electric Computer Division war, und gründete am 1. Oktober mit 7 Mitarbeitern in seiner Heimatstadt Grenoble die Firma Sogeti S.A. – das erste Softwarehaus Frankreichs, das zu weltweiter Bedeutung gelangen sollte. In seinem Annual Report von 1996 schreibt Kampf zu dieser Gründung:

„Ich hatte mir geschworen im ersten Jahr kein Geld zu verlieren und konnte dies, trotz der Frankreich im Mai und Juni 1968 lähmenden Ereignisse, die sich verheerend auf eine junge Firma auswirkten, auch erreichen" (vgl. www.capgemini.com, Anfang 1999). Die Firmenentwicklung zeigt, dass Serge Kampf eigentlich nie verloren hat, also nicht nur im ersten Jahr.

Im Jahr 1968 folgten schnell nacheinander die Gründungen der Niederlassungen in Genf, Paris, Zürich, Marseille und Bordeaux. Fünf Jahre später erwarb Kampf 15 % des Kapitals von CAP (Centre d´Analyse et de Programmation). Durch den kurz darauf folgenden Kauf der Gemini Computer Systems von John Diebold (vgl. 9.10 John Diebold) kam der Name Gemini ins Spiel und so entstand die Cap Gemini Sogeti (CGS) Group. Kampf bekannte einmal: „Ich war schon 1975 ein Europäer, als noch niemand daran dachte".

Es sollte jedoch noch viel mehr Bewegung in die Kauf- und Fusionstätigkeiten des Serge Kampf kommen, auch zu Zeiten, als viele große Namen auf Nimmerwiedersehen verschwanden, galt: Kampf expandierte weiter.

Im Januar 1978 wurde Cap Gemini Inc. in Washington DC gegründet, was den Beginn der geschäftlichen Aktivitäten von CGS im US-Markt darstellte und später Cap Gemini America (CGA) werden sollte. Im weiteren Verlauf wurde im Oktober 1982 die CGIP (Compagnie Générale d`Industrie et de Participation), ein Unternehmen der der französischen Wendel-Gruppe und Eigner verschiedener Firmen in unterschiedlichen Branchen mit Erneste Antoine Seillière an der Spitze, mit 34 % Anteilsmiteigner von CGS. Die erste Milliarde Francs Umsatz wurde überschritten. Viele weitere Käufe folgten in den achtziger Jahren, im Jahr 1987 z.B. der Kauf der renommierten, alteingesessenen SESA-Gruppe in Frankreich.

Mitte der achtziger Jahre wurde CGS auf die Liste „Second Market" der Pariser Börse genommen: Einer Nachfrage nach 10 Millionen Anteilen stand ein Angebot von 326350 gegenüber. Kampf hatte die Struktur seines Konzerns über eine Holdingkonstruktion so gebaut, dass er alleine, über eine 51-prozenztige Beteiligung der Sogeti, alles im Griff hatte, um die Unabhängigkeit seines Werkes und die Unmöglichkeit feindseliger Übernahmen zu garantieren (vgl. Abb. 1). Kampf gäbe einen sehr guten Lehrmeister für viele Konzerne ab, die befürchten müssen, dass, ob ihrer Unvorsichtigkeit, eine feindselige Übernahme bevorstehen könnte.

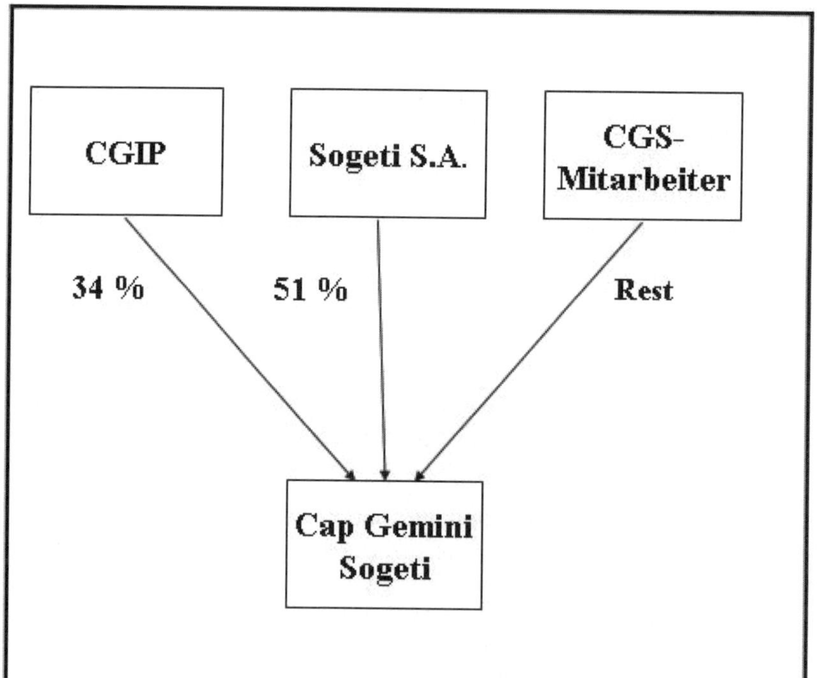

Abb. 9.1: Konzernstruktur 1985

Kampfs öffentliche Auftritte beschränkten sich immer auf die jährliche Pressekonferenz. Die Liste der Orte der Jahresversammlungen (rencontres) seines Unternehmens, mit z.B. Djerba, Marrakesh, Prag war stets eindrucksvoll und lässt Lebensart erkennen.

Die offizielle Notierung an der Pariser Börse erfolgte 1990, später auch die Erfassung im CAC 40 der Pariser Börse, im Dow Jones STOXX und im Euro STOXX. Vor Übernahmen war man durch die Konstruktion von 1985 geschützt, auch räumt das französische Aktienrecht dem Gründer, auch bei einer Minderheitsbeteiligung, gewisse Rechte ein. Übernommen zu werden, war also kein Thema – Übernehmen allerdings weiterhin. Deshalb wurde um diese Zeit vom Comité Exécutif auch das absolute Prinzip der Unabhängigkeit aufgegeben und die Leadership-Strategie ausgegeben, was im Klartext weitere Expansion hieß. In Großbritannien erwarb man Hoskyns Plc., Europas führendes IT-Outsourcing-Unternehmen, für 345 Mio US$ und in Deutschland die renommierte SCS, die zu dieser Zeit eine Tochtergesellschaft der englischen SD Scicon-Gruppe war. In den USA kaufte Kampf nimmermüde noch 1990 zwei bekannte Management Consulting-Firmen: United Research in Morristown, New Jersey und The MAC Group in Cambridge, Massachussetts. Sie wurden in die 1991 gegründete Gemini Consulting eingeordnet, deren Ziel „kampfartig" hoch gesteckt war: Vervierfachung der Größe in den nächsten Jahren, um an McKinsey heranzukommen. Die Idee, zusätzlich zu dem IT-Business in das, höherwertiges Geschäft einbringende, Management Consulting einzutreten, auf die heutzutage viele kommen, hatte Kampf bereits Ende der achtziger Jahre. Europaweit war CGS zu diesem Zeitpunkt die Nr. 1 (7% Marktanteil bei Services) und weltweit, hinter IBM, EDS und Computer Sciences Corporation (CSC) und vor Arthur Andersen, die Nr. 4 mit 3 % Marktanteil: Eine unglaubliche Erfolgsgeschichte, entstanden aus dem lockernen Zusammenschluss einer Programmierertruppe. Dies trug Kampf in den USA auch die Bezeichnung **„New Napoleon"** ein.

Dass bei derartig vielen Akquisitionen die Integration leidet oder gar nicht stattfindet, liegt auf der Hand. So gab es bis Mitte der neunziger Jahre kein einheitliches Marketing, was auch ein Unbeteiligter sofort erraten kann, wenn er nur die Namensgebung in den einzelnen Ländern anschaut: Cap Gemini Hoskyns in Großbritannien, Cap Gemini SESA in Frankreich, Cap Volmac in den Niederlanden, Cap Debis in Deutschland – um nur einige zu nennen. Doch woher soll die Zeit für die Integration genommen werden, wenn sie für die Expansion benötigt wird?

Im Jahr 1991 übernahm die ebenfalls auf Zukauf und Expansion ausgerichtete Daimler Benz AG 34% der Aktienanteile der Muttergesellschaft von CGS, Sogeti, wodurch die Dienstleistungstochter debis indirekt an CGS beteiligt wurde. Daimler Benz hätte auch eine Mehrheit erwerben können, falls man sich in Stuttgart hierzu zwischen dem 1.2.1995 und 31.1.1996 entschieden hätte. Verträge mit Serge Kampf können offensichtlich recht interessant und trickreich gestaltet sein, jedenfalls so, dass sein Wahlspruch aufrechterhalten wird. Die Mehrheitserwerbsoption wurde wegen des ab 1993 einsetzenden Geschäftsrückganges von Daimler Benz nicht ausgeübt. Im Jahr 1992 kam es noch zur Gründung von Cap debis, einem Joint Venture von Daimler Benz (51 %) und Cap Gemini Sogeti (49 %), bevor dann später alles wieder aufgegeben wurde.

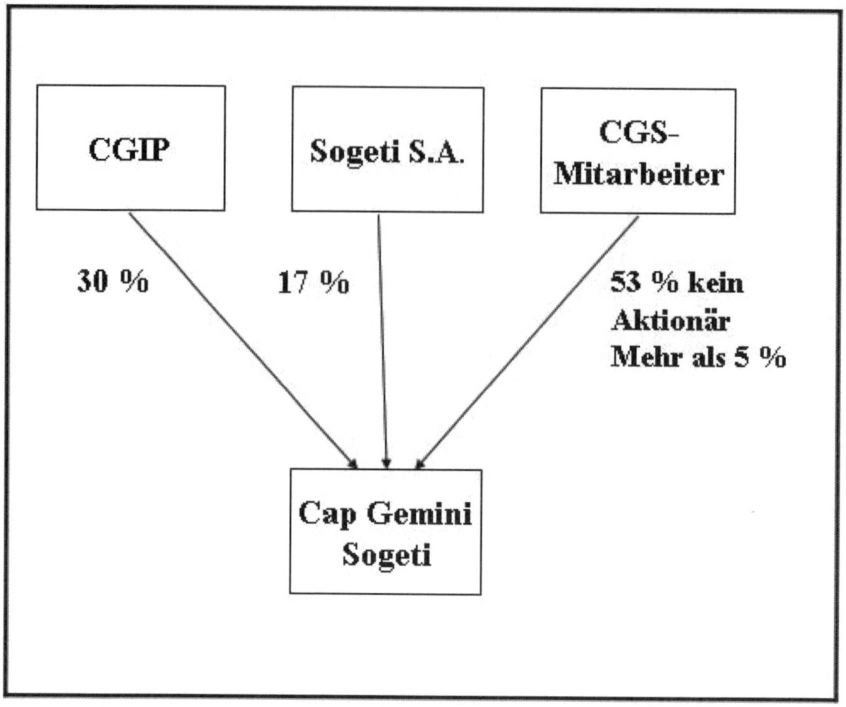

Abb. 9.2: Konzernstruktur 1998

Weiterhin wurden Programator, der schwedische Marktführer, und Volmac, die Nr. 1 in den Benelux-Staaten in die CGS-Gruppe überführt. Kampf erwarb die restlichen Anteile an Hoskyns und ließ diese zur seiner operationalen Basis in Großbritannien werden. Die Akquisitionen belasteten CGS schwer, weshalb Genesis, ein internationales, mehr als 100 Mio Dollar schweres, Reorganisations-Programm, für den Konzern aufgelegt wurde. Die Reorganisation wurde 1996 mit einer Neuordnung der Kapitalstruktur eingeleitet, um die Cap Gemini-Gruppe (CG) zu bilden und um künftig weltweit mit dem gleichen Namen aufzutreten. Kampf musste sich mit 20% Anteil (später 17 %) an CG begnügen, sein Einfluss schwand, erkennbar daran, dass das „S“ im Namen der Gruppe wegfiel. Die Cap Gemini-Gruppe wurde aufgeteilt in: Global Market Units, Gemini Consulting (2400 Mitarbeiter) und Cap Gemini (27000 Mitarbeiter), wobei die Tatsache, dass die beiden letzteren Organisationseinheiten parallel im Beratungsgeschäft tätig waren, für Reibungsverluste sorgte.

Gemini Consulting war für das Top-Management-Consulting aufgestellt und sollte McKinsey, Boston Consulting und andere Marktführer attackieren. Cap Gemini war für IT-Solutions zuständig und agierte auf der Ebene von EDS, debis und anderer Systemintegratoren. Gemini Consulting war von Anfang an eine einheitlich geführte Top-Management-Beratung, die auch ein klares Marketingkonzept kommunizierte. Im Laufe der Jahre entwickelten sich jedoch die Kulturen und Tagessätze soweit auseinander, dass es nur noch wenige Projekte mit gemeinsamen Beratern von Cap Gemini und Gemini Consulting gab. Auch waren Arbeitsweise und Auftreten völlig unterschiedlich, wodurch Konflikte vorgezeichnet waren.

Die debis Systemhaus GmbH wurde nun mit knapp 25% direkt an der CGS beteiligt. Gleichzeitig erfolgte eine Kapitalerhöhung. An dem Betrag von 2,1 Mrd. Francs beteiligten sich die Großaktionäre CGIP, Kampf und debis (900 Mio Francs durch im Jahre 1991 gewährte Wandelschuldverschreibungen diesen Betrages).

Daimler Benz beendete sein allmählich unübersichtlich werdendes Beteiligungsspiel im Jahr 1997 und trat als Gesellschafter aus der Cap Gemini-Gruppe aus. Gründe waren wohl der drastische Rückgang des Geschäftes in den USA, wo innerhalb eines Jahres die Anzahl der Berater von 350 auf 170 und damit unter eine, für die USA kritische, Schwelle gesunken war. Drei sehr große Projekte waren fast gleichzeitig ohne Anschlussaufträge beendet worden, was auch ein großes Beratungsunternehmen aus der Bahn werfen kann. Dies hatte zur Folge, dass Gemini Consulting 1999 in den USA völlig aufgelöst und in Cap Gemini übergeführt wurde.

Gerüchte besagen auch, dass die Herren Aichinger und Kampf sich persönlich nicht gut verstanden haben. So wurde dann der von Cap Gemini an der debis Systemhaus GmbH (nicht an der Mutter debis) gehaltene Anteil von 19,6 % für knapp 300 Mio DM, nicht zum Nachteil von Serge Kampf (vgl. wiederum Wahlspruch), zurückgekauft, damit man wieder hundertprozentige Eignerin des debis-Systemhauses wurde. Gleichzeitig hatte Daimler Benz seine Anteile an Cap Gemini verkauft, womit die Entflechtung von debis und Cap Gemini vollzogen war. Sie brachte Cap Gemini immerhin eine Wertsteigerung von 60 Mio DM ein, die man prompt für weitere Akquisitionen verwendete. Die Konzernkapitalstruktur sah 1998 wie in Abbildung 2 dargestellt aus, nachdem durch den Rückzug von Daimler Benz bedingt, die CGIP ihr Right of First Refusal ausübte und ihre Beteiligung von 20% auf 30 % erhöhte.

Als weitere große Zukauf-Aktion erfolgte zum 1.1.1997 der Erwerb der restlichen 49% der renommierten Bossard Consultants in Frankreich, wovon bereits 51% im Besitz von Cap Gemini waren. Die ersten Vereinbarungen mit Bossard wurden bereits 1970 getroffen, eine erste Kapitalbeteiligung fand im Dezember 1976 statt. Bossard Consultants wurde dann mit Gemini Consulting fusioniert.

Zugegeben, es ist schwer bei diesem Wirrwarr von Zu- und Verkäufen mitzukommen, doch ist der Ursprung dieser Aktivitäten ein wesentlicher Teil der Persönlichkeitsstruktur von Serge Kampf, weshalb sie hier erwähnt werden. Wie oft bei Zukäufen zu beobachten, verlassen viele Mitarbeiter (meist die guten) nach den Übernahmen ihre Firmen, was auf ungenügende Integration schließen lässt.

Gemini Zentraleuropa war am 5. November 1992 durch eine Fusion von Gruber, Titze & Partner in Bad Homburg v.d.H. mit Gemini Consulting entstanden, wodurch es zu dem Firmensitz in der Stadt vor der Höhe kam (vgl. www.de.cgey.com, Anfang 2001).

Im Februar 2000 erwarb Cap Gemini die IT-Consulting-Sparte von Ernst & Young, wodurch die Mitarbeiterzahl um 18000 erhöht wurde. Strategische Allianzen (z.B. mit CISCO), Kooperationen, Gründungen etc, wie in der ganzen Branche üblich, folgen mit derartiger

Schnelligkeit, dass es schwer fällt, den Überblick zu behalten. Die weitere Entwicklung wird man abwarten müssen.

Interessant ist es, wenn ein Mann wie Kampf sich 30 Jahre zurückerinnert, z.B. an Snow White (IBM) and the Seven Dwarfs:

„The seven dwarfs at that time were: Univac (which was still called Sperry Rand), Honeywell, Control Data, NCR, Burroughs, General Electric and RCA“ (www.capgemini.com/eng/report, Anfang 1999).

Von den sieben Zwergen blieben bekanntlich zwei übrig: Univac und Bourroughs haben, unter dem Druck der Reagan-Administration, die in der in den achtziger Jahren grassierenden Angst vor der Japan Inc. handelte, fusionieren müssen und in Form von UNISYS überlebt. General Electric gab an Honeywell ab, die sich mit Bull und NEC liierte und Reste an NEC weitergab. Control Data, einer der ganz großen Namen im IT-Sektor (Gründer Seymour Cray), verschwand 1997 nach vierzig Jahren und langem Siechtum endgültig von der Bildfläche und bekam den Namen WCAS. NCR hingegen, einst Lehrmeister von IBM, sprang 1997 von AT&T ab und existiert wieder als unabhängiges Unternehmen. RCA verkaufte schon 1972 seine Computer Division, und zwar nicht an seinen damaligen OEM-Vertreiber Siemens (System 4004), der das Kaufangebot ablehnte, sondern an UNIVAC. Das Ablehnen dieses Angebots kann als eine schwer verständliche Managemententscheidung des Datenverarbeitungsbereiches des Siemens-Konzerns angesehen werden, wie auch das Ablehnen des Kooperationsangebotes von Gene Amdahl, dem aufstrebenden PCM-Anbieter, im Jahre 1975. Insider erinnern sich, dass im gleichen Jahr am, 19. Dezember, die unglückliche Allianz von CII, Philips und Siemens, UNIDATA genannt, auseinanderbrach und sehr schwere Zeiten für die Siemens-Datenverarbeitungssparte begannen. Schneewittchen selbst überlebte aufgrund seiner ihm eigenen Wandlungsfähigkeit zu einem immer noch starken, allerdings Mitte der neunziger Jahre sehr gebeutelten und vom Markt gleichgeschalteten Computer-, Service- und Consulting-Unternehmen.

Spannend wird es immer, wenn ein Nestor sich aus seinem Unternehmen ganz zurückziehen will oder soll, was 1999 bei Serge Kampf der Fall sein sollte, und wenn nur noch die Kapitaleigner das Sagen haben. Dass dies ganz ohne Serge Kampf ablaufen wird, kann man sich nicht richtig vorstellen. Cap Gemini Frankreich sei Dank für die Überlassung des Fotos von Serge Kampf gesagt. (Basisversion UB 01/99)

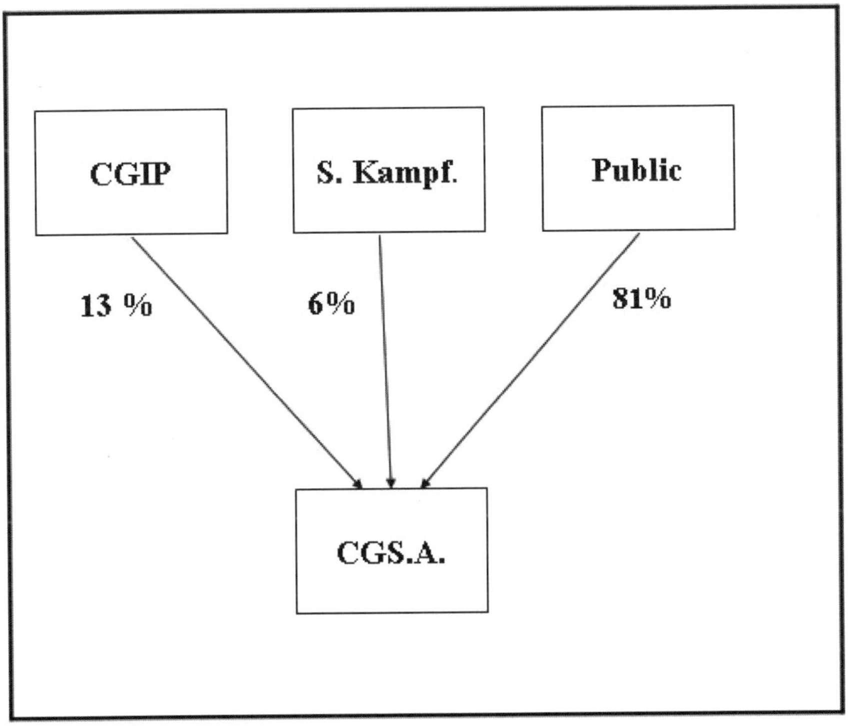

Abb. 9.3: Konzernstruktur Mai 2000

Literatur

T. Gaston-Breton: La saga Cap Gemini, 1999, Paris, ed. Point de Mire.

9.2.2 Post Merger Integration CGE&Y

Interview mit Antonio Schnieder (AS),
CEO bei Cap Gemini Ernst & Young in Berlin

Wie ist der Stand der Post Merger Integration nach dem Megazusammenschluss von Cap Gemini und Ernst & Young, sind alle Nachwehen überstanden?

AS: Den Merger haben wir gut überstanden, und er ist seit rund einem Jahr bei uns auch kein Thema mehr. Die neue Organisation hat sich bereits sehr schnell und effizient an die veränderte Marktsituation angepasst.

Auch CGE&Y hat auf die anhaltende Krise im Consultinggeschäft mit Personalabbau reagiert. Wie bewältigen Sie personalstrategisch ein spontanes Anspringen der Konjunktur?

AS: Wir müssen leider davon ausgehen, dass es zu solch einem spontanen Boom wirtschaftlich nicht kommen wird. Alle Marktstudien und Wirtschaftsprognosen sprechen dagegen. Wahrscheinlich ist eher das Gegenteil – ein weiteres flaues Jahr in der IT- und Beraterbranche.

Wie gehen Sie ansonsten mit der Krise um?

AS: Natürlich haben wir unsere Kostenstruktur angepasst und Bürozusammenlegungen, aber auch Personalreduktion durchgeführt. Damit aus der wirtschaftlich unsicheren Zeit nicht auch eine mentale Krise wird, haben wir uns sehr intensiv mit der Kommunikation mit unserer Mannschaft auseinandergesetzt. D.h. wir informieren unsere Mitarbeiter mit hoher Regelmäßigkeit über diverse Kanäle, wie unsere Unternehmensstrategie aussieht und welche konkreten nächsten Schritte auf sie zukommen werden. Im Übrigen sind wir in Deutschland im Vergleich mit manch anderem Land bisher noch „mit dem blauen Auge" davongekommen.

Ab wann und mit welchen Themen geht es wohl wieder aufwärts?

AS: Der schwierige Teil dieser Frage liegt in dem „Ab wann": Es gibt zum Teil recht unterschiedliche Prognosen über ein Wiederanspringen der Konjunktur. Unser Unternehmen geht jedoch nicht vor dem Jahr 2005 von signifikanten Veränderungen aus. Alles natürlich unter dem Vorbehalt eines unkalkulierbaren Risikos, was von einem möglichen Irak-Krieg ausgeht. Viele IT-Leiter wissen nicht, wie genau sich die Budgets in ein oder zwei Jahren entwickeln. Diese Unsicherheit kann dazu führen, dass langfristige Projekte den Tagesanforderungen zum Opfer fallen und die strategische Entwicklung der IT-Landschaft nicht genügend berücksichtigt wird.

Thematisch liegt Transformational Outsourcing sehr stark in der Kundengunst. Der Wachstumssektor ist hier das Applications Management. Weitere wichtige Aufgabenstellungen werden im laufenden und in den kommenden Jahren bei Portale, Storage, ERP/Harmonisierung und Infrastructure Services erwartet. Alle Top-Themen haben eines gemeinsam: Sie sollen schnell die Automatisierung von IT-Prozessen vorantreiben und dazu beitragen, einen schnellen ROI zu schaffen bzw. die Personalkosten zu senken.

CGE&Y ist in letzter Zeit etliche strategische Allianzen eingegangen, unter anderem mit Cisco und Siebel. Bedeuten derartige Absprachen keine Einschränkung der Neutralität eines Beratungsunternehmens?

AS: Strategische Allianzen sind seit langer Zeit ein wichtiger Bestandteil unseres unternehmerischen Vorgehens. Wir sind der festen Überzeugung, dass durch die Vielfalt unserer Kooperationspartner unsere Kunden profitieren. Unser Ziel ist es, uns möglichst viele Türen offen zu halten. Deshalb haben wir weltweit Allianzen mit den Top-Unternehmen der IT-Branche geschlossen. Durch die enge Zusammenarbeit mit den Technologieführern haben wir sowohl einen breiteren Überblick als auch tieferen Einblick in Spezialthemen. Hiervon profitieren unsere Kunden. (UB 02/03)

9.2.3 CGE&Y- Wie steht es um Europas größtes Beratungsunternehmen?

Um Cap Gemini Ernst & Young kursieren seit einiger Zeit entweder Gerüchte über bevorstehende oder Kritik an vergangenen Akquisitionen, der Umsatz sinkt stetig, ebenso die Mitarbeiterzahlen, die Präsens und Wettbewerbsfähigkeit am Markt scheint zu schwinden und eine viel versprechende Strategie ist nicht in Sicht.

CGE&Y musste im dritten Quartal 2003 Ertragsabnahmen verbuchen. Der Gewinn vom dritten Quartal 2003 betrug 1,3 Milliarden Euro, verglichen zu 1,6 Milliarden Euro im selben Quartal des Vorjahres. Laut CGE&Y liegt das jedoch nicht am fehlenden Auftragsvolumen, sondern kommt lediglich durch eine Verzögerung bei bereits abschlussreifen Verträgen zustande. Durch „verspätete Unterschriften“ kommt somit auch das gesamte zweite Halbjahr nicht an die 3 Milliarden des ersten Halbjahres 2003 heran. Die Geschäftsmöglichkeiten liegen jedoch in der Pipeline und der Umsatz sollte sich 2004 wieder erholten
Konkurrent Atos Origin zeigt allerdings, dass die schlechte wirtschaftliche Lage nicht länger für missliche Umstände verantwortlich gemacht werden kann und wie eine gute Akquisitionsstrategie auch in harten Zeiten funktionieren kann. Atos konnten im vierten Quartal sogar einen leichten Geschäftsanstieg verkünden.
Im August 2002 übernahm Atos Origin Einheiten von KPMG in Großbritannien und den Niederlanden, welche nun als Atos KPMG Consulting auftreten. Seitdem stiegen nicht nur die Beratungsumsätze um 75%, sondern auch die Präsenz der Gruppe hat in beiden Ländern zugenommen, besonders in GB, wo die Einnahmen um 29% stiegen. Noch bedeutsamer war die Übernahme des IT Unternehmens SchlumbergerSema für Atos Origin, dessen Geschäftsanteile sie 1,29 Milliarden Euro gekostet hat, ein guter Preis, wenn man bedenkt, dass Schlumberger für die ganze Sema Gruppe 2001 stolze 5,2 Milliarden Euro gezahlt hat. Man benötigt keine große Rechnung, um zu erkennen, dass Atos momentan die Nase vorn hat und der amerikanische Markt könnte das nächste Ziel von Atos sein- dort wo CGE&Ys teuren Versuche zu expandieren bisher fehlgeschlagen sind.

Bei CGE&Y hingegen wird sicherlich auch die Führungsebene verwirrt sein über die ständigen Gerüchte die vom Verkauf der Firma bis hin zum Aufkauf eines anderen Unternehmens reichen. Bezüglich der kürzlichen Übernahme des europäischen IT-Dienstleister Transiciel mussten sie die Kritik von Analysten und Branchenkennern hinnehmen, JP Morgen etwa behauptet die Übernahme folge eher „kurzfristigen Werten als langfristiger Wettbewerbsfähigkeit“.
Transiciel, selbst gegründet von früheren CGE&Y Mitarbeitern, soll in die CGE&Y Sogeti Division eingegliedert werden. Obwohl CGE&Y einen Preis zahlt, der 23% über dem Aktienwert von Transiciel liegt, stellen dies nur wenige Analysten in Frage, nehmen jedoch an, dass sich der Effekt auf CGE&Y`s Vermögenswert bestenfalls neutral auswirkt.
Was Analysten hauptsächlich in Frage stellen ist, dass CGE&Y lieber Kapazitäten in bereits starken Bereichen aufbauen anstatt in schwache Bereiche zu investieren und diese zu stärken. Nichtsdestotrotz wird das Unternehmen wohl weiterhin diese Strategie verfolgen, wie das Angebot für Triton, der IT Service Sparte von Thyssen Krupp, zeigt. Hierbei sind sie jedoch

nicht der einzige Interessent für diese Einheit, die bis zu 300 Millionen Euro (???) wert sein könnte.

Weiterhin bestehen auch Gerüchte einer Übernahme von CGE&Y durch HP, was jedoch beide Seiten bestreiten. HP liegt nämlich, trotz der erfolgreichen Akquisition von Compaq, immer noch hinter IBM Global Services. CGE&Y`s aus Paris operierender CEO Paul Hermelin leugnet, dass ein solches Angebot gemacht wurde und meint, dass die HP Leitung ihm versichert habe, dass dies momentan auch nicht in ihrem Interesse liege. HP selbst verweigerte die Aussage zu solchen „Marktgerüchten". Man sollte ihrer Aussage allerdings Glauben schenken, denn momentan würden wenige daran interessiert sein, die große Last von CGE&Y zu übernehmen und der trostlose finanzielle Status erschwert eine Übernahme noch zusätzlich.
Ebenso gehören Gerüchte über den Verkauf des US Ernst & Young Beratungssparte wohl eher zum Wunschdenken des ehemaligen Player unter den Big Five. Die meisten der alten Führungskräfte haben das Unternehmen bereits verlassen, wodurch ein Unternehmen ohne erfahrene Leistungsträger zurück bleibt.

Als Cap Gemini im Jahr 2000 den Beratungszweig von Ernst & Young aufkaufte, schien dies ein kluger Zug zu sein, die starke Präsens am US Markt von E &Y wurde mit der europäischen Erfolgsgeschichte CGs und vorherigen Mergern verbunden, die vom Systemintegrator (Hoskyns) bis hin zum Beratungsgeschäft (Gemini Consulting) reichte. Die hieraus entstandene Organisation erreichte fast die Größe von Accenture und eine verstärkte Präsens am amerikanischen Markt.
Trotz allem war der Zeitpunkt für den Erwerb schlecht, kurz nach der Übernahme magerte der Markt ab und man sah sich bei weiteren Geschäftsrückgängen einer massiven Überkapazität gerade in den Bereichen Finanzen und Telekommunikation gegenüber. Die Reaktion hierauf war eine Entlassungswelle, die unverhältnismäßig die zuvor teuer erworbene Ernst &Young-Seite traf. Auch die erhofften Bemühungen über den Atlantik zu expandieren, schlugen fehl. In Europa ist das Unternehmen meist nur unter Cap Gemini gängig, in den USA hingegen ist der volle Name kaum geläufig.

Der hierauf folgende Schachzug von CGE&Y wird ebenfalls besonders kritisch gesehen: Der Verkauf ihrer BPO Bereiche an die Tochtergesellschaft von United Utilities, Vertex in GB 2001. Somit gewinnt Vertex nicht nur die größten Anteile im BPO Geschäft, sondern kann auch auf CGE&Y`s Beratungserfahrung zurückgreifen. Diesem weiteren Fehler soll entgegengewirkt werden, indem CGE&Y sich bemüht wieder einen eigenen BPO Bereich aufzubauen, was jedoch schwierig ist, da zu viele interne Prozesse an Vertey abgegeben wurden.

Aus der gegebenen Situation heraus besteht schon länger ein großes Risiko der Fluktuation. Es scheint noch schlimmer zu kommen, denn die sowieso schon wenigen Leistungsträger des Unternehmens werden weiterhin abnehmen. Die meisten Abwanderungen gab es in der wichtigen Sparte des Gesundheitswesens, wo mehr als 40 Experten in den letzten sechs Monaten zur Konkurrenz wechselten, gerade aus einem Geschäftsbereich der für die Unterstützung und Erholung in diesem Jahr sehr wichtig ist.

Dabei war CGE&Y gerade durch seine Aktivitäten im Gesundheitsbereich einmal im starken Wettbewerbsvorteil, im Jahr 2002 etwa konnten sie hier ein Wachstum von 34% verbuchen, während Bereiche wie Telekom, Media, High tech oder Automotive um 26%–34% abnahmen. Gerade diese anhaltende Schwäche im Bereich Health Care und die stetige Fluktuation von Experten in diesem Gebiet, wie auch in vielen anderen Bereichen, sind Indikatoren für eine unsichere Zukunft von CGE&Y. Während die Konkurrenz langsam Marktanteile und leistungsfähiges Personal aufbaut, ist CGE&Y an seiner Schmerzgrenze angekommen. (UB 03/04, Autorin: M. Niedereichholz)

9.3 James Oscar McKinsey

9.3.1 Vita von James Oscar McKinsey

„Man muss das Unternehmen immer als Ganzes sehen“

Internationale Unternehmensberatung der Spitzenklasse ist immer mit dem Namen des heutigen Marktführers McKinsey & Company verbunden. Nur wenige wissen jedoch näheres über Leben und Wirken des Pioniers und Namensgebers des weltbekannten Beratungsunternehmens. Das Erforschen der Lebensgeschichte und des Werdegangs eines Gründers führt zu der Erkenntnis, dass in den meisten Beratungsunternehmen noch heute die Beratungskultur und der Umgang miteinander vom Geist des Gründers bestimmt werden.

1. Lebenslauf und Werdegang

Zunächst die wichtigsten Daten des Lebens und Wirkens von McKinsey in Übersichtsform:

1889 Geboren in Gamma, Missouri

1912 Abschluss als Bachelor of Pedagogy am staatlichen College für Lehrerbildung in Warrensburg, Missouri

1913 Abschluss als Bachelor of Laws an der Universität von Arkansas, Fayetteville

1914 Dozent für Buchführung in St. Louis, Besuch von Vorlesungen an der St. Louis Universität

1915 Stipendium an der School of Commerce der Universität von Chicago

1916 Abschluss als Bachelor of Philosophy an der Universität von Chicago

1917 Berufung an die Universität von Chicago. Eintritt in die U.S. Army

1918 Beförderung zum Leutnant der U.S. Army

1919 Master Degree der Universität von Chicago

1920 Eintritt in die Firma Frazer and Torbet (1920–25), Dozent für Rechnungswesen an der Columbia Universität

1921 Berufung als Assistant Professor für Rechnungswesen an die Universität von Chicago

1924 Präsident der Verbandes der Hochschullehrer für Rechnungswesen

1925 Senior Partner der Firma James O. McKinsey & Co. (1925–35)

1926 Berufung als Professor für Unternehmenspolitik (1926–35) an die Universität von Chicago

1935 Vorstandsvorsitzender von Marshall Field & Co. (1935–37)

1936 Vorstandsvorsitzender der American Management Association

1937 Tod in Chicago.

McKinsey stammte aus einer Bauernfamilie in den Ozarks und hat in seiner Kindheit, die er in einem kleinen Farmhaus verbrachte, bitterste Armut erlebt („a barefoot hillbilly", Wolf S. 1).

Nach Einschätzung seiner Kollegen und Kinder war dies zeitlebens die Triebfeder seines besessenen Bildungshungers, Arbeitseifers und Strebens nach Erfolg und Anerkennung. Niemand hat ihn jemals bei Freizeitaktivitäten oder Müßiggang gesehen. Geld und Wohlstand waren für ihn die alles bestimmenden Werte. Wann immer eine weitere Stufe beruflichen Erfolgs erklommen war, musste die Familie in ein repräsentativeres Haus umziehen. Als er starb, besaß er zwei riesige Anwesen mit privatem Polofeld, Reitbahn und Pferdezucht.

Sein Berufsziel war es zunächst, Lehrer zu werden. Obwohl er sich nach dem ersten Abschluss in Pädagogik (Bachelor of Pedagogy) sofort anderen Gebieten wie Recht, Philosophie und Wirtschaftswissenschaften zuwandte, waren es besonders seine pädagogischen Fähigkeiten, die Mitarbeiter und Auftraggeber später beeindruckten. Immer wieder Fragen stellen und jedem ein Feedback geben, waren seine wesentlichen Kommunikationstechniken. In privaten Gesprächen und wenn er in der entsprechenden Stimmung war, erzählte McKinsey immer wieder, dass er stets an den Schulen, die er besuchte, noch bevor er selbst den Abschluss machte, bereits als Aushilfslehrer tätig war.

Nachdem er mit geringstem Aufwand an der University of Arkansas seinen Bachelor of Laws erworben hatte, ging er nach St. Louis, wo er sich vor allem mit dem Thema Buchhaltung und Rechnungswesen beschäftigte. Während dieser Zeit lernte er James W. Barker, den Chef der South-Western Publishing Company, kennen, der später Verleger seiner bekanntesten Werke wurde. Von St. Louis ging McKinsey an die University of Chicago, wo er den Bachelor of Philosophy ablegte und sich für ein Master Programm einschrieb

Der Ausbruch des zweiten Weltkriegs und die damit verbundende Einberufung unterbrach zunächst das Masterstudium, das erst nach Kriegsende fortgeführt und abgeschlossen werden konnte. Während dieses Studiums wurde George Frazer, Professor für Rechnungswesen auf McKinsey aufmerksam und heuerte ihn noch vor dem Examen als Mitarbeiter seiner Firma Frazer and Torbet, einer Gesellschaft vereidigter Buchprüfer, an.

Den entscheidensten Einfluss auf die spätere Tätigkeit als Managementberater haben McKinseys Aufgaben in der U.S. Army gehabt. Er musste kreuz und quer durch die USA reisen und mit wichtigen Lieferanten der Armee verhandeln. Dabei ist ihm klar geworden, welche Rolle erfahrene, analytisch denkende Berater bei der Verbesserung von unternehmerischer Effektivität und Effizienz spielen können.

Im Jahre 1925 trennte sich McKinsey von seinem Mentor Frazer und gründete sein eigenes Unternehmen. Sein Beratungsansatz galt als damals als hochinnovativ: Er sah das Unternehmen immer als Ganzes und als Beziehungsgeflecht der einzelnen Teile.

McKinsey war möglicherweise auch als Quereinsteiger einer der ersten Pioniere. Nach mehreren erfolgreich durchgeführten Aufträgen bei Marshall Field & Company erhielt er 1935 das Angebot, als Vorstandsvorsitzender in das Unternehmen einzusteigen. Was ihn letztlich bewog, das Angebot anzunehmen, ist nach Ansicht seines Sohnes Robert, die Herausforderung gewesen, nicht mehr seinen Klienten zu sagen, was sie tun sollen, sondern es endlich bis zu letzten Konsequenz auch selbst zu machen. Das Unternehmen war zu dieser Zeit in einer wirtschaftlich bedenklichen Situation. Um den Turnaround zu schaffen, griff McKinsey zu drastischen Mitteln. Es war die Geburtsstunde der Overhead Value Analysis (Gemeinkosten – Wertanalyse), die noch heute, unter dem neuen Namen TOP (Total Operational Performance), das Hauptprodukt des Beratungsunternehmens ist. McK löste ganze Abteilungen auf, schickte Mitarbeiter in den vorzeitigen Ruhestand und feuerte langjährige Führungskräfte. In dieser Zeit des Umstrukturierungsprozesses erhielt er zwischen 10 und 20 Morddrohungen, wie seine Söhne berichten. Das Unternehmen konnte gerettet werden, doch McKinsey zahlte für seinen unermüdlichen Einsatz einen hohen Preis. Auf einer der vielen Dienstreisen zog er sich eine Lungenentzündung zu, an der er innerhalb kürzester Zeit am 30. November 1937, im Alter von erst 48 Jahren verstarb.

Sein professionelles Image war untadelig, obwohl bekannt war, dass es ihn langweilte, seine Konzepte umzusetzen oder Beratungsprodukte im Sinne von standardisierten Problemlösungsmethoden zu entwickeln.

Probleme bekommen seine Biographen und Zeitzeugen immer dann, wenn es um den Menschen McKinsey geht. Stark extrovertiert und rein materiell denkend, egoistisch, geizig und streng seiner Familie gegenüber, unerfüllbar hohe Anforderungen an Mitarbeiter und Partner stellend, war er nicht gerade das, was man einen uneingeschränkt sympathischen Zeitgenossen nennen könnte.

Vielleicht ist dies auch ein Grund dafür, dass heutige McKinsey-Führungskräfte sich weniger stark mit James Oskar als viel mehr mit Marvin Bower, seinem Nachfolger und alter Ego als ihrem Pionier identifizieren wollen. Bower dürfte einer der ganz wenigen Weggenossen sein, der positiv über McKinsey berichtete und ihn rückhaltlos bewunderte. Dies kommt auch dadurch zum Ausdruck, dass er seinen dritten Sohn, der kurz nach McKinseys Tod geboren wurde, auf den Namen James McKinsey Bower taufte. Als Nachfolger widerstand Bower, in seinem grenzenlosen Respekt vor McKinsey, der Versuchung, das Unternehmen auf seinen eigenen Namen umzubenennen.

Das Familienleben wird von seinen Söhnen als nicht gerade idyllisch beschrieben. McKinsey arbeitete Montag bis Samstag und brachte für den Sonntag regelmäßig viel Arbeit mit nach Hause, wenn er überhaupt nach Hause kam. Die Kinder durften sich in der Zeit, in der Daddy zuhause arbeitete, nicht mucksen. Sein Sohn Robert erinnert sich, dass McK dann auch Probleme mit seiner Frau besprach, die sich aber auf die Rolle der aktiven Zuhörerin beschränken musste. Sie bewunderte ihren Mann uneingeschränkt und unterstützte ihn in ihrer traditionellen Rolle als Hausfrau und Gastgeberin bei Einladungen für Auftraggeber. An diesen Parties durften auch die Kinder teilnehmen in der Absicht, sie so früh wie möglich mit geschäftlichen Anlässen und Gesprächsthemen vertraut zu machen. Ansonsten wurden die Kinder äußerst spartanisch erzogen. Ihre Wünsche, ob Spielzeug oder Fahrräder wurden immer mit dem Hinweis auf McKs eigene ärmliche Jugend zurückgewiesen. Er hielt es für ausreichend, dass sie in der von ihm geschaffenen luxuriösen Umgebung aufwachsen durften.

William H. Newman, ein Hochschulkollege von McKinsey, fasst seine Erinnerungen zusammen: „McKinsey war nicht gefühlsbetont. Es ging keine menschliche Wärme von ihm aus. Ich war ständig bestrebt, ihm nützlich zu sein, weil ich sonst befürchten musste, dass er zu mir sagte: ‚Das wars!'“.

Bezeichnend ist eine andere Geschichte, die Billy Goetz überliefert hat (W.B.Wolf, S. 15): „On one occasion McKinsey went to the office on Christmas Day to dictate a report. One of the secretaries had to go down to the office to take the dictation. In order to make up for her missing Christmas Day with her family, he gave her two days off later the week. She didn't feel that that was quite fair for she woul rather have had Christmas Day. But, that was partly to impress on his staff how serious business really was. The client came first!“

Diese Art von Verhalten war nach Ansicht von Biographen (W.B.Wolf, S. 14) auch der Grund dafür, dass sein Name nicht durch seine Schüler oder eine Art Managementlehre überdauert hat. „MyKinsey was more interested in being respected than loved“.

John Neukom, ein weiterer Weggefährte, beschreibt die Wirkung so: „Er war beeindruckend, stets gut gekleidet, und wenn er einen Raum betrat, lenkte er alle Blicke auf sich. Da war eine spontane Anziehungskraft. Er hatte diesen Schwung und Magnetismus, der einfach Leute anzog. Er war sofort Mittelpunkt einer jeden Gesellschaft. Wenn es vorher eine andere Person war, so konnte man beobachten, wie sich der Fokus spontan zu ihm hin verschob.“

2. McKinsey als Wissenschaftler

Wie auch sein Partner Frazer, war McKinsey stets Hochschullehrer und Unternehmensberater gleichzeitig. Anders als in Deutschland wird dieser Tatbestand in den USA nicht als Nebentätigkeit von Staatsdienern kriminalisiert, im Gegenteil. In den USA galt und gilt nur der Hochschullehrer etwas, dessen Expertise auch in der Praxis gefragt ist und marktüblich honoriert wird. Die sich daraus ergebenden Synergieeffekte haben bei McKinsey zu einer beachtlichen Menge richtungweisender Lehrbücher und Veröffentlichungen geführt (s. u. Literatur von McKinsey). Es begann 1919 mit dem Werk „Federal Income and Excess Profits Tax Law“. Im folgenden Jahr schrieb er gleich zwei Bücher „Principles of Accounting“ und „Bookkeeping and Accounting“. Im Jahre 1922, McKinsey war Unternehmensberater bei Frazer and Torbet und gleichzeitig Professor für Rechnungswesen an der University of Chicago, veröffentlichte er drei Lehrbücher. „Organization and Methods of the Walworth Manufacturing Company“ wird von vielen als die erste betriebswirtschaftliche Fallstudie angesehen, die Studenten in die Lage versetzte, in einem ganzheitlichen Ansatz die Funktionsweise eines Unternehmens und die Wirkungen unternehmerischer Entscheidungen kennen zu lernen. Das zweibändige „Financial Management“ und vor allem „Budgetary Control“ gelten als die herausragensten Veröffentlichungen. Letztere war leicht verständlich und praxisorientiert geschrieben, enthielt unzählige Beispiele und basierte ausschließlich auf den Erfahrungen, die McKinsey als Unternehmensberater gemacht hatte. In dem Werk wird deutlich, dass er die Budgetierung und das Controlling (diesen Begriff gab es zu der damaligen Zeit noch nicht) als Instrumente einer umfassenden Unternehmenssteuerung ansah. In den folgenden Jahren erschienen „Controlling the Finances of a Business“, „Business Administration“, ein neuer Begriff, der fortan als Synonym für Betriebswirtschaftslehre galt, „Managerial Accounting“ und vor allem Beiträge in „Management's Handbook“. Der Managementansatz in allen Werken war rein quantitativ, basierend auf den Zahlen des Rechnungswesens, weshalb viele Zeitgenossen den Pionier auch immer wieder schlicht als Buchhalter bezeichneten. „McKinsey war kein Theoretiker, aber er glaubte fest an Prinzipien, da er davon ausging, dass nur Prinzipien von einer Situation auf eine andere übertragen werden können“, urteilt Marvin Bower, seit 1933 Mitarbeiter von McKinsey und von 1950 bis 1967 Managing Director von McK & Co.

Logik, Fakten und optimaler Informationsfluss konnten nach Ansicht von McKinsey jedes Problem lösen.

Der Managementprozess bestand für McKinsey aus den drei Teilen Führung, Organisation und Controlling. Dabei betonte er immer wieder die Bedeutung der individuellen, formalen Struktur eines jeden Unternehmens. „Without formal organization we have uncoordinated, undirected activities from which satisfactory results cannot be expected“(McKinsey, Business Administration, S. 277).

Vor dem Hintergrund dieser Grundeinstellung sind die zwölf Leitlinien für eine optimale Organisationsstruktur zu sehen, die William B. Wolf aus den Werken des Pioniers herausgefiltert hat (Wolf, S. 25–27). Diese beziehen sich zunächst auf allgemeine Aspekte und werden dann immer spezifischer. Es ist verblüffend, wie stark der Bezug zu aktuellen Management–Theorien ist, obwohl der heute propagierte, hierarchiefreie Teamansatz in allen Ausführungen McKinsey's abgelehnt wird:

1. In jeder Organisation sollte es eine zentrale Kontrollinstanz geben. Das bedeutet, dass sowohl das gesamte Untenehmen als auch seine einzelnen Bereiche von einem Manager geführt werden, der die oberste Authorität und letzte Instanz für alles ist, was in seinen Verantwortungsbereich gehört
2. In optimalen Organisationsstrukturen ist nicht nur die Entscheidungskompetenz, sondern auch die Umsetzungskompetenz eindeutig festgelegt.

3. Die Verantwortung für die Durchführung von Entscheidungen sollte bei einer einzelnen Person und nicht bei einer Gruppe liegen.
4. Es sollte eine eindeutige Vorgehensweise für den Umgang mit ungewöhnlichen Situationen und Problemen geschaffen werden.
5. Kompetenz und Verantwortung müssen übereinstimmen.
6. Die Anzahl der Mitarbeiter, die an eine Führungskraft berichten, sollte begrenzt sein. Einem Manager, Vorstandsvorsitzenden oder Geschäftsführer sollten nicht mehr als fünf oder sechs Führungskräfte berichten.
7. Spezialisierung dient der Effizienz und sollte deshalb gefördert werden. Ergeben sich aus der Spezialisierung Koordinationsprobleme, so können diese durch Ausschüsse und Budgetkontrolle gelöst werden.
8. Es sollte ein internes Anreizsystem geschaffen werden. Durch die Belohnung effizienter Leistung werden die Mitarbeiter motiviert.
9. Die Organisationsstruktur stellt eine Balance zwischen der abstrakten Organisation und den Fähigkeiten und Einschränkungen Einzelner dar. Die Struktur sollte die Interessen und Fähigkeiten der Individuen abbilden, die Teil der Organisation sind. Es ist im Normalfall nicht möglich eine Idealorganisation aufzubauen und sich dann die dazu passenden Menschen zu suchen.
10. Linienkontrolle sollte von funktionaler Kontrolle unterschieden werden.
11. In den meisten Fällen sollte ein Organigramm erstellt werden. Dadurch wird sichergestellt, dass alle Tätigkeiten nach der gleichen logischen Grundannahme klassifiziert werden.
12. Die Erstellung des Organigramms ist ein kontinuierlicher Prozess. Die Rahmenbedingungen ändern sich und die formale Struktur sollte diese Veränderungen reflektieren.

3. McKinsey als Berater

Im Jahre 1925 trennte sich McKinsey von Frazer and Torbet, um sein eigenes Unternehmen, die heute noch existierende Beratungsfirma McKinsey & Company zu gründen. Die Trennung war unausweichlich, weil McKinsey nicht länger zweiter Mann hinter seinem Mentor Frazer sein wollte. Dieser Vorgang wiederholte sich mehrere Male. Die Partner kamen und gingen, nur Tom Kearney hielt es längere Zeit aus.

Von nun an widmete sich McKinsey verstärkt seinen Beratungstätigkeiten. Den Verpflichtungen als Hochschullehrer kam er nur noch morgens zwischen 8 und 9 Uhr nach. Die Firma und seine persönliche Reputation wuchsen sehr schnell. Bereits in den zwanziger Jahren verlangte McKinsey einen Tagessatz von fünfhundert Dollar und hatte mehr Anfragen, als er bearbeiten konnte. Drei Faktoren machten nach seiner Ansicht einen Top-Berater aus:

1. Unangefochtene Authorität,
2. Die Reputation, in einem für das Top Management wichtigen Bereich, die notwendige Erfahrung zu haben,
3. Professionelle Vorgehensweisen.

Er selbst hat diese drei Voraussetzungen erfüllt durch seine akademischen Meriten, seine Veröffentlichungen und seine Arbeit als Berater bei Frazer und Torbet. Darüber hinaus reiste er unermüdlich umher, um Vorträge für verschiedenste Organisationen zu halten. Eine große Rolle spielten für ihn Geschäftsessen. McK war der Ansicht, dass die Mittagspause eine zu wichtige Zeit sei, um sie nicht effektiv für geschäftliche Interessen zu nutzen. Als Fazit gab er einmal an, dass er alle seine Lunches, die Hälfte seiner Frühstücke und ein Drittel seiner Dinners mit Klienten oder potenziellen Klienten verbracht hat.

4. Literatur von James O. McKinsey

McKinsey, J.O.: Accounting Lectures, Cincinatti, South Western Publishing Co., 1920.
McKinsey, J.O.: Accounting Principles, Cincinatti, South Western Publishing Co., 1929. Revised in 1931, then in 1935 with Howard Noble, who revised it again in 1939 and thean in 1944 for the U.S. Armed Forces Institute.
McKinsey, J.O.: Adjusting Policies to Meet Canging Conditions. General Management Series, no. 116, New York: American Management Association 1932.
McKinsey, J.O.: Boards of Directors, Board Committees, and Officers, in: Handbook of Business Administration, ed. by W.J. Donald, New York, McGraw-Hill, 1931.
McKinsey, J.O.: Bookkeeping and Accountig, Vol. 1, Cincinatti, South Western Publishing Co., 1920. McKinsey revised the book in 1926 and 1931, and Edwin Piper revised it in 1938, 1939, and 1950.
McKinsey, J.O., Palmer, J.: Budgetary Control, New York, Ronald Press, 1924.
McKinsey, J.O.: Business Adminstration, Cincinatti, South Western Publishing Co., 1924.
McKinsey, J.O.: Cases an Problems No. 3, Organization and Methods of the Walworth Manufacturing Company, Chicago, University of Chicago Press, 1922.
McKinsey, J.O., Meech, S.P.: Controlling the Finances of a Business, New York, Ronald Press, 1923.
McKinsey, J.O.: Coordination of Sales, Production and Finance. AMA Sales Executive Series, no. 9, New York, American Management Association, 1924.
McKinsey, J.O.: Effect of Mergers on Marketing, Production and Administrative Problems, in: Management Review 18, 1929, p. 39–46.
McKinsey, J.O.: Federal Income and Excess Profits Tax Laws, Cincinatti, South Western Publishing Co., 1920.

5. Literatur über James O. McKinsey

Es existiert relativ wenig Literatur über die Person James Oscar McKinsey. Am ergiebigsten ist das Werk von Wolf.

Kipping, M.: American Management Consulting Companies in Western Europe, p. 207
Wolf, William B.: Management and Consulting: An Introduction to James O. McKinsey, Cornell University, 1978.

6. McKinsey & Company heute

Das Unternehmen hat unter der Leitung des McKinsey Nachfolgers Bower sehr schnell eine führende Rolle in der internationalen Beratungsbranche übernommen. McKinsey & Company mit dem Firm Office in New York, ist heute in 38 Ländern mit 75 Büros präsent. Das erste deutsche Büro wurde 1964 in Düsseldorf eröffnet, sieben weitere Standorte in Deutschland mit mehr als 750 Beratern und insgesamt 1250 Mitarbeitern sind seitdem hinzugekommen. McKinsey Deutschland – Chef ist, als Nachfolger von Herbert Henzler, der Diplom-Physiker Dr. Jürgen Kluge. Henzler hat das Unternehmen 14 Jahre lang geleitet und ist seit Beginn 1999 für die Koordination der europäischen McKinsey-Büros zuständig.

Das Unternehmen ist vollständig im Besitz von Partnern und dadurch auch vollkommen unabhängig. Es ist klassisch nach Branchen- und Funktionskompetenz strukturiert.

Obwohl das Unternehmen keine Kennzahlen veröffentlicht, gilt es weltweit als Marktführer der Consultingbranche. (UB 03/97)

9.3.2 Allgemeiner Leitfaden für Unternehmensanalysen

Unter dem Titel „The General Survey Outline" legte James Oscar McKinsey im Jahre 1936 für seine Berater fest, wie sie bei der Analyse und konzeptionellen Neugestaltung eines Klientenunternehmens vorgehen sollen, nachzulesen in dem o.a. Werk von Wolf S. 54–83. Dieser, fast siebzig Jahre alte Leitfaden, ist von erstaunlicher Aktualität.

- Was Berater heute daraus lernen können ist die Tatsache, dass ein hoher Grad von Standardisierung der inhaltlichen und methodischen Vorgehensweisen einer Unternehmensanalyse gleichzeitig die beste Form von Qualitätsmanagement im Beratungsgeschäft ist. Man kann vermuten, dass der analytische Leitfaden von James O. McKinsey noch heute bei der starken Kompetenz der Firma zur Unternehmensanalyse nachwirkt.
- Viele der heutigen Beratungsunternehmen haben ihre Vorgehensweisen in nicht annähernd dieser Präzision und Detaillierung dokumentiert. Für sie soll die Übersetzung des Leitfadens Anregung für ihr eigenes Qualitäts- und Wissensmanagement sein. Besonders interessant ist, dass McKinsey bei Passagen, in denen er einen Klärungsbedarf seiner Berater vermutet, immer wieder auf ein internes Trainingshandbuch verweist. Auch das ist beispielhaft und nachahmenswert.
- Die kursiven Einfügungen der Übersetzerin sollen den Bezug zur heute üblichen Terminologie herstellen.

Wesentliche Themenbereiche
Folgende Themenbereiche müssen in einer vollständigen allgemeinen Unternehmensanalyse behandelt werden:

I. **Ursache und Art der gegenwärtigen Probleme**

II. **Zukunftsaussichten des Unternehmens**

III. **Geschäftspolitik** *(heute würde man sagen: Unternehmensstrategie)*

IV. **Administrative Organisation**

V. **Führungskräfte**

VI. **Gebäude und Einrichtungen**

VII. **Kontrollmechanismen und Vorgehensweisen**

VIII. **Finanzlage**

IX. **Finanzbedarf**

In einem umfassenden Gutachten über die Unternehmenssituation werden diese neun Themenkomplexe zu Überschriften einzelner Kapitel. Schlussfolgerungen und Empfehlungen sollten unter „Kontext“ entsprechend dem „Handbuch der Berichtsstandards“ behandelt werden. Es können in Einzelfällen Abweichungen bei der Formulierung von Kapitelüberschriften auftreten. In einem besonders ausführlichen Gutachten können die oben genannten Punkte noch weiter untergliedert werden. So kann zum Beispiel der Analysebereich „Zukunftsaussichten für das Unternehmen“ in zwei Berichtskapitel unterteilt werden, „Zukunftsaussichten für die Branche“ und „Positionierung des Unternehmens in der Branche“. „Geschäftspolitik“ (Strategie) könnte in verschiedene Unterkapitel eingeteilt werden, wie „Vertriebspolitik“, „Produktionspolitik“ usw.
Andererseits können in einem weniger detaillierten Gutachten einzelne der oben genannten Themenbereiche in einem Kapitel zusammengefasst werden.

I. Ursache und Art der gegenwärtigen Probleme

Zu berücksichtigende Faktoren
Bei der Analyse eines Klientenunternehmens und der Ursachen seiner Probleme muss folgendes beachtet werden:

1. Die Unternehmenshistorie.
In der Schlusspräsentation sollte die Unternehmenshistorie in chronologischer Folge aufgeführt sein und auf die Entwicklungen hingewiesen werden, die die augenblicklichen Probleme verursacht haben. Falls diese in der Finanzsphäre zu suchen sind, sollte die finanzielle Situation in einem Fazit zusammengefasst werden. Falls die Probleme auf Entwicklungen in der gesamten Branche zurückzuführen sind, sollte auch dazu ein historischer Überblick geliefert werden.

2. Ursachen der derzeitigen Probleme.
In der Berichtspräsentation müssen die Ursachen der derzeitigen Probleme zusammengefasst dargestellt werden. Sie lassen sich üblicherweise auf einen oder mehrere der folgenden Gründe zurückführen:

a. Rahmenbedingungen des Unternehmens
b. Rahmenbedingungen der Branche
c. Mangelhafte Unternehmenspolitik oder –organisation
d. Ungeeignete Gebäude, Einrichtungen oder Vorgehensweisen
e. Ineffektive Führung.

In einigen Fällen ergeben sich die Ursachen für die gegenwärtigen Probleme bereits aus Punkt 1. (Unternehmenshistorie), sodass sie nicht noch einmal unter einem weiteren Punkt diskutiert werden müssen.

3. Derzeitige Probleme.
In der Berichtspräsentation müssen die „Derzeitigen Probleme des Unternehmens" zusammengefasst dargestellt werden.

4. Untersuchungsmethoden.
In der Präsentation müssen die wesentlichen Schritte der Untersuchung mit ihrer Vorgehensweise klar und deutlich erläutert werden, um dem Klienten den Umfang unseres Aufwands deutlich zu machen. Dieser Teil sollte mit einer Auflistung der folgenden Teile des Berichts abschließen, vorausgesetzt, dies ist nicht bereits im Begleitschreiben erfolgt.
Bei der Vorbereitung dieses Teils des Berichtes sollte mit den o.a. Seitenüberschriften gearbeitet werden. Falls zusätzliche Seitenüberschriften der Klarheit dienen, kann der Berichtersteller diese verwenden, doch muss der logische Gedankenfluss erhalten bleiben.
Wie im „Handbuch der Berichtsstandards" erläutert, darf der Teil „Ursache und Art bestehender Probleme" nicht zum „Finanzbericht" gehören. Hierzu ein Zitat aus dem Manual: „Der erste Teil muss einer Beschreibung der Historie und Tätigkeit des Unternehmens gewidmet sein …".

II. Zukunftsaussichten des Unternehmens

Ziel

Das Ziel dieses Abschnittes ist die Bestimmung der langfristigen Gewinnaussichten des Unternehmens. In diesem Zusammenhang sollten wir folgendes erörtern:

1. Zukunftsaussichten der Branche, der das Unternehmen angehört
2. Positionierung des Unternehmens in dieser Branche.

Zukunftsaussichten der Branche

Um eine Prognose der Profitabilität der Branche abgeben zu können, muss folgendes beachtet werden:

1. Umsatzvolumen
Die Analyse sollte anhand einer Beurteilung der tatsächlichen oder potentiellen Verbrauchernachfrage nach den Branchenprodukten erfolgen. Dazu müssen auch die diese Verbrauchernachfrage bestimmenden Faktoren beurteilt werden.

So ist es, wenn man z.B. eine Umsatzprognose für die Malzindustrie ermitteln möchte, notwendig, die wichtigen Abnehmergruppen zu bestimmen, in diesem Fall die Brauerei- und Brennereiindustrie. Dazu ist es weiter notwendig, Effekte von Faktoren wie z.B. allgemeine Unternehmensgegebenheiten, Trinkgewohnheiten, Produktionsmethoden usw. auf die Nachfrage darzustellen.

Wenn Rohstoffindustrien untersucht werden, kann in Verbindung mit der Volumenbetrachtung die Lieferantenbeziehung wichtig werden. Wenn der Verbrauchermarkt untersucht wird, müssen entsprechende Folgerungen bezüglich der tatsächlichen und potentiellen Endverbraucher gezogen werden.

2. Die Preise zu denen die Umsätze nach (1) getätigt werden können.
Dabei sollten alle Einflussfaktoren berücksichtigt werden, wie Wettbewerbsbedingungen, Wirtschaftsfaktoren, rechtliche Rahmenbedingungen etc.

3. Bei der Abschätzung der Kosten, die zum Erzielen der Umsätze nach (1) bei den nach (2) geschätzten Preisen notwendig sind, muss generell die folgende Einteilung beachtet werden: Produktionskosten (Material, Arbeit, Gemeinkosten), Kosten des Vertriebsapparates, Verwaltungskosten, Steuern etc.

Wenn dies berücksichtigt wird, dann ergibt sich als Ergebnis dieses Teils die folgende Formel: Gewinn = Mengenumsatz mal (Preis – Stückkosten).

In einem Bericht sollte die Diskussion des Vorstehenden üblicherweise mit einer Einführung zum historischen Hintergrund eines jeden Faktors beginnen. Diese Inhalte sollten unter Seitenüberschriften dargestellt werden. Bei komplizierten Untersuchungen kann die Präsentation der Materialien natürlich von der beschriebenen abweichen, vorausgesetzt, dass das gewinnorientierte Konzept der Analyse nicht verletzt wird.

Situation des Unternehmens

Die Situation eines Unternehmens in seiner Branche kann mit den folgenden Analysen bestimmt werden:

1. Statistische Aussagen: Diese können anhand der Umsatz- und Gewinnzahlen im Vergleich mit der Branche und anderer Mitbewerbern ermittelt werden.
2. Image: Dieses kann im Allgemeinen mit der Analyse von Beschwerden, Gesprächen mit Branchenkennern und mittels Marktforschung ermittelt werden.
3. Andere signifikante Faktoren sind: Lage und Beschaffenheit der Produktionsstätten, Art der Vertriebsstätten etc. Bei Unternehmen, die sich in finanzieller Schieflage befinden, sollte die Einstellung der Geldgeber zu Reorganisationen beachtet werden.

Ziel muss es sein, die gegenwärtige Situation des Unternehmens eindeutig dazustellen. Die zukünftige Positionierung und die sich daraus ergebende Rentabilität werden im Allgemeinen von der Effektivität des Managements abhängen. An diesem Punkt sollten wir darauf hinweisen, dass eine Beurteilung dieser Effektivität in späteren Kapiteln des Berichts folgt.

Dieses Kapitel des Berichts sollte mit einer Zusammenfassung der positiven und negativen Faktoren und den entsprechenden Schlussfolgerungen enden, welche die Zukunft des Unternehmens beeinflussen können. Besonders bei den Schlussfolgerungen muss vorsichtig vorgegangen werden. Positive Schlussfolgerungen sollten vermieden werden, wann immer Zweifel daran bestehen. Auf der anderen Seite sollte man nicht zögern berechtigte Vorbehalte zu äußern.

III. Geschäftspolitik *(Unternehmensstrategie)*

Untersuchungsgegenstände
Die Geschäftspolitik des Unternehmens sollte sorgfältig analysiert werden mit folgenden Schwerpunkten:

1. Verkauf
2. Produktion
3. Einkauf
4. Finanzen
5. Personal

A. Verkaufsstrategien
In diesem Zusammenhang sollte der Berater Strategien und Taktiken untersuchen, die Bezug haben zu:

1. Produkten
2. Kunden
3. Vertriebssystem
4. Konditionengestaltung
5. Werbung
6. Verkaufsförderung
7. Vertriebsziele und Supervision.

In der Berichtspräsentation sollten die Überschriften in diesen Worten und in dieser Reihenfolge verwendet werden. In besonderen Fällen kann es wünschenswert sein, eine Kombination aus diesen Themenbereichen unter einer Überschrift zusammenzufassen. Wenn in einem dieser Strategiebereiche keine Probleme existieren, so kann dieses Kapitel übersprungen werden.

Produkte
Der Zweck dieses Analyseschrittes ist es festzustellen, ob die Produktpolitik so gestaltet ist, dass sowohl die Menge als auch die Art der Produkte den Bedürfnissen des Marktes entsprechen. Dieser Analyseteil sollte folgende Inhalte berücksichtigen:

1. Menge und Variantenvielfalt
2. Produktdesign und Stil
3. Qualität

Zu 1.: Menge und Variantenvielfalt

Hierbei ist zu bestimmen:

1. Die gesamte verkaufte Produktmenge und die relative Bedeutung der einzelnen Verkaufszahlen pro Stück.
2. Die Hauptproduktgruppen, in die sie klassifiziert werden können und die relative Bedeutung des Absatzes jeder dieser Gruppen.
3. Die auf der Basis von (1) und (2) wünschenswerten Ergänzungen oder Eliminierungen der Produktpalette. Dies schließt folgende Überlegungen ein.
   a. Ist es vernünftig und ökonomisch sinnvoll, alle diese Produkte oder Produktgruppen durch ein Unternehmen zu verkaufen? Dabei ist auch die Wirkung auf die Unternehmensreputation zu beachten.

   b. Sollten andere Produkte oder Produktgruppen das Angebot ergänzen und damit eine sinnvolle Diversifikation ermöglichen, die besser den Kundenbedürfnissen entspricht sowie saisonale und konjunkturelle Schwankungen und Mengenverluste ausgleicht?

   c. Ist die Variantenvielfalt in jeder Gruppe zufriedenstellend in Bezug auf Kundenbedürfnisse, Produktion, Verkauf und Verwaltungskosten?

   d. Würden zusätzliche Produkte die Kundenbeziehungen vor Wettbewerbern schützen?

   e. Sollten Produktänderungen im Hinblick auf die Art des Unternehmensmanagements, der Vertriebsorganisation, der Produktion, der Einrichtungen und Anlagen und der Finanzkraft durchgeführt werden?

Falls mögliche neue Produkte in Übereinstimmung mit den oben genannten Anforderungen vorgeschlagen werden, sollte eine Vorgehensweise gewählt werden, mit der die Eignung dieser Produkte geprüft werden kann. In diesem Zusammenhang ist folgendes grundsätzlich ratsam:

- Sorgfältig Testmärkte auszuwählen, in denen bequem eine valide Reaktion auf diese Produkte geprüft werden kann.
- Die Testkampagne so zu entwerfen, dass sich eindeutige Erkenntnisse für die effektivste Strategie in Bezug auf Kundengruppen, Vertriebskanäle, Konditionengestaltung, Verkaufsförderung ergeben.

Zu 2.: Produktdesign und -stil
Unter diesem Aspekt sind Art und Entwicklungstendenzen folgender Faktoren zu untersuchen

1. Einsatzgebiete der Produkte
2. Umfang
3. Design, Farbgebung und andere Stilfaktoren.

Die Bedeutung eines jeden dieser Faktoren hängt von der Art des Produktes ab und ob es für die Industrie oder für Konsumenten bestimmt ist.

Verkaufsvolumina können durch einen radikalen Stilwechsel oder die Schaffung oder Verkürzung des Stilzyklus erhöht werden. Andererseits können diese Veränderungen die Herstell- und Lagerkosten beeinflussen. Wenn die Produktgestaltung unbefriedigend ist, sollte der Berater abwägen, ob er vorschlägt, die dafür zuständigen Mitarbeiter zu schulen, neue Spezialisten einzustellen oder Beratungsaufträge an Designspezialisten zu vergeben.

Zu 3.: Qualität

Zur Qualitätsbeurteilung ist es notwendig, das Image der Produkte aus der Sicht zu betrachten:

1. Sicht von Produkt- und Anwendungs-Spezialisten
2. Sicht der Branche und des Geschäftszweiges, der sich durch eine Analyse der Reklamationsstatistik ergeben hat.

Im Allgemeinen sollte der Qualitätsstandard des Unternehmens dem entsprechen, der im Markt als notwendig erachtet wird. Alle diesbezüglichen Fehlleistungen müssen dokumentiert werden. Ein Qualitätsstandard, der leicht über dem Durchschnitt der Branche liegt, ist wünschenswert. Wenn der Standard des Unternehmens aber weit über dem der Wettbewerber liegt, konnte dies eventuell Kostensteigerungen verursacht haben, die dazu führen, dass der Qualitätsstandard gesenkt werden muss, um die Profitabilität zu sichern und zu wettbewerbsfähigen Preisen zu gelangen.

Kunden

Der Zweck dieses Teils der Analyse ist es, festzustellen, ob die Strategie des Unternehmens so ausgerichtet ist, dass die profitabelsten Kunden bevorzugt behandelt werden. Das schließt folgende Punkte ein:

1. Art der Kunden
2. Größe und Anzahl der Kunden
3. Geographische Zuordnung der Kunden.

Der Begriff „Kunde“ kann definiert werden als der „Account“, an den tatsächlich verkauft wird. Deshalb können Vertreter, Händler oder Endkunden unter diesen Begriff fallen, je nach Vertriebssystem des Unternehmens. In den Fällen, in denen das Klientenunternehmen an andere als die Endkunden verkauft, muss der Einfluss der Endkundengruppen auf jeden Fall im Bericht dargestellt werden. In den Fällen, in denen der Klient an Großhändler verkauft, die ihrerseits an Einzelhändler weiterverkaufen, muss logischerweise auch der Einfluss der Einzelhändlergruppen mit einer entsprechenden Bewertung dargestellt werden.

Zu 1.: Art der Kunden

Die Zielgruppenstrategie muss dahingehend analysiert werden, ob tatsächlich die Kunden gewonnen und betreut werden, die eine optimale Ausschöpfung des Marktes gewährleisten. Folgendes muss ermittelt werden:

1. Werden profitable Kundengruppen übersehen?
2. Werden Kundengruppen betreut, deren Merkmale sie unprofitabel machen?

In diesem Zusammenhang ist es auch wichtig festzustellen, ob der Klient Kunden beliefert, deren Bedarf, Leerkapazitäten auslasten könnte. Ein Maschinenbauunternehmen mag es z.B. sinnvoll finden, Auftragsarbeiten für eine Gießerei zu übernehmen.

Zu 2.: Größe und Anzahl

Der Absatz des Klienten sollte auf der Basis von Kategorien von Verkaufsvolumina analysiert werden, um die Anzahl der Kunden in jeder Kategorie und in Relation zum Gesamtumsatz zu bestimmen. Dies soll folgenden Aufschluss geben:

1. Hat der Klient seinen Absatz auf zu wenige Kunden fokussiert?
2. Wird eine große Anzahl von sehr kleinen und wahrscheinlich unprofitablen Kunden bedient?
3. Richtet das Unternehmen seine Vertriebsbemühungen unsinniger Weise auf zu viele Kunden aus?

Wenn die Kunden ein besonderes Problem darstellen, kann es sinnvoll sein, eine detaillierte Kostenuntersuchung durchzuführen in Verbindung mit der Frage, wodurch eine unprofitable Kundenbeziehung ersetzt werden kann. Einer Reduktion der Herstellkosten müssen andere Aspekte, wie die Verdienstmöglichkeiten der Vertriebsmitarbeiter etc. gegenübergestellt werden.

Zu 3.: Geographische Zuordnung

Die geographische Verteilung der Kunden sollte analysiert werden, um folgendes festzustellen:

1. Das Ausmaß, in dem das Klientenunternehmen das in dem Kapitel „Zukunftsaussichten des Unternehmens" festgelegte Potential ausschöpft.
2. Ob unprofitable Länder oder Regionen bedient werden.

Vertriebssystem

Eine Analyse des Vertriebssystems hat zum Ziel, festzustellen, ob die Kunden auf effizienteste Weise erreicht werden. Das schließt folgende Aspekte ein:

1. Gegenwärtige Vertriebskanäle.

Dabei geht es vor allem um folgendes:

a. Derzeitige Verkaufsmengen pro Vertriebskanal,
b. Der Prozentsatz der Potentiale pro Kanal,
c. Die methodischen Änderungen, die das Unternehmen in seinem Vertriebssystem vorgenommen hat und eine Bewertung ihrer Auswirkungen.

2. Effektivität der derzeitigen Vertriebskanäle

Dabei ist zu beachten:

a. Art der Produktgruppen,
b. Typen, Größe und Anzahl der Kunden, die bedient werden sollen,
c. Anforderungen der Kunden in Bezug auf Lieferart, Größe, Bestellhäufigkeit etc.,
d. Preisgestaltung und Anforderungen an die Verkaufsförderung,
e. Wünschenswerte Verkaufsmengen,
f. Wettbewerbsstrategien.

3. Empfehlungen

Bei der Formulierung der Empfehlungen sollten alle verfügbaren Vertriebskanäle einbezogen werden, um die bestmöglichen auszuwählen:

a. Um die unter Punkt 2. analysierten Anforderungen zu erfüllen,
b. Um die jeweilige Verfügbarkeit, Kosten- und Wettbewerbssituation pro Vertriebskanal darzustellen.

Preisbildung

Die Zielsetzung dieses Analyseteils besteht darin, zu überprüfen, ob der Klient seine Produkte zu den Preisen anbietet, die einen optimalen Profit garantieren .Methodisch geht man so vor, das man zunächst den theoretischen Preis bestimmt, der den zurechenbaren Kosten zuzüglich eines vertretbaren Gewinnzuschlags entspricht. Dieser theoretische Preis sollte dann angepasst werden, um folgende Faktoren zu berücksichtigen:

1. Gepflogenheiten der Branche,
2. Wettbewerbsbedingungen,
3. Ökonomische Rahmenbedingungen,
4. Gesetzliche Vorschriften,
5. Besonderheiten spezifischer Transaktionen.

Exkurs: Der theoretische Preis:

Zur Bestimmung der zurechenbaren Kosten, dem ersten Schritt der theoretischen Preisfindung, sollte der Berater alle Elemente berücksichtigen, aus denen sich die Kosten zusammensetzen, wie z.B.:

a. Rohmaterial,
b. Arbeitslöhne,
c. Indirekte Herstellkosten,
d. Verwaltungskosten,
e. Transportkosten,
f. Vertriebskosten, einschließlich Rabatte, Werbekosten usw.

Dabei sollte der Berater feststellen, ob die praktizierten Methoden der Kostenrechnung und des Controlling in Ordnung sind. Besondere Aufmerksamkeit sollte er der Wirkung von Überkapazitäten und Kapitalkosten auf die Herstellkosten der Produkte schenken. Ebenso sollte er die Wirkungen von mangelhafter Kapazitätsauslastung untersuchen. Alle Aspekte der Konditionengestaltung sind ebenfalls in die Analyse einzubeziehen.

Der theoretische Preis wird durch Addition der verursachungsgerechten Kosten mit einem vertretbaren Gewinn ermittelt. Dabei sollte beachtet werden:

a. Die Rentabilität des investierten Kapitals,
b. Der Risikograd dieser speziellen Branche.

Zu 1.: Gepflogenheiten der Branche

Es muss festgestellt werden, dass die Konditionengestaltung des Klienten den in der Branche üblichen Standards entspricht, vorausgesetzt diese Standards haben sich als erfolgreich erwiesen.

Zu 2.: Wettbewerbsbedingungen
Der Berater sollte die Preise der Wettbewerber für vergleichbare Produkte kennen und analysieren, ob der Klient Marktsegmente verschenkt. Sollte dies der Fall sein, so muss geprüft werden, ob der Klient seine Preisgestaltung der seiner Wettbewerber anpassen sollte. Es muss außerdem geprüft werden, ob Preisabsprachen zwischen den Anbietern sinnvoll sein könnten. Die Erfahrung zeigt, dass es in den meisten Branchen keinen Sinn macht, die Preise für die Gesamtheit der Branche stabil zu halten. Es ist für Wettbewerber vorteilhaft, sich auf ein allgemeines Level zu einigen und eine Demoralisierung durch destruktive Wettbewerbsstrategien zu vermeiden.

Zu 3.: Ökonomische Rahmenbedingungen
Der Berater sollte sorgfältig die ökonomischen Rahmenbedingungen und ihre Entwicklungstendenzen analysieren, um die Preispolitik des Klienten darauf abzustimmen. Es ist klar, dass in Zeiten sinkender Preise schnell eine Anpassung erfolgen muss, um keine Marktanteile zu verlieren. Die Fähigkeit eines Unternehmens, zu beurteilen wann und in welchem Ausmaß Preise angepasst werden sollten, ist ein bedeutender Test für das Management. Um eine solche Entscheidung tragfähig zu machen, sind adäquate Informationen und ein gutes Urteilsvermögen Voraussetzung. Sorgfältige Betrachtung ist den Kundengruppen und ihrer Reaktion zu widmen, die der Klient mit seiner Preispolitik ansprechen möchte. So ist es zum Beispiel für einen Einzelhändler, der eine exklusive Kundschaft ansprechen möchte, nicht sinnvoll, durch Billigangebote mehr Durchschnittskunden anzulocken. Dieser Aspekt der Preisbildung ist außerordentlich wichtig. Der Berater hat die Möglichkeit, durch konstruktive Beiträge das Management darin zu unterstützen, den Preis zu finden, der exakt die Mengen sichert, bei denen der höchste Gewinn zu erzielen ist.

Zu 4.: Gesetzliche Vorschriften
Der Berater muss sicherstellen, dass durch die Preispolitik des Klienten keine nationalen oder lokalen Gesetzesvorschriften verletzt werden.

Zu 5.: Besonderheiten spezifischer Transaktionen
Der Berater sollte erkennen, dass spezielle Gegebenheiten individueller Transaktionen die Preispolitik des Klienten beeinflussen können. So kann es in Einzelfällen ratsam sein, die Preise auf der Basis von „Differentialkosten“ zu bilden. In anderen Fällen kann es sich aus Gründen der Verkaufsförderung anbieten, Preiskonzessionen zu machen. Auf jeden Fall sollte die Konditionenpolitik flexibel genug sein, um diese und andere Gegebenheiten ausreichend berücksichtigen zu können.
Bei der Analyse dieses Themenkreises sind die zukünftigen Entwicklungen des Klientenunternehmens ebenso wie die Gegenwart einzubeziehen. Es gibt möglicherweise kein wichtigeres Problem als die Konditionengestaltung, denn diese beeinflusst die Mengen, die Kosten und damit langfristig die Rentabilität.

Kaufanreize

Das Ziel dieses Analyseteils ist es, festzustellen, auf welche Weise der Klient seine Kunden anreizt, seine Produkte zu kaufen. Die Anreize, die sich entweder auf das Produkt, oder das Klientenunternehmen beziehen, sind folgende:

1. Qualität
2. Preis
3. Stil und Design
4. Verpackung
5. Service
6. Image des Unternehmens
7. Persönlichkeit und Fähigkeit der Verkaufsrepräsentanten
8. Gegenseitigkeit.

Produkte können auch durch Anreize vermarktet werden, die sich weder auf das Produkt noch auf das Unternehmen beziehen. Eine Schachtel Pralinen kann z.B. als ein Mittel zur Vertriebsunterstützung eingesetzt werden.

Um die erfolgreichsten Verkaufsanreize pro Zielgruppe zu bestimmen, sollte ermittelt werden:

1. Wer (Endabnehmer, Verkäufer, Händler usw.) trifft die Kaufentscheidung.
2. Welche Anreize beeinflussen diese Entscheidung. Bei den meisten Produkten sind mehrere Personen an dem Entscheidungsprozeß beteiligt. In diesen Fällen muss der Berater herausfinden, welche Anreize welchen der Entscheidungsträger wie beeinflussen. Wenn möglich, sollte er die Einstellung der einzelnen Entscheider durch persönlichen Kontakt mit repräsentativen Kunden herausfinden. Falls dies nicht möglich ist, muss der Berater auf der Basis seiner Berufserfahrung und des im Unternehmen (Vertrieb)vorhandenen Wissens, eine Beurteilung vornehmen.

Verkaufsförderung

Hier wird analysiert, welches die besten Methoden zur Förderung der Verkaufsanreize sind. Im diesem Zusammenhang ist es notwendig, folgende Instrumente der Verkaufsförderung zu betrachten:

1. Werbung
2. Persönliche Kontaktaufnahme und -pflege

Zu 1.: Werbung

Unter Werbung verstehen wir in diesem Zusammenhang alle Aktivitäten, den Kunden zu anzusprechen, außer dem persönlichen Kontakt durch Repräsentanten des Unternehmens. Die wesentlichen Aufgaben der Werbung sind:

1. Den Kunden in die Verkaufsstätten zu bringen, in denen sie durch Auslagen, Präsentationen und Bemühungen des Verkaufspersonals angesprochen werden können.
2. Den Kunden dazu zu bringen, ein spezielles Produkt nachzufragen.
3. Direkten, unmittelbaren Verkauf zu fördern.
4. Den Verkäufer im Verkaufsgespräch zu unterstützen,
5. Good Will für das Unternehmen zu schaffen.

Jedes Untenehmen nutzt Werbung für einen oder mehrere dieser Gründe. In diesem Zusammenhang sollte der Berater folgendes festlegen:

1. Den Rahmen, in dem Werbung effektiv eingesetzt werden kann, um alle Verkaufsanreize so zu präsentieren, dass die oben genannten Ziele erreicht werden.
2. Die Art (firmeneigene Werbung, Textanzeigen, Empfehlungsschreiben, usw.) und die Häufigkeit der Aktionen, die am effektivsten für die Unternehmensziele eingesetzt werden sollten. Dies kann auch die Festlegung eines Werbebudgets beinhalten.
3. Die Medien (Radio, Zeitschriften, Magazine, Reklameflächen, Kassen, Wirtschaftsmagazine, postalische Direktansprache usw.), durch die diese Werbeaktionen am effektivsten durchgeführt werden können.

Es ist wünschenswert, dass der Berater, wenn immer möglich, zur Absicherung von Informationen, Kontakte zu den Zielgruppen sucht. Es sollte erkannt werden, dass es in den meisten Fällen nicht möglich ist, im Zuge der Analyse langfristige Entscheidungen bezüglich 2. und 3. zu treffen. Der Berater sollte deshalb Methoden implementieren, die eine kontinuierliche Messung der relativen Effektivität aller Werbemaßnahmen ermöglichen.

Zu 2.: Persönliche Kontaktaufnahme und -pflege
Der Berater sollte folgendes festlegen:

1. Das Ausmaß, in dem persönliche Ansprache genutzt werden kann, um jeden der möglichen Kaufanreize zu präsentieren.
2. Festlegung der Maßnahmen, die notwendig sind, um persönliche Ansprache wirksam werden zu lassen.
3. Der Umfang dieser Maßnahmen, bezogen auf einen oder alle der folgenden Aspekte:
    a. Verkäufer
    b. Servicemitarbeiter
    c. Führungskräfte.
4. Die notwendigen Qualifikationen für Mitarbeiter (3.), um sie in die Lage zu versetzen, die Maßnahmen (2.) durchzuführen. Dies kann auch eine vertiefte Betrachtung der Personalauswahl, -entwicklung und –entlohnung der Vertriebsmannschaft beinhalten, was unter dem Punkt „Personalpolitik" weiter betrachtet werden sollte.
5. Alle Methoden und Hilfsmittel, die zur Durchführung der Maßnahmen (2.) notwendig sind.

Vertriebsziele und Supervision

In diesem Teil der Analyse soll die Art, der Umfang und das Controlling der Zielvereinbarungen und Supervisionen mit den Vertriebs-, bzw. Verkaufsmitarbeitern untersucht werden. Dabei sollte der Berater feststellen:

1. Die Aktivitäten, die genau überwacht werden können, wie z.B.
    a. Telefonkontakte der Verkäufer mit Kunden
    b. Produktaktionen
    c. Kundenaktivitäten
    d. Verkaufförderungskampagnen
    e. usw.

2. Ob die von dem Untenehmen eingesetzten Kontrollmechanismen eine adäquate Steuerung dieser Aktivitäten erlaubt.
3. Welche weiteren Instrumentarien eingesetzt werden sollten, wie z.B.
   a. Sonderaktionen und Verkaufskonferenzen
   b. Verkaufsberichtswesen
   c. Kundenbesuche
   d. Kauftests
   e. usw.

Daten und Informationen für diesen Analyseteil können am besten durch Primärerhebungen vor Ort und durch Begleitung von Vertriebsmitarbeitern erhoben werden. Diese Methode ermöglicht es dem Berater, die Vertriebsmitarbeiter bei ihrer Arbeit zu beobachten und Fragen zu diskutieren. Dabei hat es sich als sinnvoll erwiesen, dass der Berater den Kunden gegenüber als Praktikant oder Auszubildender vorgestellt wird.

B. Produktion

In diesem Teil der Analyse geht es um Strategien, die sich auf folgende Punkte beziehen:

1. Produktionsprogramm
2. Produktionsprozess
3. Produktionsplanung
4. Produktionsstandards
5. Operative Kontrolle

Zu 1.: Produktionsprogramm

Der Berater sollte die Strategien des Klienten in Bezug auf sein Leistungsprogramm unter folgenden Aspekten bewerten:

1. Produkt Design. Dies schließt folgendes ein:
   a. Anforderungen des Marktes
   b. Wirtschaftlichkeit der Produktion, wie Standardisierung von Einzelteilen usw.
   c. Qualitätsanforderungen.

2. Eigenerstellung oder Fremdbezug von Fertigteilen, Einzelteilen, Halbfertigwaren oder Material. Dies schließt folgende Betrachtungen ein:
   a. Wirtschaftlichkeitsvergleiche. Dies umfasst auch konkurrierende Angebote möglicher Lieferanten. Bei den Vergleichen müssen Stillstandszeiten berücksichtigt werden, die daraus resultieren können.
   b. Fähigkeit des Managements der Zulieferfirmen.
   c. Liefertreue (richtige Menge zur richtigen Zeit).
   d. Beständigkeit und Stabilität der Leistungsnachfrage.

Aus diesen Überlegungen kann sich die Notwendigkeit des Erwerbs von Produktionsstätten ergeben. In der Berichtspräsentation sollten diese Zusammenhänge unter „Anlagen" dargestellt werden.

Zu 2.: Produktionsprozess

Die Feststellung eines optimalen Produktionsprozesses schließt folgende Betrachtungen ein:

1. Die verschiedenen, kommerziell verfügbaren Prozessalternativen zur qualitativ gleichwertigen Herstellung des Produktes.
2. Wirtschaftlichkeitsvergleiche dieser Prozessalternativen.
3. Die Wirkung zukünftiger Produktnachfrage auf die Wahl der Prozessalternativen.

Zu 3.: Produktionsplanung

Der Berater sollte klären, ob der Klient in Bezug auf die Produktionsplanung folgende Aspekte berücksichtigt hat:

1. Koordination zwischen Vertrieb und Produktion unter Berücksichtigung saisonaler Einflüsse und anderer spezieller Einflussfaktoren.
2. Wirtschaftlichkeit der Losgrößen.
3. Ökonomischste Taktzeit, zur Erfüllung der Qualitätsstandards. In diesem Zusammenhang kann es sich als notwendig erweisen, das Layout des Fertigungsbereichs zu überprüfen. In der Berichtspräsentation sollte dieser Aspekt unter „Anlagen und maschinelle Ausstattung" dargestellt werden.
4. Wirtschaftlichkeit der Lagerhaltung und des Handlings.

Zu 4.: Produktionsstandards

Der Berater sollte feststellen:

1. Ob die Maßnahmen zur Festlegung und Anwendung der standardisierten Herstellverfahren tragfähig sind.
2. Ob die standardisierten Verfahrensanleitungen diesen Maßnahmen entsprechen.
3. Ob adäquate Methoden implementiert sind, die diese Standards unterstützen.

Zu 5.: Operative Kontrolle

Die Überwachung und Steuerung des Produktionsprozesses sollten folgenden Aspekt einbeziehen:

1. Kontrolle des Produktionsprozesses

Der Berater sollte bewerten,

a. Fertigungsfreigabe
b. Materialflussplanung
c. Terminplanung
d. Steuerung
e. Folgeplanung

Die wesentlichen Ziele der Kontrolle des Produktionsprozesses sind Kundenservice und die Minimierung der Produktionskosten.

2. Lagerkontrolle

Der Berater sollte die Vorgehensweisen des Klienten in Bezug auf folgende Aspekte bewerten:

a. Bestimmung der Materialanforderungen
b. Übermittlung dieser Anforderungen an die Einkaufsabteilung

c. Lagerhaltung einer adäquaten Anforderungsmenge
d. Erforderliche Bereitstellung und Auslieferung der Lagermengen.

Die wesentlichen Ziele der Lagerkontrolle sind:
1. Sicherstellung einer entsprechenden Lagermenge, um den Kundenservice sicherzustellen
2. Sicherstellung, dass die Produktion in wirtschaftlichen Losgrößen erfolgen kann.
3. Glättung der Spitzen und Täler des Produktionsprozesses.
4. Sicherstellung einer minimierten Lagerhaltung, die kompatibel ist zu den Punkten 1., 2. und 3.

3. Qualitätskontrolle
Der Berater sollte die Strategie des Klienten in Bezug auf folgende Punkte bewerten:
1. Physikalische oder chemische Testreihen für Rohmaterial, Zwischen- und Endprodukte.
2. Qualitätstests im Fertigungsablauf für Endprodukte.
3. Überprüfung der Endprodukte.

Eine wesentliche Zielsetzung der Qualitätskontrolle besteht darin, die Verkaufsfähigkeit des Produktes zu überprüfen, oder in den Fällen, in denen Verbesserungsstufen vorgesehen sind, festzustellen, in welchem Stadium das Produkt zu verkaufen ist. Wo immer es notwendig erscheint, sollten alle Methoden der Qualitätskontrolle diskutiert werden.

C. Einkaufsstrategien
Die Analyse der Einkaufsstrategien umfasst folgende Teilbereiche.

1. Einkaufsvolumina
2. Qualitätsstandards
3. Preisbestimmung
4. Lieferantenauswahl
5. Lagerbestandskontrolle

Es ist wichtig, die Einkaufsstrategien in einem breiten Spektrum zu betrachten, nicht nur bezogen auf die zentrale Einkaufsabteilung. In einem Kaufhauskonzern oder im Versandhandel kann es durchaus sein, dass jeder Einkäufer seine eigene Strategie entwickelt hat.

Zu 1.: Einkaufsvolumina
Die Bestimmung der Einkaufsvolumina und die Bewertung der diesbezüglichen Strategie des Klientenunternehmens erfordern folgende Betrachtungen:

1. Die Wirtschaftlichkeit der minimalen und maximalen Einkaufsgrößen. Hierbei müssen folgende Aspekte beachtet werden:
   a. Die Anforderungen des operativen Programms des Klientenunternehmens (Verkauf, Produktion, usw., das von den hier untersuchten Teilen abhängt). Dies kann auch eine Analyse der Verkaufsprognosen, Produktionsdauer, usw. beinhalten.
   b. Wirtschaftlichkeit der Frachtmengen.
   c. Wirtschaftlichkeit der Verladeeinheiten.
   d. Wirtschaftlichkeit der Preis-/Mengenrelation (Mengenrabatte usw.)

e. Möglichkeit der Alterung und des Verderbens von Waren
f. Lagerkapazität.

2. Der Zeitpunkt, zu dem der Einkauf erfolgen sollte, was folgendes beinhaltet:
    a. Verfügbarkeit der gewünschten Teile. Wenn diese nur zu bestimmten Zeiten verfügbar sind, so hat dies offensichtlich Einfluss auf die Bestellgrößen.
    b. Die Zeit, die der Lieferant vom Eingang der Bestellung bis zur Auslieferung benötigt.
    c. Die Notwendigkeit, auf Vorrat zu kaufen. Dies umfasst auch Analysen der Preisentwicklung usw. Unter bestimmten Bedingungen, wie z.B. Ankündigungen von Preiserhöhungen, kann dies notwendig sein. Die Annahme von Preisstabilität sollten auf jeden Fall vermieden werden.
    d. Usancen der Branche.

Zu 2.: Qualitätsstandards
Die zu überprüfenden Aspekte sind folgende:

1. Ob Qualitätsstandards und schriftliche Spezifikationen existieren. Es ist zu prüfen, ob durch Standardisierung Wirtschaftlichkeitseffekte zu erzielen sind. (Dies kann auch Auswirkungen auf andere Bereiche haben).
2. Ob diese Qualitätsstandards ausreichend sind unter folgenden Aspekten:
    a. Erfüllen sie die Anforderungen des Marktes oder der entsprechenden Abteilung
    b. Ist die maximale Wirtschaftlichkeit sichergestellt. Mit anderen Worten: Kann der Qualitätsstandard gesenkt werden, ohne dass dies negative Auswirkungen auf der operativen Ebene hat.
3. Ob die Eingangs-Qualitätskontrolle ausreichend ist, um die Qualitäts-(und andere) Spezifikationen zu erfüllen.

Zu 3.: Preisbestimmung
Dies ist ein wichtiger Analyseteil, der folgendes beinhaltet:

1. Die Methode, mit welcher der Klient den Preis bestimmt, den er bezahlen kann. Dies ist aus Sicht der Gewinnerzielung von Bedeutung, besonders im Fall des Einkaufs von Rohmaterial und Einzelteilen, da der Endverkaufspreis durch den Wettbewerb bestimmt wird. Dieser Analyseteil kann dazu führen, dass auch die Preispolitik oder dic Marktbedingungen, oder beides, in die Untersuchung einbezogen werden müssen.
2. Die Art und Weise, wie der nach Punkt 1. festgelegte Preis tatsächlich errechnet wird. Es ist zu prüfen, in welchem Rahmen der Einkäufer vergleichende Angebote einholt. In vielen Unternehmen sind vergleichende Angebote und eine ständig aktualisierte Liste von Lieferantenangeboten notwendig.

Zu 4.: Lieferantenauswahl
Dieser Teil umfasst folgendes:

1. Die Vor- und Nachteile, bei einem oder verschiedenen Lieferanten zu kaufen. In diesem Zusammenhang muss betrachtet werden:
    a. Kontinuität der Lieferquelle
    b. Serviceleistungen
    c. Vorteile von Ausschreibungen
    d. usw
2. Spezifische Lieferantenauswahl
   Es ist festzustellen, ob der Einkäufer die Faktoren wie Qualität, Preis, Service usw. ausreichend bewertet hat, bevor er den Lieferanten auswählte. In bestimmten Fällen kann es dabei gerechtfertigt sein, Anbieter der gleichen Waren zu kontaktieren. Sei schlau genug, um Schwindel oder Gefälligkeiten aufzudecken; auf der anderen Seite sollte man immer die Möglichkeit im Auge behalten, die Lieferquellen so zu wählen, dass Gegengeschäfte sich monetär auswirken.

Zu 5.: Lagerbestandskontrolle
In diesem Zusammenhang muss überprüft werden, in welchem Ausmaß die Aktivitäten der Einkaufsabteilung und der operativen Einheiten mit den finanziellen Anforderungen übereinstimmen. Es ist zu untersuchen:

1. Minimale und maximale Lagerbestände sowie der Status eines ausgeglichenen Lagerbestandes.
2. Ausmaß oder unnötige Lagerliquidation unter dem Aspekt von Zeit, Preisbildung und Gesamtrentabilität. In diesem Zusammenhang muss untersucht werden, ob minimale Lagerchargen sichergestellt sind unter folgenden Aspekten:
    a. Zinsbelastung
    b. Versicherung
    c. Steuern auf Gebäude und Anlagen
    d. Betriebskosten (Elektrizität, Heizung, Gebäudekosten, Mieten usw.)
    e. Laufende Kosten

D. Personalpolitik
Die Untersuchung der Personalpolitik des Klientenunternehmens bezieht folgende Aspekte ein:

1. Auswahl
2. Personalentwicklung
3. Entlohnung
4. Mitarbeiternutzen
5. Freisetzung
6. Öffentlichkeitsarbeit

Zu 1.: Personalauswahl:
Die Auswahl von Mitarbeitern sollte auf Strategien beruhen, die durch folgende Faktoren bestimmt werden:

1. Beschaffungsquellen

   a. Intern: Die Beschaffung von Mitarbeitern für bestimmte Positionen auf dem Wege der Beförderung im eigenen Unternehmen ist häufig vorteilhaft, weil diese Mitarbeiter das Unternehmen und seine Abläufe kennen. Es ist einfach, aus dem Mitarbeiterinformationssystem die jeweilige Eignung festzustellen. Außerdem ist diese Vorgehensweise motivationsfördernd. Es ist zu prüfen, ob eine vertikale oder horizontale Beförderung sinnvoller ist und ob Assistenten besser zu ersetzen sind als Untergebene.

   b. Extern: Oft ist es sinnvoller, das notwendige Personal für bestimmte Aufgaben außerhalb des Unternehmens zu rekrutieren: Wenn eine spezifische Ausbildung oder Fähigkeit notwendig ist, die im Unternehmen nicht vorhanden ist; wenn unerwartete Vakanzen auftreten, bevor entsprechende Kandidaten ausreichend vorbereitet werden konnten; wenn eine neue Sichtweise eingetreten ist.

2. Auswahlkriterien

Der Berater muss prüfen, ob im Klientenunternehmen Stellenbeschreibungen und Anforderungsprofile existieren und ob diese in Form von Standards dokumentiert wurden, um als Basis für die Auswahl von Mitarbeitern zu dienen. Der Abgleich zwischen Anforderungsprofil der Stelle und Fähigkeitsprofil des Kandidaten sollte generell folgende Aspekte beachten:

- a. Erfahrung
- b. Ausbildung, sowohl technisch als auch allgemein
- c. Geographischer Hintergrund
- d. Religionszugehörigkeit, um Gruppenbildung und Vorurteilen vorzubeugen
- e. Beziehung zu Mitarbeitern, um die Bildung von „Familiengruppen" zu begrenzen
- f. Geschlecht.

Der Berater sollte auch alle Methoden und Vorgehensweisen zur Personalauswahl analysieren und bewerten. Methoden und Vorgehensweisen zur Auswahl von Führungskräften werden in Kapitel VI – Führungskräfte behandelt.

Zu 2.: Personalentwicklung

Bei der Bewertung des Trainingsprogramms oder der Feststellung der Notwendigkeit eines solchen ist zu prüfen:

1. Der Trainingsbedarf. Dieser hängt unmittelbar von der Geschäftstätigkeit des Klientenunternehmens und der Fähigkeitsstruktur der Mitarbeiter ab.
2. Trainingsart und –inhalte, die am besten den Bedarf decken. Die häufigsten Trainingsarten sind:

   a. Formal organisiertes Training innerhalb des Unternehmens
   b. Externe Aus- und Weiterbildungsangebote
   c. Lehre oder Training on the Job.
3. Die Trainingsmethoden. Diese existieren in einer großen Bandbreite und können in dokumentierter Form überprüft werden.
4. Die zur Durchführung der genannten Aktivitäten notwendige Organisation. In der Berichtspräsentation sollte diese nur dann dargestellt werden, wenn sie nicht unter „Administrative Organisation" behandelt wird.

Zu 3.: Entlohnung

Der Berater sollte untersuchen, ob die Entlohnungspolitik des Klienten folgendes sicherstellt:

1. Beschaffung fähiger Mitarbeiter. Im Allgemeinen können passende Mitarbeiter am besten durch Einstiegsgehälter gewonnen werden, die dem Durchschnitt der Branche entsprechen. Ein Anwerben unter Hinweis auf Ausbildungschancen oder Prestige der entsprechenden Stelle ist weniger erfolgreich. Die Berufserfahrung der Mitarbeiter ist ein wesentlicher Faktor.
2. Bereitstellung von Anreizen. Um Mitarbeiter zu motivieren, ihr Bestes zu geben, ist es notwendig, ihre Entlohnung auf Leistung oder Ergebnisbeitrag zu beziehen. Ein derartiges System ist auch unter dem Aspekt der Kostenkontrolle sinnvoll, da eine Relation zwischen Entlohnung und variablen Kosten hergestellt wird. Das Ausmaß, in dem das System zu Leistungssteigerungen anreizt, zeigt seinen Wert. Es ist offenkundig, dass besonders fähige Arbeiter eine leistungsbezogene Entlohnung bevorzugen, da sie dadurch beweisen können, dass sie besser sind als andere.
3. Förderung der Beziehungen zu den Mitarbeitern. Dies kann erreicht werden durch:
    a. Beobachten des unteren Endes der Branchenlohnskala
    b. Gewähren von leistungsbezogenen Boni über diesem Minimum
    c. Freiwillige Gewährleistung von Zuschlägen
    d .Entlohnung zur der Zeit und in der Form, die für den Mitarbeiter am günstigsten ist.

4. Sicherstellen einer akzeptablen Kostensituation. Das Hauptproblem von Kaufhäusern besteht zum Beispiel darin, einen Verkaufsprovisionsplan zu erstellen, der den Kundenservice (Anzahl der Verkäufer), eine adäquate Mitarbeiterentlohnung und ein vertretbares Kostenniveau sicherstellt. Bei der Analyse des Entlohnungssystems muss jede Mitarbeiterkategorie einzeln betrachtet werden.

Zu 4.: Mitarbeiternutzen

Der größte Nutzen für Mitarbeiter wird im Allgemeinen durch folgende Faktoren bestimmt:
1. Verbesserung der Arbeitsbedingungen
2. Unterstützung bei der Aufrechterhaltung der physischen Leistungsfähigkeit durch Urlaub, medizinische Vorsorge, Sportangebote usw.
3. Förderung von sozialen Betätigungen und Freizeitaktivitäten
4. Finanzieller Nutzen durch Krankenfürsorge, Renten und Pensionen, Gruppenversicherungen usw.

Es muss daran erinnert werden, dass diese nutzenstiftenden Einrichtungen kein Ersatz für eine schlechte Entlohnungspolitik sind. Ein profundes Entlohnungs- und Anreizsystem ist immer die Basis.

Zu 5.: Freisetzung

Mitarbeiter sollten nur unter folgenden Bedingungen entlassen werden:
1. Änderungen in der Strategie oder Geschäftstätigkeit des Klientenunternehmens
2. Saisonale oder zyklische Schwankungen des Arbeitsaufkommens

3. Unproduktivität des Mitarbeiters
4. Unfähigkeit des Mitarbeiters.

Der Berater sollte feststellen, ob Mitarbeiter in der Art und Weise entlassen werden, dass sie dennoch eine positive und loyale Haltung gegenüber dem Klienten haben und nicht etwa sein Image beschädigen. Um dies sicherzustellen, sollten Mitarbeiter auf folgende Weise entlassen werden:
1. Erkläre dem Mitarbeiter die Entlassung und ihre Ursachen in einer offenen und freundlichen Weise
2. Unterstütze den Mitarbeiter, wenn möglich, dabei, eine neue Arbeit zu finden. Dies kann manchmal durch eine befristete Fortsetzung des Arbeitsverhältnisses, Abfindungen, Vorschläge für potenzielle neue Arbeitgeber usw. geschehen.

Zu 6.: Öffentlichkeitsarbeit
In einem beträchtlichen Ausmaß ist die Pflege der Beziehungen zur Öffentlichkeit und zur Wirtschaft das gleiche, da die nach außen gerichteten Beziehungen des Klientenunternehmens immer über die Mitarbeiter gehen. Demzufolge muss der Berater sicherstellen, dass der Klient tragfähige Strategien hat in Bezug auf:
1. Mitarbeiterorganisationen und Gewerkschaften
2. Handhabung von Mitarbeiterbeschwerden
3. Umgang der Mitarbeiter mit der Öffentlichkeit.

Der Klient sollte Vorkehrungen in Bezug auf die Selbstdarstellung der Mitarbeiter in der Öffentlichkeit getroffen haben und die Mitarbeiter sollten eindeutige Vorstellungen von der Art und Weise haben, in der sie ihren Arbeitgeber in der Öffentlichkeit präsentieren. Dies setzt voraus, dass die Zielsetzungen des Unternehmens tragfähig und öffentlichkeitsorientiert sind und dass der Arbeitsgeber das Vertrauen seiner Mitarbeiter genießt.

E. Finanzmanagement
In der Analyse des Finanzmanagements müssen folgende Themen berücksichtigt werden:

1. Feststellung der Finanzbedarfs
2. Finanzierungsquellen
3. Kontrolle des Kapitaleinsatzes
4. Kapitalschutz
5. Verteilung der finanziellen Mittel

Das Finanzmanagement eines Unternehmens hängt von der Finanzkraft und dem Finanzierungsbedarf ab. Der Berater sollte sich deshalb mit Fragen des Finanzmanagements erst dann beschäftigen, wenn die finanzielle Situation und die Anforderungen geklärt sind. Das gleiche gilt, mehr oder weniger, für alle Formen des Managements, da unpassende Budgets alles weitere beeinflussen.

Zu 1.: Feststellung des Finanzbedarfs
Der Berater sollte die Strategie und die Methoden des Klienten bewerten, mit denen er die finanzwirtschaftlichen mit den leistungswirtschaftlichen Aktivitäten in Übereinstimmung bringt. Dabei sollte besonders beachtet werden:

1. Anlagevermögen. Dies sind die finanziellen Mittel, die für langfristige Anlageinvestitionen benötigt werden. In diesem Zusammenhang ist es wichtig zu prüfen, ob diese Anlagen besser gekauft, oder geleast usw. werden.
2. Umlaufvermögen. Hier sollte insbesondere die Finanzierungsstruktur des Unternehmens analysiert werden. Besondere Aufmerksamkeit muss unter dem Aspekt der Sicherheit auch der Wirkung von konjunkturellen Abschwüngen gewidmet werden.
3. Außerordentlicher Finanzbedarf, oder Ergänzungen zu 1. und 2.

Es ist in unserer Firma gängige Meinung, dass eine Budgetierung das effektivste Mittel ist, den lang- und kurzfristigen Finanzierungsbedarf zu bestimmen. Bei der Berichterstellung ergibt sich die ausgezeichnete Gelegenheit, eine Budgetierung zu verkaufen. Der Zweck einer langfristigen Budgetierung besteht darin, die Langfristplanung für Investitionen, Verbesserungen der Kapitalstruktur und Gewinnplanungen zu formalisieren. Der Zweck der kurzfristigen Budgetierung besteht darin, ein tragfähiges Finanzierungsprogramm zu haben, das sorgfältig mit allen anderen operativen Plänen des Unternehmens koordiniert ist.

Zu 2.: Finanzierungsquellen
Die dem Unternehmen zur Verfügung stehenden Finanzierungsquellen sind folgende:

1. Einnahmen. Dies war für kleine Unternehmen das übliche und preiswerteste Finanzierungsinstrument. Die Kosten für diese Finanzierungsquelle sind durch die Steuern auf thesaurierte Gewinne gestiegen und es besteht keine Aussicht, dass sich auf absehbare Zeit an dieser Gesetzgebung etwas ändert. (1936 !)
2. Aktien. Die Ausgabe von Aktien ist gegenwärtig das konservativste, aber nicht notwendigerweise das preiswerteste Finanzierungsinstrument. Aktionäre sind an den Höhen und Tiefen der Unternehmensentwicklung direkt beteiligt
3. Vorzugsaktien. Dieser Aktientyp, der bestimmte Rechte beinhaltet, kann an gegenwärtige Eigentümer oder an die Öffentlichkeit ausgegeben werden. Die Aktien können kumulative, partizipative oder Tausch-Privilegien aufweisen. Die Notwendigkeit eines oder mehrere dieser Privilegien aufzuweisen, wird im Folgenden diskutiert.
4. Anleihen. Bei Unternehmen, die einen hohen, langfristigen Kapitalbedarf und ausreichend hohe Gewinne haben, um auch bei einem Konjunkturabschwung ihren Zahlungsverpflichtungen nachkommen zu können, ist es gängige Praxis, Kapital durch die Ausgabe festverzinslicher Papiere zu beschaffen. Hypotheken sind üblicherweise an Immobilien gebunden, während Anleihen diesen Bezug nicht aufweisen müssen.
5. Kredite. Diese Kapitalquelle ist zu bevorzugen, wenn der Kapitalbedarf saisonaler oder temporärer Art ist.
6. Andere Quellen. Es ist möglich, Finanzierungsbedarf auch aus anderen Quellen zu decken, wie durch Finanzierungsgesellschaften, die langfristige Papiere diskontieren, oder solche, die kurzfristige Papiere diskontieren.

Bei der Bewertung der Finanzierungsstrategien des Klienten sollte der Berater folgende Faktoren beachten, die wesentlich die Finanzierungsquellen beeinflussen:

1. Die finanzwirtschaftliche Struktur der Geschäftstätigkeit. Diese Struktur wird deutlich durch eine vergleichende Bilanz- und Geschäftsberichtsanalyse, die sich auf mehrere Jahre bezieht und über folgendes Aufschluss gibt:
   a. Relation von Vermögenswerten zu Verbindlichkeiten sowie Vermögen und Verbindlichkeiten zum Nettounternehmenswert.
   b. Relation zwischen Vermögen, Verbindlichkeiten und Nettovermögenswert auf der einen, und Umsatzvolumen, Kosten und Gewinn auf der anderen Seite
   c. Die Veränderungen in (a) und (b) während eines fiskalischen Jahres und über mehrere Jahre, in denen auch Konjunkturschwankungen sichtbar werden.

Der Berater muss mit den in der Branche üblichen Finanzierungsformen vertraut sein und muss in jedem Fall auch die Unternehmensgröße berücksichtigen, da bestimmte Finanzierungsformen für kleine Unternehmen nicht zur Verfügung stehen.

2. Kapitaleinsatz. Bei der Analyse der Finanzierungsquellen ist es wichtig, auch die Verwendung des Kapitals in die Betrachtung einzubeziehen. Es ist z. B. gängige Praxis, den größten Teil des Anlagevermögens durch langfristiges Kapital und den des Umlaufvermögens durch andere Instrumente zu finanzieren. Die bestehende Finanzierungsstruktur des Unternehmens ist bei dieser Betrachtung ein bestimmender Faktor.
3. Finanzierungskosten. Der Berater sollte immer die unterschiedlichen Kosten der verschiedenen Finanzierungsquellen analysieren. Es kann z.B. unklug sein, Kapital für saisonalen Bedarf durch hochverzinsliche, langfristige Finanzierung zu beschaffen, wenn temporärer Bedarf durch andere Quellen sichergestellt werden kann.
4. Risikoabsicherung. Der Berater sollte das Risiko bewerten, das durch zu leistenden Kapitaldienst oder Zinszahlungen in den finanziellen Verpflichtungen steckt. In diesem Zusammenhang muss darauf hingewiesen werden, dass viele Vertragsbestimmungen nur die Absicht verfolgen, den Kapitalgeber zu schützen und dem Unternehmen Verpflichtungen aufbürden, die ausschließlich der Sicherheit des Investors dienen. Es ist wünschenswert, die Vertragsbestimmungen so flexibel zu gestalten, dass Änderungen in Zeiten schwierigerer Wirtschaftslage möglich sind und z.B. an die Ertragslage gekoppelt sind.

Zu 3.: Kontrolle des Kapitaleinsatzes

Der Berater muss feststellen, ob der Klient passende Methoden und Instrumente zur Kontrolle des Kapitaleinsatzes hat. Dies beinhaltet folgende Punkte:

1. Ob das Kapital, wie vorgesehen, verwendet wurde
2. Der Trend in der Relation von Anlage- und Umlaufvermögen
3. Der Trend in der Beziehung der Höhe von Lagerbeständen, Forderungen und Anlagen zu Umsatz und Gewinn.

Zu 4.: Kapitalschutz
Der Berater muss prüfen, ob der Klient geeignete Methoden zum Schutz des eingesetzten Kapitals anwendet:

1. Versicherung: Versicherbare Risiken sollten entweder von einem externen Versicherungsunternehmen, oder durch entsprechende Liquiditätsreserven abgedeckt sein. Die damit im Zusammenhang stehenden drei wesentlichen Fragen sind:
   a. Sollte das Risiko durch den Klienten oder eine externe Agentur getragen werden? Im Allgemeinen sind Risiken, die genau analysierbar sind, durch Versicherungspolicen abzudecken, während solche, die nicht statistisch unterlegt werden können, vom Unternehmen selbst getragen werden.

   b. Wenn die Absicherung durch ein Versicherungsunternehmen erfolgt, was sollte im Einzelnen durch den Vertrag gedeckt sein?

   c. Welche Versicherungsgesellschaft sollte ausgewählt werden? Diese Frage beinhaltet Faktoren wie Kosten, Serviceleistungen und Finanzkraft der zu vergleichenden Versicherungsunternehmen.

2. Rücklagen: Für Ersatzinvestitionen sollten in adäquater Höhe Rücklagen gebildet werden.
3. Erhaltungsaufwand: Es sollte adäquaten Vorkehrungen getroffen werden, um den Erhaltungsaufwand an Gebäuden und maschinellen Anlagen sicherzustellen.
4. Debitorenkonten: Kundenkonten sollten kredit- und inkassomäßig genügend abgesichert sein
5. Kapitalanlagen: Nicht benötigte Mittel sollten in konservativer Weise angelegt werden.

Zu 5.: Verteilung der finanziellen Mittel
Der Berater sollte bewerten, ob der Klient akzeptable Strategien zur Verteilung der Katitalerträge in Form von Dividenden hat. Dies umfasst:

1. Gegenwärtige finanzielle Gegebenheiten und Finanzierungsbedarf
2. Notwendigkeit einer stabilen Dividendenpolitik
3. Forderungen der Kapitalgeber
4. Gesetzliche Vorschriften
5. Allgemeine Unternehmensentwicklung.

IV. Administrative Organisation
Die Analyse der Organisation des Klientenunternehmens umfasst folgendes:

1. Derzeitiger Organisationsplan
2. Tätigkeitsklassifizierungen
3. Beziehungen zwischen Tätigkeiten
4. Organisationsstandards
5. Präsentation der neuen Organisationsstruktur

Die für diesen Teil typische Berichtsform ist am Ende dieses Kapitels dargestellt.

Zu 1.: Derzeitiger Organisationsplan
Der Berater sollte den bestehenden Organisationsplan mit zwei Methoden analysieren:

1. Beobachtung
2. Befragung.

Die Erkenntnisse sollten in einem Organigramm dargestellt und mit dem Auftraggeber überprüft werden. Wenn das Organigramm vom Auftraggeber abgesegnet ist, wird es die Basis für die eine ausgewogene der Organisationsanalyse. Dabei sollten folgende Faktoren berücksichtigt werden:

1. Was muss unternommen werden, um die Ziele zu erreichen, die in der Strategie des Klienten festgelegt sind?
2. Wie sind diese Aktivitäten für die Zwecke der Organisation zu bündeln und zu klassifizieren?
3. Welche Beziehungen sollten zwischen diesen Gruppierungen und Klassifizierungen bestehen?
4. Wie können diese Gruppen von Aktivitäten koordiniert werden?
5. Wie können diese Gruppen von Aktivitäten am besten organisiert und verwaltet werden?

Zu 2.: Tätigkeitsklassifizierungen
Um die Aktivitäten zu bestimmen, die in dem Organisationsplan festgelegt werden müssen, ist es notwendig, die Strategie des Klientenunternehmens unter dem Aspekt der organisatorischen Auswirkungen zu analysieren. Wenn die notwendigen Aktivitäten bestimmt worden sind, sollten sie in einer Art und Weise klassifiziert werden, die ein effektives Management ermöglichen. Die wichtigsten Klassifikationen sollten folgende sein:

1. Produkte
2. Prozesse
3. Länder und Regionen
4. Kundengruppen
5. Funktionen

Zu 3.: Beziehungen zwischen Tätigkeiten
Gruppen und Klassen von Aktivitäten sollten auf folgender Basis in Beziehung gesetzt werden:

1. Linienautorität, welche die übliche Beziehung zwischen Vorgesetztem und seinem Mitarbeiter darstellt. Eine Führungskraft mit Linienautorität hat, von speziellen Regelungen abgesehen, gegenüber seinen Untergebenen die vollständige Verantwortung für Anweisungen, Überwachung und Kontrolle. Dementsprechend ist der Untergebene in allen Angelegenheiten seinem Vorgesetzten gegenüber verantwortlich, es sei denn es gelten speziellen Absprachen.

2. Funktionale Autorität, ist die Kompetenz der Führungskraft, einem Mitarbeiter vorzugeben, wie er bestimmte Aktivitäten auszuführen hat. Der Controller z.B. kann verantwortlich sein für die Vorgaben, wie ein Niederlassungsmitarbeiter bestimmte Berichte für die Zentrale vorzubereiten hat, denn er hat die funktionale Autorität gegenüber diesem Mitarbeiter.
3. Mitarbeiterbeziehung: Damit ist die Beziehung zwischen einem Vorgesetzten und seinem Mitarbeiter gemeint, der verantwortlich ist für die Analyse bestimmter Probleme mit denen sein Vorgesetzter konfrontiert ist. Das bedeutet aber nicht, dass der Mitarbeiter irgendwelche Anordnungsbefugnisse hat, es sei denn, sie sind ihm ausdrücklich übertragen worden.
4. Koordinationskomitees, die eine notwendige Kommunikationsplattform zwischen den Führungskräften herstellen, die für zwangsläufiges Ressort übergreifende Tätigkeiten und Aufgaben verantwortlich sind. Budgeterstellung, Leistungserstellungsprogramme, Finanzierung sind beispielsweise Bereiche, die eine Abstimmung zwischen den Leitern der Geschäftsbereiche oder Abteilungen notwendig machen. Koordinationskomitees sollten formal organisiert sein und festgelegte Zuständigkeiten haben. Aus praktischen Gründen ist es sinnvoller, die Verantwortung an einzelne Mitglieder zu delegieren als auf ein Komitee als ganzes.

Zu 4.: Standards der Organisation

Wenn die Aufgaben, wie oben beschrieben, festgelegt und klassifiziert sind, sollte probeweise ein Organigramm festgelegt und auf der Basis der folgenden Standards überprüft werden:

1. Sind alle Aufgaben adäquat berücksichtigt worden?
2. Sind die Aufgaben in logisch schlüssiger Weise zusammengefasst und zugeordnet worden?
3. Sind Zuständigkeit und Verantwortung für jede Aufgabengruppe festgelegt worden?
4. Sind auch Mitarbeiter in ausreichender Weise für bestimmte Aufgaben zuständig?
5. Entsprechen sich Kompetenz und Verantwortung?
6. Sind die entsprechenden Vorkehrungen für eine effektive Kontrolle der Personen mit Kompetenz und Verantwortung getroffen worden?
7. Ist die Leitungsspanne der Führungskräfte in einer vernünftigen Größenordnung?
8. Sind Mitarbeiter in der Linie nur einem Vorgesetzten gegenüber verantwortlich?
9. Ist in dem Organigramm ein klarer Unterschied zwischen Linien- und funktionaler Kompetenz gegeben?
10. Sind adäquate Vorgehensweisen zur Koordination unterschiedlicher Gruppen von Tätigkeiten geschaffen?

Wenn der Entwurf des Organisationsplans mit Hilfe dieser Standards überprüft worden ist, wird er dem Klienten zur Stellungnahme und Freigabe präsentiert. Der gesamte Plan zur neuen Organisationsstruktur sollte in enger Zusammenarbeit mit dem Klienten entwickelt werden, und zwar aus folgenden Gründen:

1. Der Berater wird immer vertrauter mit der gegenwärtigen Organisation des Klientenunternehmens.

2. Der Klient wird durch die enge Zusammenarbeit die organisatorischen Veränderungen als echte Verbesserung akzeptieren.
3. Die Führungskräfte werden sukzessive beginnen, in den neuen organisatorischen Rahmenbedingungen zu denken.

Zu 5.: Präsentation der neuen Organisationsstruktur
Bei der Erstellung eines Berichtes oder einer Präsentation über die neue Organisationsstruktur, ob gesondert oder als Teil einer Analyse des gesamten Unternehmens, ist die folgende Präsentationsmethode am besten geeignet:

1. Bestimmung der Zielrichtung eines Plans der administrativen Organisation
2. Darstellung der gegenwärtigen Organisation, sowohl als Organigramm wie auch als textmäßige Beschreibung.
3. Betonung der Schwachstellen von Punkt 2. auf der Basis von Punkt 1.
4. Darstellung der geplanten Neuorganisation sowohl als Organigramm wie auch als textmäßige Beschreibung
5. Darstellung der Vorteile von Punkt 4. gegenüber Punkt 2.
6. Definition von Kompetenz und Verantwortung der Führungskräfte einer jeden in der neuen Organisationsstruktur ausgewiesenen Stelle. Obwohl detaillierte Festlegungen in einem allgemeinen Analysebericht nicht notwendig sind, ist es generell ratsam, eine Definition der Kompetenz und Verantwortung der Führungskräfte zu präsentieren, deren Positionen in der alten Organisationsstruktur nicht vorhanden waren.

Eine detaillierte Darstellung des Begriffs „Organisation" ist im Trainingshandbuch enthalten. In der Berichtspräsentation sollte berücksichtigt werden, dass Wiederholungen in der Diskussion um die Organisationsstruktur auf jeden Fall vermieden werden sollten.

V. Führungskräfte

Die Zielsetzung dieses Teils der Untersuchung ist die Beurteilung der Führungskräfte des Klientenunternehmens. Es ist wichtig festzuhalten, dass sich die Betrachtungen ausschließlich auf diesen Typ von Mitarbeitern beziehen. Die Bewertung aller anderen Mitarbeiterkategorien wird unter dem Gliederungspunkt „Personalpolitik" behandelt.

Keine Phase der Unternehmensanalyse (oder anderer Aufträge, die dieses Thema beinhalten) ist für den Klienten, die einzelne Führungskraft und die Reputation unserer Firma von größerer Bedeutung als die Beurteilung der Führungsmannschaft .Während es relativ leicht ist, eine Methode der Führungskräftebeurteilung zu Papier zu bringen, ist es extrem schwierig, besonders während der kurzen Zeit der Auftragsdurchführung, einzelne Personen mit Sicherheit zu beurteilen. Der Berater sollte deshalb größte Vorsicht bei der Formulierung abschließender Urteile walten lassen. Es ist unverzeihlich, die Entlassung einer Führungskraft zu empfehlen, wenn auch nur der geringste Zweifel an der Stichhaltigkeit dieser Empfehlung besteht. Weiterhin sollte keine derartige Empfehlung gegeben werden, bevor nicht drei Seniorberater oder Partner unabhängig voneinander zu der gleichen Einschätzung gekommen sind.

Eine fundierte Personalbeurteilung ist abhängig von:

1. Professionelle Standards zur Beurteilung von Mitarbeitern
2. Professionelle Methoden des Einsatzes dieser Standards
3. Der Art der Berichtspräsentation.

Zu 1.: Standards der Personalbeurteilung:
Bei der Beurteilung von Führungskräften sollte der Berater beachten, ob die Führungskraft folgendes nachweisen kann:
1. Einen Erfahrungsschatz erfolgreicher Tätigkeiten
2. Analytische Fähigkeiten
3. Logisches Denkvermögen
4. Offenheit, jedoch ohne Mangel an Entscheidungsfreude
5. Fachwissen
6. Fähigkeit, sowohl harmonisch als auch effektiv mit Kollegen zusammen zu arbeiten
7. Fähigkeit, Mitarbeiter anzuleiten und zu führen
8. Fähigkeit, sich weiter zu entwickeln.

Die Standards Nr. 2. bis 8. sind wahrscheinlich mehr oder weniger vorhanden, wobei Standard Nr. 1 Vorrang hat. Der Berater sollte besonderen Wert auf den 1. Standard legen, weil es außerordentlich schwer ist, ein Individuum nach den anderen Standards zu beurteilen. Diese sind insbesondere bei zunehmender Führungsautorität wichtig.

Zu 2.: Methodeneinsatz
Die oben genannten Standards können durch Einsatz folgender Methoden zur Führungskräftebeurteilung umgesetzt werden:
1. Analyse der Ergebnisse, die durch die Führungskraft erzielt wurden
2. Beobachtung der Führungskraft während der Arbeit, insbesondere im Umgang mit Untergebenen und als Teilnehmer an Konferenzen und Besprechungen
3. Interview mit der Führungskraft
4. Analyse der Haltung von Kollegen und Untergebenen gegenüber der Führungskraft.

Zu 3.: Berichtspräsentation
Jede Beurteilung sollte fair, mutig und offen präsentiert werden. Jede Führungskraft sollte unter Einsatz der oben genannten acht Standards individuell beurteilt werden.
Die Beurteilungen sollten auf die wichtigsten Führungskräfte beschränkt und so kurz wie möglich sein. Dies ist wichtig, weil ausführliche Beurteilungen, obwohl sie grundsätzlich zu befürworten sind, negative oder unwichtige Punkte enthalten können, welche die fragliche Führungskraft verärgern und zu einer negativen Einstellung gegenüber der Firma führen.
Falls das Ergebnis der Beurteilung eine Entlassung oder ein Wechsel ist, muss der Berater definitive Empfehlungen aussprechen und, falls das möglich ist, neue Kandidaten für die Stelle vorschlagen oder bei der Beschaffung seine Unterstützung anbieten.
Von gleicher Bedeutung wie die Entlassung selbst ist die Empfehlung über ihren Zeitpunkt. Es können chaotische Zustände entstehen, wenn der Klient auf Empfehlung des Beraters hin

zwei oder drei Führungskräfte entlässt, ohne dass entsprechend geschulte Ersatzkräfte verfügbar sind.
In vielen Fällen kann es sinnvoll sein, diesen Teil des Berichtes als vertraulich einzustufen.

VI. Gebäude und Einrichtungen
Untersuchungspunkte

Um die Anlagen und Einrichtungen des Klientenunternehmens aus operationaler Sicht zu beurteilen, muss folgendes untersucht werden:
1. Örtliche Gegebenheiten
2. Design und Kapazitäten
3. Logistik

Zu 1.: Örtliche Gegebenheiten
Die örtlichen Gegebenheiten müssen unter folgenden Gesichtspunkten untersucht werden:
1. Beziehung zum Markt. Hierbei gilt es zu untersuchen, inwiefern das Unternehmen in der Nähe seines Marktes angesiedelt sein muss. Ein Supermarkt muss sich beispielsweise in einem Einkaufszentrum befinden, während manche Fertigungsunternehmen weit entfernt von den Märkten ihrer Produkte angesiedelt sein können. Weiterhin muss die geographische Verteilung des Marktes unter folgenden Gesichtspunkten untersucht werden:
   a. Die Bedeutung der Transportkosten auf die Wettbewerbssituation des Klientenunternehmens.
   b. Detaillierte Wettbewerberanalyse hinsichtlich der Transportkosten.
   c. Detaillierte Wettbewerberanalyse hinsichtlich der Service- und Wartungskosten.

Als Schlussfolgerung aus der Analyse müssen u.a. Filialsysteme in Betracht gezogen werden.

2. Bezugsquellen von Rohstoffen und Vorprodukten, wobei folgendes besonders beachtet werden muss:
   a. Verfügbarkeit.
   b. Montagekosten.
   c. Eignung der Örtlichkeit zur Weiterverarbeitung und Endmontage der Vorprodukte. Hierbei müssen auch entstehende Verwaltungs- und Lagerkosten beachtet werden.

3. Der Faktor Arbeit hinsichtlich:
   a. Verfügbarkeit von Fachkräften und ungelernten Arbeitern.
   b. Vergleichender Lohnbetrachtung.
   c. Gewerkschaften.
   d. Örtliche, außersaisonale Beschäftigungsmöglichkeiten bei saisonaler Produktion.

4. Transport und Kommunikation hinsichtlich:
   a. Lieferungen, die auf Schiene, Straße oder auf dem Wasser eingehen.
   b. Lieferungen, die auf Schiene, Straße oder auf dem Wasser ausgehen.
   c. Verfügbarkeit von Telefon- und Telegrafenverbindungen.

d. Post inklusive Flugpost.
e. Passagierbeförderungsmöglichkeiten.

5. Örtliche, politische und gesetzliche Gegebenheiten hinsichtlich:
   a. Steuergesetzgebung.
   b. Arbeitsgenehmigungsregelungen.
   c. Naturschutzbestimmungen.
   d. Bestimmungen, die auswärtige/ausländische Unternehmen betreffen.
   e. Industrielle Altlasten.

6. Klimatische und andere äußere Bedingungen hinsichtlich:
   a. Klimawirkung auf Material, Personal und Prozesse.
   b. Abfallbeseitigung.
   c. Bebautes Land.

7. Energieversorgung

8. Prestigefaktor

9. Andere Faktoren.

Bei Empfehlungen zu Veränderungen der örtlichen Gegebenheiten muss folgendes beachtet werden:
1. Kostenschätzung der Veränderungen.
2. Abschätzung der Auswirkung auf die langfristige Produktionsplanung.
3. Zeitliche Schätzung zur Durchführung der Veränderungen.
4. Abschätzung der entstehenden, finanziellen Investitionsverpflichtungen des Klienten.

Zu 2.: Design und Kapazitäten
In dieser Hinsicht muss folgendes untersucht werden:

1. Gebäude, die folgendermaßen begutachtet werden müssen:
   a. Vorteile der Konstruktionsweise
   b. Auswirkung von Faktoren wie Heizung, Air Condition, Bodenbeschaffenheit, Säulenabstand, Beleuchtung, Verbindung von Gebäuden auf die Leistungserstellung
   c. Genereller Zustand, beeinflusst durch Wartung, Außenanstrich, Hausverwaltung
   d. Kosten von Heizung, Beleuchtung unter Berücksichtigung der Art des Gebäudes
   e. Wartungskosten in Relation zu den gesamten Wartungskosten des Klienten.
   f. Versicherungsgebühren
   g. Ausbau- und Erweiterungsmöglichkeiten.

2. Produktionseinrichtungen, die folgendermaßen begutachtet werden müssen:
   a. Eignung der Maschinen hinsichtlich Typ, Kapazität und Wirtschaftlichkeit. Hierbei muss eine normale, saisonale und Spitzenlast angenommen werden, desweiteren auch Erweiterungsmöglichkeiten.
   b. Auswirkung von Alter und Modernität der Maschinen auf ihre Leistungsfähigkeit
   c. Strom-, Dampf- und Druckluftkosten
   d. Wartungskosten entsprechend den Wartungspraktiken des Unternehmens

3. Materialtransport- und -lagerungseinrichtungen werden wie Produktionseinrichtungen untersucht.

4. Energieversorgungs- und Wartungseinrichtungen werden ebenfalls wie Produktionseinrichtungen untersucht.

Empfehlungen zu Design und Kapazitäten werden wie diejenigen zu örtlichen Gegebenheiten ausgesprochen.

Zu 3.: Logistik
Um die Eignung der Logistik der Einrichtungen des Klientenunternehmens zu beurteilen, muss folgendes untersucht werden:

1. Werksgelände und Gebäudeplan hinsichtlich:
   a. Materialfluss bei der Produktion
   b. Ordnungsmäßigkeit des Materialverteilung und –entgegennahme
   c. Zugangsüberwachung
   d. Wirtschaftliche Nutzung des Geländes
   e. Erweiterungsmöglichkeit.

2. Örtliche Anordnung der Abteilungen hinsichtlich:
   a. Funktionale Grundlagen der existierenden Abteilungsgliederung. Solche können sein: Nutzung von Einrichtungen, unterbrechungsfreier Materialfluss, Nutzung gemeinsamer Kontrolleinrichtungen und Begrenzungen durch Gebäudeabmessungen.
   b. Sinnhaftigkeit der existierenden Abteilungsgliederung aus der Gesamtsicht des Werkes.

3. Maschinenanordnung in den Abteilungen anhand folgender Kriterien:
   a. Erforderliche Stellfläche
   b. Ermöglichen eines unbehinderten Materialflusses, Verfügbarkeit von Bereitstellflächen für Einbauteile und Zwischenprodukte sowie gute Inspektionsmöglichkeiten
   c. Wirtschaftlichkeit der Nutzung der verfügbaren Fläche.

4. Erreichbarkeit der Service-Abteilungen, wobei folgendes berücksichtigt werden muss:
   a. Schnelle und wirtschaftliche Erreichbarkeit der anfordernden Stellen
   b. Von Service-Teams benötigte Flächen
   c. Wirtschaftliche Nutzung aller zur Verfügung gestellten Flächen.

Empfehlungen zur Logistik werden wie diejenigen zu örtlichen Gegebenheiten ausgesprochen. In unserem Trainingshandbuch wird die Analyse der Gebäude und Einrichtungen noch detaillierter dargestellt. Für Präsentationszwecke langt es allerdings, wenn Sie die Unterteilung von Teil VI verwenden, soweit sie anwendbar ist.

VII. Kontrollmechanismen und Vorgehensweisen

Einleitende Bemerkungen:

Im Teil „Geschäftspolitik“ wurde die Diskussion von Kontrollmaßnahmen vorbereitet und zwar hinsichtlich:

1. Verkauf
2. Produktion
3. Einkauf
4. Personal.

Dort wurden diese Punkte allerdings nur allgemein behandelt. Im Detail sollen sie nun in Teil VII besprochen werden. Bei der Präsentation muss ein ernsthaftes Problem der Produktionskontrolle im Teil „Geschäftspolitik“ aufgeführt werden, im Detail jedoch in Teil VII behandelt werden.

Bereiche

Jede existierende Kontrollmaßnahme muss einer kritischen Analyse unterzogen werden, ob sie notwendig ist und bislang die erwarteten Ergebnisse zu akzeptablen Kosten erbrachte. Im Einzelnen muss folgendes untersucht werden:

1. Auftragsbearbeitung, insbesondere hinsichtlich:
   a. Verkaufsstatistiken
   b. Auftragswesen
   c. Kreditwesen
   d. Produktionsplanung und –terminierung

2. Materialbeschaffung, inbesondere hinsichtlich:
   a. Einkauf
   b. Materialeingang
   c. Lagerkontrolle
   d. Kreditorenkonten

3. Arbeitsfaktor, insbesondere hinsichtlich:
   a. Termintreue
   b. Lohnbuchhaltung
   c. Personalwesen

4. Auslieferung, insbesondere hinsichtlich:
   a. Versand
   b. Frachtwesen
   c. Rechnungsstellung
   d. Debitorenkonten

5. Buchhaltung, insbesondere hinsichtlich:
   a. Kostenrechnung
   b. Buchführung und Budgetierung
   c. Leiter der Buchhaltung und Kassier

6. Andere Faktoren:
    a. Weitere Statistiken mittels Tabelliermaschinen
    b. Büroservice
    c. Anderes

Zu Verbesserungsvorschlägen, die an anderer Stelle des Berichtes gemacht werden, müssen hier ihre Kontrollmöglichkeiten aufgeführt werden. Im Trainingshandbuch findet man weiteres zu den Methoden unserer Firma bei Kontrollen und Vorgehensweisen.

Berichtspräsentation
Die Vorschläge zu Kontrollen und Vorgehensweisen sollten im Bericht in der folgenden Reihenfolge aufgeführt werden:

1. Zielvorstellung
2. Analyse der derzeitigen Praktiken
3. Analyse der Grenzen der derzeitigen Praktiken
4. Verbesserungsvorschläge im Detail uns Schritt für Schritt
5. Aussage zu den erzielbaren Vorteilen und Einsparungen
6. Vorschlag zum umsetzen der Verbesserungsvorschläge

Falls diese Präsentation im Verhältnis zu dem gesamten Bericht sehr umfangreich wird, sollte die Form eines Ergänzungsberichts (Supplement) gewählt werden. Jedoch muss dann im Hauptbericht eine Zusammenfassung eingebunden werden.

VIII. Finanzlage
Untersuchungspunkte
In dem Überblicksbericht für den Klienten muss folgendes untersucht werden:
1. Derzeitige Finanzlage, die aus der Bilanz und den Büchern ersichtlich ist.
2. Operatives Ergebnis, das die Gewinn- und Verlustrechnung liefert.

Zu 1.: Derzeitige Finanzlage
Der Berater muss folgendes vorlegen:

1. Eine Bilanz jüngsten Datums, der die Vermögens- und Schuldenseite ausreichend darlegt, um die Problembereiche erkennen zu können. Wenn z.B. die Führungskräfte des Unternehmens diesem Geld schulden, muss dies separat mit ausreichender Klarheit dargelegt werden. Wenn im Lager nutzloses Material gelagert wird, muss hierüber auch ein separater Bericht angefertigt werden. Alles, was als Problembereich beachtet werden muss, ist in diesem Bericht aufzuführen.
2. Um einen Überblick im Zeitverlauf zu erhalten muss der Untersuchende die Bilanzen für drei und mehr Jahre zurück verfügbar haben und vorlegen.
3. Jede Position der Bilanz muss untersucht werden. Solche die Beachtung finden sollen, müssen klar hervorgehoben werden. Der Berater muss besonders auf folgendes achten:
    a. Forderungen
    b. Lager
    c. Laufende Schulden und Annuitäten, die in der nächsten Zukunft fällig werden.
    d. Sonstige Verbindlichkeiten.

4. Wenn die vorgelegte Bilanz korrigiert werden müsste, ist der Berichterstatter verpflichtet, diese Korrektur vorzulegen.
5. Das Umlaufkapital muss für eine Zeit von drei oder mehr Jahren aufgezeigt werden, wobei signifikante Änderungen vermerkt werden müssen.
6. Die Veränderungen beim Umlaufkapital müssen mit dem im Zeitverlauf dargelegten Investitionen in Verbindung gebracht werden.
7. Beenden Sie Ihre Ausführungen mit einer Zusammenfassung.

Zu 2.: Operatives Ergebnis
Hierzu muss der Berater folgendes vorlegen:

1. Eine Einnahmen-/Ausgabenrechnung für das letzte Jahr oder für das Rumpfjahr seit dem Ende des letzten fiskalischen Jahres, falls es lang genug ist, um aussagekräftig zu sein.
2. Die gleichen Rechnungen für die letzten drei oder mehr Jahre.
3. Eine Analyse der wichtigsten Positionen mit der Diskussion der erkennbaren Trends. Wenn möglich sollten die Gründe, die die Trends veranlassen, aufgezeigt werden.
4. Durchaus auch eine Detailanalyse zur Begründung der Trends, z.B. Verkaufslisten, um aggregierte Umsatzzahlen untermauern zu können. Ebenso kann mit detaillierten Zahlen zu Fertigungskosten verfahren werden, wenn dortige Trends untermauert werden sollen.
5. Am Schluss eine Zusammenfassung in der Reihenfolge der wichtigsten Schlussfolgerungen.

Es ist sehr wichtig, dass alle Aussagen zur Finanzlage des Unternehmens in sehr gut lesbarer Form präsentiert werden, zumal es zu beachten gilt, dass viele Empfänger des Berichts keine ausgesprochenen Spezialisten des Rechnungswesens und der Buchhaltung sind. Deshalb sollten unsere Kommentare nicht zu fachspezifisch sein. Außerdem ist dieser Teil des Gesamtberichtes nicht als Prüfbericht gedacht.

IX. Finanzbedarf
Bereiche:
Da der Klient von uns mit verdichteten Zahlen zur Finanzlage konfrontiert wird, ist es sehr wichtig, ihm eine Prognose des zukünftigen Finanzbedarfes seines Unternehmens zu liefern. Hierzu muss folgendes präsentiert werden:

1. Vorbereitung einer Vorschau des zukünftigen Betriebsergebnissen auf Monatsbasis für ein Jahr, folgendes beinhaltend:
   a. Einnahmen-/Ausgabenrechnung auf Monatsbasis für ein Jahr
   b. Vorschau der Liquiditätsentwicklung auf Monatsbasis für ein Jahr
   c. Vorschau der Bilanz für 6 Monate und ein Jahr.

Bei der Vorbereitung dieser Unterlagen muss peinlich genau auf folgendes geachtet werden:
   a. Verkaufspotentiale müssen aus den erhobenen Verkäufen abgeleitet werden und mit der Geschäftspolitik und Unternehmensorganisation in Einklang gebracht werden.
   b. Vorgeschlagene Einspareffekte müssen genau mit den bisherigen
   c. Ausgaben zusammengebracht werden.
   d. Das Verhältnis von Stückkosten und Produktpreisen muss stimmig sein.

2. Diese Vorgehensweise muss auf drei Jahre Vorschau ausgedehnt werden. Aus den Vergleichen müssen die wichtigen Trends abgeleitet werden.

3. Eine Zusammenfassung muss das Folgende aufzeigen:
   a. Ob das Unternehmen auf eine profitable Basis gestellt werden kann
   b. Falls die nicht der Fall ist: Kann das Unternehmen ohne weitere Kreditearbeiten?
   c. Falls zusätzliche Finanzmittel notwendig sind: Wieviel? Werden zukünftige Er folge die Aufnahme rechtfertigen?
   d. Werden die Maßnahmen das Vermögen des Unternehmens zunehmen lassen?
   e. Falls das Vermögen abnehmen wird: Gibt es Kompensationseffekte, so dass man dies in Kauf nehmen kann?

Mit diesem Teil des Berichts wird die große Bedeutung der Budgets herausgehoben. Die Entwicklung und Installation eines Budgetkontrollsystems ist eine der Aufgaben unserer Firma, die am zwingendsten aus dem Bericht folgt und sollte mit dem Bericht verkauft werden.

(Übersetzung: C. Niedereichholz)

9.4 Arthur D. Little

„Every waste that is prevented, or turned to profit, every problem solved, and every more effective process which is developed, makes for better living in the material sense and for cleaner and more wholesame living in the higher sense.“

Im Jahre 1886 wurden in den USA Unternehmen gegründet, die noch heute Weltgeltung haben: Sears, Roebuck; The Coca Cola Company; Upjohn; Johnson & Johnson, um nur einige der bekanntesten zu nennen. Ebenfalls in diesem Jahr und im Alter von erst 23 Jahren gründete der promovierte Chemiker Arthur D. Little zusammen mit seinem Kommilitonen Roger Griffin die Firma Griffin & Little. Die beiden jungen Existenzgründer hatten eine gemeinsame Vision: Wissenschaftliche Forschungsergebnisse in Unternehmen anzuwenden und damit einen Nutzen sowohl für die Industrie als auch für die Gesellschaft zu stiften. Die amerikanische Regierung würdigte später die Ergebnisse dieser Vision, indem unter anderem das Bostoner Geschäftshaus, der Dr. Little's „Research Palace“, als nationales Denkmal unter Schutz gestellt wurde.

Der Leitidee, durch Forschung und Beratung auch gesellschaftlichen Nutzen zu stiften, folgt das Unternehmen noch heute. Jüngster Beweis ist neben einer Vielzahl von non profit-Projekten die Initiative „Modell Deutschland 21“.

Die Erkenntnis der Notwendigkeit, die Kluft zwischen Theorie und Praxis zu schließen, war der Ursprung der Auftragsforschung. Fast alle Aufträge der frühen Jahre von Little und Griffin hatten Bezug zur Chemie. Griffins Schwerpunkt war die Laborarbeit. Er war bekannt für seine schnellen und präzisen chemischen Analysen. Little konzentrierte sich mehr auf die Akquisition und die Pflege der Klienten.

Das Jahr 1893 war gekennzeichnet durch zwei Ereignisse: Griffin starb bei einer Explosion im Labor, Little und damit auch das Unternehmen erlangte landesweite Anerkennung mit der Veröffentlichung seines Buches „The Chemistry of Paper Making".

Charles Duell, der damalige Direktor des U. S. Patent Office, trat 1899 von seinem Amt zurück mit der Bemerkung „Alles, was man erfinden kann, ist erfunden worden". Von diesem Zeitpunkt an bis zum heutigen Tage haben allein die Mitarbeiter von ADL über 3000 neue Patente angemeldet. Die ersten Patente bezogen sich auf Forschungsergebnisse rund um das Thema Viskose, Fiberglas und andere synthetische Materialien.

Der Auftrag von General Motors, im Jahr 1908 ein zentrales ingenieurwissenschaftliches Forschungslabor zu errichten, wird in der Firmengeschichte als erste Management Consulting Aufgabe verzeichnet.

Wie A. T. Kearney und James O. McKinsey hatte auch A. D. Little starke Bindungen zur akademischen Welt. Zusammen mit seinem neuen Partner, William Walker, einem MIT-Professor, gründete er das „American Institute of Chemical Engineers" und entwickelte ein Curriculum für den neuen Studiengang Verfahrenstechnik.

Seit 1916 wurden große regionale und nationale Entwicklungsprojekte, z. B. in Kanada, Puerto Rico, Ägypten, Nigeria und Thailand, durchgeführt. Diese Art von Aufträgen wurde für längere Zeit der Schwerpunkt der Beratungstätigkeiten.

Dr. A. D. Little starb 1935 und vermachte seinen Firmenanteil dem Massachusetts Institute of Technology (MIT). Der Anteil wurde 1955 für $ 1,3 Millionen vom Memorial Drive Trust übernommen. Der MDT hält 70 Prozent der Firmenanteile und verwaltet ein Vermögen in Höhe von über $ 300 Millionen. Die Gewinnbeteiligung der Mitarbeiter ist für die Unternehmensleitung von außerordentlicher Bedeutung. Schon Earl Stevenson, A. D. Little's direkter Nachfolger, schrieb fest: „Since our success depends upon the creativity of our staff, it is fitting that they have a stake in that success."

Literatur

Arthur D. Little, Inc. Centenniel Broschure 1886–1986 (UB 04/98)

9.5 William Bain

„Hands deep in the trousers of client companies“ (N. J. Perry, S. 49)

William Bain kann nicht als früher Pionier der Branche gelten, sondern als Erfinder einer speziellen Form der Beratung, des sogenannte **Relationship Consulting,** das er von der Gründung bis zu seinem Ausscheiden bei B&C propagiert hat.

Die Geschichte beginnt 1967: William (Bill) Bain war fundraiser der Vanderbilt University in Nashville, mit einem Jahresgehalt von 19.000 US $, und fragte den Gründer der Boston Consulting Group (BCG), Bruce Henderson (vgl. Pionier Henderson), in seiner Funktion als Alumnus der renommierten Universität um Rat bei der beabsichtigten Gründung einer Business School. Henderson und Bain verstanden sich gut, so dass Bain bei BCG eingestellt wurde, obwohl er keine Beratungs- oder Unternehmenserfahrung hatte und – wie Fortune berichtet – nach eigener Aussage damals den Sinn von Abschreibungen (depreciations) nicht voll verstanden hatte (N. J. Perry, S. 52).

Bain avancierte schnell, bezog 1972 bereits ein Gehalt von 150.000 US $, wollte jedoch mehr und wurde allmählich als möglicher Nachfolger von Henderson angesehen. Im Jahre 1972, lange bevor Henderson vorhatte, sich zurückzuziehen, drängte Bain darauf, CEO von BCG zu werden, was er jedoch bei Henderson nicht durchsetzen konnte. Ungeduldig und frustriert beschloss Bain mit drei anderen BCG-Mitarbeitern die Gründung seiner eigenen Firma – Bain & Company – und eröffnete 1973 Henderson, er wolle eine Softwarefirma gründen. Henderson, gerade im Begriff, nach Madrid zu fliegen, wurde , kaum dort angekommen, mit der Katastrophenmeldung zurückgeholt, die Software Company sei in Wahrheit eine Consulting Company, die sich anschickte bei BCG-Kunden zu akquirieren. Es entwickelte sich ein sehr gespanntes Verhältnis (Henderson: „It was war“ (N. J. Perry, S. 51)) zwischen BCG und B&C, das sich erst nach einiger Zeit wieder normalisierte. B&C hatte inzwischen mit sieben ehemaligen BCG-Mitarbeitern und zwei großen BCG-Kunden, Black & Decker und Texas Instruments, seine Arbeit am Markt begonnen: Eine der spannendsten

Storys der Beratungsbranche hatte begonnen – mit spektakulären Erfolgen und Aufsehen erregenden, geradezu abschreckenden Ereignissen.

Bill Bain hatte für die Arbeit seiner Firma im Consulting neue Prinzipien ausgegeben:

- B&C würde nur für jeweils einen Klienten einer Branche tätig werden, was die Arbeit für dessen Konkurrenten ausschloss. Der Klient seinerseits sollte eine langfristige Bindung mit B&C eingehen. Diese enge Klienten-Berater-Beziehung wurde **Relationship Consulting** genannt.
- B&C würde nur Blue-Chip Clients beraten.
- Die Mitarbeiter, in der Branche „Bainies" genannt, mussten sportliche, adrette, erfolgsorientierte und Erfolg ausstrahlende Menschen sein, womit sie dem Gründer (vgl. Foto) im Erscheinungsbild wohl ähneln könnten.
- Die von Bain geprägte Corporate Culture beruhte auf kurzen Wegen, extrem selektiver Einstellungspolitik, intensivem
- Training und positiver Arbeitseinstellung bei völliger Identifikation mit den Erfolgszielen des Klienten, die zur eigenen Sache gemacht werden mussten.
- Bain selbst arbeitete nur mit Klienten-CEOs zusammen.

Diese Vorgehensweise manifestierte sich in beachtlichen Erfolgen, führte jedoch auch zu großen Schwierigkeiten. So rief National Steel, geplagt von den höchsten Stückkosten aller US-Stahlproduzenten, Bain 1981 ins Haus, um profitabel zu werden. B&C engagierte sich entsprechend seinen Prinzipien total und schaffte es, den in National Intergroup umbenannten Konzern 1984 zum Stahlproduzenten mit dem branchenweit niedrigsten Kostenniveau zu wandeln. Die Methoden waren entsprechend der völligen Identifikation mit dem Klientenunternehmen nicht unumstritten, doch meinte United Steel-President James Haas: „They weren't dancing around our boardroom". Mit zahlreichen ähnlich spektakulären Erfolgen hatte sich B&C bald fest im Beratungsmarkt etabliert und einen Namen gemacht.

Die Devise, nur für einen Klienten pro Branche tätig zu werden, musste allerdings Probleme bereiten, wenn ein Klient den Konkurrenten eines anderen Klienten kaufte. B&C musste z.B. Monsanto, einen wichtigen Klienten, aufgeben, als dieser Searle, einen Konkurrenten eines anderen, wichtigen Bain-Klienten, Baxter, kaufte.

Welche weiteren Probleme Relationship Consulting mit sich bringen konnte, zeigte das Drama des Guinness-Falls in Großbritannien, das untrennbar und sehr peinlich mit dem Namen Bain verbunden ist: Ein Lehrbuchbeispiel und eine Warnung für Beratungsunternehmen und Klienten zugleich, keine zu enge, symbiotische Beziehung, bis hin zur Abhängigkeit, einzugehen. Es ist schwierig, den Fall in Kürze zu schildern, doch soll dies versucht werden.

Die Guinness-Brauerei besaß 1980 ein unübersichtliches Konglomerat von etwa 250 Firmen bei rückläufigem Absatz des Hauptproduktes Guinness Stout. Im Jahre 1981 wurde ein neuer Managing Director, Ernest Saunders, bestellt. Er stellte recht bald fest, dass jegliches Zahlenwerk als Basis für Rettungsarbeiten fehlte. Um möglichst schnell ein aussagekräftiges Rechnungswesen zu erhalten, engagierte Saunders Bain & Company, die gerade in Großbritannien Fuß gefasst hatten und einen jungen Berater namens Olivier Roux an Saunders Seite stellten. Roux und weitere B&C-Mitarbeiter lieferten die Zahlen sehr schnell. Ein 3-Phasen-Plan wurde erstellt, ein Kontrollsystem etabliert und innerhalb kürzester Zeit wusste Saunders, was abgestoßen und was gehalten werden musste. Guinness fasste wieder Fuß und konnte schon bald an neue Akquisitionen denken. Für Consultant Roux begann ein phänomenaler Aufstieg: Er wurde – immer noch auf der Payroll von Bain – Manager, Vice President, Leiter der Finanzabteilung und Mitglied im Board of Directors bei Guinness. Dies war echtes relational consulting, zumal Saunders zum CEO aufstieg. Die Situation auf der Payroll von Bain war für Roux mit 650.000 US $ im Jahre 1986 als durchaus attraktiv zu bezeichnen. Das Honoraraufkommen von B&C bei Guinness war nicht minder interessant: Es betrug 1986 mehr als 1,5 Millionen US $ pro Monat. Guinness war der weltweit drittgrößte Klient geworden, der größte in Europa und, wie die Höhe der Zahlungen beweist, durch die Arbeit von B&C gesundet. Bestens, könnte man sagen, doch nun beginnt der eigentliche Fall „Guinness".

Ab 1986 ging es der Firma wieder blendend, der Gewinn stieg auf 400 Mio US $, der Aktienkurs hatte sich hervorragend erholt. Man dachte an größere Zukäufe und erwarb nach einigem Hin und Her mit tatkräftiger Akquisitionsberatung durch B&C, Bell & Sons, einen führenden Whiskey-Hersteller. Als nun Argyll, eine Supermarktkette, sich anschickte, den größten Konkurrenten von Bell & Sons, Distillers, zu kaufen, konnte man dies nicht zulassen und musste Distillers auch noch ins Boot holen. Guinness und Argyll überboten sich gegenseitig mit Übernahmeangeboten, die britischen Wettbewerbshüter schritten mehrmals ein. Eine Übernahme war durchaus gefährlich, da Distillers größer als Guinness war. Saunders wollte jedoch unbedingt übernehmen, war inzwischen aber schon völlig von der M&A-Beratung durch B&C und Board-Kollegen Roux abhängig geworden. Dieser riet dazu, keine feindliche Übernahme zu tätigen, sondern Distillers in der Rolle des „white knight" zu übernehmen. Es ging hin und her, Margaret Thatcher wurde eingeschaltet (vgl. J. O'Shea, C. Madigan, S.239), man überwand politische Schwierigkeiten mit den Wettbewerbshütern und schließlich lag das Angebot bei 2,6 Mrd Pfund, ein zu hoher Preis, der den Guinness-Banken Probleme bereitete, mitzuziehen. Roux hatte vor der Höhe dieses Angebots gewarnt. Nun kam es auf den Aktienkurs an, um die Banken bei Laune zu halten: Sank er wollten sie noch weniger mitziehen, stieg er, hätte man sie überzeugen können. Argyll hatte schon begonnen, durch short sales den Guinness-Kurs nach unten zu drücken und so begann man über nahestehende Strohmänner, denen auch der Ausgleich eventueller Verluste versprochen wurde, massiv Guinness-Aktien kaufen zu lassen. Damit waren die Beteiligten mitten im verbotenen Terrain der Insider-Geschäfte angelangt.
Mitte April 1986 war die Schlacht geschlagen, Distillers wurde in der bisher größten Übernahme in Großbritannien von Guinness gekauft. Rund 250 Mio Pfund Gebühren, Honorare etc. waren an Broker, Berater, Banker u.a. geflossen. Bill Bain gratulierte und schrieb: „Congratulations on the results of your efforts with Ernest and the team. We are all delighted and looking forward to hear the story of how you managed to pull it off"(J. O'Shea, C. Madigan, S. 241).
Gleichzeitig begann das britische Department of Trade and Industry sich für Details der Übernahme zu interessieren, sozusagen auch für die Frage „how it was pulled off". Intensive Untersuchungen begannen, die aus den Board-Kollegen Saunders und Roux Gegner werden liessen. Saunders wurde wegen 49 krimineller Vergehen angeklagt, Berater Roux konnte sich aus der Affäre ziehen. Der Prozess dauerte von Februar bis August 1990 und kostete schätzungsweise mehr als 20 Mio Pfund (vgl. ukdb.web. aol.com/hutchinson/enceclopedia). Die

Justiz erließ harte Urteile: Saunders wurde zu 5 Jahren Haft verurteilt, von denen er 10 Monate absitzen musste, ein für B&C hilfreicher Dritter, Sir Jack Lyons, verlor seinen Adelstitel und musste drei Mio Pfund zahlen, zwei weitere Beteiligte wurden zu kürzeren Gefängnisstrafen verurteilt. Nach der Haftentlassung wandte sich Saunders einem anderen Betätigungsfeld zu und wurde, was wohl, Berater. Roux verließ Guinness und bald auch B&C, nicht ohne eine Abschlusszahlung von 925.127 US $ erhalten zu haben.
Soweit der Fall „Guinness“, der verständlicherweise heute in der Homepage von Bain & Company London, dem Ort des Debakels, nicht mehr in Erinnerung gerufen wird. Dort heißt es: „At Bain you will immediately have the opportunity to make a real difference for clients – expect to be an active member of the team from day one“ (www.bain.com/network/london-recruiting.html, Ende 2000). Nancy Perry findet zur Rolle von B&C im Fall Guinness die Formulierung „hands deep in the trousers of client companies“, welche Vorgehensweise allerdings manchen Beratungsunternehmen nachgesagt wird.

Ende der achtziger Jahre begann eine schwierige Phase für B&C. Ein Mitarbeiterbeteiligungsprogramm (Employee Stock Ownership Plan, ESOP) hatte eine starke finanzielle Belastung zur Folge, die nur bei anhaltender weiterer Expansion (bislang in manchen Jahren 50%) hätte getragen werden können. Dem war jedoch nicht so, wozu vielleicht auch Klienten, denen das Verhalten beim Guinness-Fall nicht gefallen hatte, beigetragen haben mögen (vgl. www.vaultreports.com und R. Koselka). Im April 1988 mussten 10 Prozent der Berater entlassen werden. Im Jahre 1989 wurden interne Auseinandersetzungen der Mitarbeiter gegen die Führungsriege härter. Ende 1990 versuchte Bill Bain die Firma zu verkaufen, es gab jedoch nur „lookers“ und keine „takers“ (vgl. R. Koselka, S.68). Weitere 200 Consultants wurden entlassen, als der Zahlungstermin für 19 Mio US $ Principal Payments nahte, B&C war dem Konkurs nahe.
Nachdem ein neuer Vorstand bestimmt worden war, schied Bill Bain 1991 bei B&C aus und übernahm die Führung bei Bain Capital einer Venture Capital- und Investmentfirma, die laut Internetpräsenz nichts mit B&C zu tun hat: „Bain Capital was not established to invest in Bain & Company clients, and there is no sharing of information between the two separate companies“(www.bain.com/overviews/capital.html, Ende 2000). Allerdings residieren Bain Capital und Bain & Company in Boston, Two Copley Square in demselben Gebäude. O'Shea und Madigan erwähnen, dass Bain Capital 1994 für 415 Mio US $ das Diagnostics Manufacturing Business von Baxter gekauft hatte. Baxter war langjähriger Klient von B&C, die den Wert des Diagnostic Business einmal auf 600 Mio US $ geschätzt hatten (vgl. J. O'Shea, C. Madigan, S.251). Dies stimmt ein wenig nachdenklich.

B&C hält sich mit Informationen über ihren Gründer sehr zurück, anders als die meisten Beratungsunternehmen, die positiv reagieren, wenn man mit der Bitte um Zusendung entsprechender Unterlagen an sie herantritt. Nicht so B&C, wie die Antwort von Claus-Peter Schrack, PR/Marketing-Manager der deutschen Tochter in München zeigt (1999):
„Bill Bain hat zu Beginn der neunziger Jahre Bain & Company verlassen. Wir sind in diesem Zusammenhang nicht berechtigt, über seine Person Daten weiterzugeben. Dies gilt im Übrigen für alle ehemaligen Bain- Mitarbeiter. Da Bill Bain eine noch lebende Person der Zeitgeschichte ist, können und dürfen wir nicht darüber bestimmen, ob er – aus seiner jetzigen Sicht und Tätigkeit – überhaupt mit einer Veröffentlichung einverstanden ist.“

Unwillkürlich fragt man sich, ob O'Shea und Madigan Recht haben könnten, wenn sie berichten, dass Bain & Company den „nickname KGB of management consulting" (J. O'Shea, C. Madigan, S. 223) trägt oder seinerzeit trug oder ob an der Überschrift in Fortune „A consulting firm too hot to handle?" (N. J. Perry, S. 49) vielleicht etwas Wahres dran ist.

Generell werden im Beratungsgeschäft Streitigkeiten zwischen Berater und Klient selten vor Gericht ausgetragen, sondern meist außergerichtlich beigelegt, so dass sie nur Insidern bekannt werden. Häufig wird in diesen Fällen eine Formel gewählt, dass der Klient den zukunftsweisenden Vorstellungen des Beratungsunternehmens nicht folgen konnte und umgekehrt, dass das Beratungsunternehmen sich nicht auf die spezielle Situation des Klienten einstellen konnte. Ein Teil eines noch ausstehenden Resthonorars wird evtl. noch gezahlt, auf den anderen verzichtet man, um sich zu trennen

Christopher Morrow, selbständiger Photograph in Canandaigua, im Finger Lakes Distrikt im Staate New York, sei für die Gewährung des Copyrights des Photos von Bill Bain gedankt (www.Chrismorrow.com/corporate1.htm).

Literatur

J. O'Shea, C. Madigan: Dangerous Company, Nicholas Brealey Publishing, London, 1997.

N. J. Perry: In: Fortune 27.4.1987, S. 49 ff: „A consulting firm too hot to handle".

R. Koselka: In: Forbes, 18.2.1991, S. 67ff: „Physician heal thyself".

(Bsisversion: UB 02/00)

9.6 Kurt Salmon

„From sheep to shop“

Kurt Salmon wurde 1910 geboren und besuchte nach der Schulausbildung in Köln die Staatliche Akademie für Technik in Chemnitz, die die Nachfolgerin der bereits 1836 gegründeten Königlichen Gewerbeakademie und die Vorläuferin der heutigen Technischen Universität in der 1990 per Bürgerentscheid von Karl-Marx-Stadt in Chemnitz rückbenannten Textilindustrie-Stadt ist. Kurt Salmon erhielt an der schon damals im Textilwesen führenden Akademie sein Abschlussdiplom und sammelte gleich anschließend praktische Erfahrungen in der Bekleidungsindustrie. Im Jahr 1930 verließ er Deutschland und wanderte in die Vereinigten Staaten aus. Sofort nach seiner Ankunft in New York, erkannte er, dass sein Entschluss richtig war und dass die Vereinigten Staaten das Land waren, in dem er seine Pläne verwirklichen konnte. Diese führten ihn zuerst in die Strumpfwarenfabrikation und im Jahr 1935 in Nashville, Tennessee zur Gründung der Kurt Salmon Associates (KSA), die sich im Laufe von 65 Jahren zu einem internationalen Beratungsunternehmen mit 250 Mio DM internationalem Honorarumsatz und 800 Beratern, davon 105 in Europa (Stand: 2000), entwickelten.

Kurt Salmon hatte handfeste Ziele vor Augen: Als Consultant verdiente man damals besser (7 US$ pro Stunde), doch musste er sein Arbeitsgebiet in die Bekleidungsindustrie verlagern, da diese arbeitsintensiver war und somit mehr Rationalisierungs- und Beratungsmöglichkeiten bot. In den dreißiger Jahren war es nicht einfach, Unternehmer zu überzeugen, dass Außenstehende in Form von Beratungen Hilfestellung leisten konnten. Kurt Salmon erledigte diese schwierige Aufgabe mit einer ihm eigenen Mischung aus Humor („we don't just lay the eggs, we hatch them"), analytischer Überzeugungskraft und bestem Ingenieurswissen sowie, wo angebracht, dem Einsatz lateinischer Zitate, zu denen ihn seine umfassende Bildung befähigte

Betrachtet man die großartige Entwicklung der Kurt Salmon Associates, dann wird klar, dass diese in den ersten Jahren -und auch später- nicht ohne enormen Arbeitseinsatz zu erreichen war: Es wird von 20-Stunden-Tagen, verbunden mit intensiver Reisetätigkeit für Kurt Salomon berichtet. Ein Statement von Bill Egolf einem langjährigen Mitarbeiter veranschaulicht dies (vgl. KSA):
„Almost 30 years ago Kurt and I were snowbound in a Nashville hotel for three days – without leaving the room – working on a report from 7:00 a.m. to 2:00 a.m. Kurt was indefatigable; I was exhausted and stir-crazy. The report was almost finished when Kurt finally said: ‚Bill, I'm sick and tired of this, let's have a break.' I envisioned going out for a nice dinner, but my wishful thinking ended when Kurt slammed down the report, pulled something from his briefcase, slapped it on the table and said ‚Let's analyze these government shorts instead.'"
Anfangs war die Spezialisierung auf die Bekleidungsindustrie für Kurt Salmon Associates vorgegeben und sie blieb dies bis weit in die fünfziger Jahre. Den Schwerpunkt bildeten die sogenannten technischen Dienstleistungen für die Produktion mit dem Ziel der Produktivitätssteigerung und Befriedigung der steigenden Nachfrage nach qualitativ hochwertiger Bekleidung.

Anfang der sechziger Jahre erfolgte die Gründung von Tochterunternehmen in England, Frankreich und Deutschland, um auch hier in dem angestammten Beratungsgebiet tätig zu werden. Sukzessiv wurde dann das Beratungsangebot ausgedehnt und um die Bereiche Unternehmensplanung und -steuerung, Kontrollsysteme, Logistik, Datenverarbeitung, Unternehmensstrategie und Marketing erweitert. Bei der Beratung im Textilbereich wurde vertikal diversifiziert, um nicht nur der Bekleidungsindustrie zur Verfügung zu stehen, sondern die ganze textile Wertschöpfungskette, von der Faserproduktion bis zum Einzelhandel (Slogan: „From sheep to shop") beraten zu können. In der Folge wurde das Beratungsangebot auf alle Konsumgütersektoren ausgedehnt und die Unternehmenspräsenz international ausgebaut. Konsequenterweise beschäftigt man sich heute bei KSA heutzutage auch intensiv und mit hoher Kompetenz mit E-Business und Supply Chain Management.

Als direkte Folge dieser rasanten und stark auf die Gründerpersönlichkeit bezogenen Entwicklung, entstand natürlich der Wunsch, die Unabhängigkeit langfristig gegen feindliche Übernahmen zu sichern. Dementsprechend befindet sich KSA heute ausschließlich im Besitz der langjährigen aktiven Mitarbeiter, was Unabhängigkeit im Sinne der Kundeninteressen und Schutz vor der grassierenden Fusions- und Übernahmewelle bietet.

Kurt Salmon zog sich 1974 aus seinem Unternehmen zurück. Er erhielt hohe Ehrungen, beispielsweise eine Ehrenpromotion des Philadelphia College of Textiles and Science sowie den am 26. Januar 1977 verliehenen Management Consulting Award for Excellence der sieben führenden Consulting Associations der USA und Kanadas. Die folgenden Auszüge aus der laudatio dieser Verleihung sprechen für sich (vgl. KSA):

„In developing a one-man consulting practice into an international organization with over 225 full-time professionals, Kurt Salmon has professional competence, undeviating devotion to quality performance, and inspiring leadership. These characteristics have been recognized repeatedly by his clients, his associates, and his peers …
He has probably done more than any other individual, directly and indirectly, to raise professional management level of (the apparel) manufacturing industrie in the U.S. …
Without diminishing in any way the importance of Kurt Salmon's contributions to organizations like ACME and IMC, those who have worked with and for him feel that his greatest contribution to consulting has been on a personal level. He built a very successful organization by assembling a group of highly independent individuals, umbuing them with the concept of professionalism (repeatedly expressed as ‚keeping the client's interest foremost at all times') – and giving them the freedom to function as professionals …".

Kurt Salmon verstarb am 12. September 1979 und hinterließ zwei Familien: Seine eigentliche mit Frau Lula Maye und den Kindern Larrine, Ellie, Doug, und Tom sowie seine zweite, nämlich sein Unternehmen, das er als Familie betrachtete, und bei dem er sich außergewöhnlich um jeden einzelnen Mitarbeiter kümmerte und großen Einsatz zur Wahrung ethischer Werte zeigte. Dieser hohe Standard seriösen Beraterverhaltens bewirkte wahrscheinlich auch, dass zu Kurt Salmon Associates keine negativen Schlagzeilen und ausgesprochene Fehlleistungen bekannt sind, wie dies bei manch anderen Consultancies der Fall ist.

Es spricht für das Unternehmen Kurt Salmon Associates, dass im Internetauftritt der außergewöhnlichen Gründerpersönlichkeit Kurt Salmon eine eigene Seite „Who is he?" gewidmet wird (vgl. www.kurtsalmon.com; Anfang 2001) ist doch vielen Beratungsunternehmen, bei deren Namensnennung viele Mitmenschen den Helm abnehmen und zum Gebet niederknien würden, ihr Gründer gerade mal einige wenige Worte oder nicht einmal diese wert. KSA USA sei für die Bereitstellung des Fotos gedankt.

Literatur

KSA: We remember Kurt …., Dezember 1979. (UB 02/01)

9.7 Frederick Winslow Taylor

Frederick Winslow Taylor wurde am 20. März 1856 in Philadelphia geboren und gilt als Begründer der wissenschaftlichen Disziplinen Management Science und Industrial Engineering. Die Eltern, Franklin Taylor, ein Rechtsanwalt, und Emily Winslow gehörten einer Quäker-Kaufmannsfamilie an, waren wohlhabend und konnten ihren Kindern eine gute Ausbildung mit auf den Weg geben. Dies war sicher mitbestimmend für die hervorragenden wissenschaftlichen und praktischen Leistungen, die F. W. Taylor erreichte. Zu dem Freundeskreis der Familie in Philadelphia zählte Edward W. Clark, der bedeutendste Investmentbanker der Stadt. Die aus dieser Verbindung entstehenden Anregungen ermöglichten Taylor schon in den neunziger Jahren den Erwerb eines beachtlichen Vermögens durch Investitionen im Bergbau West Virginias und in andere Unternehmen, wodurch er später seine wissenschaftlichen Arbeiten und Publikationen in einer finanziell unabhängigen Position tätigen konnte (vgl. D. Nelson, 1980, S. 373).

Der Ausbildungsweg von Taylor war nicht geradlinig: Er begann seine Studien an der Philips Exeter Academy (1872 bis 1874), wo der Weg in eine Ingenieurslaufbahn vorgezeichnet schien, befolgte jedoch dann den Rat seines Vaters und wechselte an die Harvard-Universität. Wegen seiner sich verschlechternden Sehkraft musste er dort das Studium aufgeben und nach Philadelphia zurückkehren, um eine Industrielehre zu beginnen. Die Sehkraft verbesserte sich Mitte der siebziger Jahre jedoch wieder, so dass er nach einigen Jahren das Stevens Institute of Technology besuchen konnte, um dort 1883 als Mechanical Engineer abzuschließen.

Der Berufsweg führte nicht sofort zu den großen Erfolgen und Publikationen, die Taylor bekannt machten. Bereits im Jahr 1878 hatte er die Verbindung zu Edward Clark wieder aufgenommen und war in die, diesem gehörige, Midvale Steel Company eingetreten mit der Aussicht, die Firma später eventuell übernehmen zu können. Zum Zeitpunkt des Abschlusses seines parallel zur Praxistätigkeit durchgeführten Studiums war Taylor bereits ein erfahrener Ingenieur, hatte eine Reihe von Patenten erworben und schon mit den Arbeiten zu Zeitstudien begonnen. Dies dürfte der Zeitpunkt des Beginns seiner Beiträge zum Scientific Management gewesen sein. In den achtziger Jahren war nämlich die American Society of Mechanical Engineers das Diskussionsforum neuer Managementmethoden geworden, womit Buchhaltung, Produktionsverfahren und -verbesserung, Entlohnungssysteme u. ä. gemeint waren. Taylor begann sich an diesen Diskussionen zu beteiligen, hatte allerdings noch nicht den adäquaten praktischen Hintergrund für seine Arbeiten gefunden.

Dies galt insbesondere deshalb, weil Edward Clark 1886 die Midvale Stahlwerke an einen anderen Unternehmer in Philadelphia verkaufte, so dass Taylor keine Aussicht mehr hatte, diese Werke einmal zu übernehmen; er blieb allerdings Chefingenieur. So kam es, dass er in der Folge Midvale verließ und bei der Manufacturing Investment Company in Madison, Maine, einem Papierhersteller, eine Anstellung fand. Drei Jahre lang versuchte er das Werk profitabel zu gestalten, allerdings erfolglos. Er musste sich in neue Technologien einarbeiten, gab jedoch hauptsächlich den Investoren und Banken die Schuld an dem Scheitern seiner Bemühungen, hatte auch fortan eine Abneigung gegen diese Gruppen. Auch kam bei ihm die oft noch wieder entdeckte Überzeugung auf, dass Großunternehmen meist schlecht geführt werden und kleine, innovativ orientierte Unternehmen diesbezüglich überzeugende Vorteile aufweisen.

Im Jahr 1893 verließ Taylor deshalb seinen bisherigen Arbeitgeber, kehrte nach Philadelphia zurück und machte sich als Management Consultant auf dem Gebiet des Industrial Engineering selbständig. Einige Jahre zuvor (1886) hatte A. D. Little bereits seine Beratungsfirma, allerdings mit einem anderen fachlichen Schwerpunkt, gegründet, so dass F. W. Taylor mit ihm zu den ersten Gründern selbständiger Beratungsunternehmen zählt.

Im Jahr 1898 begann Taylor seine Arbeiten bei der Bethlehem Iron Company (ab 1899: Bethlehem Steel Company) in South Bethlehem, Pennsylvania, die sein größter und bedeutendster Klient werden sollte. Anfangs sollte er nur ein neues Lohnsystem einführen, doch erlangte er mehr und mehr Anerkennung, konnte sein Team vergrößern und führte seine Zeitstudien, sein System der Kostenrechnung, neue Produktionsverfahren sowie innovative Managementmethoden ein, für die die Firma US-weit bekannt wurde. Seine Untersuchungen zu Stahltrennverfahren resultierten in neuen Verfahren der Schnelldrehstahlerzeugung, die die Produktivität des Unternehmens entscheidend verbesserten. Sein Partner H. L. Gantt, der auf Grund seiner Arbeiten auch sehr bekannt wurde (Gantt-Diagramme) und später ebenfalls eine eigenständige Beratung betrieb, entwickelte derweil ein stück- und bonusbezogenes Entlohnungssystem.

Rivalitäten im Management sowie der Verkauf der Unternehmensanteile durch die Eigentümer führten im Jahr 1901 dazu, dass Taylor seine Arbeiten bei der Bethlehem Steel Company beenden musste. Er kehrte mit seiner Frau Louise Spooner, die er 1884 geheiratet hatte, nach Philadelphia zurück, wo das Ehepaar zwei Kinder adoptierte.

In den folgenden Jahren begann für Taylor die Phase einer umfangreichen Veröffentlichungs- und Lehrtätigkeit zu den von ihm erarbeiteten Methoden; die wichtigsten Veröffentlichungen waren:

1903: Shop Management, New York (1909 als deutsche Ausgabe „Die Betriebsleitung insbesondere der Werkstätten“ von A. Wallichs, Berlin).

1907: On the Art of Cutting Metals, New York (1908 als deutsche Ausgabe „Über Dreharbeiten und Werkzeugstähle“ von A. Wallichs, Berlin).

1911: The Principles of Scientific Management, New York (1913 als deutsche Ausgabe „Die Grundsätze wissenschaftlicher Betriebsführung“ von R. Roesler, München und Berlin; 1995 Neuauflage der Principles, Düsseldorf).

1912: Concrete Costs, New York (zus. Mit S. E. Thompson).

1919: Two Papers on Scientific Management, London.

Die Principles waren das Ergebnis sechsundzwanzigjährigen Forschens und Experimentierens. Im Laufe dieser Zeit wurden zehn Versuchsmaschinen gebaut, etwa dreißig- bis fünfzigtausend Versuchsprotokolle erstellt, mehr als vierhunderttausend Kilogramm Stahl und Eisen auf den Maschinen zerschnitten und hundertfünfzig- bis zweihunderttausend Dollar für die Versuche ausgegeben. Taylor konnte also aus einem enormen Fundus experimenteller Ergebnisse schöpfen. Das Werk wurde auch sofort ein Bestseller und sicherlich das populärste Buch zur wissenschaftlichen Betriebsführung (Management Science) der ersten Hälfte des vergangenen Jahrhunderts. Taylor stieß mit diesem Werk ungezählte Fachdiskussionen und -kontroversen an, die ihn abwechselnd unter den Aspekten der Schaffung des Zeitmanagements, der modernen Arbeitsteilung, des Schnelldrehstahls, der Industriebetriebslehre, der Arbeiterausbeutung und des modernen Managements sahen. Auch viele Soziologen nahmen sich des Themas Taylorismus an und beleuchten es auch noch heute aus ihrer Sicht und durchaus kritisch. So schreibt Cliff Brown (C. Brown, 1998, S. 33): „For Taylor, the key to maximizing profits was to systematize production to the greatest degree possible, thereby giving management (not workers) control over decisions made in the course of work.“

Viele Beratungsunternehmen verwendeten und wandelten die Methodik von Taylor, so Frank B. Gilbreth, Harrington Emerson, C. Bertrand Thompson und auch Charles Eugene Bedaux (vgl. 9.19 Charles Eugène Bedaux).

Taylor ist es zuzuschreiben, dass der heutzutage so abgenutzte Begriff des Managements von den USA nach Europa schwappte. Die „Principles“ sind eigentlich eine Sammlung der sich über Jahrzehnte erstreckenden Erfahrungsberichte in den verschiedenen Unternehmen, so dass sie auch gleichzeitig eine Art Biographie darstellen. Viele Passagen zur Vorgehensweise bei Zeiterfassungen zu Rationalisierungszwecken lesen sich sehr anschaulich und eingängig. Immer wieder taucht „Schmidt“, der Prototyp eines Arbeiters deutscher Abstammung, bei der Bethlehem Company auf. Schmidts Verladeleistung sollte z. B. von 12,5 Tonnen Roheisen auf 47,5 Tonnen täglich gesteigert werden (F. W. Taylor: Die Grundsätze wissenschaftlicher Betriebsführung, S. 50):

„Schmidt begann zu arbeiten, und in regelmäßigen Abständen wurde ihm von dem Mann, der bei ihm als Lehrer stand, gesagt: ‚Jetzt heben Sie einen Barren auf und gehen Sie damit! Jetzt setzen Sie sich hin und ruhen sich aus!‘ etc. Er arbeitete, wenn ihm befohlen wurde zu arbeiten und ruhte sich aus, wenn ihm befohlen wurde sich auszuruhen, und um halb sechs nachmittags hatte er 47,5 t auf den Waggon verladen. Die drei Jahre hindurch, die ich in Bethlehem war, arbeitete er stets in diesem Tempo und leistete das verlangte Pensum tadellos. Er verdiente diese ganze Zeit hindurch etwas mehr als 1,85 Doll. durchschnittlich, während er vorher nie mehr als 1,15 Doll. täglich verdient hatte, was damals in Bethlehem der normale Taglohn war. Er erhielt also 60% mehr Lohn als die anderen Arbeiter, die nicht nach dem Pensumsystem arbeiteten. Ein Mann nach dem anderen wurde ausgelesen und angelernt, 47,5 t Roheisen pro Tag zu verladen, bis alles Roheisen auf diese Weise verladen war. Natürlich erhielten sämtliche Beteiligte 60% mehr Lohn als die andern.“

Man erkennt an der Diktion dieser Passage über die Erhöhung des Leistungspensums des Arbeiters Schmidt und an derjenigen des gesamten Werkes, mit welch einfachen Mitteln die Betriebswissenschaft und Betriebswirtschaftslehre begonnen haben und welche großen Anstrengungen unternommen werden mussten, um im Reigen der etablierten Wissenschaften als solche anerkannt zu werden. Der Venezianer Mönch Luca Paccioli lieferte mit seinem 1494 erschienenen Werk „Summa de Arithmetica, Geometria, Proportioni et Proportionalita“ die Grundlagen der doppelten Buchführung und markierte den Beginn der Betriebswirtschaft als Wissenschaft. Im Vergleich zu anderen Wissenschaften sind bis zum Ende des neunzehnten Jahrhunderts nicht sonderlich viele markante Arbeiten zu vermerken, so dass diejenigen Frederick Taylors, bemerkenswerterweise ein Ingenieur, einen wesentlichen Startpunkt der modernen Betriebswirtschaftslehre darstellen.

Für Taylor blieb es nicht etwa bei der verbalen Beschreibung seiner empirischen Ergebnisse. Als Ingenieur hatte er natürlich die Vorstellung, diese in einer oder mehreren Formeln allgemeiner Gültigkeit zusammenzufassen – zwölf sollten es schließlich sein: Ein sehr schwieriges, aber äußerst nützliches Unterfangen. Die Schilderung des Versagens der seinerzeit um Rat gefragten Mathematiker in Taylors Werk ist lesenswert und symptomatisch (F. W. Taylor: Die Grundsätze wissenschaftlicher Betriebsführung, S. 117):

„Wenn ein guter Mathematiker versuchen würde, die richtige Antwort zu finden, d. h. aus ihnen die günstigste Schnittgeschwindigkeit und den dementsprechenden Vorschub auf die gewöhnliche Art auszurechnen, so würde er zur Lösung eines einzigen Problems sicherlich 2 bis 6 Stunden, also weit länger brauchen, als in den meisten Fällen der Arbeiter brauchen würde, um die ganze Arbeit auf seiner Maschine zu vollenden. Es war darum für uns eine Aufgabe von eminenter Bedeutung, eine schnelle Lösung dieser Probleme zu finden. Daher wurde sie einem bekannten Mathematiker nach dem anderen vorgelegt. Man bot ihnen jede annehmbare Summe für eine schnelle und praktische Methode zur Lösung der Formeln. Einige von ihnen warfen kaum einen Blick darauf, andere ließen sie 2 oder 3 Wochen lang auf ihrem Schreibtisch liegen, um höflich zu erscheinen. Im Großen und Ganzen erhielten wir von allen dieselbe Antwort: Bei mathematischen Gleichungen mit 4 Variablen und manchmal auch bei solchen mit 5 bis 6 Variablen wäre ja häufig eine Lösung noch verhältnismäßig einfach zu finden, offenbar unmöglich wäre es aber, eine Gleichung mit 12 Variablen anders zu lösen als auf dem mühseligen Weg des Versuchens, Irrens und Wiederversuchens."

Taylor entwickelte schließlich selbst einen Rechenschieber, der es jedem guten Metallarbeiter auch ohne Mathematikkenntnisse gestattete, eine derartige Gleichung in weniger als einer halben Minute zu lösen. Dies zeigt einmal mehr die enorme Begabung Taylors, wissenschaftliche Erkenntnisse praktisch umzusetzen.

Bei den Schlussbemerkungen der Principles führt Taylor Hauptpunkte auf, die das Management besonders achten muss. Es lohnt sich, diese zu lesen, weil viele auch heute noch uneingeschränkt, allerdings mit anderen Namen belegt, gelten (F. W. Taylor: Die Grundsätze wissenschaftlicher Betriebsführung, S. 139; kursive Ergänzungen durch die Autorin):

1. „Zeitstudien" mit den notwendigen Instrumenten und Methoden, um sie einwandfrei durchzuführen.
1. „Spezial- und Funktionsmeistertum" als Ersatz für die weit unvorteilhafteren, althergebrachten Einzelmeister.
2. Die „Normalisierung aller Werkzeuge und Geräte" in den verschiedenen Gewerben und ebenso aller Handgriffe oder Bewegungen der Arbeiter für jede Arbeitsgattung *(heutzutage die entsprechenden technischen Normen).*
3. Als wünschenswerte Einrichtung: ein „Arbeitsverteilungsbureau" oder eine Dispositionsabteilung, man könnte vielleicht deutsch kurz Arbeitsbureau sagen *(heutzutage der elektronische Leitstand).*
4. Das „Ausnahmeprinzip in der Leitung" *(heutzutage die verschiedenen Fortschreibungen des Management by Exception).*
5. Der „Gebrauch von Rechenschiebern" und ähnlichen zeitsparenden Instrumenten *(heutzutage die PCs verschiedenster Prägung).*
6. „Instruktions- und Anweisungszettel" für die Arbeiter.
7. „Bonus" für erfolgreiche, zufrieden stellende Erfüllung des Pensums *(heutzutage die Mitarbeiterbeteiligung generell und andere Anreizsysteme).*
8. Das „Differentiallohnsystem".

9. „Mnemotechnische Systeme“ für die Klassifizierung fertiger Produkte, wie auch der bei der Fabrikation verwendeten Geräte, Werkzeuge und Instrumente *(heutzutage die Schlüsselsysteme zur Systemverwaltung).*
10. „Zerlegung der Aufträge“ in ihre Bestandteile und Verteilung derselben an die einzelnen Abteilungen *(heutzutage das Job Scheduling).*
11. „Moderne Selbstkostenberechnung“ etc. *(heutzutage die verschiedenen Formen der Deckungsbeitrags- und Einzelkostenrechnung)*.

Diese Passage zeigt deutlich, welch bedeutende Erkenntnisse Taylor für den Beginn der Betriebswirtschaftslehre als Wissenschaft gewonnen hat.

Seine umfangreiche Vortragstätigkeit führte Frederick Taylor zu Verbänden, Universitäten, berufsständischen Institutionen etc. in den USA. Speziell mit der damaligen Ausbildung an Universitäten war er nicht einverstanden; er bemängelte das Auswahlprinzip, die Disziplinlosigkeit und zu praxisferne Ausbildung der Studenten, speziell der Ingenieursstudenten. Er schlug vor, dass Studenten auch eine Praxisphase mit körperlicher Arbeit vorgeschrieben werden müsse und legte sich mit dieser Ansicht selbst mit Präsidenten, z. B. demjenigen der Harvard-Universität, an (vgl. D. Nelson, 1980, S. 187).

Ehrungen blieben für Frederick W. Taylor natürlich nicht aus, so wählte ihn die American Society of Mechanical Engineers (A.S.M.E.) zu ihrem Ehrenpräsidenten, und die Universität Philadelphia ehrte ihn 1906 mit einem Ehrendoktor Sc.D., was hierzulande einem Dr.-Ing. e. h. entspricht. Anlass war die Einweihung eines neuen Gebäudes der Ingenieursausbildung. Taylor war Präsident der A.S.M.E. so dass er die Fest-Ansprache hielt. Deren Titel ist auf Grund seiner Länge und des für eine Festansprache ungewöhnlichen Inhalts erwähnenswert. Er lautete: „A Comparison of University and Industrial Methods and Discipline; Being a Protest against the Excesses of the Elective System and Loose University Discipline, and a Plea for bringing Students Early into Close Contact with Men Working for Their Living“. Die Ansprache war ein einziger Angriff gegen die Disziplinlosigkeit an den Universitäten, ein Auszug soll dies belegen (F. B. Copley, S. 262):

„As to college discipline, it cannot be a good training for after life for a young man deliberately to be told at the university authorities that he can flagrantly neglect his studies sixty times in one term before any attention will be paid to it; while, if in business, the same young man would be discharged for being absent two or three times without permission.“

Nach 1910 verschlechterte sich Taylors Gesundheitszustand, er litt an Diabetes. Er starb am 21. März 1915 in Philadelphia an einer Lungenentzündung, die er sich bei einer Vorlesungsveranstaltung zugezogen hatte. Der Grabstein seines Grabes in Germantown bei Philadelphia trägt die Inschrift:

„The Father of Scientific Management“.

Literatur

F. B. Copley: Frederick W. Taylor – Father of Scientific Management, Bd. II, Routledge/Thoemmes Press, London, 1993.

C. Brown: Racial Conflicts and Violence in Labor Market – Roots in the Steel Strike 1919, Garland Publishing, New York & London, 1998.

D. Nelson: TAYLOR, Frederick Winslow, in: American National Biography, Oxford University Press, Band 21, 1999, S. 373f.

D. Nelson: Frederick W. Taylor and the Rise of Scientific Management, The University of Wisconsin Press, 1980.

F. W. Taylor: Die Grundsätze wissenschaftlicher Betriebsführung, Deutsche autorisierte Ausgabe von Rudolf Roesler, Verlag R. Oldenbourg, München und Berlin, 1913.

(UB 04/01, Autorin: M.Niedereichholz)

9.8 Lyndall F. Urwick

Zu der ersten Generation der Pioniere der Unternehmensberatung gehörten um die Jahrhundertwende bekanntlich Frederick Taylor, Henry Gantt, Arthur D. Little und Harrington Emerson. Die Ausrichtung dieser Pioniere war im Wesentlichen operativ, durchaus ingenieurmäßig orientiert.

Zwischen 1910 und 1940 begründete eine zweite Generation von Pionieren die Richtung des Scientific Management Consulting mit Persönlichkeiten wie James O. McKinsey und Edwin Booz in den USA, Charles Bedeaux in Frankreich und Lyndall F. Urwick in England.

Letzterer wurde am 3. März 1891 geboren, besuchte Repton und New College in Oxford und erhielt 1913 einen Abschluss als B.A. sowie 1919 als M.A. Sein Berufsleben begann Urwick in der im Besitz der Familie befindlichen Handschuh-Manufaktur.

Nach der Teilnahme am Ersten Weltkrieg folgten weitere Tätigkeiten bei Rowntree & Co., der Management Research Group und 1929 als Direktor des International Management Institute in Genf. Die hier gemachten Erfahrungen fanden ihren Niederschlag in dem Werk „The Meaning of Rationalization“. Als während der Weltwirtschaftskrise 1933/34 das Institut geschlossen werden musste, kehrte Urwick nach England zurück und gründete die Managementberatung Urwick, Orr & Partners, was zur damaligen Zeit ein absolutes Novum war.

Während des Zweiten Weltkriegs war Urwick zuerst Organisationsberater des britischen Finanzministers und ab 1942 als solcher im Petroleum Warfare Department tätig. Dort erreichte er den Grad eines Lieutenant-Colonel und begründete seine Expertise und Kompetenz auf dem Gebiet der Stabsorganisationen.

Von 1945 bis 1965 leitete Urwick seine Managementberatung und war, seinem starken Interesse an wissenschaftlicher Tätigkeit entsprechend, Gastprofessor an den Universitäten von Toronto, New South Wales, California und Minnesota. Speziell in den USA wurde Urwick immer höchster Respekt gezollt. Im Ruhestand zog er 1963 nach Australien, wo er am 5.

Dezember 1983 in Sydney im Alter von 92 Jahren starb. 1984 erwarb Price Waterhouse & Co in Australien Urwick International und firmierte dann als Price Waterhouse Urwick.

Lyndall Urwick verband – ähnlich wie Bruce Henderson – den Wunsch, Unternehmensorganisationen wissenschaftlich zu durchleuchten und Klienten seine Kenntnisse auf diesem Gebiet praktisch beratend zur Verfügung zu stellen. So kam es, dass er erfolgreicher Managementberater in England und nicht minder erfolgreicher und angesehener Wissenschaftler wurde, wobei seine Reputation mehr in den USA als in England anerkannt war.

Zu seinen wichtigsten wissenschaftlichen Werken zählen: Factory Organization (1928, mit C. Northcott, O. Sheldon, J. Wardopper), The Meaning of Rationalization (1929), Dynamic Administration: The Collected Papers of Mary Parker Follett (1941, mit H. Metcalf), The Elements of Administration (1947), The Making of Scientific Management (1957, 2 Bände, mit E. F. L. Brech), Staff in Organization (1960, mit E. Dale), Leadership in the twentieth Century (1965), The Pattern of Management (1965).

Viele Werke – etwa „Staff in Organization“ – enthalten verblüffend moderne Gedanken des Reengineering und könnten auch heute noch zu den Literaturempfehlungen in entsprechenden Seminaren zählen. Urwicks Untersuchungen auf diesem Gebiet, basierend auf seinen Erfahrungen bei militärischen Stäben, sind auch heute noch aktuell und beachtenswert.

Suspekt waren Urwick allerdings die Professoren der Business Schools an Universitäten, bei denen er oft als Gastprofessor mitwirkte: „Sie denken und schreiben zu viel“ – eine Meinung, die angesichts der Flut heutiger Managementliteratur und des „publish or perish“ eine besonders aktuelle Bedeutung hat. Urwick meinte schon in den 60er Jahren, dass neue Managementtheorien wie eine Form ständig neuer Schwangerschaften, alle neun Monate, die Praxis zu beglücken versuchten. Was würde er von der heutigen Veröffentlichungs-Hybris auf diesem Sektor halten?

Besonders hart ging er mit seiner Alma Mater in Oxford ins Gericht, indem er formulierte, dass er dort nichts gelehrt bekam, was er gerne lernen wollte. Mit dem Spruch „Professors are generally teaching what they want, instead of that what students want to learn“ war er in akademischen Kreisen bekannt, allerdings vielleicht nicht beliebt.

Lyndall Urwick erhielt hohe Auszeichnungen: Order of the British Empire and Military Cross (British Army), Gantt Medal (American Management Society and American Society of Mechanical Engineers), Knight First Class, Order of Saint Olaf (Norwegen). Er war hoch angesehenes Mitglied in vielen berufsständischen Organisationen: Fellow des British Institute of Management, Charter Fellow der International Academy of Management, Fellow der Academy of Management und Life Member der American Management Association.

Dies zeigt, dass Lyndall F. Urwick seine international angesehene Managementberatung vor allem aus einer wissenschaftlichen Berufung heraus gründete und leitete und nicht – wie heute oft anzutreffen – aus reiner Sucht, Berater zu werden oder weil der Markt dies jedem gestattet. (UB 03/00)

9.9 William Manson Mercer

„A working labourer is always happier than a retired bank president“

Der gewählte Sinnspruch zeigt bereits, dass William Manson Mercer, der Gründer der heute weltweit agierenden Mercer Consulting Group, eine außergewöhnliche Persönlichkeit gewesen sein muss.

Er wurde am 2. September 1918 in Nanaimo, auf Vancouver Island, gegenüber Vancouver gelegen, als Sohn eines schottischen Sägemühlen-Vorarbeiters geboren. Nach einem einjährigen Besuch der University of British Columbia übte er zunächst Tätigkeiten aus, die nicht unmittelbar vermuten lassen, dass er eine der erfolgreichsten Beratungsfirmen gründen würde:

Einer zeitweiligen Beschäftigung beim meteorologischen Department von British Columbia zum Errichten von Wettervorhersagestationen folgte eine Tätigkeit bei der Royal Rown Soap Company, wo einfache Tätigkeiten wie Verpackungsarbeiten, Seifenverkauf und das Fahren von Reklame-LKWs für 15 CAN$ pro Woche anstanden. Nachdem er eines Nachts zeitweilig erblindet zusammenbrach und man bei ihm, im jungen Alter von 18 Jahren, Diabetes konstatiert hatte, wurde William Mercer arbeitslos. Auch die Royal Canadian Air Force lehnte ihn bei Kriegsbeginn wegen seiner Krankheit ab, sodass er sich entschloss, das begonnene Studium fortzusetzen, um es 1943 mit einem Bachelor of Commerce abzuschließen.

Nach dem Studium arbeitete er zunächst für das Bureau of Statistics in Vancouver und untersuchte die Entwicklung der Lebenshaltungskosten, eine Aufgabe, die besonders langfristigen Charakter hat, liest man doch rund sechzig Jahre später bei www.wmmercer.com unter der Rubrik „What's new?“ als erstes: Worldwide Cost of Living Survey.

Der nächste Arbeitgeber von William Mercer war die Powel River Company, wo er die Aufgabe erhielt, einen Pensionsplan zu erarbeiten – eine Angelegenheit, die in Nordamerika Anfang der vierziger Jahre nicht sehr verbreitet war und wofür es wenig Vorbilder gab. Mercer erledigte die Aufgabe zur Zufriedenheit und unter Hinzuziehung von Annuitätenprogrammen, die bei Regierungsstellen und Versicherungen vorlagen.

Etwas später musste ein gewisser Ralph Brown von der Crown Life Assurance Company in Vancouver ebenfalls einen Pensionsplan für einen Großhändler erstellen und holte sich Rat bei Bill Mercer ein. Das Ergebnis der Konsultation war die Gründung der William M. Mercer Limited am 1. Mai 1945, zu der Brown 25 CAN$ (sic!) einbrachte und eine Bürgschaft für ein Darlehen von 1000 CAN$. William Mercer war zu diesem Zeitpunkt gerade mal 26 Jahre alt und hatte den Grundstein für eines der großen Beratungsunternehmen gelegt, dessen Beratungsangebot auch heute von der Anfangsexpertise und dem Gebiet der ersten Arbeiten des Gründers geprägt ist.

In der Nachkriegszeit expandierte das Unternehmen mit seinem Expertenwissen auf dem Gebiet der Pensionspläne schnell. Im Oktober 1946 schrieb W. Mercer in der Vancouver Sun: „The introduction of employees pension plans, under the guidance of a Vancouver firm of Consultants, is gaining momentum rapidly. “

Er nahm auch oft zu anstehenden Problemen in direkter Weise Stellung, kritisierte durchaus die Regierung und äußerte innovative Ansichten bei öffentlichen Reden, was seinem Unternehmen durchaus Publicity bescherte. Bei der Arbeit war er ein Workaholic, was sich oft so äußerte, dass er eine gute Idee nachts mit Mitarbeitern diskutieren wollte und dabei die dreistündige Zeitverschiebung zwischen Vancouver und Toronto vergaß. Er wandte sich z. B. vehement gegen Frühpensionierungen (early retirements) und empfahl in der Vancouver Sun Arbeitnehmern, die heutzutage außergewöhnliche und schwer durchführbare Reaktion auf einen Vorschlag zum verfrühten Ausscheiden:

„If you work for an employer who forces Retirement at a specific age, and if you plan to be alive and well at that age find a job with an employer who doesn't practice compulsory retirement or better still go into business for yourself. Remeber a working labourer is always happier than a retired bank president.“

Die Freizeit verbrachte Bill Mercer gerne auf seiner 50-Fuß-Yacht „Arcasia“, die von den Mitarbeitern nur die „Presidential Yacht“ genannt wurde. Auch Meetings und Partys fanden oft auf der Arcasia statt. Sein Arbeitsstil war sehr kollegial, so versuchte er beispielsweise jeden Mitarbeiter persönlich zu kennen, was seinerzeit vielleicht noch möglich war, heutzutage bei 12 500 Angestellten der Consulting Group in mehr als 125 Städten in 34 Ländern sicherlich nicht mehr.

1955, als gerade vier Büros in Kanada eröffnet waren, wurde ein monatlicher Mitarbeiter-Brief initiiert, den Bill Manson folgendermaßen ankündigte:

„The Staff Letter will relate harmless gossip about all of us. It will tell something about the history of the firm; about its plans for the future; mistakes it has made and discussions on how we can prevent them happening again; suggestions on how we can increase our volume of business and how we can do it more profitably; how we can cut expenses; clients acquired and clients lost and how we acquired them and how we lost them; our accumulative financial position throughout the year and anything else which is of interest to all of us and which helps us to work as a team … The Staff Letter will always be frank."

Seine Mitteilungen waren, mit den Maßstäben der heutigen Zeit gemessen, ziemlich unkonventionell, sowohl was Erfolge als auch was Misserfolge betraf. So schrieb er in einem Staff Letter im Oktober 1956:

„I have never been very sympathetic with the ‚Do-it-yourself' trend which has appeared over the last few years. I have found that the results speak for themselves and are usually abortive. This trend seems to have crept into the pension field in Alberta and the results are of about the same quality as we could expect from a pension consultant trying to build his own house. There are two large companies who could have used our services but declined them and have had a great deal of difficulty in getting their hairbrained schemes approved. It is nice to be able to smile and say , I told you so' but of course we would rather have a fee!"

Seine Management-Philosophie war ebenfalls ungewöhnlich, was die Devise „Never be afraid to hire People smarter than you are, because if you have them snapping at your heels it will keep you on your toes" zeigt.

Für gute Arbeit gab es beachtliche finanzielle Anreize, die für alle Angestellten entsprechend einem Bonus-Plan am Ende des fiskalischen Jahres (30. April) ausgezahlt wurden. Als Weihnachtsgeld erhielten alle Mitarbeiter ein halbes Monatsgehalt, was in den fünfziger Jahren einen beachtlichen Bonus darstellte.

William M. Mercer war ein humorvoller, sozial engagierter, erfolgreicher Unternehmer, doch belegen Zeitzeugen auch, dass er seiner oftmals ungewöhnlichen Wortwahl entsprechend, auch als autokratisch eingestuft werden könnte (Info Vol.1, No. 4, September 1983, S. 6).

Die humorvolle Seite seiner Person war allerdings sehr ausgeprägt, wie anders sollte man die Einladung zu einer Christmas Party für die Mitarbeiter Weihnachten 1950 mit dem !!umseitig wiedergegebenen Menü interpretieren.

Drei Monate nach der Übernahme seines Unternehmens hielt William Mercer eine Rede vor einem Absolventen-Jahrgang der University of British Columbia. Sie zeugt davon, dass er sicherlich ein erfolgreicher Unternehmer war, dabei aber auch ein Idealist geblieben ist. Hier ein Auszug:

„Be inquiring and skeptical but blend your skepticism with tolerance, good humour and good manners. Remember no one, even your superior, is completely wrong and in your younger years he is probably less wrong than you are. Don't be phony. Don't join a golf club for any other reason than to play golf. If you join a Service club, join only because you believe in its goals, not to make contacts. Never buy a drink for a man because you want to sell him something. Business progress is not made by artificial contacts and camaraderie. You will make progress only if you are intelligent, if you work hard and if you maintain a high standard of ethics. You will never get ulcers from working hard. You may very well get them from being denied the opportunity to work hard enough. You will almost certainly get them if you work at something you don't believe in … Never trade anything for security. Security not religion is the opiate of the masses. Real security is the ability to work to do something useful and to do it better than someone else can."

MERCER CHRISTMAS CLAMBAKE ET SOIREE

(An alimentary non-contributory employee benefit)

Des belles Fruits extraordinaires stenographies
Celery I.B.M. Pickles actuarie

Consommé H & D (hot and dirty)

Filet Mignon Level Annual Premium
avec negatif values fruites

Vin Rouge – Canadien 1937 Standard (easy mortality)

Pommes de terre C.N.R. Vegetables que sera, sera

Salade Comprehensif couvert de Blue Croix

Parfait confusion rampant à l'Administration
Gateaux assortis (3-1/2, 3-3/4, 4 %)

Café comme consultants (lukewarm and late)

JOYEUX NOEL!!! JOYEUX NOEL!!!

Granite Club Toronto 12 December 1950

Anfang 1959 kam es zur Übernahme seiner Firma durch Marsh & Mc Lennan (MMC), einer seit 1871 im Versicherungswesen und Risk Management tätigen Firma in den USA. Bill Mercer starb bald danach am 30. August 1961 im Vancouver General Hospital im jungen Alter von 43 Jahren an den Folgen eines Schlaganfalls und hinterließ Frau und sechs Kinder. An der University of British Columbia wurde zum Gedenken an William Mercer ein Memorial Scholarship Fund eingerichtet.

Die Firmenentwicklung brachte in den sechziger und siebziger Jahren und bis heute ein rasantes Wachstum mit sich. Im Jahre 1966 wurde die „Association of Actuaries of Marsh & McLennan and Mercer“ gebildet, um einen engeren Zusammenhalt zu gewährleisten (Aktuar: Versicherungsmathematiker). Am 1. Juli 1975 ging die „Employee Benefits Operation“ von Marsh & Mc Lennan völlig mit Mercer zusammen als William M. Mercer Inc. Bis dahin war die Benefit Consulting Group ein Department innerhalb Marsh & Mc Lennan. Die Integration dauerte, wie die Jahreszahlen zeigen, lange, was heutigen Mega-Mergern im Consulting-Bereich Mut machen kann.

Zum Verfolgen der weiteren rasanten Entwicklung der Mercer Consulting Group, kann man den Internet-Auftritt zu Rate ziehen (vgl. www.mercermc.com, www.wmmercer.com), der leider für die Person des Gründers nicht viel Platz übrig hat. In den Milestones von Marsh & McLennan, wird unter www.mmc.com (Anf. 2001) zum Jahr 1959 eine kurze Hommage an und ein Foto von William Mercer im Kreis damaliger Kollegen gebracht sowie zur endgültigen Integration 1975 die Bemerkung, dass die William M. Mercer Inc. „the stage for exponential growth of MMC's consulting business“ darstellte. Auf der Homepage der kanadischen Mercer-Niederlassungen steht stolz: „Canada is Mercer's birthplace“, ist doch William M. Mercer unangefochten die weltweit größte Unternehmensberatung auf dem Gebiet der Vergütungs- und Pensionssysteme. Mit gutem Grund heißt es deshalb in der Festschrift zum fünfzigjährigen Bestehen: „The man had a vision“ (vgl. Mercer, 1995). Der kanadischen Niederlassung sei Dank für die Überlassung des Fotos gesagt.

Literatur

William M. Mercer Ltd.: The First Quarter Century, 1945–1970 (the Canadian story), 1970.

William M. Mercer Ltd.: Info Letter Vol.1, No. 4, September 1983.

William M. Mercer Limited: 1945–1995, Toronto, 1995.

(UB 04/00)

9.10 John Diebold

Mr. Automation

John Diebold war einer der ersten Gründer eines Beratungsunternehmens auf dem Gebiet der Datenverarbeitung in den USA und sicherlich einer der bedeutendsten. Sein Lebensweg ist außergewöhnlich und zugleich US-typisch.
John Diebold wurde am 8. Juni 1926 in Weehawken, New Jersey als Enkel deutscher Einwanderer geboren und erlangte 1946 einen BSc von der Merchant Marine Academy sowie 1949 einen BA in Wirtschaftswissenschaften am Swathmore College. Den MBA erhielt er 1951 mit Auszeichnung an der Harvard University.

Akademisch bestens ausgewiesen, trat Diebold 1951 bei Griffenhagen & Associates, einer der frühen und seinerzeit führenden Management Consultancies, mit einem Gehalt von 300 US$ pro Monat ein, wurde bereits 1957 ihr Eigentümer und 1960 Chairman of the Board von Griffenhagen-Kroeger, Inc.. Schon 1954 hatte er die Diebold Group, Inc. in New York gegründet und im nächsten Jahr mit der Gründung von Diebold Europe, S.A. die Expansion nach Europa begonnen. Es folgten weitere Gründungen in den USA, wie die John Diebold, Inc. als Investment-Firma sowie DCL, Inc. (Diebold Computer Leasing), eine Holding für Computer Leasing-Aktivitäten. Wie man sieht, war John Diebold von Anfang an in dem stark aufkommenden Computer Business dabei, so auch in dem Ende der 60er-Jahre sehr forcierten Computer-Leasing-Geschäft, das half, die damals sehr hohen Kauf- und Mietpreise der Hardware-Anbieter zu umgehen. Im Jahr 1968 wurde in Paris die Gemini Computer Systems gegründet, die unter anderem das Ziel verfolgte, die damals als sehr bedrohlich angesehene und ständig diskutierte Software-Lücke (Software Gap) zwischen Europa und

den USA zu schließen. Später wurde Gemini Computer Systems, die damals nur Software produzierten, u.a. geschätzte Tools wie Transaction Monitors, an Serge Kampf verkauft (vgl. Pionier Kampf), womit der Weg zu den Namen Cap Gemini Sogeti, Cap Gemini und Gemini Consulting gewiesen ist.
John Diebold gründete schon früh Tochtergesellschaften im Ausland (vgl. o.V., S. 31):

1958 in England (dort 1957 als Urwick Diebold Ltd. gestartet (vgl. 9.8 Lyndall F. Urwick)) und den Niederlande 1959 in Deutschland,

1973 in Österreich,

1983 in Ungarn,

1986 in der Schweiz sowie in vielen anderen Ländern

Ende der sechziger Jahre war Diebold auch Board Member bei Prentice Hall, einem der frühen, großen Verlage für die Datenverarbeitungsliteratur und deren damaliger wissenschaftlicher Version, der Computer Science, deren erstes Curriculum bekanntlich 1968 in den CACM (Communications of the Association for Computing Machinery) erschien.
Diebolds Wissen als Berater wurde auch in starkem Maße von der US-Regierung in Anspruch genommen, der er in vielen Kommittees beratend zur Seite stand:

1962 bis 1966: U.S. Secretary of Labor's Advisory Committee on Manpower andAutomation (1952 war bereits sein berühmtes Buch „Automation" erschienen),

1963: President Kennedy's Kommission zum 50. Jahrestag des Department of Labor,

1963: Mitglied der U.S.-Delegation der Wissenschaftskonferenz der Vereinten Nationen in Genf,

1963 bis 1976: Mitglied des Advisory Council der Society for Technological Advancement of Modern Man – um nur einige zu nennen.

Auch auf internationaler Ebene engagierte sich John Diebold über das reine Beratungsgeschäft hinaus, etwa im National Committee on U.S.- China Relations, beim Business Council for International Understanding, beim International Institute for Strategic Studies in London und bei vielen anderen Institutionen.

Natürlich war John Diebold auch auf wissenschaftlichem Gebiet tätig, etwa in Kommittees der Harvard University, Columbia University, Vanderbilt University und Carnegie-Mellon University, durchweg Institutionen mit höchstem Renommée und im Ranking, wie man heute sagen würde, ganz oben stehend. Eine seiner bedeutendsten Auszeichnungen erhielt er 1980 in Form des Distinguished Information Science Award der Data Processing Management Association (DPMA), einer sehr begehrten und international höchst anerkannten Auszeichnung. Er befindet sich damit in einer Reihe mit den profiliertesten Computer-Pionieren als Computer Sciences Man of the Year der DPMA wie Grace Hopper (1969), Frederick P. Brooks (1970) oder Gene M. Amdahl (1976).

Viele Buch-Veröffentlichungen weisen John Diebold auch als wissenschaftlichen Autor aus:

1952: „Automation“, das ihn, weil er die Bedeutung der Auswirkungen der einsetzenden Computer-Automation erkannte, zum „Mr. Automation“ machte und heute als Management-Klassiker angesehen wird;

1964: „Beyond Automation“;

1969: „Man and Computer“;

1973: „The World of Computer“;

1982: Unveränderte Neuauflage von „Automation“ als Management Classic der American Management Association;

1984: „Making the Future Work“;

1990: „The Innovators“, ein Werk über meist unbekannte Forscher und Erfinder bedeutender Neuerungen der vorhergehenden vierzig Jahre.

In seinem bekanntesten Werk „Automation“ beweist John Diebold Anfang der fünfziger Jahre einen erstaunlichen Weitblick, den seine Erläuterung zum „Problem der Freizeit“ im Kapitel „Soziale und ökonomische Wirkungen der Automation“ (J. Diebold, S.257f) aufzeigt:
„Mit der Schaffung zufrieden stellender Arbeitsplätze durch die Automation wird auch das Problem der Freizeitgestaltung akuter werden. Wir müssen verstehen, unsere Gesellschaft auf eine Kulturstufe zu heben, auf der die Arbeit nicht mehr als alleiniger Daseinszweck unseres Lebens betrachtet wird. Nachdem unsere materiellen Nöte durch erhöhte Produktivkraft leichter zufrieden gestellt werden können und weniger menschliche Anstrengung in die Produktion zu gehen hat, erhält die Frage der Freizeit, als höhere Funktion, für uns alle ernsthafte Bedeutung. Das Akutwerden des Freizeitproblems wird von dem Tempo abhängen, mit dem die neue industrielle Technologie fortschreitet, und ferner davon, ob ein neuer Weltkrieg kommen wird. Wie weit und wie lange sich das Rüstungsprogramm des kalten Krieges ausdehnen wird, ist hierbei auch noch zu berücksichtigen. Je größer der Anteil der militärischen gegenüber der zivilen Produktion ist, desto weniger wird uns das Problem der Freizeitgestaltung Kopfzerbrechen bereiten. Aber auch beim schnellsten Tempo technologischer Entwicklung, mit dem kleinsten Anteil an Kriegsproduktion in der nationalen Erzeugung, wird der Komplex der Freizeit höchstwahrscheinlich nicht so schnell bedeutungslos werden. Er wird eine stufenweise Entwicklung nehmen und Zeit zur Anpassung lassen.

Dass die wachsende Freizeit ein Problem zu werden droht, ist natürlich eine Anomalie. Wir stehen daher vor der Notwendigkeit, die Frage nach der Wichtigkeit der Freizeit in unserem Dasein zu stellen und zu beantworten. Das Argument, das für die Senkung der Arbeitszeit am Tage und die Kürzung der Arbeitswoche bis jetzt ins Feld geführt wurde, war überwiegend damit begründet, dass der Arbeiter durch wenige Arbeitszeit leistungsfähiger würde. Dies ist ohne Zweifel auch richtig und viele der Änderungen der letzten fünfzig Jahre erfolgten allein aus dem Grunde, dem Arbeiter genügend Ruhepausen zu verschaffen, damit er an seinem Arbeitsplatz mehr leisten kann. Noch 1923 wurde für bestimmte Arbeiten in der Stahlindustrie ein Zwölfstundentag bei sieben Arbeitstagen in der Woche für notwendig

befunden. Erst ein Überwechseln zum Achtstundentag und zur Fünftagewoche erhöhte die Leistungsfähigkeit am Arbeitsplatz.
Ist nun aber für eine wertvolle Arbeitsleistung eine weitere Verkürzung der Arbeitswoche und Arbeitsstunden notwendig? Mehr und mehr wird heute die Frage gestellt: Wird das ganze Volk auch verstehen, mit der Freizeit etwas mehr anzufangen, und sie nicht nur als eine Ruhepause entgegennehmen, in der die Anstrengungen der Arbeit überwunden und in der man sich für die weitere Arbeit vorbereiten soll? Das ist mit eine der grundlegendsten Fragen unserer Zeit. Ihre Bedeutung wird zwar jetzt durch die Automation unterstrichen, wurde aber nicht von ihr hervorgerufen, denn dieses Problem begleitet uns in immer größerem Ausmaß, seitdem der Mensch gezwungen wurde, sich die allernotwendigsten materiellen Existenzgrundlagen zu schaffen."

Seit Beginn der achtziger Jahre betätigte sich Diebold auch zunehmend auf dem Gebiet der Organisations- und Strategieberatung und erweiterte dadurch das angestammte Gebiet der Technologieberatung, speziell der IT-Beratung. Ein besonderes Angebot war hierbei das „Diebold Research Program", eine Kontaktebene für Anbieter, Anwender und Wissenschaftler, nicht ganz billig aber wegen des hohen Niveaus sehr akzeptiert. Insbesondere die im Rahmen dieses Programmes regelmäßig stattfindenden Kamingespräche mit John Diebold im Schlosshotel Kronberg fanden regen Zuspruch. Ein ähnliches Ziel verfolgte das „Diebold Management Science Training Institute": Manager dem Beratungsprogramm zuzuführen. Das Diebold Management Journal rundete das Programm ab.

Ein alter Hase, wie John Diebold, weiß um die Wirkung der eigenen Person auf die Klienten, was deutlich in dem 1981 vom NDR spät abends ausgestrahlten, und deshalb in Fachkreisen wohl kaum registrierten, Film über die Person und Firma Diebold mit dem Titel „Mann in Eile" zum Ausdruck kam. Der Inhalt ist, wenn auch neunzig Minuten Zeit in Anspruch nehmend, wegen der US-typischen Sicht der Dinge und des direkten Bezugs zur Person John Diebolds interessant:

Der Diebold-Berater Gary Wenner, der die Gesamtbedeutung seines Beratungsprojektes noch nicht verinnerlicht hatte, kümmerte sich bei seiner Beratung nur um Teilprobleme eines Bereiches des Klientenunternehmens und sah nicht die Notwendigkeit der integralen Wirkung seiner Arbeit für das gesamte Unternehmen. Auch nach mehreren, im Film eindringlich demonstrierten, Diskussionen mit seinen Kollegen droht der Auftrag noch aus dem Ruder zu laufen, weil Gary Wenner unbelehrbar ist, bis John Diebold im besten Stil persönlich eingreift, Junior Gary an die Hand nimmt, ihm die Richtung zeigt und so den Auftrag rettet. Zu der entscheidenden Besprechung im Diebold-Headquarter in New York war John, wie im Film minutenlang zu sehen, per Fahrrad quer durch Manhattan geradelt und, damit noch nicht genug, durch die imposante Eingangshalle in den Aufzug sowie, auf dem Stockwerk angekommen, durch den Gang in eine Fahrrad-Abstellkammer.

Interessante Aufnahmen mit dokumentarischem Charakter zeigen John Diebolds Ziehvater, den Harvard-Professor und INSEAD-Initiator Georges F. Doriot, aber auch Walter Scheel, Gerhard Stoltenberg und Fiat-Chef Agnelli bei einem der bekannten Diebold-Seminare in der Algarve ins Gespräch vertieft, womit die Handlung rund um die Gary Wenner-Story abgerundet wird. Die Eile wird auch sonst eindringlich demonstriert: John Diebold im Flugzeug, von Termin zu Termin hetzend, auf Interstate-Highways durch Nevadas Wüstengegenden sausend und in letzter Minute noch rechtzeitig Konferenzen eröffnend. Zwischendrin taucht immer wieder Gary Wenner auf, uneinsichtig und keinen Argumenten übergeordneter Art zugänglich. Schließlich muss auch dem einfältigsten Betrachter nach neunzig Minuten klar sein: Es kommt bei der Beratung auf das Ganze an, das Unternehmen ist wichtiger als eine einzelne Abteilung. Soweit einige Einblicke, die der Film bietet.

Nach langen Jahren der Unabhängigkeit wurde die Mehrheit aller Anteile der europäischen Diebold-Niederlassungen am 22.8.1991 von der debis Systemhaus GmbH erworben, wobei über den Preis Stillschweigen bewahrt wurde. Da jedoch die Diebold-Gesellschaften in Europa in den achtziger Jahren stetig expandierten und profitabel waren, dürfte sicher ein Sales-Multiple von größer 1 erzielt worden sein (Umsatz der europäischen Diebold-Gruppe 1991 rd. 41 Mio DM).

John Diebold wollte sich schon seit einiger Zeit, zumal ohne Erben, aus dem aktiven Geschäft zurückziehen, hatte auch bereits mit 18 Prozent leitende Mitarbeiter an seinem Unternehmen beteiligt. Seine Wunsch-Käuferin war die Daimler Benz-Tochter debis bzw. debis Systemhaus, die allerdings wegen des bekannten Bank Holding Company Act der USA und des damals zu 28 Prozent in der Hand der Deutschen Bank befindlichen Daimler Benz-Konzerns die Muttergesellschaft Diebold USA nicht erwerben durfte. John Diebold gab alle Anteile an den europäischen Gesellschaften ab und behielt die US-Gesellschaft, gab dort allerdings die Namensrechte an debis ab. Die Diebold Group Inc. wurde in JD Consulting Group Inc. (JD für John Diebold) umbenannt. Sie führt die Beratungsgeschäfte in den USA mit wenigen Mitarbeitern weiter, allerdings stark eingeschränkt und auf wenige, wichtige Klienten der IT-Branche, also auf das Hauptinteressensgebiet von John Diebold, beschränkt.

Die 1991 laut gewordenen Ängste, dass die Firma Diebold bei debis ein abhängiges Beratungsunternehmen werden könnte, bewahrheiteten sich nicht. Die Produktunabhängigkeit blieb gewahrt, so dass das Vertrauen bei den Klienten keine Einbuße erlitt. Im Gegenteil, Diebold Deutschland konnte weiter auf Expansionskurs gehen und im August 1998 den zweihundertsten sowie im November 1999 sogar den dreihundertsten Mitarbeiter begrüßen. An dieser Stelle sei Diebold Deutschland auch Dank für das Foto des Gründers gesagt.

Wie die weitere Entwicklung und die Integration der Unternehmenskulturen nach Erwerb von 50,1 Prozent der debis Systemhaus GmbH durch die Deutsche Telekom im März 2000 aussehen wird, muss abgewartet werden. Die Deutsche Telekom wird nach ihrer Aussage die unternehmerische Führung übernehmen und sieht Synergien in dreistelliger Millionenhöhe sowie Platz 2 der Systemhäuser in Europa vor Augen (O-Ton Ron Sommer). Man kann nur hoffen, dass der honorige Name Diebold erhalten bleibt und nicht Schaden leidet.

John Diebold konzentrierte sich in den letzten Jahren auf das schon lange bestehende Diebold Institute for Public Policy Studies, für dessen Non-Profit-Tätigkeit der Name „Diebold“ weiter benutzt werden darf. Das Interesse Diebolds an den Wechselwirkungen der Entwicklungen auf dem IT- und Biotechnologiesektor und den staatlichen Rahmenbedingungen kam bereits in seinen frühen Veröffentlichungen zum Vorschein und wird in diesem Institut weiter verfolgt. Eine „History of the Firm“ soll aus seiner Feder entstehen und wird sicher großes Interesse finden.

Literatur
J. Diebold: Automation (deutsche Übersetzung), Verlagsgesellschaft Rudolf Müller, 1984.

NDR: Mann in Eile, 1981.

o.V.: Das Imperium des „Mr. Automation", in: Der Volkswirt, Nr. 12, 20.3.1970, S. 30–32.

(Basisversion: UB 02/99)

9.11 Bruce D. Henderson

„The experience curve is a contradiction of classical economic theory"

Vieles ist im Lebenslauf von Bruce D. Henderson bemerkenswert, insbesondere, dass er seiner Beratungsfirma nicht, wie alle anderen Gründer der großen US-Consultancies, den eigenen Namen gab: Er nannte sie stattdessen Boston Consulting Group.

Die zweite Tatsache, die besonders hervorgehoben werden muss und für die Branche revolutionär ist, ist diejenige, dass die Firma auf wissenschaftlich erarbeiteten Grundlagen aufbauend Erfolg hatte und Henderson bei der Gründung nicht nur einem Marktbedürfnis oder Trend der Zeit folgte, sondern seine Forschungsergebnisse umsetzen wollte.

Das Konzept der Erfahrungskurve ist vollständig von Henderson und Mitarbeitern der 1963 gegründeten Boston Consulting Group entwickelt worden und schließt alle Kostenelemente, also auch Kapitalkosten, Verwaltungskosten, Produktionskosten, Entwicklungskosten etc. ein, was es deutlich von anderen Arbeiten zu Lernkurven oder Fortschrittsfunktionen unterscheidet. Henderson begann seine Untersuchungen bereits in seiner Funktion als Manager bei Westinghouse aufgrund der unterschiedlichen Preisgestaltung der Lieferanten, die er wissenschaftlich untersuchte. Die ersten Erkenntnisse bei BCG stammen aus den Jahren 1965 und 1966, also kurz nach der Gründung. Besonders wichtig war eine Studie bei Texas Instruments im Jahre 1966, die auch die Bedeutung der Erfahrungskurve für die aufkommende Halbleiter- und Computerindustrie herausstellte. Es folgten hunderte, wenn nicht mehr, detaillierte Studien zum strategischen Konzept der Erfahrungskurve.

In den 70er Jahren wurde dieses dann die Basis der Entwicklung moderner Unternehmensstrategien und der hauptsächliche Erfolgsfaktor für BCG (vgl. B. D. Henderson: On Corporate Strategy, Abt Books, Cambridge, 1979; derselbe: The Logic of Business Strategy, Ballinger, Cambridge, 1984). 1975 wurde das erste Büro in Deutschland in München eröffnet, das dankenswerterweise das Foto zur Verfügung stellte.

Mit seinen Arbeiten hatte sich Henderson schon früh auf Gegenkurs zu traditionellen Ökonomen begeben. 1973 schrieb er: „The experience curve is a contradiction of some of the most basic assumptions of classical economic theory. All economics assume that there is a finite minimum cost which is a function of scale ... It is not true except for a moment of time ... Our entire concept of competition, anti-trust, and non-monopolistic free enterprise is based on a fallacy.“ Klare und harte Worte aus dem Kernland der ökonomischen Theorien.

In den 80er Jahren widmete sich Bruce Henderson erneut einem revolutionierenden Konzept, den „Bionomics“, um die Evolutionskonzepte der Biologie mit der Ökonomie zusammenzubringen – gut nachzulesen in „The Origin of Strategy“, seinem letzten Beitrag in der Harvard Business Review, 1989. Den traditionellen Ökonomen schreibt er ins Buch: „Human beeings may be at the top of the ecological chain, but we are still members of the ecological community. That is why Darwin is probably a better guide to business competition than economists are.“

Von Bruce Henderson kann man sagen, dass er mit seiner Grundausbildung als Ingenieur – oder gerade wegen dieser – ein guter guide für den Erfolg seiner Firma Boston Consulting Group war, die deshalb auch als besonders stark bei Strategieberatungen gesehen wird. Henderson starb 1992 im Alter von 77 Jahren in seiner Heimatstadt Nashville, Tennessee.
(UB 03/99)

9.12 Edwin G. Booz

The company doctor

Edwin Booz wurde 1888 in Reading, Pennsylvania als fünfter von sieben Söhnen einer Familie in bescheiden wirtschaftlichen Verhältnissen geboren. Während der Schul-, College- und Universitätszeit musste er sich mit unterschiedlichen Arbeiten sein Geld verdienen. Als er 1914 die renommierte Northwestern University in Evanston, Illinois mit einem B.A. in Economics und einem M.A. in Psychology verließ, hatte er ausbildungsmäßig die Grundlagen für die Gründung eines eigenen Unternehmens gelegt, das 1915 als Joint Venture gegründet wurde und ab 1917 unter dem Namen „Business Research & Development Company" in Chicago firmierte. Es hatte zum Ziel, den Wettbewerb in verschiedenen Branchen und

Industriebereichen zu untersuchen. Die wesentliche Motivation, als selbständiger Unternehmer zu arbeiten, hatte die Master Thesis mit dem Thema „Mental Tests for Vocational Fitness“ geliefert. Betreuer war Professor Walter Dill Scott, der Nestor der Industrie-Psychologie und eine Art Spiritus Rector für Edwin Booz. Während des ersten Weltkrieges wurde Edwin Booz als Gefreiter zum Militär eingezogen, erreichte schnell den Rang eines Majors und erarbeitete für seinen ehemaligen Professor, der im Rang eines Colonels stand, wesentliche Reorganisationskonzepte zur Verbesserung des bürokratischen Militär-Apparates im War Department. Nachdem er die Army im März 1919 verlassen hatte, wandte sich Ed Booz wieder seiner zivilen Beratungstätigkeit zu, nannte im Jahr 1924 sein Unternehmen in „Edwin Booz Surveys“ um und begann langsam Mitarbeiter einzustellen. Ihm war klar war, dass einer Expansion als Ein-Mann-Betrieb enge Grenzen gesetzt waren.
Im Jahr 1925 wurde George A. Fry, ein Northwestern-Absolvent, eingestellt, 1929 James L. Allen, ebenfalls ein Absolvent dieser Universität und 1935 Carl L. Hamilton , so dass die Firma 1936 in Booz, Fry, Allen & Hamilton umbenannt werden konnte. Das immer noch kleine Beratungsunternehmen expandierte nun und baute in den dreißiger Jahren eine dauerhafte Klientenbasis auf, so dass z.B. Johnson Wax, die auch wesentlich an der Entwicklung der Portfolio-Methode beteiligt waren, seit dieser Zeit bis in die 90er Jahre hinein zu dem treuen Klientenstamm zählte.
Im Frühjahr 1940, als die Verantwortlichen in den USA spürten, dass ihr Land in den zweiten Weltkrieg hineingezogen würde, trat man von Seiten der Navy an Booz, Fry, Allen & Hamilton heran, die Organisationsstrukturen der Navy auf den Krieg vorzubereiten. Es galt z.B. das veraltete Telephonsystem, die Postverteilung, die Managementstruktur u.v.a.m. zu reorganisieren. Die Firma engagierte sich und war fortan, zumal als die Army mit ähnlichen Wünschen auf sie zukam, praktisch nur noch für militärische Auftraggeber tätig. Noch bevor die Aufträge zu Ende geführt worden waren, kam es zwischen Ed Booz und Jim Fry, seinem Angestellten seit 1925 und Partner seit 1934, zur totalen Überwerfung bei der Frage, ob man sich so stark bei militärischen Auftraggebern engagieren sollte und zivile deshalb vernachlässigen dürfe. Fry verneinte dies und meinte, man müsse sich wieder verstärkt zivilen Auftraggebern zuwenden, da das militärische Geschäft zu temporär sei. Allen und Hamilton sahen sich zwischen den konträren Standpunkten der beiden Partner gefangen. Schließlich kam es zum Bruch; Fry verließ die Firma und gründete seine eigene. Ed Booz gab seiner Firma daraufhin im März 1943 den Namen, unter dem sie auch heute noch firmiert: Booz.Allen & Hamilton.
Für die direkten Nachkriegsjahre wurden auf der Basis der Prognose eines Reinvestitions-Booms die richtungweisenden Entscheidungen zur Umstrukturierung der Militärwirtschaft und für den Neuanfang der zivilen Wirtschaft vorstrukturiert. Es ging auch tatsächlich aufwärts und

Booz.Allen & Hamilton erhielt große Aufträge sowohl aus dem Industriebereich, als auch langfristige, die Auslastung garantierende, Verträge der US Air Force (Wright Field Job) auf dem Gebiet der Elektronikausrüstung , die in Verbindung mit den wichtigsten Flugzeugbauern durchgeführt werden mussten. Im Jahr 1947 konnten bereits 100 Mitarbeiter beschäftigt und zwei Mio US$ Umsatz erreicht wurden. Die Expertise der Firma hatte durch die Regierungsaufträge der Kriegszeit beachtlich gewonnen. Ed Booz zog sich 1946 teilweise aus seiner Firma zurück und starb im am 14. Oktober 1951 in Evanston.

In den fünfziger Jahren wurden die Beratungen auf die Bereiche Fertigungsindustrie, Elektronik- und aufkommende TV-Branche, Chemische Industrie und Energiewirtschaft ausgedehnt.
Booz.Allen & Hamilton beriet die Marine bei den Polaris-U-Boot-Projekten und entwickelte zusammen mit einer Navy Task Force und Lockheed verantwortlich die bekannte PERT-Netzplantechnik (Program Evaluation and Review Technique). Man wurde allmählich ein unabdingbarer Partner der Regierungsstellen in Sachen Raketenbau, so dass automatisch die nachrichtendienstliche Aufgabe des Erkundens des sowjetischen Vorsprungs/Rückstandes auf diesem Gebiet hinzukam. Hierzu wurde 1955 die Tochterfirma BAARINC Booz, Allen Applied Research Inc. gegründet. Diese expandierte schließlich, auch durch beratungsmäßiges Engagement im Vietnam-Krieg, so dass die Tochter fast zu groß für die Mutter zu werden drohte. Die Unstetigkeit der Militär-Aufträge ließen es jedoch nicht so weit kommen.

Im Jahr 1957 wurde in Zusammenarbeit mit Johnson Wax der für die Einführung des Produktlebenszyklus-Konzeptes richtungweisende Artikel „How to Organize for New Products" in der Harvard Business Review veröffentlicht (S. C. Johnson, C. Jones, 1957) – ein Meilenstein, ähnlich wie das Werk „Corporate Strategy" von H. Igor Ansoff aus dem Jahr 1965 (I. Ansoff, 1965). Alles, was in diesem Beitrag dargelegt und diskutiert wurde, ist heute noch gültig. Selbst die zugrunde gelegte Case Study von Johnson Wax liest sich, wenn man noch ein Quäntchen aktuelle Informationstechnologie, Datawarehouse, Knowledge Management oder Supply Chain Management untermischen würde, wie aus der Ist-Zeit stammend. So schreiben die Autoren unter der Überschrift „Location & Responsibility" beispielsweise folgendes:
„The selection and development of new products must, in the final analysis, be the responsibilty of top management. Not only does the selection of products determine the fundamental nature of business – its customers, competitors, and suppliers, as well as its internal facilities and personnel; but the product line establishes the limits of opportunity for maintaining and expanding the company, which can be no bigger and not much more profitable than the product field in which it competes. Also, product plans are the heart of competitive strategy; they are the starting point for over-all corporate planning, since they determine capital, personnel, and facility requirements."
Bestens geeignet für ein Management Summary einer heutigen Strategieberatung zur Produktentwicklung, könnte man sagen, doch immerhin schon fünfzig Jahre alt.

Die bekannte Abbildung (vgl. S. C. Johnson, C. Jones, 1957) zeigt die auch heute noch vielen Portfolio-Methoden zugrunde liegende Einteilung der Achsen in „Increasing Market Newness (No market Change/ Strengthened Market/ New Marekt)" und „Increasing Technological Newness (No Technological Change/ Improved Technology/ New Technology)".
Die Entwicklung der Methode geht sicher auf die Verankerung starker analytischer Fähigkeiten in der Firma durch den Firmengründer zurück, was auch in einem 1951 in der Firmen-Zeitschrift erschienenen Nachruf zum Ausdruck kommt. Ein Mitarbeiter hatte schon 1947 anlässlich einer Jahreskonferenz zum Ausdruck gebracht:
„I admire his deep sincerity, his high ideals, his uniformity of analysis, his ability to give and to take, his courage, his capacity for absorbing new tools, his burning desire to build soundly, his deep rooted conviction regarding the values of organization, his philosophical grasp of the implication of growth on perpetuation."

Im Jahr 1959 wird Booz.Allen & Hamilton im TIME-Magazin als „the company doctors" bezeichnet und als „the world's largest, most prestigious management consulting company". Seit dieser Zeit zählt das Beratungsunternehmen zu den angesehensten internationalen Beratungsunternehmen, wobei damals gerade einmal 300 Mitarbeiter beschäftigt wurden.
In den siebziger Jahren reihte sich ein Erfolg an den anderen (US Navy, NASA, Wall Street, National Football League, Bankenindustrie, Trident Contract, Chrysler Corporation). Booz.Allen & Hamilton hatte seit den ersten Aufträgen durch die US Navy immer einen hohen Anteil militärischer Beratungsaufträge aufzuweisen, was die folgenden Jahresangaben deutlich zeigen (vgl. www.bah.com/history):

1973 Trident Submarine Contract
1974 Budgetorganisation und Systemplanung für den Schah von Persien
1978 Saudi Naval Expansion Project (SNEP)
1987 NASA Space Station Contract (100 Mio US$ Beratungsvolumen)
1990 Aufträge aus Anlass des Golfkrieges.

Um die lukrative Auftragslage während des Golfkriegs ahnen zu können, lassen wir Jay Berry, pensionierter Mitarbeiter von Booz.Allen & Hamilton und ehemals Regionaldirektor Italien, zu Wort kommen (J. Berry, S. 33):
„Booz.Allen is a primary technological contractor to the U.S. military and several governments abroad. NASA was a big „first". The firm has been a key advisor to the U.S. Navy for years. Its exploits during the Gulf War would make your hair turn grey if I told you all the details (which I can't)."

Details einiger der o.a. Aufträge sind sehr interessant und rufen Erinnerungen an bewegte Zeiten wach. Im Oktober 1974 begann z.B. die Arbeit an einem lukrativen Auftrag für den Schah von Persien, bei dem Booz.Allen & Hamilton der US Navy half, die F14-Fighter bei der Air Force des Schahs einzuführen.
Die Tage Reza Pahlevis waren bald gezählt. Man hat das Bild des dem Schah auf dem Flugplatz bei der Ausreise am 16.1.1979 die Schuhe küssenden Offiziers noch vor Augen. Am 1.2.1979 kam Ayatollah Khomeini aus dem Exil bei Paris zurück. Die Situation war für US-Bürger, ob in ziviler oder militärischer Mission, äußerst gefährlich geworden. Die Führung von Booz.Allen & Hamilton hatte via Telefon rund um die Uhr mit den Mitarbeitern in den Büros in Teheran und Isfahan in Verbindung gestanden, um die Evakuierung, für die man einen pensionierten US Navy-Admiral engagiert hatte, anzuordnen. Sie erfolgte in letzter Minute; alle Aufträge waren allerdings abgeschlossen, keine Rechnung war unbezahlt geblieben (vgl. J. Bowman, S. 100).
Dies funktionierte nicht immer so gut. Bekanntlich hatte die CIA beim Erkennen der sich anbahnenden Situation im Iran versagt, so dass groteske Situationen entstanden. So musste z.B. die National Security Agency (NSA), die im Norden Irans mehrere der um die ganze Sowjetunion gescharten Lauschstationen installiert hatte, zwei dieser Posten mitsamt teuerster Hochleistungsrechner Cyber 176 der damals auf diesem Gebiet noch führenden Control Data Corporation aus Zeitmangel sprengen lassen; die Vorwarnungen des Umbruchs erfolgten zu spät, ein Abtransport war nicht mehr möglich (vgl. J. Bamford, S. 131 u.a.). Eine Cyber 176 hatte damals immerhin einen Listenpreis von etwa 30 Mio DM. Viele Firmen

mussten in großer Hast das Land verlassen, die KWU beispielsweise nicht vollendete Kernkraftwerke in Busher, über die jahrelang der Wüstensand wehte, zurücklassen.

Im Jahr 1970 erfolgte der Börsengang von Booz.Allen & Hamilton, recht bald danach (1976) allerdings die Reprivatisierung durch Rückkauf – eine interessante Tatsache in der heutigen Zeit hektischer Börsengänge: Man hatte die Gefahr der Übernahmemöglichkeit sowie die Liquiditätsprobleme, die sich ergeben könnten und tatsächlich ergaben, erkannt und wollte einen Riegel vorschieben.
Jay Berry beschreibt diese Probleme in seinem Artikel zum Vergleich der grundlegenden Vorgehensweisen bei Booz.Allen & Hamilton und McKinsey folgendermaßen (J. Berry, S. 33):
„But Booz.Allen has made some costly mistakes that handicapped the firm for years in comparison, for example, to McKinsey & Company, which worked out its success formula earlier and preempted Booz.Allen in many ways. While McKinsey was perfecting its formula for global expansion, Booz.Allen was wrestling with the internal headaches of having floated itself on Wall Street. The shortage of cash that derived from buying out expensive shareholdings from some of its old-timers placed Booz.Allen at a cash disatvantage in Europe, for example, at exactly the time that McKinsey, its principal rival, was going to town on European practice building.“
Immerhin war Booz.Allen & Hamilton in den frühen sechziger Jahren das größte Mitglied der Association of Consulting Management Engineers (ACME; jetzt ACMF Association of Consulting Management Firms) in den USA und konnte auch mit 70 Beratern die stärkste Europa-Präsenz aller US-Beratungsunternehmen aufweisen. Die Zahlen bei McKinsey um diese Zeit lauteten: 200 bzw. 15 Mitarbeiter. Bekanntlich erhielten die europäischen Niederlassungen der US-Beratungsunternehmen um diese Zeit (und auch noch später) etwa sechzig Prozent ihrer Aufträge von den im jeweiligen Land befindlichen Tochterfirmen der US-Konzerne, bei denen die Mutter in den USA als Beraterin Fuß gefasst hatte, eine Vorgehensweise, die schon Bedaux perfekt beherrscht hatte (vgl. Pionier Bedaux). In der Folgezeit sind allerdings Booz.Allen & Hamilton Fehler unterlaufen, die den Verlust der Führung zur Folge hatten. Jay Berry meint, dass wesentliche Problembereiche die Funktionsabgrenzung und Aufgabenerledigung der Regionaldirektoren in dem beginnenden globalen Zusammenspiel waren (vgl. J. Berry, S. 34 und M. Kipping, C. Sauviat, S. 13).
Die großen US-Beratungsfirmen gehörten bei der Globalisierung zu den Vorreitern und nahmen oft eine gebietsmäßige Aufteilung der Welt vor, wie sie bei den großen US-Konzernen üblich war. Bekanntlich wird oft der halbe Erdball zu einem Gebiet zusammengefasst (Beispiel EMEA – Europe, Middle East, Africa), womit schon der Grundstein zu den o.a. Problemen gelegt ist.
Zu den Daten der weiteren Firmenentwicklung in der neueren Zeit sei auf die Internetpräsenz www.bah.com verwiesen, wo hierzu viel Interessantes zu finden ist. Das Foto wurde dankenswerterweise von BAH Deutschland zur Verfügung gestellt.

Literatur
H. I. Ansoff: Corporate Strategy, New York, 1965.

J. Bamford: NSA, München, 2001.

J. Berry: Transition at Booz.Allen & Hamilton, in: Journal of Management Consulting, Mai 1997, S. 33–35.

J. Bowman: Booz.Allen&Hamilton – seventy years of client services 1914–1984, New York 1984.

S. C. Johnson, C Jones: How to Organize for New Products, HARVARD Business Review, vol. 35, No. 3, 1957, S. 49–62

M. Kipping, C. Sauviat: Global Management Consultancies: Their Evolution and Structure, University of Reading, Department of Economics, Discussion Papers in International Investment and Business Studies, Series B, Vol. IX (1996/97), S. 1–41.

(Basisversion: UB 04/99)

9.13 Ernest Edward Butten

Always selling

Ernest Edward Butten, bei PA nur EB genannt, ist der Gründer von PA Personnel Administration Ltd., heute die PA Consulting Group mit mehr als 3700 Mitarbeitern in mehr als 30

Niederlassungen in etwa zwanzig Ländern (2000). Er wurde am 28. Juli 1900 in East Molesey, Surrey geboren. Die Eltern lebten in bescheidenen Verhältnissen, wollten ihrem einzigen Kind jedoch eine gute Ausbildung geben und sandten es, nach einem Umzug nach London, auf die St. Paul's Ganztagsschule, eine der führenden Grammar Schools in England mit mehrhundertjähriger Tradition.
Noch im Jahr 1917 meldete sich Butten nach dem Schulabschluss bei dem Royal Flying Corps und leistete dort seinen Dienst bis zum Ende des ersten Weltkrieges. Im Jahr 1919 begann er, unterstützt durch ein Siemens-Stipendium, für das er sich beworben hatte, das Studium des Maschinenbaus am Imperial College der London University und beendete es 1923 mit einem BSc Honours Degree und dem City & Guilds-Diplom. An der Universität – und auch später als sehr guter Golfspieler – hatte Butten beachtliche sportliche Ambitionen entwickelt und z.B. die 100 Yards in 10 Sekunden durchmessen, was etwa 11 Sekunden auf 100 Meter entspricht. Nach heutigen Maßstäben, mit verbesserten Spartan-Bahnen und High Tech-Beinkleidern, muss man ihn also sehr guten Leichtathleten mit einer 100 Meter-Zeit von etwa 10,5 Sekunden einschätzen. Dies bewirkte in späteren Jahren, als der Erfolg seiner Firma eingetreten war, dass Butten beachtliche Fördermittel für den Golfsport zur Verfügung stellte (sog. „Butten Boys“) und durch seine Unterstützung beitrug, Ann Jones 1968 zum Sieg in Wimbledon zu verhelfen, was diese dankend in ihrer Autobiographie vermerkt.
E.E. Butten verließ also die Universität mit einer sehr guten Ausbildung und trat als Graduate Apprentice bei der Ingenieursfirma Metropolitan-Vickers in Birmingham und Manchester ein. Im Jahr 1925 sandte ihn die Firma nach Indien, um dort den Aufbau einer Fabrik zu leiten. Nach deren Fertigstellung wurde er gebeten, in Indien zu bleiben und als General Manager die Leitung zu übernehmen. Er tat dies auch für vier Jahre, war während dieser Zeit praktisch Mädchen für alles und lernte alle Facetten des industriellen Managements kennen. Anschließend kehrte Butten nach England zurück und trat in die British Bedaux Company ein, die 1924 von Charles Eugene Bedaux gegründet worden war und bereits erfolgreich auf dem Gebiet der Rationalisierung mittels Zeitstudien und darauf aufbauender Entlohnungssysteme arbeitete (vgl. A. Fogg).

Der Firmenname British Bedaux Company wurde allerdings später in Associated Industrial Consultants (AIC) und dann Inbucon geändert. Ende der sechziger Jahre wurde Inbucon, immerhin die älteste britische Management Consultancy, von dem amerikanischen Computer Leasing Anbieter Leasco übernommen. Leascos Chairman Saul Steinberg, damals im zarten Alter von 29 Jahren, hatte vier Millionen Pfund geboten, um mit der Übernahme von Inbucon den Fuß in den europäischen Markt zu bekommen (vgl. P. Tisdall, S.50).
Im Jahr 1931 wurde Butten – nach heutiger Bezeichnungsweise – Senior Consultant. Seine damaligen Mitarbeiter charakterisierten ihn mit den folgenden Attributen (vgl. A. Fogg):

- Always selling
- Enthusiast for everything
- Creative
- Full of boundless energy
- Always supportive.

Einige Jahre später war Butten einer der vier Direktoren von AIC und für die profitabelste Region, nämlich den Süden Englands, verantwortlich. Er war jedoch in der Folge mit manchen Entwicklungen bei AIC nicht einverstanden und verließ das Unternehmen deshalb zum

Jahresende 1942, um sein eigenes Beratungsunternehmen zu gründen. Hinderlich war dabei nur, dass in dem Vertrag mit AIC eine Karenzzeit von zwei Jahren festgelegt war, während der Butten nicht für einen Konkurrenten tätig werden oder eine eigene Firma gründen durfte. Das Jahr 1943 war allerdings auch ein schlechter Zeitpunkt für eine Firmengründung: Die Leistungsfähigsten waren eingezogen und die Kriegswirtschaftsgesetze erzwangen, dass der Wechsel der Firma genehmigungspflichtig war; am Arbeitsmarkt gab es praktisch kein Angebot. Allerdings war die Rüstungsindustrie auch auf die Umschulung von Millionen von Arbeitern und Angestellten angewiesen, die aus ihren angestammten Tätigkeiten in militärisch relevante umgesetzt wurden, so dass die Bedeutung von Schulungsmaßnahmen im ganzen Land erkannt worden war. Die Entscheidung Buttens, ein eigenes Beratungsunternehmen zu gründen, war wesentlich durch einige Bekanntschaften gefördert worden. Im Jahr 1941 hatte er Dr. Bowie von der Aberdeen University kennen gelernt, der eine Theorie der Mitarbeitermotivation durch gute Unternehmensführung und Personaladministration entwickelt hatte, die bedeutend einleuchtender als das die Arbeiter durch Zwang frustrierende Bedaux-System war. Hinzu kam die Erkenntnis, dass AIC ein, von dem AIC-Mitarbeiter Dr. A.H. Seymour (gen. David Seymour) entwickeltes, Schulungs- und Trainingssystem nicht einsetzen wollte, obwohl es den aktuell eingesetzten Methoden gegenüber entscheidende Verbesserungen aufwies. Seymour hatte die Schulung von Arbeitern zu höherer Leistung in drei Phasen geteilt:

Selektionstests sollten wirklich ungeeignete Arbeiter ausschließen, um sie anderen Arbeiten zuzuführen, daran schloss sich ein separates Koordinationstraining an, um das Auge mit den Handbewegungen besser koordinieren zu können, worauf eine Art Steigerungs- und Ausdauertraining folgte, um zeitlich gestaffelt immer bessere Leistung bis zur vollen, erwünschten Leistung zu erzielen.

Diese Methodik stand im Gegensatz zu der „Hau-Ruck-Methode" bei der Einführung neuer Vorgaben durch das Bedaux-System. David Seymour und mehrere andere AIC-Mitarbeiter waren deshalb ebenfalls frustriert und gehörten zu den ersten Mitstreitern bei der Gründung von PA. Seymours Methode wurde zur PA Method of Training (PAMT), dem ersten Produkt von PA, ausgebaut.

Nun galt es die verschiedenen Restriktionen, die der Firmengründung entgegenstanden, zu überwinden. Butten begann, Anfang 1943 mit den britischen Kriegswirtschaftsbehörden zu verhandeln und argumentierte, dass eine Kombination von Dr. Seymours Trainingsmethoden und Dr. Bowies Theorie der Mitarbeitermotivation den Ausstoß militärisch wichtiger Güter erhöhen würden. Die Argumente überzeugten und bewirkten die Genehmigung zur Firmengründung von PA als Training Consultancy. Die ersten beiden Principals waren Derek McMullen und Dr. Seymour, deren Sperrfristen sie an und für sich gehindert hätten, diese Aufgabe wahrzunehmen, doch war die neue Firma ja keine Managment Consultancy sondern eine Trainings Consultancy. Butten hielt sich einstweilen noch im Hintergrund, um keine Gegenreaktion von AIC zu provozieren, hatte jedoch Ende 1943 die Firma faktisch unter seiner Kontrolle.

Schon bei den ersten Aufträgen zur Arbeiterschulung in Munitionsfabriken zeigte es sich, dass die Vorgehensweise von PA grundverschieden von der bei AIC favorisierte und dieser überlegen war:

Man achtete auf ein gutes Verhältnis zu den Gewerkschaften und arbeitete nicht gegen sie, ein Vertreter der Arbeitnehmer wurde ins Team genommen, was als revolutionärer Schritt

galt. PAMT, ursprünglich die Begründung für die Genehmigung der Firmengründung, wurde sehr erfolgreich eingesetzt und erzeugte eine regelrechte Nachfrage nach Schulungsaufträgen. Buttens Rolle war hierbei diejenige des Chefverkäufers und General Managers der neuen Firma. Hierbei achtete er auch immer darauf, dass die äußeren Symbole und Formen stimmten: Gute Kleidung und einwandfreies Benehmen waren allen Mitarbeitern vorgeschrieben, weniger aus einem Prestigedenken heraus, als wegen der Auftrittssicherheit, die dadurch erreicht werden konnte (es ist bekannt, dass Bedaux hierauf auch immer sehr geachtet hat). Die damals noch verpönten „Cold Sales Calls“ führte Butten allerdings auch durch (vgl. P. Tisdall, S.8). Die Expansion des Unternehmens war aufgrund der innovativen Vorgehensweise und der Dynamik seiner Führung von Anfang an vorgezeichnet. Bereits drei Jahre nach der Gründung wurden 28 Mitarbeiter beschäftigt, 10 Jahre danach 117.
Die Arbeitsbedingungen waren, bedingt durch die Kriegs- und die unmittelbare Nachkriegszeit, sehr schwer. Jeder Consultant musste kriegsmäßig bedingten Zusatzaufgaben wie „Fire Warden“ oder „Home Guard“ nachkommen, zu denen er momentan abgerufen werden konnte: Es war die Zeit der V1- und V2-Einsätze (Flying Bombs) gegen London (ab Juni bzw. September 1944), die vieltausendfache Oper forderten. Die ersten Aufträge waren vom „Bread and Butter“-Typ, um überhaupt in die Gänge zu kommen. Umso erstaunlicher ist es, dass Butten von Anfang an nur mit fest angestellten Mitarbeitern arbeitete und sich damit klar von den später in England sehr erfolgreich auftretenden US-Beratungsfirmen abgrenzte, die häufig hochgradig mit freien Mitarbeitern operierten.
Ernest Butten hatte bereits 1944 eine PA-Charter (Firmenleitbild) erstellt, die als vorbildlich gelten kann und deshalb auszugsweise wiedergegeben wird (A. Fogg S. 7):

> „To build PA into the leading organisation of its kind in the world, consisting of men who are acknowledged authorities on the various branches of Management, to create new and improved procedures which can be taught readily to Industrial and Commercial Staffs, and thus raise the standard of Management in the interests of the community as a whole.
>
> The first step is to build up a Management Consulting Organisation to render beneficial service to individual firms in return for substantial fees. In this way, a growing source of revenue should be forthcoming. During the course of this consulting work, experience will be gained, the field for our work will be widened and improvements in our methods will, to a certain extent, automatically result. With the assurance of an expanding source of revenue, the next step is to build up a Management Research Organisation, devoted to the development of New and Improved Techniques and to distribute the knowledge so gained for the benefit of all. As new and improved Management Techniques are developed, both in quality and quantity, the services which the Consulting Organisation is able to render should be better and wider and, with its expansion, the revenue available for Research greater.
>
> There will thus be two main sides to our work – Operating and Research. There must, however, always be the closest co-operation and liaison between these two sides and the work of each will frequently overlap.

> When the Research side has established a reputation for rendering worthwhile benefits to Industry and Commerce, there is no reason why it should not be approached by individual firms, groups of firms, whole industries and even the Government to assist in solving specific problems. Fees for this work would augment the revenue derived from our Consulting Service to finance further the expanding Management Research and Development Department, Educational and Training Centres, Administrative Staff Colleges etc.“

Die unmittelbare Nachkriegszeit stellte eine zweite Aufbauphase dar, die durch eine rapide Expansion gekennzeichnet war. Die Leistungen von PA wurden zum Wiederaufbau der Zivilwirtschaft dringend benötigt, der Erfolg war vorprogrammiert. Die fehlenden Mitarbeiter konnte man praktisch nur aus dem Reservoir fähiger Offiziere und ähnlicher Berufsgruppen gewinnen, da ein sonstiges Angebot nicht existierte. Bereits 1948 hatte Ernest Butten eine kleine Niederlassung in Australien gegründet, der eine erste Expansion in die vom Commonwealth geprägten, entwickelten Länder folgte. Dies ergab zusätzlichen Rekrutierungsbedarf in Großbritannien, um fähige Mitarbeiter nach Übersee zu senden und die dortigen Mitarbeiter zuhause trainieren zu können. Butten hatte mit dem Aufbau der weltweiten Präsenz seines Beratungsunternehmens begonnen, dabei aber, entsprechend seiner sozialen Verpflichtung den Mitarbeitern gegenüber, nicht vergessen, ab 1949 ein Pensionssystem aufzubauen. Dieses wurde sehr geschickt laufend den sich ändernden Besteuerungsbedingungen angepasst wurde, um größtmöglichen Nutzen für die Mitarbeiter zu sichern. Ein kurzer Stillstand der Expansion war 1952 mit Beginn des Koreakrieges zu verzeichnen, als die Angst vor einem dritten Weltkrieg das Wirtschaftsgeschehen lähmte.

Die internationale Expansion ging beständig weiter, was die folgende zeitliche Auflistung der wesentlichen Niederlassungen veranschaulicht:

1948 Australien
1953 Kanada
1959 Neuseeland
1961 Frankreich
1962 Deutschland, Belgien
1963 Schweiz
1966 Spanien
1967 Schweden, Dänemark, Finnland
1968 Italien
1969 Niederlande
1970 Singapur, Malaysia, Hong Kong
1972 USA
1977 Japan
1973 Thailand
1978 Norwegen
1981 Indonesien
1982 Portugal
1986 Luxemburg
1990 Sowjetunion
1992 Tschechien

Ab dem Jahr 1953 begann eine dritte Phase in der Firmengeschichte, in der die Früchte der von Butten gesteuerten Start- und Nachkriegsaufbauphase geerntet werden konnten.

So wurde 1955 das Sundridge Management Center in Bromley bei London eröffnet, in einem Mansion des 18. Jahrhunderts mit umgebenden Parks und Golfplätzen. Es diente der beständigen Aus- und Weiterbildung der Mitarbeiter, womit ein Ziel der Charter erfüllt wurde. Zusätzlich konnte das Center für Konferenzen gemietet werden.
Anlässlich einer Reunion im Jahr 1958 verkündete Butten, bis dahin alleiniger Halter der Firmenanteile, dass er, mit Zustimmung der Direktoren zu der Maßnahme und dem Butten zu zahlenden Preis, seine Anteile an einen Trust –THE BUTTEN TRUST- verkauft hatte, damit sie dem Wohle aller Mitarbeiter dienen konnten. Auszüge aus der Satzung zeigen, dass Butten sehr geschickt Folgeentwicklungen am Markt, die zu heutigen grotesken Übernahmesituationen bei Beratungsunternehmen führen konnten, ahnte und Vorsorge traf, dass sein Unternehmen hiervor geschützt wurde und nach weiteren derartigen Maßnahmen und schwierigen Zeiten heute als nicht übernehmbar gilt. Die wesentlichen Ziele der Stiftung lauteten folgendermaßen (vgl. A.J. Chanter):

> **Object of the Trust**
>
> The object of the Trust is to promote to the fullest extent the interests and welfare of present and future serving and retired employees (including Directors) ….. and of the dependants of such persons ….. To achieve this object the Trustees should ensure that there is continuity of good management and that the Company develops soundly and profitably along the lines envisaged by its founder and now known as the PA Charter.
>
> **Relationship of Trustees and Directors**
>
> The running of the Company will remain the responsibility of the Directors and matters of day-to-day management will be exclusively in their hands. The Trustees, however, should be kept fully informed as regards the Company's affairs and as shareholders they have adequate rights if they believe that the Company is not being properly run.
>
> **Benefits from the Trust**
>
> The primary object of the Directors and the Trustees should be to ensure that the employees of the Company have the best possible conditions of service which include the provision of generous pension benefits and cash sum payments on retirement.
>
> All employees of the Company are included under the Trust including kitchen staff, office cleaners, porters and similar grades.

Die Firma befand sich in einer prosperierenden Aufschwungphase, die es gestattete, im Jahr 1962 die letzten Zahlungen der Stiftung, die aus den Jahresgewinnen erfolgten, vorzunehmen und eine weitere Phase der Firmengeschichte abzuschließen.

Interessant ist es, Details aus der von Butten bestimmten Einstellungspolitik dieser Jahre zu erfahren. Die ausgegebenen Devisen waren sicherlich von den Lebenserfahrungen des Gründers mitbestimmt:

- Neue Mitarbeiter mussten jung (z.B. 28 Jahre) und zielstrebig sein (High Potentials würde man heute sagen)
- Wenn sie bereits Berufserfahrung hatten, sollten sie nach Möglichkeit durch eine unfortschrittliche, langsame Entwicklung bei dem bisherigen Arbeitgeber frustriert sein.
- Sie sollten intelligent, aber keine Überflieger sein.
- Die Schulbildung sollte an einer Grammar School erworben worden sein.
- Der Aufstiegswunsch und die Einsatzfreude sollten durch die Herkunft aus bescheidenen Verhältnissen garantiert sein.
- Etwas seltsam mutet die Devise an, dass der ideale Kandidat Protestant sein sollte (Katholiken, Juden und Sektenmitglieder wurden nicht eingestellt), eine Rekrutierungsrichtlinie, die in den USA im beginnenden Zeitalter des „Equal opportunity employer" wohl nicht allzu publik werden durfte.

Die Expansion ging ungemindert weiter, so dass PA in den siebziger Jahren das weltweit größte Beratungsunternehmen war, in den frühen neunziger Jahren allerdings fast dem Konkurs nahe. Ab Mitte der siebziger Jahre hatte man sich auch der Technologieberatung zugewandt und 1976 PACTEL (PA Computers and Telecommunications) gegründet, die 1978 auch in Frankfurt mit einer Niederlassung aktiv wurden. Zuvor wurde bereits Ende der sechziger Jahre Patscentre (PA Technology and Science Centre) gegründet, ein Technologieforschungs- und –beratungszentrum, dass Mittel- und Großunternehmen technologische Hilfestellung leistete.

Namensänderungen und Änderungen der Eigentümerstruktur wurden allerdings auch notwendig, da hinsichtlich des Namens das Stichwort „Administration" nicht mehr die strategische Bedeutung einer Management Consultancy zum Ausdruck brachte. Dies bringen die folgenden Stationen zum Ausdruck:

1964: Umbenennung in PA Management Consultants

1987: PA Consulting Group

1988: Staff Equity Scheme

1993: Partner Group

1997: Staff Ownership Projekt „Bookworm".

Ernest Butten starb am 16. März 1985. Sein Andenken wird auch heute noch bei PA hoch gehalten, weshalb dankenswerterweise Unterlagen zur Firmengeschichte und das Foto zur Verfügung gestellt wurden, was nicht als selbstverständlich angenommen werden darf. Im Internetauftritt wird Ernest Butten leider nicht erwähnt (vgl. www.pa-consulting.com, Anfang 2001).

Ende der neunziger Jahre arbeitete PA wieder profitabel. Dieses und die zu erwartenden Erfolge in der Zukunft sind wesentlich auf die private Eigentümerstruktur zurückzuführen. Jon Moynihan, Chief Executive seit 1992 und Chairman seit 1998 bringt dies folgendermaßen zum Ausdruck (M. Skapinker):

„Going public is utterly compelling in the short-term. If you're a partner, you're going to make several millions and up. It's what happens in the longer term that's the problem. Your firm is owned by **Joe Public**, who's got to get money in dividends or share appreciation."

Literatur

A. Fogg: PA's early history, PA London, 1980.

A.J. Chanter: Personnel Administration Ltd. A Brief History, 1963 und 1999.

PA Consulting Group: Personnel Administration Ltd. A Brief History, 1999.

PA Consulting Group: Milestones, 2000.

M. Skapinker: Counting the cost of going public, in: Financial Times, 5.7.2000.

P. Tisdall: Agents of Change, Heinemann, London, 1982.

(Basisversion: UB 03/01)

9.14 Gerhard Kienbaum

„Kienbaum hilft Probleme lösen."

Nach Kriegsende sagte man mir auf dem Arbeitsamt, ich solle Bäume fällen. „Was zahlen Sie denn für meine Waldarbeiterdienste?" wollte ich wissen. „1,50 DM pro Stunde", gab man mir zur Antwort. „Für einen Ingenieur? Da müssen Sie aber noch etwas drauflegen", scherzte ich und entgegnete: „Nein, nein, ich mache mich selbständig."

Am 15. Oktober 1945 gründete ich dann in Gummersbach mein erstes Beratungsbüro. Ich war 26 Jahre, Diplom-Ingenieur und besaß – kriegsbedingt – bescheidene Berufserfahrung. Als Assistent an der Technischen Hochschule in Danzig hatte ich mich im Jahr 1944 mit Fabrikorganisation und schnelleren Fertigungsverfahren beschäftigt. Die dabei gewonnenen Praxiskenntnisse kamen mir nun bei meiner Tätigkeit als Technischer Berater zugute.

Die deutsche Industrie lag am Boden und musste wieder aufgebaut werden. Dabei half ich. Und das von Anfang an nach meinem Motto „Kienbaum hilft Probleme lösen".

Probleme lösen, das hieß damals die Elektroversorgung sichern, durch Frost geplatzte Druckbehälter schweißen, Ersatzteile für Textilmaschinen selber herstellen, Altmaterial wieder verwenden und Anlagen in Gang bringen. Probleme lösen, das hieß auch Rohstoffe tauschen, Beschaffungsquellen finden, Beschäftigte ausbilden und vor allem Löcher stopfen, an allen Ecken und Enden.

Spinnereien, Möbelfabriken und Gießereien waren meine ersten Kunden. Ihnen half ich, ihre Produktion wieder in Gang zu bringen. Bei Aufträgen, die ich nicht alleine bewältigen konnte, zog ich externe Spezialisten zu Rate. Bei der Firma Ermen und Engels in Engelskirchen – einem Textilunternehmen – war im Kältewinter 1947 ein Druckbehälter geplatzt, den mussten wir in Holzkohlenglut legen und dann schweißen. Nur durch diese große Hitze konnten wir das Gusseisen spannungsfrei halten. Ich zog einen Fachmann aus der Eifel hinzu. Drei Tage dauerten die Arbeiten. Zuerst dachten wir, die Schweißnaht sei nicht dicht, denn sie war ganz schwarz. Doch der Behälter hielt, es hatte sich nur etwas Kohlenstoff abgesetzt. Für unsere Arbeit bekamen wir nicht nur Geld, sondern auch ein Stück Stoff. So war das damals.

Meine Erfolge sprachen sich herum. Die Kunden gewannen Vertrauen zu mir und neue Auftraggeber fanden sich ein. Ende 1945 stellte ich meine erste Mitarbeiterin als Schreibkraft ein. Und meine erste Jahresbilanz als Jungunternehmer konnte sich für damalige Verhältnisse sehen lassen. Der Gewinn belief sich auf 511 Reichsmark und genau 63 Pfennig. Die Bilanzsumme lag bei 3191 Reichsmark und 63 Pfennig.

Ein entscheidendes Datum für die deutsche Wirtschaft und damit auch für uns als Berater war die Währungsreform 1948. Die neue Währung zwang die Betriebe zur totalen Ausrichtung auf den Markt und seine aktuelle Nachfrage. Das verlangte von den Unternehmern, die sich während des Krieges allein an vorgegebenen Planzahlen und nicht an den Bedürfnissen des Marktes orientieren mussten, eine enorme Umstellung. Plötzlich waren Rentabilität und Wirtschaftlichkeit gefragt. Gefragt waren auch kompetente Berater, mit deren Hilfe die Unternehmen den Übergang von der Plan- und Kriegswirtschaft zur freien Marktwirtschaft besser bewältigen konnten.

Neben der technischen und organisatorischen Unterstützung gewann bei Kienbaum die Management-Beratung zunehmend an Bedeutung. Denn wir wussten, die beste Organisation nützt nichts ohne Mitarbeiter und Manager mit dem entsprechenden Know-how. Punktuelle Lösungen in den Bereichen Technik und Organisation genügten unseren Kunden nicht mehr, gefordert waren integrierte und ganzheitliche Lösungen.

Diese Erkenntnis bestimmte auch den Ausbau der Beratungsaktivitäten von Kienbaum. So ist Kienbaum und Partner heute führend in der Vergütungsberatung sowie in der Suche und Auswahl von Führungskräften. Darüber hinaus gewinnt der Bereich Personalentwicklung immer größeres Gewicht.

Neben der Privatwirtschaft ist Kienbaum auch im öffentlichen Sektor präsent.

Untersuchungen in diesem Bereich, wie beispielsweise das nordrhein-westfälische Schulgutachten, sorgen immer wieder für Schlagzeilen. Trotz dieser öffentlichkeitswirksamen Auftritte steht für Kienbaum auch heute noch die Beratung der Privatwirtschaft im Mittelpunkt der Aktivitäten. Und genau wie vor 50 Jahren gilt: Wer als Unternehmer in einer wettbewerbsorientierten Wirtschaft Erfolg haben will, der muss damals wie heute den Mut zum Wagnis und schöpferische Phantasie aufbringen. Im Gegensatz zur Zeit des Wiederaufbaus geht unternehmerische Verantwortung heute aber weit über die Grenzen des eigentlichen wirtschaftlichen Bereiches hinaus. Ökonomische Chancen bedeuten immer auch soziale Verpflichtungen, sind ein gesellschaftlicher Auftrag. Es war und bleibt der Auftrag, die wirtschaftlichen Möglichkeiten mit den sozialen Erwartungen und Zielen zu verknüpfen und durch schöpferische Leistung den menschlichen Fortschritt zu fördern.

(UB 02/97, Autor: G. Kienbaum)

9.15 Karl Baumgartner

„Unternehmensberatung als Berufung“

Weshalb gerade Unternehmensberatung?

Am besten beginne ich mit jener Frage, die mir in über drei Jahrzehnten am häufigsten gestellt wurde: Weshalb ich schon 1958 eine Unternehmensberatung gründete, in einer Zeit, in der noch niemand wusste, was Unternehmensberatung ist, für die es folglich noch gar keine Nachfrage geben und wie ich unter solchen Umständen überhaupt Kunden gewinnen konnte, und vor allem, welche Motivation ich dafür hatte.

Zu dieser Zeit war ich schon fast 10 Jahre lang Mitarbeiter eines US-Konzerns (damals die größte Konkurrenz der IBM mit fast 100 000 Mitarbeitern weltweit) in aufsteigenden Führungspositionen, seit 1957 mit Sitz in Zürich und zuständig für die Reorganisation und Förderung der Länder Schweiz, Holland und teilweise Österreich, hauptsächlich aber für die Erarbeitung einer „Europäischen Konzeption" für die Konzernspitze in New York. 1956 wurden die Römischen Verträge geschlossen. Sie musste deshalb rechtzeitig wissen, welche Auswirkungen die Annäherung der sechs wichtigsten Wirtschaftsnationen untereinander auf die Interessen des sehr breit diversifizierten Konzerns in Europa haben können, was aus einem freien Warenverkehr entstehen kann, welche wirtschaftlichen Rahmenbedingungen ihn tangieren, wie sich die Wettbewerbsbedingungen ändern könnten, und ob ein „European Headquarter" einzurichten sei, wo – und mit welchen Kompetenzen.

Noch kurz vor Abschluss dieser Arbeit stellte mir meine Gesellschaft eine Spitzenposition in Aussicht. Obwohl ich mir wegen meiner Karriere, meiner Identifikation mit dem Unternehmen, unserer Tätigkeit als Organisationsberater auf TOP-Ebene sowie dem Umgang mit intelligenten Maschinen (damals begann gerade das Zeitalter der „Elektronen-Gehirne", später EDV genannt) keine sonderlichen Gedanken zu machen brauchte, hatte ich schon monatelang zunehmende Zweifel an meiner Zukunft in dieser Branche. Meine Situation war kurios: Beruflich hatte ich glänzende Aussichten, materiell ebenso, und trotzdem wuchs meine Unzufriedenheit. Ich wusste nur nicht warum. Etwa zur gleichen Zeit erhielt ich auch noch das Angebot, als Mitglied des Vorstandes in eine renommierte Aktiengesellschaft einzutreten. Als weitere Alternative beschäftigte mich seit geraumer Zeit die Überlegung, mich selbständig zu machen. Ich wusste nur nicht wie. Sollte ich ein Produktionsunternehmen gründen, eines kaufen? Ich wusste nur, es sollte irgendetwas mit Holz sein. (Später richtete ich mir zu Hause eine Schreinerei einschließlich Furnierpresse ein.)

Weil ich mich mit mir selbst nicht einigen konnte, welche dieser drei Alternativen ich wählen sollte, fuhr ich mit meiner Frau kurz entschlossen für zwei Wochen an die Adria. Dort erging es mir nicht anders. Kaum hatte ich eine Alternative durchdacht und mich dafür entschieden, gefiel mir die nächste doch besser. So wechselte ich mindestens dreimal täglich die Präferenz. Trotzdem – eines Morgens hatte sich der Nebel gelichtet. Ich hatte die Ursache meiner Unsicherheit erkannt. Ab dann wusste ich, was ich nicht mehr wollte, und ich wusste ganz genau, was ich unbedingt wollte: Wir lieferten nämlich einerseits zwar erstklassige Organisationssysteme und trugen damit zur Lösung vieler Unternehmensprobleme bei, jedoch immer nur für Funktional- und Teillösungen. Andererseits hatte ich durch unsere interne Beratungs- und Verkaufstätigkeit über Jahre hinweg längst erkannt, dass alle Unternehmen noch ganz andere, ihrer Bedeutung nach viel wichtigere Probleme hatten, von denen aber keines maschinell lösbar war, so etwa die Unternehmensführung, die Führungsstruktur, das Marketing, der Vertrieb, die Personalführung, die Motivation, die Diversifikation oder die ständige Integration aller Unternehmensbereiche. Verstärkt wurde dieser Prozess wahrscheinlich noch durch eine Management-Ausbildung 1952 in den USA.

In den ersten 10 Jahren nach dem Krieg wusste in den westlichen Industrieländern noch kaum jemand – in Deutschland wegen seiner besonderen Situation schon gar nicht – dass Unternehmen durch die Anwendung wirtschaftswissenschaftlicher Erkenntnisse bedeutend erfolgreicher werden können. Verwertbare Erkenntnisse aus nationaler Forschung lagen deshalb an deutschen Universitäten auch gar nicht vor. Nur die USA verfügten über dieses Wissen und hatten darin einen fast märchenhaften Vorsprung. Meine Gesellschaft hatte mich deshalb 1952 für sechs Monate in ein Schloss auf einer kleinen Insel zwischen New York und Boston beordert. Dieses Schloss hatte der Gründer der Gesellschaft nach dem Krieg in England gekauft, abtragen, Stein für Stein nummerieren, über den Atlantik schippern und auf dieser Insel als „Remington Rand – International Training Institute“ wieder aufbauen lassen. Dort wurden jährlich 30 Jung-Manager aus aller Welt in „Management“ unterrichtet. Dort lernten wir, dass ein Unternehmen nicht eine zufällige Ansammlung beliebig vieler Menschen, sondern eine Organisationseinheit ist, die geplant, gesteuert und kontrolliert werden muss, wozu Managementtechniken gut sind, vor allem aber, dass jedes Unternehmen in einer vollständigen Abhängigkeit von seinem Markt steht. (Der Begriff Marketing war damals noch nicht bekannt.)

Mir war vorher nie aufgefallen, dass mich solche Probleme und ihre Lösungen seit einiger Zeit schon weit mehr beschäftigten, als alle anderen. Ich hatte erkannt, dass ich nicht weiter nur „Zulieferer“ sein, sondern mich im Zentrum eines Unternehmens mit dessen wirklichen und wichtigen Problemen befassen und dafür umfassende Individuallösungen erarbeiten wollte. Das war es also: Produktunabhängige Beratung. In jener Sekunde war die Frage meiner beruflichen Bindung sowie meiner Selbständigkeit (ohne Holz!) geklärt: Unternehmensberatung. Zwei Stunden später waren die Koffer gepackt und wir auf dem Weg von der Adria zum Tegernsee. Im Hotel Bachmaier tippte ich meine Kündigung für New York, in Stuttgart begann ich sofort mit der Suche nach einer Sekretärin und Büroräumen und drei Monate später war „Opening“. Weitere acht Monate später war meine frühere Gesellschaft mein erster Großkunde!

Von diesem Zeitpunkt an habe ich kein einziges Mal mehr geschwankt. Jeder Unternehmensberater bekommt im Laufe seiner Beratungstätigkeit ein, meist sogar mehrere Angebote. Von denen, die ich erhielt, war eines absolute Spitze. Mein Einkommen hätte sich verdoppelt und hätte vergleichsweise dem eines Vorstandmitgliedes von Daimler-Benz entsprochen. Ich hätte über eine Villa und Fahrer verfügen, in der Hauptsache aber die typischen Existenzprobleme aller Selbständigen mit unsicherem Einkommen und der ständigen Sorge um die Auslastung über Nacht los werden können. Jedoch, die „Gehaltsaufbesserung“ war zu jener Zeit schon kein Anreiz mehr, und die Akquisition war nie ein Problem für mich, eher ein intellektuelles Vergnügen. Damals war ich schon fünf Jahre selbständig, hatte mich durchgebissen und wollte unter keinen Umständen mehr meine unternehmerische Freiheit aufgeben, noch mich durch eine solche Entscheidung selbst in meine frühere, trotz allem auch durch Routine bestimmte Berufswelt zurückversetzen. (Als ich den Vorsitzenden des Aufsichtsrates, sehr vorsichtig, von meiner Entscheidung unterrichtet hatte, hatte ich im gleichen Moment diesen Beratungskunden für alle Zeiten verloren!)

Gelegentlich wurde mir auch die Frage gestellt, ob mein eigentliches Motiv nicht die „Kohle“ gewesen sein könnte. Das war es mit Sicherheit nicht. Es hätte es auch deswegen gar nicht sein können, weil es 1958 in Deutschland erst einige Unternehmensberatungen gab, die alle noch klein und unbekannt waren. Keiner kannte den anderen und schon gar nicht dessen Einkommensverhältnisse. Wer Ende der 50er Jahre eine Unternehmensberatung gründete, konnte unmöglich wissen, mit welchem Einkommen er eines Tages wird rechnen können, ja, er konnte noch nicht einmal sicher sein, dass er jemals überhaupt ein Einkommen erzielen werde. Auch wir hatten in den ersten Jahren keine Probleme mit der Verteilung etwaiger Gewinne. Dann verbesserte sich die Situation allerdings sehr wohltuend, und in späteren Jahren wirkte die „Verzinsung“ äußerst beruhigend.

Der Anfang war, gemessen an der heutigen Breite des Beratungsangebotes, sehr schmal und bescheiden. Es gab ja noch keine Probleme in ihren Unternehmen, wie fast alle Unternehmensleitungen glaubten. Freilich hatte jedes Unternehmen genügend Probleme (die gleichen übrigens, wie heute auch), es gab nur noch kein Problembewusstsein. Wie hätte sich ein solches angesichts der Dauerkonjunktur und des riesigen Nachholbedarfs auch bilden sollen? Die Geschäfte gingen glänzend und reibungslos, die Unternehmenskassen waren prall gefüllt und die Finanzämter milde gestimmt. Unter einem solch goldenen Schutzschirm entsteht eben kein Leidensdruck (der Einkommenssteuersatz lag damals bei etwa 15%). Umso wichtiger war es, auch ein erstklassiges Akquisitationstalent zu besitzen. Wer das nicht mitbrachte, konnte nicht überleben. Wir boten den Unternehmen ja eine Dienstleistung, für die sie – aus ihrer Sicht – nicht den geringsten Bedarf hatten. Deshalb mussten Unternehmer, Geschäftsführer und Mitglieder des Vorstandes erst davon überzeugt werden, dass sie Probleme hatten, von denen sie bis dahin selbst nichts wussten. Wie ich zu solchen Kontakten kam? Ich rief die jeweils 10 bekanntesten Firmen einer Branche an, bat um einen Termin und stellte mich vor. Ferner waren Akquisitionsbriefe ein Hilfsmittel, später unzählige Vorträge im Bundesgebiet und im Ausland, Veröffentlichungen in allen relevanten Organen, sowie Diskussionen im Rundfunk und Fernsehen.

Wegen der Unkenntnis über die eigenen Unternehmensprobleme verliefen die Erstgespräche nicht selten etwa so: „Sie waren in einem amerikanischen Unternehmen tätig? Kommen Sie wieder, wenn Sie wissen, wie ein deutsches Unternehmen funktioniert“, „Wenn ich meine Probleme schon nicht kenne, wie wollen Sie sie erst kennen?“, „Wissen Sie eigentlich, was deutsches Unternehmertum ist?“, „Nein, mit so etwas wollen wir nichts zu tun haben, wir führen unser Unternehmen solide“, „Wir haben über 200 Mio. DM Umsatz. Und Sie?“, „Sie machen ja einen ganz passablen Eindruck, junger Mann, wie können Sie Ihre Zeit nur mit einem solchen Unfug vergeuden?“ In jenen Jahren war es auch noch undenkbar, einem Betriebsfremden firmeninterne Informationen oder Daten zu überlassen oder gar den Deckel einer Bilanz zu lüften. Auch das während des Krieges mit viel Energie bis zur Perfektion kultivierte Misstrauen aller gegen alle (Achtung, Feind hört mit!) wirkte noch deutlich nach: „Ist es nicht genug, dass wir den Krieg gegen die Amerikaner verloren haben? Wollen die uns jetzt auf diese Weise aushorchen?“, „Da steckt doch irgendein amerikanischer Kapitalist dahinter“, „Welcher unserer Konkurrenten bezahlt Sie eigentlich?“, „Im Krieg nannte man das ganz offen Spionage“.

Freilich gab es auch damals schon aufgeschlossene Unternehmer, die aufmerksam zuhörten, kritische Fragen stellten und sich Notizen machten. Manche davon gehörten Jahre später zur Spitzengruppe ihrer Branche. Das waren unsere präferierten Gesprächspartner und auch unsere ersten Kunden. Von den Problemen her rangierten die Neugestaltung der Vertriebsorganisationen in der Konsumgüterindustrie, (der Nachholbedarf war allmählich gedeckt, die ersten Marktsättigungen spürbar) sowie der Abbau der Lagerbestände an erster Stelle. Den ersten Prestigeauftrag für die Reorganisation der Vertriebsorganisation erhielten wir von Schwarzkopf, Hamburg, mit damals 600 Mitarbeitern im Außendienst, zwei Jahre später von einem Unternehmen mit 14 000 Mitarbeitern im Außendienst. Aufträge zum Abbau der Lagerbestände waren vergleichsweise leichter zu akquirieren, weil die Kosten-/ Nutzenrechnung plausibler war.

Weil auf unserem Gebiet spezielle Erfahrungen in psychologischem Verhalten noch nicht bekannt waren, musste jeder seine eigenen, manchmal recht kostspieligen Erfahrungen machen. Eine davon gehört zu meinen Schlüsselerlebnissen. In den ersten Jahren erhielten wir manchen Auftrag mit dem deutlichen Zusatz, dass er, der Auftraggeber, zu dem Sachteil hin auch eine wahrheitsgetreue und erschöpfende Stellungnahme zu seiner Führungskompetenz erwartet. („Mir sagt ja sonst niemand, welche Fehler ich mache!“) Das kam mir außerordentlich entgegen. Damals wusste ich nämlich schon, dass bestimmte Schwachstellen in Unternehmen gar nicht sachlicher sondern personeller Natur sind und durch Verhaltensänderungen der jeweiligen Personen in der Führung behoben werden können – eine Erkenntnis übrigens, die heute jedem kaufmännischen Lehrling vermittelt wird. Dass ich als Unabhängiger weit unbefangener und erfolgreicher darüber sprechen könnte als einer seiner Kollegen oder Mitarbeiter, auch das wusste ich. (Wer betritt schon gerne vermintes Gelände?) Zu meiner Verblüffung entdeckte ich eines Tages, dass jene Unternehmen, von denen wir keinen Durchführungsauftrag bekommen hatten, fast mit jenen identisch waren, die vorher so vehement nach absoluter Wahrheit gerufen hatten. Natürlich hatte keiner von uns seine Erkenntnisse anklagend vermittelt, sondern diskret und höflich, aber immerhin. Also konnte irgendwo irgendetwas nicht stimmen. Da fiel mir eine Analogie ein. Seit Geschichte überliefert wird, und auch aus der Bibel, wissen wir, dass Herrscher und Potentaten aller Epochen Kundschafter aussandten (das waren die Demoskopen der Frühzeit), um zu erfahren, wie es draußen im Lande aussieht. Die Erfahrenen und Gewitzten berichteten so, dass ihr Herr zuerst und in der Hauptsache aber nur das Positive über seine Person erfuhr. Die Anfänger beschränkten sich hingegen auf ihren Auftrag, berichteten wahrheitsgetreu über „Schwachstellen“, unterließen es aber, auch die Stärken ihres Herrn gebührend zu erwähnen. Wozu über Bekanntes noch reden? Sie dachten eben rational und logisch. Wie sich aber zeigt, kann Logik auch lebensgefährlich sein, denn viele dieser Kundschaften landeten hinter Gittern, und manch einer verlor sogar seinen Kopf. Dank der zivilisatorischen Entwicklung sind Fälle dieser Art unter Unternehmensberatern bisher nicht bekannt geworden, eher, dass sie deswegen auch heute noch reihenweise Aufträge verlieren. (Künftigen Berater-Generationen sei aber trotzdem erhöhte Wachsamkeit angeraten.) Sollte ich also schon bei der Auftragserteilung einigen Schlitzohren aufgesessen sein, deren Denken und Sprechen nicht synchron abgelaufen sind? In einigen Fällen ist das durchaus denkbar. Der Kern der Erfahrungen besagte aber, dass selbst tüchtige, gebildete und redliche Unternehmensleitungen in dieser Frage genauso emotional reagieren wie alle anderen Menschen auch, die sich zuerst und deutlich mit ihren Stärken dargestellt sehen möchten, auch wenn sie konstatierte Schwächen durchaus akzeptieren. Von da an hatten wir in der Vermittlung kritischer Analyseergebnisse, insbesondere von Führungsschwächen, keine besonderen Probleme mehr. 1968 gründeten wir die Personalberatung. Das Motiv war rein ökonomischer Natur. Deshalb konnte damals niemand von uns ahnen, wie wichtig sie eines Tages auch für die Unternehmensberatung sein würde. Wir gewannen nämlich im Laufe der Zeit aus den Tausenden von Interviews mit Führungskräften und Managern unmittelbare Erkenntnisse über die fallende Tendenz der Leistungsbereitschaft und der Motivation, über den Werte- und Beziehungswandel sowie über die materiellen Erwartungen im Management. Diese Erkenntnisse konnte uns keine Fachliteratur so kompakt, unverfälscht und frühzeitig liefern. Wir konnten sie aber unmittelbar in der Unternehmensberatung nutzen und dadurch die Qualität unserer Unternehmensberatung beachtlich steigern. Personalberatung war für mich, wenn auch auf andere Art, genauso spannend und faszinierend wie Unternehmensberatung.

In 33 Jahren haben wir dann in Deutschland, der Schweiz, in Frankreich, Holland, Spanien, Österreich und Ungarn weit über 1000 Unternehmen als Beratungskunden gewonnen, darunter die bekanntesten Konzerne, Großunternehmen, mittelständische und Kleinunternehmen. Ein solches Ergebnis kommt natürlich nur durch fachlich erstklassig engagierte und vor allem solide Mitarbeiter zustande. Sichtbarer Ausdruck dieser Qualifikation und Solidität war ein dauerhafter, überproportionaler Anteil an Dauerkunden, der aus der Kundenzufriedenheit entstand.

Während der letzten Jahre meiner Berufstätigkeit interessierte ich mich besonders für die Sanierung existenzgefährdeter Unternehmen. In der Unternehmensberatung ist das die anspruchsvollste Aufgabe überhaupt, Zupacken voraussetzt und es sich sehr schnell zeigt, wer sich den notwendigen Realitätssinn bewahrt hat. Wer nämlich in einer solchen Unternehmenskrise mit breit angelegten Analysen und einem stilreinen Bericht beginnen will, hat schon verloren. Noch ehe der erste Satz diktiert ist, hat der Konkursverwalter das Sagen. Ein Chirurg, der einen im Grunde aussichtslosen Fall in letzter Minute durch eine gewagte Operation retten konnte, kann kein höheres Gefühl der Befriedigung haben, als wir es nach einer gelungenen Sanierung hatten (wie natürlich nach jedem gelungenen Beratungsauftrag auch).

Da ich als einziges Kind einen Sohn habe, der in der medizinischen Forschung erfolgreich tätig ist, hatte ich zwar einen Erben, aber keinen Nachfolger. Deshalb habe ich 1989 meine Geschäftsanteile verkauft. Von der Kaufsumme habe ich einige Millionen DM als Schenkung an meine Mitarbeiter weitergegeben, als Dank und Anerkennung. Der Schenkungsbetrag konnte in Abhängigkeit von der Betriebszugehörigkeit und der Verantwortung weit über ein Jahresgehalt hinaus erreichen. (Als diese Schenkung über die Presse publik wurde, beschimpften mich andere Unternehmer wegen meiner Illoyalität im Unternehmerlager.)

Seit 1991 lebe ich in der Nähe von Salzburg, inmitten von Wald, Wiesen und Tieren. Auch in wiederholten Rückblicken konnte ich nichts entdecken, was mich vermutlich mehr interessiert und ausgefüllt hätte, wie Unternehmens- und Personalberatung. Ich weiß daher nicht erst seit heute, dass ich ein reiches, buntes und interessantes Berufsleben hatte. Ich wünsche allen meinen jüngeren Kollegen, dass sie das eines Tages auch von sich sagen können, und dass sie auch jenes Glück begleitet, das mich selbst in schwärzesten Tagen nicht verlassen hat.

Ob mich noch eine bestimmte Aufgabe reizen könnte? Gewiss. Ich möchte unseren Beamten- und Funktionärsstaat zerlegen, 70 % der Freigesetzten in solche Unternehmen und Branchen eingliedern dürfen, die ohne ihr Verschulden hart um ihre Existenz ringen, und dann, vom Lehnsessel aus, zusehen, wie die „Mandatsträger" mühselig härtestes Arbeiten erlernen und die richtige Definition von „Verantwortung" täglich erneut und korrekt buchstabieren müssen. Das wäre noch ein Vergnügen! (UB 01/98, Autor: K Baumgartner)

9.16 Hans-Georg Plaut

Nestor der Grenzplankosten- und Deckungsbeitragsrechnung, Unternehmer, Unternehmensberater und Wissenschaftler

Impulse für die Weiterentwicklung der Betriebswirtschaftslehre kommen im Wesentlichen aus drei Quellen: aus der wissenschaftlichen Arbeit der Universitäten und Hochschulen, aus den praxisorientierten Anforderungen der Unternehmen und aus Lösungsvorschlägen von Beratungs- und Softwaregesellschaften, die hierbei oftmals auch als Wissenschaftstransformatoren zwischen Theorie und Praxis agieren. Ein hervorragender Vertreter dieser dritten Quelle neuer Antriebskräfte des betriebswirtschaftlichen Fortschritts war Hans-Georg Plaut.

Plaut, am 11.02.1018 in Hannover geboren, studierte nach dem Abitur in Hannover an der dortigen Höheren Technischen Lehranstalt Ingenieurwissenschaften (Automobil- und Maschinenbau). Im 2. Weltkrieg als Prüfstandsingenieur dienstverpflichtet, konnte er seinen Plan, in Köln zusätzlich Betriebswirtschaft zu studieren, nicht verwirklichen. Bereits 1942 beteiligte er sich im Rahmen seiner mehrjährigen Tätigkeit am „Michel-Institut für Fabrikwirtschaft“, einer in Hannover ansässigen Beratungsgesellschaft, an der Einführung einer der damaligen Auffassung entsprechenden „Plankostenrechnung“ in Industriebetrieben. 1946 gründete er in Hannover ein eigenes Beratungsunternehmen.

Plaut erkannte bereits Anfang der 50er Jahre, als in deutschen Unternehmen das innerbetriebliche Rechnungswesen noch von der Vollkostenrechnung geprägt war, deren gravierende strukturelle Schwächen. Davon überzeugt, dass entscheidungsorientiertes Handeln nur in Kenntnis der leistungsbezogenen Grenzkosten möglich sei, entwickelte er die Grenz-Plankostenrechnung, die, ergänzt um eine parallele Fixkosten-/Vollkostenrechnung, heute praktisch die Grundlage aller kostenwirtschaftlichen Methoden und Verfahren ist. Plaut verknüpfte dabei zwei zunächst unabhängige Gesetzmäßigkeiten des Kosten- und Leistungsmanagements: (1) das Grenzprinzip, das Eugen Schmalenbach schon Anfang des 20. Jahrhunderts beschrieben hatte und (2) die in den USA in den 30er Jahren entstandene Plankostenrechnung. Nach Plaut liegt das Grundprinzip der Grenzplankostenrechnung darin, schon im Planungsstadium die voraussichtlich anfallenden Kosten in fixe und proportionale Größen zu unterteilen und diese Kostenteilung konsequent in allen Teilkomplexen des innerbetrieblichen Rechnungswesens (Kostenstellen-, Auftrags-, Bestands- und Ergebnisrechnung) und zwar sowohl im Plan als auch im Ist aufrechtzuerhalten.

Plaut war, wie er selbst mehrfach betonte, nicht der „Erfinder“ der Plankostenrechnung und auch nicht des Grenzkostenansatzes. Seine Leistung bestand in der Kombination beider Ideen, in deren Umsetzung und Ausgestaltung sowie in ihrer mit größtem persönlichem Engagement verfolgten Propagierung in der betrieblichen Praxis. Er veröffentlichte dazu 1953 in der Zeitschrift für Betriebswirtschaft zwei Beiträge unter dem zusammenfassenden Titel „Die Grenz-Plankostenrechnung“ (Teil I: Von der beweglichen Plankostenrechnung zur Grenz-Plankostenrechnung, Teil II: Grundlagen der Grenz-Plankostenrechnung). Beide Artikel gelten heute als „klassisch“ und zugleich praxisnah und unverändert aktuell.

Plaut näherte sich aufgrund seines ingenieurwissenschaftlichen Studiums den betriebswirtschaftlichen Problemstellungen meist auch als Techniker. Seine zahlreichen Fachveröffentlichungen sind in einer klaren – man könnte auch sagen, ingenieurmäßigen – Diktion verfasst, auch komplexe Tatbestände konnte er in leicht aufnehmbaren Strukturen beschreiben. Durch die engagierte Vermittlung seiner Erfahrungen in zahlreichen Vortragsveranstaltungen und in über 40 Veröffentlichungen, und die damit im positiven Sinne bewirkte Popularisierung des betriebswirtschaftlichen Gedankenguts, hat er die praxisnahe Verbreitung und Anwendung neuer progressiver kostenwirtschaftlicher Ideen stets nachdrücklich gefördert. Plaut erkannte auch sehr frühzeitig, d.h. schon in den 50er Jahren, die Bedeutung der Informationstechnologie, damals noch „Lochkartentechnik" genannt, als Grundlage und Voraussetzung für die Realisierung seines betriebswirtschaftlichen Konzeptes.

Die maßgeblich auf Plaut's wissenschaftlichen Beitrag zurückzuführende prozesskonforme Grenzplankostenrechnung ist heute die von der Lehre anerkannte und in der Praxis angewandte kostenwirtschaftliche Basis weltweit führender Softwaresysteme, vor allem der Programmprodukte R/2 und R/3 der SAP AG. Die jahrelange erfolgreiche Entwicklungs- und Vertriebspartnerschaft mit der SAP AG, vom Verfasser dieses Beitrags initiiert und von Plaut von Anfang an tatkräftig unterstützt und gefördert, war dafür die Voraussetzung.

Plaut's wissenschaftlicher Lebensweg wurde 1987 durch die Verleihung der Ehrendoktorwürde der rechts- und wirtschaftswissenschaftlichen Fakultät der Universität des Saarlandes gewürdigt. Für „das erfolgreiche unternehmerische Engagement sowie die umfangreiche wissenschaftliche Arbeit" wurde er 1988 mit dem Bundesverdienstkreuz ausgezeichnet.

Plaut als einer der Begründer und Mitgestalter des modernen innerbetrieblichen Rechnungswesens setzte seine konzeptionellen Ideen in der von ihm seit 1946 zu internationaler Geltung geführte Unternehmensberatung in die Praxis um. Die Unternehmensgruppe Plaut ist heute mit 46 Tochtergesellschaften und etwa 1.800 Mitarbeitern in 17 Ländern in Europa, Latein-, Mittel- und Nordamerika sowie in Australien tätig. Schwerpunkte der Beratungstätigkeit sind die Gestaltung und Optimierung von Geschäftsprozessen, die Implementation softwaregestützter Controllingsysteme, das Personalmanagement, die Strategieberatung sowie aktuelle IT-Themen wie z.B. e-Business, virtuelle Märkte, Supply-Chain- und Customer Relationship-Management sowie Outsourcing- und Application Service Providing.

Wissenschaftlichen Fortschritt der Wirtschaft nutzbringend zu vermitteln sowie den Wissenschaftstransfer von den Universitäten und Hochschulen in die Unternehmen hinein und von der Praxis zur Lehre zu fördern galt zeitlebens das persönliche Engagement von H.-G. Plaut, der am 02.01.1992 in Zermatt starb. Plaut war eine weltoffene, geistig und künstlerisch vielseitig interessierte, aber auch kämpferische, nicht immer bequeme und manchmal kompromisslose, charismatische Persönlichkeit. Zur Erinnerung an sein der Betriebswirtschaft gewidmetes Lebenswerk wurde 1999 von der Plaut'schen Privatstiftung der Hans-Georg Plaut Wissenschaftspreis gestiftet, der alljährlich zusammen mit der Fakultät für Betriebswirtschaftslehre der Ludwig-Maximilian-Universität in München an eine Persönlichkeit verliehen wird, deren wissenschaftliche oder praxisorientierte Arbeit von herausragender Bedeutung für die Betriebswirtschaftslehre ist und insofern an das Lebenswerk von Plaut anknüpft. Sein Werk als Unternehmer und Unternehmensberater, der dem wissenschaftlichen Fortschritt zeitlebens verbunden war, lebt auch in dieser Stiftung weiter.

(Autor: H. Müller, Plaut Stiftung, Salzburg)

9.17 Olaf Mummert

„So kam ich ans Ziel“

Nach Entlassung aus der Kriegsgefangenschaft, nach Studium und Promotion in Leipzig (mein Thema „Die automatische Zapfsäule als neue Vertriebsform im Kraftstoffhandel“ wurde nur mild belächelt und als utopisch abgetan), nach ersten Erfahrungen in der deutschen Industrie wurde ich Mitarbeiter einer bekannten amerikanischen Unternehmensberatung. Der Beruf Unternehmensberater war seinerzeit weitgehend unbekannt in Deutschland. Die Bereitschaft und die Erkenntnis der Unternehmer, dass Hilfe von außen für die Entwicklung eines Betriebes sinnvoll sein könnte, war nur wenig ausgeprägt.

Am 1. April 1960 eröffnete ich ein eigenes Beratungsbüro – im Esszimmer meiner Wohnung.

Um ehrlich zu sein: Ein klares Ziel, geschweige denn einen Weg zu einem Ziel, hatte ich damals nicht. Ich hatte vielmehr ein Bündel von Zielvorstellungen vor Augen – die Arbeit sollte mir Freude bereiten, ich wollte ein auf hohem Niveau arbeitendes, allgemein anerkanntes Beratungsinstitut aufbauen und wollte (auch wenn es etwas idealistisch klingt) einen Beitrag dazu leisten, dass meine Kunden besser als ihre Konkurrenten dastehen.

Die ersten Jahre waren besonders hart. Doch bald konnte ich weitere Mitarbeiter einstellen. Sehr schnell merkte ich: Für den weiteren Ausbau der Beratungsaktivitäten benötigte ich nicht nur hervorragende Berater, ich brauchte Mitkämpfer, die so dachten wie ich und mit denen ich auch neue Ideen entwickeln konnte. Leider zeigte sich, dass diejenigen, die diese Kriterien erfüllten, sich selbständig machten oder aber abgeworben wurden. Deshalb musste ich einen Weg finden, wie ich die besten Leute für meine Ideen gewinnen und sie langfristig motivieren und binden konnte.

Und so entwickelte ich das Partnerschaftsmodell, das aus den USA stammte, aber bei den deutschen Beratungsfirmen noch nicht bekannt war. Jeder Partner sollte seinen eigenständigen Verantwortungsbereich erhalten, in dem er Leistungsangebot, Auftragsabwicklung, Personalpolitik etc. weitgehend selbständig bestimmen konnte. So sollte der Partner den Freiraum erhalten, den er zur vollen Entfaltung braucht. Und jeder Partner sollte einen nach meiner Auffassung nicht nur fairen, sondern großzügig bemessenen Anteil am Ergebnis erhalten. Durch gemeinsame Partnerschaftsregeln sollte ein Auseinanderdriften der Bereiche vermieden werden, denn das Geheimnis einer erfolgreich funktionierenden Partnerschaft ist das richtige Austarieren

von freiem Spiel einerseits und dem Einbinden in übergeordnete Entscheidungen andererseits. Das ist uns geglückt. Heute können wir (inzwischen über 70 Partner, mehr als 1000 Mitarbeiter mit 12 Geschäftsstellen in Deutschland und im Ausland) feststellen: Unser Modell funktioniert. Inzwischen sind viele Unternehmungsberatungen diesem Konzept gefolgt (zumindest im Namen) und nennen sich xxx + Partner.

Neben dem Erfolgsfaktor Partnerschaft möchte ich einen zweiten Erfolgsgrund nennen: Die völlige Unabhängigkeit unserer Beratungsgruppe. Es gibt keinerlei Bindung unserer Gesellschaft, die uns zur Entwicklung bestimmter Produkte oder Leistungen verpflichtet. Auch in finanzieller Hinsicht sind wir unabhängig, denn externe Kapitalgeber lassen sich oft von anderen, zum Teil auch beratungsfremden Motiven leiten. Wir lehnen sogar eine Kreditfinanzierung unseres Unternehmens ab. Denn wenn das Geschäft einmal nicht so gut läuft, sind die Kreditgeber gleich mit Auflagen zur Stelle. Deswegen haben wir immer nur mit eigenen Mitteln gearbeitet, haben nicht einmal DM 5,– als Kredit aufgenommen. Ich meine: Beratungsqualität erfordert Beratungsunabhängigkeit.

Da wir nur aus eigener Kraft wachsen wollten, konnten wir uns vielleicht nicht so schnell entwickeln wie andere Unternehmen unserer Branche. Wir mussten uns konzentrieren auf besondere Schwerpunkte. Nach einem längeren Überlegungszeitraum entschieden wir uns für bestimmte Schwerpunktbranchen, nämlich Versicherungen, Kreditinstitute und öffentliche Auftraggeber. Wir konnten und wollten nicht überall tätig sein. Aber dort, wo wir antraten, wollten wir zur absoluten Spitzengruppe der Beratungsunternehmen gehören, sonst hätten wir uns als mittelgroßes Beratungshaus nicht gegen die ganz großen Unternehmen behaupten können. Es hat viele Jahre gedauert, bis wir unsere interne Organisation, unsere Personalstruktur sowie unsere Know-how-Poolung in diesem Sinne ausgerichtet hatten. Es war mein Partner Werner Kruse, der diese Gedanken schon Ende der 70er Jahre entwickelte und in der Mummert + Partner-Gruppe realisierte. Auch diese Struktur ist inzwischen bei vielen Beratungsgesellschaften verbreitet, aber wir können mit Stolz sagen: Wir gehörten zu den ersten, die dieses Konzept einführten.

In den Folgejahren mussten die Spitzenpositionen in den genannten Zielbranchen aber erst noch errungen werden. Dieses schafften meine Partner mit nachhaltigem Einsatz. Um nur einige der Partner zu nennen: Wilhelm Alms, der jetzige Vorsitzende des Vorstandes der Mummert + Partner Unternehmensberatung AG, zählt heute die meisten großen Versicherungen in Deutschland zu seinen Kunden. Eckard Wohlgehagen (heute im Aufsichtsrat) war verantwortlich für öffentliche Auftraggeber, er hat es erreicht, dass nahezu jede Landesregierung, viele Bundesministerien und eine große Zahl von Kommunen unseren Rat in Anspruch nehmen. Jürgen Sponnagel (zuständig für Kreditinstitute) und seine Berater sind für 7 von 10 der größten Kreditinstitute in Deutschland regelmäßig tätig. Hans-Jürgen Ellmann baute den Geschäftsbereich Systems-Consultant und lieferte mit seinen IT-Spezialisten DV-Lösungen für anspruchsvolle Aufgabenstellungen. Diese Konzentration auf bestimmte Beratungsschwerpunkte ist neben der Partnerschaft und der völligen Unabhängigkeit der 3. Erfolgsgrund unserer Beratungsgruppe.

Als Thema für diesen Artikel war mir vorgegeben: „So kam ich ans Ziel." Wenn ich richtig nachdenke, kann ich diesen Aufsatz so nicht betiteln, sondern müsste ihn überschreiben: „So kamen wir ans Ziel."

Sind wir, meine Partner und ich, heute aber tatsächlich am Ziel angekommen? Das empfindet mit Sicherheit keiner von uns, vor allem dann nicht, wenn man einen Vergleich mit meinem ursprünglichen Zielbündel zieht: Das Beratungsniveau lässt sich auch heute noch steigern, Beratungsunterstützung brauchen die Unternehmen immer wieder aufs Neue – und Freude bereitet uns die Arbeit allemal. (UB 01/97, Autor: O. Mummert)

9.18 Remo Malinverni

Remo Malinverni ist der Gründer der ORGA S.R.L. in Mailand und damit einer der Pioniere – oder besser der Pionier – der Beratungsbranche in Italien.
Malinverni wurde am 10.11.1896 in Bózzolo in der Po-Ebene nahe Mantua geboren. Ein Onkel führte Remo, er mit zehn Jahren bereits Vollwaise wurde, dem Studium der Maschinenkonstruktionslehre zu, das er im jungen Alter von vierzehn Jahren mit einem entsprechenden Diplom abschloß. Der berufliche Anfang war sehr schwer, aber dennoch ersparte sich Remo von seinem kärglichen Einkommen bei der Mailänder Firma „Miani e Silvestri" das Geld, um sich ein Ausgabe der von Gustave Doré illustrierten Divina Commedia zu kaufen. Die Wurzeln des späteren Kunstmäzenaten waren früh gelegt worden. Die Arbeit in Mailand wurde bald durch den ersten Weltkrieg unterbrochen. Malinverni meldete sich als Achtzehnjähriger freiwillig und geriet beim Kampf um den Monte Corno in den südlichen Dolomiten bei Asiago im Juni 1916 in österreichische Gefangenschaft, was sich geradezu als „Glücksfall" erwies. Während der Gefangenschaft ließ er sich aus Italien Lehrbücher schi-

cken, um die Zeit mit Studien zu nutzen und als geprüfter Buchhalter mit besten Deutschkenntnissen nach Kriegsende in die Heimat zurückzukehren. Wie konnte die Kenntnisse nun weiter verwertet werden?

Remo Malinverni schrieb sich nach einer kurzen Praxistätigkeit 1921 an der Università di Venezia zum Studium der Economia Aziendale ein und beendete dieses Studium als – in Deutschland würde man sagen – Diplomkaufmann. Nun war der weitere Weg vorgezeichnet. Angeregt durch deutsche und amerikanische Veröffentlichungen entschloss sich Malinverni in Italien eine Consulenza Aziendale, und damit die Profession der Consulenza Aziendale, zu begründen und begann dies 1925 mit der Gründung der ORGA (Organizzazioni e Revisioni Generali di Aziende), die auch heute noch als solche firmiert. Malinverni betrat ein absolutes Neuland in Italien, insbesondere weil er der Consulenza eine wissenschaftliche Basis geben wollte und auch gab – zuerst die der Contabilitá a Ricalco Italiana (CRI). Als erstes führte er Standardkostenrechnung und Budgetkontrolle ein und war in den dreißiger Jahren der Vorreiter für die interne und externe Revision, ähnlich Eugen Schmalenbach in Deutschland. Er setzte seine Methodik bei den Firmenkäufen des Staatsunternehmens IRI und bei anderen Klienten ein. Große Namen gehörten bereits zu seiner Klientel: Olivetti, INPS, Stadt Mailand, Acciaieria Cogne u.v.a.m. Ein Weggefährte bei der ORGA, Luigi Favini, kommentiert dies so:
„In quiei tempi – ricorda – l'organizzazione delle società non aveva proprio nulla di scientifico"
Malinverni begann dann, lange vor der Zeit, als dies modern wurde, ein Netzwerk mit anderen Beratungsunternehmen in Deutschland, den Niederlanden, Frankreich, Großbritannien u.a. Ländern aufzubauen, um den Experten- und Methodenaustausch zu organisieren. Die weitere Expansion von ORGA wurde durch den zweiten Weltkrieg behindert, der die Unternehmenstätigkeit zum Erliegen brachte. Direkt nach Kriegsende gingen bei der ORGA ungezählte Aufträge ein, Unternehmen organisatorisch, produktions- und verwaltungsmäßig wieder aufzubauen und für den Wettbewerb der künftigen Jahrzehnte zu rüsten. Neben diesen, ihn voll beanspruchenden Arbeiten fand Remo Malinverni immer noch die Zeit, viele einschlägige Bücher und Artikel zur Materie der Organisationsentwicklung, der Budgetierung und des Controlling zu schreiben und sich als Wissenschaftler und Professor zu betätigen.

Privat galt seine Leidenschaft der Kunst: Er war Sammler von Kunstbänden und italienischen Gemälden des Ottocento und ließ die erste, 1542 von Andrea Palladio an der Brenta erbaute Villa, die Villa Godi Malinverni (vgl. www.villagodi.com) in Lonedo Lugo die Vicenza nördlich Vicenza Anfang der sechziger Jahre restaurieren. Die herrschaftlichen Säle der Villa sind mit Fresken von Gualterio Padovano, Battista del Moro und Gianbattista Zelotti verziert; eine Kongressmöglichkeit wurde ebenfalls geschaffen.
ORGA hat Filialen in ganz Italien (vgl. www.orga.it) und wird heute von Sohn Pierluigi Malinverni, der nach seinem Abschluss als Dr. Ing. in Ingeneria Industriale am Politecnico di Milano und einem Fulbright-Stipendiat an der Columbia University 1953 bestens gerüstet in die ORGA eintrat und nach dem Tod des Vaters im Jahr 1974 ihr Präsident wurde. Er widmete sich dem weiteren Ausbau der internationalen Beziehungen, sowohl 1984/85 als Präsident der FEACO als auch als Mitbegründer von TIG (The International Group), zu der z.B. in Deutschland Roland Berger als Mitbegründer der Gruppe gehört.

Literatur
ORGA: Alcuni elementi relativi al prof. Remo Malinverni.

P. Malinverni: R. Malinverni – le origini. (UB 01/00)

9.19 Charles Eugène Bedaux

The Champagne Safari

Charles Eugène Bedaux wurde am 10. Oktober 1886 in Charenton-le-Pont, einem südöstlichenVorort von Paris, geboren. Die ersten zwanzig Jahre seines Lebens verbrachte er in Paris mit wenig erwähnenswerten Tätigkeiten und ohne am Lycée Louis LeGrand einen Schulabschluss zu erlangen.

Im Jahre 1906 wanderte er in die Vereinigten Staaten aus und wurde bald darauf als US-Bürger eingebürgert. Während der ersten Jahre in den USA übte er verschiedene einfache Tätigkeiten aus: Tellerwäscher („vom Tellerwäscher zum Millionär" passt also genau), Versicherungsverkäufer, Arbeiter am Hudson River-Tunnel u.a.m. Bis dahin war keinesfalls erkennbar, dass er ein überaus erfolgreicher Organisator und Berater werden sollte.

In der Folge zog Bedaux nach St. Louis und begann bei der Mallinckrodt Chemical Company mit ersten Arbeiten zur Verbesserung der Arbeitsproduktivität. Ein Bekannter erkannte seine Begabung, Arbeitsabläufe zu untersuchen und zu verbessern und vermittelte ihn nach Grand Rapids, Michigan an Unternehmer in der Möbelbranche als Berater in Sachen Produktivitätssteigerung. Bis zur Gründung seines Unternehmens im Jahr 1916 in Cleveland, war Bedaux dann Berater sowohl in den USA als auch in Frankreich. Er entwickelte das dem frühen REFA-System ähnliche, auf den Arbeiten von Taylor und Emerson aufbauende Bedaux-System und trug auch zu dem neu entstanden Gebiet des Scientific Management auf der Ebene der Arbeitszeitmessung bei. Sein „Bedaux-System“ war in den USA und zumal in England äußerst populär, weil es sofortige Produktivitätsverbesserungen versprach und auch erreichte. Andererseits kam es auch zu Streiks gegen die Einführung des Systems so z.B. bei Rover. Bedaux löste das alte, schon Taylor fordernde, Problem der Zeitaufteilung in Arbeitszeit und Ruhezeit auf seine Weise durch Erfinden des „B“ als den Bruchteil einer Minute für Arbeit und den Bruchteil einer Minute für Ruhen.
Das Bedaux-System wollte nur die reine menschliche Tätigkeit, sowohl die körperliche als auch die geistige erfassen, und verzichtete auf die Erfassung von Maschinenzeiten. Durch einen Methoden-Zuschuss konnte auch eine Mischung von maschineller und menschlicher Arbeit bewertet werden. Den in einem Unternehmen eingesetzten Bedaux-Ingenieuren wurde, wie bei jedem anderen System, das Zeiten neu bemessen oder die Takte von Fließstraßen neu einrichten wollte, natürlich beachtliches Misstrauen, oft offene Feindschaft entgegengebracht. Die Zeitnehmer mussten oft versteckt arbeiten oder mit speziellen Armbandstoppuhren, die nicht als die üblichen Stoppuhren erkennbar waren. Hier konnte auch nicht die Erfahrung helfen, dass in den Abteilungen, die nach dem B-System neu bemessen wurden, das Lohnniveau meist 15 bis 20 Prozent über dem Tariflohn und über dem Niveau der nicht nach Bedaux bemessenen Abteilungen lag. Für den Einsatz von Bedaux-Ingenieuren spielten der Fabrikationsprozess und die Vielgestaltigkeit der Prozesse in einem Unternehmen eine maßgebende Rolle. Die Einführung des recht komplizierten Bedaux-Systems, das bis zu jedem Arbeitsgang hinunter die Ist-Situation genaustens dokumentierte, lohnte sich bei reiner Einzelfertigung kaum. Zuviele Bedaux-Ingenieure und Zeitnehmer wären notwendig gewesen, um für jeden unterschiedlichen Auftrag die Werte individuell neu zu ermitteln. Dementsprechend waren die Klienten der verschiedenen Bedaux-Firmen in Bereichen zu finden, wo keine Einzelfertigung vorherrschte und meist bei größeren Konzernen.

Bis 1939 hatte Bedaux Niederlassungen in mehr als zwanzig Ländern gegründet, mit mehr als vierhundert sogenannten Bedaux-Ingenieuren im Einsatz. Im Jahr 1924 wurde z.B. die äußerst erfolgreiche British Bedaux Limited gegründet, danach Firmen in den Niederlanden (die u.a. in Surinam beriet), Afrika, Australien und dem fernen Osten. In den USA waren große Konzerne wie Eastman Kodak, General Electric, Campbell Soup Dow Chemical, Goodrich Rubber, Diamond Match Company, General Foods u.v.a.m. seine Klienten. Arbeiter gaben bei einem Firmenwechsel ihre Bedaux-Werte als Referenz an. In Südafrika waren praktisch alle Bergbau- und Goldminenunternehmen Klienten der Bedaux-Niederlassung, ebenso in Süd-Rhodesien, dort z.B. die Minen bei Bulawayo.

In England installierte Bedaux zwischen 1926 und 1949 sein System in mehr als sechshundert Firmen, so z.B. in allen Werken von Imperial Chemical Industries (ICI). Dabei benutzte

er, wie viele US-Consultancies, die Präsenz der Muttergesellschaften in den USA als Sprungbrett, um Aufträge für die europäischen Niederlassungen zu erhalten.
Durch sein Vermarktungstalent und den Erfolg seiner weltweit vertretenen Beratungsunternehmen d.h. durch die Lizenzgebühren, die er einnahm, wurde Bedaux sehr reich und pflegte einen extravaganten Lebensstil. Er verdankte dies letztlich seiner Gabe, sein System sehr geschäftstüchtig zu vermarkten und sich nicht um operative Details vor Ort zu kümmern, sondern diese seinen im B-System besten ausgebildeten Bedaux-Ingenieuren zu überlassen. Hierdurch stand er eher Emerson näher als Taylor, auf dessen Erkenntnissen jedoch sein Erfolg basierte.

Aus den Bedaux-Unternehmen entstanden oft Spin-Offs mit bekannten Namen, in England z.B. Production Engineering Limited (1934 durch Robert Bryson), Urwick Orr & Partners, als John Leslie Orr 1934 die British Bedaux Ltd. verließ und sich mit Lyndall Urwick zusammentat (vgl. Pionier Urwick), sowie Personnel Administration (PA), als Ernest Butten 1943 als Direktor der British Bedaux ausschied und mit anderen Partnern Personnel Administration Ltd., den Vorläufer der heutigen PA Consulting ins Leben rief (vgl. Pionier Butten). In Südafrika gründete der Bedaux-Mitarbeiter und Bergbauingenieur H.H. Fraser 1944 die später auch in Europa sehr erfolgreiche Unternehmensberatung gleichen Namens, die 1962 auch in Deutschland mit einer Niederlassung ansässig wurde. In Afrika war z.B. in allen großen Goldminen, ob in Bulawayo, Rhodesien oder im südlichen Afrika das Bedaux-System eingeführt worden. Die Möglichkeit dieser Neugründungen lag sicherlich auch daran, dass Charles Bedaux im Zuge seines enormen Erfolges es nicht verstand oder kein Interesse daran hatte, das Netzwerk seiner vielen Beratungsfirmen eng zusammenzuhalten.

Charles Bedaux ist insbesondere wegen seiner in die Geschichte der Arktis-Expeditionen eingegangene Expedition zum Telegraph Creek bekannt, die am 4. Juli 1934 Edmonton mit zwei Limousinen, fünf Kettenfahrzeugen und 130 Pferden verließ. Der Autobauer André Citroen, den Bedaux gut kannte, hatte die Expedition mit fünf, speziell für die Expedition gebauten, Citroen-Halbkettenfahrzeugen (hald tracks) ausgestattet, um die „unmapped regions" des nördlichen British Columbia erreichen zu können. Obwohl die Citroen-Fahrzeuge Tests in der Sahara bestanden hatten, konnten sie gegen den Schlamm der arktischen Region nichts ausrichten. Sie mussten schon bald aufgegeben werden; die Expedition wurde mit den Pferden fortgeführt. Am interessantesten an dieser Expedition waren allerdings die Begleitumstände und die Ausstattung. Der den Luxus schätzende Bedaux hatte für alles gesorgt, um die Widrigkeiten der nordischen Wildnis auf dem 2400 km langen Expeditionsweg zu überstehen: Neben seiner Frau Fern nahm seine (angebliche) Geliebte, die Baronin Bilonha Chiesa, und die Dienerin der Damen teil. Den Tross bildeten 53 Cowboys aus Alberta sowie mehrere Kameraleute, die die Expedition auf Celluloid bannen sollten. Für die Kameraleitung war Floyd Crosby, der später (1952) bei „High Noon" die Kamera führte, aber schon 1930–31 für den Film „Tabu" einen Academy Award erhalten hatte, engagiert worden. Zwei Geographen der kanadischen Regierung begleiteten die Expedition. Mit großem finanziellem Aufwand wurde das Unternehmen pressemäßig, z.B. in der New York Times, vermarktet.
Am aufsehenerregendsten war die Tatsache, dass die Gourmet-Interessen von Charles Bedaux und sein Gefühl für angemessenes Ambiente nicht zu kurz kamen, hatte er doch Tonnen erlesenster lukullischer Genüsse, vom Champagner (daher „The Champagne Safari") über Trüffel bis Kaviar, sowie Seiden-Pyjamas und festliche Kleidung, die eher für Ball-

Abende geeignet war, mitnehmen lassen. Dies bewirkte natürlich ein starkes öffentliches Interesse, das den Geisteszustand von Charles Bedaux nicht immer wohlwollend einschätzte. So kam es auch zu der Namensgebung für den 1995 von George Ungar gedrehten kanadischen Film „Champagne Safari", der die Expedition nachgezeichnet hat. In Kanada hat auch ein Theaterstück „Waiting for Bedaux" – in Anlehnung an „Waiting for Godot" – sich die Expedition zum Thema gemacht.

Diese war, wenn man das wissenschaftliche Erkundungsziel betrachtet, ein Disaster. Als erstes gingen etwa 100 Pounds wissenschaftlicher Vermessungsausrüstung des staatlichen Geographen Frank Swannell über Bord, als das Gelände schwieriger wurde und Ballast abgeworfen werden musste; Kaviar und Trüffel blieben natürlich zum Überleben an Bord. Als nächstes erwiesen sich die Halbkettenfahrzeuge als unbrauchbar, so dass Bedaux eines nach dem anderen aufgeben musste, bisweilen in dramatischer Pose: Zwei Fahrzeuge stürzten vor laufenden Kameras 30 Meter hohe Klippen hinunter, ein anderes wurde auf einem Floß flussabwärts gelassen, um, wieder vor laufenden Kameras, auf eine im Fluss sorgsam aufgebaute Dynamitladung aufzulaufen. Das Dynamit machte jedoch nicht mit und der Citroen-Halftrack lief gemütlich auf eine Sandbank auf. Die zwei letzten Citroens wurden im Gebiet des Halfway River aufgegeben.

Die Reaktion von André Citroen, der am 3. Juli 1935 als kranker, gebrochner und ruinierter Mann starb (Michelin hatte seine Firma bereits im Juli 1934 übernommen), und die Meldungen aus Kanada aus der Presse mitbekam, ist nicht bekannt. Fest steht jedoch, dass für ihn die Expedition auch das Ziel verfolgen sollte, seine Fahrzeuge einem erneuten Härtetest zu unterziehen. Ungewollt hatte Charles Bedaux dazu beigetragen, die Planungen für eine Landverbindung nach Alaska, den Alaska Highway, zu beschleunigen. Als dieser in den Folgejahren gebaut worden war und nicht weit von Halfway River und Telegraph Creek vorbeiführte, fand ein Autohändler aus Fort St. John (nordwestlich von Dawson Creek gelegen) die beiden verlassenen Citroens. Einen davon konnte der Autor im Saskatchewan Western Development Museum bewundern.

Die Expedition musste also auf Pferden weitergeführt werden und endete im Oktober 1934 einige Kilometer vom Ziel des Telegraph Creek entfernt. Bedaux musste sie wegen einsetzenden Schneefalls und wegen des Ausfalls der an den Strapazen zugrunde gehenden Pferde abbrechen. Zuguterletzt sei noch erwähnt, dass die Gerüchte nicht verstummen wollten, die Expedition sei von Bedaux, der noch während des zweiten Weltkrieges in den USA wegen Kollaboration angeklagt werden sollte, als Spionagemission für das Dritte Reich durchgeführt worden.

Bedaux hatte sich Ende der zwanziger Jahre in Frankreich das Chateau de Candé (Département Maine-et-Loire in der Touraine, nordwestlich von Angers) gekauft und aufwendig mit allem Komfort (versenkbare Fenster etc) renovieren lassen; er lebte dort mit seiner zweiten Frau Fern. Die weite Verbreitung seines Systems in England (1937 bereits 225 Unternehmenseinsätze) hatte Bedaux mit der haute volée in England bekannt werden lassen. So kannte er Wallis Warfield-Simpson und es wird behauptet, dass er es war, der sie mit dem späteren Duke of Windsor bekannt machte. Die Bekanntschaft führte schließlich dazu, dass der Duke nach seiner Abdankung als King Edward VIII am 10. Dezember 1936 seine Hochzeit mit Wallis Simpson am 3. Juni 1937 auf dem Chateau de Candé feierte. Bedaux hatte dieses

Angebot gemacht und es war bereitwillig akzeptiert worden. Auch der Bruder des Herzogs, King George VI, hatte nichts einzuwenden, fand diese Idee im Gegenteil praktisch, da dann die Feierlichkeiten nicht so teuer werden würden. Niemand ahnte, was Bedaux vorhatte.

Der Herzog war sehr an den Arbeitsbedingungen in anderen Ländern interessiert. In England war dieses Interesse für die soziale Lage der Arbeiter auf Unmut gestoßen. Bedaux arrangierte für Oktober 1937 eine Deutschland-Tour für das Paar. Dieses Vorhaben passte gut in seine Planungen, hatten doch die nationalsozialistischen Machthaber nach der Machtübernahme 1933 seine Büros in Deutschland geschlossen und seinen Besitz eingezogen. Veranlasser war die Deutsche Arbeitsfront gewesen, die Rationalisierungsarbeiten generell, und speziell diejenigen ausländischer Unternehmen, als mitverantwortlich für die Arbeitslosigkeit ansah. Ende 1997 wurde Bedaux jedoch die Genehmigung zum Wiedereröffnen geben, allerdings mit deutschen Partnern und unter dem Namen „Gesellschaft für Wirtschaftsberatung". Zwei Jahre später musste er sich allerdings aus der Firma zurückziehen, die vollkommen unter deutsche Kontrolle kam. Die Anzahl der sein System einsetzenden Firmen war in Deutschland, im Vergleich zu den USA (1937: 500 Unternehmen), Großbritannien und Frankreich sehr begrenzt geblieben, was wohl hauptsächlich an der Konkurrenz des in Deutschland übermächtigen REFA-Systems lag. In Italien folgten die Faschisten dem Beispiel der Nazis und schlossen Bedauxs Niederlassungen 1936, wobei immerhin 49 Installationen (würde man heute sagen) dort existierten. Hinsichtlich seiner Interessen in Deutschland kam es Bedaux, ganz im Sinne modernster Marketingideen, deshalb sehr gelegen, für den Duke of Windsor einen Besuch im Dritten Reich vorzubereiten und selbst daraus dann Vorteile zu ziehen (vgl. M. Kipping). Das Vorhaben wurde natürlich in Großbritannien stark unter Beschuss genommen („A bombshell and a bad one" waren angeblich die Worte des Bruders King George VI), doch ließ sich der Herzog von niemandem in dieser Angelegenheit hineinreden. Aus der Biographie von Philip Ziegler (King Edward VIII) geht an vielen Stellen hervor, dass der praktisch durch das Königshaus und die Öffentlichkeit in England exilierte Herzog sich jegliche, auch noch so gut gemeinte, Einmischung in seine Angelegenheiten verbat und sicherlich auch deshalb des Öfteren etwas fragwürdige Unterfangen anging. Die Führungsriege des Dritten Reiches stellte sich natürlich voll auf den Besuch des Bruders des englischen Königs ein und schlachtete ihn propagandistisch für ihre Zwecke total aus, etwa als der Duke mit einem etwas ausgerutschten deutschen Gruß grüßte oder sein Auftreten auf dem Obersalzberg, wohin Hitler ihn nur zu gerne eingeladen hatte. Als eigentliche Besuchsabsicht des Herzogs kann man den Versuch vermuten, einen Beitrag zu einer eventuellen Annäherung zwischen den sich immer mehr verhärtenden Fronten der beiden Staaten zu liefern. Auch sah er es sicher gerne, dass ihm endlich einmal wieder ein pompöser Staatsempfang gegeben wurde, wo er sonst auf seinen Reisen immer nur Privatbesucher sein durfte. Deshalb wird er wohl auch alle Einladungen bei den Größen des Reichs bereitwillig angenommen haben, etwa die bei Hermann Göring und Frau Emmy in Carinhall (vgl. P. Ziegler S. 391), wozu letztere in ihren Lebenserinnerungen folgendes zur Besuchsgestaltung durch den Eisenbahnfanatiker Göring zum Besten gibt (E. Göring, S.165):

„Mein Mann versäumte es nicht, dem Herzog auf dem riesigen Speicher von Carinhall die große elektrische Eisenbahn zu zeigen und vorzuführen, die dort aufgebaut war und geradezu ein technisches Wunderwerk darstellte, an dem keine der neuesten Erfindungen moderner Eisenbahnbetriebe fehlte. Diese ‚Riesenspielzeug' war wahrhaftig mehr als ein Spielzeug".

Charles Bedaux hatte vorab alles bestens und sehr geschickt eingeleitet, hielt sich während des Aufenthaltes in Deutschland jedoch schlau im Hintergrund, war auch schon in die USA gereist und bereitete für November 1937 einen Amerika-Aufenthalt für den Herzog unter seiner eigenen, persönlichen Führung vor. In Deutschland hatten ihm die Nazi-Oberen natürlich keinerlei Gestaltungsmöglichkeiten für das Programm gegeben, doch war die Genehmigung zum Wiedereröffnen seiner Niederlassung höchstwahrscheinlich eine Art Anerkennung für die Anbahnung des Besuches des Herzogs von Windsor aber auch eine Reaktion auf die sich durchsetzende Erkenntnis, dass die anlaufende Kriegswirtschaft nicht ohne Rationalisierungsexperten auskommen würde.

Mit dem Besuch in den USA sollte seine dort angeschlagene Position wieder zu Recht gerückt werden, ein Vorhaben das auch den besten PR-Managern des 21. Jahrhundert noch als Lehrstück dienen könnte. Die Abdankung des englischen Königs wegen seiner Heirat mit einer geschiedenen Bürgerlichen war seinerzeit eine ungeheuere, noch nie da gewesene Sensation, die noch alle Gemüter bewegte. Dies in den USA propagandistisch für das eigene Unternehmen auszuschlachten, wäre ein genialer Schachzug Bedauxs gewesen, wenn er geklappt hätte. Schon die Einladung zur Hochzeitsfeier auf Schloss Candé hatte Bedaux argumentativ bestens präpariert, machte er doch klar, dass er auch publik machen müsse, dass es eine Einladung sei und nicht etwa eine Vermietung seines Schlosses für Hochzeitsfeierlichkeiten. Falls letzteres etwa in der Öffentlichkeit angenommen werden könnte, hätten viele Geschäftspartner gemeint, dass er es nötig habe, was seinen Interessen sehr abträglich gewesen wäre.

Gegen den avisierten Besuch des Herzogs in den USA protestierten amerikanische Gewerkschaften unter Bezug auf die faschistischen Neigungen von Bedaux so stark, dass der Plan aufgegeben werden musste. Schon während der dreißiger Jahre hatte der Erfolg des Systems in den USA nachzulassen begonnen; die American Federation of Labour propagierte z.B., dass das System kaum mehr als eine pseudowissenschaftliche Methode, die Arbeiter anzutreiben, sei und keine Auswirkung zur Reorganisation auf der Managementebene habe. Außerdem ergaben sich große Schwierigkeiten im persönlichen Verhältnis Bedauxs zu dem Leiter der außerordentlich erfolgreichen Niederlassung in Chicago. Anfang der vierziger Jahre musste sogar das „B“ aufgegeben werden und durch ein „P“ (für points) oder „AM“ (für allowed minutes) ersetzt werden. Der Name Bedaux war dubios geworden und der Firmenniedergang damit eingeleitet. Speziell in England hatten es die dortigen Niederlassungen übel genommen, dass Bedaux, nach der Niederlage von Dünkirchen, in Frankreich, wo er schon längere Zeit dauernd residierte, blieb und für die Vichy-Regierung und das Dritte Reich tätig war. Interessant und verwirrend ist, dass Bedauxs Biograph Jim Christy ihn allerdings des Öfteren in die Nähe des Widerstands rückt.

In der Zeit vor dem zweiten Weltkrieg und während diesem hielt Bedaux gleichzeitig Geschäftsbeziehungen zu Unternehmen des Dritten Reiches und von dessen Gegnern aufrecht und nutzte sie erfolgreich. Dies führte dazu, dass er nach der Niederlage Frankreichs in deutschem Auftrag in Algerien bei der Überwachung eines Pipelineprojektes zum Transport von Öl über große Entfernungen durch die Sahara tätig wurde oder sich dazu gezwungen sah. Nach der Landung der Alliierten in Nordafrika am 7. November 1942 wurden ihm die Beziehungen zur deutschen Besatzungsmacht und zur Vichy-Regierung zum Verhängnis. Er war immer noch US-Bürger und wurde von Nordafrika nach Miami zur Untersuchung seiner als Kollaboration eingestuften Tätigkeiten gebracht; ihm wurde Landesverrat vorgeworfen. Am 18. Februar 1944 starb Charles Bedaux in der Untersuchungshaft an einer Überdosis Schlaftabletten, bevor eine förmliche Anklage erhoben wurde. Charles Bedaux war, wie sein Lebenslauf zeigt, eine sehr umtriebige, polyglotte und schillernde Persönlichkeit, deren grosse Bedeutung beim Aufbau des gewaltigen Beratungsimperiums es Wert ist, entsprechend gewürdigt zu werden.

Nach dem Krieg hatte Bedauxs Witwe Fern den Versuch unternommen, das Beratungsunternehmen wieder auf die Beine zu stellen, was jedoch misslang. Allerdings hatte die Groupe Bedaux 1968 doch wieder in Paris, Mailand, Amsterdam, Madrid, Barcelona und Frankfurt Fuß gefasst, wenn man einer Anzeige aus diesem Jahr Glauben schenkt. Übrig geblieben sind von dem äußerst erfolgreichen Firmenkonglomerat des Charles Eugène Bedaux die seinen Namen tragenden Unternehmen Bedaux Management Consultants in England und den Niederlanden, die sich u.a. Kaizen und seinen Varianten verschrieben haben (vgl. www.bedaux.com, Anfang 2001). Bedaux, Niederlande hat dankenswerterweise das Foto von Charles Bedaux zur Verfügung gestellt.

Literatur

N. Cheadle: Management Consultants, Part 1, Cambridge Market Intelligence, 1997 (auch in: www.ivanhoe.co.uk).

J. Christy: The Price of Power, Toronto, 1984.

E. Göring: An der Seite meines Mannes – Begebenheiten und Bekenntnisse, Göttingen, 1967.

M. Kipping: The Evolution of Global Consultancy Networks, 1920s to the present, Terni Conference Mai 1997.

M. Kipping: American Management Consultancies in Western Europe, 1920 to 1990: Products, Reputation, and Relationships, in: Business History review 73, 1999, S. 190–220.

E. Rochau: Das Bedaux-System, Konrad Triltsch Verlag, Würzburg, 1952.

Steven Kreis: Bedaux, Charles, Eugene, in: American National Biography, Oxford University Press, Band 21, 1999, S. 452f.

P. Ziegler: King Edward VIII. the official biography, London, Collins, 1990

(Basisversion: UB 01/01)

9.20 Roland Berger

„No profile" heißt „no profit"

Pioniere der Neuzeit sind rar. Menschen, die Neuland betreten, Menschen, die in unbekannte Gegenden vorstoßen und nicht auf ausgetretenen Pfaden den anderen folgen. Doch es gibt sie, die Gipfelstürmer, die Abenteurer und Wissenschaftler, die auch uns moderne Menschen mit ihren Entdeckungen zum Staunen bringen. Auch in Wirtschaft und Politik ist diese Spezies zu finden. Es sind Pioniere, die unternehmerische Visionen entwickeln, deren Worte Wirkung zeigen bei den Architekten unserer modernen Gesellschaft. Einer von ihnen hat es geschafft, diese Pionierarbeit über mehr als 30 Jahre hinweg mit derselben Begeisterung und Überzeugungskraft zu leisten. Er selbst nennt sich einen entrepreneur politique, einen moralisch agierenden Unternehmer, der das Wohl der Menschen und die Zukunft der Gesellschaft nie aus den Augen verliert. Sein Name: Roland Berger.

Wie alles begann
1967, im Alter von 29 Jahren, gründete er ein Beratungsunternehmen. Zahl der Mitarbeiter: 3. In den Wirren der Zeit der 68er-Generation eine Beratungsfirma zu gründen, dazu brauchte es schon eine gehörige Portion Mut und Überzeugung. Er selbst sah sich damals als „Mis-

sionar" in Sachen Beratung. Man kannte zwar die großen amerikanischen Consulting Companies, doch erst mit Roland Berger wuchs in Deutschland ein eigener Beratungsmarkt. Diese Pionierarbeit ehrte Joachim Fest in seiner Laudatio anlässlich der Aufnahme Roland Bergers in die „Hall of Fame" 2000: „Er hat den Beratungsgedanken oder das, was er unter den besonderen kontinentaleuropäischen Bedingungen ist und wurde, überhaupt erst erfunden und zu dem Ansehen gebracht, das er inzwischen besitzt. Bezeichnenderweise findet sich unter den großen Weltfirmen in diesem Geschäft kein deutsches Unternehmen – das seine ausgenommen." Die Zahl der Mitarbeiter zum Zeitpunkt der Jahrtausendwende: Mehr als 1500.

Erste Gehversuche als Unternehmer hatte Roland Berger schon früh unternommen. Als junger Student der Betriebswirtschaftslehre gründete er eine eigene Wäscherei – seine Antwort auf die Zeit, bevor die Waschmaschine Einzug in die deutschen Haushalte hielt. Diese Konkurrenz ahnend, verkaufte er sein Unternehmen nach drei Jahren zu einem stattlichen Preis. Kurz nach seinem Studium beschloss er, sich mit einer weiteren Geschäftsidee, einem Spirituosendiscount, selbstständig zu machen – und auch diese Generalprobe als Unternehmer hat er mit Bravour bestanden. Schon während dieser Zeit liebäugelte er mit dem Beruf – oder sollte man besser sagen der Berufung – „Unternehmensberater". Ihn lockte dabei die Aussicht auf eine Arbeit, die intellektuell, theoretisch und zugleich pragmatisch ist, die ihm interessante Gesprächspartner und wechselnde Probleme von unternehmerischer Relevanz beschert und die nicht zuletzt seine Person fordert als moralische und objektive Instanz. Die günstigen Aussichten, sich als Unternehmensberater selbstständig zu machen, festigte dazu seinen Entschluss, in dieses Metier vorzudringen. Die theoretischen Grundlagen, die er nach seinem Studium beherrschte, waren ihm allerdings nicht genug. In der Betriebswirtschaftslehre sah er lediglich eine Anleitung, um wirtschaftliche Erfolge zu erreichen. Wie diese in der Praxis umgesetzt wird, wollte er zunächst noch als Berater bei einer amerikanischen Beratungsgesellschaft lernen. Fünf Lehrjahre reichten aus und Roland Berger begann eine Bilderbuchkarriere als selbständiger Unternehmensberater. Heute ist sein Name untrennbar verbunden mit einer europäischen Beratungskultur, er gilt weltweit als „the nation`s only home grown management guru", wie ihn die Financial Times nannte.
Als Pionier der Beratung stürmt er jedoch nicht unbedacht und enthusiastisch nach vorne, seine Expeditionen in Neuland sind gut geplant. Ausgestattet mit Analysen und Wissen um die wirtschaftlichen Zusammenhänge entwickelt er maßgeschneiderte Konzepte für die Ratsuchenden. Joachim Fest begründet den Erfolg Roland Bergers so: „Er verfügte stets über soviel Einsicht in die wirtschaftlichen Zusammenhänge wie über pragmatischen Sinn, über Festigkeit in den Grundsätzen wie Flexibilität bei deren Anwendung." Roland Berger folgt nicht dem Zeitgeist, sondern ist Trendsetter, Visionär. Hier ein Beispiel: In einem seiner ersten Projekte führte Roland Berger vier große deutsche Reiseveranstalter zusammen. Die TUI entstand, noch ehe die betriebswirtschaftlichen Lehrbücher den Begriff „Post Merger Integration" in ihr Vokabular aufgenommen hatten und 30 Jahre vor dem großen weltumspannenden Fusionsfieber.
Und mit eben dieser Gabe – gepaart mit Phantasie und Pragmatismus – hat er den verdienten Erfolg bei seiner Klientel. Das Selbstverständnis als Dienstleister war dabei immer seine oberste Maxime.

Auf dem Weg zu Unternehmenserfolgen zählten für ihn nicht allein Bilanz und Gewinn. Er zeigte Weitsicht bei seinen Strategien und Umsicht mit der Gesellschaft. Die moralische Komponente in wirtschaftlichen Dingen, das Zusammenspiel von Unternehmensentwicklung und Gesellschaft ließ er nie außer Acht. Seine Arbeit sollte „zum Fortschritt der menschlichen Gesellschaft beitragen", wie er es selbst formulierte. „Er machte der Politik wie den Menschen über dreißig Jahre lang Mut zur Zukunft", so charakterisierte ihn ein langjähriger Freund.
Schon bald war er mit seiner industriepolitischen Sichtweise ein geschätzter Ratgeber der Politiker. Seine Meinung ist in vielen staatlichen Gremien gefragt. Er ist Mitglied im Innovationskreis des Bundespräsidenten, im Sachverständigenrat „Schlanker Staat", und in der Kommission für Zukunftsfragen des Freistaates Bayern, um nur einige zu nennen.

Konkrete Beispiele aus der Wirtschaft

Dabei gab es Zeiten, da malte Roland Berger von der Zukunft unserer Gesellschaft ein Bild, das eher an Bruegels Höllenbilder als an ein deutsches Stilleben erinnerte. Mit missionarischem Eifer appellierte er an die Unternehmen, sich für den bevorstehenden Strukturwandel zu wappnen. Und in beunruhigenden Bildern schilderte er den Verantwortlichen der Politik, was mit dem Standort Deutschland passieren wird, wenn sie weiterhin ihre aktuelle Position behaupten wollen.

In den 80er Jahren, als die meisten deutschen Unternehmen intensiv Nabelschau betrieben, wurden sie wachgerüttelt von den Visionen, die ihnen Roland Berger vortrug: Die 90er Jahre werden eine Krisenzeit, prophezeite er. Globale Unternehmen werden entstehen. Unternehmensstrukturen werden völlig andere sein müssen, um in dieser Zeit überlebens-, innovationsfähig und produktiv zu sein. Alarmierende Worte aus dem Munde eines Auguren der Neuzeit. Tatsächlich brachten das vereinte Europa, der technologische Fortschritt und die Globalisierung des Wettbewerbs zu Beginn der 90er Jahre große Veränderungen mit sich.

Um diesen neuen Herausforderungen zu begegnen, forderte Roland Berger eine neue Generation von Unternehmern. Internationaler und unternehmerischer müssten sie sein, einen offenen Führungsstil praktizieren und den einzelnen Arbeitnehmer zum Unternehmer seiner Fähigkeiten machen. Vor allem die Konzernspitzen müssten internationaler besetzt sein. Ahnte er damals schon Deals wie Daimler/ Chrysler oder Vodafone / Mannesmann? Die Überlebensfähigkeit von Unternehmen machte er damals auch abhängig vom Grade ihrer Diversifikation. Er schlug vor, Mischkonzerne von ballastreichen Geschäftsfeldern zu reinigen. Deutsche Konzerne müssen ihr Kerngeschäft definieren, darin Marktführer im relevanten Markt werden und alles was nicht dazu gehört an den jeweils besseren Eigentümer auslagern. Eine Idee, die Roland Berger bereits 1988 predigte und die – wo befolgt – so manchem Unternehmen 12 Jahre später einen Platz im internationalen Wettbewerb sicherte.

Er selbst sah in den Krisenzeiten der 90er Jahre eine Chance für Europa. Denn seiner Meinung nach können Europäer mit der Vielfalt der globalen Wirtschaft besser umgehen als Amerikaner und Japaner. Europäische Management-Kultur heißt für ihn weltweit operieren, ohne regionale Besonderheiten aus dem Auge zu verlieren – so wie es die Europäer bereits seit Bestehen des Binnenmarktes gelernt haben.

Wer kümmert sich um Deutschland?
Eines seiner Schwerpunktthemen in dieser Zeit war die Diskussion um den Standort Deutschland. Seine Antwort auf die Frage nach der Zukunft des Standortes Deutschland war simpel und dennoch unpopulär: Um attraktiv zu sein, müssen sich die Deutschen von ihrer Industriegläubigkeit lösen und sich einer Strukturinnovation öffnen. Konkret meint Berger mit Strukturinnovation das Entstehen einer wissensbasierten Dienstleistungsgesellschaft nach amerikanischem Muster. Er empfahl sogar Automobilunternehmen, sich nicht länger nur als Hersteller von Fahrzeugen zu betrachten, sondern als Mobilitätsdienstleister. Innovationen werden wieder boomen, wissensintensive Berufe werden entstehen.

Auch muss von Seiten der Politik ein innovationsfreundliches Klima in Deutschland geschaffen werden. Roland Berger tadelt Reformstau und Beharrung, Staatsverschuldung, Regelungswut, und das Festhalten an staatseigenen Unternehmen. Alle Wirtschaftsleistungen sollte die Privatwirtschaft übernehmen, während der Staat sich auf die Sicherheits- und Haushaltspolitik, die Organisation des Rechtsstaates, den funktionierenden Wettbewerb und den Sozialstaat also auch soziale Gerechtigkeit konzentriert. Staatlicher Interventionismus – auch wenn er gut gemeint ist – passt nicht in das Weltbild Roland Bergers. Er fordert daher die Privatisierung in großem Umfang. Alles ist möglich: Die Privatisierung von Gymnasien, Universitäten, Gefängnissen, die Privatisierung des Gesundheitswesens. Und wie erfolgreich eine von ihm begleitete Privatisierung sein kann, sieht man am Beispiel der Lufthansa.

Die Reihe der Beispiele für Roland Bergers Pioniergeist ließe sich noch lange fortsetzten. Sei es Shareholder Value, Management Consulting for Equity, Fusionen oder Post Merger Integration; Weitblick, Augenmaß und Umsicht prägten stets seine Ratschläge.

Blick in die Zukunft
Wie sehen seine Pläne von einer Gesellschaft des 21. Jahrhunderts aus? Wie steht es mit seinen Ideen im Zeitalter der New Economy? Ist Roland Berger auch da Pionier, der uns zeigt, welchen Weg wir besser einschlagen sollten?

Die, die ihn kennen, verwundert es nicht, dass sein Reformprogramm für Deutschlands Zukunft bereits vorliegt. Seine Forderungen darin sind nicht weniger aufrüttelnd als vor 20 Jahren. Mit demselben Engagement und Pragmatismus propagiert er heute die Abschaffung des Tarifmonopols, die Senkung der Sozialquote, die Reform des Bildungssystems und den Strukturwandel zur New Economy. Letzteres bedeutet natürlich auch eine Flexibilisierung der Arbeitsmärkte und die Förderung der Selbstständigkeit.

New Economy ist für das Team von Roland Berger bereits Realität. Sie wurde in Amerika erprobt und für gut befunden – die Arbeitsmarktzahlen beweisen es. Auch als Unternehmer ist er bereits gut vorbereitet. Experten in seinem Unternehmen sorgen für eine professionelle Beratung auf diesem Gebiet. Optimistisch blickt Roland Berger in die Zukunft: Die Internet-Wirtschaft wird überleben und neue Geschäftsmodelle und Verhaltensweisen auf den Markt bringen. Neue Wirtschaftsmodelle werden entstehen, die sich nicht mit den Kriterien der traditionellen Buchhaltung bewerten lassen. Alte traditionelle Wirtschaft und New Economy werden zusammenfinden und ein Szenario bilden, das da heißt: Wachstum, Beschäftigung und Wohlstand. Auch die Struktur der Unternehmen wird sich ändern: Die global agierenden

Unternehmen werden nur noch Netzwerk sein für dezentrale Einheiten. Die Zentrale Führung und hierarchische Strukturen werden sterben. Telearbeit und flexible Arbeitsmodelle werden in den nächsten 10 Jahren verwirklicht werden. Auf der Schwelle zum neuen Jahrtausend meinte Roland Berger: „Wir stehen am Anfang einer neuen Netzökonomie, mehr noch einer neuen Zeit. Eine Zeit, die ökonomisch rundherum zu Optimismus Anlass gibt. Die klassische Industriegesellschaft wird abgelöst von der postindustriellen New Economy. In ihr dominieren die neuen Technologien wie Informatik, Internet, Bio- und Neurotechnologie oder neue Materialwissenschaften sowie in enormem Maße Wissen, Kapital und Dienstleistung."

In seinem Unternehmen hat Roland Berger bereits die Weichen gestellt für eine Beratung der „New Economy". Zusammen mit 119 Partnern wurden auf internationaler Ebene Konzepte entworfen für die Ratsuchenden im Bereich e-business, B2B und Web-Marketing. Mitte 2000 wurden bereits 15% des Umsatzes in Projekten erwirtschaftet, die e-business-Strategien für Klienten aus der verarbeitenden Industrie sowie dem Dienstleistungssektor entwickeln. Weitere 40% des Umsatzes zählten zu Projekten mit Fokus auf „integrierten" e-business-Themen. Daneben bleiben Themen wie Globalisierung, PMI, Restrukturierung und klassische Organisations- und Strategieberatung weiterhin ein Leistungsschwerpunkt.

In 29 Büros verteilt auf 20 Länder wird Wert gelegt auf individuelle Beratung. Dabei finden sich globale Teams verschiedener Nationen in branchen- und funktionsbezogenen „Competence Centern" zusammen, um zum Unternehmenserfolg ihrer Klienten beizutragen. Mit einem Umsatzplus von 25% im Jahre 2000 und einem Umsatzvolumen von 425 Mio. EUR gehört die Roland Berger & Partner GmbH heute zu den gefragtesten Beratungsunternehmen weltweit. Zu seinen Kunden zählen die marktführenden Unternehmen aus beinahe allen Wirtschaftsbereichen.

Ein Handicap, das die Roland Berger Aktivitäten in den USA und auf dem Finanzsektor hemmten, wurde in jüngster Zeit überwunden. In einem Management-Buy-Out kauften Roland Berger zusammen mit seinen Partnern die von der Deutschen Bank gehaltenen Geschäftsanteile zurück. Damit war der Weg frei für den amerikanischen Beratungsmarkt.

Zukunftsweisend für eine erfolgreiche Geschäftsentwicklung ist zudem eine 10%ige Beteiligung an der bmp , der führenden Early Stage Venture Capital Firma in Deutschland. Mithilfe dieser Strategischen Allianz wird die Roland Berger GmbH noch engere Bande zur Netzökonomie knüpfen und die Idee vom „Consulting for Equity" vorantreiben. Damit realisiert Roland Berger die von ihm propagierte Idee, den Menschen zum Unternehmer seiner Fähigkeiten zu machen.

Am 22. November 2002 wurde Roland Berger 65 Jahre alt. Die Nachfolge in seinem Unternehmen hat er bereits sorgfältig geplant. Doch es ist zu hoffen, dass er sich als Berater in Sachen Zukunftsfragen unserer Gesellschaft noch lange nicht verabschiedet. Denn wie gesagt, Pioniere sind rar in unserer Zeit.

(Autorin: F. Schneider, Roland Berger & Partner GmbH, München, 2002)

10 Vermischtes und Historisches

10.1 Der Chefvolkswirt

Bei McDonald's gibt es den Chefsalat. Bei Banken den Chefvolkswirt. Einige von ihnen richten durch ungezügelte Meinungsäußerungen in der bunten Mischung eines Salates immer wieder Schaden an.

Zunächst Fragen über Fragen: Was ist eigentlich ein Chefvolkswirt? Warum gibt es keinen Chefbetriebswirt? Muss man sich den Chefvolkswirt als Boss von vielen kleinen Untervolkswirten vorstellen? Haben die vielleicht Meinungsäußerungsverbot? Ist es nur so zu erklären, dass ihr Chef ständig und überall zwanghaft zu allem Stellung nimmt? Und wer macht die Qualitätskontrolle bei diesen Stellungnahmen?

An der Spitze der hyperaktiven Chefvolkswirte steht der Vertreter der Deutschen Bank. Vor der Euroeinführung fiel er zunächst durch die starke Varianz seiner persönlichen Meinung über Schaden oder Nutzen der neuen Währung auf.

Das Studium seiner Kolumne in der FAZ, in der er sich über alles, was das Volk bewegt, äußert, führt regelmäßig zu der Erkenntnis, dass der Informationsgewinnungsgrad nahe Null liegt. Alles hat man schon lange vorher irgendwo gelesen oder gehört oder weiß es einfach, wie z.B. des Chefvolkswirts Prognose, dass „der Bauwirtschaft harte Jahre" bevorstehen.

Trotzdem gibt er nicht auf. Über alle Medien, auf allen Kanälen versucht er uns zu verunsichern, zu ängstigen und zu schocken. So greift er unser soziales und moralisches Versagen als Ursache der Wirtschaftskrise an: „Wir haben kein Konzept von Gerechtigkeit in unserer Gesellschaft ... Bindungen haben völlig ihren Wert verloren ... Es ist eine furchtbare Gesellschaft. Das Herzstück der christlichen Orientierung, nämlich der Gottesbezug und das Evangelium müssen wieder in den Mittelpunkt gestellt werden." Da sei „Die Position des Papstes doch wohl näher an der Wurzel des Glaubens" (JF, 14.3.01).

Das wollen wir hoffen.

Ernsthafte Besorgnis tauchte kürzlich auf, als der Chefvolkswirt offenbar den Bezug zu Gott, Gerechtigkeit und Evangelium verloren hatte. Unter der Überschrift „Hochbrisanter Vorstoß zur Bewältigung der Wirtschaftskrise" forderte er: Ältere Arbeitnehmer sollen weniger Lohn und Gehalt bekommen. Begründung: Ältere sind nicht mehr so produktiv wie Jüngere. Hatte er bei dieser Hommage an den längst überholten Jugendwahn von sich auf andere geschlossen?

Mit dem Papst war sicher auch sein nächster Vorstoß nicht abgestimmt: „Die Lohnnebenkosten lassen sich nach Ansicht des Chefvolkswirts der Deutschen Bank durch die Streichung von Feier- und Urlaubstagen senken. Die Abschaffung der Bezahlung von solchen Tagen sei angebracht. Wer Feiertag und Urlaub haben wolle, solle sie auch bekommen – aber eben ohne Bezahlung“ (Stuttgarter Nachrichten 15.6.03).

Und so brabbelt er fröhlich vor sich hin, ohne Logik, ohne Begründung, ohne Machbarkeitsnachweis. Niemand zieht ihn zur Rechenschaft für die Verunsicherung und die miese Stimmung, die er verbreitet.

Da fällt es kaum noch ins Gewicht, dass er uns 2001 den falschen Rat gab, unser Geld in Aktien anzulegen (MM 04.01.01), dass er eindringlich vor „schweren wirtschaftlichen Rückschlägen durch den Irakkrieg“ warnte und die „Naivität der Märkte“ geißelte (FTD 25.03.03), dass er der CDU/CSU grüne Überläufer in Aussicht stellte (MM 23.12.02) und dass er die Engländer nach deren Entscheidung, den Euro zunächst nicht einzuführen, als „unzuverlässige Partner“ beschimpfte, die „noch im Commonwealth“ lebten und deren ökonomische Argumentation „dummes Zeug“ sei (Spiegel).

Was hat das alles mit dem Beratungsgeschäft zu tun?

In Projekten wird man von Mitarbeitern in Klientenunternehmen immer wieder gefragt, was man denn so von den Äußerungen des Chefvolkswirts hält, besonders dann, wenn sie in Balkenüberschriften auf der ersten Seite der Bild-Zeitung standen. Dabei wird latent unterstellt, man sei des Volkswirts Kumpel im Geiste. Und das nervt. (UB 05/03)

10.2 Sie kommen!

Jetzt müssen wir uns etwas einfallen lassen!

Es ist nicht länger dem Bereich vager Vermutungen zuzuordnen. Es kann nicht länger durch wackere Kammerpräsidenten der Steuerberater dementiert werden. Alle Selbstbeschwichtigungen helfen nun nicht mehr.

Die Hiobsbotschaft: Steuerberater wollen und sollen wieder einmal Unternehmensberater werden!

Wer der Meinung ist, dieses Thema haben wir schon seit Anfang der 80er Jahre, als KPMG und Arthur Andersen sich aufmachten, um außer Steuerberatung und Wirtschaftsprüfung auch Managementberatung zu betreiben, der irrt gewaltig. Die neue Entwicklung ist eine völlig andere. Während die großen internationalen Steuerberatungs- und WP-Gesellschaften die Unternehmensberatung als eigenständige Geschäftseinheit aufbauten und Unternehmensberater rekrutierten oder ausbildeten, soll nun der Steuerberater um die Ecke, quasi über Nacht, zur eierlegenden Wollmilchsau einer „umfangreichen Betriebsberatung“ werden.

Protagonist dieser Entwicklung ist ausgerechnet eine Institution, die nach Einschätzung ihrer eigenen Genossen im Wohlstand der fetten Jahre flexibel und innovativ geworden ist wie ein Brauchtumsverein.

Mangels besserer Einfälle schaltet die DATEV eG derzeit in Wirtschaftsmagazinen ganzseitige Anzeigen, deren Inhalt nichts anderes ist, als eine pauschale Verunglimpfung der gesamten Branche der Unternehmensberater. Nachdem im oberen Teil der Seite ein namentlich nicht genannter „abtrünniger Consultant" mit allerlei Enthüllungen und Unterstellungen das eigene Nest beschmutzt, erscheint in der unteren Hälfte dann als lichtumfluteter Saubermann der Steuerberater, selbstverständlich DATEV-Mitglied, der alles ganz anders und besser macht. Wer so platt wirbt, der hat es nötig.

Wie wäre es, wenn sich diese Genossenschaft erst einmal um die Qualität des Kerngeschäfts ihrer Mitglieder kümmern würde? Immer häufiger verlieren die Häkchenmacher den Durchblick in ihrem Paragraphendschungel und werden zum hochrangigen Risikofaktor für ihre Mandanten. Mittelstandsmagazine warnen bereits: „Vorsicht Steuerberater!"

Deshalb: Wollen können sie schon wollen, aber ob sie auch können – das ist immer noch die Frage. (UB 03/97)

10.3 Nestbeschmutzer und Wadenbeißer

Nestbeschmutzer und Wadenbeißer haben es gut, denn sie haben immer Konjunktur. Ohne große Anstrengung ist ihnen das Interesse und der wohlfeile Applaus eines sensationslüsternen Publikums sicher.

Kinderleichtes Spiel haben sie besonders in einer Branche, die ohne den Schutz eines Berufsrechts ständig Verdächtigungen und Unterstellungen aller Art ausgesetzt ist.

Der wesentliche Unterschied zwischen beiden Spezies ist der, dass der Nestbeschmutzer ein Mitglied der Beratungsbranche ist. Um sein Tun zu rechtfertigen, muss er sich selbst ein Attribut wie „abtrünnig" zulegen. Oder er versteckt sich hinter einem Pseudonym. Letzteres hat den enormen Vorteil, dass er weiter die Segnungen des Berufsstandes und gleichzeitig die Tantiemen der Nestbeschmutzung genießen kann. Der Wadenbeißer ist, was seine berufliche Kompetenz betrifft, meist meilenweit von der Beratungsbranche entfernt. Er lebt vom Wühlen, von Häme, von Schadenfreude und Nachrede über Dinge, von denen er im Grunde nichts versteht.

In der Sonderkategorie der nestbeschmutzenden Berufsanfänger schwingen sich Grünlinge von knapp dreißig Jahren als „Reporter" zu einem Rundumschlag gegen die gesamte Beratungsbranche auf. Und weil Papier so schön geduldig ist, werden pauschal auch alle Auftraggeber als Dummbeutel verunglimpft, nur weil sie die Hilfe von Beratern in Anspruch nehmen. Dabei steht die tatsächliche Berufserfahrung solcher „Reporter" in keiner realistischen Relation zur Wucht ihrer Anwürfe. Es drängt sich deshalb der hässliche Verdacht auf, dass es sich bei Elaboraten dieser Art um kommerzielle Auftragsarbeiten handelt. Der Verlag war schon seit längerem auf der Suche nach einer Autorin oder einem Autor mit der Bereitschaft aus dem Eingemachten der Consultingbranche zu berichten. Alle lehnten ab, bis auf einen. Dieser Heckenschütze, ohne Mumm in den Knochen, verschanzt sich hinter dem Pseudonym Jörg Staudt.

Die Kategorie der „Abtrünnigen“ hat jahrelang durch die Branche gut gelebt und ist urplötzlich total angewidert. Nicht das eigene Handeln wird nun nachträglich in Frage gestellt, sondern das der anderen, der Branche insgesamt und des Systems. Hier besteht der Verdacht, dass es diese Kollegen nicht geschafft haben, ihre Kompetenz den veränderten Marktbedingungen anzupassen. In einer High Noon-Abrechnung wollen sie noch einmal Aufmerksamkeit und Cash ernten.

Wir brauchen weder Wadenbeißer noch Nestbeschmutzer. Durch ihre Aktivitäten wird die Branche keinen Millimeter nach vorn gebracht. Sie regen weder Innovationen noch Bewusstseinsänderungen an. Sie sollten ihren Lohn nehmen und dorthin gehen, wo viel Sonne scheint und der Pfeffer wächst. (UB 04/97)

10.4 Auftragsflexiblität

10.4.1 Job-Agentur für Auftragsflexibilität

Die traditionelle Personalplanung vieler Beratungsunternehmen steht auf dem Prüfstand. Nachdem in den letzten zwei Jahren als Folge der Rezession in starkem Maße Berater nach Hause geschickt wurden, stellt sich jetzt die Frage, wie bei einer Belebung der Nachfrage personalpolitisch reagiert werden soll.
Das Thema Personalflexibilisierung steht nicht nur bei den Klienten auf dem Programm.
Beratungsunternehmen standen schon immer vor der Entscheidung, ob sie ausschließlich einen festen Personalstamm beschäftigen oder diesen durch flexibel abrufbare freie Mitarbeiter ergänzen. Es steckt eine zwingende Logik in der Idee, das grundsätzlich schwankende Auftragsvolumen eines Beratungsunternehmens mit flexibel einsetzbaren Mitarbeitern abzudecken. Das spart Kosten und erhöht die Schlagkraft. Viele Rechenbeispiele, u.a. von David Maister („The Professional Service Firm“) zeigen, dass freie Berater eine bis zu 200% höhere Arbeitsproduktivität haben als fest angestellte Berater.
Trotz dieser Erkenntnisse wurde der freie oder halbfreie (freie Mitarbeiter mit Auslastungsgarantie) bisher immer als zweitbeste Lösung angesehen.
Und dies unter folgenden Aspekten:
Aus Sicht der Klienten sind freie Mitarbeiter eines Beratungsunternehmens immer etwas suspekt. Das bezieht sich zum einen auf ihre Kompetenz („Wenn der wirklich gut wäre, wäre er doch bestimmt fest angestellt“), zum zweiten auf den Aspekt der Geheimhaltung („Wer weiß, für wen der noch arbeitet“).
Aus Sicht des Beratungsunternehmens stellen sich immer wieder die Fragen:

- Passt der freie Mitarbeiter in unsere Kultur?

- Wie können wir das Kompetenzprofil zweifelsfrei prüfen?
- Wie stellen wir die Kompatibilität zu unseren Methoden und Standards sicher?
- Wie stellen wir sicher, dass nicht nur Wissen abgestaubt wird?
- Wie stellen wir sicher, dass nicht für eigene Rechnung gearbeitet wird?

Diese Fragen, die zweifellos zu Recht und oft aus leidvoller Erfahrung bei der Zusammenarbeit mit Freien gestellt werden, können künftig durch einen spezialisierten Dienstleister bearbeitet und gelöst werden. In UK wurde von erfahrenen, aus der klassischen Beratung kommenden Beratern eine Firma gegründet (www.mindbench.com), die sich auf die Vermittlung von selbständigen Beratern an Beratungsunternehmen spezialisiert hat. Es soll ein Pool von hochkarätigen Strategie- und Veränderungsexperten aufgebaut werden, bei denen alle oben genannten Punkte überprüft und abgesichert werden. Fünf Beratungsunternehmen nehmen diese Dienstleistung bereits in Anspruch. Bei den Vermittelten handelt es sich meist um hochspezialisierte Experten, die das Beratungsunternehmen selbst nicht hat, aber in einer zeitkritischen Angebotssituation unbedingt benötigt.

Richard Stewart, Gründer von Mindbench, sieht sich aber nicht nur als Servicelieferant für Consultingunternehmen, sondern auch für die Berater, die er ihren herausragenden Fähigkeiten und Interessen entsprechend vermitteln will. Denn dass er nur die Besten der Besten in seinem Pool haben wird, ist für ihn die selbstverständliche Voraussetzung. Diesen „best of breed" soll auch eine optimierte „work/life balance" ermöglicht werden. Stewart hat selbst erfahren, was einem fest angestellten, unter Akquise- und Auslastungsdruck stehenden Berater an Lebensqualität abgeht.

Ist dies eine Geschäftsidee auch für den deutschen Markt? Mindbench will auf jeden Fall auch außerhalb der Insel aktiv werden. Wie wärs? (UB 06/04)

10.4.2 Wie flexibel sind Beratungsunternehmen?

Interview mit dem Geschäftsführer des BDU, Bonn, Dipl.-Kfm. Christoph Weyrather (CW)

Bei einem Anspringen der Konjunktur wird auch die Nachfrage nach Beratungsleistungen wieder steigen. Haben die Beratungsunternehmen, insbesondere bei ihrer Personalausstattung genügend Flexibilität, um angemessen darauf reagieren zu können?

CW: Ich denke, dass in der Branche noch Kapazitätsreserven schlummern. Viele Unternehmensberater befinden sich zurzeit trotz ihrer Personalanpassungen der vergangenen Jahre noch nicht am Rande der Auslastungsgrenzen. Weiterhin sind nicht wenige Berater in der Projektakquise gebunden, die bei einer erhöhten Nachfrage nach Beratungsleistungen dann zeitnah wieder für die eigentliche Beratung zur Verfügung stehen. Aber auch der Jobmotor in der Branche springt wieder an. Über 40% der Unternehmensberatungen hatten in unserer Marktbefragung Anfang 2004 angekündigt, den Personalbestand wieder zu erweitern. Nach unseren Schätzungen werden in diesem Jahr wieder bis zu 6.000 Consultants gesucht.

Der Aufbau einer flexiblen Reserve von freien Mitarbeitern wird von den meisten Beratungsunternehmen immer noch kritisch gesehen, warum?

CW: Um die hohen Qualitätsansprüche der Klienten zu erfüllen, muss der freie Mitarbeiter optimal in das Netzwerk, das Qualitätsmanagement-System und die Ausbildung der Unternehmensberatung eingebunden sein. Dies klappt nur, wenn man regelmäßig kooperiert und die Zusammenarbeit „eingeübt“ ist. Die Unternehmensberatung muss sich ja darauf verlassen können, dass die „flexible Reserve“ nicht durch schlechte Leistung den Ruf der Unternehmensberatung beschädigt oder umgekehrt mit dem Kunden „durchbrennt“. Die zeitlich begrenzte Zusammenarbeit in Beratungsprojekten lebt daher in erster Linie von gegenseitigem Vertrauen in die fachliche und menschliche „Qualität“ der Partner, und dieses Vertrauen lässt sich aber nicht auf Knopfdruck herstellen.

Der BDU weist durch seine Mitglieder-Datenbank den Klienten, die einen Berater suchen, den passenden Partner nach. Besteht Ihrer Meinung nach ein Bedarf an einer Dienstleistung, die Gleiches für Beratungsunternehmen anbietet?

CW: Das sehe ich nicht, außer für Funktionen im Bereich der EDV-Implementierung, des Software-Customizing etc., wo es vor allem auf das technische Know-how ankommt, was durch Hersteller-Zertifikate nachgewiesen werden kann (Microsoft etc.). Der BDU bietet den Mitgliedern bereits seit einigen Jahren ein „schwarzes Brett“ im Internet für die Suche nach Kooperationspartnern oder freien Mitarbeitern für konkrete Projekte. Dies wird relativ wenig genutzt, weil jeder weiß, dass Kooperationen mehr benötigen als nur Papierangaben. Eine gute und etablierte Plattform für Kooperationen bieten hingegen die Arbeitssitzungen der BDU-Fachverbände. Hier kommen Berater-Kollegen aus dem BDU auf gleicher Augenhöhe zusammen und lernen die individuellen Stärken kennen. Nicht selten ergibt sich hieraus eine konkrete Zusammenarbeit in passenden Projekten.
Insgesamt habe ich zurzeit den Eindruck, dass sich zahlreiche Anbieter als Dienstleister für unsere Branche etablieren wollen, um den Beratern gegen Provision Kunden oder Jobs zu vermitteln. Mir wurde bislang noch kein positives Beispiel genannt. Einige BDU-Mitglieder berichten aber, „außer Spesen nichts gewesen“.

Welche Anforderungen müsste die Dienstleistung der Vermittlung hochqualifizierter Berater an Beratungsunternehmen erfüllen?

CW: Die Aufgabe kommt der von Personalberatungen oder Interimmanagement-Agenturen gleich. Der Prozess der Suche und Auswahl von in Frage kommenden „Kandidaten“ muss auf höchstem Niveau stattfinden und eine Vielzahl von Faktoren berücksichtigen. So müssen beispielsweise die Qualifikation und die Persönlichkeitsstruktur des Beraters auf der einen Seite und die Anforderungen, das Betriebsklima sowie die Beratungsphilosophie der Unternehmensberatung auf der anderen Seite genau zusammenpassen. Mit einem reinen Adressnachweis ist es hier also nicht getan. Als Erfolgsfaktoren können sowohl ausgezeichnete Branchen- und Marktkenntnisse als auch fundierte Kenntnisse in Such- und Auswahlprozessen gelten. (UB 06/04)

10.5 M & A im IT-Markt im Lichte schöpferischer Zerstörung

Hoher Innovations- und Effizienzdruck, verkürzte Produktlebenszyklen und gestiegene Qualitätsanforderungen auf Kundenseite bilden den Hintergrund einer Vielzahl von Unternehmenszusammenschlüssen in der IT-Branche. Die zunehmende Bedeutung der Unternehmensführung unter Renditegesichtspunkten (Shareholder Value) und der zunehmende Druck der Anteilseigner auf die Unternehmensleitung münden nicht selten in der Notwendigkeit unternehmensweiter Restrukturierungsmaßnahmen. Daneben sorgt vor allem die zunehmende Konvergenz der Technologien im IT-Sektor für eine anhaltende Migrations-, Konzentrations- und Konsolidierungsbewegung, in deren Rahmen es zu zahlreichen Verkäufen in den Randbereichen und Zukäufen in den (künftigen) Kernbereichen der Unternehmen kommt.

Mit dieser Betrachtungsweise nähert man sich unmittelbar dem zentralen Aspekt dessen, was Joseph Alois Schumpeter mit dem Prozess der schöpferischen Zerstörung umschrieb. Seiner Ansicht nach liegt die primäre Triebkraft des evolutionären Charakters kapitalistischer Prozesse in den neuen Gütern, den neuen Produktions- oder Transportmethoden, den neuen Formen der industriellen Organisation und den neuen Märkten begründet, die durch Wirtschaften entstehen. Dieser Prozess der schöpferischen Zerstörung sorgt dafür, dass alte Strukturen unaufhörlich zerstört und neue geschaffen werden. Er bewirkt somit, dass bestehende Wirtschafts- und damit auch Unternehmensstrukturen von innen heraus stetig reformiert und revolutioniert werden. Dieser Zusammenhang spielt auch in diesem Beitrag eine Rolle, in dem am Beispiel einiger ebenso bekannter wie spektakulärer Unternehmenszusammenschlüsse der jüngsten Zeit hinterfragt werden soll, worin die Motive, Chancen und Risiken dieser Transaktionen zu sehen sind.

Theorie und Praxis der Unternehmenszusammenschlüsse

Der Unternehmenszusammenschluss gilt als die schnellste Möglichkeit des externen Wachstums in Wettbewerbsmärkten und wird vor allem von der Absicht getrieben, Synergieeffekte zu realisieren, die helfen sollen, den künftigen Bestand des eigenen Unternehmens zu sichern oder auszuweiten. Häufig werden in diesem Kontext die Konzepte Economies of Scale und Economies of Scope bemüht, Größen- und Verbundeffekte also, die eine positive Wirkung auf die Ertrags- und Kostenseite der Gesamtunternehmung haben sollen. Diese Wirkungen sind im Kontext von Fusionen allerdings betriebswirtschaftlich bis heute noch nicht zweifelsfrei nachgewiesen. Trotz mehrjähriger, intensiver Forschungsbemühungen an zahlreichen wissenschaftlichen Einrichtungen ist es darüber hinaus bis heute auch noch nicht gelungen, ein vollständiges, theoretisch fundiertes Konzept für die umfassende Beurteilung der positiven und negativen Synergiepotenziale im Rahmen der ex ante-Bewertung von Akquisitionsobjekten zu erstellen. Dies lässt sich einerseits darauf zurückführen, dass Akquisitionsentscheidungen grundsätzlich auf unvollständigen Informationen basieren und Einzelfallcharakter besitzen, weswegen sie auch mit einem hohen Risiko verbunden sind. Auch könnte man mit einer gewissen Berechtigung folgern, dass trotz Vorliegens wissenschaftlich erhärteter Theorien die Praxis sich in diesem dynamischen Markt herzlich wenig darum kümmern würde. Andererseits muss aber auch gesehen werden, dass eine hohe Zahl an Mergern von eher subjektiven, häufig irrationalen Motiven der Beteiligten geprägt sind. Vielleicht nähert man sich auf diese Art eher der Antwort auf die Frage nach den Motiven, die in milliardenschweren Akquisitionen der IT-Branche eine Rolle spielen. Fest steht – und das belegt eine Studie des Beratungshauses A. T. Kearney vom November 1998, in der 115 Multi-Milliarden-Merger aus allen Industriezweigen weltweit untersucht wurden, dass in vielen Fällen (laut der Studie 58 %) der Unternehmenswert der zusammengeschlossenen Unternehmen nicht gesteigert werden konnte. Diese Zahlen bekommen vor dem Hintergrund einiger spektakulärer Zusammenschlüsse im IT-Markt, die hier näher beleuchtet werden, eine aktuelle Bedeutung: Einerseits die Ankündigung eines europäischen Joint Venture von Siemens und Fujitsu, auf der anderen Seite die Übernahme der renommierten Unternehmen Tandem und Digital Equipment Corporation durch den PC-Produzenten Compaq.

Neupositionierung bei Siemens

Anhand der jüngsten Ankündigung von Siemens und Fujitsu, die globale Zusammenarbeit im Computerbereich in einem europäischen Joint Venture zu verschmelzen, kann man einen konkreten Fall analysieren, der in nahezu idealer Weise zwei anhaltende Strömungen des IT-Sektors aufzeigt: Die zunehmende Abkehr großer Hard- und Softwareproduzenten von der eigenen Produktion und die verstärkte Orientierung an den Markt für IT-Dienstleistungen und Komplettlösungen.

So wird das neu gegründete Gemeinschaftsunternehmen Fujitsu Siemens Computers ab Oktober dieses Jahres mit einem Umsatzvolumen von ca. 6 Mrd. Euro und etwa 9600 Mitarbeitern die Aktivitäten von Fujitsu Computers (Europe) Ltd. und die des Siemens-Geschäftsbereiches Computer Systems (CS) vereinen. Letzterer umschließt alle Systemtypen von PCs, über Intel-basierte NT- und MIPS-basierte Unix-Server, bis hin zu den hauseigenen BS2000-Servern und den S/390-kompatiblen Systemen, die man auch bisher schon vom Partner Fujitsu bezog.

Diese Neuausrichtung stellt für Branchenkenner spätestens seit der gescheiterten Übernahme der Siemens-PC-Sparte durch den taiwanesischen Computerbauer Acer keine allzu große Überraschung mehr dar. Damals scheiterte die geplante Übernahme erst sehr spät am – aus Sicht des Interessenten – zu hohen Transaktionsvolumen. Die jetzt erfolgte Ausgliederung der CS-Sparte spiegelt gleichzeitig aber auch in idealer Weise den Trend zur Abkehr ehemaliger Hardwarehersteller von der Eigenentwicklung und -produktion in einem Sektor wider, in dem in bestimmten Bereichen die Technologien zunehmend vergleichbar und austauschbar werden und somit Stückzahlen eine immer wichtigere Rolle spielen. In einem derart charakterisierten Sektor wird Umsatzzuwachs vor allem über den Preis – und weniger über Qualitätsmerkmale – realisiert. Wer nicht über entsprechende Stückzahlen verfügt und somit Mengeneffekte in der Beschaffung und Herstellung verbuchen kann, versucht deshalb, die Abhängigkeit von der Computerhardware zu verringern, wird zum Händler und sucht sein Heil stattdessen in anderen Zweigen. Andererseits zeigt das Beispiel IBM, welche enormen Vorteile es bringt, wenn man eine solche zukunftsträchtige Architektur wie die POWER-Architektur, von der Basisentwicklung bis zum Vertrieb z. B. in Form massiv paralleler

Systeme im Griff hat. Die beiden Philosophien „Reiner Händler sein“ und „Basistechnologien bestimmen“ sind nicht vereinbar.

Damit ist der zweite Trend unweigerlich angesprochen: Die zunehmende Dienstleistungsorientierung und der Ausbau des Geschäftes im wachstumsträchtigen Markt für IT-Lösungen. Sucht man am Beispiel Siemens nach Belegen für diese zweite Bewegung, so findet man diese in der strategischen Neupositionierung des ehemaligen SNI-Bereiches Solutions and Business Services (SBS). Dieser wurde – wie nahezu das gesamte Unternehmen Siemens-Nixdorf Informationssysteme AG – im vergangenen Jahr wieder in den Mutterkonzern eingegliedert. Das Kürzel SBS bleibt bestehen, ziert aber künftig den Geschäftsbereich Siemens Business Solutions. Offensichtlich ist man der Auffassung, dass man im Servicemarkt unter dem Dach der Siemens AG international erfolgreicher agieren kann als unter der Marke SNI. Eine weitere Rolle dürfte aber auch spielen, dass die Herausbildung neuer, strategisch wichtiger Wachstumspositionen frei von Altlasten (und damit ohne den Namen Nixdorf) erfolgen soll. Die Schonfrist ist verstrichen, die Kundenbasis hat man gewinnen oder nicht gewinnen können, weshalb in dieser Hinsicht wohl keine Rücksicht mehr genommen werden muss.

Im Jahre 1990 galt die Verschmelzung dieses renommierten Unternehmens mit dem Unternehmensbereich Daten- und Informationssysteme (DI) der Siemens AG zur Siemens-Nixdorf Informationssysteme AG noch als nahezu ideale Möglichkeit, positive Synergieeffekte im Ansoff'schen Sinne zu realisieren und eine führende Position im wachsenden Markt für mittelständische DV zu besetzen. Galten doch die Nixdorf-Systeme der Mittleren Datentechnik (z. B. 8870) und die branchenorientierten Varianten (z. B. Bankensysteme) als hierzulande einzige ernstzunehmende Konkurrenz zu den entsprechenden Systemen des Weltmarktführers IBM. Ansoff ging bei seiner Definition des Begriffes Synergiepotenzial allerdings von einer Kombinationswirkung vorhandener Mittel und Fähigkeiten verschiedener Unternehmen aus, die zu einer höheren Gesamtleistungsfähigkeit führen. Bei der Übernahme von Nixdorf hatte man sich diese Wirkungen vor allem von einer gemeinsamen Grundlagenforschung und Chipentwicklung, einer Zusammenlegung von Produktionsstandorten und der gemeinsamen Nutzung von Absatzkanälen versprochen. In der Folgezeit wurde man allerdings auf schmerzlichste Weise daran erinnert, dass negative Effekte, die ihren Ursprung häufig im soziokulturellen Bereich haben, allzu oft dafür sorgen, dass die Gleichung „2+2=5“ nicht immer aufgeht. Auch wenn man andere Gleichungen bemüht, wie bei dem Sinnspruch des erzwungenen Zusammenschlusses von Sperry und Burroughs zu UNISYS „Power of 2“ als „Power2“, reicht dies nicht, um die Dinge grundsätzlich zu beschreiben. So führte im Fall von SNI die langsame Konsolidierung der Angebotspaletten und Integration der Vertriebsorganisationen zu einer Komplexitätszunahme und zahlreichen Inkonsistenzen im Zuge der Abgrenzung von Verantwortungs- und Kompetenzbereichen. Dies wiederum führte zwangsläufig zu Überschneidungen der Absatzsegmente und somit zu Desorientierung auch bei den Kunden. Die Folge ist in solchen Fällen oft Personalfluktuation, die in Zeiten notwendigen Personalabbaus auch gelegen kommen kann.

Beruhigend zu wissen, dass derartige Überschneidungen nach der jüngsten Restrukturierungsoffensive nahezu ausgeschlossen sind. Lediglich die Geschäfte im Sektor Geldautomaten sowie Kassen- und Handelssysteme firmieren auch weiterhin unter dem Namen SNI. (Spötter behaupten, damit liege man genau im Epizentrum des nachhaltigen Wachstumsmarktes für Electronic Commerce). Neben dem angeführten Beispiel machte in der letzten Zeit aber noch ein weiteres Unternehmen der IT-Branche von sich reden.

Compaqs Weg

Im Juni 1997 beschloss die Compaq Computer Corporation mit der Übernahme der Tandem Corporation eine Transaktion, die in Fachkreisen Verwunderung hervorrief. Auf der Suche nach möglichen Synergiepotenzialen stieß man zwangsläufig auf die Frage, was die Beweggründe eines Weltmarktführers im PC- und PC-Servergeschäft waren, ausgerechnet den Spitzenreiter im Markt für fehlertolerante Systeme zu kaufen. Damit untrennbar verbunden ist die Frage, wo die positiven Wirkungen im Beschaffungs- und Produktionsbereich zweier Unternehmen zu suchen sind, deren Systeme grundsätzlich verschiedenartig aufgebaut sind. Auf Tandem-Systemen laufen bekanntermaßen komplexe, unternehmenskritische Anwendungen (critical mission), wie z. B. Reservierungssysteme in der Verkehrs- und Touristikbranche, während PCs auch heute noch überwiegend auf Einzelarbeitsplatzebene eingesetzt werden. Auch im Distributionssektor sind – isoliert betrachtet – zunächst keine positiven Effekte zu erwarten, wenn ein Produzent, der weitestgehend uniforme Produkte über indirekte Wege vertreibt, 4000 Mitarbeiter aus dem Sales- und Presales-Bereich eines Anbieters für Speziallösungen übernimmt, der seine Hochleistungsrechner bis dahin ausschließlich über den direkten Verkaufsweg absetzte und eine sehr spezielle Philosophie im Hochpreissektor verfolgte. Bedeutend erfolgversprechender wäre es, den Kern der Sache, und der heißt immer noch „IBM", anzugehen und z. B. einen PCMer mit seinem enormen IBM-Know-how zu übernehmen. Doch die sind in trockenen Tüchern bei Hitachi und Fujitsu.

Dem eigentlichen Motiv für die Übernahme kommt man schon näher, wenn man sich das ehrgeizige Ziel des damaligen CEO Eckhard Pfeiffer vor Augen führt, der sein Unternehmen bis zum Ablauf des Jahres 2000 mit einem Umsatz von 50 Mrd. US-Dollar unter die drei weltweit größten Anbieter für unternehmensweite IT-Gesamtlösungen führen wollte. Voraussetzung hierfür sind bekanntlich entsprechende Zugangsmöglichkeiten zu den IT-Abteilungen der Großunternehmen. Durch den Kauf von Tandem konnte Compaq seinen Bestand an hochwertigen Unternehmenskunden erheblich stärken. Wie man weiß, haben solch hochgesteckte Ziele schon oft das Debakel eingeläutet. IBM wollte 1990 100 Mrd. US-Dollar erreicht haben, 1994 kam der Beinahe-Zusammenbruch des Marktes. Die Theorie dahinter könnte so lauten: „Wer zu sehr abhebt, erkennt reale Gefahren nicht mehr rechtzeitig."

Im Januar 1998 erwarb Compaq für einen Kaufpreis von 9,6 Mrd. US-Dollar die Digital Equipment Corporation (DEC). Zum zweiten Mal in kurzer Folge übernahm das relativ junge Unternehmen, das im Boom der Einzelplatzsysteme der 80er und 90er Jahre groß geworden war, ein renommiertes, alteingesessenes Traditionsunternehmen – lange Zeit die eigentliche Nr. 2 im Markt für Computersysteme- und in den 70er- und 80er Jahren äußerst erfolgreich am Markt für Minicomputer. Anfang der 80er Jahre war DEC noch Feindbild Nr. 1 von IBM. Der DEC-F&E-Bereich hatte in dieser Zeit eine ganze Reihe technologischer Pionierleistungen und Innovationen hervorgebracht (z. B. SNA-DECNET-Koppelung, CTC-Attachments der VAX an IBM S/370 etc.). Allerdings hat man in Zeiten ungünstiger Markttendenzen auch strategische Fehler gemacht, die das Unternehmen in eine länger anhaltende

Krise führten. Zu den Fehlentscheidungen gehören z. B. ein zu langes Festhalten an proprietären Systemen (VMS), die starke Fokussierung auf den technisch-wissenschaftlichen Anwendungsbereich sowie mangelnde Kommunikation und Abstimmung zwischen F&E und Vertrieb. Letztlich wurde DEC aber auch das Opfer der eigenen Stärken. Bereits im Jahr 1992 brachte man als erster Anbieter und damit Jahre vor der Konkurrenz eine durchgängige 64-Bit-Architektur auf den Markt. Zum damaligen Zeitpunkt existierte der 64-Bit-Prozessor IA-64 (Merced), der gemeinsam von Intel und Hewlett Packard entwickelt wurde und vor einigen Tagen Produktionsreife erlangte, noch nicht einmal in den Köpfen der Beteiligten. Schon jetzt aber warten alle führenden IT-Anbieter weltweit auf die Auslieferung und haben diesen Prozessor über entsprechende Absichtserklärungen und Bestellaufträge bereits heute zur strategischen Plattform ihrer Unternehmen erklärt.

Viele Beobachter sahen das Motiv für die Übernahme zunächst in einer Ausweitung der Compaq-Produktpalette um leistungsfähige 64-Bit-High-End-Server. Bald kristallisierte sich jedoch heraus, dass der Merger im Zeichen der Profilbildung als IT-Gesamtlösungsanbieter stand. Um in diesem Geschäft erfolgreich zu sein, bedarf es einer umfangreichen und gut ausgebildeten Service-Mannschaft. Compaq verfügte als reiner Hardwareproduzent nicht über eine entsprechende Einheit. DEC hingegen besitzt mit seiner Multivendor Customer Services-Einheit über 25.000 erstklassige Service-Spezialisten, deren Kompetenz im Bereich plattformübergreifender Lösungen weithin bekannt ist.

In den Jahren vor dem Zusammenschluss durchschritt der Übernahmekandidat mehrere Restrukturierungswellen, die neben Personalentlassungen auch mit einer Reihe von Desinvestitionen einhergingen. Innerhalb weniger Jahre hat man den Personalstand von 126.000 auf 53.000 Mitarbeiter im Jahre 1995 reduziert. Im gleichen Jahr verkaufte man das hauseigene relationale Datenbanksystem an Oracle, die Plattenproduktion an Quantum sowie eine Chipfabrik an Motorola. Ende 1997 beschloss Digital, neben einer weiteren Chip-Fabrik auch die Herstellungsrechte für den Alpha-Prozessor für einen Verkaufspreis von 1,5 Mrd. US-Dollar an Intel zu verkaufen. Dieses Abkommen beendete einen lange währenden Patentstreit, in dem Digital dem Mitbewerber Intel vorwarf, Schlüsseltechnologien des Alpha AXP für den Pentium-Chip übernommen zu haben. Compaq, das mit dem Kauf von DEC auch die Design-Rechte für diesen Chip übernommen hat, verfügt prinzipiell über die erforderlichen Ressourcen, um diese 64-Bit-Plattform erfolgreich zu vermarkten. Allerdings zeichnet sich auch hier bereits ab, dass Compaq dem Intel-Prozessor IA-64 den Vorzug gibt, womit die bereits zu Beginn formulierte These der Vereinheitlichung im Hardwaresektor, gepaart mit der Abkehr von der eigenen Produktion, zum zweiten Mal Bestätigung findet.

Kritisch zu beurteilen bleibt die Frage nach der Firmenkultur und Identität des neuen Unternehmens in der Post-Merger-Phase. Compaq hat zwar – was die Bilanzsumme und das Umsatzvolumen angeht – an Größe gewonnen, dafür aber die auch nach außen hin eindeutig sichtbare Unternehmensausrichtung verloren. Gerade die Folgen einer negativen Außenwirkung, die auf Lieferanten- und Abnehmerseite zu Verunsicherung und Abkehr führen kann, werden im Zuge von Unternehmenszusammenschlüssen immer wieder unterschätzt. Den Kunden und Lieferanten muss innerhalb eines kurzen Zeitraumes deutlich gemacht werden, welche Ziele das Unternehmen bezogen auf die Unternehmenskultur und -philosophie verfolgt. Um dies zu erreichen, sind klare Vorgaben, eine intensive innerbetriebliche und unternehmensexterne Kommunikation sowie eine starke Führung erforderlich. Die Beispiele, bei denen dies nicht funktioniert hat, sind Legende: UNIVAC hat aus dem Kauf der RCA Computer Division nichts gemacht; bei Honeywell Information Systems kam man nicht hinterher, so schnell änderten sich die Beteiligungsverhältnisse; dass Triumph Adler nicht zu VW passte, konnten Blinde erkennen; Nixdorf hatte auch emsig kleine Unternehmen gekauft und, wie die Entwicklung gezeigt hat, nichts daraus gemacht etc. pp. – wer erinnert sich noch an Prime, Control Data, MAI, Kienzle, Wang, CII, Gier, Norsk Data, Elbit, Magnusson, Two p, Ferranti, Ampex, KSR, Telefunken Computer, Krantz, Itel, NAS?

Aber auch nach innen stellt die Zusammenführung zweier Unternehmen und das Herausbilden einer neuen Einheit das weitaus größte Problem dar. Eine entscheidende Bedeutung nimmt dabei bekanntlich der Zeitraum der ersten 100 Tage nach der Ankündigung eines Zusammenschlusses ein. Während dieser Phase, in der die alten Wege bereits verlassen, die neuen jedoch noch nicht beschritten sind, müssen die Weichen für eine erfolgreiche Integration gestellt werden. In dieser Periode überdenken die Mitarbeiter ihre eigene Situation. Je länger die Post-Merger-Organisation undefiniert bleibt, desto attraktiver gestalten sich im Zuge dieser Überlegungen alternative Beschäftigungsmöglichkeiten für die Mitarbeiter. Erfahrungen zeigen, dass gerade die fähigsten Mitarbeiter ein Unternehmen schnell verlassen, wenn sie das Gefühl haben, von wichtigen Entscheidungen ausgenommen zu sein, oder wenn Unsicherheit hinsichtlich der weiteren Entwicklung der eigenen Karriere besteht.

Festzuhalten bleibt, dass Compaq auch heute, mehr als 18 Monate nach Bekanntgabe des Zusammenschlusses, noch mit dem Versuch der Integration zweier artfremder Unternehmen zu kämpfen hat. Entsprechend negativ gestalten sich auch die jüngsten Unternehmensnachrichten: Am 18. April musste Eckhard Pfeiffer auf Druck des Aufsichtsrates zurücktreten. Bis vor wenigen Tagen suchte das Unternehmen nach einem Nachfolger, der jetzt in der Person Michael Capellas innerhalb der eigenen Reihen gefunden wurde. Dessen „Inthronisierung“ wurde Ende Juli nahezu zeitgleich mit der Ankündigung des geplanten Abbaus weiterer 10.000 Stellen im Unternehmen angekündigt. Bereits im Vorjahr hatte man mehr als 15.000 Mitarbeiter entlassen, nachdem Unternehmensberater in ihrer Funktion als „Costcutter“ bereits im Vorfeld der Fusion die Rationalisierungspotenziale des Zusammenschlusses analysiert hatten. An der Börse hat Compaq seit Ende Januar mittlerweile die Hälfte seines Marktwertes verloren.

Es bleibt abzuwarten, inwieweit die neu gebildeten Unternehmen langfristig erfolgreich am Markt bestehen können. Im Zuge des weiter anhaltenden Konzentrationsprozesses – insbesondere im unmittelbar benachbarten Telekommunikationsmarkt – wird auch künftig von milliardenschweren Unternehmenszusammenschlüssen zu berichten sein. Auch wird es alteingesessenen Insidern der Branche weiterhin so gehen, dass sie sich bei der Suche nach einem einst illustren Namen fragen: „Wo sind die denn nur geblieben?“

Von Schumpeters „schöpferischer Zerstörung“ ist nach Ansicht der Autoren im IT-Markt eher die Zerstörung zu sehen, aber vielleicht kommt das Schöpferische im neuen Millennium zum Vorschein. (UB 04/99, Autoren: J. Niedereichholz, F. Rothaas)